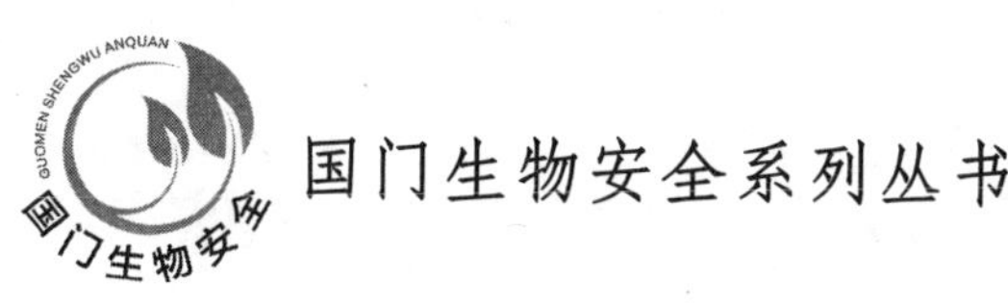

陕西出口水果病虫害与检验检疫要求简明手册

主　编　李卫民　潘亚勤
副主编　魏迪功　仵均祥

中国质检出版社
中国标准出版社
北　京

图书在版编目（CIP）数据

陕西出口水果病虫害与检验检疫要求简明手册/李卫民，潘亚勤主编．—北京：中国质检出版社，2018.1
ISBN 978-7-5026-4543-4

Ⅰ．①陕… Ⅱ．①李… ②潘… Ⅲ．①果树—病虫害防治—技术手册 Ⅳ．①S436.6-62

中国版本图书馆 CIP 数据核字（2017）第 319297 号

中国质检出版社
中国标准出版社
出版发行
北京市朝阳区和平里西街甲 2 号（100029）
北京市西城区三里河北街 16 号（100045）
网址：www.spc.net.cn
总编室：(010)68533533　发行中心：(010)51780238
读者服务部：(010)68523946
中国标准出版社秦皇岛印刷厂印刷
各地新华书店经销
*
开本 787×1096　1/16　印张 45　字数 1058 千字
2018 年 1 月第一版　2018 年 1 月第一次印刷
*
定价 **135.00** 元

如有印装差错　由本社发行中心调换

编写委员会

主　编　李卫民　潘亚勤

副主编　魏迪功　仵均祥

参　编　宗兆锋　杨　铭　廖　娟　范海龙　高　翔
张　莉　刘占元　张　波　徐小军　梁　靓
李毅然　鲁　艳　黄文慧　李　颜

审　稿　冯纪年　黄丽丽

前 言

地处黄土高原的陕西省，气候多样，从南到北纵跨温带、暖温带、北亚热带三个气候带，具有生长多种果树的自然条件。目前，陕西水果种植总面积近 130 万公顷，产量 1800 多万吨，水果面积与产量均居全国第一位。其中苹果面积 1100 多万吨，产量 1100 万吨，占中国产量的四分之一、世界的七分之一。梨、葡萄、猕猴桃等水果在全国也占有重要地位。因此，准确掌握本地果品出口基地有害生物的种类及发生危害情况、掌握国外对水果检验检疫要求，对开拓陕西水果国际市场、保障出口水果检验检疫质量、促进陕西水果出口、实现果业经济的持续健康发展具有重要的意义。

为便于今后更好地做好水果出口检验检疫工作，指导水果基地、加工厂从源头做好水果的病虫害防控、果品加工与自检自控工作，并为日常调查监测、农残监控工作提供必要的第一手参考资料，陕西出入境检验检疫局与西北农林科技大学等部门，依据陕西出口水果基地的监测调查资料以及对国外检验检疫要求的研究资料，编写了本手册。本手册重点阐明了陕西水果出口基地果树目前发生的病虫害与发生严重程度，并对其识别特征、发生规律等情况作简要叙述，同时编录了各主要贸易国家对进口水果的检疫要求、关注的检疫性有害生物图谱、农残限量要求等内容。该手册对水果基地技术人员、水果进出口企业、检验检疫人员做好基地监测调查与病虫害防治以及水果出口质量控制工作具有重要的指导意义。手册编写过程中得到了深圳出入境检验检疫局王峻、山西出入境检验检疫局党海燕、赵文娟等同志的大力帮助，在此一并表示感谢。

由于编写人员水平有限，疏误之处，请批评指正。

编 者

2017. 10

目录

第1章　陕西苹果梨主要病虫害 ……………………………… 1

第一部分　病害部分……………………………………………… 1

第1节　苹果斑点落叶病　*Alternaria alternate* f. sp. *mali* ……………… 1

第2节　苹果褐斑病　*Diplocarpon mali* Harada et. Sawamura ……………… 2

第3节　苹果灰斑病　*Phyllosticta pirina* Sacc. ……………………… 5

第4节　苹果轮斑病　*Alternaria* mali RobertS ……………………… 6

第5节　苹果锈病　*Gymnosporangium yamadae* Miyade ……………… 7

第6节　苹果树枝枯病　*Nectria cinnabarina*（Tode.）Fr. ……………… 10

第7节　苹果圆斑根腐病　*Fusarium oxysporum* Schl ……………… 11

第8节　苹果白绢病　*Pellicularia rolfsii*（Sacc）……………………… 13

第9节　苹果紫纹羽病　*Helicobasidium mompa* Tanaka. Jacz. ……………… 15

第10节　苹果炭疽病　*Glomerella cingulata*（Stonem）Spauld et Schrenk …… 16

第11节　苹果褐腐病　*Monillinia fructigena*（Adeh. et Ruhl.）Honeg ………… 18

第12节　苹果青霉病　*Penicillium expansum*（Link）……………… 20

第13节　苹果煤污病　*Gloeodes pomigena*（Schw.）Colby. ……………… 22

第14节　苹果花叶病　Papaya Ring Spot Virus ……………………… 23

第15节　苹果潜隐病毒病　Apple latent virus ……………………… 24

第16节　苹果花腐病　*Monilinia mali*（Taka-hashi）Wetzel ……………… 26

第17节　苹果锈果病　Apple scar skin apscaviroid ……………………… 28

第18节　苹果白粉病　*Podosphaera leucotricha*（Ell. et Ev.）Salm ………… 30

第19节　苹果轮纹病　*Botryosphaeria berengeriana* f. sp. *piricola* ……………… 31

第20节　苹果疫腐病　*Phytophthora cactorum*（Leb. et Cohn.）Schroet …… 34

第21节　苹果腐烂病　*Valsa mali* Miyabe et Yamada ……………………… 36

第22节　苹果炭疽叶枯病　*Glomerella cingulata*（Stoneman）……………… 39

第23节　苹果黄叶病　Apple yellow leaf ……………………………… 41

第24节　苹果小叶病　Apple small leaf ……………………………… 42

第25节　苹果苦痘病　Apple bitter pit ……………………………… 43

第26节　苹果水心病　Apple water core ……………………………… 45

第 27 节　梨树腐烂病　*Valsa ambiens*（Pers.）Fr ······ 46
第 28 节　梨黑斑病　*Alternaria kikuchiana* Tanaka ······ 49
第 29 节　梨锈病　*Gymnosporangium haraeanum* Syd ······ 51
第 30 节　梨黑星病　*Venturia pirina* Aderh. ······ 53
第 31 节　梨褐腐病　*Monilinia fructigena*（Aderh. et Ruhl）Honey ······ 55
第 32 节　梨灰斑病　*Phyllosticta pirina* Sacc ······ 57
第 33 节　梨青霉病　*Penicillium expansum*（Link）Thom ······ 58
第 34 节　梨树干枯病　*Phomopsis fukushii* Tanaka *et* Eudo ······ 60
第 35 节　梨白粉病　*Phyllactinia corylea*（Pers.）Karst ······ 61
第 36 节　梨红粉病　*Trichothecium roseum*（Bull）Link ······ 63
第二部分　害虫部分 ······ 64
第 37 节　棺头蟋蟀　*Loxoblemmus doenitzi* Stein ······ 64
第 38 节　黄脸油葫芦　*Teleogryllus emma*（Ohmachi & Matsumura）······ 64
第 39 节　东方蝼蛄　*Gryllotalpa orientalis* Burmeister ······ 67
第 40 节　华北蝼蛄　*Gryllotalpa unispina* Saussure ······ 70
第 41 节　中华蚱蜢　*Acrida chinensis*（Westwood）······ 72
第 42 节　短星翅蝗　*Calliptamus abbreviatus* Ikovnn. ······ 73
第 43 节　大垫尖翅蝗　*Epacromius coerulipes*（Ivan.）······ 74
第 44 节　东亚飞蝗　*Locusta migratoria manilensis*（Meyer）······ 77
第 45 节　中国梨木虱　*Psylla chinensis* Yang et Li ······ 82
第 46 节　苹果瘤蚜　*Myzus malisuctus* Matsumura ······ 85
第 47 节　苹果黄蚜　*Aphis citricola* van der Goot ······ 87
第 48 节　梨二叉蚜　*Schizaphis piricola*（Matsumura）······ 89
第 49 节　梨黄粉蚜　*Aphanostigma jakusuiense*（Kishida）······ 91
第 50 节　桃蚜　*Myzus persicae*（Sulzer）······ 93
第 51 节　桃瘤蚜　*Tuberocephalus momonis*（Matsumura）······ 95
第 52 节　桃粉蚜　*Hyalopterus arundimis* Fabricius ······ 97
第 53 节　苹果绵蚜　*Eriosoma lanigerum*（Hausmann）······ 99
第 54 节　斑衣蜡蝉　*Lycorma delicatula* White ······ 102
第 55 节　葡萄斑叶蝉　*Erythroneura apicalis*（Nawa）······ 103
第 56 节　桃一点斑叶蝉　*Erythroneura sudra*（Distant）······ 105
第 57 节　大青叶蝉　*Tettigella viridis*（Linne）······ 107
第 58 节　黑蚱蝉　*Cryptotympana atrata*（Fabricius）······ 108
第 59 节　蚱蝉　*Cryptotympana pustulata* Fabricius ······ 110
第 60 节　蟪蛄　*Platypleura kaempferi* Fabr. ······ 111
第 61 节　朝鲜球坚蚧　*Didesmococcus koreanus* Borchsenius ······ 112
第 62 节　康氏粉蚧　*Pseudococcus comstocki*（Kumana）······ 114
第 63 节　日本蜡蚧　*Ceroplastes japonicus* Green ······ 115

第 64 节 扁平球蚧 *Parthenolecanium corni*（Bouche） …… 118
第 65 节 日本球坚蚧 *Sphaerolecanium prunastri*（Fonscolombe） …… 119
第 66 节 梨圆蚧 *Quadraspidiotus perinciosus*（Comstock） …… 120
第 67 节 桑盾蚧 *Pseudaulacaspis pentagona*（Targioni-Tozzetti） …… 122
第 68 节 草履硕蚧 *Drosicha corpulenta*（Kuwana） …… 123
第 69 节 黄霜蝽 *Erthesina fullo*（Thunberg） …… 125
第 70 节 细毛蝽 *Dolycoris baccarum* L. …… 127
第 71 节 茶翅蝽 *Halyomorpha picus*（Fabr.） …… 129
第 72 节 梨蝽 *Urochela luteovaria* Distant …… 131
第 73 节 绿盲蝽 *Lygus lucorum* Meyer-Dür …… 132
第 74 节 苜蓿盲蝽 *Adelphocoris lineolatus* Goeze …… 134
第 75 节 中黑盲蝽 *Adelphocoris suturalis* Jakovlev …… 135
第 76 节 三点盲蝽 *Adelphocoris fasciaticollis* Reuter …… 136
第 77 节 红角盲蝽 *Trigonotylus ruficornis* Geoffroy …… 137
第 78 节 梨冠网蝽 *Stephanitis nashi* Esaki et Takeya …… 139
第 79 节 沟金针虫 *Pleonomus canaliculatus* Falder …… 140
第 80 节 褐纹金针虫 *Melanotus caudex* Lewis …… 142
第 81 节 暗黑鳃金龟 *Holotrichia parallela* Motschulsky …… 143
第 82 节 毛黄鳃金龟 *Holotrichia trichophora*（Faimaire） …… 145
第 83 节 华北大黑鳃金龟 *Holotrichia oblita* Fald …… 146
第 84 节 阔胫鳃金龟 *Maladera verticalis* Fairmaire …… 147
第 85 节 黑绒鳃金龟 *Maladera orientalis*（Motschulsky） …… 148
第 86 节 灰胸突鳃金龟 *Hoplosternus incanus* Motschulsky …… 149
第 87 节 黑皱鳃金龟 *Trematodes tenebrioides* Pallas …… 150
第 88 节 黄褐丽金龟 *Anomala exoleta* Faldermann …… 152
第 89 节 斑喙丽金龟 *Adoretus tenuimaculatus* Waterhouse …… 153
第 90 节 铜绿丽金龟 *Anomala corpulenta* Motschulsky …… 154
第 91 节 弓斑丽金龟 *Cyriopertha arcuata* Gebler …… 157
第 92 节 四纹丽金龟 *Popillia quadriguttata* Fab. …… 158
第 93 节 苹毛丽金龟 *Proagopertha lucidula* Faldermann …… 159
第 94 节 小青花金龟 *Oxycetonia jucunda*（Faldermann） …… 160
第 95 节 白星花金龟 *Potosia*（*Liocola*）*brevitarsis* Lewis …… 162
第 96 节 阔胸犀金龟 *Pentodon patruelis* Frivaldszky …… 163
第 97 节 星天牛 *Anoplophora chinensis*（Forster） …… 164
第 98 节 桑天牛 *Apriona germari*（Hope） …… 166
第 99 节 梨眼天牛 *Bacchisa fortunei*（Thomson） …… 167
第 100 节 光肩星天牛 *Anoplophora glabripennis*（Motschulsky） …… 169
第 101 节 梨花象 *Anthonomus pomorum*（Linnaeus） …… 170

第 102 节　棉铃虫　*Helioverpa armigera*（Hubner）…… 171
第 103 节　黑星麦蛾　*Telphusa chloroderces* Meyrick …… 174
第 104 节　黄斑卷叶蛾　*Acleris fimbriana*（Thunberg）…… 176
第 105 节　苹小卷叶蛾　*Adoxophyes orana* Fischer von Roslerstamm …… 177
第 106 节　顶梢卷叶蛾　*Spilonota lechriaspis* Meyrick …… 180
第 107 节　梨小食心虫　*Grapholitha molesta*（Busck）…… 181
第 108 节　苹小食心虫　*Grapholitha inopinata* Heinrich …… 185
第 109 节　梨潜皮细蛾　*Acrocecops astaurota* Meyrick …… 189
第 110 节　金纹细蛾　*Lithocolletis ringoniella* Matsumura …… 191
第 111 节　桃蛀果蛾　*Carposina niponensis* Walsingham …… 193
第 112 节　旋纹潜叶蛾　*Leucoptera scitella* Zeller …… 196
第 113 节　黄刺蛾　*Cnidocampa flavescens*（Walker）…… 198
第 114 节　褐边绿刺蛾　*Latoia consocia* walker …… 200
第 115 节　中国绿刺蛾　*Latoia sinica*（Moore）…… 202
第 116 节　扁刺蛾　*Thosea sinensis*（Walker）…… 203
第 117 节　苹果透翅蛾　*Conopia hector* Butler …… 205
第 118 节　桃蛀螟　*Conogethes punctiferalis* Guenee …… 206
第 119 节　黄尾毒蛾　*Euproctis similis* Fuessly …… 208
第 120 节　梅木蛾　*Odites issikii* Takahashi …… 210
第 121 节　梨星毛虫　*Illiberis pruni* Dyar …… 212
第 122 节　苹掌舟蛾　*Phalera flavescens*（Bremer et Grey）…… 213
第 123 节　金环胡蜂　*Vespa mandarinia* Smith …… 215
第 124 节　苹果红蜘蛛　*Panonychus ulmi*（Koch）…… 217
第 125 节　二斑叶螨　*Tetranychus urticae* Koch …… 219
第 126 节　山楂红蜘蛛　*Tetranychus viennensis* Zacher …… 221

第 2 章　主要贸易国家进口水果检疫要求 …… 224

第 1 节　输往美国苹果检验检疫要求 …… 224
第 2 节　输往美国砂梨检验检疫要求 …… 227
第 3 节　输往澳大利亚苹果检验检疫要求 …… 230
第 4 节　输往澳大利亚葡萄检验检疫要求 …… 235
第 5 节　输往澳大利亚鲜梨检验检疫要求 …… 243
第 6 节　输往澳大利亚油桃检验检疫要求 …… 245
第 7 节　输往加拿大苹果检验检疫要求 …… 254
第 8 节　输往阿根廷苹果检验检疫要求 …… 258
第 9 节　输往阿根廷鲜梨检验检疫要求 …… 260
第 10 节　输往秘鲁苹果检验检疫要求 …… 262
第 11 节　输往秘鲁鲜梨检验检疫要求 …… 263

第 12 节　输往墨西哥苹果检验检疫要求 …… 265
第 13 节　输往墨西哥鲜梨检验检疫要求 …… 266
第 14 节　输往南非苹果检验检疫要求 …… 268
第 15 节　输往南非鲜梨检验检疫要求 …… 270
第 16 节　输往泰国水果检验检疫要求 …… 273
第 17 节　输往新西兰鲜梨检验检疫要求 …… 274
第 18 节　输往智利苹果检验检疫要求 …… 278
第 19 节　输往智利鲜梨检验检疫要求 …… 279

第 3 章　国外关注的检疫性有害生物图谱 …… 281

第 1 节　国外关注的苹果有害生物图谱 …… 281
第 2 节　国外关注的梨有害生物图谱 …… 282
第 3 节　国外关注的葡萄有害生物图谱 …… 284

第 4 章　主要贸易国家进口水果农残限量要求 …… 286

第 1 节　中国水果农残限量要求 …… 286
第 2 节　中国台湾水果农残限量要求 …… 301
第 3 节　中国香港水果农残限量要求 …… 311
第 4 节　CAC 食品法典水果农残限量要求 …… 325
第 5 节　韩国水果农残限量要求 …… 337
第 6 节　南非水果农残限量要求 …… 373
第 7 节　欧盟水果农残限量要求 …… 391
第 8 节　日本水果农残限量要求 …… 449
第 9 节　泰国水果农残限量要求 …… 560
第 10 节　加拿大水果农残限量要求 …… 560
第 11 节　新加坡水果农残限量要求 …… 581
第 12 节　新西兰水果农残限量要求 …… 592
第 13 节　印度水果农残限量要求 …… 596
第 14 节　印尼水果农残限量要求 …… 598
第 15 节　澳大利亚水果农残限量要求 …… 605
第 16 节　美国水果农残限量要求 …… 616

附　录 …… 634

第 1 节　检疫性实蝇监测技术指南 …… 634
第 2 节　苹果蠹蛾监测技术指南 …… 643
第 3 节　斑翅果蝇监测技术指南 …… 647

第 1 章

陕西苹果梨主要病虫害

第一部分　病 害 部 分

第 1 节　苹果斑点落叶病
(*Alternaria alternate* f. sp. *mali*)

苹果斑点落叶病又称褐纹病，病系由细链格孢苹果专化型所致的真菌性病害，病菌存在多种生理分化现象。

一、分布与危害

该病于 1924 年发现于美国，现已成为亚洲国家苹果产区的主要病害。在全国各苹果产区都有发生，渤海湾和黄河故道地区受害较重。在陕西果品出口基地各县区均有分布。

以新红星、嘎啦等中早熟品种发病严重，发病率在 10% ~40%，是影响苹果优质高产的障碍因素之一。

二、症状

苹果斑点落叶病主要危害幼嫩叶片和果实，尤其是 20 天左右的嫩叶易受害。发病初期叶片上出现褐色小斑点，病斑近圆形，直径约 5mm 左右，有的病斑边缘有紫色晕圈，天气潮湿时，数个病斑相连，最后干枯脱落。后期病斑常被其他病菌二次寄生，遇潮湿天气，病斑处散生许多小黑点，长出黑色霉层，有时病斑破裂穿孔。叶柄及嫩枝受害后，产生椭圆形褐色凹陷病斑，造成叶片易脱落，病枝易折断、干枯。果实受害时多在果实肩部果面上形成近圆形褐色病斑，严重时病斑处产生黑褐色霉层，并扩展到果肉。

三、病原

苹果斑点落叶病的病原菌为真菌，半知菌亚门链格孢苹果专化型 *Alternaria alternate* f. sp. *mali*。分生孢子梗由气孔伸出，成束，暗褐色，弯曲多胞。分生孢子顶生，短棍棒形，暗褐色，具横隔2~5个，纵隔1~3个，有短柄。

四、侵染循环

以菌丝在受害叶、枝条或芽鳞中越冬，翌年春产生分生孢子，随气流、风雨传播，从气孔侵入进行初侵染。自4月下旬至5月上旬开始发病，叶龄20天以内的嫩叶最易受到侵染，30天以上老叶不再感病。5月下旬至6月上旬新病斑上开始产生分生孢子，病菌孢子反复侵染，进入急增期。7月上旬至8月上中旬病害进入盛发期，秋梢发病程度加重，大量落叶。受害严重时8月下旬引起落叶，并导致当年第2次开花，9月以后发病减少。此外，苹果品种中红星、王林、富士等较易感病。

五、发病条件

高温多雨易发病，春季干旱年份，始发期晚，夏季降雨多，发病严重。果园管理粗放，树体衰弱，通风透光不良，地势低洼处易发病。

六、调查监测与防治技术

（一）调查方法

可用孢子捕捉器监测。做法是用载玻片涂凡士林，绳拴悬挂于树枝上，距地1.3m~1.5m，按地块近四角处及中心位置挂5片，每3天换1次，取下在显微镜下检查。孢子高峰日第4天，可见病斑小米粒大小；高峰日后第7天，田间发现第一个病斑，即应打药防治。

（二）防治技术

1. 农业防治

（1）加强栽培管理。加强果园水肥管理，注重调节挂果量，根据果树生长水平调节挂果量。

（2）整形修剪。适当修剪过密的细枝，以壮树势，增强果树抗病能力，并注意疏花疏果，控制大小年现象。

（3）搞好果园卫生。改善通风透光条件；春季，在子囊盘发生期在地面喷洒消石灰；果树生育期，发现病果应立即摘除并深埋；果实采摘后，彻底清除园里病果、病叶、病枝及枯枝、死树、死桩，深埋或者销毁，以减少病原。

2. 化学防治

根据春季降雨情况，从花后开始连续喷50%扑海因可湿性粉剂1500g/hm^2，或70%代森锰锌可湿性粉剂3000g/hm^2，或10%多氧霉素可湿性粉剂1250g/hm^2，或40%乙磷铝可湿性粉剂7500g/hm^2，或70%乙锰可湿性粉剂3000g/hm^2。

第2节　苹果褐斑病
（*Diplocarpon mali* Harada et. Sawamura）

苹果褐斑病又称苹果绿缘褐斑病，是由苹果双壳孢侵染所致的真菌性病害。

一、分布与危害

苹果褐斑病，在全国大多数苹果产地都有分布，在陕西果品出口基地，主要分布于白水、淳化、旬邑、扶风、澄城、宜川、黄陵、礼泉、印台、彬县、大荔、蒲城、临渭等县区。

1951 年夏，我国在青岛首次发现，且危害程度呈逐年加重的趋势，大流行年份可造成 90% 的苹果园发生 60% 以上的落叶。2000—2006 年据陕西省植物保护站调查，部分县区苹果褐斑病发病率达 100% 。

二、症状

苹果褐斑病主要为害苹果树叶片，有时也能侵染果实、叶柄。叶片染病，最初发生在树冠下部和内膛叶片上，发病严重时外围叶片也可发病；病处初表现为褐色小斑点，病斑边缘不整齐，周缘有 1 圈绿色，故又有“绿缘褐斑病”之称。病斑单生或数个连生，直径 0. 2mm ~ 0. 5mm；发病后期病斑不断扩展形成同心轮纹型、针芒型、混合型 3 种不同类型的病斑，3 种类型病斑的共同特点是后期病部中央变黄，但周围仍保持绿色晕圈，且病叶易早期脱落，尤其是风雨之后病叶常在短期内大量脱落。果实染病，初在果面上散生淡褐色小斑点，渐扩大呈圆形或不规则形，病斑边缘清晰、褐色；病斑稍下陷，直径 6mm ~ 12mm，表面散生具光泽的黑色小粒点，即病菌的分生孢子盘；病部表皮下果肉褐变，组织常坏死，多达果心，后期坏死组织呈海绵状、干腐。叶柄染病，初在叶柄表皮产生黑褐色长圆形病斑，致使叶柄输导组织坏死，输导作用受阻，常引起叶片枯死。

三、病原

有性态为 *Diplocarpon mali* Harada et. Sawamura 称苹果双壳孢，属子囊菌门真菌；无性世代 *Marssonina* http：//baike. baidu. com/picture/2580482/2580482/0/bba1cd11728b4710d232919ac0cec3fdfc032342. html？fr = lemma&ct = single*mali*（P. Henn. ）Ito. 称苹果盘二孢，属半知菌类真菌。褐斑病菌无性世代产生菌素，多分枝，粗 20μm ~ 40μm，细胞深褐色，菌索交叉点上方着生分生孢子盘；大小（108 ~ 306）μm ×（45 ~ 50）μm，成熟后突破表皮外露。分生孢子梗无色、单生、圆柱形，大小（15 ~ 20）μm ×（3 ~ 4）μm，栅状排列，顶生分生孢子。分生孢子无色、双胞、中间缢缩，上胞大且圆，下胞小而尖，呈葫芦状，大小（14 ~ 20）μm ×（5 ~ 9）μm，内含 2 ~ 4 个油球，偶生少数单胞的分生孢子混生在一起。拟分生孢子盘灰白色，虫粪状，吸水膨胀后涌出大量拟分生孢子，散布于病斑表面。子囊盘肉质，钵状，大小（105 ~ 200）μm ×（80 ~ 125）μm，子囊阔棍棒状，具囊盖，大小（40 ~ 49）μm ×（12 ~ 14）μm，内含 8 个子囊孢子。子囊孢子香蕉形，一端稍弯曲，通常具一隔膜，大小（24 ~ 30）μm ×（5 ~ 6）μm。

四、侵染循环

病菌以菌丝体和分生孢子盘在病叶上越冬，翌年春天产生分生孢子或子囊孢子，通过风雨传播，直接或从气孔侵染。子囊孢子和分生孢子要求 23℃ 以上温度和 100% 相对湿度

才能萌发。潜育期，5 月下旬至 6 月下旬 31 ~15 天，7 月上旬至 8 月上旬流行期的潜育期 8 ~14 天，8 月下旬最短 3 天。发病至落叶约而 13 ~55 天。各种孢子靠气流传播。苹果幼叶（20 天叶龄）对褐斑病具自发抗病性过敏反应（保卫反应），受侵染后迅速出现枯斑，病部不再扩大，但不存在免疫性。田间一般从 5 月中旬开始发病，分生孢子进行反复再侵染。5 月下旬田间开始出现新病斑并产生大量的孢子，7 ~9 月份为发病盛期，严重时 9 月份即可造成大量落叶，10 月份停止扩展。

五、发病条件

该病的发生、流行与雨水、树势、栽培管理及品种有关。病菌发育适温 20℃ ~25℃，分生孢子发芽适温 20℃ ~25℃。分生孢子的传播和侵入需有水，冬季温暖潮湿是病叶与落叶上子囊盘形成的必要条件，冬季不干、春雨早且多的年份有利病害发生流行，特别是春秋雨季提前且降雨量大的年份，病害大流行。从树势、树龄来看，同一品种的幼树较老树抗病；同一株树的当年结果枝发病率较歇果枝高，树冠内膛下部比外部、上部发病早且多，这可能与树冠内部、下部荫蔽、通风透光差、湿度大有关。

六、调查监测与防治技术

（一）调查方法

选择当地代表性果园 3 ~5 个，每个果园对角线 5 点取样，分东、西、南、北、中 5 点，每个方位随机选取 2 个枝条，每个枝条检查 10 个叶片，每点（或一棵树）调查 100 个叶片，全园共调查 500 个叶片，记载发病情况。计算发病叶片百分率、发病株率等。

（二）防治技术

1. 农业防治

加强栽培管理，增施有机肥，提高树体抗病力；土壤黏重或地下水位高的果园，需注意排水，保持适宜的土壤含水量；合理修剪，使树冠通风透光，以减轻病害发生。秋末冬初或早春发芽前清除树上和落地的病叶，集中烧毁或深埋，消灭侵染源。

2. 化学防治

（1）适时适量准确用药苹果褐斑病发病高峰期虽出现在 7 ~8 月，但防治的关键时期却是在生长前期。4 ~6 月喷施 2 次内吸性治疗剂，可有效控制整个生长季节苹果褐斑病的发生。防治苹果褐斑病的关键之一是预防初侵染，苹果褐斑病的第 1 个用药关键期是 5 月谢花后至套袋前（病菌孢子大量传播之前），要求 5 月下旬至 6 月上旬第 1 次雨后开始喷药，至套袋前共喷 2 ~3 次药，以杀灭初侵染源。其次是雨季防治，一般 6 月 20 日左右进入雨季，应在每次雨后都采用内吸性治疗杀菌剂均匀喷雾，尤其套袋后的 7 ~8 月份是苹果褐斑病的盛发期，坚持喷药对预防病菌的再侵染和控制病害的流行作用极大。

（2）正确选择农药选用农药不当是近年来防治苹果褐斑病效果不佳的重要原因，主要表现为施药不对症、该治疗时用了保护性药剂、施用假劣农药等。从 6 月底开始的雨季里，每隔 10 ~15 天喷 1 次保护性和治疗性混配剂，如 80% 代森锰锌可湿性粉剂 1875g/hm^2

和 40% 戊唑醇悬浮剂 375g/hm^2。8 月依病情轻重适时用药，选喷 80% 戊唑醇可湿性粉剂 750g/hm^2 +3% 多抗霉素可湿性粉剂 1500g/hm^2，可收到较好的效果。

（3）提高喷药质量根据苹果褐斑病的侵染特点，做到叶片正面和背面全面喷药，并且应加大单位面积药液用量！可在喷药时添加有机硅增效剂。

第 3 节　苹果灰斑病
（*Phyllosticta pirina* Sacc.）

苹果灰斑病是由梨叶点霉所致的真菌性病害。

一、分布与危害

苹果灰斑病在全国各苹果产区均有发生，尤以华北、东北及黄河故道区为害较重。在陕西果品出口基地，主要分布于白水、淳化、旬邑、扶风、澄城、宜川、黄陵、礼泉、印台、彬县、大荔、蒲城、临渭等县区。

近几年灰斑病的发生呈上升趋势，主要发生在嘎啦、金帅、乔纳金品种上，美八、华美、红星、富士较抗病。

二、症状

在苹果上主要危害叶片。也可危害枝条、嫩梢及果实。叶片受害，初期产生近圆形黄褐色、边缘清晰的病斑，以后病斑变灰色。高温多雨季节病斑迅速扩大成不规则形，多个病斑密集或互相联合使叶片呈焦枯状。病斑中散生多个小黑点。

三、病原

梨叶点霉（*Phyllosticta pirina* Sacc.）属于半知菌亚门腔孢纲球壳孢目。病部的小黑点为该菌的分生孢子器，埋生于表皮下，球形或扁球形，直径 96μm ~ 168μm，上端有一孔口，深褐色。分生孢子无色、单胞，卵圆形或椭圆形，大小为（3.4 ~ 6.9）μm ×（2.4 ~ 4.5）μm，一般为 6.2μm × 3.2μm。

四、侵染循环

苹果灰斑病的发病早于褐斑病，陕西关中最早在 4 月中、下旬即可出现，5 ~ 6 月及 9 ~ 10 月为盛发期。灰斑病以菌丝块分生孢子盘在叶上越冬，春季产生分生孢子，随雨水冲溅至较近地面的叶片上成为初侵染源，雾天或雨天可产生大量分生孢子，借风雨传播，一般潜育期 3 ~ 30 天，从侵入到发病脱叶约经 10 ~ 50 天，分生孢子借风雨再侵染。

五、发病条件

该病的发生、流行与气候、品种密切相关。高温、高湿、降雨多而早的年份发病早且重。

六、调查监测与防治技术

（一）调查方法

选择当地代表性果园 3～5 个，每个果园对角线 5 点取样，分东、西、南、北、中 5 点，每个方位随机选取 2 个枝条，每个枝条检查 10 个叶片，每点（或一棵树）调查 100 个叶片，全园共调查 500 个叶片，记载发病情况。计算发病叶片百分率、发病株率等。

（二）防治技术

1. 农业防治

秋冬季彻底清扫果园内的落叶，集中焚烧。合理修剪，改善树冠内通风透光条件；雨季及时排涝，增施有机肥。

2. 化学防治

5 月底至 6 月上旬喷波尔多液保护春梢。生长季节喷 50% 敌菌丹可湿性粉剂 2500g/hm^2，或 80% 代森锰锌水剂 1500mL/hm^2。

第 4 节　苹果轮斑病
(*Alternaria* mali RobertS)

苹果轮斑病又称大斑病，是一种真菌性病害。

一、分布与危害

苹果轮斑病在各地均有发生，在陕西果品出口基地，主要分布于白水、淳化、旬邑、扶风、澄城、宜川、黄陵、礼泉、印台、彬县、大荔、蒲城、临渭等县区。

此病主要危害叶片，但一般不会造成大的经济损失。轮斑病除危害苹果外，还能侵染梨树。

二、症状

主要危害叶片，也可侵染果实。

1. 叶片主要侵染嫩叶，病斑多集中在叶缘。病斑初期为褐色至黑褐色圆形小斑点，后扩大，叶缘的病斑呈半圆形，叶片中部的病斑呈圆形或近圆形，淡褐色且有明显轮纹，病斑较大，直径 0.5cm～1.5cm。老病斑中央部分呈灰褐至灰白色，其上散生黑色小粒点，病斑常破裂或穿孔。高温潮湿时，病斑背面长出黑色霉状物，即病菌分生孢子梗和分生孢子。

2. 果实病斑黑色，病部软化。轮斑病菌的寄生性很弱，常从伤害部位或灰斑病病斑上侵入危害。

三、病原

病原 *Alternaria* mali RobertS 称苹果链格孢菌，属半知菌亚门真菌。分生孢子梗束状，常从气孔伸出，暗褐色，弯曲，多胞，大小（16.8～65.0）μm×（4.8～5.2）μm；分生孢子顶生，短棒锤形，暗褐色，单生或链生，具2～5个横隔，1～3个纵隔，大小（36～46）μm×（9～13.7）μm。

也有人认为该病害的病原为 *Alternaria alternate* f. sp. *mali*，澳大利亚对中国苹果风险分析报告中也将其作为同一种病害予以分析和处理。

四、侵染循环

以菌丝体和分生孢子在落叶上越冬。次年分生孢子通过风雨传播，多从叶片伤口侵入。发病时期比褐斑病晚，在7～8月雨季发生最多。

五、发病条件

1. 气候影响夏季高温多雨时发生重；北方地区在叶片受雹伤后和暴雨后，发病较多。
2. 栽培影响管理粗放、树势弱易发病。
3. 品种差异元帅系、印度、倭锦、红玉、白龙等易染病。

六、调查监测与防治技术

（一）调查方法

选择当地代表性果园3～5个，每个果园对角线5点取样，分东、西、南、北、中5点，每个方位随机选取2个枝条，每个枝条检查10个叶片，每点（或一棵树）调查100个叶片，全园共调查500个叶片，记载发病情况。计算发病叶片百分率、发病株率等。

（二）防治技术

1. 农业防治

清除病源，改善栽培管理条件。由于病原菌在落叶中越冬，因此，在果树落叶后及时清扫落叶剪除病枯枝集中烧毁；夏季剪除无用的徒长枝；及时中耕除草，改善通风透光条件，降低果园内空气相对湿度。

2. 化学防治

果树发芽前喷5°石硫合剂，清除病原。苹果落花后15～20天，喷洒第一次药剂。以后根据降雨情况至8月下旬每隔20天左右喷药一次，其中春梢叶片的病叶率达10%～20%时，喷洒防治该病效果较好的药剂一两次，7、8月份再喷一两次，其余时间可喷其他杀菌剂。防治效果较好的药剂有50%扑海因可湿性粉剂1000g/hm^2～1500g/hm^2、10%多氧霉素可湿性粉剂1000g/hm^2～1500g/hm^2、3%多抗霉素可湿性粉剂5000g/hm^2～7500g/hm^2、70%乙锰混剂5000g/hm^2。

第5节 苹果锈病

（*Gymnosporangium yamadae* Miyade）

苹果锈病又称赤星病、苹桧锈病、羊胡子，是由担子菌亚门真菌山田胶锈菌引起的病害，属转主寄生菌。

一、分布与危害

苹果锈病在河北、河南、山东、山西、吉林、辽宁、黑龙江、安徽、甘肃、陕西等省均有发生。凡是有松柏的地区发病较重。苹果锈病在陕西果品出口基地各县区均有分布。

近年来，随着城市和道路绿化及大量柏树远距离调运与栽植，导致锈病菌向苹果主产区扩散蔓延，且发病程度逐年加重，已成为苹果上的一种主要病害。

二、症状

苹果锈病主要危害苹果、梨、沙果、山定子、海棠等果树的幼叶、叶柄、新梢和幼果等绿色幼嫩组织。

1. 幼果受害

幼果染病，多在萼洼附近产生圆形橙黄色斑点后着生黑色的小点，病部稍凹陷，直径1cm左右，后期在同一病斑的表面，病斑变为黑褐色，产生灰黄色细管状的锈孢子器（毛状物），病果生长缓慢或停滞，多呈畸形并早落。

2. 叶片受害

叶片正面病斑开始为桔红色1mm ~ 2mm的小圆点，随着病斑的扩大，中间颜色变深（橙黄色），外围颜色变淡（淡黄色），最外面形成黄绿色晕圈，并在中间长出黄色小点（性孢子器），分泌蜜露（黄色黏液即性孢子），随后变为黑色小点。病斑扩大到1cm左右，病部叶肉肥厚变硬，正面稍凹陷，叶背面隆起并长出丛生的黄褐色毛状物（锈孢子器）。不久，锈孢子器顶端破裂，散出黄色粉末（锈孢子）。最后，病斑变黑干枯，毛状物脱落。

3. 新梢、果梗、叶柄受害

病斑多为纺锤形，橙黄色，初期病斑上刻生橙黄色后变黑色小点，后期病部凹陷龟裂，易从病部折断。

4. 桧柏受害

苹果锈病的锈孢子7 ~ 8月份随风传播侵染桧柏小枝形成直径3mm ~ 5mm的球形瘿瘤。来年春季瘿瘤出现深褐色舌状孢子角。

三、病原

山田胶锈菌 *Gymnosporangium yamadai* Miyabe，又称苹果东方胶锈菌，属担子菌亚门真菌，是一种转主寄生菌，在苹果树上形成性孢子和锈孢子，在栓柏上形成冬孢子，以后萌发产生担孢子。性孢子器近圆形，埋生于表皮下。性孢子单细胞，无色，纺锤形。锈孢子器圆筒形，一般在叶背，也可长在果实上。锈孢子球形或多角形，单细胞，栗褐色，膜厚，有瘤状突起，大小为（19.2 ~ 25.6）μm ×（16.6 ~ 24.3）μm。护膜细胞长梭形或长六角形，有卵圆形的乳头状突起，大小为（25.3 ~ 117.5）μm ×（16.5 ~ 25.9）μm。冬孢子双细胞，无色，具长柄，卵圆形或椭圆形，分隔处稍缢缩，暗褐色，大小为(32.6 ~ 53.7) μm ×(20.5 ~ 25.6) μm。冬孢子的两个细胞各具有2个发芽孔，萌发时长出有分隔的担子，4个细胞，每胞上生1个小梗，顶端着生1个担孢子。担孢子卵形，淡黄褐色，单细胞，大小为（13～16）μm×（7.5～9）μm。

四、侵染循环

苹果锈病菌在桧柏上为害小枝，即以菌丝体在菌瘿中越冬。翌年春天形成褐色的冬孢子角。冬孢子柄被有胶质，遇降雨或空气极潮湿的胺化膨大，冬孢子萌发产生大量担孢子，随风传播到苹果树上。锈菌侵染苹果树叶片、叶柄、果实及当年新梢等，形成性孢子器和性孢子、锈孢子器和锈孢子。锈孢子成熟后，随风传播到桧柏上，侵害桧柏枝条。苹果锈菌因没有夏孢子，1 年仅侵染 1 次。

五、发病条件

1. 寄主条件

苹果锈病属转主寄生病菌，必须在转主寄主上才能完成病害的循环，若苹果园周围没有转主寄主，则锈病不能发生。换言之只有苹果等水果类和桧柏类林木同时存在的地方苹果锈病才能完成其生活史，才能造成危害，所以苹果园周围桧柏类林木的有无是决定果园能否发生该病的先决条件。因此，如果桧柏、欧洲刺柏、高塔柏、龙柏、翠柏等松柏科林木与苹果园近距离种植，则苹果锈病就可能发生或大发生。苹果锈病发生的轻重与苹果园周围 5km 范围内的桧柏等转寄主数量关系密切。桧柏类林木种植面积越大，侵染源越多，锈病发生危害越严重；在担孢子传播的有效距离内，转主寄主与苹果园距离越近，苹果园锈病发生越重。在有桧柏等越冬寄主存在的情况下，转主寄主上的越冬菌原数量多，有充足的侵染来源，病害发生就重；若越冬病菌数量少，则病害发生就轻。这也是胶东地区由西向东发病逐渐严重的主要原因。

2. 气候条件

苹果锈病流行与气候条件有密切关系，气温、降雨、风力是决定病害流行的 3 个主要条件，春季多雨、多风和温度适宜情况下，果园周围栽种桧柏极易造成锈病大流行。春雨多，气温低，病害轻，春旱则发病轻。而春雨多，气温合适，发病就重，每年发病的迟早和轻重决定于 4 月中下旬至 5 月上旬的雨期早晚和有无。风力决定孢子传播的有效距离，桧柏类林木位置、发病季节的风向则与侵染的范围有关。在苹果展叶后，如天气阴雨连绵，连续降雨，有利于病菌扩散、传播和侵染；相反，这段时间天气干旱，雨水稀少，则不利于锈病传播和侵染，锈病的发生就相对较轻或很少发生。5 月降雨超过 50mm，在有越冬菌源的情况下极易暴发苹果锈病。

六、调查监测与防治技术

（一）调查方法

选择当地代表性果园 3～5 个，每个果园对角线五点取样，分东、西、南、北、中 5 点，每个方位随机选取 2 个枝条，每个枝条检查 10 个叶片，每点（或一棵树）调查 100 个叶片，全园共调查 500 个叶片，记载发病情况。计算发病叶片百分率、发病株率等。

每株树从东、西、南、北、中不同方位，分上、中、下部位按 2∶6∶12 的比例每方位随机最少抽查20个果实（果时量少的全株调查），记录各果实的发病情况。

（二）防治技术

由于苹果锈病病菌具有转主寄生和循环中无再侵染的特点，必须在转主寄主上才能完成病害的循环，因此通过消灭转主寄主、控制转主寄主上的病原菌和及时喷药保护防治就能有效地防止苹果锈病的泛滥发生。

1. 农业防治

（1）尽可能铲除或减少转主寄主如果苹果园周围没有转主寄主，锈病就不能发生。因此，苹果园附近5km以内不应栽植桧柏、龙柏和翠桧等苹果锈病的转主寄主，应砍除少量已栽植的桧柏等植物，以切断其侵染循环。新建苹果园选址应远离桧柏类树多的风景区、育林区。

（2）控制冬孢子萌发和锈孢子侵染不宜砍除桧柏类树时，应于冬季检查菌瘿、“胶花”是否出现，及时剪除，集中销毁。早春下雨前在桧柏等树上喷1~2次3~4°Bé石硫合剂，控制冬孢子萌发。其次，苹果发芽前（3月上旬）在苹果树上喷施5°Bé石硫合剂1~2次，以灭除转主寄主传播的冬孢子。花露红期应喷布1遍唑类杀菌剂。

（3）做好苹果锈病的病情预测预报从冬季开始，密切监测苹果锈病病原菌在桧柏等寄主上的越冬情况和早春的发病情况，结合气象部门的天气预报，及时准确地发布病情预报，科学指导果农开展防治。

2. 化学防治

苹果树发芽后至幼果期，在苹果树的嫩叶、新梢或幼果上发现苹果锈病病斑时，应立即喷施唑类杀菌剂1~2次，防止病原菌传播蔓延。供选择的药剂有：15%三唑酮可湿性粉剂750g/hm^2、10%苯醚甲环唑水分散粒剂600g/hm^2、43%戊唑醇水乳剂或悬浮剂375g/hm^2、25%丙环唑乳油600mL/hm^2、12.5%腈菌唑水乳剂750g/hm^2。喷药后2天病斑不再扩展，边缘颜色开始变浅逐渐变为黄绿色，15天后病斑向叶正面形成厚硬的瘤状突起，突起黄褐色，边缘黄绿色，最后突起变黑褐色。

第6节　苹果树枝枯病

(*Nectria cinnabarina* (Tode.) Fr.)

苹果树枝枯病又称朱红赤壳枝枯病，是一种真菌性病害。

一、分布与危害

国内主要流行区在东北、华北、西北和山东等北方苹果产区，江苏、云南等地也有分布。在陕西果品出口基地，主要分布于白水、淳化、旬邑、扶风、澄城、礼泉、印台、长武、彬县、大荔、蒲城、临渭等县区。

苹果树枝枯病在各苹果园的老树园常有发生，危害性不大。

二、症状

主要危害苹果大树上衰弱的枝梢，多在结果枝或衰弱的延长枝前端形成褐色不规则凹陷斑，病部发软，红褐色，病斑上长出橙红色颗粒状物，即病菌的分生孢子座。发病后期病部树皮脱落，木质部外露，严重的枝条枯死。

三、病原

病原为朱红丛赤壳菌 *Nectria cinnabarina*（Tode）Fr.，属子囊菌亚门真菌。无性世代为干癌瘤座霉 *Tubercularia vudgaris* Tode，主要危害苹果等。

四、侵染循环

病菌多以菌丝或分生孢子座在病部越冬。翌年降雨或天气潮湿时，分生孢子溢出，借风雨传播蔓延。

五、发病条件

病菌属弱寄生菌，只有在枝条十分衰弱且有伤口时，才能侵入，引致枝枯。

六、调查监测与防治技术

（一）调查方法

选取当地代表性果园 3～5 个，采取随机取样，每片果园调查 3～5 点，每点 2 棵树，按东、南、西、北、中 5 个方位，每个方位各调查 5 个树干，分别统计发生情况和发病程度。

（二）防治技术

1. 农业防治

夏季清除并销毁病枝，以减少苹果园内侵染源；修剪时留桩宜短，清除全部死枝。

2. 化学防治

在分生孢子释放期，每半个月喷洒 1 次 40% 多菌灵可湿性粉剂或 36% 甲基硫菌灵悬浮剂 3000mL/hm^2、50% 甲基硫菌灵·硫黄悬浮剂 1875mL/hm^2、50% 混杀硫悬浮剂 3000mL/hm^2、50% 苯菌灵可湿性粉剂 750g/hm^2～1500g/hm^2。

第 7 节　苹果圆斑根腐病

（*Fusarium oxysporum* Schl）

苹果圆斑根腐病是由尖孢镰刀菌和少量腐皮镰刀菌侵染所致的真菌性病害。

一、分布与危害

苹果圆斑根腐病在陕西关中地区，山西运城地区，太原、河南西部，辽宁西部的朝阳和锦州地区等均有发病。在陕西果品出口基地，主要分布于白水、淳化、扶风、澄城、宜川、黄陵、礼泉、印台、长武、彬县、大荔、蒲城、临渭等县区。

该病防治难度大，复发率高，极易造成产量锐减，甚至挖树毁园。

二、症状

果树地上部在4~5月份展叶后，表现症状有四种类型：

1. 萎焉型

病株在萌芽后整株或部分枝条生长衰弱，叶簇萎焉，叶片向上卷缩，形小而色浅，新梢抽生困难，有的甚至花蕾皱缩不能开花，或开花后不能结果，枝条表现失水状，甚至皮层皱缩或枯死。

2. 叶片青干型

在春旱或气温较高时，病叶骤然失水青干，多数从叶缘向内发展，或沿主脉向内扩展，在青干与健全组织分界处有明显的红褐色晕带，严重青干的叶片脱落。

3. 叶缘焦枯型

病株叶片的尖端或边缘枯焦，而中间部分保持正常，叶片不会很快脱落。在雨季较多年份，病势发展缓慢，是该病表现的主要症状。

4. 枝枯型

病株上与烂根相应的少数骨干枝坏死，病部变凹陷，并沿枝干向下蔓延。发病后期，坏死皮层极易剥离，是部分大根腐烂呈现的特殊症状。

三、病原

苹果圆斑根腐病病原主要是由尖孢镰刀菌 *Fusarium oxysporum* Schl. 和少量腐皮镰刀菌 *Fusarium solani*（Mart.）Sacc 侵染所致，均属半知菌亚门真菌。

（1）尖镰孢菌大分生孢子两头较尖，足胞明显，中段较直，仅两头弯曲，孢子的最大宽度在中部，分隔以3~4格为多，大小为（16.3~50.0）μm×(3.8~7.5)μm。小孢子为卵圆至椭圆形，单胞，尺度为（3.8~12.5）μm×(2.3~5.0)μm。

（2）腐皮镰刀菌大分生孢子两头较圆，足胞不明显，整个形状较为弯曲。孢子的最大宽度在中部，分隔具有3~9格，3格大孢子的平均大小为（30.0~50.0）μm×(5.0~7.5)μm，5格大孢子的大小为（32.5~51.3）μm×(5.0~10.0)μm。小孢子为长圆、椭圆或卵圆形，单胞或双胞，单胞小孢子的大小为（7.5~22.5）μm×(3.0~7.5)μm；双胞小孢子的大小为（12.5~25.0）μm×(3.8~7.5)μm。

四、侵染循环

可在土壤中长期腐生存活，同时也可寄生。只有当果树根系衰弱时才会得病。因此，干旱、缺肥、土壤盐碱化，水土流失严重、土壤板结通气不良，结果过多，大小年严重，杂草丛生，以及其他病虫（尤其是腐烂病）严重为害等导致果树根系衰弱的种种因素，都是诱发病害的重要条件。

五、发病条件

当果树根系生长衰弱时，病菌侵入根部致使植株发病，在对各类果园跟踪调查中发现：

（1）果树环剥或环割次数多时，往往发病重。

（2）果园管理粗放，使用有机肥较少，树势衰弱者发病重。

（3）土壤严重板结、地势低洼易积水的发病重。

六、调查监测与防治技术

（一）调查方法

选择当地代表性果园 3～5 个，每个果园对角线 5 点取样，分东、西、南、北、中 5 点，每个方位随机选取 2 个枝条，每个枝条检查 10 个叶片，每点（或一棵树）调查 100 个叶片，全园共调查 500 个叶片，记载发病情况。计算发病叶片百分率、发病株率等。

（二）防治技术

1. 农业防治

增强树势，提高抗病力。增施有机肥料，进行灌水，控制水土流失，加强其他病虫防治，合理修剪，控制大小年等。

2. 化学防治

（1）土壤消毒灭菌　每年苹果树萌芽和夏末进行两次，以根颈为中心，开挖 3～5 条放射状沟，深 70cm，宽 30cm～45cm，长到树冠外围。灌根有效的药剂有：硫酸铜晶体 3000g/hm^2；70% 甲基托布津可湿性粉剂 1000g/hm^2；1°Bé 石硫合剂等；

（2）发病初期若土壤湿度大，黏重，通透差，要及时改良并晾晒，再用药。用 30% 恶霉灵水剂 1500mL/hm^2 或 70% 敌磺钠可溶粉剂 1600g/hm^2，用药时尽量采用浇灌法，让药液浸入至受损的根茎部位，根据病情，可连用 2～3 次，间隔 7～10 天。对于根系受损严重的，配合使用促根调节剂使用，恢复效果更佳。

第 8 节　苹果白绢病
（*Pellicularia rolfsii*（Sacc））

苹果白绢病俗名茎基腐烂病，是一种由白绢薄膜革菌引起的真菌性病害。

一、分布与危害

在陕西果品出口基地，主要分布于白水、淳化、扶风、澄城、宜川、黄陵、礼泉、印台、长武、彬县、大荔、蒲城、临渭等县区。

苹果白绢病分布较广，除为害苹果、梨、桃、葡萄等树外，还能侵害桑、茶、杨、柳、花生、大豆、瓜类、番茄等多种植物。

二、症状

开始在苹果树离地面 5cm～10cm 左右，根颈部出现褐色病斑，逐渐环绕根颈扩展，皮层腐烂，流出褐色汁液，有较浓的霉臭味，病皮表面产生一层白色绢丝状菌丝体；最初地上部叶片颜色减退为淡黄，新发叶小而叶缘卷曲，花期延迟，花丛、花瓣较小，果实亦小而硬，最终枝干出现失水皱缩现象，整株死亡。

三、病原

有性时期为白绢薄膜革菌 *pellicularia rolfsii*（Sacc.）West.，属担子菌亚门层菌纲非褶菌目；无性时期为齐整小核菌 *sclerotivm rolfsii* Sacc. 属半知菌亚门丝孢纲无孢目。菌核初白色，后由淡黄色渐变为棕褐色或茶褐色，表面平滑，球形或近球形，0.8mm～2.3mm，很象油菜籽。担子棍棒状，单胞，无色，大小为（16×6.6）μm，其上对生4个小梗。小梗单胞无色，长3μm～5μm，顶端着生担孢子。担孢子倒卵圆形，单胞，无色，大小为（7×4.6）μm。

四、侵染循环

以菌核在土壤中越冬，来年4月份开始侵染危害，病菌依靠菌丝蔓延和苗木带病传播，7～9月份是发病盛期，重病树往往在9～10月份带叶枯死。

五、发病条件

高温、地势低洼、土壤板结的黏土地感病严重。

六、调查监测与防治技术

（一）调查方法

选择当地代表性果园5个，每个果园对角线5点取样，分东、西、南、北、中5点，每点10棵树，记载发病情况，计算果树的发病株率。

（二）防治技术

1. 选地育苗建园

苹果育苗建园时，应避免在病地和种过易感病植物的地块育苗建园。

2. 利用抗病砧木

湖北海棠对白绢病有较强的抗性，可利用其培育抗病苗木；选用抗病砧木植于重病树旁侧，进行靠接，促使树势恢复。

3. 春秋天扒土晾根

树体地上部分出现症状后，将村干基部主根附近土扒开晾晒，可抑制病害的发展。晾根时间从早春3月到秋天落叶为止均可进行，雨季来临前可填平树穴以防发生不良影响。晾根时还应注意在穴的四周筑土埂，以防水流入穴内。

4. 选用无病苗木

调动调运苗木时，严格进行检查，剔除病苗，并对健苗进行消毒处理。消毒药剂可用70%甲基硫菌灵可湿性粉剂1500mL/hm^2～1875mL/hm^2，2%的石灰水，0.5%硫酸铜溶液浸10min～30min，然后栽植。也可在45℃温水中，浸20min～30min，以杀死根部病菌。

5. 病树治疗

根据树体地上部分的症状确定根部有病后，扒开树干基部的土壤寻找发病部位，确认

是白绢病后，用刀将根颈部病斑彻底刮除，并用抗菌剂 401 水剂 30000mL/hm^2 或 1% 硫酸铜液消毒伤口，再外涂波皮多浆等保护剂，然后覆盖新土。

6. 挖隔离沟

在病株外围，开挖隔离沟，封锁病区。

第 9 节　苹果紫纹羽病
(*Helicobasidium mompa* Tanaka. Jacz.)

苹果紫纹羽病又称苹果树紫色根腐病，是一种由桑卷担菌引起的真菌性病害。

一、分布与危害

苹果紫纹羽病在我国苹果产区均有分布，在陕西果品出口基地，主要分布于澄城、礼泉、印台、大荔、蒲城、临渭等县区。

一般以树龄较大的的老果园发病为重。病菌寄主范围很广，主要为害苹果、梨、桃、葡萄等果树。

二、症状

主要为害根系，细根先发病，后逐渐扩展到侧根和主根，直至树干基部。发病初期根部现黄褐色不定形斑块，外表颜色变深，皮层组织变褐，病部表面缠绕许多淡紫色棉絮状物，即病菌菌丝和菌素，形状似羽毛，逐渐变成暗紫色绒毛状菌丝层，包被整个病根，并能延伸到根外的土面上。后期在病根上产生紫红色半球状菌核，大小 1mm ~ 2mm，病根皮层腐烂易脱落，后木质部腐朽，6 ~ 7 月份，菌丝体上产生微薄白粉状子实层，病株地上部生长衰弱，叶片变小，色淡，枝条节间缩短或部分枝条干枯，感病品种叶柄和中脉变红。该病扩展缓慢，经数年才逐渐衰弱死亡。

三、病原

病原 *Helicobasidium mompa* Tanaka. Jacz. 桑卷担菌，属担子菌亚门真菌。病根上着生的紫黑绒状物是菌丝层，由 5 层组成，外层为子实层，其上生有担子。担子圆筒状无色，由 4 个细胞组成，大小 $(25 \sim 40)\mu m \times (6 \sim 7)\mu m$，向一方弯曲。再从各胞伸出小梗，小梗无色，圆锥形，大小 $(5 \sim 15)\mu m \times (3 \sim 4.5)\mu m$。小梗上着担孢子，担孢子无色、单胞，卵圆形，顶端圆，基部尖，大小 $(16 \sim 19)\mu m \times (6 \sim 6.4)\mu m$，多在雨季形成。

四、侵染循环

以菌丝体、根状菌索和菌核在病根上或土壤中越冬。条件适宜，根状菌束和菌核产生菌丝体。菌丝体集结形成菌丝束，在土表或土里延伸，接触寄主根系后直接侵入危害。一般病菌先侵染新根的柔软组织，后蔓延到大根。病根与健根系互相接触是该病扩展、蔓延的重要途径。病菌虽能产生孢子但寿命短。萌发后侵染机会少，所以病菌孢子在病害传播中作用不大。病害发生盛期多在 7 ~ 9 月份。带病刺槐是该病的主要传播媒介，靠近带病刺槐的苹果树易发病。

五、发病条件

低洼潮湿、积水的果园，发病重。

六、调查监测与防治技术

（一）调查方法

选择当地代表性果园5个，每个果园对角线5点取样，分东、西、南、北、中5点，每点10棵树，记载发病情况，计算果树的发病株率。

（二）防治技术

1. 农业防治

（1）加强栽培管理，增强树势，提高树体抗病能力是防病的根本措施，为防止幼树发病，需加强对苗圃的管理，以培育壮苗；

（2）选用抗病、抗虫、高产无病虫的苹果树苗；

（3）选用地势高燥、排灌方便的田块做果园；

（4）冬天要合理剪枝，剪枝要有利于果树的通风透光、营养合理分布；

（5）冬天要清除果园内的杂草、落叶、病枝、落果以及修剪的树枝，深翻地；

（6）刨开树盘土壤检查，发病重的，锯除完全腐烂大根，刮净病部腐烂皮层和木质，捡净集中烧毁，病部施药。

2. 化学防治

（1）芽接苗要在发芽前15~20天剪砧，用1%硫酸铜消毒伤口，再涂波尔多液保护。苗木定植时，以嫁接口与地面相平为宜，应避免栽深，并浇足水，以缩短缓苗时间；

（2）发病时应及时刮除病斑，刮后病部涂福美砷等药剂消毒；

（3）果树发芽前结合对其他病虫防治，喷3~5°Bé石硫合剂加0.3%五氯酚钠混合液保护树干；

（4）冬天要刮除病斑，病斑刮除处喷施硫酸铜或福美砷或石硫合剂等保护性药剂。

（5）种植前进行土壤消毒用40%五氯硝基苯$10g/m^2$~$20g/m^2$。生长期发病，建议使用25%丙环唑乳油$600mL/hm^2$，或30%恶霉灵$1500mL/hm^2$+12.5%烯唑醇可湿性粉剂$750g/hm^2$或70%敌磺钠可溶性粉剂$1875g/hm^2$浇灌，用药前若土壤潮湿，建议晾晒后再灌透。

第10节　苹果炭疽病

（*Glomerella cingulata*（Stonem）Spauld et Schrenk）

苹果炭疽病又称苦腐病、晚腐病，是苹果上重要的果实病害之一，是由小丛壳菌引起的真菌性病害。

一、分布与危害

苹果炭疽病在世界各苹果栽培区（热带，亚热带以及温带）均有发生，中国苹果产区以黄淮、华北以及西北、西南高地产区发病严重。在陕西果品出口基地各县区均有分布。

苹果炭疽病是苹果的三大病害之一，不仅在田间产生危害，由于其潜伏侵染特性，还可引起苹果采后腐烂，成为贮藏期的重要病害。它引致的苹果采后腐烂严重，病果率达30%左右，严重时可达50% ~60%。

二、症状

苹果果实发病后出现两种类型症状。果腐型为常见的典型症状，在果面出现淡褐色至红褐色小斑，扩展后变褐至黑褐色圆斑，凹陷，边缘清晰，剖切后可见病斑下面果肉变褐呈锥形向果心腐烂，病斑表面常出现轮纹状排列的黑色小粒。潮湿条件下出现肉红色粘状的分生孢子团。另一种症状为斑点型，病斑扩展至2mm ~3mm时即停止扩展，边缘紫红色或黑褐色，中间凹陷，斑上黑色小粒稀少，不呈同心轮纹排列，病斑下果肉局部坏死。

三、病原

无性态为胶孢炭疽菌 *Colletotrichum gloeosporioides*（Penz.）Penz. et Sacc.，半知菌亚门炭疽菌属，菌落多变，灰白色至深灰色，气生菌丝平坦，毡状或者絮状，分生孢子果产生于菌丝层中，菌落随菌龄增长背面呈不均匀白色至灰色或黑色。刚毛有或无，无菌核。分生孢子单胞、无色、椭圆形或圆柱形、两端钝圆，有油球，大小为（9 ~24）μm×（3 ~6）μm，附着胞褐色，近圆形或椭圆形，大小为（6 ~10）μm×（5 ~7）μm。

有性态为围小丛壳 *Glomerella cingulate*（Stoneman）Spauld et Schrenk，子囊菌亚门小丛壳属，子囊壳着生于黑色的瘤状子座内，每个子座含1至数个子囊壳。子囊壳暗褐色，烧瓶状，外部附有毛状菌丝，子囊壳的直径85μm ~300μm。子囊长棍棒形，平行排列于子囊壳内，（55 ~70）μm×9μm，内含8个子囊孢子。子囊孢子单胞，无色，卵圆形或长椭圆形，稍弯曲，（12 ~22）μm×（3.5 ~5.0）μm。

四、侵染循环

苹果炭疽菌以菌丝体、分生孢子盘在树上的病僵果、果台、干枯枝条以及病虫危害的破伤枝条等部位越冬，也能在梨、葡萄、枣、刺槐、核桃等寄主上越冬。翌春温湿度适宜时，越冬病菌产生分生孢子成为初次侵染来源。分生孢子主要通过雨水冲溅传播，昆虫也能传病。分生孢子经皮孔、伤口或直接侵入果实（苹果果实的皮孔大多是随着果实增大、表皮扩展而由气孔演变而成）。在适宜的条件下，分生孢子5h ~10h即可完成侵染过程。苹果炭疽病菌具有潜伏侵染的特性，幼果感病潜育期长，成熟后感病潜育期则短。病害的潜育期最短1.5天，最长114天，一般为3 ~13天。在一个生长季节可有多次再侵染。

炭疽病菌从落花后的幼果开始侵染，侵染时期与降雨关系密切，降雨早则侵染也早。在北方果区，苹果坐果后（5月中旬）病菌开始侵染，果实膨大期（6 ~7月份）为侵染盛期。7月中旬发病，8月中旬进入发病盛期。

五、发病条件

炭疽病菌在高温、多湿、多雨的情况下，繁殖快，传播迅速。晚秋温度降低时，发病减少。果实染病后，在贮藏期遇到适宜条件，仍可出现病斑，造成贮藏期腐烂。此外，炭疽病的发病程度还与果园的栽培管理条件有关。

六、调查监测与防治技术

（一）调查方法

每小区 2 株树均做调查，每株树从东、西、南、北、中不同方位，分上、中、下部位按 2：6：12 的比例每方位随机最少抽查 20 个果实（果实量少的全株调查），记录各果实的发病级别，以此计算病情指数和药剂的防效。

病果分级标准：

0 级：无病斑；

1 级：每果 1 ~2 个病疤；

3 级：每果 3 ~4 个病疤；

5 级：每 5 ~6 个病疤；

7 级：每 7 ~10 个病疤；

9 级：每果 10 个以上病疤。

（二）防治技术

1. 农业防治

发芽前清理残枝、枯叶烧毁。果园内不种高秆农作物，园外不种刺槐。及时修剪，使树冠大枝成层，通风透光。

2. 化学防治

（1）从落花后半个月开始，使用≥2. 6% 生物碱和栀子甙 5000mL/hm^2 进行喷施，每隔 15 ~20 天喷施 1 次。

（2）幼果期为重点防治期，80% 福美双 + 福美锌可湿性粉剂 2000g/hm^2，全树连续喷 2 次 50% 甲基硫菌灵可湿性粉剂 3000g/hm^2、75% 百菌清可湿性粉剂 2500g/hm^2 或 56% 嘧菌酯百菌清 1875g/hm^2 或 80% 福美双 + 福美锌可湿性粉剂 3000g/hm^2 等杀菌剂。

第 11 节　苹果褐腐病
（*Monillinia fructigena*（Adeh. et Ruhl.） Honeg）

苹果褐腐病又称苹果菌核病。是一种由果生核盘菌引起的真菌性病害。

一、分布与危害

苹果褐腐病是世界性广泛分布，国内各苹果产区均有发生。在陕西果品出口基地各县区均有分布。

苹果褐腐病是果实生长后期和贮藏、运输期间发生的重要病害。苹果褐腐病病菌只侵害果实，除苹果外，还可侵害梨和桃、杏、李等果树。

二、症状

（1）枝干发病病枝出现溃疡症状。

（2）花朵发生萎蔫或褐色溃疡。

（3）果实初现浅褐色小斑，软腐状。病斑迅速向外扩展，在10℃时约经10天即可使整个果实腐烂。病果的果肉松软成海绵状，略有韧性。后期在病斑中形成同心轮纹状排列的灰白色绒球状霉团，这是褐腐病的典型症状。病果多早落，也有少量失水干缩成僵果残留于树上。在贮藏期，病果上呈现蓝黑色斑块。

三、病原

果生核盘菌 *Sclerotinia fructigena*（Aderh. et. Ruhl.）属子囊菌亚门真菌。无性世代仁果丛梗孢 *Alonilia fructigena* Pers. 属半知菌亚门真菌。病果上密生灰白色菌丝团，其上产生分生孢子梗和分生孢子。分生孢子梗无色、单胞、丝状，其上串生分生孢子，念珠状排列，无色，单胞．椭圆形或柠檬形，大小（1～31）μm×（8.5～17）μm。菌核黑色，不规则。大小1mm左右，1～2年后萌发出子囊盘，灰褐色，漏斗状，外部平滑，大小3mm～5mm，盘梗长5mm～30mm，色泽较浅。子囊无色，棍棒状，大小（125～215）μm×（7～10）μm，内含8个子囊孢子，单行排列，子囊孢子无色，单胞，卵圆形，大小（10～15）μm×（5～8）μm。自然条件下该阶段不常发生。

四、侵染循环

主要以菌丝和孢子在病果（僵果）上越冬，翌年春分生孢子借风雨传播，通过伤口或皮孔侵入果实，潜育期5～10天。病原主要通过各种伤口如裂口、虫伤、刺伤、碰伤等侵入。也可以经过皮孔侵入。在贮运中，病害主要通过病健果接触传病。果实近成熟期9月下旬至10月上旬为发病盛期。

五、发病条件

褐腐菌最适发育温度25℃，但在较高或较低温度下病菌仍可活动扩展。湿度是该病流行的重要因素。高湿度不仅利于病菌的生长、繁殖，孢子的产生、萌发，还可使果实组织充水，增加感病性。果园管理差、病虫害严重、裂果或伤口多等均可导致褐腐病发生，特别是果树生长前期干旱，后期多雨，褐腐病会大流行。苹果各品种中，晚熟品种如大国光、小国光、红玉、倭锦等发病较重。在贮藏、运输过程中，由于挤压、碰撞，常造成大量伤口，在高温高湿条件下，病害会迅速传播蔓延；贮藏期病果上的病原也可侵害相邻果实，使其发病。

六、调查监测与防治技术

（一）调查方法

选择当地有代表性的果园，每个果园5点取样，每点2株树均做调查，每株树从东、西、南、北、中不同方位，分上、中、下部位按 2：6：12 的比例每方位随机最少抽查 20 个果实（果实量少的全株调查），记录各果实的发病情况。

（二）防治技术

1. 农业防治

（1）冬季或早春翻耕土壤，清除病果生长季节，摘除病果，集中深埋或烧毁。

（2）适时采收，并加强贮藏期防治贮藏前严格剔除各种病果、伤果及虫果。

（3）推广果实套袋不仅免于尘埃、农药污染果实，清洁果面，而且使果实不受病虫危害，同时由于套袋，减少水分蒸发，袋内形成一个较大湿度的微环境，减轻裂果的发生。

2. 物理机械防治

贮藏温度为 1℃ ~2℃，相对湿度为 90%。贮藏期间定期检查，及时处理病、伤果，以减少传染和损失。

3. 化学防治

在花前、花 后及果实成熟时各喷一次 1：1 ~2：160 ~240 倍式波尔多液或 70% 甲基硫菌灵超微可湿性粉剂 1250g/hm^2 ~1500g/hm^2、40% 多菌灵悬浮剂 2500mL/hm^2 ~300mL/hm^2、36% 甲基硫菌灵悬浮剂 1875mL/hm^2 +75% 百菌清可湿性粉剂 1500g/hm^2、50% 乙烯菌核利可湿性粉剂 1500g/hm^2。也可在花前喷洒 3 ~5°Bé 石硫合剂。花后和果实近成熟期各喷一次 50% 代森锰锌 3000g/hm^2 ~3500g/hm^2 或 50% 甲基硫菌灵 1875g/hm^2 ~3000g/hm^2。此外还有：50% 腐霉利可湿性粉剂 1500g/hm^2、50% 苯菌灵可湿性粉剂 1875g/hm^2。

第 12 节　苹果青霉病
（*Penicillium expansum*（Link））

苹果青霉病又称水烂病，是一种真菌性病害。

一、分布与危害

世界各地均有发生，国内各产区均有发生。在陕西果品出口基地各县区均有分布。

该病危害近成熟及成熟期的果实，也是苹果运输和贮藏期的一种重要病害。该病除苹果外也危害梨、桃、杏、板栗等。

二、症状

果实发病主要由伤口（刺伤、压伤、虫伤、其他病斑）开始。发病部位先局部腐烂，极湿软，表面黄白色，成圆锥状深入果肉，条件适合时发展迅速，发病后 10 余天全果腐烂。空气潮湿时，病斑表面生出小瘤状霉块，初为白色，后变青绿色，上面覆盖粉状物，易随气流吹散，此即病菌的分生孢子梗及孢子，易随气流扩散。腐烂果肉有特殊的霉味。

三、病原

病原扩展青霉 *Penicillium expansum*（Link）Thom 属半知菌亚门丝孢纲丝孢目。主要为菌落粒状或绒状，仅在后期呈束状，有时形成孢梗束，暗绿色，有白色的边缘，最后变褐色；分生孢子梗长达500μm以上，壁光滑或微粗糙，宽3μm～3.5μm，间枝3～6个，大小为（10～15）μm×（2.2～3.0）μm；瓶状小梗5～8个，大小为（8～12）μm×3μm；分生孢子多，但一般孢子层不形成壳状，先呈椭圆形，以后部分变亚球形，光滑，大小为（3～3.5）μm×（1.9～2.4）μm，串生成长链。

四、侵染循环

病菌孢子能忍耐不良环境条件，随气流传播，也可通过病、健果接触传病；分生孢子落到果实伤口上，便迅速萌发，侵入果肉，分解毒素—Patulin及分解中胶层，致细胞离解，使果肉软腐。有时毒素也可混进苹果汁里。气温25℃左右，病害发展最快；0℃时孢子虽不能萌发，但侵入的菌丝能缓慢生长，果腐继续扩展；靠近烂果的果实，如表面有刺伤，烂果上的菌丝会直接侵入健果而引起腐烂。

五、发病条件

在果品贮藏前期和后期，窖温度升高，病害就会迅速蔓延。冬季低温扩展慢。破伤果多时发病重。分生孢子萌发温限3℃～30℃，适温15℃；相对湿度大于90%不能萌发，最适pH4。菌丝生长温度范围13℃～30℃，适温20℃。该病用塑料袋袋装贮藏发病多。

六、调查监测与防治技术

（一）调查方法

选择当地有代表性的果园，每个果园5点取样，每点2株树均做调查，每株树从东、西、南、北、中不同方位，分上、中、下部位按2：6：12的比例每方位随机最少抽查20个果实（果实少的全株调查），记录各果实的发病情况。

从已收获的果实在随机抽取500颗果实，调查发病情况。

（二）防治技术

1. 农业防治

防止碰伤果实，减少伤口，如果发现伤果，及时捡出。

2. 化学防治

（1）果库消毒一般用的化学药物有①硫黄（SO_2）熏蒸；②50%福尔马林30倍喷撒；

（2）贮果消毒入贮的果实可用$1000\times10^{-6}\sim2000\times10^{-6}$的抑霉唑洗果亦能收到较好的效果；苹果采收后，用噻苯咖唑1000mg/kg～2500mg/kg或50%苯菌灵500mg/kg～1000mg/kg、50%甲基硫菌灵可湿性粉剂1500g/hm^2、50%多菌灵可湿性粉剂1500g/hm^2、45%噻菌灵悬浮剂500mL/hm^2～750mL/hm^2等药液浸泡5min，然后再贮藏，有一定的防效。

3. 贮藏期防治

贮藏期间，控制库内温度为0℃～2℃，O_2为3%～5%，CO_2为10%～15%。

第 13 节　苹果煤污病

（*Gloeodes pomigena*（Schw.） Colby.）

苹果煤污病又称苹果黑苹果病，是一种仁果粘壳孢菌引起的真菌性病害。

一、分布与危害

煤污病普遍发生在世界范围内温暖湿热的地区，如中国、美国、德国、荷兰、波兰、土耳其、巴西等国。国内主要流行区在东北、华北、西北和山东等北方苹果产区，陕西果品出口基地，主要分布于白水、淳化、合阳、扶风、澄城、黄陵、礼泉、印台、长武、彬县、大荔、蒲城、临渭等县区。

煤污病是苹果果皮外部发生的病害，几乎所有苹果园，所有品种都有不同程度的发病。影响果品外观质量，降低等级和经济价值。近年来，我国苹果煤污病发生日益严重。在云南省的部分苹果产区，煤污病的发生严重影响了苹果的生产。

二、症状

1. 果实产生褐至褐色污斑，边缘不明显，似煤烟尘落。其菌丝层很薄，可用手擦去。常沿雨水流动的方向发病，俗称“水锈”。

2. 枝干新梢上产生黑灰色的煤状物，一般用手擦不掉。

三、病原

仁果粘壳孢菌 *Gloeodes pomigena*（Schw.） Colby.，属半知菌亚门真菌。菌丝全部或几乎全部着生在果表面，形成菌丝层，上生黑点，即分生孢子器。有时菌丝细胞分裂成厚垣孢子状。分生孢子器半球形，内生分开生孢子，圆筒形，壁厚，无色，直或稍弯，双胞。

四、侵染循环

以菌丝和孢子器在苹果芽、果台、枝条上越冬。翌年春以分生孢子和菌丝随风雨、昆虫传播。侵染叶、枝、果实表面，自 6 月上旬至 9 月下旬均可发病。侵染集中于 7 月初到 8 月中旬，高温多雨季节繁殖扩展迅速，可多次再侵染。凡树冠郁密、管理粗放的果园，防治不及时，可在半月内果面污黑，严重发病。

五、发病条件

高温多雨有利于病原的侵染。

六、调查监测与防治技术

（一）调查方法

选择当地有代表性的果园，每个果园 5 点取样，每点 2 株树均做调查，每株树从东、西、南、北、中不同方位，分上、中、下部位按 2：6：12 的比例每方位随机最少抽查

20 个果实（果实量少的全株调查），记录各果实的发病情况。

从已收获的果实在随机抽取 500 颗果实，调查发病情况。

（二）防治技术

1. 农业防治

7 月份对郁闭果园进行 2 次夏剪，疏除徒长枝、背上枝、过密枝，同时注意除草和排水。

2. 化学防治

一般果园应结合炭疽病、轮纹病、褐斑病等综合防治。山地果园在多雨季节、窝风地块应防治 3 ~5 次。7 月份每 10 天打药 1 次。除波尔多液外，还可用 50% 乙烯菌核利可湿性粉剂 1250g/hm^2，或 75% 百菌清可湿性粉剂 1900g/hm^2，或 50% 苯菌灵可湿性粉剂 1000g/hm^2，或 70% 甲基托布津可湿性粉剂 1000g/hm^2 ~1500g/hm^2。

第 14 节　苹果花叶病
(Papaya Ring Spot Virus)

苹果花叶病是由 Papaya Ring Spot Virus（PRSV）引起的病毒性病害。

一、分布与危害

苹果花叶病在全国大部分地区均有分布，在陕西果品出口基地各县区均有分布。

苹果花叶病是一种发生较普遍的病毒病，除苹果外还可以为害花红、海棠、沙果、槟子、山楂、木瓜等。

二、症状

主要在叶片上形成各种类型的鲜黄色病斑，其症状变化很大，一般可分为 3 种类型。重花叶型：夏初叶片上出现鲜黄色后变为白色的大型褪绿斑区。轻花叶型：只有少数叶片出现少量黄色斑点。沿脉变色型：沿脉失绿黄化，形成 1 个黄色网纹，叶脉之间多小黄斑，而大型褪绿斑区较少。此外，有些株系产生线纹或环斑症状。

三、病原

李属坏死环斑病毒苹果株系 Papaya Ring Spot Virus，是一种病毒。

四、侵染循环

主要通过嫁接传染，靠接穗或砧木传播。枝叶摩擦不传染。苹果树感染花叶病后，成为全株性的病害，全身都有病毒，不断繁殖，终身为害。病毒主要靠嫁接（芽接和切接）传染，通过接穗或砧木传播。病毒不能用液汁传染，但是可用组织快速接种法传病，也可以用菟丝子来接种传毒。有人报道，蚜虫、木虱以及种子也可传毒。病树在早春萌芽后不久，即出现病叶，到 4 ~5 月份病害迅速发展；但到 7 ~8 月份（盛夏期）病害减轻，有时出现症状隐蔽现象；9 月初秋梢抽梢后症状又重新扩展；11 月份停止发展。

五、发病条件

当气温10℃～20℃、光照较强、土壤干旱及树势衰弱时，有利于症状显现。当条件不适宜时，症状可暂时隐蔽。不同品种的抗病性存在差异，祝光、印度等较抗病；红玉、红星、元帅、国光较感病；倭锦、白龙、黄魁等品种高度感病。

六、调查监测与防治技术

（一）调查方法

选择当地代表性果园3～5个，每个果园对角线5点取样，分东、西、南、北、中5点，每个方位随机选取4个枝条，每个枝条检查10个叶片，每点（或一棵树）调查100个叶片，全园共调查500个叶片，记载发病情况。计算发病叶片百分率、发病株率等。

（二）防治技术

1. 化学防治

对病株及病株周围的果树在萌芽期5天左右（预防病毒病最佳时间之一）、花露红期、谢花后7～10天、夏至后至秋分前（这个时期是形成所有花芽和叶芽的关键时期）4个时期，分别使用果树病毒二号4000g/hm^2～5000g/hm^2（或者果树病毒一号，每40g兑水15kg，开花前后可适当减量，同时每桶水添加纯牛奶1包，进行喷雾，可有效预防和控制苹果病毒病。病情严重的果树，可在萌芽时期进行病毒Ⅱ号3500g/hm^{2}灌根，主要灌毛细根区，每株浇灌药液25kg～30kg水左右。

2. 其他方法

（1）培育无病苗木接穗采自无毒母树，砧木用实生苗。

（2）砍除病树。

（3）交叉保护利用苹果花叶病毒的弱毒株系预先接种可干扰强毒株系的作用。

第15节　苹果潜隐病毒病
（Apple latent virus）

苹果潜隐病毒病是指在砧木和接穗都比较耐病条件下，病毒不表现明显的症状，只导致慢性危害，而在砧木和接穗中的某一部分不耐病时，病毒就由潜伏状态一变而致寄主发病，引起树体衰退，直至死亡的急性危害的一类病害。

一、分布与危害

目前世界各地已报告的苹果潜隐病毒有8～9种，我国3种，即普遍存在于各苹果产区的苹果褪绿叶斑病毒、茎痘病毒和茎沟病毒等。在陕西果品出口基地，主要分布于白水、礼泉、大荔、蒲城、临渭等县区。

目前，我国苹果栽培品种和矮化砧木带病毒株率达60%～80%，苗木大多带病毒。

二、症状

潜隐病毒病，因为通常在砧木与接穗组合耐病的情况下，无明显症状，仅致慢性危害，常不为人们所重视。染病植株生长不整齐，枝条稀疏，树势衰退，产量减少，品质下降，不耐贮藏，需肥量增多。

三、病原

我国报导的三种苹果潜隐病毒：苹果褪绿叶斑病毒 Apple chlorotic leafspot virus（ACLSV）、苹果茎沟病毒 Apple stem grooving virus（ASGV）、苹果茎痘病毒 Apple stem pitting virus（ASPV）。

四、侵染循环

苹果病毒病的危害与其他病害相比，有其独特之处：一是苹果一旦感染病毒终生染病，经常持久危害；二是主要随人为嫁接途径传染；三是果树染病后难于用药剂进行有效的控制；四是病毒侵染后树体周身带毒，重者衰退死亡，轻者生长衰弱，产量和品质下降。

五、发病条件

（1）嫁接传播果树受病毒侵染后，全身带毒。苹果园在嫁接繁育苗木或高接换头时，就很容易传染病毒而发生病毒病。如果在繁育苗木时，接穗、插条或砧木带毒，则嫁接或扦插成活的苗木就 100% 的带毒，再通过带毒苗木、接穗的调运，远距离传播扩散。

（2）机械传播（汁液传播）病毒可以通过摩擦所造成的伤口传播。地下根系交接后通过伤口、苹果树修剪时通过剪锯口便能传播病毒。

六、调查监测与防治技术

（一）调查方法

选择当地代表性果园 3 ~ 5 个，每个果园对角线 5 点取样，分东、西、南、北、中 5 点，每个方位随机选取 4 个枝条，每个枝条检查 10 个叶片，每点（或一棵树）调查 100 个叶片，全园共调查 500 个叶片，记载发病情况。计算发病叶片百分率、发病株率等。

（二）防治技术

1. 农业防治

（1）栽培无病毒苗木是防治苹果病毒病的最根本途径。

（2）增强果树树体抗性，土壤增施有机质，提高土壤肥力，改善土壤团粒结构，培育土壤有益微生物菌群，养根壮树。

（3）合理负载合理修剪，消除大小年现象；调整树体结构，保证园内风光良好，增强树势，提高树体抗病能力

（4）修剪时在发现有病毒病树的果园里，最好准备两套修剪工具。不能用修剪过发

病带毒树的剪锯，在未消毒的情况下再去剪锯无病毒的植株，这样容易造成病毒的机械传播。

2. 化学防治

对病株及病株周围的果树在萌芽期5天左右（枝条出现扭曲时）、花露红期、谢花后7~10天、套袋前、夏至后至秋分前（形成明年所有花芽和叶芽的关键时期，一般7月中旬前后）5个时期，分别使用果树病毒Ⅰ号40g（主治花叶病毒）或果树病毒Ⅱ号（主治花脸病毒）30mL~50mL+纯牛奶200mL，兑水15kg进行喷雾，可有效预防和控制果树病毒病。

注：病情严重的果树，在萌芽时期使用病毒Ⅱ号30mL~50mL或病毒Ⅰ号40g兑水15kg进行灌根，主要灌毛细根区，每株浇灌药液25kg~30kg水左右。

第16节　苹果花腐病
(*Monilinia mali*（Taka-hashi）Wetzel)

苹果花腐病是一种由苹果链核盘菌所致的真菌性病害。

一、分布与危害

苹果花腐病是苹果的重要病害之一。在吉林、辽宁、黑龙江、河北、山东、陕西、四川、云南、新疆等地均有发生。在陕西果品出口基地，主要分布于白水、扶风、澄城、礼泉、印台、长武、彬县、大荔、蒲城、临渭等县区。

苹果花腐病是北方果区常发生的一种病害，大流行年份可以造成严重危害，产量损失可达50%以上。

二、症状

花腐病在叶、花、幼果及嫩枝上都可发生，但以危害花、幼果为主。花腐症状有两种：一是当花蕾刚出现时，就可染病腐烂，病花呈黄褐色枯萎；二是由叶腐蔓延引起，使花从基部及花梗腐烂，花朵枯萎。果腐是病菌从柱头侵入，通过花粉管而到达子房，而后穿透子房壁而达果面。幼果豆粒大时果面发生褐色病斑，病斑处溢出褐色粘液，并有发酵的气味，很快全果腐烂，失水后变为僵果，仍长在花丛或果台上。叶腐在展叶期发病较多，发病初期叶尖、叶缘或中脉两侧产生红褐色小斑点，逐渐扩大呈放射状。病斑沿叶脉向叶柄发展，使叶片枯萎，空气潮湿时于病部产生灰白色霉状物（病菌的分生孢子梗和分生孢子）。枝腐是由病叶、病花、病果继续向下蔓延到新枝，在新枝上产生褐色溃疡病斑，绕枝1周，使病斑上部枝条枯死。

三、病原

苹果花腐病菌有性阶段为苹果链核盘菌 *Monilinia mali*（Taka-hashi）Wetzel，属子囊菌亚门盘菌纲柔膜菌目。无性阶段为苹果核盘菌 *Sclerotinia mali* Taka-hashi，属半知菌亚门真菌。病斑上发生的灰白色霉状物为该菌的分生孢子梗及分生孢子。分生孢子梗常3~4枝丛生，不分枝或仅分枝 1 次，无色。分生孢子念珠状，单生，成熟后分散。大型分生孢子柠檬状，单胞，无色；小型分生孢子球形，单胞，无色。菌核暗褐色，在病组织内由菌丝集结生成，在适宜条件下萌发产生子囊盘，子囊盘漏斗状，褐色，中心凹陷。子囊圆筒形，顶部钝圆，基部略细，无色，内生 8 个子囊孢子。

四、侵染循环

苹果花腐病菌在落于地面的病枝、病叶、病果上形成鼠粪状菌核越冬。翌年春，约在 4 月下旬至 5 月上旬，病菌产生子囊盘及子囊孢子。子囊孢子随风雨传播，侵入幼叶，引致叶腐，继而引致花腐。在病叶和病花上产生的分生孢子从花的柱头侵入，引致果腐。由叶腐，花腐，果腐向下蔓延引致枝腐。叶腐潜育期 6 ~ 7 天，病叶、病花上产生的分生孢子侵入柱头，造成果腐，果腐潜育期 9 ~ 10 天，再由果腐引起枝腐。

五、发病条件

苹果展叶期低温多雨易引起花腐和叶腐的大发生；幼果期低温，果腐发生较多。山地果园和通风不良的果园发病严重；其他如管理粗放、树下杂草丛生、地表病残体处理不彻底等均会加重病害发生。在苹果品种中，以鸡冠、金冠较为感病，元帅、红星等较抗病；小苹果多数较感病，山定子发病早且重。单一品种成片栽植的比混栽的发病重。

六、调查监测与防治技术

（一）调查方法

选择当地代表性果园 3 ~ 5 个，每个果园对角线 5 点取样，分东、西、南、北、中 5 点，每个方位随机选取 2 个枝条，每个枝条检查 10 个叶片，每点（或一棵树）调查 100 个叶片，全园共调查 500 个叶片，记载发病情况。计算发病叶片百分率、发病株率等。

（二）防治技术

1. 农业防治

（1）搞好清园卫生果实采收后立即清扫果园，将病果、病叶、病枝及僵果彻底清扫干净，集中烧毁；同时施行果园秋后翻耕，掩埋病残体，促使其腐烂分解，从而减少越冬菌源。春季，在子囊盘发生期进行地面喷药（可用 3 ~ 5°Bé 石硫合剂）也可铲除越冬菌源。冬季，结合修剪去除病枝。发病初期，及时摘除树上病叶、病果等，也可减轻该病的危害。

（2）加强栽培管理合理整形修剪，使树冠内通风透光良好；增施有机肥料，增强树势，提高抗病力。新建果园要重视品种的合理搭配，避免单一品种的大面积栽培。

（3）人工辅助授粉花期进行人工辅助授粉可预防果腐。

2. 化学防治

从果树萌芽到开花期（萌芽期、初花期、盛花期）连续喷药 2 ~ 3 次，如这段时间高温干燥，喷 2 次药即可，第一次在萌芽期，第二次在初花期，如花期低温潮湿，果树物候期延长，可于盛花末期增加 1 次喷药。萌芽前常喷 3° ~ 5°石硫合剂。后 2 次喷药常用以下

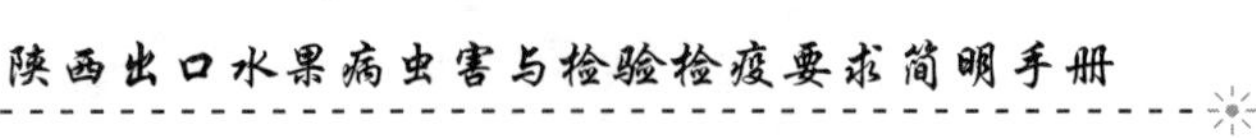

药剂:0.5°石硫合剂、45%晶体石硫合剂 5000g/hm^2、70%代森锰锌可湿性粉剂 1875g/hm^2、50%退菌特可湿性粉剂 1875g/hm^2、64%杀毒矾 3000g/hm^2 和 70%甲基硫菌灵可湿性粉剂 1250g/hm^2 等。

第 17 节 苹果锈果病
(Apple scar skin apscaviroid)

苹果锈果病又称花脸病，是一种病毒病害，是近几年危害苹果的主要病害之一。

一、分布与危害

我国各苹果产区均有发生，以西北产区最为突出，陕西、晋中部分果园病株率高达 60% ~80% 。在陕西果品出口基地各县区均有分布。

苹果树一旦染病，病情逐年加重，成为全株永久性病害，且被害果实商品价值大大降低，这不但严重影响果农收入，同时也制约了我国苹果产业的健康发展。

二、症状

1. 锈果型

病果在落花后约 1 个月，顶部先发生深绿色的水渍状变色部分，逐渐沿果面纵向扩展，并发展成为与心室顶部相对的五条规整的斑纹。此后 5 条斑纹逐渐木栓化变成铁锈色病斑。随着果实的生长、锈斑龟裂，果面粗糙，甚至果皮裂开。

2. 花脸型

病果在着色前无明显变化，着色后在果面上散生很多近圆形直至成熟时也不变红的黄绿色斑块。至果实成熟后，变为红、绿相间的花脸状。

3. 锈果花脸型

病果上表现有锈斑和花脸的复合症状。病果在着色前，多在果顶部发生明显的锈斑，或在果面散生零星斑块。着色后，在未发生锈斑的部分或锈斑周围发生不着色的斑块，呈花脸状。

三、病原

苹果锈果病由类病毒侵染所致，一种是环状低分子量 RNA，称为 ASSD - RNA - 1，存在于染病果实及枝条中；另一种也是环状分子，称为 ASSD - RNA - 2，存在于病树枝条中。病组织的核酸提取物具侵染性。苹果锈果病毒 Apple sear skin apscaviroid 为苹果锈果类病毒属 Apscaviroid 的代表种，其能在常温下侵染多种组织，故国内各苹果产区均有该病发生。

四、侵染循环

嫁接和病、健树根部接触传染，潜育期为 3 ~27 个月。病树种子、花粉不带病毒。梨树普遍带毒，但不显症状。故苹果与梨混栽或靠近梨树的苹果树发病重。

五、发病条件

锈果病的传播途径包括以下几类。

（1）嫁接传染。该病可通过各种嫁接方法传染，嫁接接种后，潜育期 3～27 个月；苹果树一旦染病，病情逐年加重，成为全株永久性病害。

（2）寄主传播。梨树是该病的带毒寄主，梨树普遍带毒但不表现症状，因此与梨树混栽或靠近梨园的苹果树发病重。

（3）人为传播。如可通过病树上用过的刀、剪、锯等工具传染，或者扭枝、剥皮、疏果时手沾病树的病原物在健康树上操作时都能使树体染病。

（4）搭接贴靠传播。长期的搭接贴靠，病毒遇到抗性弱、有伤口等适宜环境条件就会传染致病。

（5）昆虫传播。食叶害虫、蛀干害虫、蛀果害虫都是锈果病的主要传播者。

六、调查监测与防治技术

（一）调查方法

选择当地有代表性的果园，每个果园 5 点取样，每点 2 株树均做调查，每株树从东、西、南、北、中不同方位，分上、中、下部位按 2∶6∶12 的比例每方位随机最少抽查 20 个果实（果实量少的全株调查），记录发病情况。

（二）防治技术

1. 农业防治

（1）培育无毒苗木选用无病接穗和实生砧苗作砧木，培养无毒苗木，这是防治该病的主要措施。为了避免传染，应尽可能将苗圃设在隔离地区。目前，我国主栽的元帅系、金冠系、富士系、乔纳金系等均已获得无病毒品种，可用于无病毒苗木的繁殖。

（2）选栽无毒苗木，并避免与梨树混栽建立新苹果园时，不但要选栽无毒苗木，而且要避免与梨树混栽（要远离梨园 150m 以上建园），以免相互传染。

（3）拔除病苗，刨除病树苗木生长期间（7 月下旬），认真检查苗圃，发现病苗及时拔除烧毁。大树生产中，发现病树后立即连根刨除，1～2 年后，确认无活根，再栽健树。

（4）对修剪、嫁接工具进行严格消毒技术人员进行跨区域、跨果园修剪、嫁接作业时，要对使用的工具进行严格消毒（用 70% 的酒精擦拭或用开水煮 30min），以免相互传染。

（5）搞好果园卫生果实采收时发现病株，应立即在病株上作标记，以利及时销毁。同时将病果带出园外，及时销毁。

（6）壮树防病加强土肥水管理，多施有机肥；合理整形修剪；适当复栽；及时防治其他病虫害；调整果树的营养状况，提高抗病能力，起到壮树防病的作用。

2. 化学防治

（1）使用抗菌素有两种方法：一是把韧皮部割开“门”形，上涂 50 万单位四环素或 150 万单位土霉素、150 万单位链霉素、150 万单位灰黄霉素，然后用塑料膜绑好，可减

轻病害的发生；二是根部插瓶，在病树树冠下面东西南北各挖一个坑，于各坑寻找直径为0.5cm～1.0cm的根切断，插在浓度为150g/kg～200g/kg装有四环素或土霉素、链霉素、灰黄霉素的药液瓶里，然后封口埋入土中，于4月下旬、6月下旬、8月上旬各治疗1次，效果明显。

（2）使用中草药种类有灭锈宁、克锈特、锈必治、锈净灵、除锈剂等。使用方法和时期为：4月下旬至5月上旬进行根、干部注射和树下追施；5～7月份进行叶面喷洒、树干敷贴。使用剂量为：第1年25～500g/次，第2～3年180～2000g/次。

第18节　苹果白粉病
(*Podosphaera leucotricha* (Ell. et Ev.) Salm)

苹果白粉病是一种真菌性病害。

一、分布与危害

苹果白粉病在各苹果产区发生普遍。在陕西果品出口基地各县区均有分布。

除为害苹果外，还为害梨、沙果、海棠、槟子和山定子等，对山定子实生苗、小苹果类的槟沙果、海棠和苹果中的倭锦、红玉、国光等品种为害重。

二、症状

白粉病主要危害实生嫩苗，大树芽、梢、嫩叶，也为害花及幼果。病部满布白粉是此病的主要特征。幼苗被害，叶片及嫩茎上产生灰白色斑块，发病严重时叶片萎缩、卷曲、变褐、枯死，后期病部长出密集的小黑点。大树被害，芽干瘪尖瘦，春季发芽晚，节间短，病叶狭长，质硬而脆，叶缘上卷，直立不伸展，新梢满覆白粉。生长期健叶被害则凹凸不平，叶绿素浓淡不匀，病叶皱缩扭曲，甚至枯死。花芽被害则花变形、花瓣狭长、萎缩。幼果被害，果顶产生白粉斑，后形成锈斑。

三、病原

苹果白粉病的病原为白叉丝单囊壳 *Podosphaera*（EII. et Ev.）Salm.，属于子囊菌亚门核菌纲白粉菌目。无性阶段 *Oidium* sp.，属半知菌亚门。病部的白粉状物是该菌的菌丝体及分生孢子。菌丝主要在病斑表面蔓延，以吸器伸入细胞内吸收营养物质；发病原严重时，菌丝有时亦可进入叶肉组织内。菌丝无色透明，多分枝，纤细并具隔膜。菌丝发展到一定阶段时，可产生大量分生孢子梗及分生孢子，致使病部呈白粉状。分生孢子梗短棍棒状，顶端串生分生孢子、无色、单胞、椭圆形，大小为（16.4～26.4）μm×（14.4～19.2）μm。

四、侵染循环

苹果白粉病以菌丝在冬芽鳞片间或鳞片内越冬。翌年春季冬芽萌发时，越冬菌丝产生分生孢子，此孢子靠气流传播，直接侵入新梢。病害侵入嫩芽、嫩叶和幼果主要在花后

1 个月内，所以 5 月为发病盛期，通常受害最重的是病芽抽出新梢。生长季中病菌陆续传播侵害叶片和新梢，病梢上产生有性世代，子囊壳放出子囊孢子行再侵染。秋季秋梢产生幼嫩组织时病梢上的孢子侵入秋梢嫩芽，形成 2 次发病高峰。10 月以后很少侵染。春暖干旱的年份有利于病害前期流行。

苹果白粉病菌的分生孢子在 33℃以上的高温条件下即失去生活力，在 1℃低温干燥时只能存活 2 个星期。因此，分生孢子不能越夏、越冬。另外，病菌在有的地区、有的年份也只能形成有性繁殖器官——闭囊壳，并产生子囊孢子

五、发病条件

（1）幼树的嫁接口附近。

（2）地势低洼积水，土质瘠薄及管理粗放的小树、幼树及衰老树易发病。

（3）偏施氮肥，树体生长过旺发病重。

（4）果园杂草多而茂盛；整枝太轻，枝条过多通风透光差的发病重。

（5）雨水多，光照少，高温高湿时发病重。

（6）秦冠、青香蕉、金冠、元帅、甘露、富丽抗病；花红类、倭锦、红玉、红星、国光、印度、柳玉等感病；国外报道，Red Melba、James Grieve、Gala、Delikates 及 Lired 等较抗病。

六、调查监测与防治技术

（一）调查方法

选择当地代表性果园 3 ~ 5 个，每个果园对角线五点取样，分东、西、南、北、中 5 点，每个方位随机选取 2 个枝条，每个枝条检查 10 个叶片，每点（或一棵树）调查 100 个叶片，全园共调查 500 个叶片，记载发病情况。计算发病叶片百分率、发病株率等。

（二）防治技术

（1）农业防治结合冬季修剪，剔除病枝、病芽；早春及进摘除病芽、病梢。施足底肥，控施氮肥，增施磷、钾肥，增强树势，提高抗病力。

（2）农业防治用 20% 三唑酮乳油 750mL/hm^2 ~ 1000mL/hm^2 或 12.5% 烯唑醇可湿粉剂 600mL/hm^2 ~ 750g/hm^2，25% 丙环唑乳油 1000mL/hm^2 喷雾防治。连用 2 次，间隔 5 ~ 12 天。

注意：使用唑类药剂防治时，幼嫩花木及草坪一定要注意使用的安全间隔期。不可加量和缩短间隔期使用，以免发生矮化效果。

第 19 节　苹果轮纹病

(*Botryosphaeria berengeriana* f. sp. *piricola*)

苹果轮纹病又称梨轮纹病、果实白腐病、轮纹褐腐病、疣皮病或粗皮病，是一种真菌性病害。

一、分布与危害

世界范围内均有发生，主要分布于中国、日本、朝鲜，韩国等国家，智利、美国、澳大利亚等地也有报道。国内苹果、梨主产区，如山东、辽宁、河北、河南、陕西、山西、北京、四川、湖北、浙江、江苏、上海、江西、安徽等省（市）均有发生。中部高温多雨地区发病更为严重，常年烂果率可达20%～30%，多雨年份多达40%～50%甚至60%～70%。在陕西果品出口基地各县区均有分布。

苹果轮纹病在国外最早报道于1907年，发生在日本的梨和苹果上，在我国最早于1928年在辽宁发现。进入20世纪70年代后，随着口感好但易感病品种的推广，轮纹病的危害面积进一步加大，逐渐成为我国果树生产上的突出问题。1982年，在北方果树植保工作会议中，将苹果轮纹病列为国内苹果主要产区的重要病害之一。轮纹病不但对树体、枝干造成伤害，减弱树势，影响结果年限、造成减产、还会感染果实，并且在储藏期间也会导致大量坏果，造成重大经济损失。且常与干腐病、炭疽病等混合发生，对果品生产造成重大威胁，有蔓延加重趋势。

苹果轮纹病菌寄主范围很广，除苹果外还危害梨、桃、山楂、李、杏、枣、木瓜等多种果树。

二、症状

苹果轮纹病主要危害枝干和果实，对叶片危害较少。枝干受害，初期在皮孔上形成圆形或扁圆形的瘤状物，直径3mm～30mm，红褐色，坚硬，边缘龟裂与健康组织形成一道环沟。翌年病斑中间生黑色小粒点，即分生孢子器和子囊壳。严重时，病组织翘起如马鞍状，许多病斑连在一起，使表皮粗糙。果实受害，在成熟期或贮藏期，以皮孔为中心，生成水渍状褐色小斑点，很快形成同心轮纹状，并向四周扩大，呈淡褐色或褐色，整个果实软腐。后期在表面形成许多黑色小粒点，即分生孢子器。烂果多汁，有酸臭味。叶片受害，产生近圆形同心轮纹状褐色或不规则褐色病斑，大小5mm～15mm，渐变为灰白色，并生小黑点，病斑多时，叶片干枯早落。

三、病原

苹果轮纹病的病原菌贝伦格葡萄座腔菌梨生专化型（*Botryosphaeria berengeriana* f. sp. *piricola*），无性世代为轮纹大茎点菌 *Macrophoma kawatsukai* Hara 属半知菌亚门球壳孢目。分生孢子器扁圆形或椭圆型，孔口乳突状内壁密生分生孢子梗。分生孢子梗棍棒状，顶端着生分生孢子。分生孢子单细胞，无色，纺锤形或长椭圆形。子囊壳在寄主表皮下产生，球形或扁球形，黑褐色，具孔口，内有许多子囊藏于侧丝之间。子囊长棍棒状，无色，顶端膨大，子囊内生8个子囊孢子。子囊孢子单细胞，无色，椭圆形。

四、侵染循环

苹果轮纹病原菌是以分生孢子器、菌丝体及子囊壳在被害枝干上越冬，菌丝可在枝干病组织中存活的时间为4～5年，前3年的4～6月期间产生可产生大量孢子，为初侵染的主要来源，越冬后分生孢子形成的时间因地域不同而存在差异。

菌丝每年 4 ~6 月产生分生孢子，靠雨水飞溅传播，为初侵染源。7 ~8 月孢子散发最多。病菌从皮孔侵入，幼果易受侵染，侵入后潜伏（潜育期 15 天左后）到果实近成熟或贮藏期，潜伏的菌丝迅速蔓延形成病斑。

五、发病条件

（一）气候条件

气温高于 20℃，相对湿度高于 75%，或连续降雨，雨量达 10mm 以上时，发病严重。果树生长前期，降雨提前、次数多、雨量大，侵染严重；若果实成熟期再遇上高温干旱，则受害更重。

（二）栽培管理

（1）病菌是弱寄生菌，老弱树易感病。偏施氮肥，树势衰弱，病情加重；害虫严重为害的枝干或果实发病重。

（2）品种抗病性差异很大。苹果品种如金冠、红富士、金矮生最易感病，其次是新红星、新乔纳金、王林等，国光比较抗病。梨以砂梨抗性最强，其次是白梨，西洋梨抗性最差。砂梨不同品种间的抗性也有较大差异。翠冠、黄冠、圆黄等品种对枝干轮纹病抗性较强；华梨 2 号、丰水、20 世纪等品种对轮纹病抗性均较差。

（3）管理粗放，不注意果园清理，病菌清除不彻底；树体负载重，大小年显著；果园通风度差；修剪方式不合理；防治措施不当。

（三）土质与长势

黏重壤土、偏酸性土壤易感病，水平生长的枝条腹面病斑多于背面，直立生长的枝条阴面病斑多于阳面。

六、调查监测与防治技术

（一）调查方法

1. 孢子捕捉

在园内选感病品种中枝干病斑较多的树 4 株，将载玻片一面涂上一层凡士林后固定在距病枝干 5cm ~10cm 处。有凡士林的一面对着树干，每株按不同方位挂 4 片。从果树开花期开始，每 3 天换一次载玻片，然后镜检捕捉到的孢子数量，当孢子数量增加较多或孢子数量较大时预报开始喷药。

2. 物候期观察

苹果第一次生理落果后，日平均气温达 15℃左右，此期若遇 10mm 左右的降雨，将有大量孢子散发，应立即预报喷药。

（二）防治技术

1. 防治策略

加强栽培管理，增强树势，在提高树体抗病能力的基础上，采用以铲除越冬病菌，生长期喷药和套袋保护为重点的综合防治。

2. 防治方法

（1）农业防治

① 培育无病壮苗，严禁栽植病苗。培育苹果苗应选择无病区，采用的接穗、接芽必须从无病树上获得。新建果园或果园补栽幼树时，

② 加强果园管理，合理修剪，增强树势；以有机肥、绿肥为主，辅以化学肥料，进行秋施肥；在果实幼果期套袋，防止被害侵染。幼树整形修剪时，切忌用病区的枝干作支柱，也不宜把修剪下来的病枝干堆积于新果区附近。搞好果园卫生，及时剪除病枝，摘掉病果，集中烧毁或深埋。

③ 果园周围 20m ~ 30m 内，不栽杨、柳、刺槐等林木，不与桃树、核桃树混栽；春季果树萌动至春梢停止生长期，刮除树体主干和大枝上的老翘皮及轮纹病瘤、病斑及干腐病病皮，刮到露白程度，并对刮白部分喷施涂药。

（2）物理防治

果实采收时，即应严格淘汰病果及受其他损伤的果实并在低温下贮藏，低于 5℃ 基本不发病。

（3）化学防治

① 在苹果树发芽前喷铲除性药剂，在轻刮枝干后，以 10% 多・福悬浮剂 3000mL/hm^2 进行全株涂抹，适宜使用时期为 4 月中下旬，使用次数为 2 次，间隔 10 天左右。

② 套袋苹果在套袋之前，喷施 1 次 60% 乙铝・多菌灵可湿性粉剂 3750g/hm^2，非套袋苹果在 7 月中旬使用 60% 乙铝・多菌灵可湿性粉剂 3750g/hm^2，喷雾防治 3 次，每 15 天喷 1 次；在摘果前 5 ~ 7 天再喷雾防治 1 次，套袋果实要摘除果袋，防治效果即可达到 90% 以上。

③ 在发病初期，使用 40% 戊唑醇・多菌灵悬浮剂 500mL/hm^2 ~ 600mL/hm^2，对苹果轮纹病、炭疽病具有较好的防治效果。30% 戊唑・多菌灵悬浮剂 2500mL/hm^2 可兼治苹果腐烂病、枝干轮纹病和斑点落叶病。

④ 在发病后对铲除部位涂抹 50% 多菌灵可湿性粉剂 30000g/hm^2、5% 菌毒清水剂 30000mL/hm^2，也可用 40% 过氧乙酸水剂 3000mL/hm^2 ~ 5000mL/hm^2 直接涂在病瘤上，不用刮除病瘤。

第 20 节　苹果疫腐病

(*Phytophthora cactorum* (Leb. et Cohn.) Schroet)

苹果疫腐病又称实腐病、颈（冠）腐病，是一种真菌性病害。

一、危害分布

苹果疫腐病在国外大量发生危害，在国内全国苹果产区均有发生，如山东、辽宁、北京、河北、新疆、甘肃等地，是苹果重要病害之一。在陕西果品出口基地，主要分布于白水、淳化、扶风、澄城、礼泉、印台、长武、彬县、大荔、蒲城、临渭等县区。

苹果疫腐病在国内早有记载，但实际生产罕见。20 世纪 60 年代在北京、新疆等地亦

有发现。随着矮化密植栽培的增多，疫腐病的发生呈不断发展的趋势。苹果疫腐病在果实整个生长期均能侵害，造成大量果实腐烂、落叶和树体根颈部腐烂，严重影响果实产量、品质和树体正常生长发育。

疫腐病菌除为害苹果外，还可侵染梨、海棠、桃等果实。

二、症状

苹果疫腐病主要为害树冠下部的果实，有时也为害根颈部和叶片。

果实受害后果面产生不规则形，深浅不均的暗红色病斑，边缘不清晰似水渍状，条件适宜时，迅速扩及全果。有时病斑部分与果肉分离，表面呈白蜡状。果肉变褐腐烂后，果形不变呈皮球状，有弹性。病果极易脱落，最后失水干缩成僵果。在病果开裂或伤口处，可见白色绵毛状菌丝体。

苗木及大树根颈部受害时，皮层呈褐色腐烂，病斑环割后，地上部枝条发芽迟缓，叶小色黄，最后全株萎蔫，枝干枯死。

叶片受害产生不规则的灰褐色或暗褐色病斑，水渍状，多从叶边缘或中部发生，潮湿时病斑迅速扩展使全叶腐烂。

三、病原

病原恶疫霉 *Phytophthora cactorum*（Leb. et Cohn）Schroet 属于鞭毛菌亚门。无性阶段产生孢子囊。孢子囊可直接产生芽管或形成游动的孢子。在菌丝中部可以产生厚垣孢子，其存活的时间更久。病菌的有性阶段产生卵孢子。疫腐病菌发育的最适宜温度为 25℃，最低为 10℃，最高为 30℃，温度超过 35℃以上经较久的时间即逐渐死亡。

四、侵染循环

疫腐病菌以卵孢子、厚垣孢子或菌丝体随病组织在土壤里越冬，在适宜条件下，土壤带菌量逐年累积增多。翌年在有降雨或灌溉水时，随水流或雨滴飞溅传播、侵染。果实的整个生育期均可受害，每次较大降雨后，都出现一个侵染和发病高峰。一般近地面果实最先发病，且受害较重，病害逐渐由下向上蔓延。

五、发病条件

（1）在栽植密度大，树冠郁闭，通风透光不良，杂草丛生，近地面结果枝多的果园易受害。

（2）雨水大的年份发病重，雨后高温也是疫腐病发生的重要条件。

（3）同一株树，不同部位其发病轻重不同。疫腐病主要发生在树冠下部果实上，愈接近地面的果实，发病愈多。

（4）有害虫危害、受到损伤的苹果树，病菌可通过伤口侵染皮层腐烂。

六、调查监测与防治技术

（一）调查方法

果实泥水诱发疫腐病，可作为检验果园土壤中有无疫腐病菌存在的方法，以此预告疫

腐病发生的可能性。

选取无伤、无病熟果或幼果，冲洗后用酒精表面消毒。在树冠下，分4个方位挖10cm深的坑，每坑1个果实。4月5日埋第1批果，随后每隔半个月埋1批，共埋4批。后两批用当年幼果。每次埋果同时，将上次所埋果实扒出，冲洗后在室内保湿诱发，观察是否发病。

（二）防治技术

1. 农业防治

（1）疫腐病菌在病残体的土壤中越冬，所以，落叶后要及时清园，清除病叶、病果，并集中深埋或烧毁。

（2）改善果园生态环境。运用挖排水沟、中耕除草等措施，降低果园湿度。合理修剪，逐年疏除基部过低主枝，控制冠径，避免株间交叉。

（3）加强土肥水管理，提高树体抗病力。染病果园在每年秋施基肥时，应加大有机肥用量，避免偏施氮肥。前期以氮磷肥为主，后期以磷钾肥为主。生长季叶面喷肥4～5次，前期以0.3%尿素为主，后期以0.5%磷酸二氢钾为主，提高叶片光合效能。大水漫灌串流果园，浇水时在病株周围垒高垅，使水流不经过病树，避免病菌随水流传播。浇水和大雨暴雨过后，及时排除低洼处积水，减少发病。

（4）根颈部发病，还未环割的植株，可在春季扒土晾晒，刮去腐烂变色部分，消毒伤口，并将刮下的病组织集中烧毁，更换无病新土。翻耕和除草时注意不要碰伤根颈部。必要时进行嫁接，可促使提早恢复树势，增强树体的抗病性。

2. 化学防治

疫腐病发生较重的果园，可于落花后对全园重点喷药保护，药剂可选用72%霜脲·锰锌可湿性粉剂2500g/hm^2，或72.2%霜霉威盐酸盐水剂1875mL/hm^2～2500mL/hm^2，或50%烯酰吗啉可湿性粉剂1000g/hm^2，或1：2：200波尔多液，隔7～10天喷药1次。以上药剂可交替使用。

第21节　苹果腐烂病

（*Valsa mali* Miyabe et Yamada）

苹果腐烂病又称烂皮病、臭皮病，是一种性真菌性病害。

一、分布与危害

苹果腐烂病主要分布在中国、日本和朝鲜，美国、加拿大、英国等国也有零星分布。欧洲波兰发生也较普遍。前苏联的苹果主要分布在乌克兰、摩尔达维亚、高加索、白俄罗斯，以及俄罗斯的非黑土地带。

国内主要的分布地在主要发生在东北、华北、西北和山东等北方苹果产区。江苏、湖北、四川等地也有分布，其中黄河以北发生普遍，受害严重。在陕西果品出口基地各县区均有分布。

1903年首先在日本发现该病，中国于1916年在辽宁省南部地区发现苹果腐烂病，是从日本引进苹果苗木时传入的，后在国内蔓延。该病使果树枝干残缺，影响产量，重者全株死亡，甚至全园毁灭，已成为发展苹果生产的严重障碍。

该病除主要危害苹果外，还能危害桃、沙果、海棠、山荆子等苹果属树木。

二、症状

苹果树腐烂病主要危害苹果树的主干、主枝和侧枝，有时也危害果实，不同的受害部位表现出不同的症状。

（1）枝干受害，表现为枝枯型和溃疡型两种症状，其中以溃疡型为主。

① 溃疡型：病部呈红褐色，水渍状，略隆起，病组织松软腐烂，形状多为梭形和椭圆形，当用力挤压时常流出黄褐色汁液，有酒糟味。后期干缩、下陷，病部有明显的小黑点即分生孢子器，遇到阴雨天气或环境潮湿时，从小黑点中涌出 1 条橘黄色卷须状物即分生孢子角，条件适宜的时候释放分生孢子。

② 枝枯型：多发生在 5 年生以下的小枝、果台、干桩等部位，每年春季在新稍和剪锯口常见该类型病症的发生，病部不呈水渍状，迅速失水干枯造成全枝枯死，上生黑色小粒点，在雨水过后生长环境潮湿时，会溢出黄色卷曲物的分生孢子角并释放分生孢子，成为苹果树腐烂病的初侵染源。

（2）果实受害时，其受害部位表现出与溃疡型和枝枯型不一样的症状，病部产生边缘清晰的圆形或不规则的红褐色轮纹，红褐色和黄褐色的轮纹状相互交替向外扩展。一定时间后，果肉变软腐烂并带有酒糟味，病果皮易分离。后期在病部也可产生小黑点即分生孢子器，当遇到潮湿环境时也能溢出黄色的分生孢子角。

三、病原

苹果黑腐皮壳菌 *Valsa mali* Miyabe et Yamada 属子囊菌纲球壳目。寄主中的菌丝初期为无色，后变为墨绿色或橄榄色，有分隔，内含油滴。菌丝侵染到一定时期穿破表皮形成小型外子座，每个子座一个孢子器。孢子梗密生于孢子器内壁，分生孢子单胞，腊肠形，两端圆，无色，中含油滴。子囊壳一般呈球形或近球形，有外壁和内壁，子囊由内壁上长出，密生于囊壳基部。子囊长椭圆形或纺锤形，一端稍大，顶端圆或平截。子囊壁无色，顶端较下部稍厚。子囊孢子也是腊肠状，无色，单胞，较分生孢子稍大。

四、侵染循环

苹果树腐烂病是一种典型的潜伏侵染病害和跨年病害。

苹果树腐烂病菌以菌丝体、分生孢子器、孢子角、子囊壳等形式在田间病株和病株残体上越冬。菌丝可以在树体内长期生存而不致病，分生孢子可以在树体上长期存活而不发芽。

早春当树势衰弱时，潜伏病菌即可从腐生状态转为弱寄生状态，导致发病。分生抱子借雨水传播，抱子角的涌出及子囊抱子的发射以雨后为多。子囊壳于 8 月开始形成，11 月初子囊抱子大量成熟。10 月中旬后，前期形成的表面溃疡，菌丝开始穿过周皮，侵害内层或旁侧健康组织，引起树皮腐烂。11 月至翌年 1 月发病激增，但扩展较慢。2～3 月份，扩展迅速，危害加剧达到了全年发病的高峰，即春季发病盛期。4 月上中旬，苹果树进入生长期，渐停扩展，发病锐减。5 月，发病盛期结束，这时小病斑停止活动，形成干斑，入冬后继续蔓延。

五、发病条件

遭受冻害、管理粗放、树体负载量过大、肥水不足造、害虫危害等造成树势衰弱会导致灾害发生。

品种不同抗性有差异，赤龙、生娘、印度、早黄等品种抗性大于元帅、红星、甘露、金冠、国光、红玉、红魁、祝光。

六、调查监测与防治技术

（一）调查方法

从 2 月中上旬开始，选历年发病严重的苹果园，标定 10 ~ 20 株，每隔 3 ~ 5 天调查 1 次，见到新发病斑或旧病复发，即开始防治。

从 2 月中下旬开始，选不同品种 2 ~ 5 株，每株选一块较大的病斑，将周围健皮刮除一圈，涂药保护，并做标记。每 3 ~ 5 天观察及再一次所发现的分生孢子器。或在距病斑 4mm ~ 6mm 处挂涂以凡士林的载玻片，没 2 ~ 4 天镜检孢子数量，当包子角或孢子数急剧增加时，即孢子飞散盛期，开始喷药防护。

（二）防治技术

1. 防治策略

贯彻以培养树势为中心并配合以预防与及时治疗的综合措施。

2. 防治方法

（1）农业防治

① 加强水肥管理，有机肥与化肥配合使用。土壤贫瘠的果园要深翻改土。合理灌排，防止枝干含水量高受冻害。

② 及时清理果园，清除病枝、病果。从 2 月上旬至 5 月下旬、8 月下旬至 9 月上旬，要定期检查，发现病疤及时刮治。刮治时要彻底刮尽带菌木质部，在其周围刮去 0.5cm ~ 1cm 好皮，病斑刮成梭形，刮后随即在病部涂药。

③ 冬季日照强、易发生冬季日灼的地区，可在入冬前对主干及大枝基部涂白。

④ 合理修剪，适当疏花疏果。在 5 ~ 8 月对主干、主枝及领导枝基部树皮的表层刮去 1mm 左右的组织，刮到树皮呈黄绿镶嵌为止，刮面要光以利愈合。

⑤ 对刮皮造成的皮层破坏，可进行桥接和脚接。对为害较重，树龄大的果园要有计划地更新。

（2）化学防治

3 ~ 4 月间用 38% 恶霜・菌酯水剂 1875mL/hm^2 ~ 2500mL/hm^2 倍液等杀菌农药涂抹主干和大枝，既可有效杀灭腐烂病、轮纹病、干腐病等三大枝干病害的潜伏病菌，又可兼防细菌病害和叶螨、介壳虫。对发现的腐烂病斑，认真刮除表层溃疡，然后涂抹 45% 的施钠宁水剂

15000mL/hm² 或 2.07% 腐植酸 +0.33% 硫酸铜水剂 30000mL/hm² 液进行消毒保护。

第 22 节　苹果炭疽叶枯病
(*Glomerella cingulata* (Stoneman))

苹果炭疽叶枯病是一种真菌性病害。

一、分布与危害

苹果炭疽菌叶枯病是近年来发生的一种新的苹果病害，山东、辽宁、河南、河北等苹果主产省普遍发生。在陕西于 2010 年 9 月首次在礼泉发现，目前已知在城关、新时、史德、骏马、西张堡、烟霞、赵镇、建陵等 8 个乡镇发生，发生面积 130 多公顷，严重发生面积 60 多公顷。

该病最早于 1988 年在巴西首次报道，1999 年在美国发现，国内最早于 2010 年 8 月在黄河故道地区发生。其病菌侵染量大、发病急、潜育期短，生产上尚无有效的防治措施防治，大发生造成叶片干枯脱落和枝条二次发芽和开花，给生产造成重大损失。

二、症状

初发病时叶片上分布多个干枯病斑，病斑初为棕褐色，在高温高湿条件下，病斑扩展迅速，1~2 天内可蔓延至整张叶片，2~3 天即可致全树叶片干枯脱落，枯叶颜色发暗，多呈黑褐色。当环境条件不适宜时，叶片上形成大小不等的枯死斑，病斑周围的健康组织随后变黄，病重叶片很快脱落。当病斑较小、较多时，病叶的病状酷似褐斑病的症状。受害果实果面出现多个直径 2mm~3mm 的圆形褐色凹陷病斑，病斑周围果面呈红色，病斑下果肉呈褐色海绵状，深约 2mm，自然条件下果实病斑上很少产孢。

病叶危害症状与褐斑病危害症状主要区别：

（1）炭疽叶枯病发病的叶片未脱落前就呈现有焦枯状斑块，而褐斑病未脱落前不会出现焦枯状斑块。

（2）炭疽叶枯病染病失绿后，叶片表面呈轻度水渍状而褐斑病失绿后发黄较为鲜亮。

（3）炭疽叶枯病侵染叶片集中在下部枝条顶端开始，而褐斑病多从下部主枝和内膛老叶开始发病，新叶发病程度较轻。

三、病原

病原为围小丛壳 *Glomerella cingulata*（Stoneman）Spaulding & Scherenk 属子囊菌亚门盘菌目，无性态为胶孢炭疽菌 *Colletotrichum gloeosporioides*（Penz.）Penz. & Sacc. 属半知菌亚门。气生菌丝发达，棉絮状或毡状；菌丝有隔膜，具分枝，初期无色透明，后期颜色逐渐加深呈棕色。分生孢子在萌发形成芽管前总会产生隔膜进行双胞化，双胞化后的 2 个细胞也均能萌发产生芽管和附着胞，有些孢子可产生多个芽管及芽管分枝现象。分生孢子在萌发后能够在芽管顶端直接产生次级分生孢子，且次级分生孢子也能正常萌发并产生芽管和附着胞。

四、侵染循环

病菌以菌丝体在病僵果、干枝、果台和有虫害的枝上越冬，也可以以子囊壳在病叶越冬。病原分生孢子借雨水和昆虫传播，每年扩展距离在200km以上。病菌在幼果期开始，经皮孔或伤口侵入果实、叶片，病害流行发生时先形成中心病株，后逐渐向周围蔓延。可多次侵染，潜育期一般为3～13天。该病一般在7月最初发病，8月大面积发生流行。

五、发病条件

（一）气候条件

炭疽叶枯病发病与降雨，气温关系密切。降雨早，雨量大，气温高，符合该病发生的外在条件。

（二）栽培管理

（1）树势衰弱，枝叶量大，连年斑点落叶病、腐烂病和褐斑病重的园片发病重。栽植过密，修剪不良，树冠郁闭，通风透光不好，均利于病菌侵染。

（2）过重施用氮肥，有机肥施用量不足，较少运用根外追肥，使土壤氮磷钾比例失调，树体缺乏微量元素，致使树势过旺或偏弱，减弱了抗病能力，受害严重。

（三）品种

不同的苹果品种之间抗病性差异很大，嘎啦、秦冠、金冠是易感染品种，富士等较抗病。

六、调查监测与防治技术

（一）调查方法

从7月初开始，选有代表性嘎啦园调查15块，发病园10块，未发病园5块。每园对角线五点取样，每点一棵树，每株树选5个枝干。将载玻片一面涂上一层凡士林后固定在距病枝干5cm～10cm处。有凡士林的一面对着树干，每株按不同方位挂4片，每3天换一次载玻片，然后镜检捕捉到的孢子数量，当孢子数量增加时开始防治。

（二）防治技术

1. 农业防治

（1）加强清园工作，及时清除果园落叶、落果，刮除树干、枝杈翘皮，剪除病虫梢，带出果园集中销毁。

（2）疏除过密枝条，改善通风透光条件，同时增施有机肥，并进行秋施基肥，提高树体贮存养分，增强树势，促进枝芽饱满。

2. 化学防治

谢花达到80%时可喷布杀菌剂。一般果园可混加70%丙森锌可湿性粉剂1875g/hm^{2}或75%代森锰锌水分散粒剂1875mL/hm^2＋10%多抗霉素可湿性粉剂1000g/hm^2。谢花后第2遍药于花后20～25天喷施。若第1次用药后遇雨量超过5mm且持续时间超过24h在降雨后 5 天内喷施 43% 戊唑醇乳油 375mL/hm^2 或 10% 苯醚甲环唑水分散粒剂 600mL/hm^2。若第 1 次用药后没有降雨，喷施 70% 丙森锌可湿性粉剂 1875g/hm^2 或 75% 代森锰锌水分散粒剂 1875mL/hm^2 或 50% 多菌灵可湿性粉剂 1875g/hm^2。第 3 遍药于套袋前喷施 70% 甲基硫菌灵可湿性粉剂 1000g/hm^2。

第 23 节　苹果黄叶病

(Apple yellow leaf)

黄叶病又叫黄化病、白叶病或失绿病，是植物组织内缺乏铁所导致的一种生理病害。

一、分布与危害

生长在石灰性土壤上的苹果树，都会出现这一症状。我国各水果产区都有零星发生，在西北、华北等地区发病普遍。在陕西果品出口基地，主要分布于洛川、淳化、旬邑、合阳、宜川、富县、印台、长武、蒲城、临渭等县区。

受害轻者树势迅速衰弱、结果不良，严重时树冠焦梢，可使整株死亡。苹果黄叶病从苗木到大树都能发生，缺铁地区的病株率多数在 50% 以上，病梢率达 70% 以上。

除苹果外，梨、桃、葡萄、樱桃和柑橘等各种果树也可患黄叶病。

二、症状

先从果树新梢的顶端嫩叶开始变黄，越往枝节下端老叶黄叶现象越轻。缺铁轻微时，叶片叶肉变黄，叶脉两侧仍为绿色，呈绿色网纹状；缺铁严重时，叶片失绿加重，变成白色，并在失绿部分出现锈褐色枯斑或叶缘变得焦枯，引起落叶。

三、发病条件

黄叶病主要发生在盐碱地和碱性较强土壤，以及地下水位高、排水困难的果园。在这些地块，大量可溶性二价铁盐转化为不溶性三价铁盐而沉淀，不能为根系吸收利用，从而发生黄叶病。砧木种类与发病关系密切，山定子作砧木发病重，楸子、新疆野苹果、海棠等作砧木发病轻，金海棠是苹果属中铁高效植物。

四、调查监测与防治技术

（一）调查方法

选择当地代表性果园 3 ~5 个，每个果园对角线五点取样，每点一棵树，每棵树沿东、西、南、北、中 5 个方位，每个方位随机选取 2 个枝条，每个枝条检查 10 个叶片，每点（或一棵树）调查 100 个叶片，全园共调查 500 个叶片，记载发病情况。计算发病叶片百分率、发病株率等。出现发病叶片立即进行防治，以后每隔 5 ~7 天调查 1 次，掌握发病动态。

（二）防治技术

（1）不要在地下水位过高和碱性过大的土壤上建立果园。选用抗病砧木，进行园地

的土壤改良，注意低洼果园的排水。果园行间种植豆科牧草、增施有机肥，改良土壤。

（2）秋季结合深翻改土，每株结果树施入硫酸亚铁 0.5kg，与有机肥混匀，施后灌水。萌芽初期喷布 0.3% ~0.5% 硫酸亚铁溶液。

（3）发芽前每株土施硫酸亚铁 100g ~150g，嫩叶期喷 0.3% ~0.5% 的硫酸亚铁溶液、氨基酸铁 5000mL/hm^2 各 1 次，防治效果很好。

第 24 节　苹果小叶病
(Apple small leaf)

苹果小叶病又称缺锌症，是由树体缺锌导致的一种生理病害。

一、分布与危害

苹果小叶病在我国苹果产区均有发生。如陕西秦岭山地、渭河沿岸、中原的黄河故道、四川的凉山山地、山东的烟台、辽宁的朝阳丘陵与河北的邯郸、邢台平原等地。在陕西果品出口基地各县区均有分布。

发病树营养生长不良，坐果率低，果实发育不正常，发病严重的植株完全丧失结果能力，因生长势弱，抗性差，还会招致其他病害发生。

二、症状

主要在春季呈现症状，往往部分枝梢发病，病枝发芽较晚，抽叶后生长停滞，质厚而脆，叶色浓淡不均且呈黄绿色，病枝节间短，叶缘向上卷，叶片细小且簇状。病株花芽减少，花朵小而色淡，不易坐果，即使坐果也变小呈畸形。

三、发病条件

（1）偏重施用无机肥，特别是氮肥，而忽视了有机肥的基肥作用，致使果树因缺锌。磷与锌相拮抗，大量施用磷肥时，会引起缺锌症的出现。钾与镁、锌有间接抑制作用，钾多时，引起缺镁，而缺镁时又会引起缺锌。

（2）立地条件较差，砂质土壤中的锌易被淋失，致使绝对含量降低，或者由于土壤偏碱性，壤黏重，活土层浅，果树根系发育不良，土壤 PH 值较高，锌易被固定，根系吸锌困难，发病较重。

（3）果园管理粗放，根系生长不良，分布范围小，吸收能力差。

（4）在光照条件下，果树对锌的需要量增加，苹果小叶病在树冠的向阳面发生尤为严重。

四、调查监测与防治技术

（一）调查方法

选择当地代表性果园 3 ~5 个，每个果园对角线五点取样，每点一棵树，每棵树沿东、西、南、北、中 5 个方位，每个方位随机选取 2 个枝条，每个枝条检查 10 个叶片，每点（或一棵树）调查 100 个叶片，全园共调查 500 个叶片，记载发病情况。计算发病叶片百分率、发病株率等。以后每隔 5 ~7 天调查 1 次，掌握发病动态。

（二）防治技术

1. 改土增肥

种植绿肥、增施有机肥；对板结严重的粘性土壤应掺沙改土，加深活土层。缓解土壤 pH 值上升，增加土壤有机质含量是防治小叶病的根本措施。

2. 土壤施锌

结合施基肥，每株幼树混施硫酸锌 150g ~ 400g，每株成年树混施硫酸锌 0. 5kg ~ 1. 0kg，翌年即可见效，且持效期较长。树冠喷锌，苹果树发芽前半月左右，全树喷 3. 0% ~5. 0% 硫酸钾溶液，盛花期后 3 周喷 0. 2% ~0. 3% 硫酸锌加 0. 3% 尿素混合液，当年防治效果可达 50. 0% ~80. 0% ，发病轻的树体，当年可以全愈。树干注锌，用自动式树干注射器，在病株树干距地面 20cm ~40cm 处注射 0. 1% 硫酸锌加 0. 05% 柠檬酸配制成的溶液，溶液配制时先在水中加入柠檬酸再加硫酸锌。5 ~7 月份注射效果较好，株使用剂量幼树为 200mL ~400mL，中年树 600mL 左右，成年树 1000mL 左右。

3. 防止水土流失

瘠薄山坡地果园应做好水土保持工作，实行生物措施和工程措施相结合，控制水土流失，就地蓄存水分，保持土壤养分。

4. 因树修剪

病枝应尽量少疏剪，以免造成伤口，削弱树势，应多短剪，促进生长。对于基部强壮大枝宜采用重剪，以削弱长势，促使骨干枝生长。严格控制花果量，增强树势。

第 25 节　苹果苦痘病
（Apple bitter pit）

苹果苦痘病又称苦陷病、痘斑病，是苹果植株缺钙引起的果实表皮病变，是成熟期及贮藏期常发生的生理病害。

一、分布与危害

目前苹果苦痘病已经成为世界范围内影响苹果经济性状的主要病害，在陕西果品出口基地各县区均有分布。

苹果苦痘病在我国实行套袋栽培后发病日益严重，有的果园果实发病率高达 50% 以上。由于此病的发生，导致丰产不丰收，甚至出现了烂果、倒果等绝收情况。

二、症状

苹果苦痘病发病初期以皮孔为中心出现颜色较深的圆斑，在红色果面呈暗红色，在绿色或黄绿色果面为浓绿色，且多发生在果顶部和果肩的下半部，四周有深红或黄绿色晕圈。随后病部凹陷，表皮坏死，形成褐色陷斑，大小不一，直径由 2mm 到 1cm 左右，轻病果 1 果上有 3 ~5 处，重病果多达 7 ~8 处，严重时病斑布满果面。病部果皮以下组织坏死、褐色海绵状，呈半圆或圆锥形深入果肉内部。坏死细胞含大量淀粉粒，有苦味。

三、发病条件

（1）连年环剥过度严重而导致树势降低，影响根系生长发育，进而影响到根对钙元素的吸收和利用。

（2）整形修剪技术应用因树种、品种、树龄、长势而异，不同时期修剪的目的和方法亦应不同。进入盛果期后，如在修剪中还将背上枝全部疏去，斜生枝变向下垂，这种连年过度抑势修剪方法，满足不了结果量对树势的要求，导致树势衰弱过快，树体养分储备能力弱。

（3）施肥不合理，有机肥施用不足或者施用化肥偏施的现象，重视氮、磷、钾肥，忽视中微肥施用。特别是在7～8月份，大量追施速效氮肥，促使果实快速膨大，其结果致使果实多种营养成分比例失调，果实表皮单位面积含钙量降低，而发生钙缺乏。

（4）生理性酸性肥料的长期施用，许多果园土壤酸化严重。如生产上常用硫酸钾、氯化氨、氯化钾等生理酸性肥料，施用后阳离子（NH_4^+，K^+）被果树吸收后留下酸根，再就是有的果园长期使用过磷酸钙，肥料本身含有大量的游离酸，使土壤的酸性逐年增加，酸性土壤后，钙与磷酸发生反应形成难溶于水的磷酸钙，导致土壤中交换性钙的不足，根系无法吸收到足量的钙。

（5）补钙方法不科学，很多果园补钙时，只注重叶面喷钙，而忽略土壤补钙。

四、调查监测与防治技术

（一）调查方法

选择当地代表性果园3～5个，每个果园对角线五点取样，每点一棵树，每棵树沿东、西、南、北、中5个方位，每个方位随机选取2个枝条，每个枝条检查10个叶片，每点（或一棵树）调查100个叶片，全园共调查500个叶片，记载发病情况。计算发病叶片百分率、发病株率等。以后每隔5～7天调查1次，掌握发病动态。

（二）防治技术

1. 增施有机肥，改善土壤理化状况

增加有机质，提供各种矿质营养，健壮根系。保证果树对土壤中各种矿质营养元素充分吸收利用，又可以改善土壤营养环境，使之更加优化。有机肥于秋季果实采收后施入，混加适量氮素化肥。一般盛果期苹果园每667m^{2}施3000～5000kg有机肥。施用方法以沟施或撒施为主。沟施为在树冠下挖放射状沟或在树冠外围挖环状沟、条形沟，沟深20cm～30cm，撒施为肥料均匀地撒于树冠下，并深翻15cm～20cm。在有机肥肥源不足的情况下，应采用埋草埋秸秆等措施增加土壤有机质含量，改善土壤结构。

2. 化肥用量目标化，控制氮、磷、钾肥使用量

一般土壤追肥化肥每年进行3次，第1次在萌芽前后，以氮肥为主；第2次在花芽分化至果实膨大期，以磷钾肥为主，氮磷钾肥混合使用；第3次在果实生长后期，以钾肥为主。结果树一般每667m^{2}生产100kg苹果需追肥纯氮（N）1.0kg、纯磷（P_2O_5）0.5kg、纯钾（K_2O）1.0kg。施肥方法是在树冠外围开沟，沟深15cm～20cm，追肥后及时灌水。

3. 生长季节修剪，促进根系生物量的生长

修剪除首先要考虑土肥条件和风光条件，果树的个体和群体结构是否与生态条件相吻合外，还应顾及到根系的发育。密植园，尽量采取间伐，达到通风透光，尽量少用冬季重剪替代间伐。并注重生长季节修剪，调整树体结构，以促进根系生长，使果树能吸收充足的钙素及其他中微量元素，以确保果品产量和质量的提高。

4. 改良酸性土壤

土壤交换性钙与土壤酸碱度密切相关，因而在改造酸性果园的同时也增加了交换性钙含量。一般施用生石灰调节土壤 pH，其使用量最好通过土壤化验分析后确定。在 pH 为 4.5～5.5 的酸性果园土壤，要使距地表 20cm 厚度土层 pH 增至 6.5 以上，可参考使用生石灰 100kg～200kg，如所需要调节的土层厚度加大的话，需要生石灰的量也相应加大。将石灰撒施后翻入土中，但由于生石灰在土壤中的移动速度不快，所以应将生石灰与土壤均匀的混合，以发挥其最大的效果。土壤 pH 的整个调节过程应采用循序渐进的方式，即一般要把实际需用量分 2～3 次施用，在 2～3 年内完成。

第 26 节　苹果水心病
(Apple water core)

苹果水心病又称糖化病、糖蜜病，蜜果病。是在苹果接近成熟时和贮藏初期容易发生的一种生理病害。

一、分布与危害

苹果水心病在西北黄土高原和秦岭高地果区的元帅系和秦冠苹果中发生严重。在陕西果品出口基地各县区均有分布。

水心病由果心开始危害，不易被发现，一周左右即可烂果，严重影响果实生产、品质。

二、症状

病果大小与正常果相同，病斑多发生在果心部和维管束附近，也可发生在果肉的任何部位。开始发病时症状不明显，发病果实的果肉组织坚硬，呈水浸状，病部组织沿苹果心室射线由内向外扩展，病果细胞间隙充满了一种半透明的水浸状物质，食之稍有甜味；当发病严重时从果实外部可见病斑，病果皮呈水浸状，透明似蜡，病组织败坏变褐，味苦，失去食用价值，最后果肉变软腐烂。

三、发病条件

（1）不同品种发病程度不同，富士、金富、王林、新红星、北斗等品种发病较重，金冠、国光、元帅等品种发病较轻。同一品种发病与树势有关，一般树势过弱、叶果比高、果园密植、树冠郁闭、钙素营养不良发病较重。

（2）只施化肥、N、P、K 三元素复合肥等，不施土杂肥、有机肥，不橙草，不注意

科学配方施肥，造成土壤N肥过剩，拮抗钙离子吸收与代谢使发病严重。

（3）过重环剥使养分运输受阻，影响钙素吸收。修剪过轻，叶果比偏高，果园郁闭，个体和整体小气候差，修剪过重，去大枝过多，伤口过大这种情况果实易发病。

（4）果实采收成熟度、采前温度、山梨糖醇代谢等因素影响水心病的发生。暴露在光热条件下的果实比荫蔽处更易于发生水心病，高温能催促果实成熟或钙损失，低温则加速了叶片衰老，并导致果实组织的膜损伤。发生水心病的果实山梨糖醇含量较高，成熟的果实细胞对山梨糖醇的吸收能力降低，碳水化合物因而积累在细胞空间并导致水心病的发生。

四、调查监测与防治技术

（一）调查方法

用白炽灯从苹果萼部照射到心部，随机对苹果进行检测观察，发现发病果实及时防治。

（二）防治技术

（1）在果园施用氮肥的基础上，增施磷肥和农家肥，避免单施胺态氮肥，并对果树进行钙素补充，可显著地减缓发病。

① 初花期和末花期各喷一次14.5%络氨铜水溶性粉剂1500g/hm^2+80%代森锰锌可湿性粉剂1500g/hm^2+补钙王1000mL/hm^2~1500mL/hm^2，可有效地防治苹果水心病，使病果率由27.2%降低到2.6%。

② 幼果期喷68%三氯异氰尿酸+氯克可湿性粉剂1500g/hm^2~1875g/hm^2+补钙王1875mL/hm^2~2500mL/hm^2，间隔10~15天连喷2次，同时也防治了果锈病。

③ 采前8~10周对果实喷洒硝酸钙溶液7500mL/hm^2。同时为了防治其他病害，也可加入其他杀菌剂，所用杀菌剂有：68%三氯异氰尿酸+氯克可湿性粉剂2500mL/hm^2、80%代森锰锌可湿性粉剂1875mL/hm^2~2500mL/hm^2、70%甲基硫菌灵1875mL/hm^2~2500mL/hm^2。

④ 贮藏前用6%~10%氯化钙浸果后再进行贮藏，效果很明显。

（2）合理液溉及时浇水，缺水的地方应穴贮肥水；雨季应及时排水，改善果园内小气候条件以减轻发病。

（3）修剪时注意将结果的位置调节在荫蔽处，避免日光直晒果面；在个体上，要解决树头过大、下群枝甩放过长等，从而解决叶果比过高问题，使枝果比维持在3：1~5：1、叶果比30：1~40：1的范围内。

第27节　梨树腐烂病
(*Valsa ambiens* (Pers.) Fr)

梨树腐烂病俗称烂皮病、臭皮病，是一种真菌性病害。

一、分布与危害

日本、韩国、意大利、美国、叙利亚和希腊等国家均有发生。国内在辽宁、吉林、黑龙江、河北、河南、山东、山西、陕西、湖北、安徽、江苏等省梨产区都有分布，新疆、西北、华北等地区最为严重。在陕西果品出口基地，主要分布于礼泉、彬县、大荔、蒲城等县区。

该病主要危害梨树枝干，使感病部位树皮腐烂导致全株死亡，对生产影响极大。梨腐烂病菌除可感染梨外还可侵染苹果。

二、症状

梨树腐烂病主要危害主干和主、侧枝，偶尔也危害果实，有馈荡型和枝枯型两种症状类型。

溃疡型：开始发病时，病斑一般呈椭圆形或不规则形，病皮外观初期红褐色，水渍状，稍隆起，用手按压会有松软感，病斑处常有红褐色的汁液渗出。用刀片削掉病皮的表层，可见病皮内呈黄褐色、湿润、松软、糟烂，有酒糟气味，与苹果腐烂病相比，梨树腐烂皮层的酒糟味很轻或没有。发病后期，表面密生小粒点，为病菌的子座。雨后或空气湿度大时，从中涌出病菌淡黄色的分生抱子角。在生长季节，病部扩展一段时间后，周围逐渐长出愈伤组织，病皮失水、干缩凹陷，色泽变暗，病健树皮交界处出现裂缝。

枝枯型：衰弱大枝或小枝上发病，常表现枝枯型症状。病部边缘界限不明显，蔓延迅速，无明显水渍状，很快将枝条树皮腐烂 1 圈，造成上部枝条死亡，树叶变黄。后期病皮表面密生黑色小粒点，天气潮湿时，从中涌出淡黄色分生抱子角。

三、病原

梨树腐烂病菌是苹果黑腐皮壳梨变种 *Valsa mali* Miyabe et Yamada var. pyri Y. J. Lu，属于子囊菌门盘菌亚门粪壳菌纲粪壳菌亚纲间座壳目。病菌无性世代形成浅黑色至黑色、扁圆锥形的子座，子座可突破表皮。1 个子座内有 1 个形状不规则的分生孢子器埋生在子座中。分生孢子器一般有多个腔室，而这多个腔室共用 1 个孔口。分生孢子器暗褐色的内壁密生无色、分枝或不分枝的分生孢子梗。分生孢子梗上着生无色、两端钝圆、香蕉形、单孢的分生孢子。有性世代形成的子囊座盘茶色或褐色，被孔口完全覆盖，不明显。子囊壳烧瓶状，子囊棍棒状，含 8 个孢子，子囊孢子单孢、无色、腊肠型。

四、侵染循环

梨树腐烂病菌以菌丝体、分生孢子器在树皮上越冬，翌年春暖时产生的孢子借风雨传播，从伤口侵入。在田间、病菌先在树皮的落皮层组织上扩展，条件适宜时向健部组织侵入。一年有两个发病高峰，春季盛发，夏季停止扩展，秋季再次活动，但危害较春季轻。从夏季树皮产生落皮层至落皮层组织上出现病变，直到翌年春季进入生长期，冬季发病停滞，可视为腐烂病的 1 个周期。

五、发病条件

（1）含有机质低的砂土地，因树势弱，抗病能力差，发病严重。

（2）幼树虽然有发病，但发病轻；七、八年以上的结果树及老树发病重。地力差、

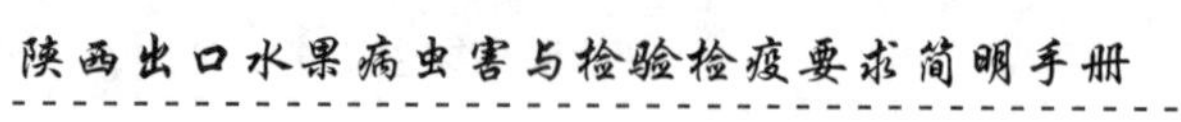

栽培管理不好也是诱因。

（3）病斑在第一次及第二次分枝的粗干上发病多，枝上很少发病。树干分叉部较易发病。

（4）种与品种间存在抗病性差异。西洋梨发病较重；中国梨的品种居中，黄梨等次之；而京白梨、鸭梨及日本梨系统很少发病。

六、调查监测与防治技术

（一）调查方法

从2月中下旬开始，选不同品种2~5株，每株选一块较大的病斑，将周围健皮刮除一圈，涂药保护，并做标记。每3~5天观察及再一次所发现的分生孢子器。或在距病斑4mm~6mm处挂涂以凡士林的载玻片，每2~4天镜检孢子数量，当孢子角或孢子数急剧增加时，即孢子飞散盛期，开始喷药防护。

（二）防治技术

1. 防治策略

采用培养树势为中心并配合以预防与及时治疗的综合措施。

2. 防治方法

（1）农业防治

① 加强栽培管理，增强树势，提高树体抗病力，是预防腐烂病的根本措施。增施优质有机肥，科学施用氮、磷、钾肥，干旱季节及时灌水。合理修剪，及时疏花疏果，调节负载量，平衡大小年。预防早期落叶，喷施叶面肥，提高树体营养水平，控制后期贪青徒长。树干涂白，喷施防冻剂，防止冻害发生。尽量减少各种伤口，及时防治害虫。

② 清洁梨园，减少菌源。晚秋清扫梨树落叶，清除病果、病枯枝，减少越冬菌源。早春梨树发芽前结合修剪，清除病梢，集中烧毁。发病初期及时摘除病梢、病花簇。

③ 刮除病斑，涂药治疗。早春梨树发芽前，细致刮除树干上的腐烂病斑。对已发病至木质部的病斑，要彻底刮净，要求刮面超出病健交界处0.5cm。对发病仅在韧皮部的病斑，刮除色的韧皮组织，然后涂药保护。还可对全园刮树皮，刮去翘起的树皮及坏死的组织，刮皮后结合涂药或喷药，并将刮下的病皮组织及时烧毁。

④ 用红土泥和毛发混合液涂抹治疗。将红土泥与毛发混合成适宜黏度后抹于病斑处，厚度3cm以上，然后用塑料布捆扎，经10天左右可使病原菌因干泥固定隔绝空气而窒息死亡。

（2）生物防治

现在生物防治除放线菌以外，还有真菌（如绿粘帚霉、头状茎点霉、哈茨木霉、罗伦隐球酵母）和细菌（如枯草芽孢杆菌、产酶溶杆菌、假单孢杆菌）等。生防菌 *Streptomyces ahygroscopicus* 中获得的农抗120（又称抗霉菌素120）已在腐烂病防治中得到了应用和推广。链霉素S－921处理腐烂病病疤治愈率可以达93%～100%。大蒜泥、薰衣和薄荷挥发油也有抑制梨树腐烂病的效果。

(3) 化学防治

在梨树萌芽前全园喷洒 5°Bé 石硫合剂，可减少梨树生长期间的用药次数，减轻病虫害防治压力。采果后、晚秋清园时、早春发芽前 3 个关键期全园喷 95% 银果原药 2500g/hm^2 或 50% 松焦油原液 30000mL/hm^2 或 5% 菌毒清水剂 7500mL/hm^2，树干及枝干的基部要重点喷，可有效消灭树体上的潜伏病菌。

发病初期，病斑较小时，可采用划道法涂药治疗，方法是将腐烂病斑连同周围 0.5cm 的健皮按 0.5cm 的间距进行纵横划道，深达木质部，然后用毛刷均匀地涂抹 50% 松焦油原液 +5% 煤油 300000mL/hm^2，反复涂抹直至不产生泡沫为止，涂药液的次数最好在 2 次以上。

重病园在 5 ~8 月于树干基部喷 50% 松焦油原液 30000mL/hm^2，可以控制腐烂病传播感染。在花露红期、谢花期、套袋前、雨季来临前全株喷施菌毒清等，可有效预防腐烂病的发生。

第 28 节　梨 黑 斑 病
(*Alternaria kikuchiana* Tanaka)

梨黑斑病又名裂果病，是梨的三大病害之一。是由链格孢菌侵染引起的一种储藏期真菌性病害。

一、分布及危害

黑斑病在亚洲的日本、韩国和中国发病十分严重。在陕西果品出口基地，主要分布于礼泉、彬县、大荔、蒲城等县区。

1933 年 Tanaka 首次在日本报道梨黑斑病，中国于 1935 年发现该病。梨黑斑病在梨生长季节通过各种途径侵入而潜伏至果实贮藏期间发病造成叶片脱落和果实腐烂，已经成为梨果产量和品质的主要制约因素之一，给农业生产带来巨大损失。

二、症状

梨黑斑病主要危害叶、果实，新梢。

(1) 嫩叶在初期侵染后，产生针头大小圆形黑色斑点，随后逐渐扩大成圆形或不规则形直径为 1cm 左右的病斑，病斑中心呈灰白色，边缘黑褐色，有时呈同心轮纹，病斑多时可相互结合成凹陷的不规则大斑，在潮湿的条件下，病斑表面形成黑霉物即分生孢子及分生孢子梗，叶片上长出多数病斑时，往往相互愈合成不规则的大病斑，直径可达 2cm 左右，并具有同心轮纹和霉状物叶片成为畸形，引起早期落叶。

(2) 幼果受害后，初期表面产生漆黑色小圆点，然后扩大为稍凹陷的圆形病斑，潮湿时病斑表面也产生黑霉物，使幼果早期脱落。后期染病由于病健组织发育不均，致使果面发生龟裂，深度可达果心，裂缝内也会产生黑霉，感病严重的在采收前就腐烂落地。在重病果上常常数个病斑合并成为大病斑，凡感病果实均无贮藏价值。

(3) 叶柄及新梢感病，病斑初期为黑色，圆形或椭圆形，稍凹陷，后扩展为长圆形或纺锤形下陷较深呈淡褐色，病健交界处常产生裂缝，有时呈疮痂状，遇风易折断。

三、病原

梨黑斑病病原菌 *Alternaria kikuchiana* Tanaka 为半知菌亚门丝孢纲丝孢目真菌。黑斑上长出的黑霉是病菌的分生孢子梗和分生孢子。分生孢子梗褐色或黄褐色，数根至十余根丛生，一般不分枝，少数有分支，基部较粗，先端略细，有隔膜 3～10 个，其上端有几个孢痕。分生孢子常 2～3 个链状长出，形状不一，普通为棍棒状，基部膨大，顶端细小，嘴胞短至稍长，有横隔膜 4～11 个，纵隔膜 6～9 个，隔膜所在处略溢缩。老熟的分生孢子，壁较厚，暗褐色；幼嫩的分生孢子则壁较薄而呈黄褐色或暗黄色。

四、侵染循环

病菌以分生孢子及菌丝体在被害枝及落于地面的病叶、病果上越冬。翌年春季，越冬的和病组织上新产生的分生孢子，通过风雨传播，引起初次侵染。枝条上的病斑形成的孢子，被风雨传出去后，隔 2～3 天于病部会再次形成孢子，如此可以重复 10 次以上。这样，新旧病斑上陆续产生分生孢子，不断引起重复侵染。

在自然条件下，气温在 24℃～28℃时发病较多，12℃以下和 36℃以上不发病，因此，黑斑病从梨树开花后到采收期均可发生，6～7 月份为盛发期。

五、发病条件

（一）气候条件

在果树生长季节，温度高低与降雨量大小对病害的发生发展关系极为密切。气温为 24℃～28℃，湿度超过 98% 时孢子萌发，尤其在水滴中，萌发率高。

（二）栽培管理

树势强弱、树龄大小与发病关系也很密切。树龄在 10 年以内，树势健壮的，发病都较轻；而树龄在 10 年以上，树势衰弱的发病常严重。此外，果园肥料不足，或偏施氮肥，地势低洼，植株过密，均有利于此病的发生。

（三）品种

品种间发病程度有显著差异。一般日本梨系统的品种易感染，西洋梨次之，中国梨较抗病。

六、调查监测与防治技术

（一）调查方法

在园内选感病品种中枝干病斑较多的树 4 株，将载玻片一面涂上一层凡士林后固定在距病枝干 5cm～10cm 处。有凡士林的一面对着树干，每株按不同方位挂 4 片。从春季气温回升开始，每 3 天换一次载玻片，然后镜检捕捉到的孢子数量，当孢子数量开始增加即进行防治。

（二）防治技术

1. 农业防治

（1）在梨树萌芽前应及时清理枯枝落叶、病僵果等，并带出梨园或集中烧毁，有效

减少梨黑斑病菌的越冬基数。

(2) 对老果园应加强修剪，增加树冠间的通风透光，合理留果，避免株产偏高，促进树体更新复壮。

(3) 对地势低，排水不良的果园，应做好开沟排水防涝工作。

2. 化学防治

清园翻土后喷洒 5°Bé 石硫合剂。刮掉老皮、病斑后用 50% 甲基硫菌灵可湿性粉剂 30000g/hm^2 涂抹伤口消毒，杀灭越冬病虫。

梨树萌芽前，全面喷 1 次 1∶1∶200 波尔多液，全面消毒灭菌；发芽后至开花期喷 80% 代森锰锌可湿性粉剂 2500g/hm^2。4 月底至 5 月上旬幼果期间隔 7～10 天，套小蜡袋前后喷 2～3 次 10% 吡虫啉可湿性粉剂 1000g/hm^2 加 10% 苯醚甲环唑水分散粒剂 1000g/hm^2。套大袋后每隔 10～15 天喷 40% 新农宝乳油 1500mL/hm^2 加 40% 福星乳油 187.5mL/hm^2～250mL/hm^2；采果后到落叶前用 50% 甲基硫菌灵可湿性粉剂 1875g/hm^2。

第 29 节　梨　锈　病
(*Gymnosporangium haraeanum* Syd)

梨锈病又称赤星病，俗称羊胡子，是一种真菌性病害。

一、分布与危害

梨锈病是梨树的重要病害之一，各地梨区均有发生。梨锈病在我国南北梨区广为分布，在陕西果品出口基地，主要分布于礼泉、彬县、大荔、蒲城等县区。

梨锈病危害部位为叶片、幼果和新梢。一旦暴发会影响其产量和品质。

该病除危害梨树外，还危害山楂、海棠、棠梨、木瓜等。

二、症状

(1) 病害暴发时往往导致叶片早枯脱落。初期叶正面会出现数个橙黄色圆形斑点，并不断扩大至直径 4mm～8mm 时，病部中心密布橙色针眼大小的小点，为病菌孢子。天气潮湿时会流出浅黄色粘液，待其变干后小点变黑、病部加厚、背面隆起、正面略凹，随后隆起部位会长出灰黄色毛状物，为病菌锈子器。

(2) 幼果初期症状与叶片类似。染病部位稍凹陷，后期病部出现灰黄色毛状物，果实生长停滞，幼果常畸形早落。

(3) 果梢、果梗染病后的病斑大体与果实上相同。叶柄和果梗受害会引起落叶、落果。新梢染病部常枯死，一旦刮风易折断。

三、病原

病原亚洲胶锈菌 *Gymnosporangium asiaticum* Miyabe ex Yamada 属于担子菌亚门冬孢菌纲锈菌目。病菌需要在两类不同的寄主上完成其生活史。性孢子器，扁烧瓶形，孔口外露，内生许多无色单胞纺锤形或椭圆形的性孢子，锈子器，细圆筒形。锈子器内生有很多

球形或近球形的锈孢子，为橙黄色，表面有瘤状细点。冬孢子角红褐色或咖啡色，圆锥形。初期短小，以后逐渐伸长，一般长 2mm ~ 5mm。冬孢子角内形成大量冬孢子，冬孢子通常需要 25 天才能发育成熟。冬孢子纺锤形或长椭圆形，双胞，黄褐色，冬孢子柄细长，其外表被有胶质，遇水胶化。冬孢子萌发时长出 4 个细胞的担子，每个细胞生一小梗，每小梗顶端生一担孢子。担孢子卵形，淡黄褐色，单胞。冬孢子萌发的温度范围为 5℃ ~30℃，最适温度为 17℃ ~20℃。担孢子萌发的适宜温度为 15℃ ~23℃。锈孢子萌发的最适温度为 27℃。

四、侵染循环

梨锈病为不完全型转主寄生锈菌，病菌以菌丝体在桧柏绿枝或鳞叶上的菌瘿中越冬。翌年春在桧柏上形成冬孢子并萌发产生小孢子，小孢子借风力传播到 3km ~5km 外的梨树上萌发入侵。梨树上产生性孢子器及性孢子、锈孢子器及锈孢子。秋季锈孢子随风传回桧柏上越冬。由于侵染循环中缺少夏孢子，所以无再侵染，每年仅侵染 1 次。

五、发病条件

（1）梨锈病菌属转主寄生菌，其冬袍子和担抱子在转主寄主上产生。没有转主寄主，病菌就不能完成其生活史循环，病害也就不能发生。梨锈病的发生与桧柏多少、距离远近有直接关系。方圆 3km ~5km 范围内，如无转主寄主桧柏，梨锈病就很少发生或不发生。

（2）3 ~4 月降雨次数和降雨量多时，易引起梨锈病流行。此外风力和风向影响锈孢子的传播，温度影响冬孢子的成熟期和成熟度，如冬孢子萌发最适温度 16℃ ~22℃，2 ~3 月气温高低与春雨多少，是影响当年梨锈病发生轻重的重要因素。梨锈病菌的担孢子只能侵染嫩叶，叶片生长在 3 周以上病菌不能侵染。

（3）梨树品种的抗病性梨树品种之间的抗病性差异很大，中国梨易感病，日本梨次之，西洋梨最抗病，建园时，必须栽植抗病品种。陕南地区较抗病的品种有黄金梨、早酥梨等。

六、调查监测与防治技术

（一）调查方法

于 3 月下旬开始记录每次降雨的雨量及随后两天内的相对湿度，出现一次大于 15mm 的降雨且其后连续两天相对湿度大于 90% 的天气，应进行防治。

（二）防治技术

1. 农业防治

（1）彻底铲除梨园四周 5000m 以内的桧柏等，规划新果园时，果园方圆 2500m ~5000m 内不要栽植桧柏树。

（2）加强其他管理措施，采取叶面喷肥，清除落地病叶，预防其他病害，以及疏果套袋和加强土肥水管理等综合措施进行防治。

2. 化学防治

（1）控制病菌的传播，对转主寄主喷药，应在 3 月上中旬用 3 ~5°Bé 石硫合剂或

45% 晶体石硫合剂 10000g/hm^2 ~15000g/hm^2 配液喷洒桧柏等树体，以防止树上梨锈菌冬孢子的萌发传播。

（2）对梨树进行喷药，预防担孢子的侵染。喷药时间应把握在梨树萌芽至展叶后 25 天内为宜，即在担孢子传播侵染盛期进行，每隔 10 天喷药 1 次连喷 3 次。药剂可用 65% 代森锌可湿性粉剂 3000g/hm^2、40% 甲基硫菌灵悬浮剂 1875mL/hm^2、或 25% 三唑酮乳油 1000mL/hm^2。

第 30 节　梨 黑 星 病

(*Venturia pirina* Aderh.)

梨黑星病又称疮痂病、雾病、斑病，是由梨黑星菌引起的一种真菌性病害。

一、分布与危害

梨黑星病分布于亚洲、欧洲、北美及澳大利亚。我国于 1899 年在黑龙江省首次发现该病，现在所有梨区均有该病发生，以辽宁、河北、山东、河南、山西、陕西等省发生最普遍。近年来，江苏、安徽、浙江、云南、四川等南方各省梨区发病有逐渐加重的趋势。在陕西果品出口基地，主要分布于礼泉、彬县、大荔、蒲城等县区。

梨黑星病发生后，引起梨树早期大量落叶，幼果被害呈畸形，不能正常膨大而脱落，造成生产上的大量损失。

二、症状

黑星病能危害果实、果梗、叶片、叶柄和新梢等。

（1）果实发病出生淡黄色圆形斑点，逐渐扩大病部稍凹陷、上长黑霉，后病斑木栓化，坚硬、凹陷并龟裂。幼果因病部生长受阻碍，变成畸形；果实成长期受害，则在果面生大小不等的圆形黑色病疤，病斑硬化，表面粗糙，果实不畸形。果梗受害，出现黑色椭圆形的凹斑，上长黑霉。

（2）叶片受害，初在叶背主、支脉之间呈现圆形、椭圆形或不整形的淡黄色斑，不久病斑上沿主脉边缘长出黑色的霉。为害严重时，许多病斑互相愈合，整个叶片的背面布满黑色霉层。叶脉受害，常在中脉上形成长条状的黑色霉斑。叶柄上症状与果梗相似。由于叶柄受害影响水分及养料运输，往往引起早期落叶。

（3）新梢受害，初生黑色或黑褐色椭圆形的病斑，后逐渐凹陷，表面长出黑霉。最后病斑呈疮痂状，周缘开裂。

三、病原

病原物为纳雪黑星菌 *Venturia nashicola* Tamaka et Yamamoto），子囊菌亚门格孢腔菌目成员；无性态为一种黑星孢 *Fusicladium* sp.，无性真菌半知菌亚门丝孢目成员，病菌只危害东方梨，不危害西洋梨。危害西洋梨引起黑星病的病原物为梨黑星菌 *Venturia Pirina* Aderh.，不感染东方梨。

纳雪黑星菌和梨黑星菌的形态稍有差异，前者的假囊壳稍大，而子囊孢子和分生孢子稍小。分生孢子梗暗褐色，散生或丛生，直立或稍弯曲，分生孢子淡褐色或橄榄色，纺锤形、椭圆形，单胞，着生于孢子梗的顶端或中部，脱落后留有瘤状的痕迹。越冬后的落叶上产生有性态，假囊壳。假囊壳埋生在叶肉组织中，成熟后喙部突出也表，状如小黑点。假囊壳在落叶的正反两面均可形成，但以反面居多，并成堆聚生。假囊壳圆球形或扁圆球形，颈部较肥短，黑褐色。子囊棍棒装，生于假囊壳底部，无色透明，内含 8 个子囊孢子。子囊孢子淡黄绿色或淡黄褐色，状如鞋底，双胞，上大下小。

四、侵染循环

梨黑星病菌的越冬形态及场所有 3 种：①是以分生孢子或菌丝体在腋芽的鳞片内或枝梢病部越冬，翌年春季发芽时，病芽长出病梢，病梢上产生黑霉为病菌的分生孢子梗和分生孢子，占越冬方式的 55.7%；②是以菌丝体及未成熟的子囊座在落叶上越冬，翌年发芽后，子囊孢子随风雨飞散，侵害幼叶及幼果，占 28.5%；③是以分生孢子在落叶上越冬，越冬后难以发芽，占 15.8%。其中，在鳞芽内的越冬方式最为重要，是当年田间发生病害的主要初侵染菌源。

梨黑星病为多病程病害，最先在新梢基部发病，病梢是重要的侵染中心。病梢上产生的分生孢子通过风雨传播到附近的幼叶、幼果和新梢上，环境条件适宜时，即可侵染发病。分生孢子落到叶片上后，主要从气孔侵入，也可通过表皮直接侵入；在果实上，可以通过皮孔侵入，也可直接侵入。病菌侵入的最低日均温度为 8℃ ~10℃，最适流行温度为 11℃ ~20℃，孢子从萌发到侵入梨组织需 5h ~48h，一般经过 12 ~29 天的潜育期才表现症状，以后病叶病果又产生新的分生孢子，陆续造成再侵染。梨黑星病自开花、展叶期开始，直到果实采收为止，均可在植株地上部的幼嫩组织上陆续危害，尤以叶片和果实受害最重。

五、发病条件

1. 寄主抗病性

梨树的不同品种对黑星病的抗性有明显的差异。中国梨最易感病，日本梨次之，西洋梨最抗病。寄主的幼嫩组织最易感染病菌，当新梢木栓化、叶片角质化后，则不再受感染。幼叶感病，展开叶一个月以上的叶片一般不受感染。

2. 气候条件

在果树生长季节，一般温度可以满足病菌侵染和病害发生的要求。因此，降雨的早晚、降雨量的大小及持续时间的长短成为影响病害流行的主导因素。春雨早且持续时间长、夏季 6 ~7 月间雨量多、日照不足、空气湿度高等气象因素极有利于病害流行。

3. 栽培管理

地势低洼、树冠茂密、通风透光不良和湿度较高的梨园，以及肥力不足、树势衰弱的梨树易发病。

4. 越冬菌源基数

越冬后存活病菌数量大，则病害发生早。

六、调查监测与防治技术

(一) 调查方法

在园内五点选取果树，每点两株。将载玻片一面涂上一层凡士林后固定在距病枝干5cm~10cm处。有凡士林的一面对着树干，每株按不同方位挂4片。从果树开花期开始，每3天换一次载玻片，然后镜检捕捉到的孢子数量，当孢子数量增加较多或孢子数量较大时预报开始喷药。

(二) 防治技术

1. 农业防治

(1) 减少侵染来源。果树落叶后，彻底清扫落叶，并集中销毁。春天和发病初期，应及早摘除发病花序、病芽及病梢等，以防止病害蔓延。

(2) 合理整枝修剪。合理修剪，适当留果，改善树冠通透性，可以增强树体抗病性。如在鸭广梨黑星病的防治中，在梨树长出新梢后，每10天检查1次，发现病枝、病稍应及时摘除，并统一进行处理，可减少黑星病发病率。

(3) 加强肥水管理。增施有机肥料，排除田间积水，活化根系附近土层，改善根系附近土壤通透性，可增强树势，提高抗病力。于秋季在树冠投影的范围内，挖110m深，0.5m宽的沟，在其中放置腐熟的农家肥和落叶，灌入适量的水后埋土，这样在果树生长期间，既可以提高果园土壤肥力和节水，又可以增强梨树抗病能力，减少黑星病的发生。

(4) 其他方法。果实采收时，应严格淘汰病果及受其他损伤的果实，以减少贮藏果实的发病机率。选用抗病品种，减少农药污染是最有效的防治措施。

2. 化学防治

早春梨树发芽前结合其他病虫害的防治，喷施3~5°Bé的石硫合剂，消灭越冬的病原菌，减少梨黑星病的发生。梨黑星病发病初期，喷施25%咪鲜胺乳油750mL/hm^2~1500mL/hm^2，或10%苯醚甲环唑水分散粒剂250g/hm^2~375g/hm^2，或40%福星乳油187.5mL/hm^{2}或50%锰锌·腈菌唑可湿性粉剂857g/hm^2~1000g/hm^{2}连喷三次左右。进入雨季后，可喷布20.67%噁酮·氟硅唑乳油600mL/hm^2。

第31节 梨褐腐病

(*Monilinia fructigena* (Aderh. et Ruhl) Honey)

梨褐腐病又称梨菌核病，是一种真菌性病害。

一、分布与危害

梨褐腐病在东北、华北、西北和西南部分梨区均有发生，有些果园危害较重。在陕西果品出口基地，主要分布于礼泉、彬县、大荔、蒲城等县区。该病发生在梨果近成熟期和贮藏期，导致果实腐烂，造成严重经济损失。

梨褐腐病病菌只侵害果实，除梨外，还可侵害苹果和桃、杏、李等果树。

二、症状

受害果实初期为浅褐色软腐斑点，以后迅速扩大，几天可使全果腐烂。病果褐色，失水后，软而有韧性。后期围绕病斑中心逐渐形成同心轮纹状排列的灰白色到灰褐色、2mm～3mm大小的绒状菌丝团，这是褐腐病的特征。病果有一种特殊香味。多数脱落，少数也可挂在树上干缩成黑色僵果，贮藏期中病果呈现特殊的蓝黑色斑块。

三、病原

病原果生链核盘菌 *Monilinia fructigena*（Aderh. et Ruhl.）Honey 属子囊菌亚门盘菌纲柔膜菌目，无性世代为仁果丛梗孢（*Monilia fructigena* Pers.）属半知菌亚门真菌。

子囊盘自僵果内菌核上生出，菌核黑色，不规则形，子囊漏斗状，外部平滑，灰褐色，直径3mm～5mm，盘梗长5mm～30mm，色泽较浅，子囊无色，长圆筒形，内生8个孢子，侧丝棍棒形，子囊孢子单胞，无色，卵圆形。有性阶段在自然条件下很少产生。无性阶段为仁果丛梗孢。病果表面产生绒球状霉丛是病菌的分生孢子座。其上着生大量分生孢子梗及分生孢子。分生孢子梗丛生，顶端串生念珠状分生孢子，分生孢子椭圆形，单胞、无色。

四、侵染循环

病菌主要以菌丝体和孢子在病果或僵果内越冬，翌年春季产生分生孢子，分生孢子借风雨传播，通过伤口或皮孔侵入果实，潜育期5～10天。

五、发病条件

（1）果实近成熟期又多雨潮湿是褐腐病流行的主要条件。

（2）不同品种对褐腐病抗性不同，香麻梨、黄皮梨较抗病，金川雪梨、明月梨较发病。

（3）水分供应失调，虫害严重，采摘时不注意造成机械伤多，均利于该病的发生和流行。

六、调查监测与防治技术

（一）调查方法

南方地区从花前开始，每隔3～5天调查1次，前期调查花，后期调查新稍和幼果，每次调查300～500个，发现病斑即为侵染初期，需喷药防治。

北方地区在花期后，每隔5～7天调查1次，每次调查300～500个果实，发现病斑即可开始防治。

（二）防治技术

1. 防治策略

该病的防治应在栽种抗病品种的基础上，搞好越冬期防治。尽可能减少初侵染菌源，加强栽培管理，并结合药剂防治。

2. 防治方法

（1）农业防治

加强果园管理及时清除菌源，秋末采果后耕翻、清除病果，生长季节随时采摘病果，集中烧毁或深埋，以减少田间菌源，有条件者可行果实套袋。

适时采收，减少伤口，防止贮藏期发病。贮藏前严格挑选、去掉各种病果、伤果，分级包装，运输时减少碰伤。

（2）物理防治

贮藏期注意控制湿度，窖温保持在1℃～2℃，相对湿度90%，定期检查，发现病果及时处理，减少损失。

（3）化学防治

未发病前适当喷洒1：0.7：200波尔多液3～5次，每次间隔10～15天。

花前喷3～5°Bé石硫合剂或45%晶体石硫合剂5000g/hm^2。花后及果实成熟前喷1：3：（200～240）倍量式波尔多液，45%晶体石硫合剂5000g/hm^2、50%多菌灵可湿性粉剂2500g/hm^2、50%甲基硫菌灵悬浮剂1875mL/hm^2、50%苯菌灵可湿性粉剂1000g/hm^2。

果实贮藏前用50%甲基硫菌灵可湿性粉剂2143g/hm^2或45%噻菌灵悬浮剂300mL/hm^2～375mL/hm^2液浸果10min，晾干后贮藏。贮藏果库及果框、果箱等贮果用具要提前喷药消毒，然后用二氧化硫熏蒸，每立方米空间用20g～25g硫黄密闭熏蒸48h，也可用1%～2%福尔马林或4%漂白粉水溶液喷后熏蒸2～7天。

第32节 梨灰斑病
（*Phyllosticta pirina* Sacc）

梨灰斑病又称梨斑点病，是由梨叶点霉引起的真菌性病害。

一、分布与危害

梨的灰斑病发生比较多，严重地块叶发病可高达100%，每叶病斑可多达几十块。此病在鸭梨、雪花梨、蜜梨、胎黄及热杂梨等树种上均曾发生，北方重于南方。在陕西果品出口基地，主要分布于礼泉、彬县、大荔、蒲城等县区。

二、症状

灰斑病多发生于生长中后期，主要为害叶片，叶片染病后，出现褐色小点，病斑初期近圆形、灰色，直径1mm～5mm，后发展为圆形或不规则形，银灰色；病健交界处有一微隆起的褐色线纹。后期病斑表面可散生许多小黑点，病斑表层易剥落。

三、病原

病原梨叶点霉 *Phyllosticta pirina* Sacc. 属半知菌亚门。分生孢子器近球形，大小

(87.5～130)μm×(70～112.5)μm，暗褐色，具乳头状孔口。分生孢子椭圆形至卵形，两端圆，无色，大小(7.6～8)μm×(2～2.5)μm。

四、侵染循环

病菌主要以菌丝体或分生孢子器在病落叶上越冬，翌年在温、湿度适宜条件下释放分生孢子，通过风雨传播进行初侵染和再侵染。每年6月份即见发病，7～8月份为发病盛期。

五、发病条件

多雨年份发病重，多雨季节发病快。

六、调查监测与防治技术

（一）调查方法

在园内选感病品种中枝干病斑较多的树4株，将载玻片一面涂上一层凡士林后固定在距病枝干5cm～10cm处。有凡士林的一面对着树干，每株按不同方位挂4片。从果树开花期开始，每3天换一次载玻片，然后镜检捕捉到的孢子数量，当孢子数量增加较多或孢子数量较大时预报开始喷药。

（二）防治技术

（1）清洁田园，秋未冬初清除落叶集中烧毁，减少病源是防治该病的关键。

（2）加强梨园管理，增强树势，提高抗病能力。

（3）梨树花后喷药是防治梨褐斑病的适期。用70%甲基硫菌灵悬浮剂1875mL/hm^{2}或50%多菌灵可湿性粉剂2500g/hm^2、50%苯菌灵可湿性粉剂1875g/hm^2、1∶2∶200倍式波尔多液，间隔15～20天1次，连续防治2～3次。

第33节　梨青霉病
(*Penicillium expansum* (Link) Thom)

梨青霉病是由扩展青霉引起的一种真菌性病害。

一、分布与危害

世界各地均有发生，国内各梨产区也有发病。在陕西果品出口基地，主要分布于礼泉、彬县、大荔、蒲城等县区。

该病为害近成熟及成熟期的果实，也是梨运输和贮藏期的一种重要病害。该病除梨外也危害苹果、桃、杏、板栗等。

二、症状

初期病斑为圆形，浅褐色至浅红褐色，软腐，下陷，可迅速烂及全果，有特殊的霉

味，果肉味苦。天气潮湿时，病斑上出现小瘤状霉块，呈轮状排列，初白色，后变绿色，上覆粉状物即为分生孢子。

三、病原

病原扩展青霉 *Penicillium expansum*（Link）Thom 属半知菌亚门丝孢纲丝孢目。主要为菌落粒状或绒状，仅在后期呈束状，有时形成孢梗束，暗绿色，有白色的边缘，最后变褐色；分生孢子梗长达 500μm 以上，壁光滑或微粗糙，宽 3μm～3.5μm，间枝 3～6 个，大小为（10～15）μm×（2.2～3.0）μm；瓶状小梗 5～8 个，大小为（8～12）μm×3μm；分生孢子多，但一般孢子层不形成壳状，先呈椭圆形，以后部分变亚球形，光滑，大小为（3～3.5）μm×（1.9～2.4）μm，串生成长链。

四、侵染循环

病菌越冬场所十分广泛，能抵抗不良环境条件，可在多种有机质和土壤中营腐生生活，产生大量分生孢子，随气流传播，主要通过各种伤口侵入，如虫伤、刺伤、碰伤、压伤等，也能从皮孔侵入，其他病害的病斑上常被青霉继发侵染。发病与温度（25℃最适），病菌在 0℃时仍可缓慢发展。

五、发病条件

梨青霉病受栽培和生境影响。土窑贮藏初期和后期窑温较高时病情发展快，冬季低温时病情发展慢，包装房、贮藏室带菌发病重，破伤果发病重。

六、调查监测与防治技术

（一）调查方法

选择当地代表性果园 3～5 个，每个果园 5 点取样，每点 2 株树均做调查，每株树从东、西、南、北、中不同方位，分上、中、下部位按 2：6：12 的比例每方位随机最少抽查 20 个果（果量少的全株调查），记录各果实的发病情况。从已收获的果实在随机抽取 500 颗果实，调查发病情况。

（二）防治技术

1. 农业防治

在采收、包装、贮运过程中尽量避免造成伤口；病果、伤果要及早处理，不能长期贮存；果窖和盛果旧筐等在梨果入窖前进行消毒，可用硫黄 20g/m^3 熏蒸，密闭 24h，也可用 1%～2% 福尔马林、4% 漂白粉水溶液喷布熏蒸后密闭 2 天或 3 天，然后通风启用。及时清除烂果，1℃～2℃低温贮存，可减缓发病。

2. 化学防治

采收后用 25% 多菌灵可湿性粉剂浸果 1500g/hm^2，也可用 50% 烯菌灵乳油 1500mL/hm^2 浸果 30s，或 25% 咪鲜胺乳油 1500mL/hm^2 浸果 1min，取出晾干。

第 34 节　梨树干枯病
(*Phomopsis fukushii* Tanaka *et* Eudo)

梨树干枯病又称干腐病、胭枯病，是一种真菌性病害。

一、分布与危害

梨树干枯病在我国广泛分布，河北、河南、山东、山西、江苏、浙江、云南及东北三省均有发生和危害。在陕西果品出口基地，主要分布于礼泉、彬县、大荔、蒲城等县区。寄主为中国梨和日本梨，如秋子梨、白梨、沙梨等，危害枝干、梨果和梨苗，是寒冷地区梨园经常发生的一种常见病害。严重影响梨苗生长和造成成龄梨树大量死枝或死树。

二、症状

（1）病苗初发病在茎基部表面出现圆形暗色水渍状斑点；后扩展成椭圆形、棱形或不规则形状红褐色病斑；以后病斑逐渐凹陷，病健交界处产生裂缝，并在病斑表面密生黑色小粒点。再后变黑干缩。随着褐色病斑的侵害加深病斑围茎 1/2 以上时，因梨树苗水分和营养输送受到阻碍而上部逐渐萎蔫干枯变黑死亡，刮风时易折断。

（2）成龄树多在枝干上发病，症状与幼树苗发病相似。严重时病部凹陷、干裂、翘起，露出木质部，后期在病树皮表面上出现散生的细小黑色点粒状突起，即孢子器。严重时引起死枝死树。

三、病原

病原福士拟茎点霉 *Phomopsis fukushii* Tanaka et Endo，属半知菌亚门。病菌的分生孢子器埋生于栓皮层下，扁球形、有孔口、黑褐色，内有两种类型的分生孢子，多数为纺锤形，两端各有一个油球；少数为线性，略弯曲。两种孢子均为单胞、无色，春时从孔口涌出呈卷须状。

四、侵染循环

病菌以菌丝体和分生抱子器在病枝干上越冬，翌年春季气温回升，梨树萌芽后病菌开始活动，借雨水传播，主要通过伤口侵人，常在短时间内造成枝干枯死，4～5 月病斑逐渐停止扩展，5～6 月份子囊饱子和分生抱子成熟，通过风雨传播，引起再次侵染，6 月气温较高病斑扩展更快。

五、发病条件

（1）当气温达到 15℃时开始发病，病菌发育的最适温度为 22℃～23℃，子囊孢子萌发的最适温度为 20℃，分生孢子萌发的最适温度为 25℃。春季，遭遇风害，出现大面积表皮扫摩擦伤或枝干折断时，病菌极易通过伤口侵入，造成感染。夏、秋季节，长期受到高温、高湿天气影响，病菌滋生环境适宜，繁衍速度加快，梨园发病几率大增。当树体遭受强光灼伤时，也易导致干枯病发生。冬季，出现低温冻害，病菌常会趁虚而入，侵染冻伤部位，致使梨树染病。

（2）土壤瘠薄的园片发病较重，土壤肥沃的园片发病较轻；地势低洼排水不良的园片发病较重，地势高排水良好的园片发病较轻。

（3）栽培管理过程中，化肥施用量过大、大水漫灌、修剪不当、超量负载、盲目用药等，均可恶化土壤结构和梨园生态环境，造成养分供给失衡，树体营养生长、生殖生长紊乱，抗病能力下降，常会出现干枯病偏重侵染或爆发。

六、调查监测与防治技术

（一）调查方法

用载玻片涂凡士林，绳拴悬挂于树枝上，按地块近四角处及中心位置挂 5 片，每 3 天换 1 次，取下于显微镜下检查。孢子量急剧增时即可进行防治。

（二）防治技术

1. 农业防治

加强栽培管理。秋季落叶后，清扫果园落叶，结合冬剪，剪除病枝，刮除病斑，并将病残体带出果园集中烧毁；树干涂白防止日烧、冻害；加强病虫害防治，减少伤口，降低发病；增施有机肥，及时排涝，增强树势，提高树体抗病能力。

2. 化学防治

春季发芽前喷 1 次 5°Bé 石硫合剂或松焦油原液 30000mL/hm^2；在病斑上每隔 1cm～1.5cm 划 1 道，边缘至健部 0.5cm 处，然后涂药，可用 70% 甲基托布津可湿性粉剂 30000g/hm^2，或 80% 乙蒜素乳油 30000mL/hm^2。开始涂药时病斑表面起沫儿，涂至不起沫儿为止。

第 35 节　梨 白 粉 病

（*Phyllactinia corylea*（Pers.）Karst）

梨白粉病是由梨球针壳菌引起的真菌性病害。

一、分布与危害

梨白粉病在国内外的研究报道较少，我国南北梨区广为分布，但一般危害不严重。在陕西果品出口基地，主要分布于礼泉、彬县、大荔、蒲城等县区。近年来在陕西关中部分梨树品种上日趋严重，危害新梢、花和幼果，严重时新梢枯死，造成大批叶片提前脱落，对树势及梨果品质有不良影响。

二、症状

此病多危害老叶，发生在叶背面，初期病斑为白色霉状小点，逐渐扩展为近圆形白色霉斑。每片叶上霉斑数目不等，数斑相连形成不规则粉斑，甚至扩及全叶，病斑上产生的

白粉层为病菌的分生孢子梗和分生孢子。后期在病斑上形成初为黄色逐渐变为褐色至黑色的小点，即闭囊壳。当病斑超过叶面 1/3 时，造成早期落叶。

三、病原

病原梨球针壳菌 *Phyllactinia pyri*（cast.）Homma 属子囊菌钢白粉目。病菌的菌丝多为外生菌丝，长期生于病叶的表面，很少消失，具有疣突状的附着器。菌丝经气孔侵入叶肉组织的细胞间隙，仅以球形的吸器伸入海面细胞内，吸取水分和养分，分生孢子梗从表生菌丝上垂直成束长出，无色，不分枝，略弯曲，顶端着生分生孢子。分生孢子棍棒形，无色，单孢，表面粗糙，中部稍有缢缩。闭囊壳扁圆球形，无孔口，黑褐色，具无色针状附属丝，基部膨大成小球。一个闭囊壳内有 15～20 个长椭圆或卵形有柄的子囊，内生两个子囊孢子。子囊孢子长椭圆形，无色或淡黄色，单胞。

四、侵染循环

病菌以闭囊壳在落叶上越冬，翌年初夏闭囊壳内子囊孢子成熟，借风雨传播为害树冠下层老叶。病叶上产生的分生孢子再借风雨传播进行多次再侵染。陕西中部梨区 6～7 月份子囊孢子成熟，7 月份开始发病，9～10 月份为发病盛期。

五、发病条件

温度 15℃～28℃，相对湿度 80% 以上，日照 4h 左右易于发病。梨树生长后期雨多有利发病。过度密植、树冠郁闭、通风透光不良、排水不好、偏施氮肥均有利于病害发生。梨品种间感病性差异显著，最感病的品种有在梨、秋白梨和康德梨等。

六、调查监测与防治技术

（一）调查方法

从花期萌动开始，在重病园选感病品种树 5～10 株，每 5 天调查 1 次，每次调查 500～1000 个芽或新稍，见有病斑出现时，即可进行防治。

（二）防治技术

1. 农业防治

（1）加强果园管理。合理修剪；增强树势；以有机肥、绿肥为主，辅以化学肥料，进行秋施肥；在果实幼果期套袋，防止被害侵染。

（2）搞好果园卫生。秋后彻底清扫落叶并进行土壤耕翻，及时剪除病枝，摘掉病果，集中烧毁或深埋。

2. 化学防治

对感病品种或易发病的梨园，7 月初结合防治其他病虫害喷 25% 三唑酮可湿性粉剂 1000g/hm^2，或 50% 硫黄悬浮剂 3750mL/hm^2～7500mL/hm^2，或 50% 甲基硫菌灵可湿性粉剂 1875g/hm^{2}1～2 次。

第36节 梨红粉病

(*Trichothecium roseum* (Bull) Link)

梨红粉病又称红腐病，是由粉红单端孢引起的真菌性病害。

一、分布与危害

梨红粉病在陕西果品出口基地，主要分布于礼泉、彬县、大荔、蒲城等县区。该病主要在果实生长后期和贮藏期发生，一般不严重。在常温库贮存时，常常在梨黑星病斑上继发侵染，导致果实腐烂，直接造成巨大经济损失。

除梨外也可为害苹果、桃、杏、板栗等多种果实。

二、症状

主要为害果实，发病初期病斑近圆形，产生黑色或黑褐色凹陷斑，直径 1mm ~ 10mm，扩展可达数厘米，果实变褐软化，很快引起果腐。果皮破裂时上生粉红色霉层，即病菌分生孢子梗和分生孢子，最后导致整个果实腐烂。

三、病原

病原粉红单端孢 *Trichothecium roseum*（Bull.）Link 属半知菌亚门丝孢目。分生孢子梗无横隔或少横隔，大多不分枝，大小为（160 ~ 300）μm ×（3 ~ 3.5）μm；分生孢子疏松地聚集在孢子梗顶端，倒卵形，有一个隔膜，分隔处缢缩或不缢缩，顶端细胞向一边稍歪，初期无色，后变成淡粉红色，大小为（12 ~ 22）μm ×（7.5 ~ 12.5）μm。

四、侵染循环

病菌以分生孢子随病残体越冬或在土壤、贮藏库内越冬，主要从各种机械伤口、虫伤口、病伤口侵入，随空气传播。粉红单端孢是一种寄主范围广泛的弱寄生菌，平常可在各种植物基质上和土壤内腐生，所以病菌来源极广泛。

五、发病条件

病菌一般在 20℃ ~25℃ 发病快，降低温度对病菌有一定抑制作用。在果实生长后期及贮藏期发病重。

六、调查监测与防治技术

（一）调查方法

选有代表性且枝干病斑较多的感病品种梨树 3 ~5 株，每株树选 2 ~3 年生枝干 5 个。将载玻片一面涂上一层凡士林后固定在距病枝干 5cm ~ 10cm 处。有凡士林的一面对着树干，每株按不同方位挂 4 片，每 3 天换一次载玻片，然后镜检捕捉到的孢子数量，当孢子数量增加较多或孢子数量较大时预报开始喷药。

（二）防治技术

① 农业防治

由于该病菌是一种腐生或弱寄生菌，因此要以预防为主。在采收、分级、包装、搬运过程中尽可能防止果实碰伤、挤伤等人为伤害。贮藏期及时剔除病果、伤果。

② 物理防治

注意控制好温度，提倡采用果品气调贮藏法贮藏。选用小型气调库、小型冷凉库、简易冷藏库等。

③ 化学防治

可在生产季节或近成熟期喷 50% 苯菌灵可湿性粉剂 1000g/hm^2 或 50% 混杀硫悬浮剂 3000mL/hm^2 倍液、70% 甲基硫菌灵超微可湿性粉剂 1500g/hm^2，防治 1 次或 2 次。

第二部分　害 虫 部 分

第 37 节　棺 头 蟋 蟀

(*Loxoblemmus doenitzi* Stein)

多伊棺头蟋 *Loxoblemmus doenitzi* Stein 又叫棺材头、斧头恭，属直翅目蟋蟀科。

一、分布与危害

分布于我国江苏、浙江、安徽、山东、河南、台湾以及日本、韩国，（含分布范围、寄主植物、害状特点）在陕西果品出口基地，主要分布于洛川、白水、淳化、旬邑、合阳、扶风、澄城、宜川、黄陵、礼泉、富县、印台、长武、彬县、大荔、蒲城、临渭等县区。危害苹果、梨、桃、李、杏、梅、山楂、葡萄等果树的根和叶。

二、形态特征

通体黑褐色，体长 16mm ~ 21mm。雄虫头大，头顶向前呈半圆形突出，复眼下方两侧向外延伸，呈三角形突起，颜面扁平，向唇基部倾斜。雌虫颜面亦扁平，但复眼下方两侧不呈三角形突起，仅在头顶呈圆形突起。两性前翅褐色，足浅灰色。尾须约等长于后足股节。整个头部形似棺材的前部，是我国常见棺头蟋中相貌较奇特的一种。

发生规律不详，生产上一般无需防治。

第 38 节　黄 脸 油 葫 芦

(*Teleogryllus emma* (Ohmachi & Matsumura))

黄脸油葫芦 *Teleogryllus emma*（Ohmschi & Matsumura）俗名油葫芦、北京油葫芦、天津黑虫、麦田褐蟋蟀，属直翅目蟋蟀科。

一、分布与危害

黄脸油葫芦在我国分布极广，几乎各省都有，分布较多的省份有安徽、江苏、浙江、江西、福建、河北、山东、山西、广东、广西、贵州、云南、西藏、海南，同时分布于日本、印度、菲律宾、斯里兰卡、马来群岛。在陕西果品出口基地，主要分布于洛川、白水、淳化、旬邑、合阳、扶风、澄城、宜川、黄陵、礼泉、富县、印台、长武、彬县、大荔、蒲城、临渭等县区。

食性广泛，主要寄主有大豆、绿豆、芝麻、花生、山芋、马铃薯、棉、麦等，能为害各种作物的叶、茎、枝、种子、果实及根，密度大时，能毁灭庄稼，甚至突入家室，咬毁衣、物、食品等。在陕西果品出口基地，危害苹果、梨、桃、李、杏、梅、山楂、葡萄等果树的根、茎、叶。

二、形态特征

成虫：雄虫体长 22mm ~ 24mm，雌虫体长 23mm ~ 25mm，身体黑褐色，头顶黑色，复眼四周、面部橙黄色，从头背观，两复眼内方的橙黄纹作“八”字形。前胸背板黑褐色，1 对羊角形深褐色斑纹隐约可见，侧片背半部深色，前下角橙黄色；中胸腹板后缘中央具小切口。雄虫前翅黑褐色具油光，长达尾端，发音镜近长方形，前缘脉近直线略弯，镜内 1 弧形横脉把镜室一分为二，端网区较长，有数条纵脉与小横脉相间成较整齐的小室。4 条斜脉，前 2 条短小，亚前缘脉具 6 条分枝。后翅发达如长尾盖满腹端。后足胫节背方具 5 ~6 对长刺，6 个端距，跗节 3 节，基节长于端节和中节，基节末端有长距 1 对，内距长。雌前翅长达腹端，后翅发达伸出腹端如长尾。产卵管长于后足股节。

卵：长 2.5mm ~4mm，略呈长筒形，两端略尖，乳白色，微黄，表面光滑。

若虫：共 6 龄，成长若虫 21mm ~22mm。体背面深褐，前胸背板月牙形明显。雌若虫产卵管较长，露出尾端。

三、生活史与习性

（一）生活史

我国大部分地区 1 年发生 1 代，以卵在土中越冬，在翌年春末天气转暖时化为若虫，夏末时化为成虫，夏末秋初为其旺发期。

（二）主要习性

黄脸油葫芦喜欢栖息在田野、山坡的沟壑、岩石缝隙中和杂草丛的根部。它白天隐藏在石块下或草丛中，夜间出来觅食和交配，雄虫筑穴与雌虫同居。当两只雄虫相遇时，相互咬斗，有互相残杀的习性。成虫有趋光性。

四、发生与环境的关系

（一）土壤类型

土壤类型对黄脸油葫芦的分布和虫口密度影响很大。盐碱地虫口密度大，壤土地次之，黏土地最小。靠近村庄的地块一般比远离村庄的地块发生多。水浇地的虫口密度大于旱地。

（二）温度与湿度

24℃～28℃最适宜黄脸油葫芦的发生。土壤湿度影响黄脸油葫芦的活动，它喜湿，土壤湿润有利于蝼蛄活动，为害也较重。

（三）施肥水平

黄脸油葫芦有趋向粪肥等有机质的习性，凡是施用未经腐熟的牲畜粪肥等有机肥料的地块，发生危害比较严重。所以，施用有机肥料，必须腐熟和深施。

五、调查监测与防治技术

（一）调查监测

1. 目测查虫

在黄脸油葫芦春、秋两季活动初期（春、秋播前），选择代表不同地势、土质、茬口等地块，在下雨后或浇地后，或在上午 10：00 前，用棋盘式或“Z”字形取样法进行 10 点取样，每样点为 $1m^2$，调查和记载黄脸油葫芦隧道数。地表有 2 条蝼蛄新隧道就有 1 头蝼蛄。隧道宽度在 3cm 以下的多为若虫，在 3cm 以上的多为成虫。

2. 田间被害调查

调查方法是春播作物（如玉米、谷子、薯类等），在出苗与定苗后各调查 1 次，秋播作物（如冬小麦）在出苗、返青、拔节与抽穗期各调查 1 次。调查时选有代表性的地块，每块地检查 10 点，小麦、谷子、大豆等密植作物，每点查 1m 行长，玉米、薯类等稀植作物，每点 1 行查 20 株。记载调查结果。

3. 黑光灯诱测

利用其成虫在夜间有趋光的习性，用黑光灯进行诱测。灯光诱测的标准规格是一台 40 W 交流黑光灯。天黑前开灯，天亮后关灯，记载每日灯下诱虫数量。

4. 发生程度预报

当田间调查其数量低于 3000 头/hm^2 时为轻发生，3000 头/hm^2～5000 头/hm^2 为中等发生，5000 头/hm^2 以上为严重发生。故田间蝼蛄数量达到 3000 头/hm^2 以上时应及时采取防治措施。

（二）防治方法

1. 农业防治

秋后或早春实行深耕翻，能降低黄脸油葫芦卵的孵化率。

2. 物理机械防治

（1）灯光诱杀成虫：成虫发生期利用黑光灯诱杀。

（2）堆草诱杀：根据油葫芦喜藏身于草堆的习性，在田间按 5m×3m 间距放一堆厚度为 10cm 的杂草，次日揭草集中捕杀，或在草堆下放毒饵或撒施敌百虫粉等进行毒杀。用杨树枝或泡桐叶也可取得同样甚至更好的效果。

3. 化学防治

（1）毒饵诱杀：用 90% 晶体敌百虫 50g，加适量水稀释，拌入 5kg 炒香的棉籽饼或麦

麸或南瓜碎块、青菜残叶或杂草的碎段中，配成毒饵。选择无月闷热的傍晚，每公顷顺垄撒施 45kg。

(2) 喷雾：每公顷用 20% 氰戊菊酯乳油 450mL 兑水喷雾，施药时宜从田块四周向田中心推进。

(3) 撒施毒土：每公顷用 50% 辛硫磷乳油 900mL，拌细土 1125kg，撒入田中。

4. 人工捕杀

在雨后或土壤较湿软的时期，根据该虫洞口土堆出现情况，进行挖洞捕杀；或扒开洞口松土，用药液（如敌敌畏 1000 倍液）灌洞，可以杀死其中的成虫和幼虫。

第 39 节 东 方 蝼 蛄
(*Gryllotalpa orientalis* Burmeister)

东方蝼蛄 *Gryllotalpa orientalis* Burmeister 俗名拉拉蛄、土狗子、地狗子，属直翅目蝼蛄科，是一种常见的农业害虫。

一、分布与危害

广泛分布于亚洲各国。在我国各省（自治区）均有分布，过去仅在南方发生严重，20 世纪 80 年代以来随北方地区水利条件的改善，水浇地面积扩大，现在在北方亦成为优势种。在陕西果品出口基地，主要分布于洛川、白水、淳化、旬邑、合阳、扶风、澄城、宜川、黄陵、礼泉、富县、印台、长武、彬县、大荔、蒲城、临渭等县区。

东方蝼蛄食性杂，成、幼虫均为害严重。咬食各种作物种子和幼苗，尤其喜食刚发芽的种子，咬食幼根和嫩茎，扒成乱麻状或丝状。特别是其在土壤表层窜行危害，造成种子架空而不能发芽，幼苗吊根失水而干枯死亡。苗床、谷苗、麦苗最怕蝼蛄窜，一窜就是一大片，损失非常严重。“不怕蝼蛄咬，就怕蝼蛄跑”就是这个道理。

二、形态特征

成虫：灰褐色，密生细毛。雄虫体长 31mm ~ 35mm，雌虫 30mm ~ 32mm。触角丝状，黄褐色。复眼红褐色，椭圆形。前胸背板从上面看呈卵形，腹部近纺锤形，中央心脏形斑小且凹陷明显。前足开掘足，腿节下缘平直，后足胫节背侧内缘有棘 3 ~ 4 个。

卵：椭圆形。初产时乳白色，有光泽，长约 2. 8mm，宽约 1. 5mm，后渐变为黄褐色；孵化前为暗褐或暗紫色，长约 4mm，宽约 2. 3mm。

若虫：8 ~ 9 龄。形态与成虫相似，翅不发达，仅有翅芽。初孵若虫体长约 4 mm，头胸特别细，腹部肥大，乳白色。半天后，头、胸、足渐变灰褐色，腹部淡黄色。2 龄、3 龄以后若虫，体色接近成虫。老龄若虫体长约 25mm。

三、生活史与习性

（一）生活史

东方蝼蛄华中、长江流域及其以南各省每年发生 1 代，华北、东北、西北 2 年左右完成1代，陕西南部约1年1代，陕北和关中1~2年1代。在黄淮地区，越冬成虫5月份开始产卵，盛期为6、7两月，卵经15~28天孵化，当年孵化的若虫发育至4~7龄后，在40cm~60cm深土中越冬。第二年春季恢复活动，危害至8月开始羽化为成虫，若虫期长达400余天。当年羽化的成虫少数可产卵，大部分越冬后，至第三年才产卵。

（二）习性

1. 昼伏夜出

21~23时为取食活动高峰。

2. 群集性

初孵若虫有群集性，怕光、怕风、怕水。东方蝼蛄孵化后3~6天群集一起，以后分散危害。

3. 趋化性

对香、甜物质气味有趋性，特别嗜食煮至半熟的谷子、棉籽及炒香的豆饼，麦麸等。此外，对马粪、有机肥等未腐烂有机物有趋性，所以，在堆积马粪、粪坑及有机质丰富的地方东方蝼蛄就多。

4. 趋光性

利用黑光灯，特别是在无月光的夜晚，可诱集大量东方蝼蛄，且雌性多于雄性。

5. 趋湿性

东方蝼蛄喜欢栖息在河岸渠旁、菜园地及轻度盐碱潮湿地，有“蝼蛄跑湿不跑干”之说。

6. 产卵

喜湿，多在沿河两岸、池塘和沟渠附近，土壤湿度22%左右。产卵前先在5cm~20cm深处作窝，窝中仅有1个长椭圆形卵室，雌虫在卵室周围约30cm处另作窝隐蔽，每雌产卵60~80粒。

四、发生与环境的关系

（一）土壤类型与降雨和灌水

土壤类型对东方蝼蛄的分布和虫口密度影响很大。盐碱地虫口密度最大，壤土地次之，粘土地最小。靠近村庄的地块一般比远离村庄的地块发生多。水浇地的虫口密度大于旱地。在降雨或灌水后2~3天的夜晚常严重为害。

（二）温度与湿度

土壤湿度影响它的活动，土壤湿润有利于活动，危害也较重。一般20cm表土层含水量达20%以上时对东方蝼蛄最为适宜，小于15%时则活动减弱。

东方蝼蛄活动受温度（特别是土温）的影响很大。在春秋两季，当旬平均20cm土温达15℃~20℃左右时，是东方蝼蛄猖獗为害时期。在早春，当旬平均气温上升至2.3℃左右，20cm土温亦达2.3℃左右时，越冬蝼蛄开始苏醒。当旬平均气温达7.0℃左右，20cm土温达5.4℃左右时，地面开始出现蝼蛄的新鲜虚土隧道。当旬平均气温达11.5℃左右，20cm土温达9.7℃左右时，地面呈现大量弯曲虚土隧道。夏季当气温达23℃以上时，东

方蝼蛄则潜入较深层土中，一旦气温降低，再又上升至耕作层活动。在秋季，当旬平均气温下降至6.6℃左右，20cm 土温下降至10.5℃左右时，其成、若虫开始潜入深土层越冬。

（三）作物和茬口

东方蝼蛄危害大田作物，以小麦、谷子受害重；蔬菜以苗床内的菜苗及刚移栽的辣椒、甘蓝、番茄等受害重；水稻育秧苗床和移栽后的水渠两旁稻秧受其危害也较重。蔬菜、甘蓝、薯类等作物茬口，东方蝼蛄虫口密度大，高粱次之，谷子最少。

（四）施肥水平

因为其有趋向粪肥等有机质的习性，凡是施用未经腐熟的牲畜粪肥等有机肥料的地块，发生危害比较严重。

五、调查监测与防治技术

（一）调查监测

1. 目测查虫

在春、秋两季活动初期（春、秋播前），选择代表不同地势、土质、茬口等地块，在下雨后或浇地后，或在上午10：00前，用棋盘式或“Z”字形取样法进行10点取样，每样点为1m^2，根据东方蝼蛄在洞顶拱起1小堆新鲜虚土的特征，调查和记载蝼蛄隧道数，逐项记入调查表中。地表有2条蝼蛄新隧道就有1头蝼蛄。隧道宽度在3cm以下的多为幼虫，在3cm以上的多为成虫。

2. 田间被害调查

调查方法是春播作物（如玉米、谷子、薯类等），在出苗与定苗后各调查1次，秋播作物（如冬小麦）在出苗、返青、拔节与抽穗期各调查1次。调查时选有代表性的地块，每块地检查10点，小麦、谷子、大豆等密植作物，每点查1m行长，玉米、薯类等稀植作物，每点1行查20株。记载调查结果。

3. 黑光灯诱测

利用其成虫在夜间有趋光的习性，用黑光灯进行诱测。

4. 糖醋盆诱集

利用成虫对香甜气味以及未腐烂有机物的趋性，可制作糖醋盆等对其诱集监测。

（二）防治技术

1. 农业防治

（1）改进耕作栽培制度。春、秋耕翻土壤，实行精耕细作。有条件的地区进行水旱轮作。

（2）合理施肥。施用厩肥、堆肥等有机肥料要充分腐熟，施入土壤内。

2. 物理机械防治

（1）灯光诱杀成虫。根据东方蝼蛄具有趋光性强的习性，在成虫盛发期，选晴朗无风闷热的夜晚，在田间地头设置黑光灯诱杀成虫。

（2）挖窝灭卵。夏季结合夏锄，在蝼蛄盛发地先铲表土，发现洞口后往下挖5cm～10cm，可见卵，再往下挖8cm左右可挖到雌虫。

3. 化学药剂防治

（1）土壤处理。在蝼蛄重发区,可结合播种,用3%米乐尔颗粒剂15kg/hm^2～30kg/hm^2，或10%二嗪农（二嗪磷）颗粒剂30kg/hm^2～45kg/hm^2，或5%辛硫磷颗粒剂30 kg/hm^{2}与450kg～750kg的干细土混匀后撒于苗床上、播种沟或移栽穴内后覆土。也可将农药与肥料混合施入。

（2）药剂拌种。用50%辛硫磷乳油或40%乐果乳油，用药量为种子重量的0.1%～0.2%。喷雾或喷拌于种子上，堆闷6h～12h后可播种。可有效防治蝼蛄以及其他地下害虫。

（3）毒饵诱杀。在成虫盛发期，选晴朗无风闷热的夜晚，用50%巴丹（杀螟单）可溶性粉剂与麦麸按1∶50比例拌成毒饵；也可用40%乐果乳油或90%晶体敌百虫10倍液0.55kg，拌炒香的谷糠5kg；或用90%敌百虫0.15kg兑水30倍，拌炒香的麦麸或豆饼5kg，傍晚撒在苗床上或田间，诱杀蝼蛄，同时可兼治蟋蟀等地下害虫。田间施用时，在傍晚每隔3m～4m挖1碗大的浅坑，放入毒饵再覆土，每隔2m挖1趟，每公顷施毒饵30kg～45kg，也可用切碎的鲜草或小白菜作毒饵，制成毒草，成小堆撒播在田间。

（4）药液灌根。用50%辛硫磷EC、40%甲基异柳磷EC、35%甲基硫环磷EC、40%乐果EC等，用水稀释1000倍液灌根，一般穴播作物每株灌药液250mL左右。

第40节　华北蝼蛄
(*Gryllotalpa unispina* Saussure)

华北蝼蛄 *Gryllotalpa unispina* Saussure 俗称单刺蝼蛄、土狗子、拉拉蛄、蝼蝈，属直翅目蝼蛄科。

一、分布与危害

华北蝼蛄是我国北方的重要种类，国内主要分布于长江以北地区，如陕西、江苏（苏北）、河南、河北、山东、山西、内蒙古、新疆以及辽宁和吉林的西部，尤以华北、西北地区干旱贫瘠的山坡地和塬区为害严重。国外分布于西伯利亚、土耳其等国家和地区。在陕西果品出口基地，主要分布于洛川、白水、淳化、旬邑、合阳、扶风、澄城、宜川、黄陵、礼泉、富县、印台、长武、彬县、大荔、蒲城、临渭等县区。

食性杂，成、若虫均为害严重。咬食各种作物种子和幼苗，特别喜食刚发芽的种子，咬食幼根和嫩茎，扒成乱麻状或丝状，使幼苗生长不良甚至枯萎死亡，造成严重缺苗断垄。特别是蝼蛄在土壤表层窜行为害，造成种子架空而不能发芽，幼苗吊根失水而干枯死亡。苗床、谷苗、麦苗最怕蝼蛄窜，一窜就是一大片，损失非常严重。

二、形态特征

成虫：黄褐色。雌虫体长45mm～66mm，雄虫39mm～45mm。头暗褐色，卵形。前胸背板暗褐色，中央有1心脏形暗红色斑点。腹部近圆筒形，上有7条褐色横线，背面黑褐色，腹面黄褐色。前足腿节下缘呈“S”形弯曲，后足胫节背侧内缘有棘1～2个或消失。

卵：椭圆形。初产时黄白色有光泽，长约 1.6mm ~ 1.8mm，宽约 1.3mm ~ 1.4mm，渐变为黄褐色；孵化前为深灰色，长约 2.4mm ~ 3.0mm，宽约 1.5mm ~ 1.7mm。

若虫：共 13 龄。形态与成虫相似，翅不发达，仅有翅芽。初孵若虫体长约 3.6mm ~ 4.0mm，乳白色，复眼淡红色，以后颜色逐渐加深，头部变为淡黑色，前胸背板黄白色；2 龄以后体变为黄褐色，5、6 龄以后基本与成虫同色。老龄若虫体长约 36mm ~ 40mm。

三、生活史与习性

（一）生活史

华北蝼蛄各地约需 3 年左右完成一代。在华北地区，越冬成虫于 6 月上、中旬开始产卵，7 月初孵化。到秋季达 8 ~ 9 龄，深入土中越冬。次年春越冬若虫恢复活动继续危害，到秋季达 12 ~ 13 龄后又进入越冬。第 3 年春又活动为害，8 月份以后若虫羽化为成虫，危害一段时间后即以成虫越冬。至第 4 年 5 月份成虫开始交配准备产卵。成虫为害最重，历时 10 个月左右。因此，华北蝼蛄 1 年有两个为害高峰，即 5 ~ 6 月份对春播幼苗的为害和 8 ~ 9 月份对秋播幼苗的为害。华北蝼蛄完成 1 代需 1131d，其中卵期、若虫期、成虫期平均分别为 17 天、736 天、378 天。

（二）习性

1. 昼伏夜出

21 ~ 23 时为取食活动高峰。

2. 群集性

初孵若虫有群集性，怕光、怕风、怕水。华北蝼蛄若虫 3 龄前群集活动，之后分散为害。

3. 趋化性

对香、甜物质气味有趋性，特别嗜食煮至半熟的谷子、棉籽及炒香的豆饼，麦麸等。此外，对马粪、有机肥等未腐烂有机物有趋性。

4. 趋光性

昼伏夜出，本身具有趋光性，但华北蝼蛄因身体笨重，飞翔力弱，黑光灯诱量小，常落于灯下周围地面。但在风速小、气温较高、闷热将雨的夜晚，也能大量诱到。

5. 趋湿性

华北蝼蛄喜欢栖息在河岸渠旁、菜园地及轻度盐碱潮湿地，有“蝼蛄跑湿不跑干”之说。

6. 产卵

华北蝼蛄多在轻盐碱地内缺苗断垄、无植被覆盖的干燥向阳、地埂畦堰附近或路边、渠边和松软的油渍状土壤中产卵，而禾苗茂密、郁蔽之处产卵少。在山坡干旱地区，多集中产在水沟两旁、过水道和雨后积水处。产卵前先做卵窝，呈螺旋形向下，内分 3 室，上部为运动室或称耍室，距地面 8cm ~ 16cm，一般约 11cm；中间为椭圆形卵室，距地表 9cm ~ 25cm，一般约 16cm；下面是隐蔽室，供雌虫产完卵后栖居，距地面 13cm ~ 63cm，一般约 24cm。1 头雌虫通常筑 1 个卵室，也有筑 2 个的。产卵少则数 10 粒，多则上千粒，

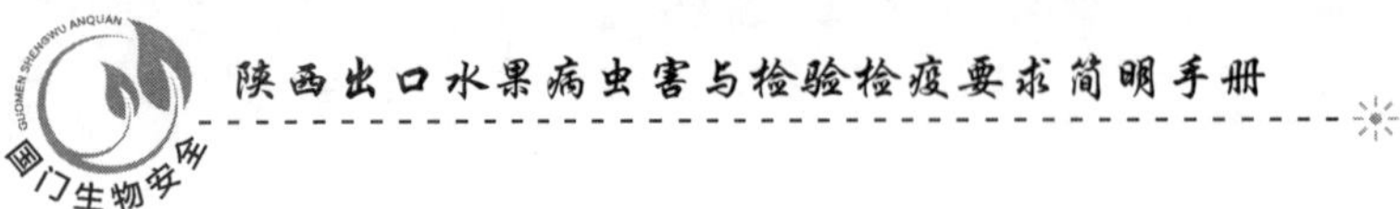

平均300~400粒。

发生与环境的关系、调查监测与防治技术同东方蝼蛄。

第41节 中华蚱蜢
(*Acrida chinensis* (Westwood))

中华蚱蜢 *Acrida chinensis*（Westwood）又称中华剑角蝗，别名尖头蚱蜢、括搭板、蚂蚱，属直翅目剑角蝗科。

一、分布与危害

全国各地均有分布，北至黑龙江，南部到海南，西至四川、云南均有分布。并广泛分布于亚洲、非洲、欧洲。在陕西果品出口基地，主要分布于洛川、白水、淳化、旬邑、合阳、扶风、澄城、宜川、黄陵、礼泉、富县、印台、长武、彬县、大荔、蒲城、临渭等县区。

中华蚱蜢为杂食性昆虫，寄主植物广泛，有高粱、小麦、水稻、棉花、各种杂草、甘薯、甘蔗、白菜、甘蓝、萝卜、豆类、茄子、马铃薯等作物还有花卉。常将叶片咬成缺刻或孔洞，严重时将叶片吃光。

二、形态特征

成虫：体型细长，草绿色或枯草色，雌性个体比雄性个体大很多，雌成虫体长58mm~81mm，雄成虫体长36mm~47mm。头部呈长锥形，长度大于前胸背板，背面有淡红色纵条纹。前胸背板的中隆线、侧隆线及腹缘呈淡红色。前翅绿色或枯草色，沿肘脉域有淡红色条纹，或中脉有暗褐色纵条纹，后翅淡绿色。触角剑状，无头侧窝，前翅末端尖锐。

卵：卵成块状，外被胶囊。

若虫：又称蝗蝻，共5龄，与成虫近似，但不具翅膀或仅有翅芽。

三、生活史与习性

各地均为一年一代，无滞育现象。成虫产卵于土层内，以卵在土层中越冬。翌年6月开始孵化，7月成虫羽化，7~8月进入成虫活动和产卵盛期，喜栖息在农田或杂草丛中。成虫善飞，幼虫以跳跃扩散为主。有夏季型（绿色）和秋季型（土黄色有纹）。

四、发生与环境的关系

在各类杂草中混生，保持一定湿度和土层疏松的场所，有利于蚱蜢的产卵和卵的孵化。一般常见发生于农田与杂草丛生的沟渠相邻处。

五、调查监测与防治技术

（一）调查监测

5点取样调查法。在需要进行调查监测的地按梅花形取5个样方，每个样方要求长和宽相一致，对每个样方中中华蚱蜢的数量进行记录。

（二）防治技术

1. 农业防治

发生严重地区，在秋、春季铲除田埂、地边5cm以上的土及杂草，把卵块暴露在地面晒干或冻死，也可重新加厚地埂，增加盖土厚度，使孵化后的蝗蝻不能出土。

2. 生物防治

保护利用麻雀、青蛙、大寄生蝇等天敌进行生物防治。

3. 化学防治

在测报基础上，抓住初孵蝗蝻在田埂、渠堰集中为害双子叶杂草且扩散能力极弱的特点，每667m^2喷撒敌马粉剂1.5kg～2kg，也可用20%速灭杀丁乳油15mL，兑水400kg喷雾。

第42节　短星翅蝗
（*Calliptamus abbreviatus* Ikovnn.）

短星翅蝗 *Calliptamus abbreviatus* Ikovnn 属直翅目蝗科，是土蝗中常见的一种害虫。

一、分布与危害

广泛分布于华北广大地区、华东、华南、内蒙古、东北、云贵高原和广西等地，还分布于原苏联（北部）和朝鲜等。在陕西果品出口基地，主要分布于洛川、白水、淳化、旬邑、合阳、扶风、澄城、宜川、黄陵、礼泉、富县、印台、长武、彬县、大荔、蒲城、临渭等县区。

短星翅蝗为多食性害虫，成、若虫咬食作物茎、叶，主要危害豆类、蔬菜等，危害禾本科作物较轻。在滨河和洼地虽然夏季粮食作物及豆类有时受害严重，但更主要的是在秋季为害冬小麦幼苗，受害较轻的麦田仅边行被害，严重的则形成缺苗垄断，甚至毁种多次。

二、形态特征

成虫：雄成虫体长13mm～21mm，雌成虫25mm～32mm；雄前翅长7.8mm～12mm，雌者14mm～20mm。体型中等，褐色至暗褐色。雄性头顶低凹，雌性较平。前翅短，几乎仅达后足股节的顶端，翅上有许多黑色小点；后翅黄褐色，后足胫节上侧有3个暗色横斑，外侧下隆线具一列黑点，内侧红色，有2个黑色横纹，胫节刺的顶端黑色。雄性腹部末节背板的后缘无尾片，雌性产卵瓣短粗，顶端钩形，外缘无细齿。

卵：成块状。

若虫：又称蝗蝻，与成虫相似。

三、生活史与习性

（一）生活史

一年发生1～2代，在河北、山东每年发生1代，以卵越冬，越冬卵于5月中旬孵化，末期延至6月中旬，卵期245天左右；蝗蝻，雌虫6个龄期，雄虫5个龄期，3龄和5龄期较长，一般20～25天，其余各龄为10～15天，整个蝻期为56天左右；8～9月间交尾产卵，产卵末期延至10月底，成虫历期35～58天。

（二）主要习性

成虫一般喜在背风向阳、土地板结、轻盐碱地土壤中产卵，产卵地的植被覆盖度为10%～40%最适宜。蝗蝻孵化后，3龄前食量较小，3龄后食量增加，羽化至产卵为暴食阶段。一头雌虫产卵2～3块，每块含卵30～40粒。产卵后经8～10天，又进行交尾，交尾后10天左右产第2块卵。短星翅蝗不善飞翔，不远迁，跳跃力较强，平时以爬行为主，适宜生长发育的温度为20℃～28℃。

四、发生与环境的关系

晴天、闷热天对蝗蝻蜕皮及羽化有利，夜间、阴雨及低温天不蜕皮，适宜蜕皮羽化的温度25℃～30℃。由此可见高温干旱的气候对短星翅蝗的发生十分有利，尤其是在低山丘陵地区，地形和植被条件适宜其发生危害。

五、调查监测与防治技术

（一）调查监测

5点取样调查法。在需要进行调查监测的地按梅花形取5个样方，每个样方要求长和宽相一致，对每个样方中短星翅蝗的数量进行记录。

（二）防治技术

1. 加强预测预报

加强短星翅蝗的预测预报，将蝗蝻消灭在3龄以前，打好“堵窝战”。

2. 农业防治

在紫花苜蓿田附近的河坡、沟渠旁种紫穗槐、柽柳，提高覆盖度，改变短星蝗的适生环境，减少产卵场所。在防治农田同时，要注意防治沟塘、草地和路边的蝗虫。

3. 生物防治

保护利用鸟类、蛙类、蜘蛛类、蚂蚁类天敌，收割要避开蜘蛛卵囊期。

4. 化学防治

在蝗蝻2～3龄高峰期喷施下列农药：用20%杀灭菊酯乳油每667m^2 25mL水50kg喷雾或用50%杀螟松乳油每667m^2 75～100mL加水50kg喷雾。还可用50%马拉硫磷乳油100mL/hm^2喷雾。

采用生物农药进行防治，喷蝗虫微孢子虫75亿个/hm^2，或喷卡死克150 mL/hm^2，或3%苦参碱水剂900mL/hm^2～1500mL/hm^2效果较好。但最好采用毒饵防治，这样既提高了药效，又保护了天敌，同时减少了农药残留。

第43节　大垫尖翅蝗
（*Epacromius coerulipes*（Ivan.））

大垫尖翅蝗 *Epacromius coerulipes*（Ivan.）属直翅目斑翅蝗科。

一、分布与危害

大垫尖翅蝗在我国分布很广，主要分布于西北、华北、东北、内蒙古、江苏等地区。主要为害禾本科、豆科、菊科、黎科、寥科等牧草及玉米、高粱、谷子、小麦等作物。在陕西果品出口基地，主要分布于洛川、白水、淳化、旬邑、合阳、扶风、澄城、宜川、黄陵、礼泉、富县、印台、长武、彬县、大荔、蒲城、临渭。等县区。

以初孵若虫先取食杂草，3 龄后扩展为害茭白、水稻、豆类、十字花科蔬菜等。成、若虫食叶成缺刻，严重时全叶被吃光，仅残留叶脉，还传播细菌性软腐病。

二、形态特征

成虫：体型较小，黄褐色、褐色或暗褐色，有时呈绿色。体长：雄性 14.5mm ~ 18.5mm，雌性 23mm ~ 29mm；前翅长：雄性 13mm ~ 16mm，雌性 17mm ~ 27mm。头短，侧面看略高于前胸背板。前胸背板的背面中央具红褐色或暗褐色纵条纹，向前可达头部。在背面有时具有不明显的“X”形淡色花纹，有时消失。后横沟较近前端，沟后区的长度约等于沟前区长度的 1.25 ~ 1.5 倍。前翅发达，常超过后足股节的顶端，有时到达或超过胫节的中部。中脉域的中闰脉明显。后翅本色透明。后足股节上侧有 3 条暗色横纹，其顶端暗色。有时体呈绿色时，3 个横斑完全消失。股节内侧的 3 个横斑明显，股节底侧玫瑰色。后足股节淡黄色，有 3 个不完整的淡色环。股节刺的顶端黑色。附节爪间的中垫较长，顶端超过爪的中部。

卵：大垫尖翅蝗的卵囊略呈圆柱形，上部略细于下部，卵囊长 31mm ~ 37mm，平均 34mm。胶质部分中部直径 2.6mm ~ 3.8mm，平均 3.4mm；卵囊最宽处直径 3.6mm ~ 4.8mm，平均 4.1mm。胶质呈海绵状，淡褐色，无胶壁。卵粒呈有规则排列，斜排成 3 ~ 4 行。卵粒平均长 4.1mm，宽 0.9mm，每个卵囊含卵 20 ~ 38 粒，平均 29 粒。

幼虫：又称蝗蝻，蝗蝻共有 5 龄。

1 龄

体色黄褐，中线淡黄，细而明显。触角短，顶端略粗，黑褐色，黑褐节间白色。复眼青褐色。前胸背板中隆线稍隆起，无侧隆线，中后胸及腹部各节背面两侧进后缘处有整齐的茶褐色小斑点，腹部两侧有斜行的黑褐色斑，排列整齐。翅芽很小，不明显，呈半圆形。

2 龄

前胸背板出现黄褐色的“X”纹。翅芽比较明显，呈半椭圆形，略突出于中胸和后胸背板的后缘。

3 龄

前胸背板背面“X”纹明显。翅芽明显超过中胸和后胸背板的后缘，前翅芽较长，后翅芽略呈长三角形。

4 龄

头侧窝长三角形。前胸背板“X”纹加深。翅芽翻向背方合拢，翅尖长达第一腹节的后缘。后足股节外缘具 3 个黑斑。

5 龄

头侧窝长三角形更明显。翅芽翻向背方，翅芽尖端延伸达第四腹节背板后缘，并将听器掩盖。

三、生活史与习性

（一）生活史

西北部、内蒙古、黑龙江、山西北部等地区一年发生1代，北京、山东渤海湾地区，小部分发生2代，山东西部及较南地区一年发生2代。均以卵在土中越冬。在发生2代地区，第1代于5月上旬孵化，5月下旬至6月上旬羽化为成虫，6月中、下旬交配产卵。第2代于7月上旬开始孵化，7月下旬至8月上旬羽化为成虫，9月份交配产卵。

（二）主要习性

成虫喜产卵于高岗、河堤、田埂、路旁和湖区荒地杂草稀矮、阳光充足的地方。大垫尖翅蝗发生在具有土壤潮湿、地面反碱、植被稀疏特点的环境中。高燥地区、山坡地带则未见报道。因此，凡是湖滨、沿海、河流两岸低洼地及低温草地等处常为大垫尖翅蝗的重要发生地区。据观察，在表土含盐量0.75%～1.32%的地区仍有大垫尖翅蝗的分布，而其他种类蝗虫则极少见。

四、发生与环境的关系

（一）土壤及田间环境

大垫尖翅蝗适生于土壤潮湿、地面反碱、植被稀疏的环境中，在河流两岸的低洼地带、湖滨、沿海以及内涝低湿地区、盐碱荒滩有利于其繁殖危害，因此发生最多；土壤含盐量0.5%以下，适宜大垫尖翅蝗产卵。

（二）植被及施肥

连作地、田间及四周杂草多；氮肥施用过多或过迟，植物生长过嫩，栽培过密、行株间通风透光性差；施用的农家肥未充分腐熟也有利于大垫尖翅蝗的发生。

（三）天气

上年冬暖多雨雪，有利于卵越冬，翌年春、秋干旱，气温高的年份，大垫尖翅蝗常集中向潮湿地方迁飞，易引起地区性大发生。

（四）天敌

卵期天敌为中国雏蜂虻、卵寄生蜂和豆芫菁幼虫。其中以卵寄生蜂为主。干旱年份寄生率较大，寄生率可达30%。另外鸟类在土质较松植被较稀的地带，也能取食部分蝗卵；蝻期与成虫期的天敌有蜘蛛类、蚂蚁类、螳螂类、蛙类和鸟类。蜘蛛类多分布在地势较高蝗田埂等地，多者可达10头/m^2，对抑制蝗蝻密度有一定的作用。蛙类多分布在苜蓿田边的条田沟内，夏季密度大，食量大，可捕捉1～5龄蝗蝻，对2代大垫尖翅蝗作用大。成虫期主要天敌是鸟类，作用也非常显著。

五、调查监测与防治技术

（一）调查监测

5点取样调查法。在需要进行调查监测的地按梅花形取5个样方，每个样方要求长和宽相一致，对每个样方中大垫尖翅蝗的数量进行记录。

（二）防治技术

1. 农业防治

（1）播种或移栽前，或收获后，清除田间及四周杂草，集中烧毁或沤肥；深翻地灭茬、晒土，促使病残体分解，减少虫源及虫卵寄生地。

（2）和非禾本科作物轮作，水旱轮作最好。

（3）选用抗虫品种，选用无病、包衣的种子。

（4）育苗移栽，播种后用药土覆盖，移栽前喷施一次除虫灭菌的混合药。

（5）选用排灌方便的田块，开好排水沟，达到雨停无积水；大雨过后及时清理沟系，防止湿气滞留，降低田间湿度，这是防虫的重要措施。

（6）施用酵素菌沤制的或充分腐熟的农家肥，不用未充分腐熟的肥料；采取“测土配方”技术，科学施肥，增施磷钾肥；重施基肥、有机肥，加强管理，培育壮苗，有利于减轻虫害。

2. 生物防治

保护利用天敌，特别是鸟类、蛙类、蜘蛛类的保护。

3. 化学防治

喷施25%辛氰乳油125mL/hm^2，5%锐劲特乳油200mL/hm^2～250mL/hm^2，40%速灭杀乳油400mL/hm^2，50%马拉硫磷乳油80mL/hm^2，2.5%敌杀死乳油400mL/hm^2，10%氯氰菊酯乳油250mL/hm^2～400mL/hm^2，5.7%氟氯氰菊酯乳油80mL/hm^2～100mL/hm^2或25%除虫脲可湿性粉剂150mL/hm^2。

第44节 东亚飞蝗
(*Locusta migratoria manilensis* (Meyer))

东亚飞蝗*Locusta migratoria manilensis*（Meyer）俗称蚂蚱、蝗虫，为迁飞性、多食性大害虫，属直翅目蝗科。

一、分布与危害

国外分布于日本、泰国、越南、缅甸、柬埔寨、菲律宾、新加坡和印度尼西亚等国。在中国北起河北、山西、陕西，南至福建、广东、海南、广西、云南，东达沿海各省，西至四川、甘肃南部都有分布。黄淮海地区常发。在陕西果品出口基地，主要分布于白水、合阳、扶风、澄城、礼泉、大荔、蒲城、临渭等县区。

主要危害小麦、玉米、高粱、粟、水稻、稷等多种禾本科植物，也危害棉花、大豆、蔬菜等。以成、若虫咬食植物的叶片、茎和幼穗，大发生时成群迁飞，把成片的农作物吃成光秆。

二、形态特征

成虫：雄成虫体长33mm～48mm，前翅长33mm～47mm；雌成虫体长39mm～52mm，

前翅长 40mm ~ 52mm。有群居型、散居型和中间型三种类型，体灰黄褐色（群居型）或头、胸、后足带绿色（散居型）。头顶圆，颜面平直，触角丝状、淡黄色，复眼卵形，其后有较狭的淡色纵条纹，有时不明显，前下方常有暗色斑条纹，上额青蓝色。前胸背板中隆线发达，从侧面看散居型略呈弧形，群居型微凹，沿中线两侧有黑色带纹。前翅淡褐色，有暗色斑点，翅长超过后足股节 2 倍以上（群居型）或不到 2 倍（散居型）。胸部腹面有长而密的细绒毛。雄虫腿节长 18mm ~ 24mm，雌虫腿节长 19mm ~ 29mm；后足股节内侧基半部在上、下降线之间呈黑色；后足胫节通常红色，群居型稍淡，沿外缘通常具刺 10 ~ 11 个。胸足的类型为跳跃足，腿节特别发达胫节细长，适于跳跃。

卵：卵块黄褐色，圆柱形，长 53mm ~ 67mm，中间略弯，上部略细。上部 1/5 部分为海绵状胶质，不含卵粒；下部藏有卵粒，卵粒间有胶质粘附。每块有卵 50 ~ 80 余粒，最多可达 200 粒。卵粒呈圆锥形，长 4. 5mm ~ 6. 5mm，黄色。

幼虫：又称蝗蝻，共 5 龄。体长、触角节数、前胸背板形状和翅芽等特征因龄期而异。

三、生活史与习性

（一）生活史

无滞育现象，年发生代数和发生时期因南北地区而异。北京以北地区一年发生 1 代；渤海湾、黄河中下游、淮河流域、长江流域，一般发生 2 代；在我国江西、广西、广东、台湾，发生 3 代；海南岛可发生 4 代。各地均以卵在土下 4cm ~ 6cm 处的卵囊中越冬。

越冬卵开始发育的时间南方早于北方。海南在 2 月下旬，珠江流域在 3 月上旬，长江流域在 3 月中、下旬，淮河流域和黄河中游地区在 3 月下旬，黄河下游在 4 月上旬，海河流域在 4 月中旬。黄淮海流域的 2 代区是最主要的蝗区，发生面积占全国的 90% 以上。

在 2 代区，越冬代称为夏蝗，第 1 代成为秋蝗。4 月下旬至 5 月上、中旬越冬卵孵出蝗蝻，夏蝻期 40d。其中 1 龄约 7 天，2 ~ 4 龄 8 ~ 9 天，5 龄 10d；6 月中、下旬至 7 月上旬成虫羽化，夏蝗寿命 55 ~ 60 天，产卵前期 15 ~ 20 天，7 月上、中旬为产卵盛期。第 1 代卵期 15 ~ 20 天，7 月中旬至 8 月中旬孵出秋蝻，秋蝻期 30 天左右。8 月上旬至 9 月上、中旬羽化为秋蝗，秋蝗寿命 40 天左右。秋蝗产卵盛期在 9 月上、中旬，一般年份即以秋蝗产卵越冬，特殊年份 9 月间可发生部分 3 代蝗虫，但多数不能产卵便死亡。

（二）习性

1. 取食

飞蝗的取食与气候和龄期有关。在干旱季节，由于飞蝗要从大量的食物中获取较多的水分供其生命活动，因此，食量大，为害重。当夏季晴天，早晨日出后 30min 开始取食，中午因气温过高停止，16 时至日落前食量最大。日落后和阴雨天或大风天取食甚少。每头蝗虫一生可取食寄主组织 267. 4g。蝗蝻龄期越大，食量越大，成虫期食量最大，尤以交配前显著。

2. 产卵

雌成虫交配后 7 ~ 10 天开始产卵，活动性显著减弱。产卵时多选择植被覆盖度 25% ~

50%、土壤含水量10%~22%、含盐量0.1%~1.2%，且土壤结构较坚硬的向阳地带。先用2对产卵瓣钻土成孔，腹部节间膜伸长，长度可达平时的3倍，然后将卵逐粒产出，同时分泌胶质液黏成卵块。产卵毕，排出大量性腺液封闭卵室孔口，最后用后足拨土掩盖孔口后方离开。雌虫产卵4~5块，每块平均含卵约65粒，一生产卵300~400粒。

3. 群聚迁移或迁飞

群居型蝗蝻2龄前常集中于植株上部，2龄后喜群集于裸地或稀草地。开始先有少数蝗蝻跳动，然后引起条件反射，四周的蝗蝻随之跳跃集中，由小群汇成大群，最后向着与阳光垂直的同一方向迁移。在迁移途中，蝗群不断扩大，形成庞大的纵队，浩浩荡荡，势不可挡。迁移时间多在晴天的9~16时，当遇阴雨天、浓云密布、中午地面温度超过40℃或日落后，均停止迁移。

群居型成虫迁飞多发生在羽化后5~10天的性成熟前期。开始由蝗群中的少数个体在空中盘旋试飞，逐渐带动蝗群飞旋，蝗群越聚越大，连续试飞2~3天，后，即可定向迁飞。微风时常逆风飞，大风时则顺丰飞，可持续飞行1~3个昼夜。由于取食、饮水，在飞行中可降落，下雨时亦可迫降。飞行距离可达数百千米，能飞越1000m高的太行山。

4. 飞蝗的变型

蝗蝻在生长发育过程中，受种群密度和生态条件的影响，引起生活习性、生理机能和形态的一系列变化，经1~2次蜕皮，形成群居型或散居型，而且两型可以相互转变，其过渡期常称中间型或转变型。由散居型向群居型转变的中间型称转群型，反之则称为转散型。飞蝗的变型现象不仅发生于两代之间，且在同一世代不同虫期亦能发生。当密度增加到一定程度时，低密度的散居型因个体间经常接触，通过视觉、听觉、感觉、嗅觉和触觉器官的感受作用，相互发生条件反射，是活动性更加频繁，进而使体内神经系统剧烈活动，内分泌产生许多改变，新陈代谢增强，体内脂肪体的同化作用逐渐提高，体温也随之上升，有利于产生黑色素或红色素沉积于体表皮层，导致体色加深，从而更能吸收光能提高体温，加大感受性和活动性，剧烈运动的结果，使其各部形态结构发生改变，便转变为群居型。相反，当群居型经防治或大部分蝗群迁出后，当地残蝗密度很低时，常因停止了个体间的接触和条件反射，恢复了原来的正常生活，则又能转变为散居型。

四、发生与环境的关系

（一）气候条件

气候直接影响东亚飞蝗的分布区域、年发生代数和发生程度。其中影响最大的是温度和降水，蝗区多位于水旱交替的低海拔地区，这些地区适宜飞蝗发生的气候特点是春旱多风、夏热多雨、秋旱少雨、冬寒少雨。

东亚飞蝗发育的适温范围为20℃~42℃，最适发育温度为28℃~34℃。卵的发育起点温度为15℃，蝗蝻的发育起点温度为20℃，整个生育期要求25℃以下的天数不少于30天。卵、1~5龄蝗蝻和成虫产卵前期的有效积温分别为272.0℃、63.6℃、68.0℃、63.5℃、84.7℃、127.7℃和232.3℃。在日均气温在-10℃以下超过20d或-15℃以下超过5天的地区，东亚飞蝗的卵不能安全越冬。

降雨量和降雨时期地反应水文状况的主要因素，也是影响飞蝗发生程度的关键因素。

飞蝗发生区多处于旱季和雨季交替明显的地区。当雨季或汛期来临时，河、湖和水库水位急剧上升，低洼农田积水内涝。当旱季来临或汛期过后，各处水位迅速下降，露出大片滩地，孳生大量芦苇、稗草、荻草、茅草、莎草等飞蝗喜食植物，或因内涝耕作粗放形成夹荒地，成为适宜飞蝗集中产卵的区域，容易出现高密度蝗群。根据宜蝗区的水文状况和生态条件，通常将我国的蝗区分为 5 种类型。

1. 滨湖蝗区

主要包括山东微山湖、东平湖，江苏的洪泽湖、高宝湖，天津北大港水库，河北的白洋淀、平山岗南水库、南大港农场水库、岳城水库、衡水湖，河南的三门峡水库和安徽的城西湖等及亚洲飞蝗发生基地的新疆博斯腾湖，内蒙古的哈素海、乌梁素海等。湖滨有较大面积的湖滩草地，生长有禾本科和莎草科植物。湖水季节性涨落幅度大，汛期湖水高涨，蝗虫在较高地生活繁殖，旱季湖水低落或干涸，蝗虫又转向低湿地活动。现有蝗区面积（21.82×104）hm^2，占蝗区总面积的 14.28%。

2. 沿海蝗区

包括渤海蝗区和黄海蝗区。重点发生区分布在渤海湾及黄河入海口地区，如山东的垦利、河口、东营、沾化、无棣和利津县等，河北的黄骅、海兴，天津大港区，江苏沿海有少量分布。一般在距海水 10km～20km 的地带。夏秋季雨量大，地下水位高造成水涝，春夏干旱，积水干枯，地面暴露，形成大面积盐荒地。盐分较低的地段，生长着芦苇和茅草等蝗虫的嗜食植物。蝗虫可在旱涝不同地势中生活和繁殖。现有蝗区面积（51.35×104）hm^2，占蝗区总面积的 33.37%。

3. 内涝蝗区

点片分布于我国各地地势低洼、雨水排放不畅，易发生内涝的地区。其中以河北大城、文安、献县，山东梁山、嘉祥、曹县，天津的静海、宝坻，安徽的宿州、灵璧、固镇等地蝗虫发生面积比较集中。由于农田地势低洼，飞蝗发生面积随旱涝而有很大波动，大水后积水面积扩大，野草滋长繁茂，即出现大面积飞蝗的适生地。现有蝗区面积（27.98×104）hm^2，占蝗区总面积的 18.12%。

4. 河泛蝗区

主要集中在禹门口以下的黄河中下游河滩、陕西咸阳以东的渭河下游沿岸及淮河中下游行洪道等地。重点发生区有陕西的大荔、华阴、华县，山西的芮城、永济，河南的灵宝、孟津、中牟、武陟、原阳、长垣，山东的东明、郓城、长清以及安徽的寿县、霍邱、阜南等地。河岸滩地汛期漫水，汛期后大面积暴露，丛生芦苇及其它禾本科杂草，适宜蝗虫繁殖生活。现有蝗区面积（50.04×104）hm^2，占蝗区总面积的 32.52%。

5. 热带稀树草原蝗区

主要分布在海南岛西南的东方、乐东、三亚等 3 个县市。该蝗区与大陆其他蝗区有本质的区别，东亚飞蝗的发生受海洋性大气候（特别是台风雨）影响。现有蝗区面积（2.7×104）hm^2，占蝗区总面积的 0.17%。

（二）土壤

飞蝗产卵对土壤有严格的选择性。土壤类型、质地、水分含量、pH 以及表土的松紧度等都会明显影响产卵量的多少。在土壤类型方面，飞蝗不喜欢在过于黏重的土壤中产卵，而砂土、砂壤土、淤泥土、黏土均适合产卵。在土壤含水量方面，适合的土壤含水量因土质而异。砂土为10%～20%，壤土为15%～18%，黏土为18%～20%，如含水量低于5%或高于25%时，则产卵数量显著降低；土壤表土含盐量高于1.2%的地区常无蝗虫发生，适宜产卵的含盐量在0.2%～1.2%；黄河滩蝗区的土壤pH为7～9，适宜蝗虫发生；飞蝗多选择在平实土面下产卵，而在起伏不平的疏松土面下产卵较少。此外，土壤表面的植被覆盖度也与产卵有关。植被稀疏、覆盖度在25%～50%适宜产卵，超过70%的则很少产卵。

（三）天敌

文献记载的蝗虫天敌共68种。其中捕食性天敌有鸟类、蛙类、蜥蜴、蜘蛛、蚂蚁和步甲等；寄生性天敌有寄生蝇、寄生蜂、绒螨以及杀蝗菌、线虫、微孢子虫等病原微生物。

五、调查监测与防治技术

（一）调查监测

1. 卵期调查

从3月中、下旬开始，选择不同环境蝗区随机选点挖卵，每隔10d挖1次，共查3次。第1次调查蝗卵的分布、密度和死亡率，第2次和第3次主要调查蝗卵发育进度。取样调查方法和蝗卵发育进度分期标准按测报技术规范进行。

2. 蝗蝻期调查

出土期调查根据蝗卵发育进度推算，提前1～2天开始，每3天调查1次，当查到蝗蝻是为出土始见期。发育进度调查从蝗蝻出土10天后开始，每隔5天调查1次，至羽化盛期结束。每种类型蝗区取10点，每点$1m^2$，捕获点内全部蝗虫，统计各龄蝗蝻数量。发生面积与密度普查采用平行等距离调查取样法，每点调查$10m^2$，各蝗区取样点数按测报技术规范的要求确定。

3. 成虫期调查

夏蝗和秋蝗各普查1次，均在成虫产卵盛期进行。采用平行等距离调查取样法，每点调查$660m^2$，目测样点内成虫数量，明确残蝗面积和密度。同时，随机捕捉不少于100头成虫，调查雌虫数和产卵或抱卵雌虫数。产卵量调查在成虫羽化盛期后5～7天进行，随机捕获雄成虫和未产卵雌成虫各30头，各选取20头健壮个体罩养于室外的$1m^3$的网罩内，待成虫全部死亡后挖查卵块数、卵块卵粒数。

4. 天敌调查

结合蝗蝻和残蝗普查进行。其中捕食性天敌每蝗区随机选5点，蜘蛛、蚂蚁、步甲等每点查$1m^2$，蛙类每点查$10m^2$，鸟类每点查$667m^2$，目测计数。

（二）防治技术

1. 农业防治

（1）兴修水利。疏通河道、稳定湖河水位，搞好排灌配套系统，达到涝能排，旱能浇，从根本上解决因旱、涝形成的蝗区。

（2）垦荒种植。开垦荒地，整田改土，秸秆还田，增施粪肥，精耕细作，因地制宜改种水稻、棉花、大豆、花生、绿豆、豌豆、苜蓿、甘薯等作物或植树造林，不仅可提高植被覆盖度和生物多样性，改变田间小气候和昆虫群落结构，不利于蝗虫产卵和蛹的生长发育与存活，而且因植物种类的改变，造成蝗虫食物不适或缺乏，种类数量也受到抑制。

2. 生物防治

创造有利于天敌发生的环境，保护利用当地优势天敌，发挥其自然控制蝗虫种群的作用。使用线虫、微孢子虫、绿僵菌等生物农药，实现飞蝗种群的可持续控制。

3. 化学防治

药剂防治要根据发生的面积和密度，做好飞机防治与地面机械防治相结合，全面扫残与重点挑治相结合，夏蝗重治与秋蝗扫残相结合，准确掌握蝗情，歼灭蝗蝻于3龄以前，每公顷用50%马拉硫磷乳油900mL~1350mL或40%乐果乳油750mL~1050mL，或25%敌马乳油2250mL~3000mL，也可每公顷用4%敌马粉剂30kg，喷粉防治。

第45节　中国梨木虱
（*Psylla chinensis* Yang et Li）

梨木虱 *Psylla chinensis* Yang et Li 又称中国梨木虱，属半翅目木虱科。

一、分布与危害

国内梨产区均有，分布于辽宁、河北、山东、内蒙古、山西、宁夏、陕西等地。在陕西果品出口基地，主要分布于扶风、澄城、礼泉、彬县、大荔、蒲城、临渭等县区。

以成虫和若虫刺吸梨树的芽、叶、蕾、果及嫩枝，春季多集中在新稍和叶柄上为害，夏秋季则多在叶面吸食。受害叶片叶脉扭曲，叶面皱缩，产生褐色枯斑，并逐渐变黑，提早脱落。且幼虫多群聚，排出大量蜜液，使叶片粘缀卷皱，还可与果实粘在一起，诱发煤烟病，污染叶和果面，使果实发育不良，枝条生长停滞。使树势衰弱，严重者造成大面积梨树早期落叶，直接影响梨树的生长发育和果品产量、质量。近年来该虫在中国北方果园危害日趋严重，发生重的梨园果实被害率接近100%，严重影响了梨树生产的经济效益，成为梨树生产中危害最严重的害虫，是生产上急需解决的关键问题之一。

二、形态特征

成虫：体长2.5mm~3mm，翅展7mm~8mm。黄绿色、黄褐色、红褐色或黑褐色。额突白色，复眼黑色。触角褐色，末端2节黑色。胸部有深色纵条。足色较深。前翅端部圆形，膜区透明，脉纹黄色。

成虫分为冬型和夏型两种。冬型成虫体形较大，灰褐色或深黑褐色，前翅后缘臀区有明显褐斑，翅透明，翅脉褐色；夏型体较小，单眼3个，金红色，复眼红色。体色多变，绿色者仅中胸背板大部分黄色，盾片上有黄褐色带，腹端为黄色；黄色者除胸背板纹为黄褐色外，其余均成黄色；其他色型或头黄，或头胸黄色，足均为黄色，腹部多为绿色；翅上均无斑。头与胸等宽，头顶横宽为长的2.3倍，颊锥呈圆锥状岔开，长与头顶约等。触角长为头宽的 2 倍，第 3～8 节的端部及 9、10 两节均为黑色。前翅长 1.8mm～2.6mm，翅端圆，翅痣狭长半透明，脉序“介”字形分支，雄虫腹端侧视，第 9 腹节宽大，肛节粗大弯曲。静止时，翅呈屋脊状叠于体上。

卵：为长圆形，初时淡黄白色，后黄色。一端钝圆，其下有一刺状突起，固定于植物组织上。另一端尖细，延长成一根长丝。

幼虫：初孵若虫扁椭圆形，淡黄色，3 龄后呈扁圆形，绿褐色，翅芽显著增大，体扁圆形，突出于身体两侧。体背褐色，其中有红绿斑纹相间。

三、生活史与习性

（一）生活史

年发生代数因地而异，各地均以冬型成虫在树皮缝、落叶、杂草及土缝中越冬。年发生 4～5 代地区，越冬代成虫在 3 月上中旬梨树花芽萌动时开始活动。4 月初为越冬代成虫产卵盛期，卵主要产在短果枝叶痕及芽基部褶缝里，呈线状排列。4 月下旬至 5 月初为第 1 代幼虫盛发期，初孵幼虫潜入芽鳞内或群集花簇基部及未展开的叶内为害。以后各代成虫多将卵产于叶柄、叶脉及叶缘锯齿间，每雌虫可产卵 290 粒左右。卵期 7～10 天。各代成虫出现期：第 1 代 5 月上旬至 6 月中旬，第 2 代 6 月上旬至 7 月中旬，第 3 代 7 月上旬至 8 月下旬，第 4 代 8 月上旬开始发生，9 月中下旬出现第五代成虫，均为越冬型。

（二）主要习性

对温度敏感，气温在 0℃ 以上，天气晴朗时则爬出刺吸汁液，并交尾产卵。若虫怕光，喜欢潜伏在暗处为害。生长季节若虫多在叶正反面、叶柄基部及芽基部刺吸为害，且分泌大量淡黄色粘液，常将两片叶子粘合重叠，若虫潜伏其内群集为害。

四、发生与环境的关系

（一）气候条件

冬季温度偏高十分有利梨木虱成虫越冬。春季干旱、少雨，也利该虫的迅速繁殖。

（二）越冬虫口基数

主要有两种情况。一是冬季清园不彻底。梨木虱以成虫在距地面 50cm 以内树干的树皮裂缝、杂草根际、落叶层中越冬（占 80%）。冬季清园不彻底，不刮粗老树皮，种草果园清园不到位或不清园，是造成越冬虫口基数大的主要原因。二是忽视萌芽前喷药。梨树萌芽前喷施 5°Be 石硫合剂是梨树综合管理中不可缺少的重要措施，能杀死多种害虫和致病菌，对出蛰期的梨木虱有良好的防治作用，能显著压低虫口基数。但有些梨园取消了这次药剂防治或只施用杀菌剂菌毒清，从而使梨木虱早春基数过大，给后期防治工作带来困难。

（三）盲目用药

3 月上旬鸭梨花芽膨大期为越冬成虫出蛰盛期，也是化学防治的最佳时期。许多果农往往在落花后至套袋前才开始防治，此时，大部分若虫已孵出，在果台、短果枝叶痕、花柄基部等隐蔽处为害，而且若虫已分泌大量黏液，包在体外，药剂很难直接触杀到虫体，如果再进入套袋内，防治更难。此外，许多果农随意增大农药使用浓度，增加喷药次数，使梨木虱抗药性增强，从而降低了防治效果。

（四）天敌

梨园中长期大量使用菊酯类广谱性杀虫剂，虽然控制了梨大食心虫、梨小食心虫等的危害，但同时也杀灭了梨木虱的天敌花蝽、瓢虫、草蛉、寄生蜂等。梨木虱失去了天敌的有效控制。

（五）栽培管理

梨木虱成灾的果园，多数密植郁闭，管理不便，枝叶量大，通风透光条件差，致使树冠内膛难以着药，给防治带来困难，影响防治效果。套袋果园果实受害严重的主要原因是果实套袋时袋口绑扎不严，给梨木虱入袋危害提供了方便。

五、调查监测与防治技术

（一）调查监测

在需要进行调查监测的梨园随机取梨树对成虫、若虫进行调查。每株梨树上下左右均匀抽取9个枝条，以1株树为1个样本，1个枝条为1个子样，用目测法数每片叶上成虫、若虫数量。

（二）防治技术

1. 农业防治

（1）杂草和落叶是梨木虱的越冬场所之一。梨树落叶后，彻底清除杂草、枯枝、落叶及一切废弃物，能有效减少梨木虱成虫的越冬数量。

（2）树皮缝隙是梨木虱的主要越冬场所。刮老树皮能有效清除越冬梨木虱，达到减少越冬虫源的效果。具体做法：先在树冠下铺一层塑料薄膜，然后刮除树干上的粗翘皮，收集起来集中烧毁或深埋。

（3）冬耕不仅能改善土壤理化性状、恶化梨木虱的越冬环境，还可将潜伏在土中的梨木虱翻出来，增加梨木虱的越冬死亡数。

2. 生物防治

保护利用天敌。梨木虱的天敌有：花蝽、草蛉、瓢虫、寄生蜂等，以寄生蜂控制作用最大，卵自然寄生率达50%以上，应避免在天敌发生盛期施用广谱性杀虫剂。

3. 化学防治

药剂防治重点是抓好越冬成虫出蛰期和第一代若虫孵化盛期喷药。药剂可选用25%阿克泰500mL/hm^2～600mL/hm^2，或10%吡虫啉可湿性粉剂750mL/hm^2～1000mL/hm^2，5%啶虫脒可溶性粉剂500mL/hm^2～600mL/hm^2，52.25%农地乐乳油750mL/hm^2～1000mL/hm^2。次，即可基本控制为害。另外，第一代若虫发生比较整齐，此时喷布50%久效磷1500mL/hm^2，也可收到很好防效。具体农药选择及使用方法：套袋果园使用25%三打乳油500mL/hm^2～750mL/hm^{2}细孔喷雾、15%木虱特灵乳油500mL/hm^2～750mL/hm^2

细孔喷雾、1.8%龙宝乳油 500mL/hm^2 ~750mL/hm^2 细孔喷雾、25%中保猎虱高渗乳油 1000mL/hm^2 ~1500mL/hm^2 细孔喷雾、26%巨力杀乳油 1000mL/hm^2 ~1500mL/hm^2 细孔喷雾、15%金好年乳油 375mL/hm^2 ~500mL/hm^2 细孔喷雾、1.8%虫螨扫通乳油 375mL/hm^2 ~500mL/hm^2 细孔喷雾、3%金世纪乳油 1500mL/hm^2 细孔喷雾。未套袋梨园使用 10%一遍净可湿性粉剂 750mL/hm^2 ~1500mL/hm^2 细孔喷雾、10%吡虫啉可湿性粉剂 750mL/hm^2 ~1500mL/hm^2 细孔喷雾、2.5%溴氰菊酯 500mL/hm^2 细孔喷雾。

第 46 节　苹 果 瘤 蚜
(*Myzus malisuctus* Matsumura)

苹果瘤蚜 *Myzus malisuctus* Matsumura 别称苹果瘤额蚜、苹果卷叶蚜，俗称腻虫、蜜虫，属半翅目蚜科。

一、分布与危害

分布比较普遍，在我国黑龙江、吉林、辽宁、河南、河北、山东、陕西、四川、江苏、台湾等地均有发生。并且分布于日本、朝鲜等国。在陕西果品出口基地，主要分布于洛川、白水、淳化、旬邑、合阳、扶风、澄城、宜川、黄陵、礼泉、富县、印台、长武、彬县、大荔、蒲城、临渭等县区。

寄主植物主要有苹果、沙果、海棠、山荆子等。成、若蚜群集叶片、嫩芽吸食汁液，受害叶边缘向背面纵卷成条筒状，叶片常出现红斑，随后变为黑褐色而干枯死亡。幼果被害后，果面呈现许多略凹陷而形不正的红斑。受害严重的树，枝梢嫩叶全部卷缩，致新稍正常生长和花芽的形成受到抑制。因此，造成果树发育不良，影响当年及次年的产量。此外，苹果瘤蚜还能传播苹果花叶病。

二、形态特征

1. 无翅胎生雌蚜

体长 1.4mm ~1.6mm，近纺锤形，体暗绿色或褐绿色。头淡黑色。复眼暗红色。具有明显的额瘤。口器末端黑色，伸达中足基部。触角比体短，除第 3、4 节的基半部淡绿或淡褐色外，其余全为黑色。胸、腹部背面均具黑色横带。腹管长圆筒形，末端稍细，腹管和尾片均为黑褐色。

2. 有翅胎生雌蚜

体长 1.5mm 左右，卵圆形。头、胸部暗褐色，具明显的额瘤，且生有 2 ~3 根黑毛；口器、复眼和触角均呈黑色，口器末端可达中足基部；触角第 3 节有圆形感觉孔约 22 个，第 4 节 8 个；胸足除腿节、胫节基部淡褐色外，其余皆黑色。腹部暗绿色，背面腹管以前各节有黑色横纹；腹管长圆筒形；基半部黑色，端半部色稍淡。翅透明。

3. 卵

长椭圆形，黑绿色而有光泽，长径约 0.5mm。

4. 若虫

体小似无翅蚜，体淡绿色。其中有的个体胸背上具有 1 对暗色的翅芽，此型称翅基蚜，日后则发育成有翅蚜。

5. 生活史与习性

一年发生 10 多代，以卵在一年生枝梢、芽腋、剪锯口等处越冬。次年 4 月上旬越冬卵开始孵化，4 月中旬为孵化盛期，4 月下旬孵化基本结束。蚜群集聚在芽、叶上为害，自春季至秋季均孤雌生殖，发生为害盛期在 6 月中、下旬。10～11 月出现有性蚜，交尾后产卵，以卵态越冬。苹果瘤蚜的生活周期是在一种寄主植物上完成，没有中间寄主。

三、发生与环境的关系

（一）品种

苹果中以元帅、青香蕉（白龙）、鸡冠等品种受害较重；倭锦、国光、红玉等品种较轻。

（二）内在因素

“R－对策”的生物学特性是引起苹果瘤蚜发生的内在因素。其世代生长发育历期短、繁殖速率高、世代重叠，极容易猖獗发生。另外，苹果瘤蚜也是翅二型昆虫，有翅型和无翅型常混合发生。有翅型蚜虫具有较强的迁飞扩散能力，容易造成在较大范围内同时大发生或使大范围麦田遭受危害；而无翅型蚜虫则具有较强的繁殖能力，使种群数量可以在较短时间内暴发。这不仅大大增加了准确预测预报的难度，而且给防治工作也带来一定困难。

（三）气候条件

高温干旱的气候条件是引起苹果蚜虫特大发生的最主要诱因。

（四）越冬虫源基数

越冬虫源基数大是引起苹果蚜虫特大发生的先决条件。苹果枝条芽缝作为苹果瘤蚜越冬卵发生的主要场所之一，越冬调查中并不容易找到苹果瘤蚜的越冬卵，有卵枝率（枝条顶端 30cm 有越冬卵的百分率）的增加容易造成来年大发生。

（五）人为因素

错失防治时机，用药不当是难于及时控制蚜虫灾害的人为因素。果园、农田因农药的不合理使用造成生物多样性降低，有益生物种类减少，生态稳定性极其脆弱。并且果园管理比较粗放，普遍存在防治不及时，用药种类不合理等也造成苹果瘤蚜的发生。

四、调查监测与防治技术

（一）调查监测

5 点取样法，在需要进行调查监测的苹果园按梅花状取苹果树对苹果瘤蚜成虫、若虫进行调查。每个点取 5 株苹果树上的嫩梢，以 1 株树为 1 个样本，1 个枝条嫩梢为 1 个子样，用目测法数每个嫩梢上苹果瘤蚜成虫、幼虫数量。

（二）防治技术

1. 农业防治

结合春季修剪，剪除被害枝梢，可杀灭越冬卵；在苹果落叶后，剪除受害枝，减少虫卵数量，可减少虫害。

2. 物理防治

利用黄板进行防治，可减少害虫数量。

3. 生物防治

要保护天敌，捕食性天敌有瓢虫（如七星瓢虫、龟纹瓢虫、异色瓢虫等）、草蛉、食蚜蝇、花蝽；寄生性天敌有蚜茧蜂、蚜小蜂等，对蚜虫有很强的抑制作用，其中瓢虫是其主要捕食类群，尤其是在我国中南部地区，麦收后麦田的瓢虫大多转移到果园，成为抑制蚜虫发生的主要因素。

4. 化学防治

药剂防治重点抓好蚜虫越冬卵孵化期的防治，喷药时期在苹果萌芽至展叶期。如果喷药质量好，喷药 1 次即能控制苹果瘤蚜危害，重点应抓好幼树的蚜虫防治。可在苹果萌芽至展叶期，均匀喷施 10% 吡虫啉可湿性粉剂 500g/hm^2，或 3% 啶虫脒乳油 750mL/hm^2，或 1.8% 阿维菌素乳油 600mL/hm^2，或 0.8% 苦参碱·内酯 1500mL/hm^2 ~ 1875mL/hm^2，或 25% 阿克泰水分散粒剂 800mL/hm^2。

第 47 节　苹果黄蚜
(*Aphis citricola* van der Goot)

苹果黄蚜 *Aphis citricola* van der Goot 又名绣线菊蚜，属半翅目蚜科。

一、分布与危害

在国内发生比较广泛。它分布于黑龙江、吉林、辽宁、河北、河南、山东、山西、陕西、宁夏、新疆、四川、云南、江苏、浙江、湖北、台湾等省（区）的果产区。在陕西果品出口基地各县区均有分布。

寄主植物有苹果。梨、桃、李、杏、樱桃、沙果、海棠、山楂、榅桲、枇杷等。它以成虫和若虫群集于寄主嫩梢、嫩叶背面及幼果表面刺吸为害，受害叶片常呈现褪绿斑点，后向背面横向卷曲或卷缩（这与苹果瘤蚜为害而纵卷的被害叶片极易区别）。蚜群刺吸叶片汁液后，影响光合作用，抑制了新稍生长，严重时则能引起早期落叶和树势衰弱。群体密度大时，常有蚂蚁与其共生。

二、形态特征

无翅孤雌胎生蚜：体长 1.6mm ~ 1.7mm，宽约 0.95mm 左右。体纺锤形，黄绿色。复眼、口器、腹管和尾片均为黑色，口器伸达中足基节窝，触角显著比体短，基部浅黑色，无次生感觉圈。腹管圆柱形向末端渐细，尾片圆锥形，生有 10 根左右弯曲的毛，体两侧有明显的乳头状突起，尾板末端圆，有毛 12 ~ 13 根。

有翅孤雌胎生蚜：体长 1.5mm ~ 1.7mm，翅展约 4.5mm 左右，体纺锤形，头、胸、口器、腹管、尾片均为黑色，腹部浅绿色，复眼暗红色，口器黑色伸达后足基节窝，触角丝状6节，较体短，第3节有圆形次生感觉圈6 ~ 10个，第4节有2 ~ 4个，两侧有黑斑，并具明显乳头状突起。尾片圆锥形，末端稍圆，有9 ~ 13根毛。翅透明。

卵：椭圆形，长径约0.5mm左右，初产浅黄，渐变黄褐、暗绿，孵化前漆黑色，有光泽。

若虫：鲜黄色，无翅若蚜腹部较肥大、腹管短，有翅若蚜胸部发达，具翅芽，腹部正常。

三、生活史与习性

一年发生10余代，以卵在寄主枝梢的皮缝、芽旁越冬。翌年苹果芽萌动时开始孵化，约在5月上旬孵化结束。初孵若蚜先在芽缝或芽侧为害10余天后，产生无翅和少量有翅胎生雌蚜。5 ~ 6月间继续以孤雌生殖的方式产生有翅和无翅胎生雌蚜。6 ~ 7月间繁殖最快，产生大量有翅蚜扩散蔓延造成严重为害。7 ~ 8月间气候不适，发生量逐渐减少，秋后又有回升。10月间出现有性蚜，雌雄交尾产卵，以卵越冬。未经交尾的雌蚜亦能产卵。

四、发生与环境的关系

（一）果园状况与苹果品种

多汁的新芽、嫩梢和新叶，其虫的发育与繁殖均快。当群体拥挤、营养条件太差时，则发生数量下降或开始向其他新的嫩梢转移分散。因此，苗圃和幼龄果树发生常比成龄树严重。苹果黄蚜对品种也具选择性，如“富士”“国光”“红玉”受害较重。

（二）气候条件

适宜的湿度加上较高的温度有利于该虫前期繁衍与危害。

（三）越冬虫源基数

苹果枝条芽缝作为苹果黄蚜越冬卵发生的主要场所之一，以往的越冬调查中，找到苹果黄蚜的越冬卵往往很不容易，有卵枝率（枝条顶端30cm有越冬卵的百分率）的上升，使苹果黄蚜的发生明显增加。

（四）人为因素

错失防治时机，用药不当是难于及时控制蚜虫灾害的人为因素。果园、农田因农药的不合理使用造成生物多样性降低，有益生物种类减少，生态稳定性极其脆弱。在管理比较粗放外的果园尤其容易严重发生。

五、调查监测与防治技术

（一）调查监测

5点取样法，在需要进行调查监测的苹果园按梅花状取苹果树对苹果黄蚜成虫、若虫进行调查。每个点取5株苹果树上的嫩梢，以1株树为1个样本，1个枝条嫩梢为1个子样，用目测法数每个嫩梢上苹果黄蚜成虫、若虫数量。

（二）防治技术

1. 农业防治

结合春季修剪，剪除被害枝梢，可杀灭越冬卵；在苹果落叶后，剪除受害枝，减少虫卵数量，可减少虫害。

2. 物理防治

利用黄板进行防治，可减少害虫数量。

3. 生物防治

要保护天敌，捕食性天敌有瓢虫（如七星瓢虫、龟纹瓢虫、异色瓢虫等）、草蛉、食蚜蝇、花蝽；寄生性天敌有蚜茧蜂、蚜小蜂等，对蚜虫有很强的抑制作用，其中瓢虫是其主要捕食类群，尤其是在我国中南部地区，麦收后麦田的瓢虫大多转移到果园，成为抑制蚜虫发生的主要因素。

4. 化学防治

药剂防治重点抓好蚜虫越冬卵孵化期的防治，喷药时期在苹果萌芽至展叶期。如果喷药质量好，喷药1次即能控制苹果黄蚜为害，重点应抓好幼树的蚜虫防治。可在苹果萌芽至展叶期，均匀喷施10%吡虫啉可湿性粉剂300g/hm^2，或3%啶虫脒乳油750mL/hm^2，或1.8%阿维菌素乳油250mL/hm^2，或0.8%苦参碱·内酯1500mL/hm^2～1875mL/hm^2，或25%阿克泰水分散粒剂188mL/hm^2。

第48节　梨二叉蚜
（*Schizaphis piricola*（Matsumura））

梨二叉蚜 *Schizaphis piricola*（Matsumura），属半翅目蚜科。

一、分布与危害

分布很广，国内各梨区几乎均有发生，陕西水果出口基地各县区均有分布。寄主有梨、白梨、棠梨、杜梨及狗尾草等多种果树及其他植物。成、若蚜群集于芽、叶、嫩梢和茎上吸食汁液。为害梨叶时，群集叶面上吸食，致使被害叶片由两侧向正面纵卷成筒状，早期脱落，影响产量与花芽分化，削弱树势。

二、形态特征

无翅孤雌胎生蚜：体长1.9mm～2.1mm，宽约1.1mm左右，体绿、暗绿、黄褐色，被有白色蜡粉。体背骨化，无斑纹，有棱形网纹，背毛尖锐、长短不齐。头部额瘤不明显，口器黑色，基半部色略淡，端部伸达中足基节，复眼红褐色，触角丝状6节，端部黑色，第5节末端具感觉孔1个。各足腿节、胫节的端部和跗节黑色。腹管长大黑色，圆柱状，末端收缩。尾片圆锥形，侧毛3对。

有翅孤雌胎生蚜：体长1.4mm～1.6mm，翅展5.0mm左右。头、胸部黑色，腹部淡色，额瘤略突出。口器黑色，端部伸达后足基节。触角丝状6节，淡黑色，第3～5节依次有感觉孔 18～27 个、7～11 个、2～6 个。复眼暗红色，前翅中脉分 2 叉，足、腹管和尾片同无翅孤赃胎生蚜。

卵：椭圆形，长径约 0.7mm 左右，初产暗绿，后变黑色有光泽。

若虫：类似无翅孤雌胎生蚜，体小，绿色，有翅若蚜胸部发达，有翅芽，腹部正常。

三、生活史与习性

1 年发生 20 代左右，生活周期为乔迁式。以卵在芽附近和果台、枝杈的缝隙内越冬，于梨芽萌动时开始孵化。若蚜群集于露绿的芽上为害，待梨芽开绽时钻入芽内，展叶期又集中到嫩梢叶面为害，致使叶片向上纵卷成筒状。以梢顶嫩叶受害较重，落花后大量出现卷叶，半月左右开始出现有翅蚜，5～6 月份大量迁飞到越夏寄主狗尾草和茅草上。6 月中下旬梨树上基本绝迹。秋季 9～10 月份之间，在越夏寄主上产生大量有翅蚜迁回梨树上繁殖为害，并产生性蚜。雌蚜交尾后产卵，卵散产于枝条、果台等各种皱缝处，以芽腋处较多，严重时常数粒至数十粒密集一起进入越冬。

四、发生与环境的关系

（一）越冬卵量

影响梨蚜发生量轻重的主要因素是头年秋季梨树上的落卵量。当年梨树上落卵量多时，次年梨蚜发生严重，梨树卷叶也严重，反之，则发生轻，卷叶少。

（二）气候

干旱少雨的天气有利于该虫发生与危害。

（三）人为因素

错失防治时机，用药不当是难于及时控制蚜虫灾害的人为因素。果园、农田因农药的不合理使用造成生物多样性降低，有益生物种类减少，生态稳定性极其脆弱。在管理比较粗放外的果园尤其容易严重发生。

五、调查监测与防治技术

（一）调查监测

选择当地代表性果园 3～5 个，每个果园对角线 5 点取样，每点一棵树，每棵树沿东、西、南、北、中 5 个方位，每个方位随机选取 2 个枝条，每个枝条检查 10 个叶片，每点（或一棵树）调查 100 个叶片，全园共调查 500 个叶片，记载害虫发生情况。

（二）防治技术

1. 农业防治

在发生数量不太大时，早期摘除被害叶、集中处理，消灭蚜虫。

2. 物理机械防治

（1）糖醋液诱杀梨二叉蚜。把配好的糖醋液（酒：水：糖：醋 =1：2：3：4）置于罐头瓶、小塑料盆等上端开口的器皿内，在有翅蚜产生时每 667m^2 均匀选定 15～20 个点进行悬挂，悬挂高度在1.5m左右，要求悬挂点在树体向阳背风处，每过一段时间补充器皿内溶液。

（2）黄色板诱杀梨二叉蚜。利用蚜虫对黄色具有很强的趋性，盛花后期，选择视野较为开阔、树体背风向阳处悬挂黄色诱虫板，每667m^2悬挂15~20块，高度在1.7m左右。诱虫板要求悬挂固定性强，起风后不能上下晃动沾粘树叶、花瓣等杂物。

（3）黑光灯诱杀蚜虫。有条件的梨园，利用蚜虫具有很强的趋光性，悬挂黑光灯在蚜虫大量发生的地方，诱杀有翅蚜。

3. 生物防治

保护利用天敌。蚜虫天敌种类很多，有瓢虫、草蛉、食蚜蝇、蚜茧蜂等，当虫口密度较小，没必要喷药时，保护利用天敌的作用很明显。

4. 化学防治

抓好开花前喷药防治。此期越冬卵全部孵化、而又未造成卷叶时应喷药，可喷施10%吡虫啉可湿性粉剂300g/hm^2~500g/hm^2，20%速灭杀丁乳油1000mL/hm^2~1500mL/hm^2等。如发生较重，展叶期再喷一次，如已卷叶喷洒40%乐果乳油750mL/hm^2效果较好。

第49节 梨黄粉蚜
(*Aphanostigma jakusuiense* (Kishida))

梨黄粉蚜 *Aphanostigma jakusuiense*（Kishida）别名梨黄粉虫、梨实瘤蚜，俗名膏药顶，属半翅目根瘤蚜科。

一、分布与危害

此虫在我国分布于北京、辽宁、河北、山东、安徽、江苏、河南、陕西、四川等地；国外分布于朝鲜、日本。在陕西水果出口基地，主要分布于礼泉、蒲城等县区。此虫食性单一，目前所知只危害梨，尚无发现其他寄主植物。

成虫和若虫均以刺吸式口器刺吸果实汁液，常群集于果实的萼洼处危害。由于不断繁殖，果面常有堆积黄粉，此为成虫及其所产卵堆和初孵化的小幼虫。果皮表面被害初期为黄色稍凹陷的小斑，以后逐渐变褐色，故称“膏药顶”。黑斑向四周扩大，并形成具龟裂的大黑斑。受害严重的果实，果内组织逐渐腐烂，终而全部脱落。

二、形态特征

1. 成虫

体卵圆形，长约0.8mm，全体鲜黄色，有光泽，腹部无腹管及尾片，无翅。行孤雌卵生。包括干母、普通型。性母均为雌性。喙均发达。有性型体长卵圆形，体型略小，雌0.47mm左右，雄0.35mm左右，体色鲜黄，口器退化。

2. 卵

越冬卵（孵化为干母的卵）椭圆形，长0.25mm~0.40mm，淡黄色，表面光滑；产

生普通型和性母的卵，体长0.26mm~0.30mm，初产淡黄绿，渐变为黄绿色；产生有性型的卵，雌卵长0.4mm，雄卵长0.36mm，黄绿色。

3. 若虫

淡黄色，形似成虫，仅虫体较小。

4. 生活史与习性

1年发生10余代，以卵在树皮裂缝或枝干上残附物内越冬。次年梨树开花时卵孵化，幼虫先在翘皮或嫩皮处取食危害树木，以后转移至果实萼洼处危害树木，并继续产卵繁殖。

梨黄粉蚜的生殖方式为孤雌生殖，雌蚜和性蚜都为卵生，生长期干母和普通型成虫产孤雌卵，过冬时性母型成虫孤雌产生雌、雄不同的两种卵，雌、雄蚜交配产卵，以卵过冬。普通型成虫每天最多产10粒卵，一生平均产卵约150粒；性母型成虫每天约产3粒，1生约产90粒，雌蚜一生只产一粒卵。

梨黄粉蚜喜荫忌光，多在背阴处栖息危害，套袋处理的梨果更易遭受危害，若采收较早，带有虫体的梨果，在贮藏期间仍继续危害，此时萼洼被害部逐渐变黑腐烂。成虫活动力差、传播途径主要靠梨苗输送、转移等方式。但在温暖干燥的环境中如气温为19.5℃~23.8℃，相对湿度为68%~78%时，活动猖獗，高温低湿或低温高湿都对梨黄粉蚜活动不利。在不同品种中受害程度也有差异，无萼片的梨果受害轻于有尊片的梨果。老树受害重于幼树，地势高处较地势低处受害率轻。

三、发生与环境的关系

（一）果园套袋

据调查，果园内套袋过危害率比不套袋果高10%左右。套双层袋由于袋内环境更加隐蔽，其危害程度更加严重。

（二）气候条件

高温干旱的天气是梨黄粉蚜猖獗发生的有利条件。

（三）果园栽培管理

栽培管理中凡粗放管理、枝条过密、氮素化肥使用偏多的清耕园梨黄粉蚜发生较重；留枝量合理、通风透光良好、不偏施氮肥的生草园梨黄粉蚜发生较轻。

四、调查监测与防治技术

（一）调查监测

选择当地代表性果园3~5个，每个果园对角线5点取样，每点一棵树，每棵树沿东、西、南、北、中5个方位，每个方位随机选取2个枝条，每个枝条检查10个叶片，每点（或一棵树）调查100个叶片，全园共调查500个叶片，记载害虫发生情况。

（二）防治技术

1. 植物检疫

需转运的苗木，如有此虫，可将苗木泡于水中24h以上，再阳光暴晒，可杀死其上的虫和卵。

2. 农业防治

（1）选育优良无萼片的梨果品种。

（2）早春人工刮粗树皮及清除残附物，重视梨树修剪，增加通风透光。

（3）袋口要尽量扎紧，不留缝隙，减少黄粉蚜的入袋机率。

3. 生物防治

注意保护利用瓢虫、草蛉等天敌。

4. 化学防治

梨果被害时可喷施 40% 氧化乐果乳油 1000mL/hm^2 混配 20% 灭扫利或来福灵乳油 188mL/hm^2 效果较好。

第 50 节 桃 蚜
（*Myzus persicae*（Sulzer））

桃蚜 *Myzus persicae*（Sulzer）别名腻虫、烟蚜、桃赤蚜、油汗，属半翅目蚜科。

一、分布与危害

世界性害虫，我国各地均有发生。陕西水果出口基地各县区均有分布。

桃蚜是广食性害虫，寄主植物约有 74 科 400 多种。我国记载的有 170 多种。主要包括茄科、十字花科、菊科、豆科、藜科、旋花科、锦葵科、毛茛科、蔷薇科等。桃蚜营转主寄生生活周期，其中冬寄主（原生寄主）植物主要有梨、桃、李、梅、樱桃等蔷薇科果树等；夏寄主（次生寄主）作物主要有白菜、甘蓝、萝卜、芥菜、芸苔、芜菁、甜椒、辣椒、菠菜等多种作物。

成、若蚜均吸食寄主植物汁液。叶片被害后卷缩、变薄，最后干枯脱落，严重被害的植株生长缓慢，易发生煤污病。此外，它又是多种植物病毒的主要传播媒介。

二、形态特征

有翅胎生雌蚜：体长约 2mm。头、胸部黑色，腹部绿、黄绿、褐、赤褐色，背面有黑褐色斑纹，腹管细长，圆筒形端部黑色，尾片圆锥形。额瘤显著，向内倾斜。翅无色透明，翅痣灰黄或青黄色。

无翅胎生雌蚜：体长约 2.6mm，宽 1.1mm，体鸭梨形，体色有黄绿色，洋红色，颜色变化大，有光泽。腹管长筒形，是尾片的 2.37 倍，尾片黑褐色；尾片两侧各有 3 根长毛。

有翅雄蚜：体长 1.3mm ~ 1.9mm，体色深绿、灰黄、暗红或红褐。头胸部黑色。

卵：椭圆形，长 0.5mm ~ 0.7mm，初为橙黄色，后变成漆黑色而有光泽。

幼虫：体小，似无翅胎生雌蚜。

三、生活史与习性

一般营全周期生活。一年发生 10 ~ 30 代，生活史较复杂。早春，越冬卵孵化为干母，在果树上营孤雌胎生，繁殖数代皆为干雌，先群集在芽上危害，花和叶开放后，又转害花和叶片。当断霜以后，产生有翅胎生雌蚜，迁飞到十字花科、茄科作物等侨居寄主上危害，并不断营孤雌胎生繁殖出无翅胎生雌蚜，继续进行危害。直至晚秋当夏寄主衰老，不利于桃蚜生活时，才产生有翅性母蚜，迁飞回果树上，生出无翅卵生雌蚜和有翅雄蚜，雌雄交配后，在果树上产卵越冬。越冬卵抗寒力很强，即使在北方高寒地区也能安全越冬。桃蚜也可以一直营孤雌生殖的不全周期生活，比如在北方地区的冬季，仍可在温室内的茄果类蔬菜上继续繁殖危害。桃蚜对黄色有强烈的趋性，对银灰色有负趋性。

四、发生与环境的关系

（一）气候条件

冬季温暖，早春雨水均匀的年份有利其发生，高温和高湿均不利。桃蚜在24℃时发育最快，高于28℃时对它有害，5天内平均气温超过30℃以上或6℃以下，或相对湿度在40%以下，对其繁殖均不利，数量下降。夏季或初秋降雨量大对其发生不利。夏季雨量大，有利于病原菌对蚜虫的寄生，此外大雨对蚜虫有机械冲刷作用，如在9月上旬出现暴雨，能直接抑制蚜量上升，压低虫口密度，使蚜量高峰推迟且高峰期的蚜量显著减少。

（二）天敌

桃蚜天敌种类很多，有瓢虫、食蚜蝇、草蛉、烟蚜茧蜂、菜蚜茧蜂、蜘蛛、寄生菌等。

五、调查监测与防治技术

（一）调查监测

选择当地代表性果园3~5个，每个果园对角线5点取样，每点一棵树，每棵树沿东、西、南、北、中5个方位，每个方位随机选取2个枝条，每个枝条检查10个叶片，每点（或一棵树）调查100个叶片，全园共调查500个叶片，记载害虫发生情况。

（二）防治技术

1. 农业防治

（1）避免在桃蚜冬季主附近栽培夏寄主。

（2）清除虫卵枝，对被害枝条进行修剪，当桃蚜迁飞到夏寄主上时，对桃园周围的白菜、甜椒等作物进行清除，并将虫枝、虫卵枝集中烧毁，减少虫源和卵源。

（3）加强果园管理，创造湿润而不利于蚜虫滋生的小气候。

2. 物理机械防治

黄板诱蚜。在果园内设置黄色板。即把涂满橙黄色66cm见方的塑料薄膜，从66cm长、33cm宽的长方形框的上方使涂黄面朝内包住夹紧。插在果园中，高出地面0.5m，隔3m~5m一块，再在没涂色的外面涂以机油。这样可以大量诱杀有翅蚜。

3. 生物防治

保护利用天敌。桃蚜的天敌有瓢虫、食蚜蝇、草蛉、烟蚜茧蜂、菜蚜茧蜂、蜘蛛、寄生菌等。

4. 化学防治

药剂防治是目前防治蚜虫最有效的措施。喷药时要侧重叶片背面。可喷洒40%乐果乳油1500mL/hm^2、50%马拉硫磷乳油1000mL/hm^2、50%二嗪磷乳油1000mL/hm^2、50%辛硫磷乳油1000mL/hm^2、50%杀螟硫磷乳油1500mL/hm^2、40%乙酰甲胺磷乳油1500mL/hm^2、25%喹硫磷乳油1500mL/hm^2、25%亚胺硫磷乳油1875mL/hm^2、50%倍硫磷乳油1000mL/hm^2、50%辟蚜雾可溶性粉剂750mL/hm^2、2.5%溴氰菊酯乳油500mL/hm^2、20%杀灭菊酯乳油375mL/hm^2、10%二氰苯醚酯乳油300mL/hm^2、10%氯氰菊酯乳油375mL/hm^2、10%多来宝悬浮剂600mL/hm^2、50%灭蚜松乳油1000mL/hm^2、21%菊马合剂乳油375mL/hm^2等。

第51节　桃　瘤　蚜
(*Tuberocephalus momonis* (Matsumura))

桃瘤蚜 *Tuberocephalus momonis*（Matsumura）别名桃瘤头蚜、桃纵卷瘤蚜，为半翅目蚜科。

一、分布与危害

国外分布在日本，国内分布较广，南、北方均有发生。在陕西水果出口基地各县区均有分布。寄主植物有桃、樱桃、梅、梨等果树和艾蒿等菊科植物。

成虫、幼虫群集在叶背吸食汁液，以嫩叶受害为重，受害叶片的边缘向背后纵向卷曲，卷曲处组织肥厚，似虫瘿，凸凹不平，初呈淡绿色，后变红色；严重时大部分叶片卷成细绳状，最后干枯脱落，严重影响桃树的生长发育。

二、形态特征

1. 有翅胎生雌蚜

体长1.8mm，翅展约5mm，淡黄褐色，额瘤显著，向内倾斜，触角丝状6节，节上有多个感觉孔。翅透明脉黄色。腹管圆筒形，中部稍膨大，有黑色覆瓦状纹，尾片圆锥形，中部缢缩。

2. 无翅胎生雌蚜

体长2.0mm～2.1mm，长椭圆形，较肥大，体色多变，有深绿、黄绿、黄褐色，头部黑色。额瘤显著，向内倾斜。触角丝状6节，基部两节短粗。复眼赤褐色。中胸两侧有瘤状突起，腹背有黑色斑纹，腹管圆柱形，有覆瓦状纹，尾片短小，末端尖。

3. 卵

椭圆形，紫黑色。

4. 若虫

与无翅胎生雌蚜相似，体较无翅胎生蚜小，有翅芽，淡黄或浅绿色，头部和腹管深绿色。

三、生活史与习性

一年发生10余代，有世代重叠现象。以卵在桃、樱桃等果树的枝条、芽腋处越冬。次年寄主发芽后孵化为干母。群集在叶背面取食为害，形成上述为害状，大量成虫和若虫藏在似虫瘿里为害，给防治增加了难度。5～7月是桃瘤蚜的繁殖、为害盛期。此时产生有翅胎生雌蚜迁飞到艾草等菊科植物上为害，晚秋10月份又迁回到桃、樱桃等果树上，产生有性蚜，交尾产卵越冬。

四、发生与环境的关系

（一）气候条件

桃瘤蚜最适温度为15℃～23℃，在此范围内，桃瘤蚜种群数量呈直线上升，至环境最大容量。降雨对桃瘤蚜1龄若虫的转移有一定影响。连续降雨可使桃树卷叶数减少。降雨对卷叶内的蚜虫影响极小。

（二）营养

营养条件是决定桃瘤蚜数量变化的关键因子。春季桃树有无抽出的嫩叶是决定越冬卵孵化后能否存活的必要条件；桃树所抽嫩梢、嫩叶越多，桃瘤蚜繁殖越快，春季完成1代只需12天，而秋季老叶上的性蚜则长达1月；营养条件也是决定桃瘤蚜产生分化的主要因素，春季桃树抽梢快，嫩叶多，以无翅生蚜繁殖危害，夏季桃树嫩叶少，营养老化，有翅蚜大量出现。秋季迁返桃树的性母，仅在桃树老叶叶背产仔，只有在老叶上危害的性蚜，才能产卵越冬。

（三）天敌

天敌种群数量对桃瘤蚜的发生有较大的影响。自然天敌主要有龟纹瓢虫、七星瓢虫、中华大草蛉、大草蛉、小花蝽、食蚜蝇、蚜茧蜂、蚜小蜂等多种捕食性和寄生性天敌。

五、调查监测与防治技术

（一）调查监测

选择当地代表性果园3～5个，每个果园对角线五点取样，每点一棵树，每棵树沿东、西、南、北、中5个方位，每个方位随机选取2个枝条，每个枝条检查10个叶片，每点（或一棵树）调查100个叶片，全园共调查500个叶片，记载害虫发生情况。

（二）防治技术

1. 农业防治

修剪虫卵枝，早春要对被害较重的虫枝进行修剪，夏季桃瘤蚜迁移后，要对桃园周围的菊花科寄主植物等进行清除，并将虫枝、虫卵枝和杂草集中烧毁，减少虫、卵源。

2. 物理机械防治

黄板诱杀。桃瘤蚜成虫对黄色有明显的趋性，利用黄板可以诱杀有翅蚜，在有翅蚜发生期高峰之前，每亩地挂20～30块黄板，可有效降低桃瘤蚜数量。

3. 生物防治

保护利用昆虫天敌，如龟纹标虫、七星瓢虫、大草蛉、中华草蛉、小花蝽等。在天敌的繁殖季节，要科学使用化学农药，不宜使用触杀性广谱型杀虫剂。

4. 化学防治

防治桃瘤蚜必须掌握“农药对口、防治及时、方法得当”的原则。根据桃瘤蚜的为害特点，防治宜早，在芽萌动期至卷叶前为最佳防治时期。萌芽期天敌较少，可喷施5.7%百树菊酯乳油600mL/hm^2、2.5%功夫乳油750mL/hm^2、90%万灵粉剂375mL/hm^2、70%艾美乐水分散颗料剂300mL/hm^2、48%乐斯本乳油1500mL/hm^2。芽萌动期，用5%的高效氯氰酯乳油750mL/hm^2，或20%速灭杀丁乳油500mL/hm^2，5%来福灵乳油500mL/hm^2，30%菊马乳油750mL/hm^{2}喷布，消灭初孵若蚜。喷雾时每桶药水加神效王1.5mL，可破坏桃瘤蚜的腊质层，促进农药迅速进入蚜虫体内，能提高防治效果。上述药剂必须交替使用，以防桃瘤蚜产生抗药性。在卷叶后，天敌较多时要选用内吸性强的农药进行防治，避免卷叶对药效的影响。若采用40%氧乐果涂干防治桃瘤蚜，既能提高防治效果，又能保护自然天敌。具体方法是先围绕树干刮3cm~4cm宽的树皮，将40%氧化乐果加5倍的水，涂在刮好的树皮上，用废报纸将树干包好，使药通过桃树组织传导到叶片，达到防治桃瘤蚜的目的。

第52节 桃 粉 蚜
(*Hyalopterus arundimis* Fabricius)

桃粉蚜 *Hyalopterus arundimis* Fabricius 又名桃大尾蚜、桃吹粉蚜，属半翅目蚜科。

一、分布与危害

中国南北果区都有分布，在陕西水果出口基地，主要分布于扶风、澄城、礼泉、蒲城、临渭等县区。越冬及早春寄主（第1寄主）除桃外，还有李、杏、梨、樱桃、梅等果树及观赏树木。夏、秋寄主（第2寄主）为禾本科杂草。

无翅胎生雌蚜和若蚜群集于枝梢卜和嫩叶背而吸汁为害，被害叶向背对合纵卷，叶卜常有白色蜡状的分泌物（为蜜露），常引起煤污病发生，严重时使枝叶呈暗黑色，影响植株生长和观赏价值。

二、形态特征

有翅胎生雌蚜：1.5mm左右，头、胸部黑色，腹部黄绿或橙绿色，体上被有白蜡粉。腹管短小，尾片较无翅蚜小。额瘤不显著。

无翅胎生雌蚜：体长2.3mm，宽1.1mm，长椭圆形，绿色，被覆白粉，腹管细圆筒形，尾片长圆锥形，上有长曲毛5~6根。

卵：椭圆形，长0.5mm~0.7mm，初产时黄绿色，后变黑绿色，有光泽。

若虫：形似无翅胎生雌蚜，但体小，淡绿色，体上有少量白粉。

三、生活史与习性

一年发生20代左右，属全周期乔迁式。主要以卵在桃、李、杏、梅等枝条的芽腋和树皮裂缝处越冬，常数粒或数十粒集在一起。第2年当桃、杏芽苞膨大时，越冬卵开始孵化，以无翅胎生雌蚜不断进行繁殖；5月中下旬桃树上虫口激增，危害最重，并开始产生有翅胎生雌虫，迁飞到第2寄主（禾本科芦苇）危害；晚秋又产生有翅蚜，迁回第1寄主，继续危害一段时间后，产生两性蚜，性蚜交尾产卵越冬。桃粉蚜扩大危害，主要靠无翅蚜爬行或借风吹扩散。

四、发生与环境的关系

（一）气候条件

温湿度及降雨对其发生有很大影响。温度不仅影响其发生期，还影响其发生代数与发生量，早春5日平均气温在9℃左右时，越冬卵开始孵化。当温度低于15℃时，桃粉蚜的生长发育和繁殖速度与温度高低呈正相关，其适温范围为15℃～28℃，繁殖的最适宜温度范围22℃～26℃，在此范围内，该虫生长繁殖最快，完成一代只需5～6天，最短4天，最长8天。降雨除影响大气温湿度外，还直接影响桃粉蚜的虫口数量，主要是降雨对嫩梢上的蚜虫有冲刷作用，减少蚜虫数量。总的来看，早春温暖，雨水均匀有利于桃粉蚜的发生。

（二）营养

在桃粉蚜的发生期内，食料和营养状况则直接影响其发生量。营养条件也是造成桃粉蚜产生分化的重要因素。春季桃树所抽嫩梢、嫩叶越多，繁殖越快，春季完成1代只需10～13天，而秋季老叶上完成1代则需25天以上。春季桃树抽梢快，嫩叶多，以无翅孤雌蚜繁殖危害树木，夏季桃树嫩叶少，营养老化，有翅蚜大量出现。

（三）天敌

根据田间观察，桃粉蚜的天敌主要有食蚜瘿蚊、菜蚜茧蜂、异色瓢虫、七星瓢虫、中华草蛉、普通草蛉、黑带食蚜蝇、大灰食蚜蝇等。这些天敌对桃粉蚜有一定的控制作用。桃粉蚜的优势天敌是食蚜瘿蚊 *Aphidotetes meridonalis*，其数量多、食量大，控制作用显著。

五、调查监测与防治技术

（一）调查监测

选择当地代表性果园3～5个，每个果园对角线五点取样，每点一棵树，每棵树沿东、西、南、北、中5个方位，每个方位随机选取2个枝条，每个枝条检查10个叶片，每点（或一棵树）调查100个叶片，全园共调查500个叶片，记载害虫发生情况。

（二）防治技术

1. 农业防治

消灭越冬卵，结合冬季修剪，除去有虫卵的枝条，可减少第2年的虫源。

2. 生物防治

桃粉蚜天敌很多，如瓢虫、草蛉、食蚜蝇等。瓢虫、草蛉对桃粉蚜的分布场所有跟踪现象，1 头七星瓢虫、大草蛉一生可捕食 4000 ~ 5000 头蚜虫。1 只大食蚜蝇幼虫 1 天可捕食几百头蚜虫。因此，保护利用天敌也是很好的防治方法。

3. 化学防治

在卵量大的情况下，可于萌芽前喷洒 3 ~ 4°Bé 的石硫合剂，5% 柴油乳剂、喷施 20% 菊杀乳油 750mL/hm^2 或吡虫啉粉剂 500mL/hm^2 ~ 750mL/hm^2。

第 53 节　苹 果 绵 蚜
（*Eriosoma lanigerum*（Hausmann））

苹果绵蚜 *Eriosoma lanigerum*（Hausmann）俗名白毛虫、苹果棉虫、白絮虫、棉花虫、血色蚜虫，属于半翅目瘿绵蚜科。

一、分布与危害

苹果绵蚜原产于美国。后随苗木传至亚洲、非洲、欧洲、大洋洲及南、北美洲。是国内及国外检疫对象之一。该虫 1914 年首先传至我国山东威海，1951 年前后在烟台苹果产区发生普遍。我国目前仅发生于辽东半岛、山东半岛、云南昆明及西藏地区。在陕西果品出口基地，主要分布于白水、旬邑、礼泉、大荔、临渭等县区。

其寄主有苹果、海棠、花红、沙果、山荆子等，在原发地还危害洋梨、李、山楂、榆、花椒和美国榆。苹果绵蚜以无翅胎生成，若虫密集于寄主背阴枝干、剪锯口、新梢、叶腋、短果枝叶群、果梗、萼洼、地下根部、地表根际及根蘖基部寄生危害，吸取树液，消耗树体营养。被害部位因受刺激形成肿瘤，以后肿瘤扩大，破裂，阻碍水分养分的输导。肿瘤处不再生长须根，失去吸收能力。肿瘤破裂后更利于此虫寄生，还易招致其他病虫侵袭，如苹果透翅蛾及腐烂病的发生。苹果绵蚜也可危害苹果根部，但被害处变黑腐烂，不形成肿瘤，仅有白色蜡质绵絮状物。

二、形态特征

无翅孤雌胎生蚜：体长 1.8mm ~ 2.2mm，宽约 1.2mm 左右。椭圆形，体淡色，无斑纹，体表光滑，头顶骨化粗糙纹。腹部膨大，亦褐色，腹背具四条纵列的泌蜡孔，分泌白色蜡质丝状物，因而该蚜在寄主树上严重危害时如挂绵绒。腹部体侧有侧瘤，着生短毛，腹管半环形，围有毛 5 ~ 10 对，尾片有短毛 1 对，尾板毛 19 ~ 24 对。喙达后足基节。触角短粗 6 节，第 6 节基部有圆形初生感觉孔，末端特别尖，呈刺状。复眼红黑色，有眼瘤。

有翅孤雌胎生蚜：体长 1.7mm ~ 2.0mm，翅展 6.0mm ~ 6.5mm，暗褐色，头及胸部黑色，腹部淡色。身上覆被的白色绵状物比无翅胎生成虫少。复眼红黑色，有眼瘤。触角 6 节，第 3 节最长。第 3 ~ 6 节依次有环状感觉器 17 ~ 20 个，3 ~ 5 个，3 ~ 4 个，2 个。翅透明，前翅中脉分 2 叉，翅脉与翅痣均为棕色。腹管退化为环状黑色小孔。

有性蚜：体长：雌约 1.0mm，雄约 0.7mm。触角 5 节，口器退化，体淡黄褐或黄绿色。

若虫：共 4 龄，末龄体长 0.65mm～1.45mm。身体黄褐至赤褐色，略呈圆筒形，喙细长，向后延伸，触角 5 节，体被白色绵状物。

卵：椭圆形，长约 0.5mm 左右，宽约 0.2mm 左右。初产橙黄色，后变褐色，表面光滑，外被白粉，精孔明显可见。

三、生活史与习性

（一）生活史

苹果绵蚜在青岛 1 年发生 17～18 代，大连 13 代以上。当日均气温高达 8℃以上时，越冬若虫开始活动，4 月底至 5 月初越冬若虫变为无翅孤雌成虫，以胎生方式产生若虫，每雌可产若虫 50～180 余头，新生若虫即向当年生枝条进行扩散迁移，爬至嫩梢基部、叶腋或嫩芽处吸食汁液。5 月底至 6 月为扩散迁移盛期，同时不断繁殖危害，当旬均气温为 22～25℃时，为繁殖最盛期，约 8d 完成 1 个世代，当温度高达 26℃以上时，虫量显著下降。同时日光蜂对绵蚜的繁殖也起了有效的抑制作用。到 8 月下旬气温下降后，虫量又开始上升，9 月间 1 龄若虫又向枝梢扩散危害，形成全年第二次危害高峰，到 10 月下旬以后，幼虫爬至越冬部位开始越冬。

苹果绵蚜的有翅蚜在我国 1 年出现 2 次高峰，第 1 次为 5 月下旬至 6 月下旬，但数量较少。第 2 次在 9 月至 10 月，数量较多，产生的后代为有性蚜，有性蚜喜隐蔽在较阴暗的场所，寿命也较短，有性蚜死亡率高达 60%～90%。

（二）主要习性

苹果绵蚜原产在美国有美国榆的地区。冬季以卵在榆树粗皮裂缝里越冬。次年早春卵孵化为干母，在榆树上繁殖危害 2～3 代后，产生有翅蚜，迁至苹果树上危害。行孤雌胎生繁殖。至秋末产生有翅蚜，迁回榆树，产生有性蚜，雌、雄交配后产卵越冬。

在世界无美国榆树的地区，其生活习性有所改变，而以 1～2 龄的若虫在苹果树枝干的病虫伤疤或剪锯口、土表根际等处越冬，无转换寄主现象。

苹果绵蚜的远距离传播，主要靠接穗、苗木、果实及其包装物、果筐、果箱。近距离主要靠有翅成蚜的迁飞或随风雨等传播。另外，果园劳动工具、衣帽及修剪下带有苹果绵蚜的残枝、叶片均可作为传播该虫的媒介。

四、发生与环境的关系

（一）品种

苹果品种间受害程度，因栽培管理的不同及其他病虫害的影响，而有不同。

（二）内在因素

“R－对策”的生物学特性是引起苹果绵蚜发生的内在因素。其世代生长发育历期短、繁殖速率高、世代重叠，极容易猖獗发生。另外，苹果绵蚜也是翅二型昆虫，有翅型和无翅型常混合发生。有翅型蚜虫具有较强的迁飞扩散能力，容易造成在较大范围内同时大发生或使大范围麦田遭受危害；而无翅型蚜虫则具有较强的繁殖能力，使种群数量可以在较短时间内暴发。这不仅大大增加了准确预测预报的难度，而且给防治工作也带来一定困难。

（三）气候条件

高温干旱的气候条件是引起苹果蚜虫特大发生的最主要诱因。

（四）越冬虫源

越冬虫源基数大是引起苹果蚜虫特大发生的先决条件。苹果枝条芽缝作为苹果绵蚜越冬卵发生的主要场所之一，越冬调查中并不容易找到苹果绵蚜的越冬卵，有卵枝率（枝条顶端30cm有越冬卵的百分率）的增加容易造成来年大发生。

（五）人为因素

错失防治时机，用药不当是难于及时控制蚜虫灾害的人为因素。果园、农田因农药的不合理使用造成生物多样性降低，有益生物种类减少，生态稳定性极其脆弱。并且果园管理比较粗放，普遍存在防治不及时，用药种类不合理等也造成苹果绵蚜的发生。

五、调查监测与防治技术

（一）调查监测

选择当地代表性果园3～5个，每个果园对角线五点取样，每点一棵树，每棵树沿东、西、南、北、中5个方位，每个方位随机选取2个枝条，每个枝条检查10个叶片，每点（或一棵树）调查100个叶片，全园共调查500个叶片，记载害虫发生情况。

（二）防治技术

由于苹果绵蚜繁殖力强，且潜伏在粗皮裂缝等处，药剂不易接触虫体。因此，必须注意果树栽培管理，加强人工防治，适时使用药剂，保护天敌及加强植物检疫等综合防治措施，方能取得良好的防治效果。

1. 植物检疫

禁止从绵蚜发生地区调运苗木、接穗。外地调进的苗木、接穗可用40%乐果乳油1000倍液浸泡2min～3min消毒。也可用氯化钠熏蒸，在25℃条件下，每立方米用8g～15g，帐幕密闭熏蒸45min～60min。

2. 农业防治

结合春季修剪，彻底刮树皮和剪除被害枝梢，可杀灭越冬卵；在苹果落叶后，剪除受害枝，减少虫卵数量，可减少虫害。

3. 物理机械防治

利用黄板进行防治，可减少害虫数量。

4. 生物防治

保护天敌，捕食性天敌有瓢虫（如七星瓢虫、龟纹瓢虫、异色瓢虫等）、草蛉、食蚜蝇、花蝽；寄生性天敌有蚜茧蜂、蚜小蜂等，对蚜虫有很强的抑制作用，其中瓢虫是其主要捕食类群，尤其是在我国中南部地区，麦收后麦田的瓢虫大多转移到果园，成为抑制蚜虫发生的主要因素。

5. 化学防治

药剂防治重点抓好蚜虫越冬卵孵化期的防治，喷药时期在苹果萌芽至展叶期。如果喷药质量好，喷药 1 次即能控制苹果绵蚜为害，重点应抓好幼树的蚜虫防治。可在苹果萌芽至展叶期，均匀喷施 10% 吡虫啉可湿性粉剂 300g/hm^2，或 3% 啶虫脒乳油 750mL/hm^2，或 1.8% 阿维菌素乳油 250mL/hm^2，或 0.8% 苦参碱・内酯 1500mL/hm^2 ~ 1875mL/hm^2，或 25% 阿克泰水分散粒剂 188mL/hm^2。

第 54 节　斑衣蜡蝉
(*Lycorma delicatula* White)

斑衣蜡蝉 *Lycorma delicatula* White 别称椿皮蜡蝉、斑蜡蝉、椿蹦、花蹦蹦、樗鸡等，民间俗称“花姑娘”“椿蹦”“花蹦蹦”，属半翅目蜡蝉科。

一、分布与危害

广泛分布于东北、华北、华东、西北、西南、华南以及台湾等地区。在陕西果品出口基地各县区均有分布。

寄主有樱、梅、珍珠梅、海棠、桃、葡萄、石榴等花木（低龄若虫特别喜欢臭椿）。以成虫、若虫群集在叶背、嫩梢上刺吸危害，栖息时头翘起，有时可末龄若虫见数十头群集在新梢上，排列成一条直线；引起被害植株发生煤污病或嫩梢萎缩，畸形等，严重影响植株的生长和发育。

二、形态特征

成虫：体长 15mm ~ 25mm，翅展 40mm ~ 50mm，全身灰褐色；前翅革质，基部约三分之二为淡褐色，翅面具有 20 个左右的黑点；端部约三分之一为深褐色；后翅膜质，基部鲜红色，具有黑点；端部黑色。体翅表面附有白色蜡粉。头角向上卷起，呈短角突起。翅膀颜色偏蓝为雄性，翅膀颜色偏米色为雌性。

卵：呈块状，表面覆一层灰色粉状疏松的蜡质，内为排列整齐的卵；每块 5 ~ 6 行或 10 余行，每行 10 ~ 30 粒，卵粒长圆形，长 3mm 左右，宽 1.5mm 左右，高 1.5mm 左右；卵背面两侧有凹入线，中部成纵脊起，脊起的前半部有长卵形的卵孔盖，脊起的前端作角状突出；卵的前面平截或微凹，后面钝圆形，腹面平坦。

幼虫：体形似成虫，初孵时白色，后变为黑色，体有许多小白斑，一至三龄为黑色斑点，四龄体背呈红色，头部最前的尖角、两侧及复眼基部黑色。体足基色黑，布有白色斑点。头部较以前各龄延伸。翅芽明显，由中胸和后胸的两侧向后延伸。

三、生活史与习性

一年发生 1 代。卵在树干或附近建筑物上越冬。翌年 4 月中下旬幼虫孵化危害树木，5 月上旬为盛孵期；若虫稍有惊动即跳跃而去。经三次蜕皮，6 月中、下旬至 7 月上旬羽

化为成虫，活动危害至10月。8月中旬开始交尾产卵，卵多产在树干的南方，或树枝分叉处。一般每块卵有40~50粒，多时可达百余粒，卵块排列整齐，覆盖白蜡粉。

斑衣蜡蝉在生长发育过程中体色变化很大。小若虫时，体黑色，上面具有许多小白点。大龄若虫最漂亮，通红的身体上有黑色和白色斑纹。成虫后翅基部红色，飞翔时很鲜艳。成、幼虫均具有群栖性，飞翔力较弱，但善于跳跃，在多种植物上取食活动，最喜臭椿。

四、发生与环境的关系

斑衣蜡蝉的大发生，受气候条件影响很大，如8、9月份多雨，湿度大，温度低，则成虫寿命大为缩短，不到产卵而早死；即使能够产卵，但产卵量和孵化率下降。反之，若秋雨少，天气干旱，则易造成灾害。

五、调查监测与防治技术

（一）调查监测

选择当地代表性果园3~5个，每个果园对角线五点取样，每点一棵树，每棵树沿东、西、南、北、中5个方位，每个方位随机选取2个枝条，记载害虫发生情况。

（二）防治技术

1. 农业防治

结合冬季修剪，刷除卵块；斑衣蜡蝉以臭椿为原寄主，在果园附近应改种其它树种或营造混交林。

2. 生物防治

斑衣蜡蝉的卵期和若虫期寄生蜂的寄生率很高，可以利用寄生蜂等天敌。

3. 化学防治

成虫、幼虫发生期，可喷施40%马拉硫磷乳油1500mL/hm^2、20%磷胺乳油750mL/hm^2~1000mL/hm^2、50%久效磷水溶剂500mL/hm^2~750mL/hm^2、50%啶虫咪水分散粒剂500mL/hm^2、10%吡虫啉可湿性粉剂1500mL/hm^2、40%啶虫毒乳油750mL/hm^2~1000mL/hm^2、50%乐果乳油750mL/hm^2~1500mL/hm^2、50%辛硫磷乳油750mL/hm^{2}或啶虫咪水分散粒剂500mL/hm^{2}与5.7%甲维盐乳油750mL/hm^{2}混配液。

第55节　葡萄斑叶蝉
（*Erythroneura apicalis*（Nawa））

葡萄斑叶蝉 *Erythroneura apicalis*（Nawa）又叫葡萄二星叶蝉，别称葡萄小叶蝉、葡萄斑叶蝉、葡萄二点叶蝉、葡萄二点浮尘子，属半翅目叶蝉科。

一、分布与危害

国内葡萄产区均有发生。在陕西果品出口基地，主要分布于洛川、白水、淳化、旬

邑、合阳、扶风、澄城、宜川、黄陵、礼泉、富县、印台、长武、彬县、大荔、蒲城、临渭等县区。

寄主有葡萄、苹果、梨、桃和樱花等花木。以若虫、成虫刺吸植株的新梢、嫩叶汁液，虫口密度较高时叶面常有小白点连成一片，使叶片提前枯落，对观瞻和产果均有很大影响。

二、形态特征

成虫：体长 2mm ~2.5mm，连同前翅 3mm ~4mm。淡黄白色，复眼黑色，头顶有两个黑色圆斑。前胸背板前缘，有 3 个圆形小黑点。小盾板两侧各有一个三角形黑斑。翅上或有淡褐色斑纹。

卵：黄白色，长椭圆形，稍弯曲，长 0.2mm。

幼虫：初孵化时白色，后变黄白或红褐色，体长 0.2mm。

三、生活史与习性

在河北北部一年发生两代，山东、山西、河南、陕西 3 代。以成虫在果园杂草丛、落叶下、土缝、石缝等处越冬。翌年 3 月葡萄末发芽时，气温高的晴天，成虫即开始活动。先在小麦、毛叶苕等绿色植物上为害。葡萄展叶后即转移到葡萄上为害，喜在叶背面活动，产卵在叶背叶脉两侧表皮下或绒毛中。第 1 代若虫发生期在 5 月下旬至 6 月上旬，第 1 代成虫在 6 月上中旬。以后世代交叉，第 2、3 代若虫期大体在 7 月上旬至 8 月初，8 月下旬至 9 月中旬。9 月下旬出现第 3 代越冬成虫。此虫喜阴蔽，受惊扰则蹦飞。

四、发生与环境的关系

（一）气候

温、湿度较高的天气有利其发生。

（二）果园栽培管理

地势潮湿、杂草丛生、副梢管理不好、通风透光不良的果园发生多、受害重。

（三）品种

葡萄品种之间有差别，一般叶背面绒毛少的欧洲种受害重，绒毛多的美洲种受害轻。

五、调查监测与防治技术

（一）调查监测

选择当地代表性果园 3 ~5 个，每个果园对角线五点取样，每点一棵树，每棵树沿东、西、南、北、中 5 个方位，每个方位随机选取 2 个枝条，每个枝条检查 10 个叶片或嫩梢，记载害虫发生情况。

（二）防治技术

1. 农业防治

（1）适时进行合理修剪调节营养，改造通风透光条件（葡萄斑叶蝉喜欢在隐蔽处产卵）。

（2）合理施肥，增强树势，提高抗虫能力。

（3）保持葡萄园的清洁，清除葡萄园的落叶、枯草，减少越冬场所。

（4）在葡萄斑叶蝉产卵高峰期合理延长浇水间隔期（适当的降低湿度），避免为斑叶蝉创造有利的产卵条件。

2. 化学防治

化学防治以1代若虫、2代若虫的集中防治为重点。使用25%阿克泰水分散颗粒剂750mL/hm^2～1000mL/hm^{2}对葡萄斑叶蝉有良好的防治作用，且持效期长达45天以上。喷药时一定要喷均匀，喷到叶片上，葡萄斑叶蝉刺吸后即可中毒死亡，一般喷药后3天效果明显。也可喷施20%杀灭菊酯乳油500mL/hm^2、10%增效烟碱1500mL/hm^2、43%新百灵乳油1000mL/hm^2、4.5%高效氯氰菊酯1000mL/hm^2、2.5%功夫乳油750mL/hm^2、5%来福灵乳油600mL/hm^{2}或50%辛硫磷乳油、50%马拉硫磷乳油、50%杀螟硫磷乳油等750mL/hm^2。

第56节　桃一点斑叶蝉
（*Erythroneura sudra*（Distant））

桃一点斑叶蝉*Erythroneura sudra*（Distant）又名桃一点叶蝉、桃小绿叶蝉和桃浮尘子，属半翅目叶蝉科。

一、分布与危害

长江流域各省普遍发生，东北、内蒙古、河北、陕西、山东等地也有分布。在陕西果品出口基地，主要分布于淳化、旬邑、合阳、扶风、澄城、礼泉、长武、彬县、大荔、蒲城、临渭等县区。

寄主植物包括桃、李、杏、梅、苹果、梨、山楂、杨梅、柑橘、葡萄、月季、西柚等。以成虫、若虫刺吸寄主植物的嫩叶、花萼和花瓣汁液为害，形成半透明斑点。落花后，集中于叶背危害，受害叶片形成许多灰白色斑点。严重时全树叶片苍白，提早脱落，树势衰弱，影响生长和来年开花，易诱发流胶病等病害。受害桃果膨大受阻，形成小果、僵果，果味涩、淡，木栓化程度严重。

二、形态特征

成虫：体长3.1mm～3.3mm，淡黄、黄绿或暗绿色。头部向前成钝角突出，端角圆。头冠及颜面均为淡黄或微带绿色，在头冠的顶端有一个大而圆的黑色斑，黑点外围有一晕圈。复眼黑色。前胸背板前半部黄色，后半部暗黄而带绿色；小盾板黄色成分较深或为暗绿色。小盾板基缘近基角处各有1条黑色斑纹，有时色较淡。中胸腹面常有黑色斑块。前翅半透明淡白色，翅脉黄绿色，前缘区的长圆形白色蜡质区显著；后翅无色透明，翅脉暗色。足暗绿，爪黑褐色。雄虫腹部背面具黑色宽带，雌虫仅具一个黑斑。

卵：长椭圆形，一端略尖，长0.75mm～0.82mm，乳白色，半透明。

幼虫：体长2.4mm～2.7mm，全体淡墨绿色，复眼紫黑色，翅芽绿色。

三、生活史与习性

（一）生活史

年发生代数因地域差异而不同，南京一带年发生 4 代，福州、南昌一带年发生 6 代。以成虫潜伏于落叶、杂草堆中、树皮隙缝及常绿树杉、柏等丛中越冬。翌年 3 月桃、梅萌发后即迁往花桃、梅花、樱花等寄主上为害。各代成虫出现期为 4 月上旬至 7 月中旬第 1 代；7 月上旬至 8 月下旬第 2 代；8 月中旬至 9 月中旬第 3 代；8 月下旬至第 2 年 5 月中旬越冬代（即第 4 代）。其中卵期 6 ~ 29 天，若虫期 13 ~ 21 天，成虫寿命 12 ~ 33 天，越冬成虫长达 5 ~ 6 个月。第 1 代发生较整齐，从第 2 代起，各世代重叠现象明显。

（二）主要习性

卵多散产在叶背主脉内，少数产于叶柄内，孵化后留下焦褐色长形破缝。每头雌成虫可产卵 40 ~ 160 粒左右。若虫喜欢群集于叶背危害。成若虫有横向爬行的习性。成虫在晴朗天气、温度高时活跃，清晨、傍晚和阴雨天不活动，无趋光性。

四、发生与环境的关系

（一）品种

桃一点叶蝉对不同桃树品种危害程度不一样。中熟品种受害最重，其次为早熟品种，晚熟品种受害最轻。品种受害程度由重到轻依次为沙红、京艳、春蕾、中油 5 号、早蟠桃、晚霞蜜、川中岛、杨屯、砂子早生、中油 8 号、重阳红、瀕沪内、寿桃等。同一树上主要以树体中下部和内膛较严重，树顶及梢部较轻。

（二）果园栽培管理

同一品种间以树体密闭、结果量过大、施用氮肥过量的受害严重。

五、调查监测与防治技术

（一）调查监测

选择当地代表性果园 3 ~ 5 个，每个果园对角线 5 点取样，每点一棵树，每棵树沿东、西、南、北、中 5 个方位，每个方位随机选取 2 个枝条，每个枝条检查 10 个叶片或嫩梢，记载害虫发生情况。

（二）防治技术

1. 农业防治

（1）桃一点叶蝉在桃园附近的常绿植物和园内越冬，落叶后应彻底清理园内杂物，并结合冬春季病虫防治给周边常绿植物寄主上喷布石硫合剂或其他杀虫剂，大幅度降低越冬虫口密度；生长季及时清除园内杂草，严防害虫交叉隐蔽。

（2）合理冬剪、夏剪，防止园内树体密闭。新建园提倡远离大面积的常绿植物种植区。

2. 化学防治

5 月中旬至 9 月下旬是桃一点叶蝉危害盛期和世代交替期，利用阴天或晴天下午喷药

效果较理想。每隔 10 天连续喷药 3 次，基本上可以控制害虫，防治率达 95% 以上。可喷施 10% 天王星 500mL/hm^2、20% 甲氰菊酯 600mL/hm^2、20% 菊·马乳油 750mL/hm^2、20% 叶蝉散乳油 1875mL/hm^2，其中以天王星防治效果最突出。

第 57 节 大 青 叶 蝉
(*Tettigella viridis* (Linne))

大青叶蝉 *Tettigella viridis*（Linne）又名大绿浮尘子、青叶跳蝉，属半翅目叶蝉科。

一、分布与危害

国外分布于俄罗斯、日本、朝鲜、马来西亚、印度、加拿大、欧洲等地；国内分布于黑龙江、吉林、辽宁、内蒙古、河北、河南、山东、江苏、浙江、安徽、江西、台湾、福建、湖北、湖南、广东、海南、贵州、四川、陕西、甘肃、宁夏、青海、新疆等省区；在陕西水果出口基地各县区均有分布。

大青叶蝉寄主包括苹果、桃、梨、葡萄等。以成虫和若虫为害叶片，刺吸汁液，造成褪色、畸形、卷缩，甚至全叶枯死。此外，还可传播病毒病受害严重时被害枝条逐渐干枯，冬季易受冻害，是西北地区苹果幼树抽条的原因之一。

二、形态特征

1. 成虫

雌虫体长 9.4mm ~ 10.1mm，头宽 2.4mm ~ 2.7mm；雄虫体长 7.2mm ~ 8.3mm，头宽 2.3mm ~ 2.5mm。头部正面淡褐色，两颊微青，在颊区近唇基缝处左右各有 1 小黑斑；触角窝上方、两单眼之间有 1 对黑斑。复眼绿色。前胸背板淡黄绿色，后半部深青绿色。小盾片淡黄绿色，中间横刻痕较短，不伸达边缘。前翅绿色带有青蓝色泽，前缘淡白，端部透明，翅脉为青黄色，具有狭窄的淡黑色边缘。后翅烟黑色，半透明。腹部背面蓝黑色，两侧及末节淡为橙黄带有烟黑色，胸、腹部腹面及足为橙黄色，附爪及后足腔节内侧细条纹、刺列的每一刻基部为黑色。

2. 卵

为白色微黄，长卵圆形，长 1.6mm，宽 0.4mm，中间微弯曲，一端稍细，表面光滑。

3. 幼虫

初孵化时为白色，微带黄绿。头大腹小。复眼红色。2h ~ 6h 后，体色渐变淡黄、浅灰或灰黑色。3 龄后出现翅芽。老熟若虫体长 6mm ~ 7mm，头冠部有 2 个黑斑，胸背及两侧有 4 条褐色纵纹直达腹端。

三、生活史与习性

（一）生活史

一年发生 3 代。以卵在树枝皮内越冬。4 月份卵孵化，于杂草、农作物及蔬菜上危害植物，成虫 5 月下旬开始出现；第 2 代 6 月上旬至 8 月中旬，成虫 7 月开始出现；第 3 代

7月中旬至11月中旬，成虫9月开始出现。发生规律不整齐，世代重叠。前期主要为害农作物、蔬菜及杂草等植物，10月中旬第3代成虫陆续转移到果树、林木上为害并产卵与枝条内，10月下旬为产卵盛期，直至秋后，以卵越冬。

（二）习性

成虫有趋光性，夏季颇强，晚秋不明显。成虫喜弹跳，日夜均可活动取食。成虫以产卵期刺破寄主植物茎秆、叶柄、主脉、枝条等部位的表皮，产卵其中，形成月牙伤口，产卵出的植物表皮形成肾形凸起，每处有卵30~70粒。以10粒左右排列成卵块。非越冬卵期9~15天，越冬卵期达5个月以上。初孵幼虫有群居性。在早晨或黄昏气温低时，成虫、若虫皆潜伏不动，午间气温高时较为活跃。

四、发生与环境的关系

捕食性天敌有蜘蛛和草蛉，寄生性天敌有褐腰赤眼蜂和黑尾叶蝉缨小蜂，对其种群数量有一定的控制作用。

五、防治技术

1. 农业防治

新果园不间作蔬菜、高梁等作物。受害严重的幼树于早春灌水，促使被害枝干萌发。及时清除果园杂草，最好是在草种子成熟前，将其翻于树下做肥料。

2. 物理机械防治

在成虫发生期，设置黑光灯诱杀；在越冬卵量较大的果园，用木棍挤压卵痕，消灭越冬卵。

3. 生物防治

保护和利用天敌，如褐腰赤眼蜂、黑尾叶蝉缨小蜂、草蛉和蜘蛛等。

4. 化学防治

在10月上、中旬成虫产卵前，给幼树枝干涂刷白涂剂，阻止其产卵。白涂剂的配制方法是：生石灰25%、粗盐4%、石硫合剂1%、水70%，还可加入少量杀虫剂。发生量大时，喷药防治成虫，除在树上喷药外，还应对杂草喷药。药剂可选用20%甲氰菊酯乳油1500g/hm^2、10%吡虫啉可湿性粉剂5000g/hm^2、35%塞丹乳油1000g/hm^2、4.5%高效顺反氯氰菊酯600g/hm^2。每隔10天喷1次，连喷2~3次。

第58节　黑　蚱　蝉
（*Cryptotympana atrata*（Fabricius））

黑蚱蝉 *Cryptotympana atrata*（Fabricius）俗称知了，属半翅目蝉科。

一、分布与危害、

国外分布于日本、菲律宾、越南、老挝、马来西亚、澳大利亚；国内分布北起吉林，南至台湾、海南及广东、广西、云南南境，东面滨海，西限自北向南，明显内倾，即自辽宁、河北、山西、陕西、甘肃西斜，折入四川、云南、止于盆地西缘及横断山脉东侧，华北、华中、华南等海拔250m以下的平原、丘陵地带，通常密度较高；在陕西水果出口基地各县区均有分布。

黑蚱蝉寄主包括苹果、梨、桃、李、杏、梅、山楂、葡萄等。幼虫长期在地下土壤中隐蔽生活，并以刺吸式口器吸食寄主树木根部汁液，影响树势发育；成虫除继续以口器危害寄主枝条外，更以雌虫在新生枝条上产卵而造成更加严重的危害，其发达的产卵器不但可以划破枝梢皮层造成物理损害（形成深达木质部的连片卵窝），使寄主水分和营养物质输导受阻，还可引起滴露和病菌感染，造成枝梢溃疡枯死、结果期延迟、果实脱落、品质下降和收益降低，且危害可能会逐年加重。

二、形态特征

1. 成虫

体漆黑色，体长约38mm～48mm，翅展约125mm，翅透明，基部翅脉金黄色。雄虫腹部第1～2节有鸣器，雌虫腹部有发达的产卵器。

2. 卵

长椭圆形，长2.4mm～2.5mm左右，淡黄白色。

3. 幼虫

末龄若虫体长约35mm，黄褐色或综褐色。前足发达，有齿刺，为开掘式。

三、生活史与习性

4～5年发生1代。以卵和幼虫分别在被害枝内和土中越冬被害枝条上的黑蚱蝉卵于次年5月中旬开始孵化，5月下旬至6月初为卵孵化盛期，6月下旬终止。若虫（幼虫）随着枯枝落地或卵从卵窝掉在地上，孵化出的若虫立即入土，在土中的若虫以土中的植物根及一些有机质为食料。若虫在土中一生蜕皮5次，生活数年才能完成整个若虫期。在土壤中的垂直分布，以0～20cm的土层居多，占幼虫数的60%左右。有些则能达到30cm或者1m多甚至更深。生长成熟的幼虫于傍晚由土内爬出，多在雨后且柔软湿润的晚上。掘开泥土。凭着生存的本能爬到树干、枝条、叶片等可以固定其身体的物体上停留，以叶片背面居多，不食不动，约经半小时或者更长时间的静止阶段后，其背上面直裂一条缝蜕皮后变为成虫，初羽化的成虫体软，色淡粉红，翅皱缩，后体渐硬，色渐深直至黑色，翅展平，前后经6h～7h（即将天亮），振翅飞上或爬上树梢活动。一年当中，6月上旬老熟若虫开始出土羽化为成虫，6月中旬至7月中旬为羽化盛期，10月上旬终止。若虫出土羽化在一天中，夜间羽化占90%以上。尤以夜间8～10时最多。另外凌晨4～6时羽化一次。成虫经15～20天后才交尾产卵，6月上旬成虫即开始产卵，6月下旬末到7月下旬为产卵盛期，9月后为末期。卵主要产在1～2年生、枝条的直径在0.2cm～0.6cm之间的枝上，一条枝条上卵穴一般为20～50穴，每穴卵1～8粒，多为5～6粒。

四、发生与环境的关系

（一）气候条件

降雨多，湿度大，卵孵化早，孵化率高。

（二）天敌

成虫期天敌有山雀、画眉、布谷、鹰、鵜鸟、喜鹊、乌鸦、麻雀等鸟类和蚂蚁、螳螂、蜘蛛等捕食性动物。此外，成虫、卵、若虫都有寄生蜂、寄生菌等。保护和利用好这些天敌，对控制虫口密度有重要作用。

五、防治技术

1. 农业防治

利用其卵在枝上越冬时间长的习性，冬季彻底剪除带虫枝梢并及时清理出园，3 月底前全部烧毁。夏剪要及时剪除销毁虫枝。提倡冬夏深翻灭卵和破坏若虫土室减少虫源。

2. 物理机械防治

老熟若虫具有夜间上树羽化的习性，然而足端只有锐利的爪，而无爪间突，不能在光滑面上爬行。在树干基部包扎塑料薄膜或是透明胶，可阻止老熟若虫上树羽化，滞留在树干周围可人工捕杀。

3. 生物防治

黑蚱蝉的天敌比较多，仅鸟类就有山雀、画眉、布谷、鹰、鵜鸟、喜鹊、乌鸦、麻雀等 10 多种，扑食性天敌有蚂蚁、螳螂、蜘蛛。此外，成虫、卵、若虫都有寄生蜂、寄生菌等。保护和利用好天敌，对控制虫口密度有重要作用。特别是对果园里的鸟巢、卵粒、益虫洞穴卵，不要摘除、破坏，有条件时，挂箱造巢招引。对被寄生的虫体、菌源，可浸泡或碾碎配制菌液喷洒园内，扩大效果。

4. 化学防治

使用 20% 甲氰菊脂 750 g/hm^2、40% 啶虫毒乳油 750g/hm^2、5. 7% 甲维盐乳油 750g/hm^2 进行喷雾。

第 59 节　蚱　　蝉
（*Cryptotympana pustulata* Fabricius）

蚱蝉 *Cryptotympana pustulata* Fabricius 又名知了、鸣蜩、鸣蝉，属半翅目蝉科。

一、分布与危害

我国华南、西南、西北及华北大部分地方都有；在陕西水果出口基地各县区均有分布。

寄主植物有苹果、梨、桃、李、杏、梅、山楂、葡萄等。该虫对果树的危害是在一年生枝条上划破皮层产卵，致使被害枝条枯死。夏、秋季节害状十分明显。

二、形态特征

1. 成虫

雄虫体长 40mm ~ 48mm，翅展 125mm。体黑色、复眼淡黄．中胸背板有 2 个淡赤褐色的锥形斑。前后翅有反光，翅脉淡黄褐色及暗黑色，前翅基部黑色，后翅基部2/5黑色。腹部有2个瓣状鸣器。雌虫体长38mm~44mm，腹部无鸣器，产卵器显著。

2. 卵

长2.4mm，宽0.5mm，长椭圆形，腹面稍弯曲。头部比尾部尖瘦，乳白色，有光泽。

3. 幼虫

形似成虫，淡黄褐色，仅有翅芽。

三、生活史与习性

一生须经过4~5年完成1代。以卵、若虫在土中越冬，卵期1年，若虫期3~4年，每年7月平均气温达到22℃以上，雨后的傍晚老龄若虫虫土壤里爬出，顺树干向上爬行，当晚脱皮，成虫羽化后静止2h~3h，即爬行或飞翔。成虫寿命45~60天。雌成虫于7~8月份产卵子一年生嫩枝皮层内，木质部内，每处产卵4~5粒，一根枝条上产卵百余粒。卵当年不孵化，就在被害枝条内过冬，经过10个月左右时间，第二年孵化为幼虫掉落地面，钻入上中，在土中存活若干年，在土中每年春暖后上升列表层，吸食树根汁液。

发生与环境的关系和调查监测与防治技术同黑蚱蝉。

第60节 蟪 蛄

(*Platypleura kaempferi* Fabr.)

蟪蛄 *Platypleura kaempferi* Fabr 又名良蜩，属半翅目蝉科。

一、分布与危害

国外分布在日本、朝鲜、马来西亚等地；国内分布在华东、华南及华北地区；在陕西水果出口基地各县区均有分布。

蟪蛄可为害苹果、梨、山楂、桃、李、梅、柿、杏、核桃、柑橘等。主要以雌虫产卵致枝条枯死和若虫刺吸根破坏营养吸收与输导两种方式为害，受害枝条外表有连续的锯齿状伤痕，内部输导组织受损，引起受害处以上梢枯死和其上的果实脱落。

二、形态特征

成虫体长约2.5cm，是一种比较小型的蝉，紫青色，有黑纹，后翅除边缘为黑色。头冠明显窄于前胸背板，约与中胸背板基部等宽或稍宽；腹部稍短于头胸部。胸背板前缘中央伸出4个倒圆锥形黑斑，内侧1对短小，外侧1对较大。前翅基半部不透明，污褐色或灰褐色，基室黑褐色，前缘膜处有两暗色斑，前翅具3条横带，后翅外缘无色透明，其余深褐色，不透明。雄性尾节小，顶端尖，无明显侧突，抱钩左右合并，腹面也合并，包住管状的阳茎，阳茎基部有1对锥形突起，端部平截；雌性尾节具端刺，侧缘弯曲，产卵鞘不伸出腹末，第7腹板后缘中央有很小的缺刻。

三、生活史与习性

初见羽化虫期多数在6月下旬，终见期在8月下旬，初见至终见期间隔51天左右。

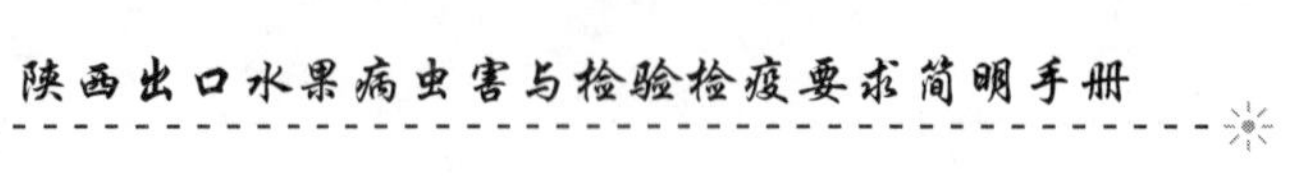

历年 7 月份羽化量约占全年诱虫量的 90% 以上，尤其是 7 月上中旬是主要发生期。

发生与环境的关系和调查监测与防治技术同蚱蝉。

第 61 节　朝鲜球坚蚧
（*Didesmococcus koreanus* Borchsenius）

朝鲜球坚蚧 *Didesmococcus koreanus* Borchsenius 又名杏球坚蚧，属半翅目蚧科。

一、分布与危害

国外分布于朝鲜、日本；国内主要分布于黑龙江、吉林、辽宁、内蒙古、宁夏、甘肃、青海、河北、河南、山东、安徽、江苏、湖北、云南等；在陕西水果出口基地各县区均有分布。

朝鲜球坚蚧主要为害苹果、滇杨、杏、桃、李、樱桃、山楂等，是北方果树常见害虫，主要以若虫和雌成虫集聚在枝干上吸食汁液，被害枝条发育不良，出现流胶，树势严重衰弱，树体不能正常生长和发芽分化，严重时枝条干枯。

二、形态特征

1. 雌成虫

近球形，长 3mm ~4.5mm，后端直截，前端和身体两侧的下方弯曲。初期介壳质软，黄褐色，后期硬化，红褐色至黑褐色，表面皱纹不明显，体背面有纵列点刻 3 ~4 行或不成行。腹面与枝接合处有白色蜡粉。体腹面淡红色，体节隐约可分。口器淡褐色，下唇三角形，具足及触角。

2. 雄成虫

体长 2mm，赤褐色，前翅透明，翅脉简单，腹部末端外生殖器两侧各生有 1 条白色蜡质长毛，长 1mm 左右，介壳长扁圆形，蜡质表面光滑，长 1.8mm，宽 1mm。近化蛹时，介壳与虫体分离。

3. 卵

椭圆形，长 0.3mm、宽 0.2mm，附有白蜡粉，初白色渐变粉红。

4. 幼虫

初孵若虫长椭圆形，扁平，长 0.5mm，淡褐至粉红色被白粉；触角丝状 6 节；眼红色；足发达；体背面可见 10 节，腹面 13 节，腹末有 2 个小突起，各生 1 根长毛。固着后体侧分泌出弯曲的白蜡丝覆盖于体背，不易见到虫体。越冬后雌雄分化，雌体卵圆形，背面隆起呈半球形，淡黄褐色有数条紫黑横纹。雄瘦小椭圆形，背稍隆起。

5. 蛹

仅雄虫有蛹，长 1.8mm 赤褐色；茧长椭圆形灰白半透明，扁平背面略拱，有 2 条纵沟及数条横脊，末端有 1 横缝。

三、生活史与习性

一年发生 1 代，以 2 龄若虫固着在枝条上越冬，外覆有蜡被。次年 3 月上、中旬开始活动，另找地点固着，群居在枝条上取食，不久便逐渐分化为雌、雄性。雌性若虫于 3 月下旬又脱皮 1 次，体背逐渐变大成球形。雄性若虫于 4 月上旬分泌白色蜡质形成介壳，再蜕皮化蛹其中，4 月中旬开始羽化为成虫。4 月下旬到 5 月上旬雌雄成虫羽化并交配，交配后的雌虫体迅速膨大，逐渐硬化，5 月上旬开始产卵，5 月中旬为幼虫孵化盛期。初孵幼虫爬行寻找适当场所，以枝条裂缝处和枝条基部叶痕中为多。6 月中旬后蜡质又逐渐溶化白色蜡层，包在虫体四周。此时发育缓慢，雌雄难分。越冬前脱皮 1 次，蜕皮包于 2 龄幼虫体下，到 12 月份开始越冬。雌虫能孤雌生殖。全年 4 月下旬至 5 月上中旬危害最盛。

四、发生与环境的关系

（一）气候条件

温度和湿度对介壳虫的种群数量影响最大。湿度的影响主要表现在低湿条件下介壳虫的存活率降低，过高的湿度往往有利于介壳虫发生，很少引起幼虫死亡，而当湿度低于 15% 时，幼虫会大量死亡，因此，干旱的年份不利于介壳虫的发生。此外，大雨对正在迁移的幼虫有较强的冲刷作用，可将幼虫冲刷到地上而不能爬上寄主，小雨则没有影响。风对介壳虫的传播有一定辅助作用。

（二）天敌

介壳虫的天敌种类较多，对其种群数量有一定的抑制作用。捕食性天敌是介壳虫的重要天敌。常见的捕食性天敌有澳洲瓢虫、大红瓢虫、小红瓢虫、红点唇瓢虫、黑缘红瓢虫、日本方头甲、中华草蛉、晋草蛉等；寄生性天敌以膜翅目小蜂总科的天敌为主；致病微生物常见的多为真菌类，较重要的有蜡蚧轮枝菌、双生座壳孢、嗜蚧镰刀菌。

五、调查监测与防治技术

（一）调查监测

根据介壳虫的生活习性和危害规律，选择合适的时机和有代表性的果园，5 点取样进行调查。每点取 2 树，每树取 5 根 20cm 左右的枝条，统计介壳虫的数量。

（二）防治技术

1. 农业防治

加强果园管理，及时中耕松土、施肥和灌水，满足果树对水肥的需要，可增强树势，提高果树抗虫能力。结合整形修剪，把带虫的枝条集中烧毁，可大大减少虫口数量。

2. 物理机械防治

果树休眠期结合防治其他病虫刮除老翘皮，同时对初发生的果园彻底剪除有虫枝烧毁或人工抹除，以铲除虫源。在生产过程中，发现有个别枝条或叶片有介壳虫，可用软刷轻轻刷除，或结合修剪，剪去虫枝、虫叶。

3. 生物防治

自然界中朝鲜球坚蚧天敌很多，其中尤以黑缘红瓢虫捕食量大、数量多，经常有效地控制其危害，应注意保护，避免使用对其杀伤力强的化学农药。

4. 化学防治

卵孵化后的6天左右为树上用药的关键期，并要求在2～3天内用完一遍，大发生年份，应在卵孵盛期和末期各喷1次。农药选用：25%亚胺硫磷乳油1000g/hm^2、50%西维因乳油1500g/hm^2、20%杀灭菊酯乳油800g/hm^2、2.5%溴氰菊酯乳油600g/hm^2。

第62节　康氏粉蚧
(*Pseudococcus comstocki* (Kumana))

康氏粉蚧 *Pseudococcus comstocki*（Kuwana）又名桑粉蚧、梨粉蚧，属半翅目粉蚧科。

一、分布与危害

在我国主要分布于黑龙江、吉林，辽宁、内蒙古、宁夏、甘肃、青海、新疆、山西、河北、山东、安徽、浙江、江苏、上海、江西、福建、台湾、广东、广西、云南、四川等地；在陕西水果出口基地各县区均有分布。

康氏粉蚧主要危害苹果、梨、桃、李、杏、山楂、葡萄等寄主植物。幼虫和雌成虫刺吸芽、叶、果实、枝叶及根部的汁液，嫩枝和根部受害常肿胀且易纵裂而枯死。幼果受害多成畸形果。排泄蜜露常引起煤污病发生，影响光合作用。

二、形态特征

1. 成虫

雌虫体长3mm～5mm，扁椭圆形，体粉红色，体外被白色蜡质分泌物，体缘具17对白色蜡刺。体前端蜡丝较短，后端稍长，最末1对几与体等长。触角7或8节，足细长，后足基节具较多透明孔，触角柄节也具几个透明小孔，腹裂一个较大。肛环具内、外缘二列孔。肛环刺毛6根。雄体长约1mm，翅展约2mm，翅仅1对，透明，后翅退化为平衡棒。具尾毛。

2. 卵

椭圆形,淡橙黄色．长约0.3mm,常数十粒成块,外被薄层白色蜡粉,形成白絮状卵囊。

3. 若虫

形似雌成虫，初孵扁卵圆形，淡黄色，复眼近半球形，紫褐色。雌3龄，雄2龄。

4. 蛹

仅雄虫有蛹。体长1.2mm，淡紫色。茧长2.0mm～2.5mm，白色棉絮状。

三、生活史与习性

1年生3代，以卵在各种缝隙及土石缝处越冬，少数以幼虫和受精雌成虫越冬。寄主萌动发芽时开始活动，卵开始孵化分散为害，第1代幼虫盛发期为5月中下旬，6月上旬至7月上旬陆续羽化，交配产卵。第2代若虫6月下旬至7月下旬孵化，盛期为7月中下旬，8月上旬至9月上旬羽化，交配产卵，第3代若虫8月中旬开始孵化，8月下旬至9月上旬进入盛期，9月下旬开始羽化，交配产卵越冬；早产的卵可孵化，以若虫越冬；羽化迟者交配后不产卵即越冬。雌若虫期35～50天，雄若虫期25～40天。雌成虫交配后再经短时间取食，寻找适宜场所分泌卵囊产卵其中。越冬卵多产缝隙中。此虫可随时活动转移危害。

四、发生与环境的关系

同朝鲜球坚蚧。

五、调查监测与防治技术

（一）调查监测

同朝鲜球坚蚧。

（二）防治技术

1. 植物检疫

康氏粉蚧可随苗木、接穗传播。因此，要加强引种、苗木的植物检疫，在移植或运输苗木（或接穗）前必须进行检疫，杜绝带虫种苗的传入，防止病虫害扩大蔓延。

2. 农业防治

刚进入结果期的幼树没有老翘皮，康氏粉蚧顺着树干爬到树下寻找合适的地方产卵越冬，因此在9月上旬康氏粉蚧产越冬卵之前，对树干进行绑旧布或草绳引诱雌虫产卵，等到上冻后解开束物集中烧毁，这种方法操作简单，效果明显。在秋季对树干进行涂白、根部培土可以消灭越冬的虫卵降低虫口密度。

3. 物理机械防治

根据康氏粉蚧越冬规律性，老果园必须进行春季刮、刷老翘皮的工作，消灭康氏粉蚧和其他害虫的越冬虫卵。

4. 生物防治

保护和利用天敌昆虫，例如：红点唇瓢虫成虫、幼虫均可捕食此蚧的卵、幼虫、蛹和成虫，6月份后捕食率可高达78%。此外，还有寄生蝇和捕食螨等。

5. 化学防治

化学防治防治介壳虫的关键是在一龄若虫活动时施药。一般刚卵化后的若虫并不马上分泌蜡粉，等天气晴朗暖和时陆续以团体蜡壳爬出，过几天体外才陆续上蜡，因此要掌握在若虫分散转移期分泌蜡粉前施药防治最佳，可选用40%的毒死蜱乳油1000g/hm^2、40%速扑杀1500g/hm^2。对已开始分泌蜡粉的康氏粉蚧可以在使用以上药剂时加入一定量的有机硅来增强农药的附着性即渗透性，以提高杀虫效果。

第63节　日 本 蜡 蚧

（*Ceroplastes japonicus* Green）

日本蜡蚧 *Ceroplastes japonicus* Green 又名枣龟蜡蚧、龟蜡蚧，属半翅目蜡蚧科。

一、分布与危害

在国外分布于俄罗斯、日本、朝鲜、菲律宾及东亚一带；在我国主要分布在黑龙江、

辽宁、内蒙古、甘肃、北京、河北、山西、陕西、山东、河南、安徽、上海、浙江、江西、福建、湖北、湖南、广东、广西、四川、贵州、云南等省份；在陕西水果出口基地各县区均有分布。

日本蜡蚧寄主主要有苹果、枣、柿子、梨、李、樱桃、桃、梅、杏、柚、柑橘、橙等。成、若虫寄生于寄主的枝干、茎、叶片或果实上以刺吸式口器吸取组织汁液，被害植株生长缓慢或停止生长而成为“小老树”，在气候潮湿的情况下很容易引起腐生的烟煤病菌发生，弄污叶片，严重影响叶片的光合作用，破坏叶片内的新陈代谢，引起植株部分或整株死亡。

二、形态特征

1. 成虫

雌虫成长后体背有较厚的白蜡壳，呈椭圆形，长 4mm ~ 5mm，背面隆起似半球形，中央隆起较高，表面具龟甲状凹纹，边缘蜡层厚且弯卷由 8 块组成。活虫蜡壳背面淡红，边缘乳白，死后淡红色消失，初淡黄后现出虫体呈红褐色。活虫体淡褐至紫红色。雄体长 1mm ~ 1.4mm，淡红至紫红色，眼黑色，触角丝状，翅 1 对白色透明，具 2 条粗脉，足细小，腹末略细，性刺色淡。

2. 卵

椭圆形，长 0.2mm ~ 0.3mm，初淡橙黄后紫红色。

3. 若虫

初孵体长 0.4mm，椭圆形扁平，淡红褐色，触角和足发达，灰白色，腹末有 1 对长毛。固定 1 天后开始泌蜡丝，7 ~ 10 天形成蜡壳，周边有 12 ~ 15 个蜡角。后期蜡壳加厚雌雄形态分化，雄与雌成虫相似，雄蜡壳长椭圆形，周围有 13 个蜡角似星芒状。

4. 蛹

仅雄虫在介壳下化蛹，梭形，茧长 1mm，棕色。

三、生活史与习性

一年发生 1 代，以受精而未发育完全的雌成虫在寄主 1 ~ 3 年生的枝条上越冬。3 月下旬开始发育，并继续危害寄主。4 月中旬，随着取食，虫体迅速增大。5 月底至 6 月初雌成虫开始产卵，6 月中旬为产卵盛期，7 月中旬为产卵末期，卵期半月左右。6 月中、下旬起逐渐孵化为若虫，7 月的上半月为孵化盛期，7 月底基本孵化出壳完毕。若虫从 7 月底到 8 月初可以从外形上区分雌、雄，一般雌、雄性比为 1 : 2.5。个别雄虫 8 月上旬化蛹，8 月底、9 月初为化蛹盛期，9 月下旬化蛹基本完毕，蛹期 20 天左右。雄成虫始见于8 月中旬末，9 月下旬为羽化盛期，10 月上、中旬为羽化末期。雌虫在叶片上危害一直持续到 8 月底，同时雌虫与雄虫交配，然后开始逐渐回枝，由叶片逐渐向 1 ~2 年生的枝条上转移。9 月上、中旬为回枝盛期，10 月上旬绝大多数已回枝。回枝后，一直固定不动地取食。随着气温的下降，树液停止流动时，该虫也进入越冬休眠期。

四、发生与环境的关系

（一）气候条件

温度是影响日本蜡蚧发生的主导因子。当翌年的平均气温在10℃时，越冬雌成虫随树液的流动开始活动危害，随着气温升高到旬均气温为22℃时，雌成虫开始产卵。当温度为25℃～30℃时，若虫开始孵化，低于20℃时停止孵化，卵孵化的最适温度为26.5℃，雄若虫化蛹的温度为23.8℃；当旬平均气温降到23.1℃时蛹开始羽化，随着旬均温度降到10℃以下时，雌虫开始进入越冬休眠期。

日本蜡蚧成、若虫的自然死亡率除天敌作用外，主要与7、8月份的降雨量有关，据调查，降雨大而缓和时自然死亡率低，该虫适宜的相对湿度为69%～85%，最适相对湿度为76%左右，此时的孵化率可达到100%；如果刚孵化而未固定的若虫遇到急风暴雨时，自然死亡率可达到95%以上，因而会使日本蜡蚧的虫口密度大大下。

风是日本蜡蚧传播、扩散、蔓延的主导因子，也是降低自然种群的主要原因。日本蜡蚧卵的孵化率高、卵期死亡率低，其主要原因是与该蚧卵被保护在雌成虫蜡壳下有直接的关系，若虫扩散期死亡率最高，这个时期的若虫体上无蜡壳保护，最易受到风与气流的影响。刚孵若虫如遇到一定的风力，促使叶片与叶片、枝条与枝条的相互接触和联系，这样就大大地提供了传播日本蜡蚧的机会与途径。与此同时，气流上下前后作定向对流的同时，便把刚孵化而未固定的日本蜡蚧若虫传至附近甚至较远的寄主上发生危害，雄虫可借助风力进行远距离的交配。这些都为日本蜡蚧远距离扩散、蔓延、生存提供了条件。

（二）天敌

根据山东报道，当地的天敌有短腹小蜂和蚜小蜂，均寄生于越冬雌虫体内，后者寄生率很高，可能是一些地方该虫未蔓延成灾的主要原因。此外瓢虫、草蛉也能捕食该虫。

五、调查监测与防治技术

（一）调查监测

同朝鲜球坚蚧。

（二）防治技术

1. 农业防治

加强果园管理，及时中耕松土、施肥和灌水，满足果树对水肥的需要，可增强树势，提高果树抗虫能力。结合整形修剪，把带虫的枝条集中烧毁，可大大减少虫口数量。

2. 物理机械防治

介壳虫营固着生活，很少活动，在新传入区常常只在局部植株或枝条上发生，及时采取拔株、剪枝、刮树皮或刷除等措施，便可收到显著的效果。

3. 生物防治

保护和引放天敌。天敌主要有短腹小蜂、蚜小蜂、瓢虫、草蛉等。

4. 化学防治

日本蜡蚧卵孵化后的6天左右为树上用药的关键期，并要求在2~3天内用完一遍，大发生年份，应在卵孵盛期和末期各喷1次。药剂选用50%稻丰散乳油1500g/hm^2、40%氧化乐果乳油1500g/hm^2。药剂中加入1% ~2%的机油乳剂可大大提高效果。

第64节　扁平球蚧
(*Parthenolecanium corni*（Bouche))

扁平球蚧 *Parthenolecanium corni*（Bouche）又名远东盔蚧、褐盔蜻蚧、水木坚蚧等，属半翅目蜡蚧科。

一、分布与危害

国外分布于西欧、北非、北美、伊朗、朝鲜、俄罗斯等地；国内分布于东北、华北、西北、华东、华南等地；在陕西水果出口基地各县区均有分布。

扁平球蚧主要为害苹果、梨、桃、杏、李、葡萄、山楂、核桃等多种乔术、灌木及栽培果树等，是一种林木和果树上的重要害虫。以若虫、成虫群集危害枝叶和果实，同时排出大量蜜露粘液于枝条、叶片和果实上，诱发霉污病，受害后的枝芽生长缓慢、发育不良，造成树势严重衰弱，果品质量下降，一般幼苗及幼树受害较重，当虫口密度高时，被害树生长衰弱，叶片变黄脱落，枝条枯死，直至死亡。

二、形态特征

1. 成虫

雌成虫黄褐色或红褐色，体背隆起，扁椭圆形，体长3.5mm~6.5mm，体宽2.5mm~5mm，体高3mm。体背中央有4排凹陷，形成5条突脊，外侧二排凹陷较中央二排小，周围有点刻。体背边缘具横列皱褶，排列规则，腹部末端具臀裂缝。体背近边缘处生有腺15~19个双筒，能分泌细长的蜡丝，呈放射状。虫体和寄主紧密贴在一起，腹面体壁较薄，表面有一层白色蜡粉。

2. 卵

长0.4mm~0.7mm，长卵形，覆有一层薄薄的白色蜡质粉，初为淡黄白色，孵化前呈黄白色，可明显见2个黑色的眼点

3. 若虫

初孵若虫椭圆形，淡黄色，体扁平；1龄若虫体极扁平，眼点黑色，呈半透明状态；2龄若虫体背纵向隆起增高，重新生出放射状排列的长蜡腺；越冬2龄若虫，体赭褐色，眼黑色，椭圆形，较为扁平，口器从体外不可见，越冬时固定后即失去了活动能力；3龄若虫体背较膨大，体缘出现皱褶，淡黄色或灰白色。

三、生活史与习性

一年发生2代，以2龄若虫越冬，越冬若虫主要隐蔽在树干裂缝、翘皮下或叶痕处。

主要为孤雌生殖，雄虫较少见。越冬若虫于翌年春季开始大量取食，4 月中、下旬开始大量活动，寻找合适的寄主固定，5 月下旬开始产卵，卵产于体壳下，该虫为孤雌生殖，产卵量较大。根据室内饲养观察，雌虫产卵量受温度影响较大，同时也因雌虫个体大小而存在差异，平均卵量在 1300 粒左右。卵初产时乳白色，孵化前呈黄绿色，卵期约 20 天，卵孵化率很高，很少见不孵化的卵。若虫的发育受外界温度、湿度影响也较大，当平均气温在 28℃左右、相对湿度 60% ~80% 时，若虫的发育速度最快，发育历期为 26 天，温度低于 25℃时，则发育速度慢，若虫发育历期需 35 天以上。若虫于 6 月中旬大量孵化，初孵若虫较活泼，但先在母体内停留 3 ~4 天，离开母体后，若虫沿枝条向周围爬动，大多数爬至叶片背面的叶脉两旁固定为害，后到幼嫩新稍上为害，最后固定于枝干，叶柄等处，以 2 年生枝条和 3 年生枝条为害最重，8 月上、中旬成虫开始产卵，9 月上旬卵孵化 2 代若虫，迁移到叶片背面和嫩梢上为害，至 10 月发育为 2 龄若虫，开始寻找适宜场所，迁移到有裂缝的枝条皮下或裂缝处固定越冬。

发生与环境的关系、调查监测与防治技术同朝鲜球坚蚧。

第 65 节　日本球坚蚧
(*Sphaerolecanium prunastri* (Fonscolombe))

日本球坚蚧 *Sphaerolecanium prunastri*（Fonscolombe）属半翅目蜡蚧科。

一、分布与危害

国内分布于河北、河南、山东、江苏、陕西等省；在陕西果品出口基地各县区均有分布。

日本球坚蚧寄主主要有苹果梨、海棠、桃、杏、李、梅、樱桃等。寄主上经常雌介壳累累。虫口密度大，终生吸取寄主汁液，寄主受害后一般生长不良，严重者枯死，且能招惹次生害虫如吉丁虫为害。

二、形态特征

1. 雌成虫

体近乎球形，直径 4mm ~6mm，后端直截，棕褐色。三角板上方背中央两侧有 2 行大形凹点，每行 5 ~6 个。

2. 雄成虫

介壳表面呈毛毡状。雄成虫棕红色，体长 2mm 有翅一对，后翅退化，窄而小。

3. 卵

淡桔红色，卵圆形，被白色蜡粉。

4. 若虫

初孵化体椭圆形，极扁平，淡血红色或桔红色。夏季叶片背面的若虫淡黄白色，体表覆盖透明蜡层。

5. 蛹

仅雄虫有蛹。裸蛹，长约 1.8 mm，赤褐色，腹部末端有黄褐色刺突。蛹外包被长椭圆形茧。

三、生活史与习性

一年发生 1 代，以 2 龄若虫在枝条上越冬，并常聚集在一起，围着芽腋间及其附近或枝条表面等处，直径 13mm 以上枝条很少寄生。第二年就在原处为害发育。4 月中旬出现成虫，雌虫体背膨大成球形，并逐渐硬化，5 月上旬产卵。雌成虫将卵产在体下，于 5 月中旬孵化出若虫。若虫沿枝条爬行，最后全部到叶片背面固着为害，体背分泌蜡层，秋末迁回枝条越冬。雌、雄虫皆为 3 龄，单雌产卵 2500 粒左右。

发生与环境的关系、调查监测与防治技术同朝鲜球坚蚧。

第 66 节　梨　圆　蚧

(*Quadraspidiotus perinciosus* (Comstock))

梨圆蚧 *Quadraspidiotus perinciosus*（Comstock）又名梨笠圆盾蚧，属半翅目盾蚧科。

一、分布与危害

在国内分布普遍，危害区偏于北方；在陕西果品出口基地，主要分布于淳化、旬邑、扶风、礼泉、彬县、大荔、蒲城、临渭等县区。

梨圆蚧主要为害梨、苹果、枣、桃、核桃、杏、李、梅、樱桃、葡萄、榅桲、柿和山楂等。若虫和雌成虫寄生于枝干刺吸汁液，引起皮层木栓化以及使韧皮部、导管组织衰弱，皮层爆裂，抑制生长，引起落叶，严重时枝梢干枯或全株死亡，危害果实多集中于萼洼及梗洼处，被害部出现紫色斑点，严重时阻碍果实生长，降低果品质量。梨圆蚧远距离传播主要靠苗木、接穗和果品调运。

二、形态特征

1. 雌虫

体背覆盖近圆形介壳，介壳直径约 1.8mm，灰白色或黑褐色，有同心轮纹，体偏椭圆形，橙黄色。体长 0.91mm ~ 1.48mm，宽约 0.75mm ~ 1.23mm。口器丝状，位于腹面中央，眼及足退化。

2. 雄虫

介壳长椭圆形，较雌介壳小，壳点位于介壳的一端。成虫体橙黄色，体长 0.6mm。复眼暗红色，口器退化，触角撵珠状，11 节。翅一对，交尾器剑状。

3. 若虫

初龄若虫体长 0.2mm，椭圆形，橙黄色，3 对足发达，尾端有 2 跟长毛。

4. 雄蛹

体橘黄，长约 0.6mm 左右，眼点暗紫色，触角、足正常，腹末性刺芽明显，有毛 2 根。

三、生活史与习性

在陕西一年发生3代，以2龄若虫在枝干上过冬。翌春树液流动时继续危害，4月上旬可以分辨雌雄介壳。4月中旬雄虫化蛹，5月上旬羽化，交尾后即行死亡。雌虫继续取食约1个月，到6月上、中旬越冬代雄虫产卵，可延迟到7月上旬。第1代雌虫产卵期为7月下旬至9月上旬，第2代雄虫产卵期为9～11月上旬。世代很不整齐。各代产卵数54头至108头，最多产卵362头，第2代产卵量较其他代高。群落主要集中在枝干阳面。第1代若虫部分迁移到果实上，夏秋之后发生的一部分若虫迁移到叶上为害，多集中叶脉处。果实受害以晚熟品种为重，早熟品种受害轻。

四、发生与环境的关系

（一）气候条件

温度和湿度对介壳虫的种群数量影响最大。湿度的影响主要表现在低湿条件下介壳虫的存活率降低，过高的湿度往往有利于介壳虫发生，很少引起若虫死亡，因此，干旱的年份不利于介壳虫的发生。此外，大雨可将若虫冲刷到地上而不能爬上寄主，小雨则没有影响。风对介壳虫的传播有一定辅助作用。

（二）天敌

梨圆蚧的天敌有50多种，在捕食性天敌中，以红点唇飘虫和肾斑唇瓢虫最多见，1头瓢虫成虫在1个月内可捕食梨圆蚧700头，幼虫每月捕食350头介壳虫。在寄生性天敌中，跳小蜂为体内寄生，寄生率50%～90%，短喙毛阶小蜂体外寄生，寄生率17.6%。实践证明，只要很好保护自然天敌，梨圆蚧一般不会对生产造成很大损失。如果杀虫剂使用不当，大量杀伤了天敌，常引起虫害大发生，对果树造成很大损失。

五、调查监测与防治技术

（一）调查监测

根据介壳虫的生活习性和危害规律，选择合适的时机和有代表性的果园，5点取样进行调查。每点取2树，每树取5根20cm左右的枝条，统计介壳虫的数量。

（二）防治技术

1. 植物检疫

加强引种、苗木的植物检疫，在移植或运输苗木（或接穗）前必须进行检疫，杜绝带虫种苗的传入，防止病虫害扩大蔓延。

2. 农业防治

加强果园管理，及时中耕松土、施肥和灌水，满足果树对水肥的需要，可增强树势，提高果树抗虫能力。结合整形修剪，把带虫的枝条集中烧毁，可大大减少虫口数量。

3. 物理机械防治

通过适度修剪，剪除干枯枝与过密枝，不适宜的有虫枝条，以减少病虫枝数量；从11月到第二年3月间，进行刮、刷等人工防治，可将该虫消灭95%以上；在滴水成冰的严冬，喷水于枣枝上，连喷2～3次，使枝条结满较厚冰块，再用木棍敲打树枝将冰凌震落，越冬雌成虫可随同冰凌一起震落。

4. 生物防治

梨圆蚧的天敌很多，在捕食性天敌中，以红点唇飘虫和肾斑唇瓢虫最多见；在寄生性天敌中，跳小蜂为体内寄生，寄生率50%～90%，短喙毛阶小蜂体外寄生，寄生率17.6%。要保护和利用好梨圆蚧的天敌。

5. 化学防治

（1）卵孵盛期和若虫分散转移期：在第1次喷药后10天，应再补喷1次，喷药时应在药剂中加入0.2%左右的中性洗衣粉，以提高虫体对药剂的吸附能力。常用药剂有菊酯类农药如杀灭菊酯乳油187.5g/hm^2、40.7%毒死蜱乳油1000g/hm^2、50%马拉硫磷乳油1000g/hm^2。

（2）危害期：结合防治蚜虫、螨类等吸汁性害虫，采用涂茎或注药法防治。涂茎时先将徐干处环割粗皮，用内吸性杀虫剂20～30倍液环涂1周，宽10cm～15cm，隔1周再补涂1次，涂药环处束塑料薄膜防效更佳或用车条于枝干上刺孔到木质部，向下倾斜45°角，孔数以树龄大小定，注入上述药液（1～3）mL/孔。如效果不佳10天后再补注1次。

第67节　桑　盾　蚧
（*Pseudaulacaspis pentagona*（Targioni-Tozzetti））

桑盾蚧 *Pseudaulacaspis pentagona*（Targioni-Tozzetti）又名桑白蚧、桑白盾蚧，属半翅目盾蚧科。

一、分布与危害

国外分布于朝鲜、日本、越南、缅甸、印度、斯里兰卡、马来西亚、印度尼西亚、土耳、叙利亚、澳大利亚、新西兰及欧洲、非洲、北美洲、南美洲；国内所有省区均有发生，局部密度很高；在陕西水果出口基地各县区均有分布。

桑盾蚧寄主主要有苹果、梨、桃、李、杏、梅等。以若虫和雌成虫刺吸枝干汁液为害，偶有为害果、叶者，削弱树势，重者枯死。若不加有效防治，3～5年内可将全园毁灭。

二、形态特征

1. 成虫

雌体长0.9mm～1.2mm，淡黄至橙黄色，介壳灰白至黄褐色，近圆形长2mm～2.5mm，略隆起，有螺旋形纹，壳点黄褐色，偏生一方。雄体长0.6mm～0.7mm，翅展1.8mm，橙黄至橘红色，触角10节念珠状有毛，前翅卵形，灰白色，被细毛，后翅特化为平衡棒。性刺针刺状。介壳细长1.2mm～1.5mm，白色背有3条纵脊，壳点橙黄色位于前端。

2. 卵

椭圆形，长 0.25mm ~ 3mm，初粉红色后变黄褐色，孵化前为橘红色。

3. 若虫

初孵化若虫淡黄色，扁椭圆形，长 0.3mm 左右，眼、触角、足俱全，腹末有 2 跟尾毛。两眼间具 2 个腺孔，分泌绵毛状蜡丝覆盖身体，2 龄眼、触角、足及尾毛均退化。

4. 蛹

仅雄虫有蛹。橙黄色，长椭圆形。

三、生活史与习性

广东年生 5 代，浙江 3 代，北方 2 代。2 代区以第 2 代受精雌虫于枝条上越冬。寄主萌动时开始吸食，虫体迅速膨大，4 月下旬开始产卵，5 月上中旬为盛期，卵期 9 ~ 15 天，5 月间孵化，中下旬为盛期，初孵若虫多分散到 2 ~ 5 年生枝上固着取食，以分杈处和阴面较多，6 ~ 7 天开始分泌绵毛状蜡丝，渐形成介壳。第 1 代若虫期 40 ~ 50 天，6 月下旬开始羽化，盛期为 7 月上中旬。卵期 10 天左右，第 2 代若虫 8 月上旬盛发，若虫期 30 ~ 40 天，9 月间羽化交配后雄虫死亡，雌虫为害至 9 月下旬开始越冬。3 代区，第 1 代若虫发生期为 5 月至 6 月中旬；第 2 代为 6 月下旬至 7 月中旬；第 3 代为 8 月下旬至 9 月中旬。以受精雌成虫越冬。

发生与环境的关系、调查监测与防治技术同梨圆蚧。

第 68 节　草 履 硕 蚧
(*Drosicha corpulenta* (Kuwana))

草履硕蚧 *Drosicha corpulenta*（Kuwana）又名草履蚧、草鞋介壳虫，属半翅目硕蚧科。

一、分布与危害

国外分布日本等；国内分布于黑龙江、辽宁、吉林、河北、河南、山西、江苏、浙江、湖南、湖北、四川、陕西、广东、广西等地；在陕西水果出口基地各县区均有分布。

草履硕蚧寄主主要有苹果、梨、桃、柿、枣、核桃、柑橘、桑等。以若虫和雌成虫聚集于嫩枝芽基部刺吸为害，致使芽不能萌发或发芽幼叶枯死，常暴发成灾。同时，被害植株由于在大、小枝条上其分泌的蜜露诱发严重的烟煤病，使枝、叶变黑，树木生长受到抑制并失去观赏价值。成虫在产卵期被风、雨冲淋落到地上时，四处爬行，影响卫生，污染环境。

二、形态特征

1. 成虫

雌成虫体扁，长椭圆形，体长 7mm ~ 9mm，宽 4.5mm ~ 6mm。体背略隆起，腹部体节分节明显，可见 8 节，背观具众多横皱褶和纵沟，形似草鞋，并被有细毛和薄层白蜡粉。体黄褐或红褐色，体周缘和腹面淡黄色。头胸愈合为一体，口喙黑色，位于腹面两前

足中间。触角 8 节，第 1 节膨大，第 4 节最短，第 8 节最长，为第 4 节的 3 倍。周身密布圆盘状多格腺，体边缘密生长刺毛，毛弯曲。足粗大，跗节与胫节侧生粗刚毛，跗节 1 节。雄成虫体长 5mm ~ 5.5mm，翅展 10mm。体紫红色，头、胸部淡黑色。复眼一对，向外突出，单眼一对。触角 10 节，长约 4.5 mm，线状，鞭节各亚节环生细毛。前翅一对，紫灰黑色，翅脉 2 条，并有透明翅褶 2 条。腹部末端有 2 对尾突刺，内侧 1 对长于外侧。足密生长毛。

2. 卵

椭圆形，长 1mm ~ 1.1mm，宽 0.6mm ~ 0.7mm，黄色或橙色，产于白色絮状蜡丝中。

3. 若虫

椭圆形，灰褐色，形态似雌成虫。一龄长 1mm ~ 2mm，2 龄约长 4mm。

4. 蛹

雄性见蛹，圆筒形，褐色，藏于白色绵状蜡丝内生活。

三、生活史及其习性

各地一年发生 1 代，以卵在干基及周围的土壤中、腐殖层、杂草杂物下越夏越冬。草履硕蚧于 2 月上旬，即立春前后进入孵化期，初孵若虫停留在土中或其他越冬场地。2 月下旬，遇晴暖天气，在土中活动 3 天左右后，白天从树蔸周围纷纷上树，爬到一年生树条的腋芽上刺吸取食。雄性若虫于 3 月上旬至 3 月中旬开始第 1 次蜕皮，蜕皮后，可由肛门排出黏液，周身分泌白色蜡丝；3 月下旬至 4 月上旬陆续进入第 2 次蜕皮，每次蜕皮需 1 ~ 3 天。第 2 次蜕皮后，危害至 4 月中下旬即在皮缝、孔缝、枯叶下聚集化蛹，蛹期 7 ~ 10 天。雄成虫羽化 8h 后才展翅，翅初为白色，24 h 后，渐变为蓝黑色，羽化后成虫在茧内停留 1 ~ 3 天，遇晴天才出茧，出茧后便觅偶交尾，有多次交尾现象，寿命约 9 天。雌性若虫与雄性若虫同期发生危害，至 4 月下旬或 5 月上旬经第 3 次蜕皮后进入成虫期，雌成虫若虫态，无蛹期。交配后的雌成虫仍可取食为害 15 ~ 20 天后，即开始下树产卵。

草履硕蚧的卵在白色絮状蜡丝卵囊内孵化，每卵囊有卵 40 ~ 240 粒不等，一般 40 ~ 50 粒。卵在树冠下土埌中的分布规律、分布量与距干基的距离远近有关，多集中分布于距干基 60cm 范围内地面以下 0cm ~ 10cm 的土层中，其中以土深 3cm 左右居多。卵孵化约经 15 天左右。若虫聚集幼芽、嫩枝上刺吸汁液，并在树干上留有大量灰白色蜡粉及蜕皮。雄性若虫 2 龄后，爬至隐蔽处在其分泌的白色蜡丝内作茧化蛹。

四、发生与环境的关系

1. 气候条件

草履硕蚧主要集中在 4 ~ 5 月份为害，此时细雨连绵，气温上升，温、湿度适宜，有利于若虫的生长发育，由此猖獗成灾。相反，如遇大风、强降雨情况下，草履硕蚧被风雨刮落到地上，其树上的种群数量明显降低，危害减轻。

2. 天敌

黑缘红瓢虫和红环瓢虫，其自然控制能力较弱。

五、调查监测与防治技术

（一）调查监测

同朝鲜球坚蚧。

（二）防治技术

1. 农业防治

冬季在树蔸周围进行浅翻，挖取土中的卵囊，消灭越冬卵；修剪以及清园，消灭在枯枝落叶杂草与表土中越冬的虫源。

2. 生物防治

保护利用天敌黑缘红瓢虫，红环瓢虫和龟纹瓢虫等。

3. 化学防治

若虫上树前树干基部涂宽约10cm的药环（用废黄油、废机油各半，融化后加少量触杀剂），可阻隔若虫上树；发芽前若虫期喷3～5°Bé石硫合剂，苹果树开花前喷40%氧化乐果乳油1000g/hm^2。

第69节　黄　霜　蝽
（*Erthesina fullo*（Thunberg））

黄霜蝽 *Erthesina fullo*（Thunberg）又名麻皮蝽、黄斑蝽，属半翅目蝽科。

一、分布与危害

国外分布于日本、菲律宾、越南、老挝、泰国、印度、锡金、孟加拉国、斯里兰卡、马来西亚、印度尼西亚、阿富汗。我国国内分布北起黑龙江，南至台湾、海南及广东、广西、云南边境，东与朝鲜接壤并临海边，西限沿吉林、辽宁斜向河北、山西、陕西，止于甘肃乌鞘岭东，然后南下四川，沿甘洛、盐沅一带入滇。黄河以南多数省、区，密度较高；在陕西水果出口基地各县区均有分布。

黄霜蝽寄主植物有苹果、梨、桃、李、杏、梅、山楂、葡萄、枣、柑橘、石榴等。成虫和若虫均吸食嫩叶、嫩茎和果实的汁液，严重时造成叶片枯黄，提早落叶，树势衰弱。被害嫩梢停止生长，果实受害部分停止发育，形成果面凹凸的“疙瘩果”。

二、形态特征

1. 成虫

体长21mm～24.5mm，宽约10mm。体背面黑褐色，密布黑色刻点和细碎不规则黄斑。头部教狭长，侧叶与中叶末端约等长，侧叶末端狭长，并有一条黄色白线从中片延伸至小质片。触角细长，黑色，第5节基部淡黄色。前胸背板、小盾片黑色，有粗刻点和许多黄色小斑点。腹背部深黑色，侧接缘黑白相间，

2. 卵

长约2.09mm，宽约1.70mm，竖立，近球形。初产淡绿色，中期米黄色，孵化时变

为淡黄色。卵壳网状，假卵盖半球形，顶部中央有一颗粒突起。破碎器黑色，三角形。

3. 若虫

共5龄。各龄若虫体扁，洋梨形，前端较窄，后端宽圆，全身侧缘具浅黄色狭边。触角4节，黑褐色，节间黄赤。前足胫节端半部加宽，侧扁变成叶状。腹背第3节、4节、5节、6节中央各具一块黑褐色的隆起斑。腹侧缘各节有1黑褐色斑块，喙黑褐色，伸达第3腹节后缘。1龄若虫体长3.4mm~5.1mm，头中叶长于侧叶，复眼浅褐色，头顶至第2腹节有1条隐现浅黄色细中纵线。前胸背板侧缘稍向上卷起。5龄若虫16mm~18.4mm，头、胸、翅芽黑色，腹部灰褐，全身被有白色粉末，头前端至小质片端部有一浅黄色中纵线。各腿节基部2/3为浅黄色，胫节中端黄白，其余褐色。

三、生活史与习性

（一）生活史

河北、山西1年发生1代，江西2代，均以成虫于枯枝落叶下、草丛中、树皮裂缝、梯田堰坝缝、围墙缝等处越冬。次春寄主萌芽后开始出蛰活动危害。山西太谷5月中、下旬开始交尾产卵，6月上旬为产卵盛期，此时可见到若虫，7~8月间羽化为成虫。据江西南昌报道，越冬成虫3月下旬开始出现，4月下旬至7月中旬产卵，第1代若虫5月上旬至7月下旬孵化，6月下旬至8月中旬初羽化；第2代7月下旬初至9月上旬孵化，8月底至10月中旬羽化。均危害至秋末陆续越冬。

（二）习性

成虫飞翔力强，喜于树体上部栖息危害，交配多在上午，长达约3h。具假死性，受惊扰时均分泌臭液，但早晚低温时常假死坠地，正午高温时则逃飞。有弱趋光性和群集性，初龄若虫常群集叶背，2、3龄才分散活动，卵多成块产于叶背，每块约12粒。

四、调查监测与防治技术

（一）调查监测

1. 糖醋液诱集

于黄霜蝽发生期选取3行果树，每行设置3个糖醋液诱盆，行距5m，相邻诱盆间隔10m，隔日记录诱集情况。

2. 在黄霜蝽盛发期定点调查树枝受害情况

采用5点取样法从果园的东、南、西、北、中方向各选择一棵树，每棵树的四个方向各选择长约30cm的两根枝条剪下，统计若虫和成虫的数量。

（二）防治技术

1. 农业防治

做好冬季清园工作，清除树上树下病虫枝叶，清理果园及其周边的杂草，分堆集中烧毁。摸除树干上的干翘皮，填塞树缝和树洞。全园浅翻挖1次。

2. 物理机械防治

在成、若虫危害期，利用假死性，在早晚进行人工振树捕杀，尤其在成虫产卵前振落

捕杀，效果更好

3. 化学防治

越冬成虫出蛰完毕和若虫解化盛期或卵高峰期用药喷树，防效很好。使用的药剂有5%氯氰菊酯乳油375g/hm^2、50%杀螟松乳油750g/hm^2、40.7%乐斯本1000g/hm^2，均有良好防效。

第70节 细 毛 蝽
(*Dolycoris baccarum* L.)

细毛蝽 *Dolycoris baccarum* L. 又名细毛蝽、臭大姐，属半翅目蝽科。

一、分布与危害

在国内各省区均有发生，在陕西水果出口基地各县区均有分布。

细毛蝽寄主植物有苹果、梨、桃、李、杏、梅、山楂、葡萄等。成虫和若虫刺吸嫩叶、嫩茎及果、穗汁液，造成落花。茎叶被害后，出现黄褐色斑点，严重时叶片卷曲，嫩茎凋萎。

二、形态特征

1. 成虫

体长8mm~13.5mm，宽4.5mm~7mm，黄褐色或黑褐色，体色变化较大，全体长满细毛，密布粗大黑点；头黑褐色，触角黑色，5节，各节基部为黄白色，深浅相间如斑纹。小盾片长，呈三角形，淡黄色，末端钝而光滑。体侧各节结合处黄、黑相间。翅端长于腹末，前翅革质部淡红褐色到暗红暗色，膜质部分淡褐色，透明。足褐色，胫节末端及跗节第1、3节黑色，跗节第2节黄色。

2. 卵

圆筒形，桔黄色，上有圆盖，聚集成块，排列整齐。

3. 若虫

共5龄，体长9mm左右，黑褐色，密布绒毛和刻点。触角4节黑色。腹背第4~6节有臭腺孔3对，呈黄色小点状，其周围黑色。

三、生活史与习性

(一) 生活史

每年发生2~3代，有世代重叠现象，以成虫在杂草、枯枝落叶下、植物根际、树皮缝、土缝、石缝及屋檐下越冬。翌年4月条件合适时开始取食活动，4月下旬产卵，将卵产于植物的叶片、嫩枝、花蕾和苞片上，卵竖立成块，每块14~28粒。卵经过4~5天孵化，若虫孵化后，聚集在卵块上不动，停2~3天后活动，群集在果树幼苗嫩梢上吸食茎和叶上的汁液，被害叶初呈褐色小点，日久皱缩，嫩茎被害后流出褐色黏液。6月初第1代成虫羽化，6月中旬为产卵盛期。7月初第2代成虫羽化。第3代成虫在8月中旬羽

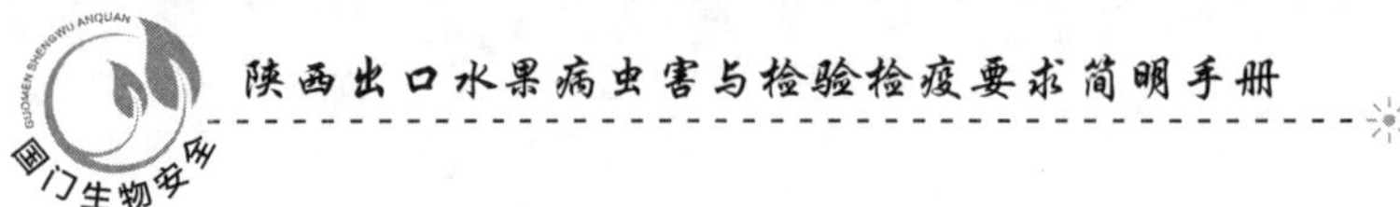

化。10 月上、中旬成虫进入越冬期。

（二）习性

成虫具有明显的喜温性，在阳光充足、温度较高时，成虫活动频繁。成虫具弱趋光性、假死性。在强的阳光下，成虫喜栖于叶背和嫩头；阴雨和日照不足时，则多在叶面、嫩头上活动。成虫一般不飞翔，如飞翔其距离也短，一般 1 次飞移 3m ~ 5m。成虫白天交配，交配时间为 40min ~ 60min，可多次交配，交配后 3 天左右开始产卵，产卵多在白天，以上午产卵较多。单雌产卵 33 ~ 67 粒。卵刚产下时为米黄色，孵化前变为黄褐色，眼点为红色。成虫需吸食补充营养才能产卵，即吸食植物嫩茎、嫩芽、顶梢汁液，故产卵前期是为害的重要阶段。若虫孵化时从卵盖处钻出，初孵若虫为鲜黄色，5h ~ 6h 后变为浅灰褐色。若虫共 5 龄，1 龄若虫群聚性较强，聚集在卵块处不食不动，脱皮后才开始分散取食活动。

四、发生与环境的关系

1. 气候条件

细毛蝽发生与温湿度关系密切。冬季气温偏高，雨雪较多，利于成虫越冬。早春气温回升快，特别是 4 月中旬与 5 月上、中旬气温偏高，产卵量多。降雨量偏少或接近常年对其发生有利。

2. 天敌

细毛蝽天敌 15 种，其中寄生性天敌 5 种，捕食性天敌 10 种，分别为黑足蝽沟卵蜂、稻蝽小黑卵蜂、稻蝽沟卵蜂、斑须膜腹寄蝇、中介筒腹寄蝇、中华羽角食虫虻、单腹基叉食虫虻、虎斑食虫虻、灰长鬃食虫虻、蝎敌、中华广肩步甲、中华螳螂、星豹蛛、拟水狼蛛、中华狼蛛。黑足蝽沟卵蜂对第 1 代细毛蝽卵寄生率较高，平均可达 50 % 以上；第 2 代细毛蝽卵寄生高峰时为 20 % 左右；第 3 代在 30 % 左右。室内用细毛蝽卵接蜂，寄生率可达 90 % 以上。稻蝽小黑卵蜂、稻蝽沟卵蜂对细毛蝽的寄生率远远不及黑足蝽沟卵蜂，但三者同为细毛蝽卵寄生蜂，与其他天敌共同对细毛蝽的种群制约产生综合影响。

五、调查监测与防治技术

（一）调查监测

同黄霜蝽。

（二）防治技术

1. 农业防治

加强栽培管理，增强树势，提高植株抵抗力。春秋季节，清除杂草、刮树皮、枯枝落叶并集中烧毁，消灭越冬成虫。

2. 物理机械防治

利用成虫趋光性，诱杀成虫。在成虫发生期，特别是发生盛期，用 20W 黑光灯诱杀，灯下放一水盆，及时捞虫。摘除卵块和尚未迁移扩散的低龄若虫，可减轻田间受害程度。

3. 生物防治

保护和利用天敌，蝽卵蜂对细毛蝽的卵寄生率很高。

4. 化学防治

成虫和若虫危害期，用 1% 阿维菌素乳油 750g/hm^2、10% 高效氯氰菊酯乳油 900g/hm^2 ~ 1200g/hm^2。

第 71 节　茶　翅　蝽
(*Halyomorpha picus* (Fabr.))

茶翅蝽 *Halyomorpha picus* (Fabr.) – 又名臭木蝽象、臭板虫，属半翅目蝽科。

一、分布与危害

国外分布于朝鲜、日本、越南、老挝、柬埔寨、缅甸、印度、斯里兰卡、马来西亚、印度尼西亚；我国国内仅宁夏、新疆、青海未见，北起黑龙江、内蒙古，南至台湾、海南、广东、广西和云南南境，东于俄罗斯东境、朝鲜北境相接并临海边，西限大致沿内蒙古、甘肃南下，折向四川、云南。华中、华北南局部地方，密度颇高；在陕西水果出口基地各县区均有分布。

茶翅蝽主要为害苹果、梨、桃、杏、海棠、山楂等果树，也为害豆类、甜菜以及榆、梧桐等树木。成虫、若虫吸食叶片、嫩梢和果实的汁液。果实被害后里凹凸不平的畸形果，受害处变硬味苦；幼果受害严重时常脱落，对产量和品质影响很大。近年来红星苹果受害严重。

二、形态特征

1. 成虫

成虫长约 15mm，体扁平．茶褐色。前胸背板前线有 4 个黄褐色横列的斑点，小盾片基绕常具有 5 个淡黄色小斑点。

2. 卵

长约 1mm，短圆筒形，灰白色，20 ~ 30 粒并排在一起。

3. 若虫

与成虫相似，无翅。前胸背板两例有刺突，腹部各节背面中部有黑斑，黑斑中央两侧各有 1 黄褐色小点，各腹节两储节间处有 1 黑斑。

三、生活史与习性

（一）生活史

一年发生 1 ~ 2 代，以成虫在村庄住宅的屋檐下，墙缝里，田野中背风向阳的台阶下、枯枝落叶层及树洞内越冬，翌年 3 月中、下旬，当日间气温上升到 10℃ 以上时陆续出蛰。初出蛰的成虫多在阳光充足的门窗、墙壁及台阶上爬行，晚间躲在背风温暖的地方避寒。

4月中旬当日间气温上升到20℃以上时才开始陆续向桃、梨等果园及洋槐、侧柏、榆树等林木上迁飞并取食。5月上中旬越冬成虫开始交尾，5月中下旬大量产卵。雌、雄成虫都有多次交尾的特性，雌虫行多次产卵。每一雌虫可产卵5～6次，每次产卵28粒左右，一头雌虫可产卵110～130粒，卵多产于叶背，常20粒左右排列成卵块，在平均气温23～25℃条件下，卵期5～6天。第1代若虫始见于5月中旬，6月上中旬为盛期。若虫经过5次脱皮后发育为成虫。6月下旬至7月上旬第1代成虫开始交尾、产卵，7月中下旬是第2代卵孵化为若虫的盛期。由于成虫寿命较长，越冬代成虫可存活到7月上中旬与第1代成虫混杂在同一自然环境中，出现世代重叠。第1代成虫寿命也较长，直到8月底、9月初仍能见到这1代的成虫，9月上中旬第2代若虫相继发育为成虫。10月上中旬随着气温的下降，成虫陆续转入越冬场所。

（二）习性

越冬代成虫在出蛰期间具趋光性，以后就不明显了。成虫飞翔能力强，但除觅食及寻找配偶进行短距离飞行外，经常在树的枝梢及果实上静伏。成虫取食、交尾、产卵均在白天进行。卵多在午夜后至凌晨的时间内孵化，同一块卵孵化时间很集中，一般在1.5h～2h全部孵化。1龄若虫群集在空卵壳周围，2龄若虫在叶子背面群集生活，当受到外界惊扰后很快散开，一旦散开就不再群集。若虫发育到3龄后开始分散取食活动。由于1至5龄若虫均不能飞，只能在同一株或临近株间爬行取食活动。到晚秋季节里，成虫为了寻觅越冬场所，在林中、田野上飞舞，每当下午风和日暖，有大量成虫顺着阳光斜射的方向飞翔，并且发现临时搭在果园内的窝棚，凡是窝棚门朝西方向的，飞入的茶翅蝽成虫比门朝其它方向的多2～3倍。越冬成虫具有群居性。

四、调查监测与防治技术

（一）调查监测

同黄霜蝽。

（二）防治技术

1. 农业防治

做好冬季果园内部和外部的清理工作，彻底清除茶翅蝽可能的越冬场所，减少茶翅蝽在果园存活比率，降低次年成虫基数；可以在果园周边种植酸枣等植物进行诱集，到茶翅蝽大量聚集时统一常规药剂防治或人工捕杀。因此建议果园周边以酸枣树等作为隔离带。

2. 物理机械防治

秋末成虫寻觅越冬场所时，具有顺阳光斜射方向飞翔的习性，针对这一习性可在成虫较集中的果园内搭设门朝西的小窝棚，诱集越冬虫，然后杀死。春季越冬成虫出蛰期，门窗、墙壁上有大量成虫，可组织群众捕杀，也可以利用灯光诱杀出蛰期的成虫。

套袋是减少蝽蟓为害的有效措施，果袋要根据品种特性，采用不同型号袋，如苹果袋长、宽不小于21cm×19cm，使果在袋中悬空生长，使果与袋有2cm的空隙，防止隔袋危害。

3. 生物防治

茶翅蝽卵沟卵蜂是茶翅蝽卵期的优势寄生蜂，其自然寄生率在20% ~70%，平均寄生率达到50%，整个发生期都处于相对较高的水平。人工收集蝽象沟卵蜂寄生的卵块，放在容器内，待寄生蜂羽化后，将蜂放回梨园，以提高自然寄生率。另外，平腹小蜂、小花蝽、三突花蛛、虎斑食虫虻、大食虫虻等对茶翅蝽也有较好的控制效应，应予以保护。

4. 化学防治

园内喷药以若虫期较好，喷药时兼喷果园周围的桐树，并重喷园边2~3行果树。喷施药剂有20%菊马乳油1000g/hm^2、20%氰戊菊酯乳油900g/hm^2。

第72节 梨 蝽

(*Urochela luteovaria* Distant)

梨蝽 *Urochela luteovaria* Distant 又叫花壮异蝽，属半翅目异蝽科。

一、分布与危害

梨蝽分布于河北、辽宁、吉林、福建、江西、湖北、广西、陕西；日本，朝鲜。在陕西省水果出口基地，主要分布于礼泉、彬县、大荔、蒲城等县区。寄主果树主要有苹果、梨、杏、桃、樱桃、李危害枝梢，嫩芽，枝条、幼果。严重时叶片发黄枯萎，正面有若虫分泌的油亮黏液。受害枝条生长衰老，变黑，甚至枯死。受害果实变硬，畸形。

二、形态特征

1. 成虫

体长9mm~12mm，宽4mm~6mm，长椭圆形，黑褐色，杂生淡斑，被黑及黄白色刚毛。头黄绿色，中央有黑色花纹侧叶长于中叶，末端圆，略向两侧斜伸；中叶小而尖。触角黑色，第4、5节基半黄色。喙3、4节黑色。前胸背板深褐，前半杂绿色点斑，胝区黑色，后缘中央有一淡黄色短纵纹，前缘及侧缘有上卷的狭边，侧缘狭边基半黄绿，端半及其内侧处黑色。小盾片及翅深褐，小盾片基角黑色，其内侧有淡绿色斑，前翅黑色，革片基半侧区及末端各有1淡绿色斑块，膜片达于或稍超过腹部末端。前足基外侧有1圆形黑斑，前缘有1斜行短纹；中足基内外黑斑各1枚，后胸侧板外缘及后缘各有1黑斑。腹部侧接缘黑白相间，腹面黄绿至淡绿色，两侧第2~5节各有黑斑3枚，第6节4枚，雌虫4~6节中区两侧前缘各有黑短横纹1条，雄虫不显；雌虫第6节中央有1黑宽纵纹，雄虫缺如。

2. 卵

椭圆形，淡黄或淡绿，顶端具刺突3根，常20粒左右堆产。

3. 若虫

5龄体长7mm~8mm。宽4mm~6mm。全体苹果绿色。头基部两侧及复眼后缘黑色中央有5个基部相连的大斑，复眼内侧各有1个小黑斑触角黑色，复眼深褐。前胸背板后缘

中线两侧有1淡色宽边，边的两侧各有1黑斑。中胸盾片两侧各有4～5个黑斑，侧缘黑色。翅芽淡绿色，末端浅褐色，伸达第3腹节，基端及靠近端部前缘处各有1黑斑，中部近后缘有1黑色小圆斑，各胸足褐色，胸侧板外缘及足基周围黑色。腹背中区两侧有密集的红色小点，第3节、第4节、第5节中央各具黑斑，斑上各具臭腺孔1对，腹侧缘各节黑斑方形，气门黑色，末节黑色。

三、生活史与习性

各地1年发生1代，以2龄若虫在树皮裂缝下或伤口裂缝中越冬，当桃树或梨树开始发芽时，越冬若虫开始活动。贵阳地区5月下旬始羽，6月上旬为羽化末期，8月中、下旬较为，8月下旬、9月上旬产卵，1周后孵化，10月脱一次皮后越冬。

四、发生与环境的关系

夏季高温不利于梨蝽发生。成、若虫在高温下多群聚于枝干或主、侧枝的背阴处静止不动，气温适宜后又分散于枝梢上危害。

五、调查监测与防治技术

（一）调查监测

1. 糖醋液诱集

于梨蝽发生期选取3行果树，每行设置3个糖醋液诱盆，行距5m，相邻诱盆间隔10m，隔日记录诱集情况。

2. 在梨蝽盛发期定点调查树枝受害情况。采用五点取样法从果园的东、南、西、北、中方向各选择一棵树，每棵树的四个方向各选择长约30cm的两根枝条剪下，统计若虫和成虫的数量。

（二）防治技术

1. 人工防治

在春季越冬若虫出蛰前，认真细致地刮除树干和主枝上的老翘皮，以消灭越冬若虫。在成虫产卵期，发现卵块及时除去。

2. 化学防治

春季越冬若虫出蛰期是喷药防治的最佳时期。可选择以下药剂喷雾：50%杀螟硫磷乳油1500g/hm^2，48%毒死蜱乳油3000g/hm^2，40%乐果乳油2500～3000g/hm^2，20%氰戊菊酯乳油3000g/hm^2。

第73节　绿　盲　蝽
（*Lygus lucorum* Meyer-Dür）

绿盲蝽 *Lygus lucorum* Meyer-Dür 又名绿后丽盲蝽、花叶虫、小臭虫、粉谷虫、叶切疯等，属半翅目盲蝽科。

一、分布与危害

绿盲蝽在国内分布于河北、山西、吉林、黑龙江、福建、江西、河南、湖北、湖南、贵州、云南、陕西、甘肃、宁夏；在国外分布于俄罗斯，日本，埃及，阿尔及利亚，欧洲，北美。在陕西水果出口基地各县区均有分布。危害苹果、梨、桃、杏、石榴、葡萄。

绿盲蝽主要危害新梢嫩叶，造成叶片穿孔和畸形。成虫和若虫刺吸花叶、花器、果实及嫩茎汁液，受害初期叶面呈现黄白色斑点，渐扩大成片，成黑色枯死斑，并成大量破孔。叶缘残缺破烂，叶卷缩畸形。

二、形态特征

1. 成虫

体长 5mm 左右，触角短于体长。通体绿色。前胸背板上有黑色小刻点，前翅绿色，膜质部暗灰色。

2. 卵

卵盖奶黄色，中央凹陷，两端突起，无附属物

3. 若虫

初孵时全体绿色，复眼红色。5 龄若虫体鲜绿色，身上有许多黑绒毛，翅芽尖端蓝色，达腹部第 4 节，腺囊口为 1 黑色横纹。

三、生活史与习性

（一）生活史

北方年生 3 ~5 代，运城 4 代，陕西泾阳、河南安阳 5 代，江西 6 ~7 代，以卵在棉花枯枝铃壳内或苜蓿、蓖麻茎秆、茬内、果树皮或断枝内及土中越冬。翌春 3 ~4 月旬均温高于 10℃或连续 5 日均温达 11℃，相对湿度高于 70%，卵开始孵化。第 1、第 2 代多生活在紫云荚、苜蓿等绿肥田中。成虫寿命长，产卵期 30 ~40 天，发生期不整齐。成虫飞行力强，喜食花蜜，羽化后 6、7 天开始产卵。非越冬代卵多散产在嫩叶、茎、叶柄、叶脉、嫩蕾等组织内，外露黄色卵盖，卵期 7 ~9 天。6 月中旬棉花现蕾后迁入棉田，7 月达高峰，8 月中下旬迁出棉田。苹果树上以第 1、第 2 代发生严重。

（二）习性

绿盲蝽若虫生活隐蔽，反应敏捷，爬行速度极快，成虫喜阴湿怕干燥，有趋光性，飞行力强，行动活泼，日夜均可活动，但夜晚活跃，白天多在叶背、叶柄等隐蔽处潜藏或爬行。

四、发生与环境的关系

夏季适温多雨有利于绿盲蝽发生。相对湿度大于 80% 最适于繁殖危害。

五、调查监测与防治技术

（一）调查监测

1. 糖醋液诱集

于绿盲蝽发生期选取3行果树，每行设置3个糖醋液诱盆，行距5m，相邻诱盆间隔10m，隔日记录诱集情况。

2. 定点调查

在绿盲蝽盛发期采用5点取样法从果园的东、南、西、北、中方向各选择一棵树，每棵树的四个方向各选择长约30cm的两根枝条剪下，统计若虫和成虫的数量。

（二）防治技术

1. 消灭越冬虫卵

结合冬季清园，铲除杂草，刮除粗树皮，破坏越冬场所。发芽前喷施3～5°Bé石硫合剂，杀灭越冬虫卵。

2. 生长期药剂防治

花序分离期和落花后半月内是药剂防治关键期，花序分离期需喷药1次，落花后需喷药2次，间隔期7～10天。以后根据绿盲蝽发生情况，再喷药1～2次即可。常用有效药剂：48%毒死蜱乳油1800g/hm^2～2250g/hm^2、40%毒死蜱可湿性粉剂1500g/hm^2～1800g/hm^2、70%吡虫啉水分散粒剂100g/hm^2～150g/hm^2、5%啶虫脒乳油330g/hm^2～500g/hm^2、1.8%阿维菌素可湿性粉剂330g/hm^2～400g/hm^2。绿盲蝽多在白天潜伏，早、晚上树危害，因此早晚喷药效果最好。

第74节　苜蓿盲蝽
(*Adelphocoris lineolatus* Goeze)

苜蓿盲蝽 *Adelphocoris lineolatus* Goeze 属半翅目盲蝽科。

一、分布与危害

国内分布于北京、天津、河北、山西、内蒙古、辽宁、吉林、黑龙江、浙江、江西、山东、河南、湖北、广西、四川、云南、西藏、陕西、甘肃、青海、宁夏、新疆；国外广泛分布于古北界。在陕西主要苹果产区都有分布。

成若虫危害苹果、梨、桃、石榴、葡萄的叶和果实。成虫和若虫刺吸果树幼嫩叶片和嫩芽，造成叶片花叶，叶缘、嫩芽卷曲。

二、形态特征

1. 成虫

体长约7.5mm。触角长于体长。体褐色。前胸背板后缘有2黑色圆点。

2. 卵

卵盖平坦，黄褐色，边上有一个指状突起。

3. 若虫

初孵时通体绿色,5 龄时体黄绿色,眼紫色,翅芽超过腹部第 3 节,腺囊口为八字形。

三、生活史与习性

在陕西 1 年发生 4 代。末代成虫产卵于苜蓿朽秆内及生长的苜蓿秆内越冬，少量卵产于棉柴及枯铃中。越冬卵于次年 4 月上旬开始孵化，4 月中旬为孵化盛期。若虫平均历期 30 天左右，5 月上旬开始羽化。前者为棉花麦田，发生数量较大。

四、发生与环境的关系

当环境相对湿度为 65% 以上时，卵才能大量孵化。气温为 20℃ ~30℃，相对湿度为 80% ~90% 的高湿气候，最适宜其危害。在高温低湿气候下，该虫危害较轻。

调查监测与防治技术同绿盲蝽。

第 75 节　中 黑 盲 蝽
(*Adelphocoris suturalis* Jakovlev)

中黑盲蝽 *Adelphocoris suturalis* Jakovlev 也叫中黑苜蓿盲蝽，属半翅目盲蝽科。

一、分布与危害

国内分布于天津、河北、辽宁、吉林、黑龙江、上海、江苏、浙江、安徽、江苏、浙江、安徽、江西、山东、河南、湖北、广西、四川、贵州、陕西、甘肃；国外分布于俄罗斯（阿穆尔地区、西伯利亚），日本、朝鲜。在陕西水果出口基地各县区均有分布。

危害苹果、梨、桃、李、杏、梅、山楂、葡萄的叶和果实。成虫和若虫刺吸果树幼嫩叶片和嫩芽，造成叶片花叶，叶缘、嫩芽卷曲。

二、形态特征

1. 成虫

体长 6mm ~7mm，体褐色。触角长于体长。前胸背板中央有 2 稍小圆点，小盾片与爪片内缘与端部、楔片内方、革片与膜区相接处均为黑褐色。停歇时这些部分相连接，在背上形成一条黑色纵带。

2. 卵

卵盖有黑斑，边上有 1 个丝状附属物，像内弯曲。

3. 若虫

全体绿色。5 龄时深绿色，眼紫色，腹部中央色浓。

三、生活史与习性

1 年发生 4 代，以卵在苜蓿茬内越冬，次年 4 月上旬孵化，4 月底至 5 月初成虫羽化，此代成虫可迁入麦田为害，但数量很少，主要危害棉花。

四、发生与环境的关系

果园周围有棉花、苜蓿等作物时危害较重。

五、调查监测与防治技术

（一）调查监测

同绿盲蝽。

（二）防治技术

1. 农业防治

清除果园周围杂草及野生的苜蓿、紫云英等。

2. 化学防治

发生期及时喷药。药剂可选择50%杀螟松乳油1500g/hm^2，10%～20%氰戊菊酯乳油500g/hm^2～1000g/hm^2。每7～10天防治1次，连续防治2次。

第76节　三 点 盲 蝽
(*Adelphocoris fasciaticollis* Reuter)

三点盲蝽 *Adelphocoris fasciaticollis* Reuter 也叫三点苜蓿盲蝽，属半翅目盲蝽科。

一、分布与危害

国内分布于河北、山西、内蒙古、辽宁、黑龙江、江苏、安徽、江西、山东、河南、湖北、海南、四川、陕西。在陕西水果出口基地各县区均有分布。危害苹果、梨、桃、李、杏、梅、山楂、葡萄的叶和果实。成虫和若虫刺吸果树幼嫩叶片和嫩芽，造成叶片花叶，叶缘、嫩芽卷曲。

二、形态特征

1. 成虫

长7mm左右，黄褐色。触角与体等长。前胸背板后缘有1条黑色横纹，前缘有2黑斑，小盾片与2个楔片呈明显的3个黄绿色三角形斑。

2. 卵

卵盖上有杆形丝状体

3. 若虫

5龄若虫全体黄绿色，密披黑色绒毛。翅芽末端黑色，达腹部第四节。腺囊口横扁圆形，前缘黑色，后缘稍淡。

三、生活史与习性

（一）生活史

一年发生3代。末代成虫产卵于树干上有疤痕的粗糙树皮下越冬。越冬卵于4月下旬

开始孵化，孵化后即迁至附近的小麦、豌豆、棉花等作物上危害，第3代若虫8月上旬孵化，8月下旬至9月上旬成虫羽化盛期，大部分于9月中旬迁至树木上产卵越冬。

（二）习性

产卵的树种有刺槐、中槐、杨、柳、榆、柏、栋、椿、枣、杏、桃等多种树木，以杨、柳、槐3种树上最多。喜选择直径16cm～33cm，距地面6m～10m处的树干产卵。成虫飞行力不强，有趋光性。

四、发生与环境的关系

卵发育起点温度为8℃，幼虫7℃。发生期内有世代重叠现象。三点盲蝽发育的适宜温度为20℃～35℃，相对湿度60%以上。因此夏季降雨多的年份发生严重。

五、调查监测与防治技术

（一）调查监测

同绿盲蝽。

（二）防治措施

1. 农业防治

清除果园周围杂草、棉茬。

2. 生物防治

三点盲蝽的捕食性天敌有蜘蛛、拟盲蝽草蛉等，卵寄生天敌有缨翅缨小蜂、盲蝽黑卵缝等，应加以保护利用。

3. 化学防治

可选用2.5%溴氰菊酯乳油330g/hm^2，或20%灭扫利乳油330g/hm^2～500g/hm^2。

第77节　红 角 盲 蝽

(*Trigonotylus ruficornis* Geoffroy)

赤须盲蝽 *Trigonotylus ruficornis* Geoffroy 又叫红角盲蝽，属半翅目盲蝽科。

一、分布与危害

国内分布于北京、河北、内蒙古、黑龙江、吉林、辽宁、山东、河南、江苏、江西、安徽、陕西、甘肃、青海、宁夏、新疆。在陕西水果出口基地各县区均有分布。危害苹果、梨、桃、李、杏、梅、山楂、葡萄的叶、果实。成虫和若虫刺吸果树幼嫩叶片和嫩芽，造成叶片花叶，叶缘、嫩芽卷曲。

二、形态特征

1. 成虫

雄虫体长5.0mm～5.5mm，雌虫5.5mm～6.0mm。全身绿色或黄绿色。头部略呈三

角形，顶端向前突出，头顶中央有一纵沟，前伸不达顶端。复眼黑色，半球状，紧接前胸背板前脚。触角细长，分4节，等于或略短于体长，第4节最短。触角红色。喙分4节，向后伸达后足基节处，第4节端部黑色。前胸背板梯形。前缘地平，两侧向下弯曲，后缘两侧较薄，近前端两侧有两个黄色或黄褐色较地平的胝。前胸背板上有极少或无刻点。小盾片三角形，基部不被前胸背板后缘所覆盖。前缘革质部与体色相同，膜质部透明，后翅白色透明。体肤面淡绿或黄绿色，腹部腹面有疏生浅色细毛。足黄绿色。胫节末端及跗节黑色，分布黄色疏生细毛。跗节3节。

2. 卵

口袋状，长约1.0mm，卵盖上有不规则的突起，初产时白色透明，临孵化时呈黄褐色。

3. 若虫

共5龄。1龄：体长1.0mm，绿色，足黄绿色。2龄：体长约1.7mm，绿色，足黄褐色3龄：体长约2.5mm，触角长2.5mm，体黄绿色或绿色。翅芽0.4mm，不达腹部第1节。4龄：体长约3.5mm，足胫节末端及跗节和喙末端均黑色。翅芽1.2mm，不超过腹部第2节。5龄：体长约5.0mm，全身黄绿色，触角红色，足胫节末端及跗节，喙末端均黑色，翅芽1.8mm，超过腹部第2节。

三、生活史与习性

（一）生活史

华北地区一年发生3代，以卵在杂草茎叶组织内越冬。4月下旬气温12℃以上开始孵化，5月初为孵化盛期，5月中旬开始羽化，5月中下旬交配产卵。第2代若虫6月上旬始开始孵化，7月中旬盛孵，8月下旬至9月上旬随禾本科植物陆续成熟，雌虫在植物上产卵越冬。

（二）习性

第1代雌虫多在小麦叶鞘上端产卵，集中纵列成一排，有时成两排，单雌产卵2～20粒、一般5～10粒。第2代产卵植物除小麦外，还有燕麦、大麦、披碱草等。初孵若虫在卵壳附近停留片刻后开始取食，成虫9：00～17：00前较活跃，夜间或清晨以及阴雨天，多潜伏在植物中下部叶背面。

四、发生与环境的关系

夏季适温多雨的天气有利于赤须盲蝽发生。

五、调查监测与防治技术

（一）调查监测

同绿盲蝽。

（二）防治措施

重点防治第1代若虫。做好虫情监测工作。掌握在越冬卵孵化盛期喷药防控，可选用

50% 杀螟松乳油 1000g/hm^2，50% 辛硫磷乳油 750g/hm^2 ~ 1000g/hm^2 液喷雾。

第 78 节　梨 冠 网 蝽
(*Stephanitis nashi* Esaki et Takeya)

梨冠网蝽 *Stephanitis nashi* Esaki et Takeya 又名梨军配虫，俗名花编虫，属半翅目网蝽科。

一、分布与危害

国内分布于北京、天津、河北、山东、河南、浙江、湖北、江西、湖南、福建、台湾、广东、海南、四川、陕西；国外在日本和朝鲜也有分布。在陕西水果出口基地各县区均有分布。危害苹果、梨、杏的叶、幼枝、果实。梨冠网蝽喜群集在叶背主脉附近，被害处页面呈黄白色斑点，随着不断取食，斑点随之扩大。同时，叶背和下面叶片常裸有黑褐色黏性分泌物和排泄物，又招致煤病发生。

二、形态特征

1. 成虫

体长约 3.5mm，体型扁平，黑褐色。前胸两侧与前翅均有网状花纹，静止时两翅重叠，中间黑褐色斑纹呈“X”形。

2. 卵

椭圆形，黄绿色。长约 0.6mm，一端弯曲，产于叶肉组织内。

3. 若虫

形似成虫，腹部有锥形刺初孵时白色，以后渐成深褐色。若虫共 5 龄，3 龄后长出翅芽。

三、生活史与习性

(一) 生活史

在陕西关中一年发生 4 代，以成虫在杂草、落叶、土块及树皮裂缝中越冬，次年 4 月上旬越冬成虫开始活动。4 月下旬为活动盛期。成虫出现后不久即交尾产卵，5 月中旬为第 1 代卵孵化盛期，6 月初孵化基本结束，以后出现世代重叠现象，7 ~ 8 月危害最重。危害至 9 月上旬后以成虫越冬。

(二) 习性

成虫在叶片背面活动取食，产卵与叶肉内。单雌产卵 15 ~ 60 粒，卵期 15 天左右。初孵若虫不太活动，有群集性；2 龄后逐渐扩散。

四、调查监测与防治技术

(一) 调查监测

同绿盲蝽。

（二）防治技术

1. 农业防治

秋后在树干上束草把，诱集成虫越冬，入冬后解下草把烧毁；发芽前，彻底清除落叶、杂草，刮除枝干老翘皮，集中烧毁，消灭越冬成虫。

2. 化学防治

化学药剂防治的关键期有两个，一是越冬成虫出蛰至第1代若虫发生期，以压低春季虫口密度为主；二是夏季较重发生前喷药（害虫开始分散为害初期），目的为控制7～8月的危害。每期喷药1～2次即可。常用有效药剂有：48%毒死蜱乳油1000g/hm^2～1250g/hm^2、40%毒死蜱可湿性粉剂1250g/hm^2～1500g/hm^2、25%氯氰·毒死蜱乳油1500g/hm^2～1875g/hm^2、4.5%高效氯氰菊酯乳油或水乳剂750g/hm^2～1500g/hm^2、70%吡虫啉水分散粒剂100g/hm^2～150g/hm^{2}等。

第79节　沟金针虫
（*Pleonomus canaliculatus* Falder）

沟金针虫 *Pleonomus canaliculatus* Falder 俗称铁丝虫、姜虫、金齿耙，属鞘翅目叩甲科。

一、分布与危害

沟金针虫广泛分布在长江以北地区，其中又以旱作区域中有机质较为缺乏而图纸较为粉砂黏壤土地带发生较重，是我国中部和北部旱作地区的重要地下害虫。在陕西水果出口基地各县区均有分布。

金针虫食性复杂，其成虫扣头甲在地面以上活动时间不长，只能吃一些禾谷类、薯类、豆类、甜菜、棉花及各种蔬菜和林木幼苗等。幼虫能咬食刚播下的种子，食害胚乳使种子不能发芽；如已出苗，则可危害须根、主根或茎的地下部分，使幼苗枯死。受害幼苗很少主根被咬断，被还部位不整齐。能蛀入块茎和块根，并有利于病原菌的侵入而引起腐烂。

二、形态特征

1. 成虫

体长14mm～18mm，体宽3.5mm～5mm，扁长形，深黑色，密被金黄色细毛。头部扁平，密布刻点。雌虫触角11节，略呈锯齿状；前胸背板宽大于长，呈半球形隆起，中央有微细纵沟；鞘翅长为前胸的5倍，其上纵沟明显，后翅退化。雄虫体细长，其上纵沟明显，有后翅。

2. 卵

乳白色，长约0.7mm，宽约0.6mm，椭圆形。

3. 幼虫

老熟幼虫体长20mm～30mm，宽约4mm，金黄色，宽而扁平。体节宽大于长，从头

部至第9腹节渐宽，胸背至第10腹节背面中央有1条细纵沟。尾节两侧缘隆起，具3对锯齿状突起，尾端分叉，并向上弯曲，各叉内侧均有1小齿。

4. 蛹

纺锤形，长15mm~20mm，宽3.5mm~4.5mm，前胸背板隆起呈半圆形，尾端自中间裂开，有刺状突起。化蛹初期体淡绿色，后渐变深色。

三、生活史与习性

（一）生活史

一般3年完成1代。以成虫和幼虫在15cm~40cm土中越冬，最深可达100cm。越冬成虫在春季10cm土温升至10℃左右时开始出土活动，10cm土温稳定在10℃~15℃时达到活动高峰。在华北地区，越冬成虫于3月上旬开始活动，4月上旬为活动盛期。产卵期3月下旬至6月上旬，卵期35~42天，5月上、中旬为卵孵化盛期。孵化幼虫为害至6月底土温超过24℃时潜入土中越夏，9月中、下旬上升至土表层为害秋播作物，11月上、中旬潜入土壤深层越冬。第2年3月初，越冬幼虫出土活动，3月下旬至5月上旬为害最中。7~8月越夏，秋季上升土表层继续为害，11月越冬。幼虫10~11龄，发育历期长达1150天左右，直至第3年8~9月在土中化蛹，蛹期20天左右。9月初成虫开始羽化，羽化当年不出土，即在土中越冬，第4年春季才出土交配、产卵。

（二）习性

成虫昼伏夜出，白天躲在麦田或田边杂草中和土块下，夜出活动交配、产卵。雌虫不能飞行，行动迟缓，没有趋光性。卵散产于3cm~7cm深的土中，单雌平均产卵200余粒。雄虫飞翔能力较强，夜晚多在麦苗上停留。

四、发生与环境的关系

幼虫不耐潮湿，多发生在旱原平地，渭北旱原和土壤比较疏松，有机质缺乏的旱地。成虫不喜在棉花、油菜等作物田产卵，所以这类作物茬口的地块发生较轻，而小麦—夏玉米—小麦茬口地发生量大，危害重。苜蓿地和刚开垦的荒地，发生量大。

五、调查监测与防治技术

（一）调查监测

沟金针虫的调查方法主要采用挖土调查的方法。调查时的样方面积一般为50cm×50cm。样点数目依调查面积而定。一般1hm^{2}以内取5点，1hm^{2}以上每增加2/3 hm^2，样点增加1~2个。

（二）防治技术

1. 农业防治

施肥必须充分腐熟，并且要深施，施后要覆土。春、秋季适时灌水，迫使上升土表的地下害虫下潜或死亡。

2. 物理防治

利用雄虫趋光性较强的特点用灯光诱杀雄虫。

3. 化学防治

在沟金针虫成虫发生期,可用20%毒死蜱乳油1000g/hm^2 和50%辛硫磷乳油1500g/hm^2 对地面喷雾。

第80节　褐纹金针虫
(*Melanotus caudex* Lewis)

褐纹金针虫 *Melanotus caudex* Lewis 属鞘翅目叩甲科。

一、分布与危害

全国各地均有分布，在陕西水果出口基地各县区普遍发生。幼虫能咬食幼苗根部，被害部位不整齐。

二、形态特征

1. 成虫

体细长，长约9mm，宽约2.7mm；体温褐色被浅色短毛。头部凸形黑色，密生较粗的刻点，唇基分裂。前胸黑色，布较小刻点，鞘翅约为头胸长的2.5倍，各有9条纵列刻点，足暗褐色。

2. 卵

初产卵椭圆形，白色微黄，卵壳外附有能粘结细土粒的分泌物。将孵化时变为卵圆形，一端略尖。

3. 幼虫

老熟幼虫体长约25mm，宽约1.7mm；体细长圆筒形，茶褐色有光泽，第2节至第11节，各节前缘两侧具深褐色新月形斑纹；尾节扁平而长，尖端有3个小突起，中间的突起尖锐呈红褐色；尾节前缘有两个半月形斑，靠前部有4条纵线，后半部有褐纹，并密布粗大而较深的刻点。

4. 蛹

体长9mm～12mm，初蛹乳白色，后变黄色，羽化前棕黄色。前胸背板前缘两侧各斜竖1根尖刺。尾节末端具1根粗大臀棘，着生有斜伸的两对小刺。

三、生活史与习性

幼虫主要在春秋两季危害，春季3月下旬10cm深处土温达5.8℃左右时，越冬幼虫上升活动，4月上、中旬大部幼虫在耕层食害根部。6～8月，老熟幼虫多下潜20cm深土层一下，仅小龄幼虫在耕层活动，秋季9～10月，幼虫又活动在耕层，为害至10月下旬。10月下旬或11月上旬当10cm深处土温平均在8℃左右时，幼虫开始下潜越冬，越冬深度多在40cm土层，最深达60cm～70cm。

成虫和幼虫均可越冬。渭北塬区越冬成虫于5月至6月中、下旬出土。成虫主要在麦田和早秋作物田活动，白天多在果树叶片上，夜间大部潜入10cm深土层内，翌晨7时开始出土至20时均均有活动，以14：00～16：00活动最盛；温度18℃～27℃，相对湿度63%～90%时，最为活跃；成虫具有伪死性，喜湿润，在湿度偏低时，大部成虫伏在叶片上吸取水分；雌虫产卵于10cm深土层内，散产。卵期15～16天。

四、发生与环境的关系

褐纹金针虫多分布在土壤较湿润疏松、中性至微碱性、有机质含量较多的区域。土壤黏重、有机质少、干燥的土壤发生很少。地势平坦的塬地虫量最多，沟坡地虫量最少。

调查监测与防治技术同沟金针虫。

第81节　暗黑鳃金龟
(*Holotrichia parallela* Motschulsky)

暗黑鳃金龟 *Holotrichia parallela* Motschulsky 属鞘翅目鳃金龟科。

一、分布与危害

国内分布于河北、山西、辽宁、吉林、江苏、安徽、浙江、山东、河南、湖北、陕西、青海；国外分布于日本、朝鲜、韩国、俄罗斯。在陕西各主要苹果产区都有分布。危害苹果、梨、李、杏、梅、山楂、葡萄的幼根和叶。幼苗咬食果树幼苗根茎，甚至造成幼苗枯死，且病原微生物易从伤口侵入，引起植物病害。

二、形态特征

1. 成虫

体长17mm～22mm，体宽9mm～11.5mm，长卵形，初羽化红棕色，后渐变为暗褐色或黑色。头部较小，唇基内缘中央稍微内弯向上卷，具粗大刻点；触角10节红褐色。前胸背板最宽处位于侧缘中点以后，隆起不明显，在靠近两前角处刻点密集、常常几个刻点斜向愈合，沿前缘的刻点分布较稀疏。中胸小盾片前缘凹入浅，小盾片中央具明显光滑的纵带。鞘翅两侧缘基本平行，各具4条纵肋，鞘翅上具淡粉被无光泽。前足胫节外齿3个较钝、第1外齿尤钝。

2. 卵

长椭圆形，长约2.5mm，宽约1.5mm，发育后期近圆球形。

3. 幼虫

中大型，3龄幼虫体长35mm～45mm，头宽5.6mm～6.1mm，头部前顶刚毛每侧有1根，位于冠缝两侧。多数个体无额前缘刚毛，少数有时只有1～2根。内唇前侧褶区退化，折面纤细不显，间隔窄密，每侧10多条，有的个体消失不见。肛腹板后部覆毛区散生钩状刚毛，70～80根；无刺毛列。钩毛区前缘近中央部分钩状刚毛较少或缺，故前缘常略呈双峰状，肛门孔三裂。

4. 蛹

体长 20mm ~ 25mm，宽 10mm ~ 12mm。尾节三角形，2 尾角呈钝角岔开。

三、生活史与习性

（一）生活史

在河北、河南、山东、江苏、安徽等地 1 年发生 1 代。多数以 3 龄老熟幼虫在 15 ~ 20 天。6 月上旬开始羽化，盛期在 6 月中旬，7 月中旬至 8 月中旬为成虫交配产卵盛期。7 月初田间始见卵，7 月中旬为卵盛期，卵期 8 ~ 10 天。初孵幼虫即可为害，幼虫发育速度快，8 月中、下旬是幼虫为害盛期，9 月末幼虫陆续下潜进入越冬状态。但也有少数以成虫越冬，各地所占比例不同，以成虫越冬的，次年 5 月出土活动。

（二）习性

成虫昼伏夜出，趋光性强，飞行速度快，有群集性，多在灌木、玉米、高粱、花生上交配，20：00 ~ 22：00 为交配高峰，之后飞向高大的乔木上取食叶片，黎明飞向附近花生、大豆和甘薯田里潜伏、产卵。成虫出土规律基本是 1 天多，1 天少，具有隔日出土习性。幼虫主要取食花生、大豆、薯类、麦类等作物的地下部分。幼虫活动主要受土壤温湿度影响。在卵和幼虫的低龄阶段，土壤中含水量高会淹死卵和幼虫。另外，温度升降也会导致幼虫上下移动以寻求适合土温。

四、发生与环境的关系

果园周围花生或榆树、杨树种植面积较大时，有利于暗黑鳃金龟成虫和幼虫生长。蓄水能力强、土层深厚、有机质丰富的土壤虫量多。在成虫交配产卵和低龄幼虫阶段，强降雨会明显抑制虫量。

五、调查方法与防治措施

（一）调查方法

主要是挖土调查。调查时的样方面积一般为 50cm × 50cm。样点数目依调查面积而定。一般 $1hm^2$ 以内取 5 点，$1hm^2$ 以上每增加 $2/3hm^2$，样点增加 1 ~ 2 个。

（二）防治措施

1. 农业防治

冬季整地，铲除果园杂草，破坏越冬场所。施用有机肥时必须充分腐熟。在幼虫危害盛期适时灌水，迫使上升到土表的害虫下潜或死亡。

2. 物理防治

利用暗黑鳃金龟的趋光性，施用灯光诱杀。根据金龟子成虫的假死性，在其夜晚取食树叶时，振动树干，将假死坠地的成虫收集起来杀死。

3. 化学防治

（1）药枝诱杀

在暗黑鳃金龟出土盛期，用长 20cm ~ 30cm 的榆树、杨树、刺槐树枝浸于 40% 氧化乐果乳油 30 倍液浸泡 10h ~ 15h 后于傍晚前取出插入田间，每公顷 150 ~ 225 把。

（2）药液灌根

在幼虫发生期可用 48% 毒死蜱乳油 1500g/hm^2 或 50% 辛硫磷乳油 1000g/hm^2 灌根，毒杀幼虫。

第 82 节　毛黄鳃金龟
（*Holotrichia trichophora*（Faimaire））

毛黄鳃金龟 *Holotrichia trichophora*（Faimaire）属鞘翅目鳃金龟科。

一、分布与危害

国内主要发生在华北中南部到长江流域，在陕西水果出口基地各县区均有分布。多食性害虫，成虫危害多种植物的叶片，幼虫为害树根。幼苗咬食果树幼苗根茎，甚至造成幼苗枯死，且病原微生物易从伤口侵入，引起植物病害。

二、形态特征

1. 成虫

体长 14mm ~ 18mm，黄褐色，有光泽。头顶两复眼间有一横脊相连。体被除小盾片外均有长毛。

2. 幼虫

3 龄幼虫体长约 37mm。头部前顶刚毛每侧 6 根，排列成一斜纵状。肛腹板刺毛列排列不明显，但刺毛尖端均指向中后方一椭圆无裸区，裸区内有 10 ~ 20 根短刺毛。分布于裸区周缘。无肛背板肾化环。

三、生活史和习性

（一）生活史

在河北、山西、山东、陕西等省年发生 1 代，以成虫越冬。在河北，成虫在 4 月中旬和下旬出现两个高峰，山东在 4 月上旬、中旬及 5 月上旬出现 3 个高峰。1 龄幼虫不为害幼苗，2 龄便开始向根部集中为害。夏播作物中以高粱、谷子、大豆、甘薯受害较重，作物发育到拔节后则受害减轻。3 龄期幼虫还能继续为害秋播麦田，造成缺苗段垄，而晚播麦田由于幼虫老熟受害较轻。幼虫在土中垂直活动受土壤温湿度的制约。如土壤含水量降至 5%，幼虫则下潜到耕层以下；如低温升到 27℃时，幼虫主要集中在 1cm ~ 5cm 之间。老熟幼虫在 9 月下旬至 10 月上中旬开始下移，发育晚的扔继续为害麦苗。下移幼虫在土壤内作一土室化蛹，蛹期 20 ~ 60 天，11 月羽化不出土。

（二）习性

10cm 深地面温度为 8cm ~ 10cm 时，成虫上移，气温稳定在 10℃以上时开始出土。成虫趋光性极弱，出土后即寻偶交尾。雄虫略先出土在地面低空短飞寻雌，雌虫不飞。一头

雌虫能同时招引几十头甚至上百头雄虫滚团在一起竞相交配，成虫当晚只交尾 1 次。雌虫有多次交尾多次产卵习性。田间见卵常在交尾高峰后 15 天，卵产在土质疏松、湿润的沙壤土内，深度变化根据土壤湿度而定，最浅 8cm，最深 35cm，在 10cm ~ 20cm 土层内产卵量最多，占总卵量的 85%，干土层很少产卵。

四、发生与环境的关系

毛黄鳃金龟成虫活动范围小。常发区具有两个特点：一是沿河平原常发区，大小河流沿岸土质为砂壤或轻砂壤土，土壤通透性强，排水好；二是山前平原点片发生区，此类平原多系山洪冲积土，多为砂壤土质，由于水浇条件较差，常为点片状发生分布。

调查方法与防治措施同暗黑鳃金龟。

第 83 节　华北大黑鳃金龟 (*Holotrichia oblita* Fald)

华北大黑鳃金龟 *Holotrichia oblita* Fald 属鞘翅目鳃金龟科。

一、分布与危害

国内分布于河北、山西、山东、河南、辽宁、陕西等省；国外分布于日本、朝鲜、韩国、俄罗斯远东地区。在陕西水果出口基地各县区均有分布。危害苹果、梨、桃、李、杏、梅、山楂、葡萄。危害根和叶。幼苗咬食果树幼苗根茎，甚至造成幼苗枯死，且病原微生物易从伤口侵入，引起植物病害。

二、形态特征

1. 成虫

体长 16mm ~ 21mm，宽 8mm ~ 11mm，黑色或黑褐色，具光泽。鞘翅每侧具 4 条明显的纵肋。前足胫节外齿 3 个，内方有距 1 根；中、后足胫节末端具端距 2 根。臀节外露，背板向下方包卷。前臀节腹板中间，雄性为一明显的三角形凹坑，雌性为枣红色菱形隆起骨片。

2. 卵

长椭圆形，长约 2.5mm，宽约 1.5mm，白色，稍带黄绿色光泽；孵化前近圆球形，洁白而有光泽。

3. 幼虫

3 龄幼虫体长 35mm ~ 45mm，头宽 4.9mm ~ 5.3mm。头部黄褐色，胴部乳白色。头部前顶刚毛每侧 3 根，其中冠缝每侧两根，额缝上方近中部每侧 1 根。肛腹板后部覆毛区散生钩状刚毛，70 ~ 80 根；无刺毛列，肛门孔三裂。

4. 蛹

体长 21mm ~ 23mm，宽 11mm ~ 12mm，初期白色，随着发育逐渐变为红褐色。

三、生活史和习性

（一）生活史

在我国北方地区一般 2 年发生 1 代。越冬成虫在春季 10cm 土温达到 14℃时开始出土活动，5 月中旬为成虫盛发期，6 月上旬至 7 月上旬是产卵盛期。卵期 10 ~ 15 天。6 月下旬至 8 月下旬为卵孵化盛期。幼虫除极少部分当年化蛹、羽化外，大部分在秋季土温低于 10℃时潜入 55cm ~ 150cm 深土中越冬。次年春季当 10cm 土温达到 14℃时越冬幼虫开始出土为害。6 月初开始化蛹，6 月下旬进入化蛹盛期，蛹期约 20 天。7 月下旬至 8 月中旬为成虫羽化盛期，羽化的成虫不出土，即在土中越冬。由于大黑鳃金龟以成虫和幼虫交替越冬，因此以幼虫越冬为主的年份次年春季麦田和春播作物受害重，而夏秋作物受害轻；以成虫越冬为主的年份，次年春播作物受害轻，而夏秋作物受害重，出现“大小年”现象。

（二）习性

成虫具有假死性和趋光性，对黑光灯趋性弱；对未腐熟的厩肥有强烈趋性。昼间潜伏在土中和根际处，傍晚出土活动，20：00 ~ 21：00 为取食、交配活动盛期，午夜后回土栖息。成虫喜食大豆、榆树、甜菜和花生等的叶片，在这些植物根茎附近 5cm ~ 12cm 的土层中产卵。卵散产，有时也成堆分布。一般交配后 10 ~ 15 天开始产卵，以水浇地最多，单雌可产百粒卵左右。幼虫共 3 龄，其中以 3 龄幼虫历期最长、食量最大、为害最重。幼虫始终在地下活动，与土壤温湿度关系密切，能够随温度变化做垂直活动。一般当 10cm 土温达 5℃时开始上升至表土层，13℃ ~ 18℃时活动最盛，23℃以上则往深土中移动。土壤润湿活动加强，尤其小雨连绵天气为害加重。

四、发生与环境的关系

幼虫的发生于土壤湿度密切相关土壤过湿或过干都会造成幼虫大量死亡，幼虫适宜土壤含水量为 10.2% ~25.7%，当低于 10% 时幼虫会大量死亡。

调查方法与防治措施同暗黑鳃金龟。

第 84 节　阔胫腮金龟
(*Maladera verticalis* Fairmaire)

阔胫鳃金龟 *Maladera verticalis* Fairmaire 属鞘翅目鳃金龟科。

一、分布与危害

国内分布于河北、山西、内蒙古、辽宁、吉林、黑龙江、江苏、安徽、山东、河南、湖北、云南、陕西；国外分布于蒙古、朝鲜、缅甸、俄罗斯。在陕西水果出口基地各县区均有分布。主要危害杨、柳、榆、苹果等树种。以苗圃地危害较重。幼苗咬食果树幼苗根茎，甚至造成幼苗枯死，且病原微生物易从伤口侵入，引起植物病害。

二、形态特征

1. 成虫

小型，卵圆形，体长 8.7mm，赤褐色，有光泽。唇基宽大，前缘上卷，阔胫鳃金龟成虫上面观近弧形，刻点较多。复眼黑色。触角 10 节，前胸背板前窄后宽，侧缘向外弯曲，前角锐，后角钝。鞘翅满布纵列隆起带。端距在胫节前端两侧，外缘上有棘刺群。爪 1 对，上有齿。

雄虫触角鳃叶部比雌虫细长。腹部臀板呈三角形,雄虫后角短圆,雌虫后角狭长。

2. 卵

初产时为1.1mm×0.7mm，以后膨大为1.25mm×0.9mm

3. 幼虫

幼虫长约12mm。前顶刚毛每侧3mm～4mm，排成一纵列。肛腹板内唇感区刺3根。内唇前片与新月形感觉片分开不连接。

4. 蛹

乳黄色或黄褐色，有尾角一对。

三、生活史和习性

（一）生活史

一年发生1代。以幼虫越冬。次年6月中、下旬化蛹，6月下旬成虫羽化出土，7月上、中旬为成虫交尾产卵和取食高峰，8月中旬成虫减少，9月上旬消失。

（二）习性

成虫白天潜伏，傍晚出土活动。趋光性较强。有假死性。卵聚集为卵块，卵期12.5天左右，孵化率较高。幼虫活泼，植物生长季节活动在5cm～15cm深的土层中。越冬深度可达80cm。

调查监测与防治措施技术同暗黑鳃金龟。

第85节　黑绒鳃金龟
（*Maladera orientalis*（Motschulsky））

黑绒鳃金龟 *Maladera orientalis*（Motschulsky）又名东方金龟子、天鹅绒金龟、东方绢金龟，属鞘翅目鳃金龟科。

一、分布与危害

国内分布于东北、华北、内蒙古、甘肃、青海、陕西、四川等华东部分地区，在陕西水果出口基地各县区均有分布。危害苹果、梨、杏、桃、樱桃、李、葡萄的根、叶。幼苗咬食果树幼苗根茎，甚至造成幼苗枯死，且病原微生物易从伤口侵入，引起植物病害。

二、形态特征

1. 成虫

体长7mm～8mm，宽4.5mm～5.0mm，卵圆形，体黑至黑褐色，具天鹅绒闪光。头黑、唇基具光泽。前缘上卷，具刻点及皱纹。触角黄褐色9～10节，棒状部3节。前胸背板短阔。小盾片盾形，密布细刻点及短毛。鞘翅具9条刻点沟，外缘具稀疏刺毛。前足胫节外缘具2齿，后足胫节端两侧各具1端距，跗端具有齿爪1对。臀板三角形，密布刻点，胸腹板黑褐具刻点且被绒毛，腹部每腹板具毛1列。

2. 卵

初产为卵圆乳白色，后膨大呈球状。

3. 幼虫

体长 14mm ~ 16mm。肛腹片复毛区满布略弯的刺状刚毛．其前缘双峰式，峰尖向前止于肛腹片后部的中间，腹毛区中间的裸区呈楔状，将腹毛区分为二，刺毛列位于腹毛区后缘，呈横弧状弯曲，由 14 ~ 26 根锥状直刺组成，中间明显中断。

4. 蛹

体长约 8mm，初黄色，后变黑褐色。

三、生活史和习性

（一）生活史

年发生 1 代，以成虫或幼虫于土中越冬，3 月下旬至 4 月上旬开始出土，4 月中旬为出土盛期，5 月下旬为交尾盛期，6 月上旬为产卵盛期，6 月中、下旬卵大量孵化，危害约 80d 左右老熟、化蛹，9 月下旬羽化为成虫，成虫不出土在羽化原处越冬。以幼虫越冬者，次年 4 月间化蛹、羽化出土。成虫于 6 ~ 7 月间交尾产卵。卵孵后在耕作层内为害至秋末下迁，以幼虫越冬，次春化蛹羽化为成虫。

（二）习性

成虫出土活动时间与温度有关，早春温低时活动能力差且多在正午前后取食危害，很少飞行，早晚均潜伏土中。5 ~ 6 月间，成虫则白天潜伏，黄昏后开始出土活动、危害，并可远距离迁飞；常具群集危害幼果树、林木的嫩梢及顶芽的习性，并交尾产卵。卵多堆产于被害植株根部附近 5cm ~ 10cm 土中，每堆卵约 8 粒左右，单雌平均卵量 40 粒左右，卵期约 9.5 天；成虫危害期可达 3 月余。另外此成虫具趋光性和假死性。幼虫孵化后先于按物幼嫩根部危害，后转至地下部组织食害，但危害性不大。幼虫期（末越冬者）76 天左右。老熟后深入约 35cm 土层处做土室化蛹，蛹期约 19 天。发生早的则羽化为成虫，以成虫越冬。发生晚的则以幼虫越冬。此虫主要以成虫危害，常将叶片食成不规则缺刻或孔洞，严重时常将叶、芽、花食光，尤其对刚定植的果苗、幼树威胁更大。

四、发生于环境的关系

越冬成虫出土危害与 4 月的温度、降水有关。温度升高后，必须降雨，成虫才能出土。调查监测与防治技术同暗黑鳃金龟。

第 86 节　灰胸突鳃金龟

(*Hoplosternus incanus* Motschulsky)

灰胸突鳃金龟 *Hoplosternus incanus* Motschulsky 又名灰粉鳃金龟，属鞘翅目鳃金龟科。

一、分布与危害

国内分布于辽宁、吉林、黑龙江、河北、内蒙古、山西、陕西、山东、河南、浙江、湖北、江西、四川、贵州；国外分布于朝鲜、韩国、俄罗斯远东地区。在陕西水果出口基地各县区均有分布。危害苹果、梨、桃、李、杏、梅、山楂、葡萄的根和叶。幼苗咬食果树幼苗根茎，甚至造成幼苗枯死，且病原微生物易从伤口侵入，引起植物病害。

二、形态特征

1. 成虫

体长24.5mm~30mm，宽12.2mm~15mm。体深褐或栗褐色。全体密被灰黄或灰白色针尖形短茸毛，身体近卵圆形。头阔大，绒毛向头顶中心趋聚。前胸背板因覆毛而色异：常呈5条纵纹，中央及两侧纹色较深。前胸背板后缘中段弓形后凸。每鞘翅有3条明显纵肋。臀板三角形。中胸腹板前突长，达前足基节中间，近端部收缩变尖。前足胫端外齿雄虫2个，雌虫3个。爪发达，具齿。

2. 幼虫

头宽7.5mm~7.8mm，头长5.1mm~5.2mm；头部前顶毛每侧3~4根，呈一纵列，其中冠缝旁1~2根，额缝旁2根，后顶毛每侧1根，额中侧毛左右各8~12根，额前缘毛17~24根。其前端远远超出钩毛区的前缘，约达胸腹片前边1/4处。两列刺毛近平行，排列整齐。肛门孔横波状，纵裂虽短但明显可见

3. 蛹

体长26mm~28mm，宽10mm~12mm。腹部第1~6节腹板中间具疣状外生殖器；雌蛹臀节腹板平坦。

三、生活史和习性

（一）生活史

辽宁两年1代。成虫羽化始于6月上旬，盛期7月上、中旬，8月中旬终见。7月中、下旬产卵，盛期为8月上旬，卵期平均19天。8月初始见1龄幼虫，1龄幼虫期平均192天。发育较快的个体，孵化当年于9月上旬可进入2龄。当年以1龄或2龄幼虫越冬。经越冬的1、2龄幼虫于次年5月初返回耕层，为害作物和和果树、林木的地下部分，5月下旬、6月上、中旬进入3龄，食量增大。

（二）习性

成虫一般昼伏夜出。成虫具有强烈的群集性和趋光性。幼虫杂食性，但喜食花生仁、玉米、马铃薯以及杨、槐和苹果等树木的地下部分。

调查监测与防治技术同暗黑鳃金龟。

第87节　黑皱鳃金龟

(*Trematodes tenebrioides* Pallas)

黑皱鳃金龟 *Trematodes tenebrioides* Pallas 又叫无翅金龟子，属鞘翅目鳃金龟科。

一、分布与危害

分布较广，常在局部地区猖獗成灾。国内分布于吉林、辽宁、青海、宁夏、内蒙古、

河北、天津、北京、山西、陕西、甘肃、河南、山东、江苏、安徽、江西、湖南、台湾等地。陕西水果出口基地各县区均有分布。

成虫春季取食苹果、梨、杏、桃、樱桃、李等果树，苗木，及杂草的嫩芽、嫩茎和叶片；幼虫春秋季为害各种植物地下部分。

二、形态特征

成虫体中型，长 15mm ~ 16mm，宽 6.0mm ~ 7.5mm，黑色无光泽，刻点粗大而密，鞘翅无纵肋。头部黑色，触角 10 节，黑褐色。前胸背板横宽，前缘较直，前胸背板中央具中纵线。小盾片横三角形，顶端变钝，中央具明显的光滑纵隆线，两侧基部有少数刻点。鞘翅卵圆形，具大而密排列不规则的圆刻点，基部明显窄于前胸背板，除会合缝处具纵肋外无明显纵肋。后翅退化仅留痕迹，略呈三角形。

卵椭圆形，长 1.2mm。初产时为乳白色，表面光滑，有光泽，后变淡黄色，近孵化前呈褐色。

幼虫体长 24mm ~ 32mm。头部前顶刚毛每侧各 3 根，成一纵列，也有各 4 根的。

蛹裸蛹，体长 6mm ~ 9mm，黄褐至黑褐色。腹部末端有臀棘 1 对。

三、生活史与习性

（一）生活史

在陕西咸阳地区，黑皱鳃金龟亦为两年发生 1 代，以成虫或 3 龄（也有少数 2 龄）幼虫越冬。由于咸阳地区南北温差较大，因而各虫态历期差异明显：在南部的咸阳平原区，各虫态发生较早，且持续时间也长，越冬成虫于 4 月上中旬进入盛期，发生期超过 150 天，5 月下旬至 6 月中旬为产卵盛期，多数幼虫在 8 月进入 3 龄，幼虫历期约 375 天，1 龄历期 42 天，2 龄历期 28.7 天，3 龄历期 304.6 天。到翌年 6 月间开始化蛹并羽化，蛹期 16 ~ 29 天，平均 19.9d；在背部的旬邑平原区发育较慢，发生期较短，越冬成虫于 4 月上旬开始出土，4 月底或 5 月上旬为出土盛期，发生期约 120 天，当年幼虫于 9 月上旬后多数发育为 2 龄，翌年 7 月中旬为始蛹期，成虫 8 月间开始羽化。

（二）主要习性

在陕西咸阳地区，越冬成虫在 3 月下旬日平均气温达 10.4℃ 以上的晴天中午开始出土，成虫最适温度为 16℃ 左右。若遇阴天小雨，湿度降至 13℃ 以下或遇 7.3m/s 以上的大风，成虫不出土活动。成虫出土后即行交配，1 次交配历时 30min ~ 40min，最短 15min。成虫具假死性，略有趋光性。

在交配过程中，雌虫仍可继续取食。据室内 20 对成虫饲养观察，雌虫交配后 2 ~ 14 天，平均 8 天，即开始产卵，每头雌虫产卵量为 3 ~ 212 粒，平均 110.2 粒。其中产卵 100 粒以上的占 60%，200 粒以上的占 10%，100 粒以下的占 30%。

卵分数次产下，一次产卵量最多为 27 粒，一般 10 多粒。雌虫产卵历期有的长 80 天，平均 50 天。雌虫产卵后平均 11.1 天死亡。

四、发生与环境的关系

（一）土温

土壤解冻后，幼虫即开始苏醒，向土壤表层移动。随着气温的升高，幼虫上升的速度很快，4 月 1 日幼虫仍在 60cm 深的土层中，4 月 2 日即上升至 40cm 深的土层中，到 4 月 24 日大部分幼虫已上升至 20cm 的耕作层中，咬食发芽的种子及幼苗根部，为害至 7 月间。幼虫活动范围，以顺垄向活动范围大，可达 50cm 距离，而横垄向范围小。当气温达 21℃左右时，成虫开始产卵，温度上升到 24℃以上时，产卵量显著增多。

（二）土壤含水量

土壤含水量在 6% 以下时，成虫不易产卵，而且产卵期也比正常产卵期推迟 15 ~ 20 天，产卵量也少；土壤含水量在 8% 以上时，成虫产卵量显著增多。

（三）饲料

不同饲料对成虫产卵量及成虫寿命的影响。采用不同饲料喂养成虫，对成虫寿命及产卵量均有相当大的影响。饲喂刺蓟、旋花双子叶杂草的产卵量最高，平均 49.5 粒，雌虫寿命也最长，平均达 106.5 天；饲喂苜蓿次之；饲喂玉米则更次之；不喂食料的成虫仍能成活近两个月，但不产卵。因此，食料对黑皱鳃金龟成虫的产卵和寿命均起着相当重要的作用。

五、调查监测与防治技术

同铜绿丽金龟。

第 88 节　黄褐丽金龟
（*Anomala exoleta* Faldermann）

黄褐丽金龟 *Anomala exoleta* Faldermann，属鞘翅目丽金龟科。

一、分布与危害

除新疆、西藏无报道外，分布遍及各省区。陕西水果出口基地各县区均有分布。

成虫、幼虫均能危害，而以幼虫危害最严重。幼虫为害花生、小麦、蔬菜、幼树及苗木的根部。成虫则喜食杏树花、叶及杨、柳、榆、大豆、花生等叶片。幼虫栖息在土壤中，取食萌发的种子，造成缺苗断垄；咬断根茎、根系，使植株枯死，且伤口易被病菌侵入，造成植物病害。

二、形态特征

成虫体长 15mm ~ 18mm，宽 7mm ~ 9mm，体黄褐色，有光泽，前胸背板色深于鞘翅。前胸背板隆起，两侧呈弧形，后缘在小盾片前密生黄色细毛。鞘翅长卵形，密布刻点，各有 3 条暗色纵隆纹。前、中足大爪分叉，3 对足的基、转、腿节淡黄褐色，胫、跗节为黄褐色。

幼虫体长 25mm ~ 35mm，头部前顶刚毛每侧 5 ~ 6 根，一排纵列。虹腹片后部刺毛列

纵排2行，前段每列由11～17根短锥状刺毛组成，占全刺列长的3/4，后段每列由11～13根长针刺毛组成，呈“八”字形向后叉开，占全刺毛列的1/4。脏背片后部有骨化环（细缝）围成的圆形臀板。

三、生活史与习性

（一）生活史

黄褐丽金龟在华北、东北等地均为一年发生1个世代，以幼虫越冬。越冬幼虫于翌年春气温回升后上移为害春播作物的种子和幼苗。并于4～5月间进入预蛹和化蛹期，化蛹盛期在6月下旬至7月上旬，蛹期7～18天，平均10.4天。在河北迁安4月下旬始见成虫，9月上旬终见，盛期在5月中旬至7月底，此时黑光灯诱集成虫占总虫量的90.5%。成虫寿命7～17天，平均13天。成虫出土后7天左右，田间始见卵，产卵盛期在6月下旬至7月底，卵期13～22天，大多14～19天，平均16.6天；卵孵化盛期在7月上旬至8月初。幼虫历期，1龄幼虫平均20.3天；8月中下旬大部幼虫进入2龄期，此时可严重为害作物的地下部分，2龄幼虫历期平均27.5天；9月中下旬幼虫进入3龄期，10月下旬3龄幼虫下移越冬，直至翌年4～5月化蛹，3龄幼虫历时约275d，全幼虫历期322.8天。

（二）主要习性

成虫昼伏夜出，傍晚19：00左右开始出土，寻偶交配，交配后飞向寄主植物取食，至11：00在寄主植株上休息，停止取食，黎明前4：00左右继续取食，直至7：00后，潜入3cm～5cm深的土层中。成虫卵散产于5cm深的土层中，每头雌虫平均产卵25.3粒，分2～4次产完。成虫具趋光性，寿命20～30天。

四、发生与环境的关系

黄褐丽金龟主要分布于沙壤土地区、黄河故道一带，这些地方的果树、林木近年种植很多，对黄褐丽金龟数量上升的趋势值得重视。

五、调查监测与防治技术

同铜绿丽金龟。

第89节　斑喙丽金龟
(*Adoretus tenuimaculatus* Waterhouse)

斑喙丽金龟 *Adoretus tenuimaculatus* Waterhouse，属鞘翅目丽金龟科。

一、分布与危害

国内分布在陕西、河北、山东、安徽、江苏、上海、浙江、江西、福建、广东、广西、湖南、湖北、贵州、四川、重庆等地。陕西水果出口基地各县区均有分布。

寄主有葡萄、梨、苹果、柿、枣、桃、杏、李、梅、山楂、葡萄、板栗、樱桃、核桃、杨、榆、槐、桐、栎、茶、大豆等多种植物。成虫初期取食苹果叶片，以后转食葡萄叶片，造成锯齿状孔洞，以玫瑰香品种受害最重。还取食梨、板栗、核桃等叶片。

二、形态特征

成虫体长 10mm ~ 10.5mm，宽 4.5mm ~ 5.2mm，长椭圆形，褐至棕褐色．全身密生黄褐色披针形鳞片。头大，复眼大，唇基半圆形，前缘上卷，上唇下方中部向下延长似喙。触角 10 节，前胸背板宽短，前缘弧形内弯，侧缘弧形外扩，后侧角接近直角。小盾片三角形。鞘翅具白斑成行，端凸及侧下具鳞片组成的大、小白斑各 1 个，为本种明显特征。腹面栗褐色，具黄白色鳞毛。前足径节外缘具 3 齿，后足径节外缘具齿突 1 个。

卵椭圆形，长 1.7mm ~ 1.9mm，乳白色。

幼虫老熟幼虫体长 19mm ~ 21mm，头部黄褐色，头部前顶刚毛每侧 4 根，成 1 列，额中每侧及额前缘刚毛各 2 根。尾节腹面钩状毛稀少，散生不规则。

蛹长 10mm 左右，前端钝圆，后渐尖削，初乳白色，后变黄色。

三、生活史与习性

（一）生活史

此虫北方一年发生 1 代，南方 2 代，均以幼虫于土中越冬，次春上升至表土层活动危害，1 代区老熟幼虫于 5 月间化蛹，6 月初发生大量成虫并进行危害，并交尾产卵。7 月以后逐渐减少。2 代区老熟幼虫 4 月中旬至 6 月上旬化蛹，5 月间出现越冬代成虫，盛期为 6 月间，并陆续交尾产卵。6 月中旬至 7 月中旬为第 1 代幼虫期，7 月。下旬至 8 月初化蛹，8 月为第 1 代成虫盛发期，8 月中旬第 2 代卵出现，8 月中、下旬第 2 代幼虫陆续孵化，10 月下旬开始越冬。

（二）主要习性

成虫白天潜伏于土中，黄昏爬出并迁至寄主上取食危害，阴雨天和风对成虫活动影响很大。天晴少风时不潜土而栖息于叶、枝阴蔽处，阴天、雨时则可日夜取食。食量较大，有假死和群集危害习性，卵散产于寄主根际附近的土中，单雌卵量约 30 粒，产卵期约 20 天，成虫产卵后 3 ~ 5 天死亡。幼虫孵化后取食嫩根或根冠部位及腐殖质，稍大后则可危害苗木根部组织。化蛹深度一般为 10cm ~ 15cm。

四、调查监测与防治技术

同铜绿丽金龟。

第 90 节　铜绿丽金龟
（*Anomala corpulenta* Motschulsky）

铜绿丽金龟 *Anomala corpulenta* Motschulsky 又叫青金龟子，属鞘翅目丽金龟科。

一、分布与危害

东北、华北、华中、华东、西北等地均有发生。国内主要分布于黑龙江、吉林、辽宁、河北、内蒙古、宁夏、陕西、山西、山东、河南、湖北、湖南、安徽、江苏、浙江、江西、四川、广西、贵州、广东等地。在陕西，白水、合阳、扶风、澄城、黄陵、礼泉、印台、长武、彬县、大荔、蒲城、临渭均有分布。

寄主有苹果、山楂、梨、杏、桃、李、梅、葡萄等，以苹果属果树受害最重。成虫取食叶片，常造成大片幼龄果树叶片残缺不全，甚至全树叶片被吃光。晚间取食，白天潜藏在果园附近的草丛、土块下，喜产卵于豆科植物地里。幼虫在土壤中钻蛀，破坏农作物或植物的根部。

二、形态特征

成虫体长 19mm ~ 21mm。全体背面黄绿色，有铜绿金属光泽。触角黄褐色，鳃叶状。前胸背板两侧缘稍带黄褐色，鞘翅上有 5 条纵隆线，中部 3 条较明显，体腹面及足黄褐色，足端二爪不等，其中 1 个分为二叉。

卵初产椭圆形，长 1. 82mm，卵壳光滑，乳白色。孵化前呈圆形。

幼虫 3 龄幼虫体长 30mm ~ 33mm，头部黄褐色，前顶刚毛每侧 6 ~ 8 根，排一纵列。刚毛列由长针状刺组成，排列整齐，后端行距稍宽，每列 15 ~ 18 根，2 列刺毛尖端大部分相遇和交叉，在刺毛列外边有深黄色钩状刚毛。腹板基部有二横列斑纹。

蛹老熟体长约 32mm，头宽约 5mm，体乳白，头黄褐色近圆形，前顶刚毛每侧各为 8 根，成一纵列；后顶刚毛每侧 4 根斜列。额中例毛每侧 4 根。肛腹片后部复毛区的刺毛列，列各由 13 ~ 19 根长针状刺组成，刺毛列的刺尖常相遇。刺毛列前端不达腹毛区的前部边缘。

三、生活史与习性

（一）生活史

此虫一年发生 1 代，以 3 龄幼虫越冬。次春 4 月间迁至耕作层活动危害，5 月间老熟化蛹，5 月下旬至 6 月中旬为化蛹盛期，预蛹期 12 天，蛹期约 9 天。5 月底成虫出现；6、7 月间为发生最盛期，是全年危害最严重期，8 月下旬渐退，9 月上旬成虫绝迹。成虫高峰期开始产卵，6 月中旬至 7 月上旬末为产卵密期。成虫产卵前期约 10d 左右；卵期约 10 天。7 月间卵孵盛期。幼虫危害至秋末即下迁至 39 个 70cm 的土层内越冬。

（二）主要习性

成虫食性杂、食量大，具假死性与趋光性，具一生多次交尾习性，卵散产于寄生根际附近 5cm ~ 6cm 的土层内，单雌卵量 40 粒左右。卵孵化最适温度为 25℃，相对湿度为 75% 左右。

四、发生与环境的关系

成虫羽化出土迟早与 5 ~ 6 月间温湿度的变化有密切关系，此间雨量充沛，出生则早，盛发期提前。成虫白天潜伏，黄昏出土活动、危害，交尾后仍取食，午夜以后逐渐潜返土中。成虫活动适温为 25℃以上，相对湿度为 70% ~ 80%，低温与降雨天，成虫很少活动，闷热无雨夜间活动最盛。成虫寿命为 1 月余。秋后 10cm 内土温降至 10℃时，幼虫下迁；春季 10cm 内土温升至 8℃以上时，向表层上迁。幼虫共 3 龄，幼虫期，1 龄 25 天左右，2 龄约 23.1 天，以 3 龄幼虫于土内越冬。此虫以 3 龄幼虫食量最大，危害最烈，亦即春、秋两季危害最严重，老熟后多在 5cm ~ 10cm 土层内做蛹室化蛹。

五、调查监测与防治技术

（一）调查监测

1. 灯光诱测

从越冬成虫开始出土活动时起，至秋末越冬止，或在成虫发生期利用黑光灯进行诱测。掌握成虫的消长情况、发生期和发生量。

2. 剖查卵巢发育进度

自成虫始见期开始至发生末期为止，隔日解剖灯下诱集或田间采集的雌虫，每次剖查 20 头左右，分别统计各级卵巢所占百分率。当灯下虫大量进入盛发期，卵巢发育达 3 级时，即为防治适期。

3. 挖土调查

蛴螬多属聚集分布，一般采用 Z 字形或棋盘式取样法为宜。样点数目依调查面积而定。一般 $1hm^2$ 以内取 5 点，$1hm^2$ 以上每增加 $2/3hm^2$，样点增加 1 ~2 个。

（二）防治技术

1. 农业防治

结合中耕除草，破坏越冬土室，并及时杀灭蛴螬。春季翻树盘可消灭土中的幼虫。在卵孵盛期，灌水防治初龄幼虫。

2. 物理防治

利用成虫的假死性，于傍晚成虫开始活动时振动树枝，捕杀成虫；利用成虫的趋光性，在晚上 20：00 ~23：00 时，用黑光灯诱杀成虫；结合冬耕翻土整地，捕杀幼虫（蛴螬）、蛹和成虫。

3. 生物防治

线虫、白僵菌、芽孢乳状菌、土蜂等生物因子在蛴螬的防治上均有应用，效果较显著。如应用小卷蛾线虫防治蛴螬，55.5×10^9 头/hm^2，防治效果达 100%；在春、秋季低温时用格氏线虫和在夏季高温时用异小杆线虫防治蛴螬均能取得良好防效。一般应用线虫防治地下害虫时，应施入土中为佳，也可与基肥混用。再如国内研究发现，利用芽孢乳状菌、布氏白僵菌和卵孢白僵菌防治蛴螬，均取得明显的效果。此外，国内外研究表明，10 多种土蜂寄生蛴螬，特别是臀钩土蜂寄生率高达 48%。

4. 化学防治

在成虫为害期，喷施 50% 杀螟松乳油 1.5L/hm^2，2 ~3 天喷一次，连续喷 2 ~3 次，防治效果达到 75% 和 60%。在树盘内或园边杂草内施 75% 辛硫磷乳剂 1.5L/hm^2，施后浅锄入土，可毒杀大量潜伏在土中的成虫。毒饵诱杀：每公顷用 25% 辛硫磷胶囊剂 0.75kg ~1kg 拌谷子等饵料 5kg 左右或用辛硫磷乳油 750g ~1500g 拌饵料 3kg ~4kg，撒于沟中，诱

杀效果达 60% 。用 5% 地亚农颗粒剂 37kg/hm^2 ~45kg/hm^2 处理土壤，防治效果达 60% 。用 2.5% 溴氰菊脂乳油 500mL/hm^2 ~750mL/hm^2 喷雾，防治效果达 85% 。

第 91 节　弓斑丽金龟
(*Cyriopertha arcuata* Gebler)

弓斑丽金龟 *Cyriopertha arcuata* Gebler，属鞘翅目，丽金龟科。

一、分布与危害

国内分布于山西、黑龙江、吉林、辽宁、内蒙古、宁夏、河北、河南等。在陕西，淳化、旬邑、合阳、扶风、澄城、宜川、黄陵、礼泉、印台、长武、彬县、大荔、蒲城、临渭均有分布。

寄主植物有苹果、梨、杏、桃、樱桃、李等果树，幼虫危害地下部位，成虫取食果树的叶片，造成空洞和缺刻。

二、形态特征

成虫体长 8.5mm ~14mm，宽 4.9mm ~7.4mm。体小至中型，近卵圆形。体色变异较大，主要有以下类型：（1）体黑色，鞘翅茶褐色，前半部有弯口朝前的月牙形黑色斑；（2）体茶褐色，头面、小盾片及胸部腹面黑褐色，前胸背板有对称的黑褐色斑，有时鞘翅有不显著的月牙形斑；（3）全体茶褐色，头面和各足跗节黑褐色。鞘翅上深色月牙形斑可从显著到完全消失，体表光泽较弱。唇基大，前方略微宽阔，基部多少缢缩，密布细小刻点，前缘横直，十分折翘；头面密布具毛刻点，毛长似针尖。触角 9 节，棒状部 3 节组成，雄虫棒状部十分长大，明显长于其唇基之宽。前胸背板较长，密布大小刻点，多数刻点具毛，侧缘后段内弯呈“S”形，后缘中段向后弧形扩出；前侧角圆钝，后侧角多少掠出而呈直角形，四缘有完整的边框。小盾片近半圆形，布具毛刻点。鞘翅较不平整，布具毛刻点，毛多不显著，缝肋显著，4 条纵肋明显可见，缘折上有呈列粗强刺毛。臀板上部有毛。胸下密被灰白绒毛。雄虫前足胫节内缘无距，前足爪之内爪在高倍镜下可见其端部背缘外侧有 1 微小刺状分支。

幼虫体长 25mm ~30mm。肛背片有由细缝围成的、中间稍微凹陷的团扇形骨化环，下部向尾端弯伸。肛腹片后部复毛区的刺毛列，由短锥状刺毛所组成，每列 11 ~15 根，多数是 11 ~4 根，两列整齐平行无副列。它的前缘超出了钩状刚毛群的前缘

三、生活史与习性

（一）生活史

一年发生一代，以幼虫在土中越冬。6 月上旬至 7 月下旬为成虫活动产卵盛期。

（二）主要习性

成虫危害禾谷类的穗及向日葵的花盘；幼虫危害禾谷类作物及杂草的地下部位。

四、调查监测与防治技术

同铜绿丽金龟。

第 92 节　四纹丽金龟
（*Popillia quadriguttata* Fab.）

四纹丽金龟 *Popillia quadriguttata* Fab. 又叫中华弧丽金龟，属鞘翅目丽金龟科。

一、分布与危害

分布于中国的黑龙江、吉林、辽宁、内蒙古、甘肃、陕西、河北、山西、山东、河南等省。陕西水果出口基地各县区均有分布。

寄主有苹果、梨、杏、桃、樱桃、李等果树。成虫食叶成不规则缺刻或孔洞，严重的仅残留叶脉，有时食害花或果实；幼虫危害地下组织。

二、形态特征

成虫体长 7.5mm ~ 12mm，宽 4.5mm ~ 6.5mm，椭圆形，翅基宽，前后收狭，体色多为深铜绿色；鞘翅浅褐至草黄色，四周深褐至墨绿色，足黑褐色；臀板基部具白色毛斑 2 个，腹部 1 至 5 节腹板两侧各具白色毛斑 1 个，由密细毛组成。头小点刻密布其上；触角 9 节鳃叶状，棒状部由 3 节构成。雄虫大于雌虫。前胸背板具强闪光且明显隆凸，中间有光滑的窄纵凹线；小盾片三角形，前方呈弧状凹陷。鞘翅宽短略扁平，后方窄缩，肩凸发达，背面具近平行的刻点纵沟 6 条，沟间有 5 条纵肋。足短粗；前足胫节外缘具 2 齿。端齿大而钝，内方距位于第 2 齿基部对面的下方；爪成双，不对称，前足、中足内爪大，分叉，后足则外爪大，不分叉。

卵椭圆形至球形，长径 1.46mm，短径 0.95mm，初产乳白色。

幼虫体长 15mm，头宽约 3mm，头赤褐色，体乳白色。头部前顶刚毛，每侧 5 - 6 根成 1 纵列；后顶刚毛每侧 6 根，其中 5 根成 1 斜列。肛背片后部具心圆形臀板；肛腹片后部覆毛区中间刺毛列呈“八”字形岔开，每侧由 5 ~ 8 根，多为 6 ~ 7 根锥状刺毛组成。

蛹长 9mm ~ 13mm，宽 5mm ~ 6mm，唇基长方形，雌雄触角靴状。

三、生活史与习性

（一）生活史

一年发生 1 代，以 3 龄幼虫在 30cm ~ 80cm 土中越冬。翌春 4 月上移至表土层危害，6 月老熟幼虫开始化蛹，蛹期 8 ~ 20 天，成虫于 6 月中下旬至 8 月下旬羽化，7 月是为害盛期。6 月底开始产卵，7 月中旬至 8 月上旬为产卵盛期，卵期 8 ~ 18 天。幼虫为害至秋末达 3 龄时，钻入深土层越冬。

（二）主要习性

成虫白天活动，适温 20℃ ~ 25℃，飞行力强。具假死性，晚间入土潜伏，无趋光性。

成虫出土2天后取食，群集危害一段时间后交尾产卵，卵散产在2cm~5cm土层里，每雌可产卵20~65粒，多为40~50粒，分多次产下。初孵幼虫以腐植质或幼根为食，稍大危害地下组织。当10cm土层均温低于6.7℃时，幼虫开始向深土层转移，进入11月中旬开始越冬，翌春4月上旬上移，当20cm土温达到9.5℃时，幼虫移入表土层活动为害，老熟幼虫多在3cm~8cm土层里做椭圆形土室化蛹。成虫羽化后稍加停留就出土活动，当10cm深土均温达19.7℃时，成虫开始羽化。气温20℃以上进入羽化出土盛期，高于29.5℃成虫多静伏不动。成虫寿命18~30天，多为25天。

四、发生与环境的关系

成虫喜于地势平坦、保水力强、土壤疏松、有机质含量高的果园和田园产卵，一般以大豆、花生、甘薯地落卵较多。

五、调查监测与防治技术

同铜绿丽金龟。

第93节　苹毛丽金龟
(*Proagopertha lucidula* Faldermann)

苹毛丽金龟 *Proagopertha lucidula* Faldermann，属鞘翅目丽金龟科。

一、分布与危害

分布于吉林、辽宁、河北、河南、山东、山西、陕西、甘肃、安徽、江苏等省均有分布。陕西水果出口基地各县区均有分布。

春季先食害杨、柳、榆等嫩芽，再转害苹果、梨、桃、李、杏、梅、山楂、葡萄等嫩芽和花。白天为害，6月上旬以后在荒草、榆、柳等根际产卵，幼虫在土中害根。

二、形态特征

成虫头、前胸背板紫铜色，翅鞘茶褐色，半透明，可透视出后翅折叠成“V”字形。腹末露出翅鞘外。全体除翅鞘和小盾片外，皆密被黄白色细茸毛，腹部两侧有黄白毛丛。

卵椭圆形。长1.5mm，初乳白后变为米黄色。

幼虫刚毛列排成2纵行，后部行距稍开张，前半部刚毛呈短锥状，各5~12根，多数7~8根，后半部为长针状刚毛，各5~13根，多数7~8根。

蛹长卵圆形，长12.5mm~13.8mm。宽5.5mm~6.0mm。

三、生活史与习性

(一) 生活史

一年发生1代，以成虫在土中越冬。3月下旬开始出土，一般先为害柳、杨、榆等林木，待到果树显蕾开花时转移到杏、桃、梨、苹果上吃花蕾和花。成虫发生期延续到4月下旬，5月上旬成虫入土产卵，幼虫为害植物的幼根。

（二）主要习性

成虫的活动以早晨8时前后和下午3时左右最盛。有假死性。滩地和山地果园受害较重。

四、发生与环境的关系

（一）温度

苹毛丽金龟成虫活动与土温关系极为密切。当地表水温度达12℃、平均气温接近12℃时，成虫即可出土；当气温达到20℃左右时，成虫常在沙丘的向阳处沿地表飞舞或在地面上寻求配偶，14：00后，随气温下降而潜回土中。成虫取食活动也随着气温的升高而加剧，当平均气温升至20℃以上时，成虫即在寄主植物上连续取食下去，直至产卵。成虫的假死习性与温度也有很大关系，当气温低于18℃时，成虫的假死习性非常明显，稍遇振动即坠落地面；当气温高于22℃时，成虫的假死习性不明显。

苹毛丽金龟成虫耐旱性明显。成虫取食、活动均在较干燥处。在气温较高时，遇一般的降雨成虫并不停止取食。成虫亦均在地势较高、排水良好的沙土中产卵。

（二）风

风对苹毛丽金龟成虫的飞行、取食活动有很大影响。无风天，成虫飞翔高度一般2m～3m，最高7m～8m，一次飞行距离为30m～50m。在风速5级以下时，成虫可以自由飞行；超过5级，多顺风沿地面匍匐飞行，有时被风吹落地面。风对成虫在林带中的分布有相当影响，以林带背风面虫口密度最大，受害率亦高；迎风面则相反。

五、调查监测与防治技术

同铜绿丽金龟。

第94节　小青花金龟
（*Oxycetonia jucunda*（Faldermann））

小青花金龟 *Oxycetonia jucunda*（Faldermann）又叫小青花潜，属鞘翅目花金龟科。

一、分布与危害

在中国的河北、山东、河南、山西、陕西等省均有分布，陕西水果出口基地各县区均有分布。

寄主有苹果、梨、桃、李、杏、山楂、梅、板栗、杨、柳、榆、海棠、葡萄、柑橘、葱等。成虫主要取食花蕾和花，数量多时，常群集在花序上，将花瓣，雄蕊和雌蕊吃光，造成只开花不结果。也可取食嫩叶和果实。

二、形态特征

1. 成虫

体长 11mm ~ 16mm，宽 6mm ~ 9mm，长椭圆形稍扁；背面暗绿或绿色至古铜微红及黑褐色，变化大，多为绿色或暗绿色；腹面黑褐色，具光泽，体表密布淡黄色毛和刻点；头较小，黑褐或黑色，唇基前缘中部深陷；前胸背板半椭圆形，前窄后宽，中部两侧盘区各具白绒斑 1 个，近侧缘亦常生不规则白斑，有些个体没有斑点；小盾片三角状；鞘翅狭长，侧缘肩部外凸，且内弯；翅面上生有白色或黄白色绒斑，一般在侧缘及翅合缝处各具较大的斑 3 个；肩凸内侧及翅面上亦常具小斑数个；纵肋 2 ~ 3 条，不明显；臀板宽短，近半圆形，中部偏上具白绒斑 4 个，横列或呈微弧形排列。

2. 卵

椭圆形，长 1.7mm ~ 1.8mm，宽 1.1mm ~ 1.2mm，初为乳白色渐变淡黄色。

3. 幼虫

体长 32mm ~ 36mm，头宽 2.9mm ~ 3.2mm，体乳白色，头部棕褐色或暗褐色，上颚黑褐色；前顶刚毛、额中刚毛、额前侧刚毛各具 1 根。臀节肛腹片后部生长短刺状刚毛，腹毛区的尖刺列每列具刺 16 ~ 24 根，多为 18 ~ 22 根。

4. 蛹

长 14mm，初淡黄白色，后变橙黄色。

三、生活史与习性

（一）生活史

每年发生 1 代，以成虫在土中越冬。4 月上、中旬出现成虫，6、7 月始见幼虫，9 月后成虫绝迹。

（二）主要习性

春季多群聚在花上，食害花瓣、花蕊、柱头、芽及嫩叶，致落花。成虫飞行力强，具假死性，风雨天或低温时常栖息在花上不动，夜间入土潜伏或在树上过夜，成虫经取食后交尾、产卵。卵散产在土中、杂草或落叶下。尤喜产卵于腐殖质多的场所。幼虫孵化后以腐殖质为食，长大后危害根部，但不明显，老熟后化蛹于浅土层。成虫有假死性和趋光性，雨后出土多，白天活动，在晴天多于上午 10：00 至下午 4：00 时危害，日落后成虫入土潜伏。

四、发生与环境的关系

成虫喜食花器，故随寄主开花早迟转移危害。4 月上、中旬取食杏、桃、李的花，4 月中、下旬取食梨、葱花，4 ~ 5 月取食苹果花，5 ~ 6 月取食山楂、葡萄、草莓花，5 ~ 8 月取食柑橘、刺槐、板栗花，6 ~ 7 月取食月季、草莓花，6 ~ 10 月取食紫穗槐、合欢花，8 ~ 10 月取食桃、梨、苹果、葡萄、无花果、板栗果实。

五、调查监测与防治技术

同铜绿丽金龟。

第 95 节　白星花金龟
(*Potosia*（*Liocola*）*brevitarsis* Lewis)

白星花金龟 *Potosia*（*Liocola*）*brevitarsis* Lewis，属鞘翅目花金龟科。

一、分布与危害

国内分布区域广，辽宁、河北、山东、山西、河南、陕西等地都有发生。陕西水果出口基地各县区均有分布。

寄主植物有苹果、梨、桃、李、杏、梅、山楂、葡萄等。主要以成虫食幼叶、芽、花及果实。喜食苹果、梨、桃、葡萄等多种果实，常数头聚集在鸟害、虫伤的果实上危害，把果实咬成深坑。幼虫为腐食性，一般不为害植物。

二、形态特征

1. 成虫

成虫体长 16mm ~ 24mm，宽 9mm ~ 12mm，椭圆形。身体黑铜色，并有绿色或紫色闪光。前胸背板和鞘翅上散布众多不规则白绒斑，其间有一个显著的三角小盾片。腹部末端外露，臀板两侧各有 3 个小白斑。

2. 卵

圆形至椭圆形，长 1.7mm ~ 2.0mm。乳白色。

3. 幼虫

体长 24mm ~ 39mm，头部褐色，胸足 3 对，短小，胴部乳白色，肛腹片上具 2 纵列“U”字形刺毛，每列 19 ~ 22 根，体常弯曲呈“C”形。

4. 蛹

体长 20mm ~ 23mm，初黄白，渐变黄褐。

三、生活史与习性

一年发生 1 代，以幼虫在土中越冬。自 5 月上、中旬到 8、9 月均有成虫出现。

成虫飞行力强，有假死性，对糖醋液有趋性。一般白天为害。

四、调查监测与防治技术

同铜绿丽金龟。

第 96 节　阔胸犀金龟
(*Pentodon patruelis* Frivaldszky)

阔胸犀金龟 *Pentodon patruelis* Frivaldszky 又叫阔胸金龟子，属鞘翅目犀金龟科。

一、分布与危害

国内分布于黑龙江、吉林、辽宁、内蒙古、宁夏、河北、北京、山西、陕西、青海、甘肃、山东、河南、江苏、浙江等地。陕西水果出口基地各县区均有分布。

幼虫食性杂，除为害甜菜外，还为害麦类、玉米、高粱、大豆、甘薯、蔬菜等。主要是幼虫为害农作物的地下根茎。

二、形态特征

1. 成虫

体长 17mm ~ 25.7mm，体宽 9.5mm ~ 13.9mm。体油亮，卵圆形，黑褐或赤褐色，背面十分隆拱；头阔大，唇基长大梯形，前缘平直，两端各呈一上翘齿突；触角 10 节，棒状部 3 节组成；前胸背板阔、圆拱，散布圆大刻点；足粗壮，前足胫节扁宽，外缘 3 齿，基齿中齿间有 1 个小齿，后足胫节端缘有 17 ~ 24 根刺。

2. 卵

初卵为乳白色，呈椭圆形，长 2.4mm ~ 2.9mm，宽 1.5mm ~ 2.0mm，卵壳表面光滑。产后 4d，卵开始逐渐膨大变圆；产后 8d，便可见卵内蛴螬雏形；产后 15d，可见卵内幼虫的红褐色上颚，此时卵膨大，近圆形，不久即孵化。

3. 幼虫

末龄幼虫体长 50mm ~ 60mm，头壳长 5.2mm ~ 5.8mm，头宽 7.0mm ~ 7.6mm。头部顶端刚毛每侧 13 ~ 16 根，排成不太整齐的 2 ~ 3 行纵列毛群。后顶刚毛每侧多根，成一斜列毛群。内唇基感区具 3 根宽大的彼此紧挨的感区刺。锥形感觉器 5 个，排列在感区刺前面。感前片与内唇前片连在一起。左上唇根侧突端部向下呈钩状弯曲，伸入内唇中区，在侧突弯折处，有一刺状突起斜向后方伸出。在肛背片次生的臀节横褶后边，有一条与其平行的细缝（骨化环），围成很大的臀板。肛门孔呈横裂缝状。在肛腹片后部的覆毛区中间，无尖刺列，只有钩状刚毛群和周围的细长毛。

4. 蛹

体长 27mm ~ 32mm，宽 15mm ~ 16mm，深黄褐色。前胸背板宽大。腹部可见节，前 6 节背面前缘中央具 6 对发音器。尾节腹面近似等边三角形，端部双峰状，上有深褐色毛。雄蛹尾节腹面端部具四裂的瘤状突起，基部较大的两个为阳基侧突，端部具较小的阳基；雌蛹尾节腹面平坦，中间具生殖孔及两侧的小骨片。

三、生活史与习性

（一）生活史

在河北，阔胸犀金龟完成 1 个世代需 2 年多（740 天左右），以成虫和幼虫越冬。越冬成虫于4月中下旬开始出土，6~8月为发生盛期，终见期为10月中下旬。5月中旬开始产卵，6月上旬至7月初为产卵盛期，9月上旬为产卵末期，卵期13~29天，平均17.5天。6月中旬始见1龄幼虫，1龄历期平均30.5天；7月中旬脱皮进入2龄，2龄历期平均30.7天；8月上旬进入3龄，3龄历期平均约300天。老熟幼虫6月初开始化蛹，6月上中旬为化蛹盛期，7月初为末期，蛹期15~25天，平均19天。6月中旬成虫开始羽化，7月上中旬为羽化盛期，7月底为末期，成虫寿命为1年（河北省廊坊地区农科所，1973）。

（二）主要习性

成虫昼伏夜出，傍晚7：00开始出土，8：30~11：00为活动盛期。成虫趋光性强，飞行距离可达500m以上。当5cm深处土湿达19%时，大部分成虫上升到土表12cm~13cm处；当日平均气温达25℃~28℃、相对湿度80%~85%时，成虫活动最盛，上灯数量最多。

成虫交配与其他金龟甲种类不同，成虫出土活动主要是觅偶，雌虫钻入土中5cm~10cm处，发出"吱吱"声响，雄虫闻讯便钻入土中进行交配，呈背负式，昼夜均可进行，交配时间为20min~30min。卵单产，每头雌虫最多产卵58粒，平均15粒或16粒。当年羽化的成虫，有的可交配产卵。

四、发生与环境的关系

幼虫对土壤湿度要求严格，喜在含水量较高的土壤中生活，故多发生在低洼地、过水地等。幼虫散居土中，在遇到其他昆虫或同类幼虫时，即用上颚咬住以自卫，尤以老熟幼虫为烈。

五、调查监测与防治技术

同铜绿丽金龟。

第97节　星　天　牛
（*Anoplophora chinensis*（Forster））

星天牛 *Anoplophora chinensis*（Forster）又叫花角虫、牛娘、钻木虫、倒根虫，属鞘翅目天牛科。

一、分布与危害

国内分布很广，辽宁以南，甘肃以东各省（区）都有分布。陕西水果出口基地各县区均有分布。

为害苹果、梨、杏、桃、樱桃、李等果树。成虫啃食纸条嫩皮，食叶成缺刻。幼虫多从树干基部蛀入，先向下蛀食根部，然后再向上蛀食，在根颈部和根部咬食成许多孔洞，甚至全部蛀空，主干近基部常可见黄白色木屑状干燥虫粪，有时推出堆积于地面。被害植株树势衰弱，枝叶发黄。

二、形态特征

1. 成虫

雌成虫体长约 32mm，雄成虫体长约 22mm。全体漆黑，有光泽。鞘翅上有不规则的白色斑纹，基部有小的颗粒状突起。前胸背板侧面各有刺突一个。

2. 卵

椭圆形，如米粒。初产时白色、将孵化时变为黄褐色。

3. 幼虫

老熟时体长约 45mm。乳白色，头部黑色，前胸背板的前部有黄褐色飞鸟形纹。

4. 蛹

长 30mm。初乳白色后黑褐色。

三、生活史与习性

（一）生活史

北方二年完成 1 代，以幼虫在树干基部或根颈部虫道内越冬。在陕南最早于 6 月初见成虫，6 月下旬到 7 月上、中旬是发生盛期。

（二）主要习性

成虫多由树干根颈部位咬开羽化孔爬出。有取食叶片和嫩皮作为补充营养的习性。交尾后 10 ~ 15 天开始将卵产在树干离地面 30cm ~ 50cm 的树皮内。产卵前，先将树皮咬成“T”或“Γ”形刻曹，然后把一粒卵产于其内。刻曹附近有胶液流出。成虫白天活动，一次可飞 20m ~ 50m，早晚不活动，触动有坠落习性。一雌产卵 70 多粒。卵经 10 ~ 15 天孵化。初孵幼虫多在树干近根部皮层内为害，1 ~ 2 月后才蛀入木质部，向上蛀食，只有在上部枝干死亡时，才又向下蛀食。老熟幼虫的虫道有指头粗。

四、发生与环境的关系

与果园管理水平有关，常在郁闭度大、通风透气不良、地面杂草丛生的果园内危害严重。管理水平较好的果园中，天敌对天牛控制作用较为明显，主要天敌是蚂蚁类，能侵入虫道搬食幼虫或蛹；还有啄木鸟，1 种卵寄生蜂，1 种幼虫期寄生蜂和取食幼虫的蠼螋。

五、调查监测与防治技术

（一）调查监测

（1）直接检查选择代表性的果园，每个果园 5 点取样，每点 20 棵树，详细检查树干受害情况，记载蛀洞数。

（2）灯光诱集将近紫外光（尤其是 340nm ~ 380nm）光源作为星天牛诱虫灯的首选光源，用于星天牛监测。

（二）防治技术

1. 农业防治

加强栽培管理，促使植株生长旺盛，保持树体光滑，以减少天牛产卵的机会。枝干孔洞用黏土堵塞，及早砍伐处理虫口密度大、已失去生产价值的衰老树，以减少虫源，剪下的虫枝和伐倒的虫害木应在 4 月前处理完毕。树干涂白以防止天牛产卵，也有很好的防治效果。

2. 物理机械防治

① 人工捕杀：在早晨摇动树枝使天牛成虫坠落。成虫发生期全面地、连续地捕捉成虫，若能坚持进行二、三年，可获显著效果。

② 钩杀幼虫。可用钢丝钩杀幼虫。

③ 利用星天牛产卵部位集中、低下、有明显标志和幼虫刚蛀入后在皮层为害的特点，在 6 ~8 月组织人力挖卵和幼虫。

3. 生物防治

利用花绒坚甲 *Dastarcus longulus* Sharp 和肿腿蜂 *Scleroderma sp.*，有一定效果。

4. 化学防治

（1）药塞虫洞。检查蛀孔，先用粗铁丝将蛀孔内的粪屑清除干净，然后用注射器或用药棉沾药塞入虫孔。一般常用药剂有：50% 马拉硫磷乳油、50% 杀螟松乳油、25% 亚胺硫磷乳油、40% 氧化乐果乳油 20 ~30 倍液。每孔用药 5mL，或注射氨水每孔用药 10mL。或将磷化铝片、丸或磷化锌毒签塞入虫孔内，然后再用湿泥土封堵虫孔，进行毒气熏杀。

（2）喷药防治。可根据星天牛成虫有啃食寄主细枝皮层和取食叶片的习性，在成虫羽化期间向寄主树冠或枝干喷洒 40% 氧化乐果乳油 1.5L/hm^2；25% 西维因可湿性粉剂 3kg/hm^2；50% 杀螟松乳油 1.875L/hm^2；2.5% 溴氰菊酯乳油 3L/hm^2；5% 锐劲特悬浮剂 250mL/hm^2；10% 多来宝悬浮剂 375mL/hm^2 防治成虫。

第 98 节　桑　天　牛
（*Apriona germari*（Hope））

桑天牛 *Apriona germari*（Hope）又叫粒肩天牛，属鞘翅目天牛科。

一、分布与危害

分布全国各地。陕西水果出口基地各县区均有分布。

寄主有苹果、梨、杏、桃、樱桃、李等。是多种果树、林木的重要害虫，特别是管理粗放，栽植桑树地区的苹果受害最重。成虫啃食嫩枝皮层，幼虫蛀成孔洞，使果树生长衰弱，叶色变黄，严重时枝干枯死。

二、形态特征

1. 成虫

体长 36mm ~46mm。体褐黑色，密被黄褐色细绒毛。触角鞭状。头部和前胸背板中央有纵沟，前胸背板有横隆起纹，两侧中央各有 1 个刺状突起。鞘翅基部有许多黑色有光泽的瘤状突起。

2. 卵

椭圆形，稍扁平，弯曲。初产时黄白色，近孵化时变淡褐色，长6mm～7mm。

3. 幼虫

老熟时体长约70mm，圆筒形，乳白色，头部黄褐色。第一胸节特大，方形，背板上密生黄褐色刚毛和赤褐色点粒，并有凹陷的“小”字形纹。

4. 蛹

长约50mm，淡黄色，离蛹。

三、生活史与习性

（一）生活史

在陕西，桑天牛2～3年完成1代，以幼虫在枝干内过冬。幼虫经过2个冬天，在第三年6～7月间化蛹。

（二）主要习性

老熟幼虫在隧道最下1～3个排粪孔的上方外侧咬一个羽化孔，使树皮略肿起或破裂，在羽化孔下70mm～120mm处作蛹室，以蛀屑填塞蛀道两端，然后在其中化蛹。成虫羽化后，在蛹室内静伏5～7天，自羽化孔钻出，啃食枝干皮层、叶片和嫩芽。生活10～15天则开始产卵。产卵前先选择10mm左右粗的小枝条，在基部或中部将表皮咬成“U”形伤口，然后将卵产在中间伤口内，每处产卵1～5粒，一生可产卵100余粒。成虫寿命长约40天。卵经2周孵化。孵化的幼虫，先向枝条上方蛀食约10mm，然后调头向下蛀食，并逐渐深入心材，每蛀食5cm～6cm长时向外蛀一排粪孔，由此排出粪便，堆积地面。排粪孔均在同一方位顺序向下排列，遇有分枝或木质较硬处才转向另一边。随着幼虫的长大，排粪孔的距离也愈来愈远，幼虫一生所蛀孔道可达1.7m～2m长，有时直达根的基部。孔道直，内无虫粪。幼虫多位于最下一排粪孔的下方。越冬幼虫因蛀道底部有积水，多向上移。虫体上方常塞有木屑。

四、调查监测与防治技术

基本同星天牛。果园内及附近最好不种植桑树，以减少虫源。

第99节　梨 眼 天 牛
（*Bacchisa fortunei*（Thomson））

梨眼天牛 *Bacchisa fortunei*（Thomson），属鞘翅目天牛科。

一、分布与危害

分布在我国许多省区：东北、山西、陕西、山东、江苏、江西、浙江、安徽、福建、台湾等地；陕西水果出口基地各县区均有分布。

寄主植物有梨、苹果、杏、桃、樱桃、李等。以幼虫蛀食枝干，被害处树皮破裂，充满烟丝状木屑，受害树发育不良，受害枝易折断。成虫取食叶柄、主脉、侧脉及幼嫩枝条的表皮。在主脉或侧脉上咬长约 2cm 的一段空洞，有时也常把叶片咬成不规则的缺刻。

二、形态特征

1. 成虫

体长 8mm ~ 11mm，体宽 3mm ~ 4mm。圆筒形，橙黄色。翅鞘蓝绿或蓝紫色，有金属光泽。复眼黑色，分为上下两叶。触角端部 4、5 节全部深棕色。触角密生长毛，雄虫触角与体等长或稍长；雌虫触角略短于体长。体密被细长的竖毛。后胸腹板两侧各有蓝黑色或紫色大斑，有时不明显。雌虫腹部末节较长，中央有 1 纵纹。

卵 黄白色，长筒形，略弯曲，长约 2mm，宽 1mm。

2. 幼虫

老熟幼虫体长 18mm ~ 21mm，体呈长筒形，背部略扁平。初孵化幼虫乳白色，后渐变为淡黄色。头部褐色，长大于宽，下腭大，深褐色。前胸背板方形，骨片黄褐色。足退化呈刺瘤状。腹部前七节的背腹板均有卵形瘤突。

3. 蛹

体长 8mm ~ 11mm，初期黄白色，渐变为黄色，羽化前翅鞘逐渐呈蓝黑色。

三、生活史与习性

（一）生活史

在西安地区，两年完成 1 代。多以 3 龄幼虫在坑道内越冬。4 月中旬老熟幼虫停食开始化蛹，4 月中下旬化蛹盛期，蛹期 15 ~ 20 天，5 月上旬开始羽化，盛期在 5 月中下旬，可一直延续到 6 月中旬。

（二）主要习性

成虫羽化后一般在枝条内停留 3 ~ 8 天才爬出。成虫有一定假死性，受惊动常坠落，近地面前又展翅飞迁。飞翔力不强，一次飞迁很少超过 6m。经常栖息叶背和嫩枝上，取食少量的叶片主脉、叶柄、叶缘和嫩枝周皮。晴天多在上午 8：00 ~ 11：00、下午 5：00 到日落前绕树冠飞翔。交尾历时 1h ~ 2h，交尾后 2 ~ 5 天雌虫即开始产卵，产卵前先用上腭将枝条皮层咬成“≡≡”形伤痕，将卵产在伤痕下端皮下，外有一小孔。成虫一般选择直径 15mm ~ 25mm 粗的枝条产卵，直径在 10mm 以下和 45mm 以上的枝条很少产卵。成虫喜光，产卵方位多选择东南两面枝条，枝叶茂密的树，卵多产在树冠周围。一雌一般产卵 10 粒以上，多者可达 30 粒。成虫寿命 10 ~ 30 天。

卵期一般 10 天左右，初孵幼虫就近取食韧皮部约 1 个月，2 龄以上幼虫开始蛀入木质部，顺枝条生长方向蛀食，坑道深 6cm ~ 9cm。幼虫有经常出坑道取食皮层的习性，晴天多在上午 9 时前和下午 6 时后爬出，阴天多在中午爬出。取食皮层面积一般达 $3cm^2$ ~ $7cm^2$，在坑道口外堆满烟丝状木屑纤维粪便。10 月下旬停止取食，坑道口用木屑粪便堵塞。翌春 3 月再恢复取食。自然死亡率 10% 左右。

四、调查监测与防治技术

同星天牛。

第 100 节　光肩星天牛
（*Anoplophora glabripennis*（Motschulsky））

光肩星天牛 *Anoplophora glabripennis*（Motschulsky）又叫亚洲长角天牛，属鞘翅目天牛科。

一、分布与危害

国内分布于辽宁、内蒙古、河北、山东、江苏、浙江、江西、河南、安徽、湖北、湖南、四川、宁夏、甘肃、云南、广东、广西、贵州等省。陕西水果出口基地各县区均有分布。

寄主植物有苹果、梨、杏、桃、樱桃、李等果树。成虫食叶和嫩枝的皮；幼虫于枝干的皮层和木质部内蛀食，向上蛀食，隧道内有粪屑，削弱树势。重者枯死。

二、形态特征

1. 成虫

体长 17.5mm～39mm，宽 5.5mm～12mm，体色黑中带紫铜色。鞘翅基部光滑无颗粒，肩部有粗大刻点，鞘翅上有大小不同的白色毛斑；前胸背板侧刺突较长、尖锐，胸面无毛斑，中瘤不凸显；足及腹面黑色，密被蓝白色绒毛，中胸腹板凸片上瘤突不发达。

2. 卵

长椭圆形。长 5.5mm～7mm 微弯，初乳白，孵化前淡黄色。

3. 幼虫

体长 50mm～60mm，头大部分缩入前胸内，外露部分深褐色，体乳白至淡黄白色，前胸背板后半部具褐色“凸”字形斑纹，凸顶中间有 1 纵裂缝；腹板的主腹片两侧无锈色卵形针突区。这一点是与星天牛相区别的重要特征。

4. 蛹

长 20mm～40mm，初乳白羽化前黄褐色。

三、生活史与习性

（一）生活史

2～3 年发生 1 代，以幼虫于隧遭内越冬。寄主萌动后开始为害。在北方经 2 个或 3 个冬天的幼虫，于5 月中下旬在隧道内化蛹，蛹期 11～20 天。成虫发生期 6～10 月，盛期 6 月下旬至 8 月上旬，白天活动。寿命 1～2 个月。成虫羽化产卵后，卵期 16 天左右，8 月中旬开始蛀入木质部，10 月下旬至 11 月于隧道内越冬。

（二）主要习性

成虫羽化后咬羽化孔出树，经数日取食后交配产卵。成虫白天活动。卵多产于直径在4cm~5cm的枝干上。产卵前先咬1圆形刻槽，长近10mm，深达形成层。产卵于刻槽上方10mm处的木质部和韧皮部之间。后刻槽变黑腐烂。卵期16天左右，初孵幼虫在刻槽附近蛀食，蛀向不定。由产卵孔排出粪屑。8月中旬开始蛀入木质部，向上蛀食隧道，由排粪孔排出大量白色粪屑并有树汁流出。

四、调查监测与防治技术

同星天牛。

第101节　梨　花　象
（*Anthonomus pomorum*（Linnaeus））

梨花象 *Anthonomus pomorum*（Linnaeus）又叫梨包花虫，属鞘翅目象甲科。

一、分布与危害

国内分布于辽宁、河北、河南、山东、陕西、青海、湖北等省。陕西水果出口基地各县区均有分布。

主要危害梨，也可取食苹果、桃、山荆子等。成虫在花蕾上咬孔产卵，幼虫危害花蕾，咬食花蕊和子房，使花不能开放；开放者花瓣干枯变褐似霜冻状。幼虫也危害早熟品种的幼果。被害花、果极易脱落。

二、形态特征

成虫体长3mm~5mm（头管除外），全体灰褐色至黑褐色，密生淡灰色绒毛。头管稍粗，长约1.5mm。两鞘翅各有刻点纵列10条，鞘翅中部和近末端各有1条黑褐色斜纹。腹部节数：雌虫5节，雄虫6节。

卵椭圆形，长0.8mm。初乳白至淡黄色，渐变紫红色。

幼虫体长5mm~8mm，近长纺锤形，稍弯曲。头部黑褐色，体乳白至淡黄白色，各节有横皱，疏生淡褐色细毛。

蛹体长3mm~5mm，长椭圆形，淡黄至黄色。前胸背面略呈球状隆起，上生12根刺毛，尾端有一对褐色突起。

三、生活史与习性

（一）生活史

一年发生1代，以成虫聚集于树皮裂缝或落叶层中越冬。翌春梨花现蕾时成虫出蛰，取食花蕾和嫩叶。4月下旬至5月上旬，成虫将卵单产于花蕾上，每雌产卵18~40粒。卵期5~8天，孵化后幼虫食害花蕾或早熟品种的幼果。幼虫为害19~22天，老熟后即在被害花蕾或幼果中做茧化蛹。蛹期约 8 天。5 月末到 6 月上旬为成虫羽化盛期。

（二）主要习性

成虫食害嫩叶，并有假死性，遇惊即坠地逃走。8 月中旬后成虫陆续越冬。

四、发生与环境的关系

（一）温度

成虫在气温 18℃时活动最盛，在强光下不善活动，高于 25℃成虫群集在树皮裂缝内或荫凉处。

（二）梨品种

梨花象甲发生与梨品种有关，本国梨受害重，洋梨及梨花期早者较轻。

五、调查监测与防治技术

（一）农业防治

（1）清洁果园。春季刮除粗老翘皮，清扫果园的落地枯叶，集中烧毁，消灭越冬成虫。摘除被害花、果，及时拾拣落地虫苞和虫果，集中烧毁。

（2）深翻土壤早春深翻园内土壤，将在表层土内越冬成虫埋于土下，使之难以出土，以达到防治的目的。着重深翻树冠下表土，深度以 20cm ~ 30cm 为宜。

（二）物理防治

利用成虫假死性，进行人工振落捕杀。

（三）化学防治

在成虫发生期喷洒 90% 敌百虫原粉 1.875kg/hm^2，在产卵较多时可喷施 50% 辛硫磷乳油 750mL/hm^2。

第 102 节　棉　铃　虫
（*Helioverpa armigera*（Hubner））

棉铃虫 *Helioverpa armigera*（Hubner）又名棉铃实夜蛾，属鳞翅目夜蛾科。

一、分布与危害

广泛分布于中国及世界各地，在陕西水果出口基地各县区均有分布。

棉铃虫危害棉花、苹果、柑橘、李、桃、葡萄、梨、无花果、草莓、番茄、向日葵、玉米、辣椒、小麦、泡桐，其中以棉花、玉米、小麦、番茄受害较重。以幼虫取食寄主嫩梢与幼叶，蛀害果实时被害处为 1 个不规则的大孔洞，粪便排于其中，或也有虫粪推出被害孔外，果实受害后常引起腐烂脱落。

二、形态特征

1. 成虫

体长 14mm ~ 18mm，翅展 30mm ~ 38mm。头、胸部及腹部淡灰褐或青灰色。前翅青

灰或浅青灰色，基线双线，内横线双线褐色，锯齿形，环纹褐边，中央有1个黑点，肾纹褐色，中央有1块深褐色肾形斑，肾纹前方的前缘脉上有2条褐纹，中横线褐色，微波浪形，外横线双线褐色，锯齿形，齿尖在翅脉上为白点，亚缘线褐色，锯齿形，与外横线间为1条褐色宽带，端区各翅脉闻有黑点。后翅黄白色或淡黄褐色，端区褐或黑色，翅脉色暗，在中部Cu1脉的两侧具1相并的灰白色斑，间或斑不明显，全为褐色，触角丝状，复眼绿色。

2. 卵

半球形，直径约0.6mm，初产卵为淡黄白色，孵化前深紫色。

3. 幼虫

老熟体长32mm~45mm；头黄色具不规则黄褐色网状纹。体色变化，有4种；即：(1) 黄白色，背线与亚背线绿色，气门线白色，毛突黄白色；(2) 绿色，背线与亚背线深绿色、气门线淡黄色；(3) 淡绿色，背线与亚背线淡绿色不明显，气门线白色，毛突绿色；(4) 淡红色，背线与亚背线浅褐色，气门线白色，毛突黑色，体表满布褐色和灰色小刺，第1、8腹节背线处最多，背线由2条或4条组成，气门上线由不连续的3~4条线组成；气门椭圆形；围气门片褐色；第8旗节气门较大。腹足趾钩双序中带，第1、2对各约15个，第3对约16个，第4对约19个，臀足趾钩17~23个。

4. 蛹

体长17mm~20mm；黄褐色，腹末圆形，臀棘2个，尖端微弯。

三、生活史与习性

(一) 生活史

年发生代数由北至南逐渐增加，辽河流域和新疆大部1年发生3代，黄河流域及部分长江流域一年发生4代，长江流域以南一年发生5~7代，一般均以蛹于土中越冬。云南部分地区一年发生7代，且冬季蛹不滞育。以蛹越冬者于次年气温上升至15℃以上时开始羽化，羽化以夜间9~12时最多，越冬代成虫羽化期长达40天左右，第2代以后则世代明显重叠。年生4代区：第1代成虫盛发期为6月中、下旬；6月底至7月上、中旬为第2代幼虫危害盛期；第2代化蛹盛期为2月中、下旬；7月下旬至8月上旬为第2代成虫盛发期；第3代幼虫为害盛期在8月上、中旬，第3代成虫盛发期在8月下旬至9月上旬；越冬代成虫（第4代）盛发期为4月下旬至5月中旬。各代卵期分别平均为7天、3天、3天、5天。幼虫共6龄，或有5龄者，当平均气温为21℃时，幼虫历期约22天，蛹期平均10天。第1代幼虫主要为害麦类、苜蓿等早春作物，第2代开始危害果树。

(二) 主要习性

成虫昼伏夜出，具趋光性和趋化性、喜食糖蜜。成虫羽化多于下午19时至次日凌晨2时进行，羽此后当晚即行交尾，2~3天后开始产卵，产卵历期6~8天，卵散产于寄主嫩芽、幼叶上，初孵幼虫先取食卵壳，次日危害嫩芽、幼叶，3~6龄幼虫食量大增，且有转移危害习性，转移时间多于夜间和清晨发生。幼虫老熟后停止取食；沿树干爬下或直接坠落地面，寻找疏松干燥的土壤，钻入其中化蛹，或进入越冬。

四、发生与环境条件的关系

（一）气候条件

棉铃虫适宜偏干旱的环境条件，长江流域棉铃虫大发生的年份，如20世纪70年代初和90年代初，均是梅雨偏少，夏季偏旱或伏旱的年份。黄河流域在棉铃虫发生期，常年气候干旱，是棉铃虫的常发区，但在幼虫人土化蛹期降雨量大的年份对下一代也有明显的抑制作用。

（二）耕作制度

随着产业结构调整，各类经济作物面积的扩大，棉铃虫嗜食的寄主植物种类和数量增加，并且呈镶嵌式种植，使棉铃虫得以在不同作物间辗转取食，促进了棉铃虫种群的发展和繁衍。尤其是冬作面积的扩大和多样化为越冬代成虫提供了丰富的蜜源植物，还为幼虫提供了丰富的食料和适宜的小气候条件，使虫源基数增大。杂交玉米和杂交高粱的推广，棉田间套作，化学除草和免耕法的推广等，都会导致棉铃虫发生危害加重。

（三）天敌

棉铃虫天敌的种类很多。卵期寄生性天敌有松毛虫赤眼蜂、拟澳洲赤眼蜂等；幼虫期天敌主要有螟蛉绒茧蜂、伏虎茧蜂、黏虫悬茧蜂、甘蓝夜蛾拟瘦姬蜂、棉铃虫齿唇姬蜂、伞裙追寄蝇、日本追寄蝇等。捕食性天敌种群数量最大的是蜘蛛，其次为草蛉、瓢虫、胡蜂、螳螂以及小花蝽、华姬蝽、大眼蝉长蝽等。

五、调查监测与防治技术

（一）调查监测

1. 杨树枝把诱蛾

诱集于6月上旬开始，用长约70cm半萎蔫的杨树（或紫穗槐）枝条10枝，从基部捆成1束，倒挂于木棍顶端，竖插在棉行间，每公顷均匀插105～150把，清晨用塑料袋套把，使成虫跌落在袋中，记数。树枝把6～7天更换1次。

2. 灯光诱蛾

在常年适于成虫发生的场所，安装1台多功能自动虫情测报灯（条件不具备的地方，可用20W黑光灯代替）。每日统计成虫发生数量。

（二）防治技术

1. 农业防治

（1）耕锄灌水灭蛹。棉铃虫在秋后以老熟幼虫入土，多在距地表2.5cm～6cm处化蛹越冬。冬季及早春及时适度深耕，破土灭蛹，或对冬季白茬地耕翻灌水，可压低越冬虫源基数。田间化蛹期，结合锄地灭蛹或培土闷蛹，天气干旱时，结合灌溉采用灌水灭蛹。

（2）合理调整作物布局。目的是从改变棉铃虫发生的生态条件加以控制。在果园附近避免种植棉花等作物，压低虫基数，减少以后各代的发生量。

2. 诱杀成虫

（1）种植诱集作物。利用成虫需到蜜源植物上取食以获得补充营养的习性，在棉田

内或附近种植花期与棉铃虫羽化期相吻合的植物，进行诱杀。常用的诱集作物有芹菜、洋葱、胡萝卜等伞形科植物及可诱集棉铃虫产卵的玉米、高粱等作物。

（2）灯光诱杀。根据棉铃虫的趋光性，可用频振灯、高压汞灯、黑光灯等诱杀成虫。

（3）杨树枝把诱蛾。大面积诱蛾要抓住发蛾高峰期，用70cm左右的半萎蔫杨、柳、紫穗槐等树枝，每10枝捆成1把，每公顷105～150把，每天日出前用塑料袋套蛾捕杀，6～7天更换1次。

（4）性诱剂诱杀。在棉铃虫羽化初期，田间放置水盆式诱捕器，盆高于作物约10cm，每$200m^2$～$250m^2$设1个诱捕器，每天早晨捞出死蛾，并及时补足水，约每15天换1次诱芯。

3. 生物防治

（1）保护利用自然天敌 棉铃虫天敌种类很多，尽量减少使用农药和改进施药方法，避免对天敌的杀伤，有利发挥自然天敌对棉铃虫的控制作用。

（2）释放赤眼蜂 从棉铃虫产卵初盛期开始，每隔3～5天，连续释放赤眼蜂2～3次，每次22.5万头/hm^2，寄生率可达60%～80%。

（3）喷洒菌类制剂 用100亿活孢子/mL Bt制剂每公顷1L，对水750L，喷雾，连续喷2～3次，每次间隔3～4天。或用棉铃虫核多角体病毒（NPV）制剂5%棉烟灵750mL/hm^2。

4. 化学防治

防治适期应掌握在卵期和初孵幼虫期。常用药剂有15%安打悬浮剂150mL/hm^2～270mL/hm^2或2.5%溴氰菊酯乳油、2.5%三氟氯氰菊酯乳油450mL/hm^2～600mL/hm^2、40%丙溴磷乳油900mL/hm^2、50%辛硫磷乳油750mL/hm^2～1125mL/hm^2、20%灭多威乳油900mL/hm^2～1200mL/hm^2、35%硫丹乳油1200mL/hm^2、1.8%阿维菌素乳油600mL/hm^2～900mL/hm^2、5%抑太保乳油450mL/hm^2～750mL/hm^2等。

第103节　黑星麦蛾

(*Telphusa chloroderces* Meyrick)

黑星麦蛾*Telphusa chloroderces* Meyrick又称黑星卷叶芽蛾、苹果黑星麦蛾，属鳞翅目麦蛾科。

一、分布及危害

国内吉林、辽宁，河北、山东、江苏、河南、山西、陕西均有分布。在陕西水果出口基地各县区普遍发生。

黑星麦蛾危害苹果、海棠、山定子、梨、桃、李、杏、樱桃等，最喜取食桃叶。幼虫在枝梢吐丝缀连多数叶片作巢，叶间有许多白色丝质通道和大烫虫粪，数头至十余头幼虫群栖其中取食叶肉，残留下表皮和叫叶脉，受害梢后期枯焦。在管理粗放的果园发生普遍，尤其苹果与桃混栽的果园受害较重，常使果园一片枯黄，延迟结果。

二、形态特征

1. 成虫

体长 5mm～6mm，翅展 16mm，体、翅灰褐色至深灰色，前翅狭长近长方形，近外缘处有 1 不太明显的向外突出成弧形的灰白色横带，其外侧至外缘间为黑褐色。翅中部有 2 个纵列的深褐色斑点，有时不太明显，后翅灰褐色。雄虫体色较雌虫深暗。

2. 卵

椭圆形，淡黄色，有光泽，长径 0.5mm。

3. 幼虫

老熟时 10mm～11mm，体细长，头、臀板及臀足褐色，前胸背板黑褐色，体背面暗黄白色，有 6 条淡紫褐色纵带，全体形成深浅相间的纵条纹。腹足趾钩双序环。

4. 蛹

长约 6mm，黄褐至红褐色，第 6 节腹面中部有 2 个突起，第 7 腹节后缘有蜡黄色突起。茧灰白色，长椭圆形。

三、生活史与习性

（一）生活史

在河北、陕西一年发生 3 代，以蛹在落叶、杂草等处越冬，果树发芽时成虫陆续羽化，产卵于嫩叶丛的叶柄基部，单产或数粒成堆，4 月中旬初孵幼虫在未展开的嫩叶中危害，稍大即吐丝卷叶成巢，5 月下旬幼虫老熟，于被害叶内结茧化蛹。第 1 代成虫发生于 6 月上、中旬，以后世代不整齐。

（二）主要习性

成虫活泼，黄昏飞翔于杂草与枝间，幼虫活泼，受惊有吐丝下垂习性。

四、调查监测与防治技术

（一）调查监测

1. 糖醋液诱测

6 月上旬开始在果园内悬挂糖醋盆进行诱蛾，至诱不到成虫时结束。每天早晨观察杯中成虫数并剔除。

2. 灯光诱蛾

5 月开始于果园悬挂黑光灯，调查虫情。

（二）防治技术

1. 人工防治

早春池底刮除翘皮，清理树体，药泥、涂白剂或石硫合剂和敌敌畏“封闭”出蛰前幼虫，刮下的翘皮及树上黏贴的枯叶集中处理。春季结合疏花、疏果，摘除虫苞，消灭其中幼虫。如寄生性天敌较多时，可将虫苞饲养于笼中，待天敌羽化释放后，再将害虫处死。在各代成虫发生前利用黑光灯、糖醋液、性诱剂诱捕成虫。

2. 生物防治

天敌有拟澳赤眼蜂 *Trichogramma confusum* Viggiani、松毛虫赤眼蜂 *Trichogramma dendrolimi Matsumura*、卷叶蛾肿腿蜂 *Goniozus japonicus*、舞毒蛾黑瘤姬蜂 *Coccygomimus disparis* (Viereck)、卷叶蛾绒茧蜂 *Apanteles* sp.、卷叶蛾甲腹茧蜂 *Ascogaster* sp. 等，这些天敌对果树卷叶蛾类均有较好的控制作用，应注意保护。有条件的地区，可在卵盛期释放赤眼蜂，每株树放蜂1000头，放蜂3～4次，间隔3～5天。

3. 化学防治

春季幼虫危害初期，结合防治梨星毛虫和苹小卷叶蛾，在开花前幼虫大部分已出蛰和各代幼虫初孵化期进行，重点应防治越冬代和第1代，以减少前期虫口数量，避免后期果实受害。后期应利用寄生蜂等天敌的自然控制作用，尽量少用化学农药。喷洒有效药剂有50%杀螟松乳剂800mL/hm^2、2.5%溴氰菊酯乳油500mL/hm^2、50%敌敌畏乳剂1000mL/hm^2、90%敌百虫乳剂800mL/hm^2～1200mL/hm^2。后2种药剂在开花至6月下旬以前不宜使用，因为会加重某些苹果品种的生理落果。

第104节　黄斑卷叶蛾
(*Acleris fimbriana* (Thunberg))

黄斑卷叶蛾 *Acleris fimbriana* (Thunberg) 又名黄斑长翅卷叶蛾，属鳞翅目卷叶蛾科。

一、分布及危害

国外分布在欧洲及日本、俄罗斯，国内东北、华北、华东、西北等地区都有发生。在陕西水果出口基地各县区均有分布。

黄斑卷叶蛾危害苹果、桃、李、杏、山定子、海棠、杜梨等。幼虫吐丝连结数叶，在卷叶中取食叶片呈孔洞。桃、李及苹果幼苗受害较重。

二、形态特征

1. 成虫

体长7mm～9mm，翅展17mm～20mm。夏型成虫前翅金黄色，散布有银白色突起的鳞片，后翅灰白色，复眼红色，冬型成虫前翅暗褐色，后翅灰褐色，复眼黑色。

2. 卵

椭圆形，扁平，淡黄色半透明。以后出现红圈，渐变为暗红色以至褐色。单粒散产。

3. 幼虫

1、2龄幼虫头和前胸背板黑色，身体黄至黄绿色，老熟幼虫体长18mm～22mm，头和前晌背板黄褐色，体黄绿色，腹末有臀栉5～7刺。不太活泼。

4. 蛹

9mm～11mm，暗褐色，头顶有1个向背面弯曲的角状突起，腹末两侧向腹面弯突呈尖齿状。

三、生活史与习性

（一）生活史

在我国东北、华北地区 1 年发生 3～4 代，陕西秦岭北麓为 3 代，关中渭河滩地及山西中部为 4 代。以冬型成虫在果园杂草、落叶中越冬，次年 3 月上旬苹果花芽刚萌动时即出蛰活动，产卵于枝条、树干及芽的两侧，幼虫孵化后先害幼芽，往往与苹小卷叶蛾幼虫混合发生。第 1 代成虫发生于 5 月中、下旬；第 2 代成虫在 7 月中、下旬；第 3 代成虫在 8 月中、下旬；9 月下旬至 10 月出现越冬代成虫。

（二）主要习性

成虫活动的适宜温度为 20℃～30℃，因此，春、秋多在 10：00～18：00，夏季多在 4：00～12：00 和 19：00～24：00 活动。夏型成虫对黑光灯和糖醋液有一定的趋性。羽化后当日即可交尾，1～2 日后产卵，卵大多散产于叶面，平均每雌产卵 80 余粒，卵期第 1 代 20 天左右，其余世代 4～5 天。幼虫共 5 龄，有转叶危害习性，喜欢危害中、上部较幼嫩的叶片。

四、调查监测与防治技术

（一）调查监测

1. 糖醋液诱集

红糖 1 份、醋 4 份、果酒 0.5 份、水 10 份混合，放于碗中，傍晚挂到田间，逐日记载诱蛾数。

2. 灯光诱杀

根据其夏季成虫的趋光性，可用频振灯、高压汞灯、黑光灯等诱杀成虫。

（二）防治技术

1. 农业防治

果树休眠期，清除果园及附近杂草和落叶，使成虫不能隐蔽越冬。清除虫源、清除落叶和杂草，消灭越冬成虫。

2. 生物防治

参照黑星麦蛾。

3. 化学防治

抓好第 1 代幼虫的防治，在初孵幼虫为害期选用 20% 氰戊菊酯乳油 500mL/hm^2、2.5% 高效氯氟氰菊酯乳油 500mL/hm^2 或 10% 吡虫啉可湿性粉剂 450g/hm^2～500g/hm^2 喷洒。

第 105 节　苹小卷叶蛾
（*Adoxophyes orana* Fischer von Roslerstamm）

苹小卷叶蛾 *Adoxophyes orana* Fischer von Roslerstamm 又名棉褐带卷蛾、苹小黄卷蛾、远东褐带卷叶蛾、茶小卷叶蛾等，属鳞翅目卷叶蛾科。

一、分布与危害

国内分布于东北，华北、华东、华中、西北、西南等省，国外分布于欧洲、印度、日本等地。在陕西水果出口基地各县区均有分布。

苹小卷叶蛾危害苹果、梨、山楂、桃，李、杏、梅、樱桃、枇杷、柑橘、柿，石榴、榆，杨、刺槐、丁香、棉花等约 30 多种植物。果树中以苹果和桃受害最重。主要以幼虫为害苹果的芽、花，叶和果实，芽受害后不能伸展开放，展叶后将叶纵卷，并将数叶连缀在一起啃食成筛网状或孔洞，影响叶片进行光合作用，还可啃食果皮，呈不规则的点状或片状坑洼，形成干疤，降低果品质量，遇雨时会造成腐烂或发生黑霉，果梗被咬伤后引起落果。

二、形态特征

1. 成虫

体长 6mm ~ 8mm，翅展 13mm ~ 23mm，体棕黄色，前翅基斑褐色，中带上半部狭窄，下半部向外倾突然增宽，下半部中央色浅，余部色深，似倾斜的“h”形。

2. 卵

扁平椭圆形，初产淡黄绿色，数十粒排成鱼鳞状卵块。

3. 幼虫

老龄幼虫体长 13mm ~ 15mm，体黄绿色至翠绿色，头壳及前胸背板黄绿色，头壳侧后缘有棕褐色斑，腹足趾钩为不规则的 2 序环式，臀栉 6 ~ 8 根。1、2 龄幼虫头和前胸背板褐色。

4. 蛹

体长 9mm ~ 10mm，黄褐色，腹部 2 ~ 7 节背面各有 2 列刺突，后面 1 列小而密，臀棘 8 根。

三、生活史与习性

（一） 生活史

苹果小卷叶蛾在东北和华北，每年发生 3 代，在河南和陕西关中地区发生 4 代，以 2 龄小幼虫在树干翘皮下、锯口周围裂缝中以及枝上粘贴的枯叶下越冬。虫体外包被白色薄茧。4 月上、中旬苹果树发芽时，幼虫出蛰危害幼芽和花蕾，并吐丝连接嫩叶和花蕾，使不能伸展和开放，展叶后便卷叶为害。4 月中、下旬幼虫老熟，在化蛹前多需转叶，然后在卷叶中化蛹。成虫于 5 月上旬至 6 月下旬发生。盛期在 5 月中旬。后期世代有重叠现象。

在秦岭北麓和渭北旱塬地区发生期比关中稍晚，越冬代成虫分别在 5 月下旬和 6 月中下旬。

（二） 主要习性

成虫多在每日上午 9：00 ~ 11：00 羽化，黎明和傍晚进行交尾活动，产卵前期越冬代

2～4 天，以后各代 1～2 天，卵多产在苹果叶正面，少数在叶背和果实上，桃叶上的卵大多在背面，每雌可产卵块 1～3 个，大多 1 次产完，雌虫产卵量最多 207 粒，最少 21 粒。湿度对成虫产卵量影响较大，气候干旱时，产卵量减少。

成虫对黑光灯和糖醋味有强的趋性，雄蛾对雌蛾分泌的性激素反应敏感，人工合成性诱剂的主要成分力(A)顺－9－十四烯醇乙酸酯和(B)顺－11－十四烯醇乙酸酯，A：B 以 9：1 的诱蛾活性较好，可用于测报与防治。

幼虫孵化初期多吐丝下垂而分散，先在叶背主、侧脉两侧吐丝结网，危害叶片，呈筛孔状，留下另一面表皮，稍大即连缀数叶为害，当被害叶营养不良时，即向嫩叶上转移危害，幼虫性活泼，受惊即吐丝下垂，落地逃逸，触动虫体时，可向前或后迅速扭动，幼虫老熟时，往往另转叶结虫苞，在其中化蛹。成虫羽化时，将蛹壳一半带出丝网外。

四、调查监测与防治技术

（一）调查监测

1. 越冬幼虫出蛰凋查

掌握越冬虫口数量和出蜇期是进行春季防治的基础。选有代表性的树 3～5 抹，每株固定 50 个花芽，白萌芽开始，每 2 天统计 1 次芽上幼虫数，统计后将幼虫除掉，当幼虫连续出现，数量上升时，即预示出蛰盛期到来，一直统计到出蛰结束为止。

2. 成虫发生动态监测

采用性诱剂、糖醋液或黑光灯进行诱捕，自 5 月开始，每日统计诱捕成虫数量。

（二）综合防治

1. 农业措施

果树休眠朗，人工刮除粗老翘皮和枝干上千叶，集中处理。春季结合疏花、疏果，摘除虫苞，加以处理。

2. 涂杀幼虫

果树萌芽初期，幼虫尚未大量出蛰前，用 50% 敌敌畏乳油 200 倍液涂抹剪锯口和枝杈等部位，杀死出蛰幼虫。此法在表皮光滑的幼树上进行效果尤为显著。

3. 诱杀成虫

根据各代成虫发生期，利用黑光灯、糖醋液、性诱剂，挂于果园内诱捕成虫。

4. 生物防治

（1）人工施放赤眼蜂。有条件地区可在室内利用蓖麻蚕卵繁殖拟澳赤眼蜂或松毛虫赤眼蜂，掌握在卷叶蛾第 1 代、第 2 代卵期施放于田间，每代放蜂 3～4 次，约每 5 天施放一次，每次每公顷放 27～30 万头，应选择晴朗天气放蜂，在卵卡上用塑料纸制成护卵器，以免日晒和雨淋。春季天敌数量少，采用人工放蜂，可显著提高卵的寄生率，达 80% 左右。

（2）利用颗粒体病毒防治幼虫。日本、德国和荷兰都很重视颗粒体病毒的利用。国内武汉大学等单位正开展研究，苹小卷叶蛾颗粒体病毒（APGV）主要感染苹小卷叶蛾幼虫，在卵孵化期和 2～3 龄期每公顷喷 36.6～66.6gAPGV 罹病尸体，可达到 80%～93% 的防治效果。

5. 化学防治

掌握在开花前幼虫大部分已出蛰和各代幼虫初孵化期进行，重点应防治越冬代和第一代，以减少前期虫口数量，避免后期果实受害。后期应利用寄生蜂等天敌的自然控制作用，尽量少用化学农药。

常用药剂有 50% 杀螟松乳剂 800mL/hm^2、2.5% 溴氰菊酯乳油 500mL/hm^2、50% 敌敌畏乳剂 1000mL/hm^2、90% 敌百虫乳剂 800mL/hm^2 ~ 1200mL/hm^2。后两种药剂在开花至 6 月下旬以前不宜使用，因为会加重某些苹果品种的生理落果。灭幼脲 1 号悬浮剂施用浓度为 5×10^{-6} ~ 10×10^{-6}，可使幼虫和蛹发育畸形，或使成虫不能交尾繁殖。

第 106 节　顶梢卷叶蛾
(*Spilonota lechriaspis* Meyrick)

顶梢卷叶蛾 *Spilonota lechriaspis* Meyrick 又称芽白小卷蛾，属鳞翅目卷叶蛾科。

一、分布及危害

我国东北、华北、华中、华东，西北普遍发生，国外分布于日本、朝鲜等地。在陕西水果出口基地各县区均有分布。

顶稍卷叶蛾危害苹果、海棠、山楂、梨，枇杷等，幼虫专害嫩梢，吐丝将新梢数片嫩叶纠结成拳头状虫苞，并刮下叶背绒毛，把丝和绒毛织成长形丝囊，幼虫潜藏其中，仅在取食时身体露出丝囊外，被害新梢干枯，生长点也被损伤，使生长受到抑制，被害梢枯叶至冬季仍残留梢头而不落，易于识别。一般生长旺盛的幼树和果苗受害较重，影响幼树扩大树冠，进而影响提前结果，使果苗出圃期延迟，质量下降。

二、形态特征

1. 成虫

体长 6mm ~ 8mm，翅展 12mm ~ 14mm，全体淡灰褐色，翅基部 1/3 处和翅中部各有 1 暗褐色横带，后缘近臀角处有 1 三角形暗褐色斑，两翅合拢时斑汇合成梭形，翅面上还有数条细横纹，前缘有数条平行短线，近外缘有 1 列小黑点。

2. 卵

扁椭圆形，长径 0.7mm，乳白色，半透明。卵粒散产。

3. 幼虫

老熟时体长 8mm ~ 10mm，头红褐色至黑色，体污白色，前胸背板和胸足黑色。无臀栉。

4. 蛹

长 6mm ~ 8mm，黄褐色，腹末有 8 个钩状刺毛和 6 千小齿。化蛹于卷叶丝囊内。

三、生活史与习性

（一）生活史

在辽宁、山东、山西等地一年发生 2 代，北京、江苏、安徽、河南、陕西一年 3 代，但在陕西渭北地区为 2 代。以 2 龄，3 龄幼虫在被害梢的枯叶中越冬。3 月下旬苹果树发芽时幼虫开始出蛰，转害春梢新芽，5 月中，下旬幼虫老熟，在卷叶内化蛹，关中地区越冬代成虫发生于5 月下旬至6 月下旬，第1 代成虫在6 月下旬至7 月下旬，第2 代成虫在7 月下旬至8 月下旬，第3 代幼虫于9 月下旬以后越冬。第1 代幼虫主要危害春梢，第2、第3 代幼虫主要危害秋梢。卵期5 ~6 天，蛹期第1 代，第2 代7 ~8 天，越冬代13 天。成虫于黄昏时开始活动，有弱趋光性，产卵前期1 ~4 天，卵单产，大多产在枝梢中、上部多毛的叶片上。每雌虫产卵量约数10 粒至100 多粒。

（二）主要习性

成虫对糖蜜有趋性，略有趋光性。卵散产在当年生枝条中部叶背面多绒毛处。初孵幼虫多在叶背两侧啃食叶肉，稍大后，爬到枝梢顶端将叶片渐卷为虫苞危害。

四、调查监测与防治技术

（一）调查监测

1. 越冬幼虫出蛰监测

出蛰期为防治第1 个关键期，可在上1 年发生较多的果园进行调查。从4 月中、下旬开始，每隔两天随机取样调查1 次枝梢、侧芽以及叶腋上越冬茧变化情况。每次调查茧数不少于100 个，调查虫茧及空茧数，计算出百分数。

2. 成虫发生动态调查

6 月上旬开始在果园内悬挂糖醋盆进行诱蛾，至诱不到成虫时结束。每天早晨观察杯中成虫数并剔除。

（二）防治技术

根据顶梢卷叶蛾发生规律的特点，应采用人工和药剂相结合，防治成虫和防治幼虫相结合的策略，重点消灭越冬代和第1 代低龄幼虫，保护春梢和减少后期虫口密度。

1. 农业防治

人工防治结合冬季修剪，彻底剪除虫梢，集中烧毁或深埋。越冬代成虫羽化前再剪除1 次。同时，可以进行人工捕捉。

2. 物理防治

可在成虫发生期用糖醋液、黑光灯及性激素诱杀。

3. 生物防治

顶梢卷叶蛾的天敌有松毛虫赤眼卵蜂、中国齿腿姬蜂等多种寄生蜂，应注意保护。

4. 化学防治

第一代卵盛期和卵孵化盛期喷药，选用50% 对硫磷乳剂 750mL/hm^2 或50% 辛硫磷乳剂 1000mL/hm^2、50% 杀螟松乳剂 1500mL/hm^2、菊酯类药剂 190mL/hm^2 ~380mL/hm^2 喷洒。

第 107 节　梨小食心虫

（*Grapholitha molesta*（Busck））

梨小食心虫 *Grapholitha molesta* Busck 又名东方蛀果蛾、梨食卷叶蛾、梨姬食心虫、东方果蠹蛾、折梢虫，属鳞翅目卷蛾科。

一、分布与危害

除西藏未见报道外广布于全国各地，尤以东北、华北、华东、西北各桃、梨等果产区发生最普遍；在国外分布于亚洲、欧洲、美洲、澳大利亚，为世界性害虫。在陕西水果出口基地各县区均有分布。

梨小食心虫寄主可根据幼虫在不同植物上的不同危害部位可分为：（1）危害桃、苹果、李、杏、海棠、樱桃、杨梅等寄主的新梢；（2）危害梨、苹果、李、梅、杏、枣、木瓜、樱桃、山楂、榅桲、枇杷等寄主的果实；（3）危害批把等寄主的幼苗或嫩枝的枝干。尤以梨、桃混植果园此虫发生更为严重。

危害新梢时，以初孵幼虫从梢端2～3片叶子的基部蛀入梢中并向下食害髓部，蛀孔处不久边向蛀孔外流出树胶，并有粒状虫粪，被害梢先端凋萎，继而数叶下垂，最后新梢变黑枯死。危害果实时，幼虫多从果实两端或两果相接处蛀入，被害蛀入孔较小，入果后直达果心，并食害种子，但不纵横串食。虫道内有丝线，脱果孔粗大，孔口有虫粪和丝网，受害早的梨果，蛀孔变为青绿色，稍凹陷；受害晚的则无此症状，但孔外有虫粪，数日后蛀入孔或脱果孔周围由于菌类侵入或遇雨季而引起变黑腐烂（故有“黑膏药”之称）。桃果被害时，幼虫多从梗洼处蛀入，向果心食害，蛀道内有虫粪。

二、形态特征

1. 成虫

体长4.6mm～6.0mm，翅展10.6mm～15.0mm。全体灰褐色，无光泽。前翅灰褐色，无紫色光泽。头部具有灰色鳞片；触角丝状，下唇须灰褐色向上翘。前翅混杂白色鳞片。中室外缘附近有一个白斑点是本种显著特征。肛上纹不明显，有2条竖带，4条黑褐色横纹。前翅前缘约有10组白色钩状纹，近外缘有10众个小黑点。后翅暗褐色，基部较淡，缘毛黄褐色。与苹小食心虫的另外一个区别为前翅外缘不很倾斜。静止时两翅合拢，两外绿构成钝角，而苹小食心虫两外缘构成锐角。各足跗节末端灰白色。腹部灰褐色。

2. 卵

扁椭圆形，体长0.6mm左右，半透明，中部隆起，初孵乳白色，后淡黄白色。

3. 幼虫

老熟体长10mm～13mm，初孵化时白色，头与前胸盾黑色。数日后非骨化部分淡黄白色或粉红色。头部黄褐色，前胸背板浅黄白色或黄褐色，臀板浅黄褐色或粉红色，有深褐色斑点。腹部末端具臀栉4～7刺，用以弹去粪粒，可据此特征与桃蛀果蛾幼虫（无臀栉）相区别。腹部背面每节无桃红色横纹，可与苹小食心虫幼虫相区别。前胸侧毛组3毛、腹足趾钩单序环。

4. 蛹

体长6mm～7mm，纺锤形，黄褐色，复眼黑色。第3～7腹节背面有2行刺突；第8至第10腹节各有1行较大的刺突，腹部末端有8根钩刺。茧长16mm左右，扁椭圆形，丝质白色。

三、生活史与习性

（一）生活史

一年发生代数因地而异，华北及江南等地一年发生 3 ~ 4 代，黄河故道及陕西关中地区一年发生 4 ~ 5 代，南方各省 1 年发生约 6 ~ 7 代。各地均以老熟幼虫主要在树体翘皮裂缝中结茧越冬或在树干基部接近土面的根际处或地表面土中越冬，或在果实仓库堆果场及其果品包装点、包装器材等处越冬。但以梨树和桃树老翘皮下（主干约占 55%，主枝约占 38%）越冬为主。完成 1 代需 25 ~ 33 天，成虫寿命 2 ~ 10 天，卵期 4 ~ 10 天，幼虫期 12 ~ 14 天，蛹期 7 ~ 19 天。以老熟幼虫结灰白色薄丝茧在老树翘皮下、枝叉缝隙、根颈、土壤、果库墙缝中过冬。

（二）主要习性

成虫对糖醋液和黑光灯有强的趋性，需要取食花蜜补充营养。白天静伏枝叶上，傍晚活动交尾。产卵多在果实肩部，特别是果实交接处，少数产在叶背和果梗上，每雌产卵 50 ~ 100 粒。

幼虫孵化后少部分从萼洼蛀入果实，大部分幼虫从果面进入，受害果内无粪便或有少量虫粪，虫道粗简单，入果孔周缘变褐色。幼果期还可取食核仁。第 1 代幼虫可取食桃梢。幼虫老熟后多从果面脱果（62%），少数从萼洼处脱果。有一部分幼虫老熟不脱果，就在蛀道或萼洼处结茧化蛹。多数在枝杈、皮缝处化蛹。

梨小食心虫有转移寄主的习性。因此，在桃、梨混种的果园，危害比较严重。在寄主植物种类多的地方，生活史更加复杂。成虫白天多静伏在叶、枝和杂草等处，黄昏后活动。成虫 1 天内活动规律是下午 > 中午 > 早晨，晴天 > 阴天，高温天气 > 低温天气。成虫多在上午羽化，昼伏夜出，以晴朗天气上半夜活动较盛，有明显的趋光性和趋化性。对糖醋液、果汁、黑光灯和性外激素有强烈的趋性。夜间产卵，卵单粒散产。在桃树上以产在桃梢上部嫩梢 3 ~ 7 片的叶背为多，一般老叶和新发出的叶上很少产卵。每 1 梢上产 1 粒卵。在梨果上卵多产在果面，尤以两果靠拢处最多。但梨的品种间产卵差异很大。以中、晚熟品种上最喜产卵。李梢、杏梢和苹果梢上也能产卵，但卵数很少。在枇杷上越冬代成虫一般将产卵在叶背和幼果上，又以果面为多，且多为 1 果多卵，因此，后期也常见 1 果多虫，近成熟的果实着卵量较大。

桃梢上的卵孵化后，幼虫从梢端 2 ~ 3 片叶之间的基部蛀入梢中，不久由蛀孔流出树胶，并有粒状虫粪排出，被害梢先凋萎，最后干枯下垂。一般幼虫蛀入新梢后，向下蛀食，当蛀到硬化部分，又从梢中爬出，转移他梢为害。1 头幼虫可为害 2 ~ 3 个新梢。幼虫老熟后在桃树枝干翘皮裂缝等处做茧化蛹。在幼树上可爬到树干基部的裂缝中做茧化蛹。梨果上的卵孵化后，幼虫先在果面爬行，然后蛀入果内，多从萼洼或梗洼处蛀入，蛀孔很小，以后蛀孔周围变黑腐烂，形成一块黑疤，幼虫逐渐蛀入果心，虫粪也排在果内。一般 1 果只有 1 头幼虫，幼虫老熟后在果内化蛹。幼虫脱果孔大，有虫粪。枇杷果面上的卵孵化后，幼虫先在卵粒附近啃食果皮，稍后蛀果，蛀孔部位未见明显规律。高龄幼虫蛀入果核内，能多次转果为害。3 月危害小幼果时，蛀孔处可见褐色粪屑。4 月下旬果稍大后，常见蛀孔流出泪珠状的白色果胶。5 月份幼果受害后几乎全部脱落，造成减产。果实虫粪累累，不堪食用。果内幼虫老熟后，脱果前先咬 1 脱果孔，排出少量粪便后便脱果，寻找适宜场所静止，继而吐丝做一椭圆形茧化蛹于其中（或直接以老熟幼虫结茧进入越冬状态）。也有一部分幼虫直接在落果内做茧化蛹。

四、发生与环境的关系

（一）温度

梨小食心虫在平均温度 10℃ 以上开始化蛹。成虫活动产卵的适宜温度为 21.5℃ ~ 23.5℃，在越冬代成虫产卵期，晚上 8 时温度低于 18℃时产卵量减少，高于 19℃产卵量增多，在适宜的温度范围内，梨小食心虫发育天数随温度的升高而缩短。

（二）湿度

成虫活动交尾要求 70% 以上的相对湿度，因此在雨水多的年份，湿度高对成虫繁殖有利，产卵量大，危害严重。

（三）光照

幼虫脱果后，在适宜的温度范围内，是否化蛹，主要决定于幼虫生活期的光照长度，在每日 14h 以上的光照条件下发育的幼虫几乎全不滞育，当光照在 11h ~ 13h 的情况下，可使 90% 以上的幼虫进入滞育。

（四）天敌的影响

梨小食心虫有多种天敌，常见的种类有：松毛虫赤眼蜂，寄生于卵，中国齿腿姬蜂；寄主于幼虫，第 1、2 代幼虫寄生率可达 30% 左右。期也天敌尚有食心虫纵条小茧蜂 *Microdus anoylivorus*、梨小食心虫白茧蜂 *Phanerotoma planifrons*、长距茧蜂 *Macrocentrus anoylivorus*、食心虫扁股小蜂 *Elasmus* sp.、黑青金小蜂 *Dibrachys cavus*、黄眶离缘姬蜂、纯唇姬蜂 *Eriborus* sp.、黑胸茧蜂 *Bracon nigrorufum*、卷叶蛾赛寄蝇等。

五、调查监测与防治技术

（一）调查监测

1. 成虫发生期监测

（1）糖醋液诱蛾。红糖 1 份、醋 4 份、果酒 0.5 份、水 10 份混合，放于碗中，傍晚挂到田间，逐日记载诱蛾数，夏季糖醋液容易变质，因而可改用红糖 2 份、果酒 1 份、醋 2 份混合，不兑水，用鸡蛋大小的棉球浸糖醋液挂在水碗上面，碗内盛满 0.1% 洗衣粉水。

（2）性信息素监测。在果园内选 5 ~ 6 株果树，间隔 30m ~ 50m，距地面 1.5m 的树荫处，各悬挂 1 个性诱剂诱捕器（或口径为 16cm 的瓷碗），用细铁丝穿 1 根诱芯（聚乙烯管为载体含性诱剂 0.5mg）横置碗上中央部位，碗内盛 0.1% 洗衣粉水（诱芯距水面 1cm）然后将其挂于果园中；当成虫连续出现且数量猛增时，表明已进入羽化盛期。

（3）黑光灯诱集。根据梨小食心虫成虫有较强的趋光性，可用灯光诱集，调查成虫羽化盛期。

2. 卵期调查

选择果园主栽培品种 2 ~ 3 个，每品种固定 5 ~ 10 株，每株在上部、内部、外部共查果实 100 ~ 200 个，记载有卵果数，然后把卵除掉。一般从 6 月开始，卵果出现前，隔天查 4 次，卵果出现后每天查一次。

(二) 防治技术

1. 农业防治

建立新果园时，尽可能避免桃、梨、苹果、杏、李、山楂、樱桃、枇杷混栽或近距离栽培；在已混栽的果园内，应重点防治梨小食心虫的主要寄主植物。做到合理配置树种，合理防治。

2. 人工防治

(1) 消灭越冬幼虫。早春发芽前，进行刮树皮，刮下的树皮集中烧毁，耕翻树旁及根际，压死土内越冬幼虫；越冬幼虫脱果前，在主枝主干上束草诱杀脱果越冬的幼虫；清理果箱、果筐；堆果场的越冬幼虫。

(2) 剪除受害梢、摘掉或拾捡被害果 4 ~ 6 月及时剪除被害的虫梢，8 月前后经常检查被害果，及时摘除或拾捡，并集中深埋。

3. 套袋防治

在梨小食心虫产卵期前果实套袋，果子成熟前 7 天去袋。

4. 生物防治

梨小食心虫产卵初盛期，释放松毛虫赤眼蜂，每 5 天放一次，每次每 667m^2/3 万头左右，可有效地防治第 1、2 代卵，田间寄生率可达 70% ~ 80%。此外，白僵菌和杀螟杆菌对防治初孵幼虫及越冬幼虫均有一定效果。另外还可使用人工合成的性诱芯，大面积进行诱捕、迷向防治，对控制该虫有较好的效果。

5. 化学防治

掌握各代成虫盛发期和产卵孵化高峰期或当卵果率达到防治指标时，及时喷药。常用的药剂有 25% 西维因可湿性粉剂 1000g/hm^2、50% 杀螟松乳油 1500mL/hm^2、50% 对硫磷乳剂 1000mL/hm^2、40% 乐斯苯乳油 750mL/hm^2、40% 乐果乳油 900mL/hm^2、2.5% 溴氰菊酯乳油 200mL/hm^2、90% 敌百虫乳油 1500mL/hm^2、20% 杀灭菊酯乳油 200mL/hm^2、20% 甲氰菊酯乳油 200mL/hm^2。

第 108 节　苹小食心虫
(*Grapholitha inopinata* Heinrich)

苹小食心虫 *Grapholitha inopinata* Heinrich 又名苹果小食心虫、东北小食心虫、苹果小蛀蛾、苹果小果蠹蛾，属于鳞翅目卷蛾科。

一、分布与危害

国内分布于东北、华北、西北等各地，国外分布于朝鲜、日本。在陕西水果出口基地

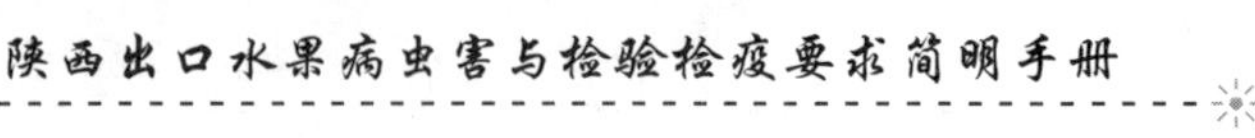

各县区均有分布。

苹小食心虫危害苹果、沙果、山楂、海棠、梨等种果树植物。以幼虫蛀食果实，多从果实胴部蛀入，并局限于果皮下浅层危害，很少深入果心，蛀果后 2～3 天，虫疤上出现 2～3 个排粪小孔，并在其四周出现红色小圈、蛀入孔 3～4 天流出第 1 次果胶，7～14 天后再流第 2 次果胶。虫疤近圆形，直径 8mm～12mm，表面褐色，稍凹陷并干裂，排粪小孔外常堆有少许呈褐色的虫粪。虫疤长期不变质腐烂，故果农常称之为“干疤”。危害严重时，虫果易早落。苹小食心虫幼虫危害小型果实如海棠、山楂、山荆子时可蛀食果心。“干疤”是苹小食心虫典型的不同于其他食心虫危害的症状之一，很容易区分和识别。

二、形态特征

1. 成虫

4.5mm～5.0mm，翅展 10mm～11mm。雌雄蛾形态差异极小。全体暗褐色，有紫色光泽，头部鳞片灰色，触角背面暗褐色，每节端部白色；唇须灰色，略向上翘。前翅前缘具有 7～9 组大小不等的白色钩状纹，翅面上有许多白色鳞片形成白色斑点，近外缘处的白色斑点排列整齐。外缘显著斜走，静止时两前翅合拢后外缘所成之角约 900 或小于 900。肛上纹不明显，有 4 块黑色斑，顶角还有 1 较大的黑斑，缘毛灰褐色。后翅比前翅色浅，腹部和足浅灰褐色。

2. 卵

扁椭圆形，中央隆起，周缘扁平，表面间或有明显而不规则的细皱纹。初产乳白色，后变淡黄色，半透明，有光泽，近孵化时为淡黄褐色。

3. 幼虫

老熟体长 6.5mm～9.0mm，全体非骨化区淡黄或淡红色。头部淡黄褐色，前胸盾淡黄褐色，前胸例毛组 3 毛；各体节背面有 2 条桃红色横纹，前面 1 条粗大，后面 1 条细小。臀板淡褐色，具不规则的深色斑纹，臀彬深褐色 4～6 齿，腹足趾钩单序环 15～34 不等，大多 25 个左右，臀足趾钩 10～29 个，多为 15～20 个。

4. 蛹

体长 4.5mm～5.6mm，黄褐色或黄色，第 1 腹节背面无刺，第 2～7 腹节背面前缘和后缘各有成列小刺，第 3～7 腹节前缘的小刺成片，第 8～10 腹节只有 1 列较大的刺。腹末具 8 根钩状刺毛。茧为长椭圆形，灰白色。

三、生活史与习性

（一）生活史

在苹果树上一年发生 2 代，以老熟幼虫在枝干、根颈部的粗皮缝隙处和剪锯口四周死皮裂缝内以及吊枝绳、果筐等处结茧越冬。越冬幼虫于次年 5 月间开始化蛹，蛹期 20 天左右，6 月上、中旬出现越冬代成虫。成虫羽化后 1～3 天开始交尾产卵，每雌产卵 45 粒左右，卵期 1 周左右。幼虫孵化后在果内危害经 18～30 天后，最早在 7 月上、中旬脱果；大部分于 7 月下旬至 8 月上旬脱果化蛹。再经半月左右的蛹期后，羽化为第 1 代成虫。第 2 代卵初期为 7 月下旬，盛期在 8 月上旬至 8 月下旬，卵期为 3～5 天，在果内危害 20 余天后老熟脱果。脱果盛期在9月上、中旬，幼虫脱果后即爬至越冬场所结茧越冬。山东半岛发生危害要提前一旬左右。

在梨树上一年发生1代，只有少数可发生2代。越冬幼虫于6月下旬至7月上旬化蛹，盛期在7月上、中旬。蛹期在温度25℃的条件下为13天左右。成虫发生初期为7月上旬，盛期在7月中、下旬。卵期5天左右，幼虫在果内危害32天左右后老熟，于8月上旬开始脱果，盛期在9月上、中旬。

（二）主要习性

老熟幼虫在树体上越冬虫数的多少与果实成熟期和采收期的早晚有关，成熟愈晚的品种，其越冬虫数越多；成熟愈早的品种，越冬虫数越少，有的甚至没有越冬幼虫，如红魁、黄魁等品种。老熟幼虫在树体上的越冬部位与树龄有关，在大树、老龄树上，越冬幼虫多在树体上部枝条的剪锯口，梨潜皮蛾幼虫危害的爆皮下（占63.5%～85.7%）越冬；在龄期小、小树上，多在树体下部主干的老翘皮下（约90%）越冬。因此，刮树皮防治越冬幼虫时，应根据品种和树龄确定防治目标，这样可节省劳力和提高除虫的效果。

成虫昼伏夜出，黄昏活动较盛，对苹果醋、糖蜜、糖醋液、茴香油和黄樟油均有趋性，但趋光性不强。成虫喜将卵散产在光滑的果面上，大多卵均落在果实的胴部，萼洼、梗洼处卵很少。因此，在施用杀卵药剂时，应重点放在果面上。在梨树上，成虫卵主要产在果实上，少数产在叶片上。

初孵幼虫在果面卵壳附近爬行20min左右后，咬破并蚕食果皮，约近1h后，开始在适当的部位蛀入果内，幼虫在果内历期因种而异。据研究观察，在红玉果实中为20.9天，在国光内为28.9天。幼虫向四周扩展，很少深入果心。在梨树上，苹小食心虫幼虫蛀果期因品种不同而异；最早是酥梨和鸭梨，7月上旬开始，蛀果率约7%，7月下旬蛀果率约31%；其次为红梨、约比酥梨，鸭梨迟一旬左右，8月上旬蛀果率约37%；当晚期花盖梨（约8月中旬）蛀果率为28%时，酥梨、鸭梨、秋白梨蛀果率已均达71%。因此梨树上进行虫情调查及预测方法和药剂防治时，不能单纯依靠卵果率作为防治指标，还应根据不同品种的蛀果期，分别进行测报与防治。

四、发生与环境的关系

（一）温、湿度的影响

苹小食心虫的发生与温度和湿度有密切的关系；据测定，当温度为21℃～29℃，相对湿度在75%～95%时有利于成虫产卵，当温度低于17℃或高于35℃时，不利于成虫产卵，成虫产卵的最适温度为25℃～29℃，相对湿度为95%。卵孵化的最适温度范围在19℃～29℃，相对湿度在75%～98%，此时卵的孵化率在90%以上。当温度低于14℃或高于34℃时对卵有明显的致死作用，特别是相对湿度低于50%，此时卵全部不能孵化。但温度提高到36℃，相对湿度为100%时，产在山荆子上的卵仍能全部孵化，说明在高湿条件下，卵对高温的抵抗力是较强的。幼虫在25℃时的成活率最高，为62.5%，29℃时成活率为57.1%，21℃时成活率为48%，17℃以下和34℃以上时的幼虫成活率明显降低。

温度在17℃和34℃，相对湿度为50%的条件下，越冬代蛹的成活率明显下降，但第1代蛹只稍有下降。

（二）光照的影响

据报道，在辽南苹果产区，苹小食心虫第1代幼虫在7月15~20日脱果的，发生滞育的仅占0.5%，8月1日脱果的，滞育率增加到40%，8月6~10日脱果的，滞育率为78.8%，8月底脱果的，滞育率为100%。试验证明，温度在25℃的条件下，如果每日光照大于15h，苹小食心虫幼虫全部或几乎全部不进入滞育虫态，如果每日光照小于13h，则全部进入滞育虫态。由此可见，幼虫发育期间的温度对滞育有一定的影响，但不是主导因素，光照时数则是左右发生世代的重要条件。

五、调查监测与防治技术

（一）调查监测

1. 成虫羽化期调查

在苹小食心虫发生的地区，应重点预测两代成虫的发生与消长，具体方法有：

（1）田间笼罩越冬茧。在苹小食心虫发生前，在田间仔细挖取完好无损的越冬茧200~500头，放于底部铺湿沙，中间垫锯末，上面放草纸的罐头瓶中。罐头瓶应置于盛水瓷盆中，水面不能超过瓶的2/3，然后用纱笼罩好在树冠下，逐日调查羽化蛾的数量，直到羽化结束；

（2）糖醋液诱蛾。使用苹果醋、糖蜜、茴香油或黄樟油诱集成虫，方法是在越冬代成虫羽化前，选择上年苹小食心虫发生严重的地块，按5点抽样法设置诱蛾盆，隔天早晨检查记录落盆蛾数，当发生第1头成虫后，应每天调查记载，直到结束，同时应每隔5天更换一次诱液。从成虫开始羽化分别向后推算11天或9天，即为越冬代和第1代成虫的羽化盛期。同时应根据当时气候条件予以订正。

2. 卵发生期调查

从5月下旬开始，每3天查卵1次，随机抽查3~5株树，每株抽查100~150个果，当卵果率达到0.5%~1%时，即需喷药防治。

（二）防治技术

1. 消灭越冬幼虫

早春果树发芽前，结合刮治腐烂病，彻底刮除老皮、翘皮下的越冬幼虫，处理吊树用的支竿和草绳，集中，处理或烧毁。树下的枯枝落叶和杂草也应清除烧掉。

2. 诱杀脱果幼虫

幼虫脱果前，在树干、侧枝、剪锯口处绑麻袋片或束草，收集既果幼虫，集中消灭。果实采收期，在堆果上铺盖麻袋和草袋，待幼虫潜入后，集中消灭。

3. 摘除虫果

在发生不重的果园，可结合疏果，摘除虫果和拣拾虫果，集中处理，这是经济有效的防治办法。

4. 套袋防治

在梨小食心虫产卵期前果实套袋，果子成熟前 7 天去袋。

5. 利用成虫的趋化性

可利用糖醋液（清水 10 份、红糖 0.5 份、醋 1 份或果醋 1 份、清水 1 份、红糖少许，混合后溶化均匀再加入几滴八角茴香油）诱集成虫，同时可作为预测成虫发生期的手段。

6. 生物防治

利用其天敌 *Phaedrotonus* sp. 和 *Mesochorus* sp. 等两种姬蜂，另外还有步甲、蜘蛛和蚂蚁等。

7. 化学防治

越冬代成虫发生期和第 1 代成虫发生期喷布 50% 对硫磷乳油 1000mL/hm^2，或 50% 杀螟松乳油 1500mL/hm^2。第 1 代和第 2 代卵盛期各喷 1 次，以 50% 对硫磷乳油 1000mL/hm^2 和 50% 杀螟松乳油防治最佳。成虫发生期如果使用上述两种药，那么第 1 代与第 2 代卵盛期应改用 2.5% 溴氰菊酯乳油 170mL/hm^2 或 2.5% 功夫乳油 170mL/hm^2 防治效果也很理想。

第 109 节　梨潜皮细蛾
（*Acrocecops astaurota* Meyrick）

梨潜皮细蛾 *Acrocecops astaurota* Meyrick 又称苹果潜皮蛾，俗名串皮虫、潜皮蛾，属鳞翅目细蛾科。

一、分布与危害

在国内分布于辽宁、河北、河南、山东、江苏及陕西等省，国外分布于朝鲜、日本、印度。陕西先由山东青岛随苗木传入武功。在陕西水果出口基地，主要分布于礼泉、彬县、大荔、蒲城、临渭等县区。

梨潜皮细蛾危害苹果、梨等蔷薇科果树及观赏植物共 20 多种，以苹果、梨受害最重。幼虫在枝干的表皮下串食。枝干受害时，初期造成弯曲的细虫道，宽不到 1mm，后期虫道逐渐加宽连片。被害处表皮破裂翘起。严重时，引起树势衰弱，同时爆皮下有利于红蜘蛛、卷叶虫等多种害虫潜伏越冬，从而加重了虫害并增加了防治的困难。梨果也可受害，使果实表皮翘起，品质降低。

二、形态特征

1. 成虫

体长 3mm ~ 5mm，翅展 8mm ~ 11mm，银白色，复眼红褐色，触角丝状长于前翅，梗节有黑环；胸背生有褐色鳞片；前翅披针形银白色，具金黄至褐色宽斜带 5 条，翅端和基部各具 1 狭纹，后翅狭长灰褐色，前后翅缘毛极长。腹部背面褐色，腹面白色，各腹节基部褐色。

2. 卵

长0.8mm，扁椭圆形，水青色半透明，卵面具网纹。

3. 幼虫

共8龄，1～6龄称前期幼虫，体扁平乳白，头黄褐色；胸部较腹部宽大，腹部第1节窄小，各腹节两侧具齿状突起，胸足、腹足退化。7～8龄称后期幼虫，体圆筒形稍扁，头壳褐色近半圆形，中、后胸背、腹面前缘具小刺数列。胸足3对，微小，腹足退化，各体节腹面中央较骨化。

4. 蛹

长5mm～6mm，初淡黄色，羽化前深黄色，并显出黑褐色花纹。

5. 茧

长肾形，长9mm，丝质，黄褐色。

三、生活史与习性

（一）生活史

陕西关中地区1年发生2代，以3、4龄幼虫在被害枝条表皮下越冬，3月下旬至4月上旬开始在虫道内为害，至5月中、下旬，被害处虫道连片，表皮破裂。老熟幼虫在翘皮下结茧化蛹，5月下旬至6月初为化蛹盛期，蛹期18～26天，平均21天。6月上旬越冬代成虫开始羽化，6月中、下旬为羽化产卵盛期，卵期5～7天。6月下旬为第1代幼虫孵化入侵枝干的盛期。7月中、下旬幼虫老熟化蛹。第2代成虫发生期为8月中旬至9月初。第2代幼虫于8月下旬孵化，为害两个多月，于11月上旬越冬。其发育进度与当年的气候、寄主种类及发育状况有关。一般4～5月气温高时，越冬代化蛹、羽化均早；相反若气温低，则发育迟缓。此外，危害苹果树的比危害梨树的发育稍快，危害幼树和健旺树的比危害衰弱树的发育快。

（二）主要习性

此虫喜高湿，尤其成虫羽化期至卵孵化期，若天气干旱，成虫羽化率低，寿命短，产卵量大减，卵的死亡率也高。因此，一般在高燥地区的果园发生轻，而在低湿地和邻近水稻田的果园则发生较重。

成虫体纤弱，飞翔力不强。一般黄昏以后活动，在树冠周围和中下部飞翔。趋光性不强，黑光灯仅能诱到少量成虫，对糖醋气味也无趋性，或虫不需取食补充营养，产卵前期2天。成虫喜选择表面光滑和柔嫩健旺的枝条上产卵，以1～3年生枝条受害最重。表皮光滑的主干也可受害。但直径在5mm以下的瘦弱枝条则很少受害。在梨果上，喜危害果皮褐色、蜡质少而皮薄的品种，例如明月、土佐锦、早生长十郎等。

幼虫共8龄，1～6龄体扁，胸、腹足均退化，在表皮下潜食汁液。7龄以后幼虫体呈圆柱形，足发达，在表皮下串食皮层组织，使皮层形成纸片状一层层剥离。老熟幼虫吐丝将剩下的翘皮连缀成肾脏形茧，居中化蛹。卵孵化时，幼虫由卵壳下方直接蛀入枝条。因此，成虫一旦产卵，便增加了防治的困难，所以必须准确掌握成虫发生期，将成虫消灭在产卵以前，这是药剂防治的关键。

四、发生与环境的关系

高温干旱对梨潜皮细蛾成虫羽化、卵孵化和幼虫入侵都不利。同一果园内生长于阴湿处和枝叶繁茂的果树受害较重，同一株树上以树冠中下部特别是内膛枝条受害重。梨树的不同品种受害程度也有差异：枝条皮光、毛少、柔软的康德梨、巴梨受害重，枝条皮粗的慈梨受害较轻；苍溪梨、明月梨果皮颜色与树皮近似，且皮薄、蜡质少，果实易受害，而鸭梨、巴梨的果实受害就轻。

五、调查监测与防治技术

(一) 调查监测

1. 成虫数量调查

当越冬代成虫羽化开始时，在园内选 4 ~ 5 棵果树，间隔 30cm ~ 50cm，将诱捕器挂在距地面 1.5m，树叶较密的侧枝上，每隔 1 天调查 1 次诱蛾数并捞出，一直到发生结束，统计各代成虫发生高峰。

2. 幼虫发生量调查

从发现田间有虫斑开始，在监测果园以对角线 5 点取样，每点随机抽取 2 株，每株按东、南、西、北和内膛 5 个方位各随机调查 5 ~ 10 片叶，共计调查 250 ~ 500 片叶，统计每百叶虫口数。

(二) 防治技术

1. 对带虫苗木和接穗

数量少时，采用人工刮杀，数量多时可进行药剂处理。有虫苗木有明显的细虫道，幼虫位于虫道的末端稍隆起处。

2. 苗木消毒处理

用溴甲烷熏蒸效果很好。将苗木和接穗堆放在密闭室内，室外放磅秤，上置溴甲烷钢瓶，经过通气管将溴甲烷输入密闭室内，在冬季室温 8℃ ~9℃情况下，用药量为 $45g/m^3$，密闭 6h。此法，对幼虫杀伤效果达 100%，而对苗木和接穗无不良影响。

3. 化学防治

在成虫发生初期和盛期喷药 1 ~ 2 次，可基本控制其危害。成虫对药剂很敏感，50% 敌敌畏乳剂 $1000mL/hm^2$ 等对成虫均有良好的杀伤效果；50% 杀螟松乳剂 $1500mL/hm^2$ 有一定杀卵作用。

第 110 节 金 纹 细 蛾

(*Lithocolletis ringoniella* Matsumura)

金纹细蛾 *Lithocolletis ringoniella* Matsumura 属鳞翅目细蛾科。

一、分布及危害

国内分布于辽宁、河北、河南、山东、山西、陕西、甘肃、安徽，江苏，贵州等省，国外分布于日本。在陕西水果出口基地各县区均有分布。

金纹细蛾以危害苹果、海棠为主，梨、桃、李、樱桃等也可受害。幼虫潜入叶背表皮下取食叶肉，后期虫斑呈梭形，长径约1cm，下表皮与叶肉分离，并被幼虫将剥离的下表皮横向缀连，使叶背面形成一皱褶，叶片正面虫斑呈透明网眼状，黑色粪便堆积在虫斑内，发生严重时，一叶上有虫斑数个，使叶扭曲皱缩，虫斑处表皮干枯，引起早期脱落。

二、形态特征

1. 成虫

体长约2.5mm，翅展6.5mm，头、胸、前翅金褐色，前翅柳叶形，基半部有2条银白色纵带，前缘的1条较长，末端向后弯曲，中部1条较短，末端向前弯曲，翅端半部有自中部向前缘和后缘呈放射状的银白色爪状纹各3条，每条纹的内缘均有褐色细边，后翅尖细，灰色，前、后翅均有极长的缘毛。

2. 卵

扁椭圆形，长径约0.3mm，乳白色，半透明。

3. 幼虫

老熟幼虫体长约6mm，稍扁，细纺锤形，黄色，有胸足3对，腹足仅4对，存在于第3、4、5、10腹节上。初龄幼虫体扁，头三角形，胸足退化，腹足呈一片毛。

4. 蛹

体长4mm，黄褐色，头部左右有1对角状突起，附肢端与身体游离，触角长过腹末。

三、生活史与习性

（一）生活史

在辽宁省旅大、山东、陕西关中、甘肃天水等地区均一年发生5代，河南中部一年6代，以蛹在被害落叶中越冬。早春苹果发芽时，越冬代成虫羽化，最早在3月初，即有成虫出现，在陕西关中地区，各代成虫发生盛期为：越冬代在3月中旬至4月上旬，第1代在6月中、下旬，第2代在7月中、下旬，第3代在8月中旬，第4代在9月中、下旬。后期世代不整齐。末代幼虫危害至11月上、中旬，即在叶片虫斑内化蛹越冬，部分发育较晚的幼虫，均不能安全越冬。卵期7～10天，幼虫期15～22天，蛹期6～10天。

（二）主要习性

成虫喜在早晨或傍晚围绕枝，飞舞、交尾、产卵，卵多散产于嫩叶背面，每雌可产40～50粒，幼虫孵化时，由卵壳底部直接蛀入叶片下表皮内取食危害，幼虫老熟后即在虫斑内化蛹，成虫羽化时将蛹壳前半部带出虫斑外。

四、调查监测与防治技术

（一）调查监测

参照梨潜皮细蛾调查方法。

（二）防治技术

1. 杀灭越冬蛹

果树休眠期，果园深翻或清扫落叶，集中深埋或沤肥，杀灭越冬蛹。为保护天敌，可

将一部分被害落叶保存在细纱网中，待春季寄生蜂羽化飞出，以增加春季寄生蜂虫口密度。

2. 生物防治

金纹细蛾的天敌中以寄生蜂的控制作用较大，据在陕西省杨陵地区调查，有8种，其中以金纹细蛾跳小蜂 *Ageniaspis testaceipes*（Ratz)（属于跳小蜂科）、金纹细蛾姬小蜂 *Sympiesis soriceicornis*（Nees)）（属于寡节小蜂科）和金纹细蛾绒茧蜂 *Apanteles* sp. 的数量较大，可将金纹细蛾控制在较低虫口密度。但若用药不当，大量杀伤了天敌而对金纹细蛾防治效果不佳时，即可引起金纹细蛾大发生。

3. 性诱剂诱捕

果园悬挂性诱剂诱捕器120个/hm^2 ~150个/hm^2，诱捕效果很好。

4. 化学防治

各代成虫发生盛期喷施杀虫剂杀灭成虫、卵和初孵幼虫。有效药剂有50%杀螟松乳剂1500mL/hm^2，50%对硫磷乳剂750mL/hm^2，50%敌敌畏乳剂1000mL/hm^2等。

第111节　桃蛀果蛾

(*Carposina niponensis* Walsingham)

桃蛀果蛾 *Carposina niponensis* Walsingham 又名桃小食心虫，简称“桃小”，属鳞翅目蛀果蛾科。

一、分布及危害

广泛分布在北纬26°以北，东经102°以东地区，国内以东北、华北和西北发生较重，国外主要分布于日本、朝鲜半岛。在陕西水果出口基地各县区均有分布。

桃蛀果蛾危害苹果、梨、海棠、山楂、桃、杏、李、石榴和枣等，其中以苹果和枣受害最重，放松防治果园的苹果虫果率常在50%左右，严重的高达80%以上。幼果受害后变成猴头状，危害严重的粪便堆积果内造成“豆沙馅”，使果实失去食用价值。

二、形态特征

1. 成虫

体长5mm~8mm，翅展13mm~18mm。全体灰白色或淡灰褐色。前翅近前缘中部有1蓝黑色三角形的大斑，翅基部及中央具7簇黄褐色或蓝黑色的斜立鳞毛。雌蛾下唇须长。

2. 卵

深红色，椭圆形，卵壳上有椭圆形刻纹，端部1/4处生有2~3圈“丫”状刺毛苇。

3. 幼虫

老龄幼虫体长13mm~16mm，全体桃红色，前胸气门前毛2根，腹足趾钩排成单序环，无臀节。

4. 蛹

蛹体长8mm~9mm，黄白色至黄褐色，外被丝茧。

三、生活史与习性

（一）生活史

一般一年发生1~2代。郑州、南京一年可发生3代，天水一年发生1代。以老龄幼虫结圆茧过冬，茧绝大部分集中在树冠下土壤里，根颈周围1m范围内占60%以上，80%冬茧在深至3cm~6cm的土壤里。山地果园梯田壁也有过冬茧。在堆果场、果库边有很多过冬茧。

第两年前一旬气温平均达到17℃时，遇到降雨，土壤含水量在10%以上时，过冬幼虫爬出地面，活动半天，再结1椭圆形夏茧化蛹，前蛹期4.5天，蛹期13~14天。自5月下旬到8月中旬陆续有成虫羽化。当年第1代成虫羽化期自7月中旬至9月上旬。成虫羽化多在晚上7：00~9：00，寿命3~10天，雌雄比约为1：1。

（二）主要习性

成虫有弱趋光性，白天在叶背静伏，夜里0：00至2：00，温度19℃~24℃，相对湿度80%~90%，活动交尾，交配率为67%~97%，每1雌虫产卵45~200粒，90%的卵产在苹果萼洼处。在枣上，枣吊、叶背面约占84.6%，梗洼11.6%，卵期7~10天。幼虫孵化多在早晨4：00，爬行约半小时，多从萼洼蛀入，不食果皮，蛀果1~3天后，从蛀果孔溢出果胶，干后留下白色蜡质物。幼虫在果内一般生活20~25天，然后脱果结茧。

陕西关中如果在7月中旬前蛀果的幼虫，脱果后大部分在地面结长茧，发生第2代，7月中旬以后蛀果的幼虫，脱果后多数入土结圆茧过冬，只发生1代。

四、发生与环境的关系

（一）温湿度

成虫活动交尾和产卵要求19℃~27℃，75%以上相对湿度，温度超过30℃不利于生殖，低于18℃产卵少。因此，夏季超过30℃高温不利成虫繁殖，夏季凉爽地区发生严重。

在适宜温度范围内，温度升高，发育加快，发育的天数和温度的乘积是一个常数。我国测定的各虫态发育积温如下：越冬幼虫出土至成虫羽化发育起点温度（11.5±1.2）℃，积温208d·℃；卵的起点温度11.2℃，积温100d·℃；蛀果幼虫起点温度（9.6±0.7）℃，积温279.8d·℃；全世代起点温度（9.7±0.3）℃，积温611.9d·℃。

（二）寄主

在同一地区温、湿度条件下，不同寄主上的桃蛀果蛾发生期不同，形成寄主生物型。

在陕西乾县观测，杏树上桃蛀果蛾一年发生1代，成虫羽化期自5月中旬到7月，6月上、中旬达高峰期，幼虫蛀果期5月下旬至6月下旬。在苹果上，成虫发生始盛期较杏树的桃蛀果蛾推迟10余天，成虫发生1~2代，幼虫蛀果期6月中旬至9月上、中旬。在枣和酸枣上桃蛀果蛾成虫发生期、幼虫蛀果期又较苹果上的桃蛀果蛾推迟10~20天，一年发生1~2代。

（三）光周期

根据试验，桃蛀果蛾的幼虫孵化后前10天为光照反应的敏感时期，在短日照和长日照条件下都产生滞育，只有在15h左右光照条件下，幼虫老熟后不产生滞育。光周期和温度有密切关系，据测定，在温度25℃，临界光周期为14：20，20℃则增长为14：40，30℃则缩短为13：30。根据光周期对滞育的影响，可推算出各地的临界光周期，估计第2代发生数量。辽宁熊岳、兴城临界光周期为7月21日，陕西眉县为7月上旬，洛川为7月中旬。

（四）果树生育期与品种

幼虫蛀果率在幼果期较低，成熟期高，树种、品种间有明显差异，如7月初幼果期上第1代幼虫，金帅受害率88.4%，国光只有27.5%，鸭梨10%，白梨只有2.5%。

（五）天敌因素

近几年各地通过调查，初步查明桃蛀果蛾的天敌有10余种，其中有2种寄生蜂控制作用甚大。桃小食心虫甲腹茧蜂在寄主卵、幼虫期寄生一年发生2代，以幼虫在桃蛀果蛾越冬幼虫体内过冬，越冬代寄生率有2%，第2代寄生率可达到34%～50%。中国齿腿姬蜂寄生桃蛀果蛾幼虫，寄生率有的地方达到20%～30%。

五、调查监测与防治技术

（一）调查监测

1. 越冬幼虫出土观察

在园中选择上年危害严重的果树5～10株，在树冠下采用盖瓦法或笼罩法观察幼虫出土情况，统计出土百分率。

（1）盖瓦法。将树冠下地面杂草清除干净，然后在每个树冠下放十几块破瓦片，瓦片排列分3层围绕树干呈梅花状放置。从5月上旬开始，每天上午观察1次，统计幼虫或夏茧数。

（2）笼罩法（人工埋茧法）。在树冠下挖一个12cm的深坑，分别不同深度埋越冬茧500个，3cm深埋60%；6cm深埋22%；9cm深埋11%；12cm深埋7%。5月上旬罩笼，每日早、中、晚定时观察统计出土幼虫数，取出放另一笼内。

2. 成虫发生期观察

在园内选5～6株果树，间隔30m～50m，在选定的树冠外围，距地面2m，树荫处，悬挂一个性激素诱捕碗或用虫胶纸盒诱捕器，将诱芯悬挂于碗中央，碗中倒入0.1%洗衣粉水溶液，水面距诱芯底部1cm，桃蛀果蛾幼虫出土时，将诱捕碗挂出，每隔1天，向碗中添水1次，以保证水面与诱芯的距离。

3. 卵果率调查

选定5株代表果树，每株按东、南、西、北、中取样5枝，每枝上固定观察果50个，共250个果，从诱到第1头成虫开始每隔1天调查1次。统计卵数、虫果数、蛀孔数、脱果孔数，并统计其他病虫危害果数，平均卵果率1%左右时需喷药。

（二）防治措施

根据桃蛀果蛾在树上蛀果危害和在土中过冬的特点，防治要抓好地面和树上防治。

1. 农业防治

在危害不太严重时，及时摘除虫果利用性外激素诱集雄虫，在幼虫出土期、幼虫脱果期果园放鸡都可收到一定防治效果。桃蛀果蛾产卵期前果实套袋。

2. 处理土壤

（1）秋冬深翻埋茧

在越冬幼虫出土前夕或蛹期，在根颈方圆 1m 地面培土 30cm，也可结合秋季开沟施肥，把树盘下 3cm ~ 10cm 表土填入 30cm 深沟内，把底土翻到表面。

（2）农药处理

在越冬幼虫出土期，可利用 50% 地亚农，或 32% 辛硫磷微胶囊、25% 对硫磷微胶囊每 500mL/hm^2，残效期可达 30 余天。50% 辛硫磷乳剂每 1000mL/hm^2，在越冬幼虫出土初期和盛期分 2 次喷施。喷药方式有 2 种：将原药稀释 30 倍，喷到细土 50kg 中吸附，然后将药土撒到树盘地面上；或将药剂稀释 100 倍，直接喷雾于树盘。不论哪一种施药方式，喷药前都需要及时中耕锄草。

（3）昆虫病原线虫处理。

将芜菁夜蛾线虫施入土壤，每平方米施入 60 ~ 80 万条，要求土壤温度 22℃ ~ 28℃，土壤含水量 10% ~ 16% 。

3. 树上喷药

树上喷药应掌握在成虫羽化产卵和卵的孵化期进行。当前比较有效药剂有：30% 桃小灵乳剂 1000mL/hm^2、20% 杀灭菊酯乳油 300mL/hm^2 ~ 350mL/hm^2、40% 水胺硫磷乳剂 1500mL/hm^2、2.5% 溴氰菊酯乳油 300mL/hm^2 ~ 600mL/hm^2、10% 二氯苯醚菊酯乳剂 500mL/hm^2 ~ 1500mL/hm^2 和中西杀灭菊酯乳剂 500mL/hm^2，对幼虫效果好；2.5% 功夫菊酯乳剂 250mL/hm^2、20% 灭扫利乳油 375mL/hm^2 ~ 700mL/hm^2、2.5% 联苯菊酯乳剂 700mL/hm^2，对卵、初孵化幼虫有很好效果，并兼防叶螨；为了保护自然天敌，可选用 Bt 乳剂、青虫菌 6 号 1000mL/hm^2。每 1 代根据成虫数量喷 1 ~ 2 次药。

第 112 节　旋纹潜叶蛾
（*Leucoptera scitella* Zeller）

旋纹潜叶蛾 *Leucoptera scitella* Zeller 又名苹果潜叶蛾，属鳞翅目潜叶蛾科。

一、分布及危害

国内东北、华北、华东、西南、西北各省区均有分布，国外分布于欧洲。在陕西水果出口基地各县区均有分布。

旋纹潜叶蛾危害苹果、沙果、海棠、山定子、梨等。以苹果受害最重，主要以幼虫潜入叶片上表皮下取食叶肉，使被害处上表皮与叶肉分离，因幼虫呈环形逐圈向外串食，其粪便排列呈圆圈，致使叶面虫斑呈近圆形的轮纹枯斑，一个叶上常有虫斑数千至十余个，受害严重叶于枯脱落。于 20 世纪 60 年代该虫在河北、黄河古道、山东及陕西等矿区的严重发生，引起苹果树早期大量落叶，严重削弱树势，影响次年花芽形成。

二、形态特征

1. 成虫

体长2.3mm，翅展6mm~6.5mm，头、胸、腹部、胶而及足银白色，前翅大部银白色，端部2/5近前缘呈橙黄色，其间有7条向前缘和外缘呈放射状的褐纹，在第2、3褐纹下有1小白点，臀角处有2个较大的深紫色大斑。后翅披针形，浅褐色，前后翅均有很长的缘毛。

2. 卵

扁椭圆形，水青色，有网状脊纹，长0.27mm。幼虫，老熟时体长4mm~5mm，乳白色，稍扁，头褐色，前胸背板褐色，中间断开，后胸和腹部第1、第2节两侧各有一管状突起，上生刚毛1根。胸足褐色，腹足趾钩为单序环。

3. 蛹

体长4mm，淡黄色至黑褐色。茧白色，纺锤形，茧上盖有一层“H”形白色丝幕。

三、生活史与习性

（一）生活史

旋纹潜叶蛾一年发生的世代数因地而异，河北省昌黎地区3代，而中南部3~4代，山东烟台及陕西关中地区4代，河南省4~5代。以蛹被白色丝茧在枝干、落叶、土块、果萼等缝隙处越冬，以主干、主枝缝隙处最多。在陕西关中地区，春季4月上旬为成虫羽化盛期，5月上旬为羽化末期，当年第1代成虫在6月上旬至6月底，盛期在6月中旬，第2代在7月中旬至8月上旬，盛期在7月中、下旬。第3代在8月中旬至9月上旬，盛期在8月中、下旬。各代卵孵化盛期：第1代在4月底至5月初，第2代在6月中、下旬，第3代在7月下旬，第4代在8月下旬至9月上旬，9月底下10月上旬幼虫陆续化蛹越冬。卵期9~20天，幼虫期12~22天，前蛹期1.5~2天，蛹期9.5~15天，越冬代长达6~7月，成虫寿命2~5天。

（二）主要习性

成虫全天均可判化，但以上午5~8寸*羽化最多，白天活动，常在枝间作短距离飞行机，有趋光性，成虫羽化后即可交尾、产卵。卵多散产于树叶背面，喜选择光滑而少毛的叶片产卵，每雌可产卵15~30粒。初孵化的幼虫并不在外爬行，而是直接从卵壳底部蛀入叶内，幼虫危害至老熟后，由虫斑一侧咬破一弧形裂口爬出，吐丝下垂，随风飘荡，附着在枝叶上结茧，第1、2、3代的茧多分布在叶片和枝杈上，越冬代茧大多分市在主干、主枝裂皮的缝隙中，以枝于阴面较多，严重时往往使树干呈白色。全年以6~8月受害最重，一叶上有4~5个虫斑即可引起落叶。严重时，一般于第2代幼虫危害后即可造成大量落叶。

四、发生与环境的关系

（一）温、湿度

成虫的羽化要求一定的温湿度。越冬代成虫羽化的适宜温度是14℃~20℃，11℃以

* 1寸=3.33厘米。

下极少羽化，9℃以下绝无羽化，适宜的相对湿度是55% ~80%，超过80%对其羽化不利。冬季的低温可造成越冬蛹死亡。夏季的干燥抑制成虫羽化。

（二）天敌

旋纹潜叶蛾的天敌甚多，蜘蛛和草铃幼虫町捕食旋纹潜叶蛾的老熟幼虫稻蛹达30% ~50%。幼虫期有自跗姬小蜂 *Pediobius* sp. 寄生率达到23% ~60%，在蛹期有姬小蜂 *Cirrospilus* sp. 寄生率达到33% ~56%。在一般喷广谱性杀虫剂少的果园，旋纹潜叶蛾被天敌控制在经济阈值以下，在不合理大量使用杀虫剂的果园，杀伤了天敌，诱发旋纹潜叶蛾大发生。

五、调查监测与防治技术

（一）调查监测

参照梨潜皮细蛾调查方法。

（二）防治技术

1. 消灭越冬蛹

果树休眠期，刮除老树皮，或用铁丝刷刷除越冬茧，清扫落叶，集中处理。为保护寄生蜂，可将下的虫茧放入细沙笼内，次年使寄生蜂羽化飞出。也可于发芽前喷5%油乳剂或0.1%二硝甲酚油乳剂的3% ~5%稀释液，杀灭越冬蛹。秋季9月中旬于主干、主枝上束草，诱集越冬蛹，休眠期取下集中处理。

2. 生物防治

幼虫期寄生蜂有潜叶蛾姬小蜂 *Pediobius mitsukurii* Ashmead 和白跗姬小蜂 *Pediobius pyrgo Walker*（nawai Ashmead）此两种蜂均以蛹在潜叶蛾蛹中越冬，每年发生4 ~5代，越冬代成虫于5月发生，产卵于寄主幼虫体内，一般一寄主寄生1蜂，后一种寄生梨潜皮蛾幼虫时，寄主可羽化出蜂5 ~6头。这两种寄生蜂在北方果区发生普遍，在喷药少的果园，寄生率可达40% ~60%。在蛹期有姬小蜂 *Cirrospilus* sp.，寄生率可达33% ~56%。寄生蜂对控制旋纹潜叶蛾的发生，起着重要作用。此外，多种蜘蛛和草蛉幼虫，也可捕食旋纹潜叶蛾的老熟幼虫和蛹。

3. 化学防治

果树生长期，掌握在成虫盛发期，喷施50%杀螟松乳剂1500mL/hm^2、50%对硫磷乳剂750mL/hm^2、2.5%溴氰菊酯乳油200mL/hm^2、90%敌百虫乳剂1500mL/hm^2、20%杀灭菊酯乳剂200mL/hm^2、20%甲氰菊酯乳油200mL/hm^2，对成虫、卵及幼虫均有良好防治效果。

第113节　黄　刺　蛾

（*Cnidocampa flavescens*（Walker））

黄刺蛾 *Cnidocampa flavescens*（Walker）又名茶树黄刺蛾，俗称八角丁、洋辣子、刺角，属鳞翅目刺蛾科。

一、分布及危害

国内除贵州、西藏目前尚无记录外，几乎遍布其他省区；国外分布于日本、朝鲜、俄罗斯等国。在陕西水果出口基地各县区均有分布。

黄刺蛾危害苹果，梨、山楂、李、桃、杏、枣、核桃、柿、石榴、柑橘、枫、杨、榆，法桐、月季等。幼龄幼虫只啃食叶肉，残留叶脉呈箩网状，后期幼虫蚕食叶片呈缺刻，仅留叶柄及主脉。幼虫体上有毒毛，能刺激人体皮肤红肿疼痛。

二、形态特征

1. 成虫

体长 13mm ~ 16mm，翅展 30mm ~ 40mm，头、胸部黄色，腹部背面黄褐色。触角丝状，前翅自顶角至后缘 1/3 处和近臀角处各有 1 条暗褐色细斜线，以内侧的 1 条为分界线，其内侧为黄色，外侧为黄褐色，在黄色区的翅中部和近后缘处各有 1 暗褐色斑点，此 2 斑点雌虫较为明显。后翅淡黄褐色，外缘色较深。

2. 卵

扁平、椭圆形，黄绿色，数十粒成卵块。

3. 幼虫

幼龄幼虫黄色，老熟幼虫体长 25mm，头小，淡褐色，体肥大近长方形，黄绿色，胸腹部背面有紫褐色大斑，似哑铃形，每体节有 4 个枝刺，位于亚背线和气门上线处，以胴部第 3、4、10、11 节者较大。胸足小，腹足退化，呈吸盘状。

4. 蛹

体长约 12mm，椭圆形，黄褐色，两复眼间有 1 突起，表面有小齿，为破茧器。茧石灰质，坚硬，椭圆形，似雀蛋，茧上有数条白色与褐色相间的纵条斑。

三、生活史与习性

（一）生活史

东北，华北大多一年 1 代，河北省北部 1 代，中部 2 代，河南、陕西、四川等省均 1 年 2 代，以老熟幼虫于枝干上结茧越冬。2 代地区一般于 5 月上旬化蛹，越冬代成虫于 5 月下旬至 6 月上旬开始羽化，第 1 代幼虫为害期在 6 月中旬至 7 月中旬，7 月上旬是为害盛期。第 1 代成虫于 7 月中，下旬开始羽化，2 代幼虫为害盛期在 8 月上、中旬，8 月下旬至 9 月幼虫陆续老熟、结茧越冬。

（二）主要习性

成虫夜间活动交尾，有趋光性，在叶背部产卵，数十粒连成片，也有散产者，卵期 7 ~ 10 天，初孵幼虫群集叶背取食，成筛网状，稍大即分散危害。

四、调查监测与防治技术

（一）调查监测

灯光诱蛾。成虫具较强的趋光性，可在成虫羽化期用灯光诱集，调查其发生情况。

（二）防治技术

1. 剪除冬茧

结合冬季修剪，剪除越冬茧，为保护寄生蜂，将茧放在纱笼内，纱笼孔径应小于黄刺蛾成虫的胸宽，待次年寄生蜂羽化飞出后，将黄刺蛾成虫集中杀灭。据江苏淮阴地区试验，将被上海青蜂寄生的茧挑选出来，春季放回果园，连续 3 年，使越冬茧的寄生率提高到 96% 。

2. 剪除幼虫

幼虫孵化初期有群集危害习性，被害叶呈白膜状，在树下容易被发现，可人工剪除或局部喷药。

3. 灯光诱杀

利用黑光灯在成虫羽化期于 19：00 ~ 21：00 用灯光诱杀。

4. 生物防治

黄刺蛾的天敌主要有上海青蜂 *Chrysi Sahanghaienst*s Smith 和刺蛾广肩小蜂 *Eurytome monemae* Ruschka 等，上海青蜂在我国自南至北均有分布，寄生率很高，以幼虫在寄主茧内越冬，翌年 5 ~ 6 月结黄褐色薄丝茧化蛹，6 ~ 7 月羽化为成虫，雌蜂产卵时，先在刺蛾茧端部咬 1 小孔，将产卵管插入茧内刺蜇幼虫，使其麻痹，再产 1 粒卵子幼虫体上，最后将产卵孔封闭，被寄生茧在端部有 1 灰黑色点，直径约 0. 15mm，易于识别。幼虫孵化后吸食刺蛾幼虫体液。

5. 化学防治

幼虫危害初期，可喷施敌百虫乳剂 1000mL/hm^2、2. 5% 溴氰菊酯乳剂 500mL/hm^2 ~ 750mL/hm^2、杀螟松乳剂 1500mL/hm^2、青虫菌粉 1500g/hm^2。

第 114 节　褐边绿刺蛾
(*Latoia consocia* walker)

褐边绿刺蛾 *Latoia consocia* walker 又称绿刺蛾、青刺蛾、曲纹绿刺蛾、四点刺蛾、棕边青刺蛾，属鳞翅目刺蛾科。

一、分布及危害

广泛分布于全国各省。在陕西水果出口基地各县区均有分布。

褐边绿刺蛾危害苹果，梨、海棠、山楂、杏、桃、李、梅、樱桃、柑橘、枣、栗、核桃、柿、石榴等果树以及桑、榆、柳、白杨、槐、法桐、枫、紫荆等 50 多种植物。以幼虫蚕食叶片，初龄幼虫多群集叶背，害状呈筛网状，稍大即分散为害，蚕食叶片呈缺刻，严重时仅剩叶柄。

二、形态特征

1. 成虫

体长约 16mm，翅展 38mm ~ 40mm。雄虫触角栉齿状，雌虫丝状，胸背绿色，中央有

1 棕色纵线，腹部灰黄色，前翅绿色，基部有暗褐色大斑，外缘为灰黄色宽带，此带上散有暗褐色小点和细横线，其内缘与绿色交界处为暗褐色波状细线，后翅灰黄色。

2. 卵

扁平椭圆形，长径 1.5mm，黄白色，数十粒成卵块。

3. 幼虫

老熟幼虫体长 25mm ~ 28mm，头小，体短粗近长方形，初龄时黄色，稍大为黄绿色至绿色，前胸盾上有 1 对黑斑，自中胸至第 8 腹节各有 4 个生有黄色刺毛丛的毛疣，第 1 腹节背面的毛疣各有 3 ~ 6 根红色刺毛，腹部末端有 4 个蓝黑色球形刺毛扰，背线青色，两侧有浓蓝色点线。胸足小，腹足退化，呈吸盘状。

4. 蛹

体长 13mm，椭圆形，淡黄色至黄褐色。

5. 茧

长 16mm，椭圆形，腹面稍凹陷，暗褐色，质地坚硬。

三、生活史与习性

（一）生活史

东北、华北、渤海湾、西北地区一年 1 代，河南及长江下游地区 1 年 2 代，江西 3 代，均以老熟幼虫结茧在浅土层或树干上越冬。在 1 代地区，成虫发生于 6 月上中旬至 7 月中旬，幼虫发生于 6 月下旬至 9 月，8 月是危害盛期。在 2 代地区，4 月下旬开始化蛹，2 代成虫分别发生于 5 月中，下旬和 8 月中、下旬，幼虫危害期分别在 6 至 7 月和 8 月下旬至 10 月中旬。

（二）主要习性

成虫夜间交尾活动，有趋光性，卵多产于叶背主脉附近，每雌虫可产卵 150 粒左右，卵期约 7 天，初孵幼虫先取食卵壳才取食叶肉，幼虫共 8 龄，少数 9 龄，1 ~ 3 龄群栖叶背，4 龄后渐分散，6 龄后常将全叶食尽。

四、调查监测与防治技术

（一）调查监测

参照黄刺蛾调查方法。

（二）防治技术

1. 农业防治

结合整枝、修剪、除草和冬季清园、松土等，清除枝干上、杂草中的越冬虫体，破坏地下的蛹茧，以减少下代的虫源。

2. 物理防治

利用成蛾有趋光性的习性，可结合防治其他害虫，在 6 ~ 8 月掌握在盛蛾期，设诱虫灯诱杀成虫。

3. 生物防治

天敌有刺蛾紫姬蜂 *Chlorocryptus purpuratus* Smith，寄生老熟幼虫成预蛹。此外，还有寄生蝇寄生于幼虫。

4. 化学防治

捕杀老熟幼虫，在幼虫老熟后下树；入上化蛹，可进行人工捕杀或在主干基部和地面上喷洒辛硫磷乳剂 1500mL/hm^2 或对硫磷颗粒剂等触杀剂，喷后浅锄。树冠喷药杀初龄幼虫，药剂种类同黄刺蛾。

第 115 节　中国绿刺蛾
(*Latoia sinica* (Moore))

中国绿刺蛾 *Latoia sinica*（Moore）又名褐袖刺蛾、小青刺蛾，属鳞翅目刺蛾科。

一、分布与危害

我国国内分布于东北、河北、山西、陕西、河南、湖北、湖南、江苏、浙江、江西、云南、贵州、四川、台湾等地；国外分布于朝鲜、俄罗斯。在陕西水果出口基地各县区均有分布。

中国绿刺蛾危害苹果、梨、杏、桃、李、梅、柿、栗、核桃、樱桃、柑橘、枇杷、杨、柳、榆、槐、枫、油桐、乌桕、梧桐、喜树等多种果树林木植物。以幼虫取食危害，幼龄幼虫喜群集于叶背啃食叶肉，幼虫长大后逐渐分散，且食量逐之增加，将叶片吃光，残留叶柄，影响树势和次年结果。

二、形态特征

1. 成虫

长约 12mm，翅展 21mm ~ 28mm；头胸背面绿色，腹背灰褐色，末端灰黄色；触角雄羽状、雌丝状；前翅绿色，基斑和外缘带暗灰褐色；后翅灰褐色，臀角稍灰黄。

2. 卵

扁平椭圆形，长 1.5mm，光滑，初淡黄，后变淡黄绿色。

3. 幼虫

体长 16mm ~ 20mm；头小，棕褐色，缩在前胸下面；体黄绿色，前胸盾具 1 对黑点，背线红色，两侧具蓝绿色点线及黄色宽边，侧线灰黄色较宽，具绿色细边；各节生灰黄色肉质刺瘤 1 对，以中后胸和 8 ~ 9 腹节的较大，端部黑色，第 9、10 节上具较大黑瘤 2 对；气门上线绿色，气门线黄色；各节体侧也有 1 对黄色刺瘤，端部黄褐色，上生黄黑刺毛；腹面色较浅。

4. 蛹

长 13mm ~ 15mm，短粗；初产淡黄，后变黄褐色。

5. 茧

扁椭圆形，暗褐色。

三、生活史与习性

（一）生活史

北方每年发生1代，安徽2代。1代区5月间陆续化蛹，成虫6～7月发生，幼虫7～8月发生，老熟后于枝干上结茧越冬。2代区4月下旬至5月中旬化蛹，5月下旬至6月上旬羽化；第1代幼虫发生期为6～7月，7月中下旬化蛹，8月上旬出现第1代成虫；第2代幼虫8月底开始陆续老熟结茧越冬，但有少数化蛹羽化发生第3代，9月上旬发生第2代成虫；第3代幼虫11月老熟于枝干上结茧越冬。

（二）主要习性

成虫昼伏夜出，有趋光性，羽化后即可交配、产卵，卵多成块产于叶背，每块有卵数10粒作鱼鳞状排列。低龄幼虫有群集性，稍大分散活动危害树林。

四、调查监测与防治技术

（一）调查监测

参照黄刺蛾调查方法。

（二）防治技术

1. 农业防治

成虫羽化前摘除虫茧，消灭其中幼虫或蛹，及时摘除幼虫群集的叶片。

2. 化学防治

幼虫期喷药，常用药剂有50%杀螟松乳油1500mL/hm^2、50%硫胺乳油1500mL/hm^2、50%马拉硫磷乳油1500mL/hm^2、10%溴马乳油750mL/hm^2，20%菊马乳油750mL/hm^2、20%氯马乳油750mL/hm^2、20%甲氰菊酯乳油750mL/hm^2、2.5%功夫乳剂500mL/hm^2、2.5%敌杀死乳油500mL/hm^2～550mL/hm^2、20%速灭杀丁乳油500mL/hm^2～550mL/hm^2、10%天王星乳油300mL/hm^2～350mL/hm^2。

第116节　扁　刺　蛾
(*Thosea sinensis* (Walker))

扁刺蛾 *Thosea sinensis*（Walker）又名洋黑点刺蛾，属鳞翅目刺蛾科。

一、分布及危害

国内在东北、华北、华东、中南地区以及四川、云南、陕西等省均有发。在陕西水果出口基地各县区均有分布。

扁刺蛾危害苹果、梨、桃、李、杏、樱桃、枣、柿、柑橘、枇杷、梧桐、白杨、刺槐等。幼虫蚕食叶片，低龄啃食叶肉，稍大食成缺刻和孔洞，严重时食成光秆，致树势衰弱。

二、形态特征

1. 成虫

体长 13mm ~ 18mm，翅展 28mm ~ 35mm，前翅灰褐稍带紫色，自前缘近顶角处向后缘中部斜伸 1 条暗褐色斜纹。雄蛾中室上角有 1 黑点，雌蛾黑点不明显。

2. 卵

长约 1.1mm，扁椭圆形，黄绿色。

3. 幼虫

老熟时体长 21mm ~ 26mm，体扁，椭圆形，背面稍隆起似龟背。翠绿色，背中线白色，其边缘蓝色，每节有 4 个生有刺毛丛的瘤突，以体两侧的瘤突较大。第四节两侧各有 1 个红点。

4. 蛹

近圆形，长 11.5mm ~ 14mm。暗褐色，坚硬。

三、生活史与习性

（一）生活史

我国北部地区每年 1 代；长江下游地区 2 代，少数 3 代，均以老熟幼虫在树下 3cm ~ 6cm 土层内，结茧以前蛹越冬。1 代区 5 月中旬开始化蛹；6 月上旬开始羽化、产卵，发生期不整齐；6 月中旬至 8 月上旬均可见初孵幼虫，8 月危害最重，8 月下旬开始陆续老熟入土结茧越冬。2 ~ 3 代区 4 月中旬开始化蛹，5 月中旬至 6 月上旬羽化；第 1 代幼虫发生期为 5 月下旬至 7 月中旬，第 2 代幼虫发生期为 7 月下旬至 9 月中旬，第 3 代幼虫发生期为 9 月上旬至 10 月，以末代老熟幼虫入土结茧越冬。成虫多在黄昏羽化出土，昼伏夜出，羽化后即可交配，2 天后产卵，多散产于叶面上，卵期 7 天左右。幼虫共 8 龄，6 龄起可食全叶，老熟多夜间下树入土结茧。越冬幼虫 4 月中旬化蛹，成虫 5 月中旬至 6 月初羽化。第 1 代发生期为 5 月中旬至 8 月底，第 2 代发生期为 7 月中旬至 9 月底。少数的第 3 代始于 9 月初止于 10 月底。第 1 代幼虫发生期为 5 月下旬至 7 月中旬，盛期为 6 月初至 7 月初；第 2 代幼虫发生期为 7 月下旬至 9 月底，盛期为 7 月底至 8 月底。

（二）主要习性

成虫羽化多集中在黄昏时分，尤以 18：00 ~ 20：00 羽化最多。成虫羽化后即行交尾产卵，卵多散产于叶面，初孵化的幼虫停息在卵壳附近，并不取食，蜕第 1 次皮后，先取食卵壳，再啃食叶肉，仅留 1 层表皮。幼虫取食不分昼夜。自 6 龄起，取食全叶，虫量多时，常从一枝的下部叶片吃至上部，每枝仅存顶端几片嫩叶。幼虫期共 8 龄，老熟后即下树入土结茧，下树时间多在晚 8：00 至翌日清晨 6：00，而以后半夜 2：00 ~ 4：00 下树的数量最多。结茧部位的深度和距树干的远近与树干周围的土质有关：黏土地结茧位置浅，距离树干远，比较分散；腐殖质多的土壤及砂壤土地，结茧位置较深，距离树干较近，而且比较集中。

四、调查监测与防治技术

（一）调查监测

参照黄刺蛾调查方法。

（二）防治技术

1. 农业防治

结合冬耕施肥，将根际落叶及表土埋入施肥沟底，或结合培土，在根际 30cm 内培土 6cm ~ 9cm，并稍压实，以杀死越冬虫茧；摘除虫叶，集中烧毁。

2. 物理防治

利用黑光灯或频振式杀虫灯诱捕成虫。

3. 生物防治

幼虫期喷施 0.5 亿个孢子/mL 的青虫菌菌液进行防治。

4. 化学防治

密度大时在初龄幼虫发生盛期喷药防治。药剂可选用 90% 晶体敌百虫或 80% 敌敌畏乳油 1700mL/hm^2、50% 马拉硫磷乳油或 25% 亚胺硫磷乳油 1000mL/hm^2 ~ 1200mL/hm^2、50% 辛硫磷乳油 1000mL/hm^2 ~ 1200mL/hm^2 等有机磷药剂，或拟除虫菊酯类农药。

第 117 节　苹果透翅蛾
(*Conopia hector* Butler)

苹果透翅蛾 *Conopia hector* Butler 又名苹果旋皮虫、苹果小透羽，属鳞翅目透翅蛾科。

一、分布与危害

国内主要分布于东北、西北、华北、华东等地区。在陕西水果出口基地各县区均有分布。

主要危害苹果、梨，也可加害沙果、桃、李、杏、梅、樱桃等果树。幼虫在树干枝杈等处蛀入皮层下，食害韧皮部，造成不规则的虫道，深达木质部，被害部常有似烟油状的红褐色的粪屑及树脂粘液流出；被害伤口容易遭受苹果腐烂病菌侵染，引起溃烂。

二、形态特征

1. 成虫

体长约 15mm，翅展约 30mm。全体蓝黑色，具光泽。腹部背面第 4、第 5 节后缘有鲜明的黄带，两侧包向腹面，金黄色，腹末毛丛黑色。前足基部外侧黄色，后足胫节中部和端部黄色，各足的跗节和胫节上的距为黄色。翅大部分透明，前缘至后缘有一条较粗的黑纹，翅脉和翅缘黑色，前翅前缘和后缘有黄色鳞毛。后翅透明，外缘有狭细黑纹。

2. 卵

扁椭圆形，长径约 0.5mm，淡黄色，表面不光滑，具有白色刻纹，近孵化时为淡褐色。

3. 幼虫

老熟幼虫体长 20mm ~ 25mm，头黄褐色，胴部乳白色，微带黄褐色，背线淡红色，各体节背侧疏生细毛，头部及尾部毛较长。腹足趾钩单序，列成双横带，臀足趾钩列成单横带。

4. 蛹

体长约15mm，黄褐色，近羽化时为黑褐色。头部稍尖，翅伸展至腹中央之后，腹部第4到第8节背面前后缘各有一排刺状突起，第3、9两节仅前缘具刺状突起，尾端具有6个小突起，并生有细毛。

三、生活史与习性

（一）生活史

每年发生1代，以3~4龄幼虫在树干皮层下的虫道中越冬。4月上旬天气转暖，越冬幼虫开始活动，继续蛀食危害，5月下旬至6月上旬幼虫老熟化蛹，幼虫化蛹之前，先在被害部内咬1个圆形羽化孔，但不咬通表皮，然后吐丝缀缠虫粪和木屑，做长椭圆形茧化蛹，蛹期10~15天。成虫羽化时，将蛹壳带出一部分，露于羽化孔外。6月中旬至7月上旬为成虫羽化盛期。成虫交尾后2~3天产卵，单雌约产卵22粒。到11月间开始做茧越冬。

（二）主要习性

成虫多在白天活动，取食植物的花蜜，产卵于枝干粗皮缝隙、伤疤边缘和枝干分杈等粗糙部位。成虫喜欢在衰弱树上产卵。幼虫孵化后即蛀入皮层为害。

四、发生与环境的关系

天敌对其有一定的控制作用。常见天敌种类有小黑瓢虫、四星瓢虫、异型瓢虫、草蜻蛉、刺蝽和花蝽等。

五、防治技术

（一）农业防治

加强管理，增强树势，做好苹果腐烂病的防治工作，可减轻危害；晚秋和早春，结合刮皮，仔细检查主枝、侧枝等大枝杈处、树干上的伤疤处、多年生枝橛及老翘皮附近，发现虫粪和黏液时，用刀挖出杀死。

（二）化学防治

成虫发生期，在树干和主枝上涂抹白涂剂（石灰0.5kg，食盐0.5kg，兽油0.2kg，4%敌马粉0.1kg，大豆展着剂1kg，水18kg），可防止成虫产卵。9月幼虫蛀入不深，龄期小，可用涂药法杀死小幼虫。如80%敌敌畏乳油20倍液或80%敌敌畏乳油1份与19份煤油配制成的溶液，用毛刷在被害处涂刷。

第118节　桃　蛀　螟

（*Conogethes punctiferalis* Guenee）

桃蛀螟 *Conogethes punctiferalis* Guenee 又称桃蠹螟、桃实螟蛾、桃蛀野螟，属鳞翅目螟蛾科。

一、分布与危害

国内分布北起黑龙江、内蒙古，南至台湾、海南、广东、广西、云南南缘，东接前苏联东境、朝鲜北境，西面自山西、陕西西斜至宁夏、甘肃后，折入四川、云南、西藏。在陕西水果出口基地各县区均有分布。

主要危害桃、梨、苹果、杏、李、石榴、无花果、葡萄、柑橘、荔枝、板栗、枇杷等果树的果实。幼虫从果实肩部蛀入果实危害，在果内或枝叶相贴处化蛹。

二、形态特征

1. 成虫

体长9mm~14mm，翅展26mm，全体橙黄色，前翅散生25~26个黑斑，后翅约10个黑斑。雄虫腹末黑色。

2. 卵

椭圆形，0.6mm~0.7mm，初产乳白色，孵化前为红褐色。

3. 幼虫

老熟幼虫体长22mm~25mm，头部暗黑色，胸腹部背面为暗红、淡灰褐、浅灰蓝色等，腹面多为淡绿色。前胸背板深褐色，中、后胸及1~8腹节，各有褐色毛片8个，排成2列，前列6个，后列2个，毛片不规则圆形。

4. 蛹

淡褐色，体长13mm，第5~7腹节背面各有2列突起线，其上着生小刺1列。层端有卷曲的刺6根。

三、生活史与习性

(一) 生活史

辽南一年发生2代，华北3~4代，华中5代，陕西关中一年发生3~5代，以老龄幼虫在树皮裂缝、向日葵花盘、玉米秆等处越冬。4月中旬开始化蛹，各代成虫羽化期为：越冬代5月中旬，第1代7月中旬，第2代8月上、中旬，第3代9月下旬，第4代10月中旬。

(二) 主要习性

成虫多在19：00~22：00羽化，白天在叶背静伏，晚上7：00~12：00，早晨4：00~5：00活动，取食花蜜补充营养，有趋光性，对糖醋液有趋性。晚9：00~10：00产卵，多在枝叶茂密两果接连处产卵。幼虫在5：00前后孵化，多从萼洼蛀入，入果孔处有粗大虫粪。幼虫可转害1~3个果。化蛹多在萼洼处、两果相接处和枝干缝隙等处，结白色丝茧。

四、发生与环境的关系

(一) 气候因子

多雨高湿年份，发生严重。

（二）栽培因子

危害程度晚播重于早播，夏播重于春播。

（三）天敌因子

其天敌黄眶离缘姬蜂和广大腿小蜂对其发生危害具有一定的控制作用。

五、调查监测与防治技术

（一）测报方法

1. 成虫发生期测报

利用黑光灯或糖醋液性外激素诱集法。红糖、醋、果酒、水按 1∶4∶0.5∶10 混合，放入碗内，傍晚挂到田间，逐日记载诱蛾数。夏季高温糖醋液易变质，可改用棉球浓糖液，即红糖、果酒、醋按 2∶1∶2 比例混合，不兑水，用鸡蛋大棉球浸糖醋液，挂在水碗上面。

2. 田间查卵

自诱到成虫后，选代表苹果树 5～10 株，每 2～3 天检查一次，每次查果实 1000～1500 个，统计卵数，当卵量不断增加时进行喷药。

3. 性外激素的利用

利用顺、反 -10- 十六碳烯醛的混合物诱集雄蛾。

（二）防治技术

1. 农业防治

苹果树尽量不和桃、梨混栽或近距离栽植；及时摘除虫果，集中处理；在 8～9 月，树干束草诱集过冬幼虫。冬季结合刮树皮，解去束草消灭过冬幼虫。

2. 物理机械防治

利用黑光灯、糖醋液、性激素诱杀成虫。

3. 生物防治

喷洒 8000IU/mL 苏云金杆菌 10000g/hm^2～20000g/hm^2 或青虫菌 500g/hm^2～15000g/hm^2。

4. 化学防治

在产卵盛期喷药效果较好，可选用 2.5% 溴氰菊酯乳油 187.5g/hm^2～600g/hm^2、20% 氰戊菊酯乳油 214g/hm^2～375g/hm^2，或 50% 磷胺乳油 1500g/hm^2～3000g/hm^2。

第 119 节　黄尾毒蛾
(*Euproctis similis* Fuessly)

黄尾毒蛾 *Euproctis similis* Fuessly 和金毛虫 *Euproctis xanthocampa* Dyar 是两个生态亚种，均属于鳞翅目毒蛾科，其成虫几乎无区别，但幼虫体色不同。

一、分布与危害

黄尾毒蛾在国内主要分布于东北、华北、西北地区。金毛虫主要分布在长江流域地区，在江苏、浙江、广东等蚕桑区是一种重要的桑树害虫。陕西省内两者均有分布，在果园以黄尾毒蛾较常见。两者在陕西水果出口基地各县区均有分布。

黄尾毒蛾主要危害苹果、梨、桃、杏、李、梅、樱桃、柿、栗等多种果树的叶子。幼虫食叶成缺刻或孔洞，影响树势，在管理粗放的果园发生较多，是北方果区的常见害虫；金毛虫是一种重要的桑树害虫，幼虫不仅直接为害叶片，体上的毒毛还能引起桑毛虫螯伤症和人体皮炎，随空气吸入人体内可致严重中毒。

二、形态特征

这两种成虫的外部形态几乎不好区分，但幼虫形态迥然不同。

1. 成虫

雄蛾体长约 13mm，翅展 24mm ~ 38mm，雌蛾体长 14mm ~ 15mm，翅展 32mm ~ 40mm。体、翅白色，触角羽毛状，腹末有金黄色毛，前翅后缘有 2 个黑褐色斑，有的只有 1 个，有的全部消失。

2. 幼虫

黄尾毒蛾幼虫黑色，多毛，背面积侧面有红线，亚背线有 1 列小白点，第 1 节背面两侧有 1 个红色疣状突起；金毛虫幼虫底色橙黄，体背各节有两对黑色毛疣。腹部第 1、2 节中间两个毛疣合并成横带状毛块。在陕西黄尾毒蛾幼虫较常见。

3. 蛹

体长约 18mm。黄褐色。

三、生活史与习性

（一）生活史

这两种害虫的发生规律相近。一年均 2 代，以小幼虫结灰白色薄茧在树皮裂缝、翘皮下越冬。果树发芽后出蛰为害，5 月下旬到 6 月上旬作茧化蛹，6 月上、中旬越冬代成虫羽化，每雌虫产卵 200 ~500 多粒，在枝干上产卵，聚集成块，每一卵块有卵数十粒，外面覆盖黄色绒毛。幼虫孵化后群集为害，稍大后再分散，8 月上、中旬至 9 月中旬出现第 1 代成虫，卵孵化后幼虫为害一段时间，潜入树干隐蔽处越冬，有时在果实萼洼和梗洼也可见越冬幼虫。幼虫脱皮 5 ~7 次，幼虫发育期 20 ~37 天，越冬代幼虫期 250 天左右。

（二）主要习性

成虫多于下午羽化，傍晚前后飞翔活跃，有趋光性，深夜至凌晨交尾，雄虫可交尾 1 ~3 次，雌虫只交尾 1 次，于夜间产卵。幼虫有弱假死性，受惊动时身体倦缩，直接落地或吐丝下垂，一般在夜间取食，白天静伏在叶背。

四、发生与环境的关系

其已知天敌有 20 多种，幼虫自然被寄生率达 20% ~40% 。卵期天敌有桑毛虫黑卵

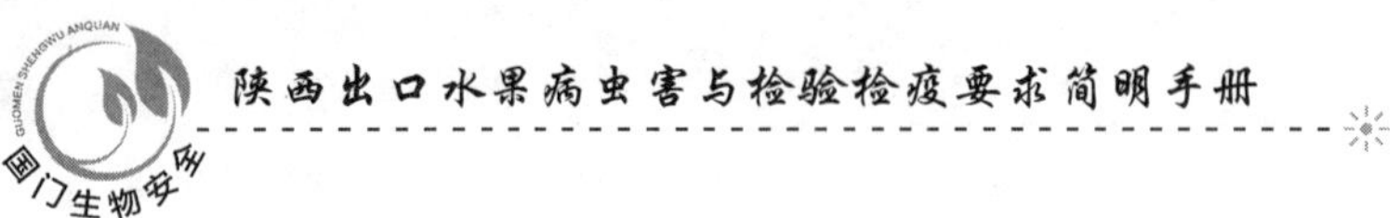

蜂；幼虫期天敌有绒茧蜂、寄生蝇和核多角体病毒。

五、调查监测与防治技术

（一）调查监测

当幼虫接近老熟结茧期，可随机捕捉树上 100～200 头虫，在饲养箱饲养，每天检查结茧数，当结茧 16%～20% 多为始盛期；有 40%～50% 结茧为高峰盛期；80% 结茧为盛末期，加上各代的蛹发育历期，产卵后的卵发育历期，即可测得卵孵始、盛、末期。

（二）防治技术

1. 农业防治

其产卵呈块状，而且比较集中；多数种类 1～2 龄幼虫有群集取食习性，很容易被发现，结合果园的栽培管理，清洁果园，彻底清除果园内的枯枝落叶，加强整形修剪等，可清除在枝叶上的卵块、初孵幼虫和蛹。但进行捕杀时，要注意防护，需穿防护服，以防毒蛾侵害人的皮肤、眼睛和呼吸道等。

2. 物理机械防治

由于成虫具较强的趋光性，可在成虫盛期，利用黑光灯、高压汞灯或频振式杀虫灯等诱杀，集中消灭。此外，还可利用性诱剂诱杀雄成虫。

3. 生物防治

当虫体在田间普遍发生危害时，可用白僵菌、Bt、核型多角体病毒或质型多角体病毒制剂等喷施防治。

4. 化学防治

3 龄前幼虫多群集为害，不甚活动，且抗药力弱，这是化学防治的关键时期。在其大发生时，可选用一些有机磷类、氨基甲酸酯类或拟除虫菊酯类等高效、低毒、低残留农药进行防治。可选用的农药有 90% 敌百虫晶体 $1500g/hm^2$、50% 辛硫磷乳油 $1500g/hm^2$、25% 灭幼脲Ⅲ号悬浮剂 $600g/hm^2$～$750g/hm^2$。

第 120 节　梅　木　蛾
(*Odites issikii* Takahashi)

梅木蛾 *Odites issikii* Takahashi 又称五点木蛾、卷边虫、樱桃堆砂蛀蛾，属鳞翅目木蛾科。

一、分布与危害

国内主要分布于辽宁、河北、山东、陕西等省。在陕西水果出口基地，主要分布于礼泉等县区。

主要危害苹果、梨、桃、李、樱桃、梅、猕猴桃、葡萄等多种果树的叶片。近几年在部分苹果、梨和猕猴桃上为害严重。幼虫将叶边缘横切一段，吐丝纵褶成长虫苞，幼虫潜藏其中食害虫苞两端的叶组织成缺刻，严重时全树叶片破碎不堪，挂满虫苞。

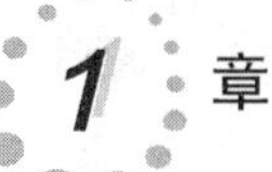

二、形态特征

1. 成虫

体长 6mm ~7mm，翅展 16mm ~20mm。体黄白色，前胸背板覆灰白色鳞毛，端部有 1 个黑斑。前翅灰白色，近翅基 1/3 处有两个近圆形黑斑，与胸部的黑斑构成明显的 5 个大黑点。前翅外缘有 1 列小黑点，翅面上还有不规则分布的小黑点。后翅灰白色。

2. 卵

长圆形，长径 0. 5mm，短径 0. 4mm。初产时米黄色。后变为淡黄色。

3. 幼虫

老熟时体长 15mm。头和前胸背板赤褐色，头壳隆起明显，有光泽。口器锋利，上颚有齿状突起。胴部黄绿色。前胸足黑色，中、后胸足淡褐色。

4. 蛹

长约 8mm，赤褐色。头顶有 1 个表面凹凸不平的球形突起。腹部第 4、5、6 三节之间的节间宽，节间膜明显外露。臀棘横向宽大，两侧各有 1 倒钩形刺状突，并着生多数细刚毛。

三、生活史与习性

（一）生活史

陕西关中一年发生 3 代，山东一年 2 代。以初龄幼虫在树皮裂缝、翘皮下结薄茧越冬。果树发芽后幼虫出蛰危害，5 月中旬开始化蛹，越冬代成虫发生于 5 月下旬至 6 月底，成虫寿命 4 ~5 天，每雌平均产卵 70 余粒。卵期约 10 天。第 1 代幼虫为害期在 6 月上旬至 7 月中旬。第 1、第 2 代成虫分别发生于 7 月上旬至 8 月初和 9 月上旬至 10 月上旬。

（二）主要习性

成虫于夜间羽化、交尾和产卵，多将卵产在叶背主脉两侧，也可产于芽痕、叶痕和叶面，单粒散产。成虫对黑光灯有趋性。初龄幼虫潜入叶表皮下筑“一”字形隧道，取食其两端的叶肉，2 龄后潜藏在叶片卷边内取食两端的叶组织，夜间取食，近老熟时切割部分叶片纵卷成长约 1cm 的筒状虫苞，一端与叶相连，在其中化蛹。危害严重时全树叶片破碎，虫苞密布。

四、发生与环境的关系

梅木蛾幼虫有 3 种寄生天敌，其中姬小蜂和一种小茧蜂的寄生率分别达 10% 和 12% 。蛹期有 2 种寄生蜂，其中姬蜂的的寄生率在 30% ~100% 。

五、防治技术

（一）农业防治

冬季刮除老树皮、翘皮，清除果园枯枝、落叶及杂草，消灭越冬幼虫。

（二）物理机械防治

利用黑光灯、高压汞灯、频振式杀虫灯诱杀成虫，把成虫消灭在交尾产卵之前。

（三）生物防治

利用性外激素诱杀雄蛾，以控制梅木蛾的数量。

（四）化学防治

幼虫初孵至开始卷叶的3～5天内是防治的关键时期，一般杀虫剂即可取得较好效果。2龄后幼虫潜藏于虫苞内防治难度较大，一般杀虫剂效果不理想。可选用2%阿维菌素微乳剂500g/hm^2～750g/hm^2、25%灭幼脲Ⅲ悬浮剂1000g/hm^{2}等药剂。成虫高峰期喷5%高效氯氰菊酯悬浮剂1500g/hm^{2}等杀虫剂，对降低虫口基数作用明显。

第121节　梨星毛虫
(*Illiberis pruni* Dyar)

梨星毛虫 *Illiberis pruni* Dyar 又称梨叶斑蛾、梨透黑羽，属鳞翅目斑蛾科。

一、分布与危害

国外主要分布于朝鲜、日本、前苏联。国内的东北、华北、华东、西北、西南地区均有分布，以渤海湾沿岸至西北地区发生较重，尤其在管理粗放的果园普遍受害。在陕西水果出口基地各县区均有分布。

主要寄主有苹果、梨、海棠、花红、山楂、山定子等果树。幼虫危害芽、花蕾、叶片。受害严重时叶片叶肉被食光，只留下表皮。早春钻食花芽，使其不能开放。展叶后幼虫吐丝连缀叶缘，将叶片向正面纵折包成饺子形虫苞，在其中取食叶肉，仅留下表皮，被害叶枯焦，严重时全树叶片干枯，引起第2次发芽开花，往往造成连年不结果，损失严重。

二、形态特征

1. 成虫

体长9mm～12mm，翅展21mm～30mm。全体为灰黑色，翅半透明，翅脉明显，上生许多短毛，翅缘为深黑色，雄蛾触角羽毛状。

2. 卵

椭圆形略扁，长径约0.7mm。初产时为白色，以后渐变为黄色、淡紫色，孵化前为黑色。常以10粒至200余粒聚集在一起。

3. 幼虫

老龄幼虫体长20mm左右。黄白色，头小黑色，体纺锤形，背线黑色，两侧各有1列10个近圆形黑斑。各节有毛丛6簇。幼龄幼虫身体有紫褐色纵纹。

4. 蛹

体长11mm～14mm，刚化蛹时黄白色，近羽化时黑褐色。腹部背面第3到第9节前缘有1列短刺突。蛹外有两层白色薄丝茧。

三、生活史与习性

（一）生活史

北方大部分地区一年1代。河南灵宝和陕西关中地区每年1～2代，少数3代。该虫以2龄幼虫在枝干翘皮缝、甚至根颈土壤里结茧越冬。第2年当苹果树萌芽时越冬幼虫开始出蛰，并向树冠芽上转移。从芽旁蛀食，引起芽子汁液外流，不能开放。花芽膨大后蛀食花芽，虫口密度大时一个花芽里常有十余头幼虫同时取食。受害花芽变黑而枯死。展叶后幼虫转移到叶片上危害，叶丝缀叶成“饺子”状，在其中取食叶肉，残留叶背表皮。一头幼虫大约可转害7～8个叶片，在最后一个叶苞中结茧化蛹，蛹期10～15天。5月下旬至6月初成虫羽化。雄虫寿命3～5天。雌虫寿命8～10天，产卵多在11～18时。单雌可产200～300粒卵，卵期7～10天。7月中旬在陕西关中该虫危害严重时可将叶片叶肉吃光，由于缺乏营养，这部分幼虫即开始进入越冬状态。在营养条件好的情况下幼虫继续危害到7月下旬老熟化蛹。第1代成虫于8月上、中旬羽化。幼虫孵化后继续为害约10余天即越冬。还有少数幼虫可继续危害发育至第2代成虫，这代小幼虫危害至10月越冬。

（二）主要习性

成虫飞翔力不强。白天多潜伏叶背，傍晚或夜间活动，雌虫分泌性外激素引诱雄蛾交配。早晨气温低时成虫易被震落。幼虫孵化出来先聚集叶背取食叶肉，后逐渐分散危害。

四、发生与环境的关系

梨星毛虫有6种寄生蜂和1种寄生蝇，其中梨星毛虫悬茧蜂和金光小寄蝇数量较多，前者寄生率达20%～50%。

五、防治技术

（一）农业防治

在果树休眠期用刮刀或铁丝刷子将树皮裂缝、枝干上干贴叶片彻底刮刷干净，可消灭大量幼虫。刮下的树皮和害虫要集中烧毁。对潜在根颈土壤过冬的幼虫可在根颈周围培土，使不能爬出上树；在发生不太严重的果园，可组织人力摘除虫苞集中处理。

（二）化学防治

要抓住萌芽至开花前幼虫出蛰期和当年第1代小幼虫孵化期喷药，幼虫卷叶后防治效果即降低。有效的杀虫剂有：50%杀螟松乳油1500g/hm^2、50%马拉硫磷乳油1500g/hm^2、2.5%溴氰菊酯乳油300g/hm^2。

第122节　苹掌舟蛾
（*Phalera flavescens*（Bremer et Grey））

苹掌舟蛾 *Phalera flavescens*（Bremer et Grey）又称苹果舟形毛虫、苹果天社蛾，属鳞翅目舟蛾科。

一、分布与危害

国外主要分布于朝鲜、日本和前苏联沿海地区。国内分布很广，目前仅新疆、青海、宁夏、甘肃、西藏、贵州和广西等省尚无记录。该虫是果园后期发生的一种常见害虫，陕西水果出口基地各县区均有分布，但一般仅个别植株受害严重。

主要危害苹果、梨、梅棠、山橙、枇杷、桃、李、杏、梅、核桃、板栗等果树。幼虫数十头群集叶上取食，初龄幼虫食成网眼状，稍大即可食尽全叶，仅留叶脉、叶柄，2龄后分散转叶为害，暴食期可将整个叶片连同叶柄食光。幼虫群集叶上时，一般头向外整齐排列于叶缘，静止时头和腹末上举似船形，故称舟形毛虫。

二、形态特征

1. 成虫

体长约25mm，翅展约50mm，头、胸淡黄白色，腹背面前半部土黄色（雌），或浅黄褐色（雄）。前翅淡黄白色，基部有1个、外缘有6个椭圆形斑纹。各斑纹均由银灰色圆斑、赤褐色线和黑色半月形斑组成。翅中部有4条不太明显的淡黄色波状横线。后翅淡黄白色，近后缘有褐色横带（雄）。

2. 卵

圆球形，直径约1mm，初为淡绿色，数十粒排成卵块。

3. 幼虫

老熟时体长约50mm，头黑色有光泽，胴部背面紫褐色，两侧各有3条稍带黄色的纵线。腹面淡紫红色，全身有黄白色长软毛。初孵幼虫黄褐色，后渐变为红褐色。

4. 蛹

体长约23mm，暗红褐色，腹末有两个2分叉的刺。

三、生活史与习性

（一）生活史

各地均一年发生1代，以蛹在表土层中越冬。在陕西关中地区，成虫于6月上旬至8月上旬陆续羽化出土，将卵产于叶背，几十粒成卵块，卵期约7天，幼虫孵化后危害至10月陆续入土化蛹越冬。

（二）主要习性

成虫昼伏夜出，有趋光性。幼虫共5龄，3龄前群集叶上为害，3龄后逐渐分散取食，白天静伏不动，受惊时有吐丝下坠习性。

四、发生与环境的关系

（一）气候因子

苹掌舟蛾属于高温危害物种，温度达到一定程度才可羽化产卵危害寄主。幼虫在10℃ ~40℃温度区间下发育速率随温度升高而加快；幼虫在大气相对湿度30% ~90% 条件下可完成正常的发育，以 40% ~80% 最佳。另外，降雨量大羽化数量多。

（二）天敌因子

天敌对其发生危害具有一定的控制作用。苹掌舟蛾的寄生性天敌有日本追寄蝇和家蚕追寄蝇、松毛虫赤眼蜂。

五、防治技术

（一）农业防治

秋季翻耕树盘，使蛹暴露于地面而死亡。

（二）物理机械防治

虫体数量少时，在幼虫群集危害期用竹竿扑打振荡幼虫并及时处死。

（三）生物防治

幼虫老熟下树时，可在树盘土壤喷洒白僵菌，喷后中耕，使入土幼虫被寄生而死。天敌中的赤眼蜂对卵的寄生率高，核多角体病毒对幼虫的感染力及专化性强。嗜线虫致病杆菌 HB310 菌株（浓度 1.02×10^8 个/mL）对幼虫有强的拒食性。

（四）化学防治

树冠一般情况下不需专门喷药防治，如果大面积果树严重受害时，可喷 48% 毒死蜱乳油 $500g/hm^2$ ~ $750g/hm^2$、90% 敌百虫晶体 $1875g/hm^2$、50% 杀螟松乳油 $1500g/hm^2$ 等药剂。

第 123 节　金 环 胡 蜂
(*Vespa mandarinia* Smith)

金环胡蜂 *Vespa mandarinia* Smith 又称中华大虎头蜂、桃胡蜂、人头蜂、葫芦蜂、马蜂，属膜翅目胡蜂科。

一、分布与危害

国外主要分布于日本、法国。国内在辽宁、河北、山东，陕西、河南、甘肃，四川、湖南、江苏、浙江、台湾都有分布。在陕西水果出口基地各县区均有分布。

主要为害苹果、梨、桃、李、杏、梅、山楂、葡萄。以成虫啮食成熟的水果，吸取糖分，残留果皮、果核。在山区果园，一般苹果、梨、桃果实受胡蜂危害率在 5% ~25%，葡萄受胡蜂危害率高达 15% ~25%。成为山区水果生产上的重要害虫。

二、形态特征

1. 成虫

雌蜂体长 40mm 左右，工蜂（职蜂）体长 25mm。雌蜂体黑褐色，头橙黄色，额片前缘弓形，中央凹，两边突出。触角暗褐色。头顶后缘和单眼周围多为黑褐色。中胸背中央有很细纵沟。翅半透明，前缘脉和亚前缘脉黑褐色。腹部黑褐色，第 1、第 2 腹节中央以及后缘黄色，生有黄褐色及暗褐色毛。足黑褐色，腿节、胫节末端及跗节上密生赤褐色软毛。雄蜂较小。

2. 卵

白色，长椭圆形，长 1mm ~ 2mm 附着蜂巢内。

3. 幼虫

白色，老幼虫长 15mm，体肥胖，无足，头小，口器红褐色，体侧有刺突，固定在蜂巢内。

4. 蛹

裸蛹，白色，羽化前变黑褐色，固定蜂巢内。

5. 蜂巢

人头形，灰褐色，由木质纤维做成，悬在树枝、树洞、墙缝或地洞内，直径 20cm ~ 35cm，外围包被，只有 1 个出入孔，内有 6 ~ 10 层蜂室，蜂室六角形。

三、生活史与习性

（一）生活史

胡蜂营社会生活，由一个受精的蜂王（后蜂）在树洞、墙缝等处越冬，至春天晚霜过后，4 月下旬开始作巢，同时产卵。把卵产在蜂室角棱处，卵期约一周，孵化为幼虫，幼虫尾端有丝带，粘附室壁，以防脱室，幼虫一生由成虫饲喂，幼虫经历约 20 余天老熟，吐丝将室口封闭，进行化蛹，经过 8 ~ 9 日羽化为成虫，为第一批工蜂。后蜂则主要产卵繁殖，工蜂担负着建巢和饲喂幼蜂工作。一个后蜂可繁殖数千头至上万头，7 ~ 8 月是繁殖最快、蜂数最多的时期，至越冬前形成庞大的蜂群。秋季糖分营养条件特别充分时，在蜂巢内建造一个较大的蜂室，育成新后蜂，老后蜂即死去。新后蜂与雄蜂交配受精后，即离开蜂巢准备过冬，晚秋雄蜂、工蜂大多死亡，并被赶出蜂巢。

（二）主要习性

在一般情况下，胡蜂对水果不会适成大的危害，还可捕食许多果树害虫，但在局部地区有时对成熟水果造成很大为害。据在陕西凤县观察，7 月中旬起，先为害早熟桃、梨，继而为害葡萄和苹果，10 月中下旬以后温度降低，逐渐减少。在 10：00 ~ 13：00，大量啮食为害水果。鸟、虫伤果最易招引胡蜂为害，充分成熟的水果也可直接啮食。只啮食苹果、梨果肉，吸取汁液，把木质纤维吐出，残留果皮果核 1 个果实内常有 2 ~ 3 头胡蜂同时取食。

四、发生与环境的关系

金环胡蜂喜在低矮的灌丛、草丛及土洞和石缝下筑巢。

五、调查监测与防治技术

（一）调查监测

在胡蜂危害严重的季节，白天觅得相距不远的金环胡蜂蜂巢，待夜晚胡蜂停止活动后，将磷化铝丸塞进蜂巢，用棉花将巢口塞紧，次日摘取蜂巢。室内观察和测量蜂巢的巢脾直径，统计巢中卵、幼虫、蛹和成虫的数量。

（二）防治技术

1. 农业防治

在晚间，把胡蜂巢移入远离果园的农田，利用其捕食农田害虫，避免其危害果实。但须注意防止蜂群蜇人。必须灭蜂时，可在晚上用布网袋套住蜂巢，集中消灭。也可用竹竿绑上火把烧毁蜂巢。

2. 物理机械防治

采用红糖、蜂蜜和水（1：1：15）加 0.4g 红砒，配成诱集液，也可用烂果汁代替糖、蜜液。把诱杀液盛放在碗内、广口瓶内，挂在成熟的水果树上，一个诱集瓶一天可诱数十头至百余头胡蜂。

3. 化学防治

可在果实近成熟期喷 80% 敌敌畏乳油 $1500g/hm^2$，或 25% 喹硫磷乳油 $1000g/hm^2$，或 20% 甲氰菊酯乳油 $500g/hm^2 \sim 600g/hm^2$，或 2.5% 功夫菊酯乳油 $500g/hm^2$，或 10% 联苯菊酯乳油 $300g/hm^2 \sim 375g/hm^2$。

第 124 节　苹果红蜘蛛
（*Panonychus ulmi*（Koch））

苹果红蜘蛛 *Panonychus ulmi*（Koch）又名苹果全爪螨、榆全爪螨，属蛛形纲蜱螨目叶螨科。

一、分布与危害

国外分布于印度、日本、加拿大、前苏联、美国、阿根廷、新西兰、欧洲等地。国内主要分布在北京、辽宁、内蒙古、宁夏、甘肃、河北、山西、山东、河南、江苏、陕西等地。在陕西水果出口基地，主要分布于洛川、淳化、旬邑、合阳、扶风、澄城、宜川、黄陵、礼泉、富县、印台、长武、彬县等县区。

主要危害苹果、梨、沙果、桃、杏、樱桃、李、山楂等果树。春季苹果嫩芽被害后出现黄褐色失绿斑点，发黄、焦枯，影响展叶开花。被害叶初有失绿小点，严重时叶片黄绿色，脆硬，但很少有早期落叶现象，幼果被害后常萎缩。

二、形态特征

1. 成螨

雌性身体近似半卵圆形，长 0.4mm ~ 0.5mm，体色深红，背毛 13 对，白色，生于瘤突上。雄性体略小，腹末较尖削。

2. 卵

葱头形，圆形稍扁，顶部中央有 1 根细毛。夏卵桔红色，冬卵深红色。

3. 幼螨

从越冬卵初孵出体色淡红，取食后变为暗红色，从夏卵初孵出的幼螨体色淡黄，渐变深红色乃至深绿色，足3对，体背刚毛已明显。

4. 若螨

足4对，前期体色比幼螨深，后期可以辨别雌雄，雄性身体末端尖削。

三、生活史与习性

（一）生活史

苹果全爪螨近年来发生面积逐渐扩大，危害日趋严重，在有的果园与山楂叶螨混合危害，影响防治效果。该螨一年6~7代，以卵在主枝、侧枝、果台、叶痕等处越冬。越冬卵于5月初苹果花序分离时开始孵化，且较整齐。越冬雌成虫于6月中旬盛花至落花期间发生最多。平均每雌产卵量67.4粒，日产卵量4.5粒，每雌最高产卵量146粒，平均寿命18.8天。第1代卵量于终花时达到高峰，终花后一周左右是夏卵的盛孵期。苹果红蜘蛛完成1代所需天数10~14天。

（二）主要习性

幼螨、若螨和雄成螨多在叶背活动取食，静止期大多在叶背基部主、侧脉的两旁，以口器固着在叶片上，不食不动。雌成螨多在叶片正面活动危害，一般不拉丝结网。在螨口密度很大和营养条件很不好的情况下，成螨（主要是雄成螨）常大批吐丝下垂，随风飘荡，借以扩散转移。

苹果全爪螨既营两性生殖，也能单性生殖，未受精卵全发育为雄螨。雌螨一生一般只交配1次。各代雌螨的生殖力和寿命不同，越冬代和第1代成螨的生殖力高于其他世代。

四、发生与环境的关系

（一）气候因子

苹果全爪螨不适高温，在黄河故道地区只有春秋雨季发生较重，越冬卵多，春夏之交能造成一定危害。6、7月份高温天气，此后雨季来临，则受到抑制。

（二）天敌因子

苹果全爪螨的天敌种类很多，除包括山楂叶螨的天敌外，还有异色飘虫、有益钝绥螨、六点蓟马等，它们在控制害螨种群数量的消长上起到较大作用。

五、调查监测与防治技术

（一）调查监测

1. 重点做好越冬卵孵化时期的测报

可在田间苹果树上选5~10个有卵的枝条，每个枝条上有卵50~100粒为宜。作好标记，先检查越冬卵情况，将上一年的卵用针拔掉，留下当年新鲜的卵粒。在调查枝上下两端涂上一圈白凡士林，防止树上孵化后的幼螨逃逸。从5月初开始每隔1~2天调查一次每个枝上孵化幼螨数，查后将其杀死。调查到全部卵孵化完为止。

2. 田间普查

从田间发现卵孵化开始，每隔 1 ~2 天在固定果园内随机取样，取有卵枝条若干和卵 300 ~500 粒，在双筒解剖镜下检查，计算卵的孵化率。当越冬卵孵化率达 50% 时，就应及时进行药剂防治。

（二）防治技术

1. 农业防治

冬季时要扫除落叶和杂草，刮除枝干老翘皮，以消灭苹果红蜘蛛的越冬卵。

2. 生物防治

天敌对其的控制作用大，但其抗药能力较差，尤其在经常使用剧毒的广谱性杀虫剂的果园，虽然消灭了大量的螨害，同时天敌也受到严重伤害，剩余的叶螨在失去天敌控制的情况下，一旦气候适宜，很容易导致猖獗危害。因此在防治苹果全爪螨时，注意保护天敌十分重要。

3. 化学防治

防治苹果红蜘蛛，在苹果开花前后，越冬卵孵化高峰期施药。也可在螨的各个发生期，当发生量达到一定防治指标时施药。用 5% 唑螨酯悬浮剂 600g/hm^2 均匀喷雾，持效期一般可达 30 天以上。

第 125 节　二 斑 叶 螨
(*Tetranychus urticae* Koch)

二斑叶螨 *Tetranychus urticae* Koch 又称棉红蜘蛛，属蛛形纲蜱螨目叶螨科。

一、分布与危害

二斑叶螨是一种世界性害虫，国内分布于山东、河北、甘肃、陕西等许多果区。在陕西水果出口基地，主要分布在礼泉、大荔、临渭等县区。

主要危害苹果、桃、梨等果树。受害果树叶片初期沿叶脉出现失绿斑，后叶背渐变褐色。叶片呈苍灰绿色，变硬变脆，继而脱落。受害严重时 6 月开始落叶，8 ~9 月叶片大量脱落。

二、形态特征

1. 成螨

雌性椭圆形，体长 0. 5mm ~0. 6mm，宽 0. 3mm ~0. 4mm。体色灰绿、黄绿或深绿色。体背两侧各有 1 明显褐斑，褐斑外侧呈 3 裂。雄性略呈菱形，体长 0. 3mm ~0. 4mm，宽 0. 2mm。灰绿色或黄绿色。

2. 卵

圆球形，有光泽。初产时透明无色，后渐变淡黄。

3. 幼螨

半球形，淡黄绿色。

4. 若螨

椭圆形，黄绿或深绿色。

三、生活史与习性

（一）生活史

二斑叶螨一年发生7~9代，以橙黄色雌成螨在树干翘皮、粗皮裂缝内、根颈部土缝和落叶杂草下群集越冬。气温达10℃时越冬成螨开始出蛰，在树下阔叶杂草和果树根蘖苗上取食，产卵繁殖。雌螨平均产卵量106~127粒。该螨繁殖速度快，在夏季高温季节8~10天即可完成1代。发生高峰期在8月上中旬至9月上旬。10月份雄螨陆续越冬。

（二）主要习性

营两性生殖，不交尾也可产卵，喜群集叶背主脉附近并吐丝结网于网下危害树木，大发生或食料不足时常千余头群集叶端成一团。有吐丝下垂借风力扩散传播的习性。高温、低湿适于发生。

四、发生与环境的关系

（一）气候因子

温度是影响二斑叶螨种群数量消长最重要的因素。据观察，二斑叶螨的发育温度范围为7℃~40℃，最适温度为24℃~30℃。在室温范围内，叶螨的发育温度升高而加快。另外，湿度也影响该螨的发生，据观察相对湿度低的年份该螨发生严重。

（二）天敌因子

二斑叶螨天敌种类很多，捕食螨、捕食性蓟马、小花蝽、捕食螨瓢虫等10多种。在不常喷药的果园里，天敌十分活跃，在后期常能控制住该螨的危害。

五、调查监测与防治技术

（一）调查监测

二斑叶螨调查监测参照山楂叶螨进行。

（二）防治技术

1. 农业防治

受害严重的果园，成螨越冬前，在树主干部位束草把诱集成螨入内越冬，冬季解下烧毁；初冬用锹翻树根颈周围30cm的土，使越冬虫体死亡，冬季刮除老树皮，清除园内杂草、落叶集中烧毁；不偏施氮肥，增强树势，合理修剪，改善通风透光条件，合理负载，苹果园内不种植豆类、棉花等作物和蔬菜，加强其他病虫害综合治理，都是防治二斑叶螨的重要基础。

2. 生物防治

尽量避免滥用农药杀伤天敌而导致二斑叶螨为害猖獗，尽可能不用或少用对天敌杀伤力强的广谱有机磷和菊酯类农药，以充分发挥天敌的自控效应。

3. 化学防治

二斑叶螨只能通过树干爬到树冠，用药肥涂抹树干，把害螨消灭在上树途中。正确筛选药剂，树体喷药是防治的重点。试验表明，红白螨杀星乳剂 500g/hm^2 ~750g/hm^2 防治二斑叶螨效果很好。

第 126 节　山楂红蜘蛛
(*Tetranychus viennensis* Zacher)

山楂红蜘蛛 *Tetranychus viennensis* Zacher 又名山楂叶螨，属蛛形纲蜱螨目叶螨科。

一、分布与危害

国内在西北、华北、华东和华中危害十分严重。在陕西水果出口基地各县区均有分布。

主要危害苹果、梨、桃、樱桃、杏、李、山楂等多种果树。成螨和幼螨刺吸叶片汁液,破坏叶绿素,使叶片呈现失绿斑点,影响光合作用。严重时叶片枯焦,似火烧状,造成早期落叶。早期为害严重,可使苹果叶面积减少 15% ~27%;后期为害严重,引起提早落叶 2~3 个月,当年果实产量可减少 10% 以上,并影响当年花芽形成和次年产量 70% ~80% 。

二、形态特征

1. 成螨

雌性体长 0.47mm，体宽 0.28mm。椭圆形，深红色，足及颚体部分桔黄色，越冬雌螨桔红色。体背前方稍隆起，上有刚毛 26 根，分成 6 排，刚毛细长。雄性体长 0.35mm，体宽 0.20mm，体色桔黄，身体末端尖削。体背两侧有黑绿色斑纹 2 条。

2. 卵

圆球形，橙红色，后期产的卵颜色浅淡，为橙黄色或黄白色。

3. 幼螨

有足 3 对，体圆形，黄白色，取食后变为淡绿色。

4. 若螨

分为前期若螨和后期若螨。前若螨有足 4 对，体背开始出现刚毛，两侧有明显的黑绿色斑纹；后若螨有足 4 对，可辨别雌雄，雌若螨体呈卵圆形，翠绿色。雄若螨身体末端尖削。

三、生活史与习性

（一）生活史

山楂叶螨每年发生代数，主要受各地区气候条件和其他因子形响而有差异。辽宁省一年发生 3~6 代，陕西一年最多发生 10 代，以受精雌螨越冬。交配过程多在雌螨刚蜕完最后 1 次皮进行，多数雌螨只交配 1 次，也有多次的。交配后 1~3 天即产卵，每雌产卵 52~112 粒。3 月下旬，平均温度达到 10℃开始出蛰，4 月中、下旬产卵，当年第 1 代成螨发生在 5 月中、下旬，第 2 代 6 月上、中旬，第 3 代 6 月下旬，第 4 代 7 月上旬，第 5 代 7 月中下旬，第 6 代 8 月上、中旬，第 7 代 8 月下旬，第 8 代 9 月上、中旬，第 9 代 9 月下旬至 10 月中旬，第 10 代 10 月下旬，并开始过冬。

（二）主要习性

越冬雌螨主要集中在树干、主侧枝粗皮缝隙、枝杈和树干附近的土缝内越冬。发生严重的果园在落叶、杂草根际及果实萼洼处均有越冬雌螨分布。

山楂叶螨越冬代雌螨主要集中在树冠内膛为害，第 1~2 代 5~6 月逐步向外迁移，第 3~4 代 7 月以后向树冠外围迁移。扩散主要靠爬行，也可借风力、流水、昆虫、农业机械和苗木接穗传播。山楂叶螨有吐丝结网习性，多集中叶背危害。

山楂叶螨可营两性生殖，后代有雌有雄，一般雌螨占 64%~85%。也可营产雄孤雌生殖，即未受精雌螨只产生雄性后代。

四、发生与环境的关系

（一）气候因子

据测定，山楂叶螨在 15.7℃时 37 天完成 1 代，一个雌螨的后代只有 74 个。如在 26℃时 37 天则可完成 3 代，一个雌虫可能繁殖 124160 个后代。山楂叶螨生长发育要求相对湿度 72%~92%。夏季雨水的冲刷常减低虫口密度。长期阴雨、湿度过大也不利生长。一般干旱年份大发生，降雨量多的年份则发生轻。山楂叶螨喜长光照，当秋季光照短时常引起雌虫滞育，如果营养条件恶化，也促使提前滞育。滞育的雌螨逐渐停止取食，迁移树皮缝中，体色鲜红。

（二）天敌因子

山楂叶螨有许多天敌经常在捕食，这种捕食作用是经常持续不断的，所以在充分保护自然天敌的果园，山楂叶螨一般不会造成经济损失。它的自然捕食天敌很多，如深点食螨瓢虫、陕西食螨瓢虫、中华草蛉等。这些捕食性天敌的成虫和若虫都可捕食山楂叶螨。

五、调查监测与防治技术

（一）调查监测

1. 越冬雌成螨出蛰的测报

在苹果园 5 点取样固定 5 株代表性树，自 3 月下旬萌芽开始，每 3 天调查 1 次，每树在内膛和主枝中段各随机观察 10 个生长芽，5 株树共 100 个芽，每次统计芽上越冬雌螨数量，一直调查至开花。累计每芽 2 头雌虫，或活动叶螨叶均 405 头，天敌害螨比 1∶50 时喷药。

2. 花后测报调查

花后在苹果园选定 5 株代表性树，每 7 天调查 1 次，每树在树冠内膛和主枝中段各

10 个叶丛枝上取近中部 1 张叶片，5 株树共 100 张叶片，统计卵数，幼、若、成螨数和小型天敌数。对于草蛉、瓢虫可环视树冠 1 周统计 2 分钟内看到数量。自 7 月中旬随着山楂叶螨外移，取样部位相应移到主枝中段和树冠外围叶丛枝中部的叶片。在固定系统树调查平均每叶接近 2 头成螨时，或叶均活动叶螨 7～8 头，再到大田抽样普查。当平均每叶达到 2 头成螨时为喷药适期。同时调查到天敌和叶螨数量比达 1：50 时，叶螨比例较大时则须防治。

（二）防治技术

1. 农业防治

秋季可在树干上绑草圈诱集越冬成螨，早春出蛰前取下草圈集中烧毁，消灭越冬螨。早春果树萌发前，结合防治其它害虫彻底刮除主干、主枝上的翘皮及粗皮，集中烧毁。

2. 生物防治

在 5 月上旬前后山楂叶螨平均达 5 头/叶，每树可放草蛉卵 1000～2000 粒，若山楂叶螨达到 5～10 头/叶，则需放卵 2000～3000 粒，可有效地控制叶螨的危害。

3. 化学防治

山楂叶螨防治有 3 个关键时期：越冬雌成虫出蛰盛期、第 1 代幼螨孵化盛期（苹果落花后 7～10 天）和第 2 代幼螨孵化盛期（谢花后 25 天左右）。可使用药剂：石硫合剂（发芽前用（3～5）°Bé，发芽后至花前用 0.55°Bé，花后用（0.2～0.05）°Bé），或 15% 扫螨净 375g/hm^2～500g/hm^2。在螨、虫并发时可用 20% 灭扫利乳油 750g/hm^2，或 2.5% 功夫乳油 750g/hm^2。为了保护天敌，还可改进施药方法，如树干包扎、分区轮换喷药或树体局部涂药等。

第2章 主要贸易国家进口水果检疫要求

第1节　输往美国苹果检验检疫要求

一、法律法规依据

（一）《中华人民共和国进出境动植物检疫法》《中华人民共和国进出境动植物检疫法实施条例》；

（二）《中华人民共和国食品安全法》《中华人民共和国食品安全法实施条例》；

（三）《中国鲜苹果输往美国植物检疫工作计划》。

二、出口商品名称

新鲜苹果果实，学名：*Malus Pumila*，异名：*Malus domestica*，英文名：Apple。

三、批准的果园和包装厂

出口果园和包装厂须经出入境检验检疫机构（以下简称 CIQ）注册，由质检总局（以下简称 AQSIQ）批准后提供美方。该名单可在国家质检总局网站上查询。

四、关注的有害生物

1. 丽新须螨　Cenopalpuspulcher(Canestrini & Fanzago)
2. 樱桃虎象　Rhynchites auratus(Scopoli)
3. 欧洲苹虎象　Rhynchites bacchus(L.)
4. 南欧梨虎象　Rhynchites giganteusKrynicky
5. 日本苹虎象　Rhynchites herosRoelofs
6. 橘小实蝇　Bactrocera dorsalis(Hendel)
7. 桃小食心虫　Carposinasasakii Matsumura
8. 旋纹潜蛾　Leucoptera malifoliella(Costa)

9. 高粱穗隐斑螟 Cryptoblabes gnidiella(Millière)

10. 枇杷暗斑螟 Euzophera bigella(Zeller)

11. 香梨优斑螟 Euzophera pyriellaYang

12. 苹小卷叶蛾 Adoxophyes orana(FischervonRöslerstamm)

13. 拟后黄卷蛾 Archips micaceana(Walker)

14. 西宁卷蛾 Argyrotaenia ljungiana(Thunberg)

15. 李小食心虫 Cydia funebrana(Treitschke)

16. 苹小食心虫 Grapholita inopinataHeinrich

17. 桃白小卷蛾 Spilonotaalbicana(Motschulsky)

18. 苹果白小食心虫 Spilonota prognathana Snellen

19. 多齿卷蛾 Ulodemis trigraphaMeyrick

20. 褐腐病 Monilia polystromavan Leeuwen

21. 仁果褐腐病 Monilinia fructigena Honey

五、出口前要求

CIQ 应向果园和包装厂提供所关注有害生物鉴定的图文症状描述信息资料，并实施培训。CIQ 应监督种植者、包装厂或冷藏设施落实以下规定，建立并保留监管记录，并在需要时供美国动植物检疫局（以下简称 APHIS）复审。

（一）果园管理

1. 果园应参照良好农业操作规范（GAP）要求进行管理，包括维持果园卫生条件、剪枝，按照“苹果园有害生物监测控制指南”实施有害生物监测及综合防治措施。北纬33°以南地区的果园要及时清理落果。

苹果在生长期间应进行套袋。果实套/去袋按以下要求进行：套袋前喷施相应的杀虫与杀菌剂；采用认可的纸袋进行套袋；在苹果幼果期完成套袋（果实直径未超过2.5cm）；在着袋期应保持果袋无损；在收获2周前不得去袋；去袋时发现破损的，果实应立即剔除，不得混入输美产品中。确保输往美国的苹果中不得有落果。

2. 由 CIQ（或其指定人）授权进行果园检查。果园检查应是由独立的责任人实施，该负责人应是独立的，并与果园所有人、操作者或管理者不相关。这些授权人员应经过培训并承担官方果园检查责任。果园应按照“苹果园有害生物监测控制指南”实施系统检查。任何管理不善导致有害生物严重侵染的果园将从输美项目中删除。

3. 确保进入注册果园的苹果树苗不带有美方关注的有害生物。

收获前，CIQ 应对注册果园内实施植物检疫检查，记录检查结果。如发现检疫问题，应调查原因并采取适当措施予以解决。保留相关记录，应要求可以提供给 APHIS。

（二）包装厂管理

1. 所有苹果必须在注册包装厂内进行挑选、清洁、分级、包装，包装厂应建立可追溯到具体果园的溯源体系。

2. 所有苹果必须经过水洗与毛刷清理。

在果品实施水洗、分级之前，须在指定区域内检查果品感染有害生物情况和受损情况，并将残次果移出该区域。检查区域须提供适当的卫生条件，提供足够的空间和光照以便挑选者可最大限度地发现有害生物或受损果。应使用高压气枪吹扫或采用果实打蜡替代措施清理关注的有害生物。

3. 注册加工厂在加工输美苹果的过程中，禁止在同一包装线上加工输美苹果以外的其他果实。

4. 确保加工过程中按时将剔除的果实或残渣予以即刻清理。

输美苹果应与输往其他市场的苹果分开储藏，以便有效隔离，防止交叉污染。

5. 输美苹果不得带有植物残体，不能有残果、腐烂果或杂草种子等，且必须符合《美国进口新鲜水果和蔬菜总体条件》(7CFR § 319. 56 - 3)。

6. 苹果只能以商业货物出口到美国。

产自北纬 33 南地区的苹果，须针对橘小实蝇实施处理。目前，APHIS 认可的苹果处理措施是 T108 - a。

六、包装要求

（一）须使用新的、清洁的纸箱包装。不得使用新鲜的和干的植物源性包装材料（例如稻草）(7CFR § 319. 69)。

（二）包装箱内不得带有害虫、土壤、植物残体等。

（三）所有包装要有适当的标识，并用英文标明下列信息：水果种类、产地、果园注册号、包装厂注册号、批次号。

七、出口前检验检疫

（一）对每一批装运出口到美国的苹果，CIQ 在出口前按照总箱数的 2% 进行抽样，并对样品进行 100% 检查。对于按 2% 比率抽样但检查样品数量少于 1200 个果实的货物批次，须提高抽样率已确保最少检查 1200 个果实。每一批货物的抽样应考虑到每个参与的果园及不同大小的水果，采取随机抽取方式挑取代表性的包装。检疫主要针对植物有害生物（昆虫、螨类、软体动物和病菌）并防止混入注册果园以外的果实，此外，在检疫过程中至少选取 40 个果实进行剖果检验。

（二）在出口前 CIQ 实施植物检疫过程中，如发现任何一种内部取食的检疫性有害生物，该批货物不得出口。同时，应采取相应的纠正措施。一旦检出褐腐病 Moniliapolystromavan Leeuwen 和仁果褐腐病 MoniliniafructigenaHoney，相关果园将禁止在本季节向美国出口。

（三）同一包装厂若在首个发货季节未发现植物检疫问题，随后发运货物的出口抽检比例可由 APHIS 和 AQSIQ 商定后调整，但仍需维持每批货最少 1200 个果实的抽检水平。

八、植物检疫证书要求

经检疫合格的货物，在出口前由 CIQ 签发植物检疫证书，声明该批货物已经检疫并未发现检疫性有害生物。植物检疫证书还应包含以下附加声明："所有装运果实均符合中

国鲜苹果出口美国检验检疫工作计划要求。以及果园注册号、包装厂注册号、集装箱号等。

如进行冷处理的，必须在植物检疫证书的检疫处理栏目注明相关信息。

九、装运要求

（一）装运前货物须由 CIQ 或 CIQ 授权人在储藏设施内实施信息核查和外观检查，主要核查果园注册号、包装厂注册号、批次号、标记唛头、件数、重量等是否与报检一致，检查包装箱外表是否带有植物有害生物。

（二）箱式运输货车与海运集装箱应实施检查并确保无任何植物残体。

（三）装箱过程中应进行适当防护，避免被关注的有害生物二次感染。

十、进境检验检疫

（一）出口货物运抵美国入境口岸时，美方将对苹果进行检验检疫。

（二）如果发现活的检疫性有害生物，APHIS 将按照 2012 年 2 月 14 日 AQSIQ 与 APHIS 签署的《关于水果上截获检疫性有害生物处理程序备忘录》中有关规定进行处理。

第 2 节　输往美国砂梨检验检疫要求

一、法律法规依据

（一）《中华人民共和国进出境动植物检疫法》《中华人民共和国进出境动植物检疫法实施条例》；

（二）《中华人民共和国食品安全法》《中华人民共和国食品安全法实施条例》；

（三）《出境水果检验检疫监督管理办法》（质检总局令第 91 号）；

（四）《中国砂梨出口美国植物检疫工作计划》。

二、出口商品名称

新鲜砂梨果实，学名：*Pyrus pyrifolia*，英文名：Sand pear。

三、出口砂梨产区

中国所有砂梨产区。

四、批准的果园和包装厂

出口果园和包装厂须经出入境检验检疫机构注册，由国家质检总局批准后提供美方。该名单可在国家质检总局网站上查询。

五、美方关注的检疫性有害生物

1. 梨大食心虫　*Acrobasis pyrivorella*

2. 日本梨黑斑病　*Alternaria gaisen*
3. 山楂叶螨　*Amphitetranychus viennensis*
4. 梨黄粉蚜　*Aphanostigma jakusuiense*
5. 橘小实蝇　*Bactrocera dorsalis*
6. 内蒙上三脊瘿螨　*Calepitrimerus neimongolensis*
7. 桃蛀果蛾　*Carposina sasakii*
8. 日本龟蜡蚧　*Ceroplastes japonicus*
9. 红蜡蚧　*Ceroplastes rubens*
10. 桃蛀螟　*Conogethes punctiferalis*
11. 轮纹病菌　*Guignardia pyricola*
12. 苹小食心虫　*Grapholita inopinata*
13. 褐腐病　*Monilinia fructigena*
14. 柿长绵粉蚧　*Phenacoccus pergandei*
15. 紫藤臀纹粉蚧　*Planococcus kraunhiae*
16. 日本梨黑星病　*Venturia nashicola*

六、出口前要求

（一）果园管理

1. 所有出口果园应实施良好农业规范，包括维持田间卫生，清除落果，冬季修剪等。遵照出入境检验检疫机构批准的《果园有害生物控制指南》进行监测和控制。

2. 所有砂梨应在直径未超过2.5cm之前，遵照出入境检验检疫机构批准的《砂梨套袋指南》进行套袋。

3. 出入境检验检疫机构应向果园和包装厂提供第五条名单中有害生物的图文识别资料，定期对《果园有害生物控制指南》和《砂梨套袋指南》进行评估和修订。

4. 出入境检验检疫机构应指定培训合格的技术人员在收获前对果园进行检查，确保果园按照有害生物控制指南进行了监控。对于管理不善、有害生物发生严重的果园，本季节生产的砂梨不得出口美国。此外，落果不得出口。

5. 出口果园应保留有害生物监测与控制、果实套袋、田间卫生、农事操作等相关记录，在美方专家现场考察时可供查询。

（二）包装厂管理

1. 来自注册果园套袋完整的砂梨方可进入包装厂包装。砂梨的包装、储藏和装运过程，应在出入境检验检疫机构监管下进行。

2. 包装过程中，须经脱袋、挑选、剔除、分级，建议采用高压气枪吹扫，以保证果实尽可能不带昆虫、螨类、烂果及枝、叶、植物残体和土壤。包装好的砂梨应单独存放于冷库中。

3. 包装厂应建立质量追溯体系，保留包装和储藏等记录，以便出现问题时可有效溯源。

（三）包装要求

1. 包装材料应是新的，干净卫生，符合有关植物检疫要求。

2. 每个包装箱上应用英文清晰标明：砂梨、果园号、包装厂名称或注册号。

（四）出口前检验检疫

1. 出入境检验检疫机构按照砂梨总箱数的 2% 进行抽样，最小取样量不少于 1200 个果，并对样品进行全部检验。同时，至少取 40 个果和检验过程中发现的可疑果，进行剖果检查。

2. 如检出第五条名单中的有害生物，该批货物不得出口美国。同时，应对出现问题的原因进行调查，采取改进措施，并保留相关调查记录。

3. 出入境检验检疫机构按照《出口水果安全风险监控计划》，对出口美国的砂梨实施安全风险监控。

（五）植物检疫证书要求

经检验检疫合格的砂梨，出入境检验检疫机构将出具一份植物检疫证书，并在附加声明栏中注明："All fruit in this shipment complies with the work plan for the exportation of Sand Pear (Pyrus pyrifolia) from the People's Republic of China"（该批水果符合中国砂梨出口工作计划）。同时，还应在植物检疫证书上注明该批货物的原产省份、包装厂名称或注册号。

七、装运要求

1. 砂梨须使用具有防虫条件的集装箱运往美国，装运前应对集装箱进行检查并确保无任何植物残体。同时，在运往美国的过程中需采取安全防护措施。

2. 产自中国北纬 33°以南地区的砂梨，运输过程中应在美方认可的集装箱中进行冷处理，技术指标为 0.99℃或以下持续 15 天，或者，1.38℃或以下持续 18 天。培训合格的检验检疫人员须对冷处理操作过程进行监管，并出具冷处理报告。

八、进境检验检疫

货物运抵美国入境口岸时，美方将对砂梨实施检验检疫。如发现第五条名单中所列的检疫性有害生物活体，则该批货物作退运、转口、销毁或检疫处理。美方将及时向中方通报，并视情况采取有关检验检疫措施。

九、回顾性审查

（一）如中国砂梨上有害生物发生变化，美方将作进一步的风险评估，并与国家质检总局协商，调整相关检验检疫措施。

（二）为确保有关风险管理措施和操作要求的有效落实，质检总局将定期对《中国砂梨出口美国植物检验检疫要求》执行情况进行回顾性审查。根据审查结果，可对《中国砂梨出口美国植物检验检疫要求》进行修订。

第3节　输往澳大利亚苹果检验检疫要求

一、法律法规依据

（一）《中华人民共和国进出境动植物检疫法》《中华人民共和国进出境动植物检疫法实施条例》；

（二）《中华人民共和国食品安全法》《中华人民共和国食品安全法实施条例》；

（三）《出境水果检验检疫监督管理办法》(质检总局令第91号)；

（四）《中国鲜苹果出口澳大利亚工作计划》。

二、出口商品名称

苹果，学名：*Malus domestica Borkh.* 英文名：Apple。

三、出口苹果产区

北京、河北、山东、山西、陕西、河南、辽宁、宁夏、甘肃。

四、批准的果园和包装厂

出口果园须经出入境检验检疫机构（CIQ）注册，由国家质检总局（AQSIQ）批准后提供澳方；输澳苹果包装厂和出口苹果处理设施须经出入境检验检疫机构注册，并由国家质检总局和澳大利亚生物安全局（BA）共同批准。在每年出口季节前向澳方提供注册登记加工厂名单。该名单可在国家质检总局网站上查询。

五、澳方关注的检疫性有害生物

1. 苹小卷蛾　*Adoxophyes orana*
2. 山楂叶螨　*Amphitetranychus viennensis*
3. 桃小食心虫　*Carposina sasakii*
4. 丽新须螨　*Cenopalpus pulcher*
5. 香梨优斑螟　*Euzophera pyriella*
6. 苹小食心虫　*Grapholitha inopinata*
7. 槭树绵粉蚧　*Phenacoccus aceris*
8. 康氏粉蚧　*Pseudococcus comstocki*
9. 白小食心虫（桃白小卷蛾）　*Spilonota albicana*
10. 苹果褐腐病　*Monilinia fructigena*
11. 苹果枝溃疡病　*Neonectria ditissima*
12. 苹果褐斑病　*Diplocarpon mali*
13. 苹果锈病　*Gymnosporangium yamadae*
14. 苹果圆斑病　*Phyllosticta arbutifolia*

15. 苹果蠹蛾 *Cydia pomonella*（仅限西澳）

六、出口前要求

（一）果园管理

1. 出口果园实施经出入境检验检疫机构（CIQ）批准的果园病虫防治计划，按监测控制程序重点对澳大利亚关注的有害生物进行监测、防治，通过田间监测和管理保证田间不发生苹果褐腐病；果实不出现圆斑病和褐斑病的症状，在取袋前基本上不发生澳大利亚关注的其他检疫性有害生物。出口果园的监测、防治记录要保存完整，以便审核。

2. 对注册果园内的苹果锈病根据情况选择清除生长在注册果园周围 2km 以内的转主寄主（圆柏 *Juniperus chinensis*，铺地柏 *J. procumbens*）或对注册果园周围 2km 以内的转主寄主（圆柏 *Juniperus chinensis*，铺地柏 *J. procumbens*）、果园同时进行早期药剂防治。

（二）实蝇监测

出入境检验检疫机构（CIQ）负责监督输澳苹果加工厂在指定地区（果园、包装厂和周围地区）建立一个实蝇监测系统。诱捕器必须包括瓜实蝇诱捕器、地中海实蝇诱捕器和橘小实蝇诱捕器。特别是，每个出口果园和所涉及的村落都必须设置 1 个以上的橘小实蝇诱捕器。包含诱捕器（含橘小实蝇诱剂、瓜实蝇诱剂和地中海实蝇诱剂等）编号及放置位置、诱捕器种类、诱捕实蝇种类等内容的监测总结应提供给澳大利亚检验检疫局（AQIS）预检官员。如发现任何有重要经济意义的实蝇，须立即报国家质检总局（AQSIQ）。

（三）果园检查及相关措施

CIQ 按监测检查程序对果园进行监测、现场检查或取样检测，以验证果园管理措施的有效性，每年至少应在套袋前和摘袋后各进行一次，监测和检查结果要以标准报告的形式记录。监测检查记录在需要时要能够随时提供，澳大利亚检疫官员将在预检时对有害生物风险管理情况和监测、防治记录进行审核。贸易开始前，AQSIQ 将向澳方提供具体的监测程序和综合防治措施。

如调查发现 BA 以前未进行风险分类的其他有害生物，AQSIQ 应立即通知 BA 和 AQIS。如果监测到澳大利亚关注的、众所周知有检疫重要性的其他外来有害生物，如梨火疫病，AQSIQ 应立即通知 BA 和 AQIS 以便采取适当的行动。

果园检查的内容还包括有害生物的监测与控制记录、喷药记录、果实套袋、分段取袋记录等。

在果品采收前，CIQ 负责对注册果园管理进行评估。每个注册果园按监测检查程序检查果实、树体和叶片，并根据应检病害种类，每种应检病害各随机抽取 10 个果实、封样，交实验室进行检测。

根据检查、检测情况按以下原则处理：

（1）任何指定出口产地发现苹果枝溃疡病，来自这些出口产地的苹果将不允许出口澳大利亚。

（2）任何出口注册果园目测发现或实验室检测发现褐腐病，这些出口果园将被从出

口项目中取消。

（3）检查发现果实感染苹果圆斑病、苹果褐斑病或苹果锈病的，取消这些果园本果季的出口资格。

（4）检查样本中食心虫虫果率超过 0.5% 的，检查注册果园叶片关注性螨类平均着螨量大于 2 ~ 3 头/叶的、槭树绵粉蚧百叶雌虫量大于 2 ~ 3 头的、康氏粉蚧虫果率大于 1% 的，取消该注册果园本果季出口资格

苹果褐腐病潜伏期检查在出口第一年必须进行，如未发现褐腐病，可免除以后年份的检查。如果由于异常的天气原因导致苹果褐腐病（*Monilinia fructigena*）的发生，AQSIQ 将立即通知 BA。

（四）包装厂管理

车间应加强环境消毒工作，保持环境清洁卫生，门窗应采取防虫措施。加工生产线在加工出口澳大利亚苹果前应进行彻底的清洁消毒，做好有关清洁和消毒记录。加工期间专线专用，作好日加工记录（分级、包装等）。禁止在同一场地同时加工输往不同国家的产品和内销产品。加工车间实行良好的环境卫生管理，经常进行环境消毒，保持清洁卫生，门窗采取防虫措施。挑拣出的病虫果、清除的残渣等及时清理，集中处理，统一运至专用场地作除害处理。

果实进入清洗线前应进行严格检验，剔除病虫果、畸形果，使用毛刷逐果清理萼洼、梗洼处并用气枪吹击，确保不带有检疫性有害生物。

进入清洗线的果实应采取药剂浸洗（次氯酸钠等 NaClO，0.02%）、水枪冲洗、强风吹干等措施。进入分选线的水果应再次进行挑拣，必要时进行二次气枪吹击。每个环节挑拣出的病虫果、清除的残渣等都要放入单独的垃圾箱中，安排固定人员每天统一收集清理，集中处理。

工厂的检验人员负责在加工过程中随机检查各环节操作过程，发现未按要求加工的，令其停止，进行返工。负责对其产品在进入成品库储存前针对质量、包装、标签、病虫等项目进行检验，抽检比例为总件数的 5% 左右。抽检中如发现关注的检疫性有害生物，该批产品将不允许入成品库储存。同时迅速查清原因，对加工环节及措施等进行整改，该批产品重新加工。

自检合格的产品，应及时入成品专库存放。

CIQ 负责指导出口加工厂制定各环节专门的操作要领，并在加工期间对工厂加工情况进行抽查。

（五）包装要求

包装与标签

1. 出口苹果要单独存放，专库专用，要求在 -1℃ ~0℃ 低温贮藏。存放预输澳苹果的储藏室门上要标明“FOR AUSTRALIA”字样。

2. 输澳苹果从冷库取出加工时，任何损伤、变质、有严重缺陷的苹果须在加工早期被剔除（即清理、挑选和分级）。

3. 为防止受到销往国内或其他出口市场苹果的潜在污染，在开始加工出口输澳苹果

前必须对加工设施进行适当的清洁。

4. 所有包装好的输澳苹果不得带有污染性的植物残体，包括残枝和杂草种子，且必须符合澳大利亚进口新鲜水果和蔬菜总体条件。

5. 经检查和处理的苹果必须使用新包装箱。包装材料如为植物源性，须经合成或深加工。不得使用未经加工的植物源性包装材料，比如草秆等。苹果包装过程中使用的所有木包装必须符合澳大利亚的条件。

6. 果实必须装入具有网状通风口的纸箱内，网眼直径必须不大于 1.6mm，网线直径不得小于 0.16mm；或者果实必须装入纸箱内，整托六面要用塑料膜收缩包装。

7. 每个包装箱上应标明“FOR AUSTRALIA”字样。并注明批次号码、果园注册编号、包装厂编号、每批纸箱数量和日期。对使用托盘装运的货物必须用带编号的特殊货盘卡片来反映以上信息，每个或部分托盘须有卡片。

（六）出口前检验检疫

果园采收前检查及相关措施

CIQ 在果品采收前，对注册果园进行管理评估。

检查果园有害生物监测与控制记录、喷药记录、施肥记录、果实套袋、分段取袋记录等，并在采收前 10～20 天委派技术人员进行现场检查，验证田间防治措施有效性。

每个注册果园目测检查 600 个果实、检查 50 个树体，随机抽取 10 个果实进行实验室检测，根据情况按以下原则处理：

（1）任何指定出口产地发现苹果枝溃疡病，来自这些出口产地的苹果将不允许出口澳大利亚。

（2）任何出口注册果园目测发现或实验室检测发现褐腐病，这些出口果园将被从出口项目中取消。

（3）果实感染了苹果圆斑病、苹果褐斑病或苹果锈病，这些果园本果季将被从出口项目中取消。

（4）样本中食心虫类虫果率超过 1‰；样本中山楂叶螨附螨果率超过 5%，则取消该注册果园本果季出口资格。

（七）联合预检

1. 出口澳大利亚的苹果必须经过中澳检疫官联合预检合格后，方可出口。

2. 货主应提前 1 个月向当地检验检疫机关申报当年拟对澳出口数量及拟邀澳检疫官来华日期。

3. 检验检疫机关向澳检疫官提供日程安排、产区图、田间有害生物调查、实蝇监测等相关资料。

4. 检疫前货主应提供输澳苹果明细表（包括批次号、箱数和生产日期）。

（八）中澳检疫官员对经加工的苹果进行检疫

1. 检查包装箱：包装箱须注明注册果园；核对包装箱上的批次号、果园和包装厂注册登记号、网状通风口是否相符。

2. 取样：苹果总量多于 1000 个的取 600 个；1000 个或少于 1000 个的取 450 个。

3. 中澳检疫官员联合对样品进行目检，由澳方检疫官员决定是否接受。

（九）检出有害生物采取以下相关措施

1. 如果生物体被鉴定为澳大利亚检疫性有害生物，必须采取以下行动之一：

（1）如果不是田间风险管理措施所要求的有害生物（见关注性有害生物名单），整批感染水果有重新加工挑拣的选择权，整批货物将随后进行复检。

（2）如果属于田间风险管理措施所要求的有害生物（见关注性的有害生物名单），整批货物将被拒收。

（3）如果发现苹果枝溃疡病、苹果褐腐病，该批货物所涉及果园将被从出口项目中取消。如发现苹果圆斑病（*Phyllosticta solitaria*）、苹果褐斑病（*Diplocarpon mali*）、苹果锈病（*Gymnosporangium yamadae*），这些果园本果季将被从出口项目中取消。直到中澳双方满意采取的改进措施，被拒收的果园才能恢复对澳出口。

2. 如果该有害生物无法鉴定，整批货物将被拒收。

3. 同一注册果园如果在本季节被二次拒收，则该果园将从出口澳大利亚果园名单中删除。

在出口第一年要对苹果褐腐病进行潜伏期检查，如未发现褐腐病，可免除以后年份的检查。

（十）出口前检验检疫监管

CIQ 负责对经预检合格的输澳苹果在出口前实施货证核查、安全卫生项目检测、按规定出具有关结果单。

（十一）植物检疫证书要求

1. 中澳双方应针对联合检验合格的货物签发一个总的植物检疫证书，所有已检批次的细节将记录在总的植物检疫证书中。每个总的植物检疫证书包括以下附加申明：

'Produced and inspected under the apple arrangement between AQSIQ and DAFF'

2. 在 AQIS 检疫官员离开之后，CIQ 对每次发运货物签发一个新的植物检疫证书，并在附加声明中注明：果园号、包装厂号、包含的批次号及数量、集装箱号、铅封号。

3. 新的植物检疫证书须附有预检期间中澳双方共同签发的总植物检疫证书的复印件。

七、装运要求

贮藏细节和产品运输管理措施

经过检查并由 CIQ 出证的输澳苹果必须存放在安全条件下并隔离，直至出口，以防止与出口其他目的地或国内销售的水果混淆。加工后的水果可在包装厂直接装入指定的海运集装箱，该集装箱将被铅封，直到运抵澳大利亚后方可启封。须确保有关记录保存完好，以便于在贮藏期间和贮藏后对水果状况的核查。存放输澳苹果的储藏室要标明“FOR AUSTRALIA”字样。

在澳大利亚检疫放行前货物要一直保持检疫完整性。

八、BSG 实施预检货物的到港清关检查

（一）在中国经过预检程序的货物将在澳大利亚仅对单证进行到港确认。

（二）任何货物出现证单不全、证书不符合规定，或者集装箱上铅封损坏或丢失等情况的，将被扣留以得到 AQSIQ 的澄清，并由 BSG 决定采取转口、销毁或检疫处理等措施。BSG 将向 AQSIQ 通报所采取的措施，

九、程序回顾

在每个出口季节结束后，《中国鲜苹果出口澳大利亚工作计划》将被回顾，并要取得 AQSIQ 和 BSG 的认可。

注：生物安全服务组（BSG）包括了澳大利亚检验检疫局（AQIS）与澳大利亚生物安全局（BA）

第 4 节　输往澳大利亚葡萄检验检疫要求

一、法律法规依据

（一）《中华人民共和国进出境动植物检疫法》《中华人民共和国进出境动植物检疫法实施条例》；

（二）《中华人民共和国食品安全法》《中华人民共和国食品安全法实施条例》；

（三）《出境水果检验检疫监督管理办法》（质检总局令第 91 号）；

（四）《中华人民共和国国家质量监督检验检疫总局与澳大利亚农业与水资源部关于中国油桃输往澳大利亚植物检疫要求的议定书》。

二、出口商品名称

中国鲜食葡萄（包括所有杂交种类），学名：*Vitis vinifera Linn.*，英文名：Chinesetablegrapes。

三、出口产区

中国所有鲜食葡萄商业生产区。（澳方认可中国北纬 33°以北为果实蝇非疫区，且新疆为斑翅果蝇非疫区。）

四、批准的果园和包装厂

出口鲜食葡萄果园、包装厂、冷藏库及冷处理设施（如需要）须经出入境检验检疫机构注册登记编号，由国家质检总局（以下简称 AQSIQ）提供给澳大利亚农业与水资源部（以下简称 DA）。

五、澳大利亚关注的检疫性有害生物

1. 橘小实蝇　*Bactrocera dorsalis*

2. 斑翅果蝇 *Drosophila suzukii*
3. 葡萄根瘤蚜 *Daktulosphaira vitifoliae*
4. 拟后黄卷叶蛾 *Archips micaceana*
5. 果黄卷蛾 *Archips podana*
6. 女贞细卷蛾 *Eupoecilia ambiguella*
7. 葡萄长须卷蛾 *Sparganothis pilleriana*
8. 腹钩蓟马 *Rhipiphorothrips cruentatus*
9. 西花蓟马 *Frankliniella occidentalis*（仅限出口到澳大利亚北部）
10. 异色瓢虫 *Harmonia axyridis*
11. 日本金龟子 *Popillia japonica*
12. 弧丽金龟 *Popillia mutans*
13. 四纹丽金龟 *Popillia quadriguttata*
14. 日本臀纹粉蚧 *Planococcus kraunhiae*
15. 康氏粉蚧 *Pseudococcus comstocki*
16. 葡萄粉蚧 *Pseudococcus maritimus*
17. 葡萄粉虱 *Aleurolobus taeonabe*
18. 红斑蛛 *Latrodectus mactans*
19. 间斑寇蛛 *Latrodectus tredecimguttatus*
20. 神泽氏叶螨 *Tetranychus kanzawai*（仅限出口到西澳大利亚州）
21. 葡萄囊孢壳菌 *Physalospora baccae*
22. 葡萄黑腐病菌 *Guignardia bidwellii*
23. 葡萄生链格孢 *Alternaria viticola*
24. 梨褐腐病 *Monilinia fructigena*
25. 真葡萄亚属层锈菌 *Phakopsora euvitis*

六、出口前要求

（一）果园管理

1. 所有注册果园应建立和实施果园管理和有害生物综合管理措施，并针对第五条中所列的有害生物进行监测和控制。包括农药的合理使用、有害生物综合防治，维持田间卫生，及时清除落果等，并保留相关文件及记录。

2. 出入境检验检疫机构对注册果园的有害生物进行调查和监测，对果园的管理和有害生物综合防治措施进行检查验证，确保输往澳大利亚的鲜食葡萄中不带有第五条中所列的有害生物。

3. 针对特定关注的检疫性有害生物的管理

（1）针对葡萄簇黑腐病、黑腐病、穗轴褐枯病的管理措施见第 2 章第 4 节附件 1。

（2）针对葡萄根瘤蚜的管理可采取以下任一措施：

（a）来自 DA 认可并批准的葡萄根病蚜的非疫区或非疫生产点。

（b）在输澳鲜食葡萄所有包装箱内的塑料袋中放置能有效防治葡萄根瘤蚜的硫垫。

（c）采取 SO_2/CO_2 熏蒸再冷处理：在果肉温度不低于 15.6℃ 的条件下，以不超过 33% 处理室装载密度，用 6% 的二氧化碳和 1% 的二氧化硫熏蒸 30min，然后进行冷处理。

（二）包装厂和冷处理设施管理

1. 出口鲜食葡萄加工、包装、储藏、装运以及冷处理过程，应在出入境检验检疫机构监管下进行，以确保输往澳大利亚的鲜食葡萄不带有任何检疫性有害生物。

2. 包装厂的加工和储存设施应保持清洁，特别是经冷处理合格后的鲜食葡萄存储时不能与其他水果或与非出口鲜食葡萄混合存放，以免受有害生物的再次污染。

3. 冷处理设施须符合 DA 要求的处理条件，能够记录、贮存、打印输出处理过程相关数据，可提供给出入境检验检疫机构和 DA 官员查验。

4. 装厂应建立质量追溯体系，出口的鲜食葡萄能追溯到果园，保留包装和储藏等记录，以便出现问题时可有效溯源。

5. 包装材料必须符合有关植物检疫要求。不得使用任何植物源性材料，如稻草等。

（三）出口前处理要求

除来自新疆以外，所有输澳鲜食葡萄均须按议定书规定要求进

行出口前处理。方式一：在果肉温度不低于 21℃ 的情况下，以不超过 50% 的处理室装载密度，用 $40g/m^3$ 的溴甲烷连续处理两小时，然后在 2.77℃或以下冷处理 4 天。

方式二：在果肉温度不低于 15.6℃ 的情况下，以不超过 33% 处理室装载密度，用 6% 的二氧化碳和 1% 的二氧化硫熏蒸 30min，然后进行冷处理，冷处理分两种：

果肉温度为 -0.50℃ ±0.50℃ 或以下，持续 10 天或以上；或果肉温度为 0.9℃ ±0.50℃或以下，持续 12 天或以上。冷处理应按照出口前冷处理操作程序（见第 2 章第 4 节附件 2）或出口运输途中冷处理操作程序（见第 2 章第 4 节附件 3）进行。运输途中冷处理可以在离境前开始。

在到达澳大利亚第一入境港期间结束，或者在到达入境口岸后结束。

（四）出口前检验检疫

1. 出入境检验检疫机构对输往澳大利亚每批鲜食葡萄货物进行检查，确保不带有澳大利亚所关注的检疫性有害生物，不带任何污染性的植物材料（叶、树枝、种子等）、杂草种子和土壤，水果表面清洁。

2. 出入境检验检疫机构对输往澳大利亚鲜食葡萄货物进行检查时，每批货物中检查 600 个单位（一个单位指一个葡萄串）。

3. 如发现关注的检疫性有害生物，该批货物不得出口。同时，应对出现的问题进行调查，采取补救措施，并保留相关调查记录。

（五）植物检疫证书要求

经检验检疫合格的鲜食葡萄，出入境检验检疫机构在发运前签发植物检疫证书，并附加以下声明："该批鲜食葡萄符合《中国鲜食葡萄输往澳大利亚植物检疫要求的议定书》，不带澳方关注的检疫性有害生物"（"This consignment of table grapes complies with the Protocol of Phytosanitary Requirements for the Export of table grapes from China to Australia, andis free of any pests of quarantine concern to China"）。对于来自非疫区的鲜食葡萄，植物检疫证

书附加声明上应列出相关有害生物的非疫区。

对于实施出口前冷处理的鲜食葡萄，应在植物检疫证书上注明冷处理的温度、持续时间及处理设施名称或编号、集装箱号码等；对于运输途中实施冷处理的，需在植物检疫证书附加声明中注明："在途中进行除害处理"，同时在植物检疫证书上注明冷处理的温度、处理时间、集装箱号码及封识号码等（如果是海运方式）。

七、装运要求

输澳大利亚鲜食葡萄果实需要在具备防虫条件的建筑物内装载集装箱或冷藏室入口和集装箱体间用防虫材料围住，同时应采取相应措施保证其在运输过程中不受有害生物的再次污染。

八、进境检验检疫

1. 水果入境时，需向 DA 提供植物检疫证书、冷处理结果报告（含由 AQSIQ 或 AQSIQ 授权官员背书的温度记录和温度统计数据以及果温探针校正记录）。DA 官员实施植物检疫检查。

2. 如发现活的检疫性有害生物或管控物品，则该批货物不合格。不合格的货物将被退运、再处理或销毁。

3. 如发现实蝇或其他检疫性害虫，DA 将与 AQSIQ 沟通，根据截获有害生物情况采取相应的措施。

九、回顾性审查

1. 如中国鲜食葡萄上有害生物和检疫状况发生变化，澳方将作进一步的风险评估，并与中方协商，调整相关检验检疫措施。

2. 经 DA 评估认定的其他植物检疫措施或处理方法，可以在贸易中使用。

附件 1

葡萄黑腐病菌、葡萄囊孢壳菌、葡萄生链格孢的系统管理措施

DA 认可新疆地区为葡萄黑腐病菌、葡萄囊孢壳菌的非疫区，且气候条件不利于葡萄生链格孢生存，不需要进行以下管理措施。

1. 建立有害生物低度流行区

对于建立非疫区生产基地的情况，在三种病菌的低度流行区可应用系统的处理方法（按照 ISPM22 和 DA 的规定）。中国必须指定低度流行区，包括地理环境介绍、病害水平的调查结果、关于此类区域建立与维持的文件。DA 可前往任一指定低度流行区进行复核审查。夏天干燥的气候不利于低度流行区发生这三种病菌。

2. 葡萄园预防措施

将开花前、落花后、结果期间喷洒杀菌剂，以保护新枝、果实与叶子。每隔 15 天连

续喷洒两到三次杀菌剂，预防病害。果实成长期间，至少套袋 2 个月的时间。收获前的 10 至 15 天才可以把袋子拆下。新疆生产的鲜食葡萄无需进行果实套袋。

3. 葡萄园监测

落花与采收之间，每隔两周对葡萄园进行一次监测。若在葡萄藤或果丛上发现疑似感染任一种病菌的症状，将样品送往实验室培养，进行病菌确认。若确定是其中一种病菌，该葡萄园将不能参与本年的出口计划。

检测前，AQSIQ 会把检测计划提交给 DA，以征求 DA 的同意。

若需要，DA 可进行复核审查，以确认实验室检测流程。

4. 拆袋与采收之间的检查

实验室检测 AQSIQ 或 AQSIQ 授权的官员会在拆袋与采收期间检查注册的葡萄园。若在任一植株上发现三种病菌的任一种，该植株所在的葡萄园将会从出口名单上被除去。

5. 包装检查

把葡萄放入冷藏室存储前，包装厂的技术人员会检查每块地采收的葡萄。若发现任何病害症状，整块地的葡萄都不能进入包装厂。

6. 出口前检疫检查

若 AQSIQ 或 AQSIQ 授权的官员在出口植物检疫中发现三种病菌的任一种，则该货物不能出口。

附件 2

出口前冷处理操作程序

1. 冷处理设施

装运前冷处理只能在 AQSIQ 批准的冷处理设施内进行；

或 AQSIQ 授权人员负责确保出口商使用的冷处理设施符合适当的标准、且具有能使果实达到和维持所需温度的制冷设备；

或 AQSIQ 授权人员将保留批准用于输澳鲜食葡萄装运前处理的设施的注册，该注册包括说明以下内容的文件：

（a）所有设施的位置及构建计划，包括所有者/操作者的详细联系方式；

（b）设施的尺寸及容量；

（c）墙壁、天花板和地板的隔热类型；

（d）制冷压缩机及蒸发器/空气循环系统的牌子、样式、类型和容量等；

（e）设备的温度范围，除霜循环控制和任何集成的温度记录设备的规格及详细资料等；

在每个鲜食葡萄季节开始之前，DA 将向 AQSIQ 提交当前注册的冷处理设施的名称和地址。

2. 记录仪的类型 AQSIQ 或 AQSIQ 授权人员确保温度探针和温度记录仪的组合

（1）对于其目的是适当的。探针应在 −3.0℃ ~ +3.0℃，精确到 ±0.15℃；

（2）能够容纳所需的探针数；

（3）能够记录并贮存处理过程的数据，直到该数据信息由 AQSIQ 或 AQSIQ 授权人员和 DA 官员查验；

（4）能够至少每小时记录所有探针一次，且达到对探针所要求的精度；

（5）能够打印输出识别每个探针、时间和温度并注明记录仪和集装箱的识别号的结果。

3. 温度的校正

校正必须用由 AQSIQ 或 AQSIQ 授权人员批准的标准温度计在碎冰和蒸馏水混合物中进行；

（1）任何读数超出 0℃ ±0.3℃的探针都必须更换；

（2）在处理完成时，AQSIQ 或 AQSIQ 授权人员将用第 3.1 款提及的方法验证果温探针的校正值；

4. 在 AQSIQ 或 AQSIQ 授权人员监管下安插温度探针

上托盘的水果必须在 AQSIQ 或 AQSIQ 授权人员的监管下将上托盘的经预冷过的水果装入冷处理室，也可由出口商自行预冷；

至少用 2 个探针（分别在出风口和回风口）测量室温，至少要安插以下 4 个探针测量鲜果的温度：

（a）一个位于冷处理室中部所装货物的中心；

（b）一个位于冷处理室中部所装货物顶层的边角；

（c）一个位于所装货物中部近回风口处；

（d）一个位于所装货物顶层的边角近回风口处；

探针的安插和与记录仪的连接须在 AQSIQ 授权的官员监管和指导下完成；

可以任何时间启动记录，然而只有所有的果温探针都达到指定的温度时处理时间才能开始计；

当只用最小数量的探针时，如果有任何探针连续超出 4h 失效，则该处理无效，必须重新开始。

5. 处理结果的逐步审核

如果处理记录表明各处理参数已符合要求，AQSIQ 可以授权结束处理，如果探针也按“第 3 款”的规定通过了校正，则可认定为该处理已成功完成。

在果实从处理室中移出之前，应对探针进行校正。

6. 处理结果的确认

在完成指定的处理时间后，探针必须按“第 3 款”规定的程序进行重新校正，校正记录必须保留以备 DA 官员审核；

如果在处理完成之后的探针校正读数比开始时设定的校正读数高，则该探针（或多个探针）的记录读数应相应的调整。如果调整结果表明未能符合指定的处理方案要求，则该处理将判定为无效处理。由 AQSIQ 与出口商确定是否重新处理该批果实；

打印输出的温度记录要附有表明要求的冷处理已完成的适当数据统计；

或 AQSIQ 授权人员必须在确认某处理成功之前背书上述记录（包括探针校准和重新

校准记录）和统计值，且应 DA 要求，提供上述背书的记录以供审核；

如果处理未能达到所需的冷处理要求，在符合以下条件下，可以重新连接记录仪，并继续处理；

（a）AQSIQ 或 AQSIQ 授权人员确认本议定书所要求的条件仍满足，或

（b）停止的时间与重新开始的时间间隔在 24h 之内。上述两种情况下，可从记录仪重新连接时起继续采集数据。

7. 装入集装箱

装货前集装箱必须经 AQSIQ 或 AQSIQ 授权人员查验，以确保不带有害生物，并在入口处加以遮挡以防害虫进入；

果实需要在防虫的建筑物内装箱或冷藏室入口和箱体间用防虫材料围住；

8. 集装箱的封识

由经授权的 AQSIQ 官员用编码的封条将装上货物的集装箱封识，封条号码需在植物检疫证书上注明；

封条只能在澳大利亚入境口岸由 DA 官员开启。

9. 未立即装箱的水果的存贮

处理过的果实未立即装箱可以存贮，但需由 AQSIQ 或 AQSIQ 授权人员维持安全状况：

（a）如果果实存贮在处理室内，则处理室的门必须封闭；

（b）如果果实转移到另一贮存室内存贮，则必须用经 AQSIQ 批准的可靠的方式转移且另一贮存室内不得有其他水果；

（c）随后的装箱必须按照第 7 款的规定在 AQSIQ 或 AQSIQ 授权人员监管下进行。

10. 植物检疫证书

出口前冷处理的温度、持续时间及包装厂或处理设施名称或编号，必须写进植物检疫证书处理栏内。

水果入境时，需向 DA 提供植物检疫证书、冷处理结果报告（含由 AQSIQ 或 AQSIQ 授权官员背书的温度记录和温度统计数据以及果温探针校正记录）。

附件 3

运输途中冷处理操作程序

1. 集装箱类型

集装箱必须是自身（整体）制冷的运输集装箱，且具有能达到和保持所需温度的制冷设备。

2. 记录仪类型

AQSIQ 或 AQSIQ 授权人员应确保采用适当的温度探针和温度记录仪的组合：

探针温度应在 -3.0℃ ~ +3.0℃，精确到 ±0.15℃；

有足够数量的探针；

能够记录并贮存处理过程的数据；

至少每小时记录一次所有探针的温度，记录显示应满足探针要求的精度；

打印出的温度记录，应对应每个探针记录的时间、温度，并注明记录仪和集装箱号。

3. 温度的校正

（1）校正必须用由 AQSIQ 或 AQSIQ 授权人员批准的标准温度计在碎冰和蒸馏水混合物中进行；

（2）任何读数超出 0℃ ±0.3℃的探针都必须更换；

（3）必须对每个集装箱出具一份由 AQSIQ 或 AQSIQ 授权人员官员签字盖章的“果温探针校正记录”，正本须附在随货的植物检疫

证书上；

（4）水果运抵澳大利亚入境口岸时，DA 对果温探针进行校正检查。

4. 温度探针的安插

包装好的果实应在 AQSIQ 或 AQSIQ 授权人员监管下装入运输集装箱，包装箱堆放应松散，确保足够的气流空隙；

每个集装箱至少应安插 3 个果温温度探针，2 个箱体空间温度探针，具体位置为：

（a）1 号果温探针（在果肉）安插在集装箱内货物首排顶层中央位置（在集装箱前部）；

（b）2 号果温探针（在果肉）安插在距集装箱门 1.5m（40 英尺集装箱）或 1m（20 英尺集装箱）的中央，并在货物高度一半的位置；

（c）3 号果温探针（在果肉）安插在距集装箱门 1.5m 的左侧，并在货物高度一半的位置；

（d）2 个空间温度探针（空气温度）分别安插在集装箱的入风口和回风口处；

（e）所有探针必须在 AQSIQ 授权官员的监督和指导下安插；

（f）装箱前的水果需在冷藏室中存放（预冷）至果肉温度达 4℃或以下。

5. 集装箱的封识

由经授权的 AQSIQ 检疫官员，用编码封条对装上货物的集装箱进行封识，并在植物检疫证书中注明封识号；

封条只能在澳大利亚入境口岸由 DA 官员开启。

6. 温度记录及确认

运输途中的冷处理可以在中国离境前开始，在到澳大利亚第一到达港运输期间结束或延续入境口岸后完成。

可以任何时间启动记录，然而只有所有的果温探针都达到指定的温度时，处理时间才能正式开始计算；

船运公司应下载冷处理温度记录，并将其提交入境港口的 DA。

一些海上航行可能使得冷处理在船到达澳大利亚口岸之前途中就已完成，可允许在途中下载处理记录并传送到 DA 以便审核。但是根据要求，在 DA 完成温度探针再校正前，不能认为该处理有效。因此，是否在到达澳大利亚之前中止冷处理（如逐渐提升运输温度）是一个商业决定。

DA 将核实处理记录是否符合有关处理要求，判定处理是否有效。

7. 植物检疫证书

冷处理的温度、处理时间和集装箱号码及封识号必须在植物检疫证书中注明。

水果入境时，需向 DA 提供植物检疫证书、冷处理报告、果温探针校正记录。

第 5 节 输往澳大利亚鲜梨检验检疫要求

1. 水果名称

白梨（Pyrus bretschneideri）、沙梨（Pyrus pyrifolia）、秋子梨（Pyrus ussuriensis）、香梨（Pyrus sp. Nr. communis）。

2. 水果产地

白梨（Pyrus bretschneideri）、沙梨（Pyrus pyrifolia）、秋子梨（Pyrus ussuriensis）为河北、陕西和山东省；香梨（Pyrus sp. Nr. communis）为新疆维吾尔族自治区。

水果须来自注册登记的果园和包装厂（名单见国家质检总局网站）

3. 果园及包装厂注册登记特殊要求

（1）果园周围 2km 以内无锈病（Gymnosporangium asiaticum、Gymnosporangium sabinae）的转主寄主（Juniperus chinensis，J. procumbens）。

（2）果园注册记录（包括果园示意图、管理体系等）复印件必须能够在需要时提供给 AQIS。

（3）包装厂须位于相关的实蝇监测区域内。

4. 澳大利亚关注的检疫性有害生物

见附件。

5. 生长期疫情监测和检疫监管

（1）每年以标准报告形式将田间有害生物监测及调查结果，经 AQSIQ 向 DAFF 提交。

（2）山东、陕西和河北的白梨 P. bretschneideri，沙梨 P. pyrifolia，和秋子梨 P. ussuriensis 梨必须套袋，套袋须在果实直径未超过 2. 5cm 时进行。

（3）果园病虫防治计划（如出口梨良好农业操作规范、有害生物综合防治计划）须经检验检疫机构批准。

（4）检验检疫机构应就澳大利亚关注的检疫性有害生物对种植者进行培训。

（5）在贸易开始前，AQSIQ 必须向 DAFF 提供具体的防治措施。如果有害生物防治措施有任何更改，AQSIQ 必须在 AQIS 检疫官员预检期间，向澳方提供更改后的有害生物防治措施书面材料。

（6）如果发现所列锈病，来自发病点周围 2 公里以内的出口果园的果实，不允许出口澳大利亚。

（7）如调查发现澳方未进行风险分析或中国鲜梨检疫性有害生物名单（见附件）以外有检疫重要性的有害生物（如梨火疫病），应经 AQSIQ 通知澳方。

（8）出口澳大利亚梨的指定地区（例如果园、包装厂和周围地区）必须有一个实蝇监测系统。诱捕器必须包括瓜实蝇诱捕器、地中海实蝇诱捕器和橘小实蝇诱捕器。陕西和新疆地区应实施实蝇监测计划。当前在河北和山东已实施的实蝇监测计划须继续进行。特别是，每个出口果园和所涉及的村落都必须设置1个以上的橘小实蝇诱捕器。包含诱捕器（含橘小实蝇诱剂、瓜实蝇诱剂和地中海实蝇诱剂等）编号及放置位置、诱捕器种类、诱捕实蝇种类等内容的监测总结应提供AQIS预检官员。如发现任何有重要经济意义的实蝇，须立即报AQSIQ。

（9）出现以下情况，相关鲜梨将在本出口季节不得对澳出口：

① 任何指定出口地区发现褐腐病（*Monilinia fructigena*），来自这些出口地区的梨将不允许进入澳大利亚。

② 感染了梨黑星病（*Venturia nashicola*）果园将不允许出口。

③ 果园检查显示在花期超过0.5%的果实感染了黑斑病（*Alternaria gaisen*），这些果园将被从出口项目中取消。

（10）由于异常的天气原因导致褐斑、黑斑、黑星病的发生，经AQSIQ通知澳方。

6. 果实采收及包装厂检疫监管

（1）检验检疫机构应对果实采收过程进行监管，保证只有来自确认果园、套袋完整的梨送到包装厂。果实要求从树上直接采摘，用周转箱带袋运至包装厂，不得收购落地果。

（2）检验检疫机构对果实包装过程进行监管，主要包括：

① 在特定的区域脱去纸袋，做好有关记录。

② 进入包装车间的果实应进行严格检验，剔除病虫果、畸形果，确保不带有检疫性有害生物。

③ 在包装输澳大利亚梨时，禁止在同一场地加工其他水果。

（3）贮藏要求

出口鲜梨要单独存放，专库专用，要求在1℃～3℃低温贮藏。

（4）记录要求

① 种植者必须保留防治记录，以便审核；

② 包装厂必须保持好分级、包装和储藏期记录；

③ 必须保持从梨到达贮藏库至出口阶段的转运记录；

④ 实蝇诱捕记录；

⑤ 如AQIS有要求，AQSIQ须提供可追溯到果园和包装厂的完整详细记录。

7. 包装要求

（1）果实必须装入具有网状通风口的纸箱内，网眼直径必须不大于1.6mm，网线直径不得小于0.16mm；或者果实必须装入纸箱内，整托六面要用塑料膜收缩包装。

（2）每个包装箱上应标明“FOR AUSTRALIA”字样。并注明批次号码、果园注册编号、包装厂编号、每批纸箱数量和日期。对使用托盘装运的货物必须用带编号的特殊货盘卡片来反映以上信息，每个或部分托盘须有卡片。

8. 出口检验检疫

（1）出口澳大利亚的梨必须经过中澳检疫官联合预检合格后，方可出口。

（2）货主应提前1个月向当地检验检疫机关申报当年拟对澳出口数量及拟邀澳检疫官来华日期。

（3）检验检疫机关向澳检疫官提供日程安排、行政区域图、产区图、田间有害生物调查、实蝇监测等相关资料。

（4）中澳检疫官员对产地果园的梨进行检疫。

（5）中澳检疫官员联合对加工好的鲜梨按以下程序进行检疫。

① 检疫前货主应提供输澳鲜梨明细表（包括批次号、箱数和生产日期）。

② 存放预输澳梨的储藏室门上要标明“FOR AUSTRALIA”字样。

③ 检查包装箱：包装箱须注明注册果园；核对包装箱上的批次号、果园和包装厂注册登记号、网状通风口是否相符。

④ 取样：鲜梨总量多于 1000kg 的取 600 个；1000kg 或少于 1000kg 的取 450 个。

⑤ 中澳检疫官员联合对样品进行目检，由澳方检疫官员决定是否接受。

（6）检出有害生物采取的相关措施：

① 如果不是田间风险管理措施所要求的有害生物（见关注性有害生物名单），种植者或出口商对整批货物感染水果有重新加工挑拣的选择权，整批货物将随后进行复检；

② 如果属于田间风险管理措施所要求的有害生物（见关注性的有害生物名单），但措施没有生效，整批货物将被拒收；

③ 如果发现梨轮纹病，该批货物所涉及果园的所有果实将被拒绝向澳大利亚出口。直到中澳双方满意采取的改进措施，被拒收的果园才能恢复对澳出口。

④ 如果该有害生物无法鉴定，整批货物将被拒收。

⑤ 同一注册果园如果在本季节被二次拒收，则该果园将从出口澳大利亚果园名单中删除。

9. 植物检疫证书要求

（1）中澳双方应针对联合检验合格的货物签发一个总的植物检疫证书，所有已检批次的细节将记录在总的植物检疫证书中。每个总的植物检疫证书包括以下附加申明：

‘Produced and inspected under the pear arrangement between AQSIQ and DAFF’

（2）在 AQIS 检疫官员离开之后，CIQ 对每次发运货物签发一个新的植物检疫证书，并在附加声明中注明：果园号、包装厂号、包含的批次号及数量、集装箱号、铅封号。

（3）新的植物检疫证书须附有预检期间中澳双方共同签发的总植物检疫证书的复印件。

10. 依据

《澳大利亚进口中国鲜梨的的植物检疫要求》

第 6 节　输往澳大利亚油桃检验检疫要求

一、法律法规依据

（一）《中华人民共和国进出境动植物检疫法》《中华人民共和国进出境动植物检疫法实施条例》；

（二）《中华人民共和国食品安全法》《中华人民共和国食品安全法实施条例》；

（三）《出境水果检验检疫监督管理办法》（质检总局令第 91 号）；

（四）《中华人民共和国国家质量监督检验检疫总局与澳大利亚农业与水资源部关于

中国油桃输往澳大利亚植物检疫要求的议定书》。

二、出口商品名称

中国油桃果实（包括所有杂交种类），学名：Prunuspersicavar. nectarina，英文名：Chinesenectarine。

三、出口油桃产区

中国所有油桃商业生产区。（澳方认可中国北纬33°以北为果实蝇非疫区，新疆为斑翅果蝇非疫区。）

四、批准的果园和包装厂

出口油桃果园、包装厂、冷藏库及冷处理设施（如需要）须经出入境检验检疫机构注册登记编号，由中国国家质检总局（以下简称AQSIQ）提供给澳大利亚农业与水资源部（以下简称DA）。

五、澳大利亚关注的检疫性有害生物

1. 橘小实蝇 Bactroceradorsalis
2. 番石榴果实蝇 Bactroceracorrecta
3. 斑翅果蝇 Drosophilasuzukii
4. 桃条麦蛾 Anarsialineatella
5. 桃小食心虫 Carposinasasakii
6. 李小食心虫 Grapholitafunebrana
7. 梨小食心虫 Grapholitamolesta（仅限出口西澳大利亚州）
8. 花蓟马 Frankliniellaintonsa
9. 西花蓟马 Frankliniellaoccidentalis（仅限出口澳大利亚北部地区）
10. 康氏粉蚧 Pseudococcuscomstocki
11. 山楂叶螨 Amphitetranychusviennensis
12. 棉褐带卷叶蛾 Adoxophyesorana
13. 葡萄条卷蛾 Argyrotaenialjungiana
14. 桃白小卷蛾（白小食心虫） Spilonotaalbicana
15. 褐腐病菌 Moniliniafructigena（果生链核盘菌） Moniliamumecola（梅果串珠霉） Moniliapolystroma（串珠霉） Moniliniayunnanensis（云南松链核盘菌）
16. 李痘病毒 Plumpoxvirus

六、出口前要求

（一）果园管理

1. 所有出口果园应建立和实施有害生物综合管理措施，并针对第五条中所列的有害生物进行监测和控制。包括农药的合理使用、有害生物综合防治，维持田间卫生，及时清除过熟果、落果和腐烂果，冬季修剪去除干果等，并保留相关文件及记录。

2. 出入境检验检疫机构应定期对出口果园的有害生物进行调查和监测，对出口果园的管理和有害生物综合防治措施进行检查验证，确保输往澳大利亚的油桃果实中不带有第五条中所列的有害生物。如需要，出口果园的有害生物调查和监测结果以标准报告的格式提供给 DA。

3. 针对特定关注的检疫性有害生物的管理措施。

（1）针对橘小实蝇、番石榴果实蝇、斑翅果蝇的系统管理措施见本节附件 1。

（2）针对桃条麦蛾、桃小食心虫、李小食心虫和梨小食心虫的管理措施见本节附件 2。

（3）针对果生链核盘菌、云南松链核盘菌、梅果串珠霉、串珠霉的管理措施见本节附件 3。

4. 出口油桃应在果实发硬的时候采摘。

（二）包装厂和冷处理设施管理

1. 出口油桃加工、包装、储藏、装运以及冷处理过程，应在出入境检验检疫机构监管下进行，以确保输往澳大利亚的油桃不带有任何检疫性有害生物。

2. 包装厂的加工和储存设施应保持清洁，特别是经冷处理合格后的油桃果实存储时不能与其他水果或与非出口油桃混合存放，以免受有害生物的再次污染。

3. 冷处理设施须符合 DA 要求的处理条件，能够记录、贮存、打印输出处理过程相关数据，可提供给出入境检验检疫机构和 DA 官员查验。

4. 包装厂应建立质量追溯体系，出口的油桃能追溯到果园，保留包装和储藏等记录，以便出现问题时可有效溯源。

5. 包装材料必须符合有关植物检疫要求。不得使用任何植物源性材料，如稻草等。

（三）冷处理要求

除来自新疆以外，所有输澳油桃均须按议定书规定要求进行出口前冷处理或运输途中冷处理。冷处理指标为：果肉温度 0.99℃或以下，持续 15 天或以上；或果肉温度 1.38℃或以下，持续 18 天或以上；或果肉温度 1.67℃或以下，持续 20 天或以上。

冷处理应按照出口前冷处理操作程序（见本节附件 4）或出口运输途中冷处理操作程序（见本节附件 5）进行。运输途中冷处理可以在离境前开始，在到达澳大利亚第一入境港期间结束，或者在到达入境口岸后结束。

（四）出口前检验检疫

1. 出入境检验检疫机构对输往澳大利亚每批油桃货物进行检查，确保不带有澳大利亚所关注的检疫性有害生物，不带有任何污染物植物材料（树叶、树枝、种子等）、杂草种子和土壤，水果表面清洁。

2. 出入境检验检疫机构对输往澳大利亚每批油桃货物进行检查时，每批货物抽取 600 个样品，并对样品进行全部检查。同时，每批货物需要剖 300 个果来进行检查（可从废弃果实中取果）。

3. 如发现关注的检疫性有害生物，该批货物不得出口。同时，应对出现的问题进行调查，采取补救措施，并保留相关调查记录。

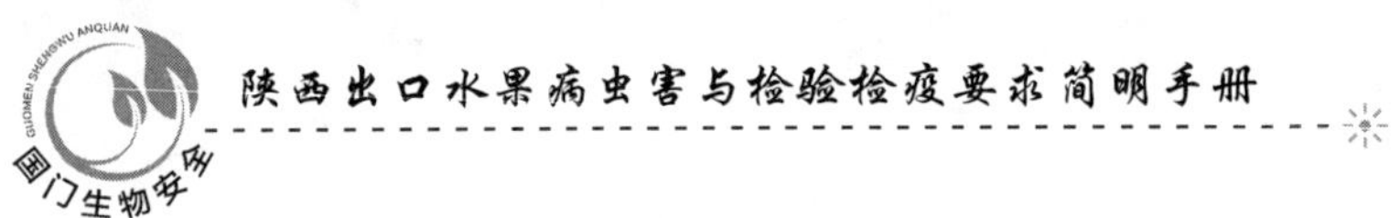

（五）植物检疫证书要求

经检验检疫合格的油桃，出入境检验检疫机构在发运前签发植物检疫证书，并附加以下声明："该批油桃符合《中国油桃输往澳大利亚植物检疫要求的议定书》，不带澳方关注的检疫性有害生物"。对于来自非疫区的油桃，植物检疫证书附加声明上应列出相关有害生物的非疫区。

对于实施出口前冷处理的油桃，应在植物检疫证书上注明冷处理的温度、持续时间及处理设施名称或编号、集装箱号码等；对于运输途中实施冷处理的，需在植物检疫证书附加声明中注明："在途中进行除害处理"，同时在植物检疫证书上注明冷处理的温度、处理时间、集装箱号码及封识号码等。

七、装运要求

输澳大利亚油桃果实需要在具备防虫条件的建筑物内装载集装箱或冷藏室入口和集装箱体间用防虫材料围住，同时应采取相应措施保证其在运输过程中不受有害生物的再次污染。

八、进境检验检疫

1. 水果入境时，需向 DA 提供植物检疫证书、冷处理结果报告（含由 AQSIQ 或 AQSIQ 授权官员背书的温度记录和温度统计数据以及果温探针校正记录）。DA 官员实施植物检疫检查。

2. 如发现活的检疫性有害生物或管控物品，则该批货物不合格。不合格的货物将被退运、再处理或销毁。

3. 如发现实蝇或其他检疫性害虫，DA 将与 AQSIQ 沟通，根据截获有害生物情况采取相应的措施。

九、回顾性审查

1. 如中国油桃上有害生物和检疫状况发生变化，澳方将作进一步的风险评估，并与中方协商，调整相关检验检疫措施。

2. 经 DA 评估认定的其他植物检疫措施或处理方法，可以在贸易中使用。

附件 1

输澳油桃果实蝇和斑翅果蝇系统管理措施

1. 诱捕监测

采用多种诱捕器如液态诱捕装置诱杀斑翅果蝇。具体做法是，在诱捕器中装入糖醋液，液面高约为 2cm，并加入酵母或香蕉片，将诱捕器悬挂于寄主作物中。通过诱捕可达到监测斑翅果蝇的发生动态的目的。

每公顷放置一个诱捕器，每两周对诱捕器进行检查一次。

2. 果园管理

由于果园中落果、过熟或腐烂果均是斑翅果蝇食物源和种群繁殖的场所，因此，及时采取采摘成熟果实，清除果园中落果、过熟果及腐烂果并作深埋等除虫处理，可有效减少该虫的种群数量。

3. 诱杀防除

用含有诱饵成份的杀虫剂点喷可诱杀斑翅果蝇的效果，该方法尤其适用于种群密度较低时的防控，需每星期或每两星期喷施一次，当害虫种群密度较高时，喷施次数频率要加大，以达到持久的防治效果。

4. 化学防治

由于杀虫剂对非目标昆虫如捕食性天敌、寄生性天敌和蜜蜂也同时具有危害，在果园中应尽量减少杀虫剂的使用。在使用杀虫剂防治时，应选用高效低毒的杀虫剂；考虑到该害虫的生物学特性，每隔 10 ~ 15 天需再施一次，以提高防治效果。此外，还要注重杀虫剂安全使用间隔期。

5. 联防联控

由于未参加防治计划的油桃果园等可能成为附近敏感寄主受该害虫侵染的虫源，因此，在斑翅果蝇的发生区域，要求每个种植者或果园均需加入其综合防治计划项目，按照有关综合防治措施统一开展对该虫的防治。

6. 收获成熟度在果实发硬的时候收获油桃。

7. 出口前检疫查验

若 AQSIQ 或 AQSIQ 授权的官员在出口植物检疫中发现斑翅果蝇，则该货物不能出口。

8. 冷处理措施

有效杀死桔小实蝇、番石榴实蝇和斑翅果蝇的卵和幼虫，达到检疫除害处理的目的，冷处理的指标如下：

0. 99℃或以下，持续 15 天或以上，或

1. 38℃或以下，持续 18 天或以上，或

1. 67℃或以下，持续 20 天或以上

附件 2

对桃条麦蛾、桃小食心虫、李小食心虫和梨小食心虫的管理措施

1. 注册种植者必须实施果园控制措施（如油桃出口的有害生物综合管理措施（IPM））。由 AQSIQ/CIQ 批准措施，并结合现场卫生检疫、针对节肢动物的适当的农药管理措施检疫。

2. 负责确保出口油桃种植户都熟悉澳大利亚所关注的检疫性有害生物、出口果园对现场卫生状况和控制措施。注册种植者必须保存记录的控制措施审核。贸易开展前，如需要，AQSIQ 应向澳大利亚农业和水资源的政府部门提供详细的控制程序。

3. 针对有害生物的监测/检测调查，需要果园进行管理的措施，须由 AQSIQ/CIQ 注

册，在注册的出口果园，定期验证措施的有效性。AQSIQ/CIQ 将采用标准的报告格式记录每年的调查结果。如需要，可将这些结果提供给澳大利亚农业和水资源的政府部门。

4. 由于果园控制和监视，必须在初花期之前，这些蛀果性幼虫进行休眠或休眠延迟喷雾。在叶子长到一英寸叶生长阶段前，进行喷洒。

5. 在果园中使用针对这些害虫的特定诱捕器，如果监测到，须采取控制措施。

附件 3

针对果生链核盘菌、云南松链核盘菌、梅果串珠霉、串珠霉的管理措施

1. 冬季前或冬季，修剪和做好果园卫生工作。针对果园中的褐腐病进行监测，修剪感病枝条或用铜喷雾剂防治，剔出干枯的水果。

2. 在花期和收获前，每两周监测果园块中这些病原菌的症状。一旦发现病原菌，需对这些病原菌进行鉴定。

3. 一旦监测到任何病原体，将对果园进行化学防治措施，本年剩余出口季节该地块暂停出口。

4. 必须保持监测记录，应要求，可提供 DA 进行审核。

5. 收获时，针对水果检查果实症状，剔出发现感染病原体果实。

6. 在 AQSIQ 或 AQSIQ 授权人员的检疫检查中，发现上述病原菌，该批货物不得出口。

若检查中发现上述病原菌，该批货物将被再出口或销毁。DA 将通知 AQSIQ，暂停相关地块/果园本季节剩余季节的出口。

附件 4

出口前冷处理操作程序

1. *冷处理设施*

装运前冷处理只能在 AQSIQ 批准的冷处理设施内进行；

或 AQSIQ 授权人员负责确保出口商使用的冷处理设施符合适当的标准，且具有能使果实达到和维持所需温度的制冷设备；

或 AQSIQ 授权人员将保留批准用于输澳鲜食油桃装运前处理的设施的注册，该注册包括说明以下内容的文件：

（a）所有设施的位置及构建计划，包括所有者/操作者的详细联系方式；

（b）设施的尺寸及容量；

（c）墙壁、天花板和地板的隔热类型；

（d）制冷压缩机及蒸发器/空气循环系统的牌子、样式、类型和容量等；

（e）设备的温度范围，除霜循环控制和任何集成的温度记录设备的规格及详细资料等；

在每个鲜食油桃季节开始之前,DA 将向 AQSIQ 提交当前注册的冷处理设施的名称和地址。

2. 记录仪的类型 AQSIQ 或 AQSIQ 授权人员确保温度探针和温度记录仪的组合

(a) 对于其目的是适当的。探针应在 -3.0℃ ~ +3.0℃，精确到 ±0.15℃；

(b) 能够容纳所需的探针数；

(c) 能够记录并贮存处理过程的数据，直到该数据信息由 AQSIQ 或 AQSIQ 授权人员和 DA 官员查验；

(d) 能够至少每小时记录所有探针一次，且达到对探针所要求的精度；

(e) 能够打印输出识别每个探针、时间和温度并注明记录仪和集装箱的识别号的结果。

3. 温度的校正

校正必须用由 AQSIQ 或 AQSIQ 授权人员批准的标准温度计在碎冰和蒸馏水混合物中进行；

(a) 任何读数超出 0℃ ±0.3℃的探针都必须更换；

(b) 在处理完成时，AQSIQ 或 AQSIQ 授权人员将验证果温探针的校正值；

4. 在 AQSIQ 或 AQSIQ 授权人员监管下安插温度探针

上托盘的水果必须在 AQSIQ 或 AQSIQ 授权人员的监管下将上托盘的经预冷过的水果装入冷处理室，也可由出口商自行预冷；

至少用 2 个探针（分别在出风口和回风口）测量室温，至少要安插以下 4 个探针测量鲜果的温度：

(a) 一个位于冷处理室中部所装货物的中心；

(b) 一个位于冷处理室中部所装货物顶层的边角；

(c) 一个位于所装货物中部近回风口处；

(d) 一个位于所装货物顶层的边角近回风口处；

探针的安插和与记录仪的连接须在 AQSIQ 授权的官员监管和指导下完成；

可以任何时间启动记录，然而只有所有的果温探针都达到指定的温度时处理时间才能开始计；

当只用最小数量的探针时，如果有任何探针连续超出 4 小时失效，则该处理无效，必须重新开始。

5. 处理结果的逐步审核

如果处理记录表明各处理参数已符合要求，AQSIQ 可以授权结束处理，如果探针也通过了校正，则可认定为该处理已成功完成。

在果实从处理室中移出之前，应对探针进行校正。

6. 处理结果的确认

在完成指定的处理时间后，探针必须按“第 3 款”规定的程序进行重新校正，校正记录必须保留以备 DA 官员审核；

如果在处理完成之后的探针校正读数比开始时设定的校正读数高，则该探针（或多个探针）的记录读数应相应的调整。如果调整结果表明未能符合指定的处理方案要求，则该处理将判定为无效处理。由 AQSIQ 与出口商确定是否重新处理该批果实；

打印输出的温度记录要附有表明要求的冷处理已完成的适当数据统计；

或 AQSIQ 授权人员必须在确认某处理成功之前背书上述记录（包括探针校准和重新

校准记录）和统计值，且应 DA 要求，提供上述背书的记录以供审核；

如果处理未能达到所需的冷处理要求，在符合以下条件下，可以重新连接记录仪，并继续处理；

（a）AQSIQ 或 AQSIQ 授权人员确认本议定书所要求的条件仍满足，或

（b）停止的时间与重新开始的时间间隔在 24h 之内。上述两种情况下，可从记录仪重新连接时起继续采集数据。

7. 装入集装箱

装货前集装箱必须经 AQSIQ 或 AQSIQ 授权人员查验，以确保不带有害生物，并在入口处加以遮挡以防害虫进入；

果实需要在防虫的建筑物内装箱或冷藏室入口和箱体间用防虫材料围住；

8. 集装箱的封识

由经授权的 AQSIQ 官员用编码的封条将装上货物的集装箱封识，封条号码需在植物检疫证书上注明；

封条只能在澳大利亚入境口岸由 DA 官员开启。

9. 未立即装箱的水果的存贮

处理过的果实未立即装箱可以存贮，但需由 AQSIQ 或 AQSIQ 授权人员维持安全状况：

（a）如果果实存贮在处理室内，则处理室的门必须封闭；

（b）如果果实转移到另一贮存室内存贮，则必须用经 AQSIQ 批准的可靠的方式转移且另一贮存室内不得有其他水果；

（c）随后的装箱必须按照第 7 款的规定在 AQSIQ 或 AQSIQ 授权人员监管下进行。

10. 植物检疫证书

出口前冷处理的温度、持续时间及包装厂或处理设施名称或编号，必须写进植物检疫证书处理栏内。

水果入境时，需向 DA 提供植物检疫证书、冷处理结果报告（含由 AQSIQ 或 AQSIQ 授权官员背书的温度记录和温度统计数据以及果温探针校正记录）。

附件 5

运输途中冷处理操作程序

1. 集装箱类型

集装箱必须是自身（整体）制冷的运输集装箱，且具有能达到和保持所需温度的制冷设备。

2. 记录仪类型

AQSIQ 或 AQSIQ 授权人员应确保采用适当的温度探针和温度记录仪的组合：

探针温度应在 −3.0℃ ~ +3.0℃，精确到 ±0.15℃；

有足够数量的探针；

能够记录并贮存处理过程的数据；

至少每小时记录一次所有探针的温度，记录显示应满足探针要求的精度；

打印出的温度记录，应对应每个探针记录的时间、温度，并注明记录仪和集装箱号。

3. 温度的校正

（1）校正必须用由 AQSIQ 或 AQSIQ 授权人员批准的标准温度计在碎冰和蒸馏水混合物中进行；

（2）任何读数超出 0℃ ±0.3℃的探针都必须更换；

（3）必须对每个集装箱出具一份由 AQSIQ 或 AQSIQ 授权人员官员签字盖章的“果温探针校正记录”，正本须附在随货的植物检疫证书上；

（4）水果运抵澳大利亚入境口岸时，DA 对果温探针进行校正检查。

4. 温度探针的安插

包装好的果实应在 AQSIQ 或 AQSIQ 授权人员监管下装入运输集装箱，包装箱堆放应松散，确保足够的气流空隙；

每个集装箱至少应安插 3 个果温温度探针，2 个箱体空间温度探针，具体位置为：

（a）1 号果温探针（在果肉）安插在集装箱内货物首排顶层中央位置（在集装箱前部）；

（b）2 号果温探针（在果肉）安插在距集装箱门 1.5m（40 英尺集装箱）或 1m（20 英尺集装箱）的中央，并在货物高度一半的位置；

（c）3 号果温探针（在果肉）安插在距集装箱门 1.5m 的左侧，并在货物高度一半的位置；

（d）2 个空间温度探针（空气温度）分别安插在集装箱的入风口和回风口处；

所有探针必须在 AQSIQ 授权官员的监督和指导下安插；

装箱前的水果需在冷藏室中存放（预冷）至果肉温度达 4℃或以下。

5. 集装箱的封识

由经授权的 AQSIQ 检疫官员，用编码封条对装上货物的集装箱进行封识，并在植物检疫证书中注明封识号；

封条只能在澳大利亚入境口岸由 DA 官员开启。

6. 温度记录及确认

运输途中的冷处理可以在中国离境前开始，在到澳大利亚第一到达港运输期间结束或延续入境口岸后完成。

可以任何时间启动记录，然而只有所有的果温探针都达到指定的温度时，处理时间才能正式开始计算。

船运公司应下载冷处理温度记录，并将其提交入境港口的 DA。

一些海上航行可能使得冷处理在船到达澳大利亚口岸之前途中就已完成，可允许在途中下载处理记录并传送到 DA 以便审核。但是根据要求，在 DA 完成温度探针再校正前，不能认为该处理有效。因此，是否在到达澳大利亚之前中止冷处理（如逐渐提升运输温度）是一个商业决定。

DA 将核实处理记录是否符合有关处理要求，判定处理是否有效。

7. 植物检疫证书

冷处理的温度、处理时间和集装箱号码及封识号必须在植物检疫证书中注明。

水果入境时，需向 DA 提供植物检疫证书、冷处理报告、果温探针校正记录。

第7节　输往加拿大苹果检验检疫要求

1. 水果名称

苹果（Malus domestica）

2. 允许产地

山东、陕西、河北、山西。

须来自注册果园和包装厂（名单见总局网站）。

3. 果园及包装厂注册登记要求

（1）拟出口苹果的果园及包装厂必须按 CIQ 统一要求建立植物检疫管理体系（以下简称 PSMS）手册，手册里要注明植物检疫管理体系程序，以确保能够持续符合出口加拿大的检疫要求。

果园必须为可测量的连片基地，基地内种植单一品种，与非注册果园之间要有物理屏障（比如：沟渠、围墙等）。果园建立的 PSMS 要包含有害生物综合管理体系，以确保不携带加拿大限定性有害生物，并基本上不携带其他非限定性有害生物。

包装厂建立的有害生物综合管理体系要包含有害生物清除措施，确保加工后的水果成品不携带加拿大关注的有害生物，基本上不携带其他非限定性有害生物、土壤、树叶和植物残体，并确保加工后的水果能够溯源。包装厂的生产批、原料接收、加工、处理、冷藏和装运区以及其他 PSMS 记录里涉及的区域必须标记清楚。

（2）陕西、山东、河北检验检疫局按照注册条件对申请的基地和包装厂进行考核。考核后，对符合条件的苹果种植园和包装厂统一编号，并报国家质检总局，经 AQSIQ 审核认可。

（3）至少在出口季节开始前四周，AQSIQ 将认可的注册果园和包装厂名单及其他资料提供给加拿大食品检验署（以下简称 CFIA）备案。

（4）已注册果园和包装厂如不能满足加拿大植物检疫条件，并不能及时采取纠正措施，或者违反了 PSMS 中任何条件，CIQ 将暂停该企业产品出口加拿大。

（5）果园、包装厂不能达到 PSMS 要求的，该果季的水果不能出口到加拿大，采取纠正措施后经 CIQ 审核能够符合 PSMS 要求的可恢复出口。当年一直暂停出口的果园和包装厂可以在下个果季开始前重新申报一个 PSMS，经过 CIQ 重新审查，合格的可批准出口。

4. 培训

果园和包装厂必须保证所有员工经过植物检疫管理体系、有害生物鉴定、有害生物控制等相关培训，以便有足够的能力使 PSMS 正常运行。必须保留相关培训记录，以备审核。

5. 果园检疫监管要求

（1）产地疫情监测：对国家质检总局确认注册登记的苹果果园和申请注册登记的苹果果园进行疫情监测。

① 监测对象：

重点对 CFIA 关注的山楂叶螨、苹小食心虫、桃小食心虫、桃柱螟、苹果花腐病菌、苹果褐腐病菌等有害生物进行监测。

② 监测方法：采取诱捕与人工调查相结合的方法。

叶螨类：每年在苹果生长季节按期调查百片叶附螨量，果实收获前调查一次百果附螨量。

其他病虫害：在苹果生长季节，结合螨类调查，监测加方关注的其他病虫害。

③ 实蝇监测：根据需要实施。可在每年5～9月，设置地中海实蝇、橘小实蝇、瓜实蝇性信息素诱捕器进行监测。具体监测按《中国实蝇监测指南》要求操作。

（2）病虫害防治和果园卫生管理：

① 在苹果生长季节，检验检疫机关不定期的就病虫害防治（用药时间、种类、剂量）、田间卫生管理等方面进行监督指导。

② 苹果套袋：

要选择无病虫害的果实进行套袋，应在果实直径小于2.5cm前完成套袋，套袋期间必须保持袋子的完整，套袋只能在收获前四周内去掉。在套袋前尽可能使用一次杀虫杀菌剂。检验检疫机关对苹果套袋、摘袋时间、套袋的完整性、所采用的材料进行指导、监督。

③ 安全卫生（农药残留）检测：

依照加拿大的有关安全卫生标准，在苹果收获前期对拟出口果园所产苹果进行有毒有害物质特别是农残检测。取样检测后不得再施用农药。

（3）果园管理评估：

CIQ 在果品采收前，对注册果园进行记录审核，对果园监测防治效果实地检查、考核评估。

6. 采果及包装厂检疫监管要求

（1）采果入厂监管：

① 在收获期，监督指导包装厂检查验收，确保鲜苹果来自考核合格的注册苹果园。

② 果实要求从树上直接采摘，用周转箱运至包装厂，必须有适当的措施保证所有水果原料在进入包装厂时不携带加拿大所列目录内的有害生物、土壤、树叶和植物残体。

（2）对果实加工过程进行监管，主要包括：

① 进入加工车间的果实应进行严格检验，剔除病虫果、畸形果，指导监督包装厂清除果实上的有害生物，确保果实不带有检疫性有害生物。

② 监督加工环境卫生状况。要求加工车间应经常进行环境消毒，保持清洁卫生，门窗采取防虫措施；对挑拣出的病虫果、清除的残渣等要及时清理，集中运至专用场地作无害处理。

③ 严格加工、包装程序，要求作好日加工记录。

④ 在加工输加拿大苹果时，禁止在同一场地加工输往其他国家或地区及内销的水果。

⑤ 就加拿大关注的检疫性有害生物对包装厂技术人员进行培训。由培训合格的技术员在加工过程中随机在各个加工点进行抽查检疫，抽查比例为5%～10%。如发现加拿大关注的有害生物，应立即通报 CIQ，并实施整改措施。

⑥ 指导培训合格的技术员在加工完成后对整批货物实施检疫，抽检比例为总件数的5%，若发现可疑有害生物的另加抽5%。

（3）包装要求

① 包装厂必须干净，无害虫、土壤、植物残体，无丢弃和感染的果实。所有包装必须由清洁新原料制成。

② 装箱后要封牢箱口，防止污染。

③ 包装箱内不得带有害虫、土壤、树叶碎片、植株碎片及其他杂质。

④ 每个外包装箱要贴上用中文和英文（或法文）编制的标识，注明苹果品种、产地及注册苹果园代码，以便在发现有害生物后可以追溯到对应的果园。

（4）贮藏要求

① 原料果做到专库存放，按注册果园代码分码堆放。

② 已贴封识的出口加拿大鲜苹果要按批次、标识分类，单独存放，专库专用。

7. 特殊处理要求

对于未套袋的苹果必须进行以下处理：在低温1.1℃或以下保存40天，然后按附件中表A或表B方案（见附件2），用溴甲烷进行处理。或者用其他加方认可的处理方法处理。

8. 出境检验检疫及植物检疫证书特殊要求

（1）依照出境水果检验检疫一般工作程序实施现场及实验室检验检疫。

（2）检验检疫特殊要求：

① 抽查比例：按总件数5%从每批苹果堆垛的上、中、下的四角及中间等不同部位、组别随机抽取代表样品。开箱逐个苹果检查。如果在5%样品中没有发现害虫，但有害虫活动的迹象，将再随机抽取另外5%样品进行检验。

② 不带有加拿大关注的有害生物，安全卫生项目检测结果、包装标志符合要求。等。

（3）植物检疫证书

① 证书中必须用英语或法语注明产地省份、许可的果园名称和代码（如无果园名称要注明代码）。

② 证书上要注明植物学名，至少到属名。

③ 植物检疫证书附加申明内容：

（a）对于“套袋果”

输往到大不列颠哥伦比亚省的，内容为：“The material was produced under a pest management program and is free of *Adoxophyes orana*, *Carposina sasakii*, *Conogethes punctiferalis*, *Cydia inopinata*, *Grapholita molesta*, *Leucoptera malifoliella*, *Tetranychus viennensis*, *Monilinia fructigena*, *Monilinia mali* and *Diaporthe tanakae*.”

输往其他省的，内容为：“The material was produced under a pest management program and is free of *Adoxophyes orana*, *Carposina sasakii*, *Conogethes punctiferalis*, *Cydia inopinata*, *Leucoptera malifoliella*, *Tetranychus viennensis*, *Monilinia fructigena*, *Monilinia mali and Diaporthe tanakae*.”

（b）对于未套袋果：

输往大不列颠哥伦比亚省的，内容为：“The material was produced under a pest management program for *Monilinia fructigena*, *Monilinia mali* and *Diaporthe tanakae* and has been treated to kill *Adoxophyes orana*, *Carposina sasakii*, *Conogethes punctiferalis*, *Cydia inopinata*, *Grapholita molesta*, *Leucoptera malifoliella* and *Tetranychus viennensis*.”

输往其他省的，内容为：“The material was produced under a pest management program for *Monilinia fructigena*, *Monilinia mali* and *Diaporthe tanakae* and has been treated to kill Adoxophyes orana, Carposina sasakii, *Conogethes punctiferalis*, *Cydia inopinata*, *Leucoptera malifoliella and Tetranychus viennensis.*"。

（c）若是经过处理的需要在植物检疫证书上注明。

（d）加注集装箱号码。

（e）加注注册果园和包装厂代码。

9. 装运要求

（1）包装厂必须建立严格的操作、贮藏和发货程序，确保产品经过检验并保证在收货人接收前无有害生物污染。

（2）发货时，植检员或者指定人员要检查冷库和发货区，防止有害生物污染，确保货物符合植物检疫要求。检查的细节必须记录下来，包括对发现的有害生物的描述以及发现有害生物后的纠正措施。

10. 记录要求

（1）所有疫情监测、病虫害防治、套袋等相关记录由果园技术管理负责人签名，记录应包括记录日期、记录人、有害生物危害症状、发现的有害生物名称、鉴定方法、推荐的处理方法、处理方法有效性的评估和相关鉴定实验室等。有害生物日志保存完整，以便 CIQ 检查和 CFIA 评估。该记录必须保持三年。

（2）包装厂必须保持好原料采收、加工、抽查检疫、储藏、装运记录，对发现的有害生物也应按 10.1 要求建立相应记录，以便 CIQ 检查和 CFIA 评估。该记录必须保持三年。

（3）建立果园和包装厂追溯源体系，以便在从果树到装运箱的整个过程中能够追溯或顺查。该记录必须保持五年。

11. 信息反馈

（1）苹果出境后，出口企业将每批苹果在加拿大的通关情况及时反馈给 CIQ。

（2）AQSIQ 也将向 CIQ 通报进口国反馈的有关检验检疫情况，对出现的质量问题，CIQ 将迅速调查原因，进行整改。

12. 依据

出境水果检验检疫一般工作程序

加拿大的《食品和药物条例》

加拿大 D－95－08 指令

附件

未套袋苹果的处理方法

表 A

温　度	溴甲烷剂量	最低浓度	
		0.5h	2h
10℃及以上	$48g/m^3$	$44g/m^3$	$36g/m^3$
常压下，在熏蒸室或蓬布下熏蒸 2h（仅限于纸箱，最大装货空间不超过 50%）			

表B

温　度	溴甲烷剂量	最 低 浓 度	
		0.5h	2h
15℃及以上	38g/m³	35g/m³	29g/m³
常压下，在熏蒸室或蓬布下熏蒸2h（仅限于纸箱，最大装货空间不超过40%）			

第8节　输往阿根廷苹果检验检疫要求

1. 水果名称

苹果（*Malus domestica*）

2. 允许产地

中国苹果产区。

须来自注册果园和包装厂（名单见总局网站）。

3. 果园及包装厂注册登记特殊要求

（1）水果须来自橘小实蝇非疫区，产区的非疫地位由AQSIQ和SENASA共同确认。

（2）水果须来自梨锈病的非疫生产点（或果园）。生产地周围1km范围内不得有锈病的转主寄主树。

4. 关注的检疫性有害生物

桃条麦蛾　*Anarsia lineatella*

橘小实蝇　*Bactrocera dorsalis*

桃小食心虫　*Carposina niponensis*

日本龟蜡蚧　*Ceroplastes japonicum*

大红蜡蚧　*Ceroplastes rubens*

桃蛀螟　*Conogetes punctiferalis*

苹小食心虫　*Cydia inopinata*

梨蛎蚧　*Diaspidiotus ostreaformis*

梨大食心虫　*Ectomyelosis pyrivorella*

梨锈病　*Gymnosporangium asiaticum*

杏球蚧　*Sphaerolecanium prunastri*

山楂叶螨　*Tetranychus viennensis*

5. 果园及包装厂疫情监测和检疫监管

（1）实蝇监测：须在指定果园、包装厂及其周围1km²范围内设置诱捕器对橘小实蝇进行监测。

① 诱捕器设置密度为1个/km²，面积小于3km²的果园，诱捕器数量分别不得少于3个。

② 监测时间从每年6月1日至9月30日。

③ 监测期间每月至少更换一次诱剂，每2周至少检查1次诱捕结果。

④ CIQ向AQSIQ提供监测结果，由AQSIQ每年向SENASA提供检疫性实蝇监测结果。

⑤ 如发现橘小实蝇或其他检疫性实蝇，AQSIQ应立即通知SENASA，并暂停该地区水果出口。

（2）病虫害监测、防治和果园卫生管理

① 在苹果生长季节，检验检疫机关不定期的就病虫害监测、防治（用药时间、种类、剂量）、田间卫生管理等方面进行监督指导，以避免和控制阿方关注的检疫性有害生物发生，保持果园的卫生状态。

② 出口苹果应实施果实套袋，在收获 4 周前不得去袋。去袋后，应针对果实钻蛀性害虫采取田间调查监测和/或化学防治办法。

③ 出口新疆香梨须采取系统控制措施，应针对果实钻蛀性害虫采取田间调查监测和/或化学防治办法

6. 采果、加工及储存运输监管要求

（1）根据需要，CIQ 对水果包装、储藏和装运进行检疫监管。

（2）在包装前，果实必须经过选果、分类和加工，以确保果实不带有有害昆虫、螨类、烂果及枝、叶、根和土壤。

（3）加工过的水果须单独存放，以避免再感染。

（4）加工过水果在运输过程中，应采取商业冷藏处理。

7. 包装箱要求

（1）水果包装箱上应具有英文标识，标出产地（省）、果园或其注册号、包装厂或其注册号的信息，每个托盘上应标出输往阿根廷的英文字样（见附录）。

（2）果实的包装材料必须清洁卫生、未使用过，包装箱内不得带有害虫、土壤、树叶碎片、植株碎片及其他杂质，确保符合阿方植物检疫要求。

8. 特殊处理要求

无。

9. 出境检验检疫及植物检疫证书特殊要求

（1）依照出境水果检验检疫一般工作程序实施现场及实验室检验检疫。

（2）CIQ 按 2% 的抽样比例对水果实施出口前检验检疫，检疫合格的，将出具植物检疫证书。

（3）证书特殊要求

① AQSIQ 事先向阿方提供检疫证书样本，供 SENASA 确认。

② 证书中要注明产地和包装厂。

③ 证书中证明符合议定书列明的阿方检疫要求，不带有阿方关注的检疫性有害生物。

说明：AQSIQ 指中华人民共和国国家质量监督检验检疫总局

SENASA 指阿根廷农牧渔业和食品国务秘书处

10. 依据

中华人民共和国国家质量监督检验检疫总局和阿根廷农牧渔业和食品国务秘书处《关于中国苹果和梨输阿植物卫生要求的议定书》（国质检动〔2004〕531 号）

附件

包 装 标 签

Production place (province):
Orchard name or it's registered number:
Packinghouse name or it's registered number:
For the Argentine Republic

第 9 节　输往阿根廷鲜梨检验检疫要求

1. 水果名称

梨（*pyrus bretschneider*, *Pyrus pyrifolia*, *Pyrus sp.* Nr. *Communis*）。

2. 允许产地

中国梨产区。

须来自注册果园和包装厂（名单见总局网站）。

3. 果园及包装厂注册登记特殊要求

（1）水果须来自橘小实蝇非疫区，产区的非疫地位由 AQSIQ 和 SENASA 共同确认。

（2）水果须来自梨锈病的非疫生产点（或果园）。生产地周围 1km 范围内不得有锈病的转主寄主树。

4. 关注的检疫性有害生物

桃条麦蛾　*Anarsia lineatella*
橘小实蝇　*Bactrocera dorsalis*
桃小食心虫　*Carposina niponensis*
日本龟蜡蚧　*Ceroplastes japonicum*
大红蜡蚧　*Ceroplastes rubens*
桃蛀螟　*Conogetes punctiferalis*
苹小食心虫　*Cydia inopinata*
梨蛎蚧　*Diaspidiotus ostreaformis*
梨大食心虫　*Ectomyelosis pyrivorella*
梨锈病　*Gymnosporangium asiaticum*
杏球蚧　*Sphaerolecanium prunastri*
山楂叶螨　*Tetranychus viennensis*

5. 果园及包装厂疫情监测和检疫监管

（1）实蝇监测：须在指定果园、包装厂及其周围 1km^2 范围内设置诱捕器对橘小实蝇进行监测。

① 诱捕器设置密度为 1 个/km^2，面积小于 3km^2 的果园，诱捕器数量分别不得少于 3 个。

② 监测时间从每年 6 月 1 日至 9 月 30 日。

③ 监测期间每月至少更换一次诱剂，每 2 周至少检查 1 次诱捕结果。

④ CIQ 向 AQSIQ 提供监测结果，由 AQSIQ 每年向 SENASA 提供检疫性实蝇监测

结果。

⑤ 如发现橘小实蝇或其他检疫性实蝇，AQSIQ 应立即通知 SENASA，并暂停该地区水果出口。

（2）病虫害监测、防治和果园卫生管理

① 在梨生长季节，检验检疫机关不定期的就病虫害监测、防治（用药时间、种类、剂量）、田间卫生管理等方面进行监督指导，以避免和控制阿方关注的检疫性有害生物发生，保持果园的卫生状态。

② 出口梨（包括 *pyrus bretschneider*，*Pyrus pyrifolia*）应实施果实套袋，在水果到达包装厂前不得去袋。

③ 出口新疆香梨须采取系统控制措施，应针对果实钻蛀性害虫采取田间调查监测和/或化学防治办法

6. 采果、加工及储存运输监管要求

（1）根据需要，CIQ 对水果包装、储藏和装运进行检疫监管。

（2）在包装前，果实必须经过选果、分类和加工，以确保果实不带有有害昆虫、螨类、烂果及枝、叶、根和土壤。

（3）加工过的水果须单独存放，以避免再感染。

（4）加工过水果在运输过程中，应采取商业冷藏处理。

7. 包装箱要求

（1）水果包装箱上应具有英文标识，标出产地（省）、果园或其注册号、包装厂或其注册号的信息，每个托盘上应标出输往阿根廷的英文字样（见附录）。

（2）果实的包装材料必须清洁卫生、未使用过，包装箱内不得带有害虫、土壤、树叶碎片、植株碎片及其他杂质，确保符合阿方植物检疫要求。

8. 特殊处理要求

无。

9. 出境检验检疫及植物检疫证书特殊要求

（1）依照出境水果检验检疫一般工作程序实施现场及实验室检验检疫。

（2）CIQ 按 2% 的抽样比例对水果实施出口前检验检疫，检疫合格的，将出具植物检疫证书。

（3）证书特殊要求

① AQSIQ 事先向阿方提供检疫证书样本，供 SENASA 确认。

② 证书中要注明产地和包装厂。

③ 证书中证明符合议定书列明的阿方检疫要求，不带有阿方关注的检疫性有害生物。

说明：AQSIQ 指中华人民共和国国家质量监督检验检疫总局

SENASA 指阿根廷农牧渔业和食品国务秘书处

10. 依据

中华人民共和国国家质量监督检验检疫总局和阿根廷农牧渔业和食品国务秘书处

《关于中国苹果和梨输阿植物卫生要求的议定书》（国质检动〔2004〕531 号）

附件

包 装 标 签

Production place (province): Orchard name or it's registered number: Packinghouse name or it's registered number: For the Argentine Republic

第10节 输往秘鲁苹果检验检疫要求

1. 水果名称

苹果（Malus domestica）

2. 允许产地

山东、陕西、山西、河南、河北、辽宁、甘肃、宁夏和北京。

须来自注册果园和包装厂（名单见总局网站）。

3. 果园及包装厂注册登记特殊要求

无。

4. 关注的检疫性有害生物

桃小食心虫(*Carposina sasakii*)
李小食心虫(*Grapholita funebrana*)
苹小食心虫(*Grapholita inopinata*)
梨小食心虫(*Grapholitha molesta*)
山楂叶螨(*Tetranychus*(*Amphitetranychus*)*viennensis*)
神泽叶螨(*Tetranychus kanzawai*)
轮纹病(*Botryosphaeria ribis*)
褐腐病(*Monilinia fructigena*)

5. 果园检疫监管特殊要求

（1）果实套袋：输秘苹果应在生长期间采用果实套袋技术。

（2）病虫害监测、防治和果园卫生管理：

在苹果生长季节，检验检疫机关不定期的就病虫害监测、防治（用药时间、种类、剂量）、田间卫生管理等方面进行监督指导，以避免和控制秘方关注的检疫性有害生物发生，保持果园的卫生状态。

6. 包装厂监管特殊要求

（1）出口季节前，应由AQSIQ向秘方提供输秘苹果包装厂名单。

（2）根据需要，CIQ对水果包装、储藏和装运进行检疫监管。

（3）在包装前，应采取挑选、分级、加工等措施，以便输秘苹果不带秘方关注的检疫性有害生物以及枝、叶和土壤。

（4）加工过的水果须单独存放，以避免再感染。

（5）加工过水果在运输过程中，应采取商业冷藏处理。

7. 包装箱要求

水果包装箱上应具有英文标识，标出产地（省）、果园或其注册号、包装厂或其注册号及“输往秘鲁共和国”的字样（见附件）。

8. 特殊处理要求

无。

9. 出境检验检疫

（1）依照出境水果检验检疫一般工作程序实施现场及实验室检验检疫。

（2）议定书实施的前 2 年，CIQ 按 2% 抽样比例进行查验；2 年后，如果未发现检疫问题，则抽样比例降低到 1% 。

（3）出口货物检疫合格的，将出具植物检疫证书；发现关注性检疫性有害生物的，则该批货物不得出口。

10. 植物检疫证书特殊要求

证书中要注明产地和包装厂注册代码。

11. 依据

中华人民共和国国家质量监督检验检疫总局与秘鲁共和国农业部《关于中国苹果输秘植物检疫要求的议定书》

附件

包 装 标 签

产地
果园名称或其注册号
包装厂名称或其注册号
输往秘鲁共和国

第 11 节　输往秘鲁鲜梨检验检疫要求

1. 水果名称

梨（*Pyrus bretschneider*，*Pyrus pyrifolia*，*Pyrus sp.* Nr. *Communis*）

2. 产地

中国山东、河北、新疆、陕西、山西、辽宁、安徽省和北京市。

须来自注册的果园及包装厂（名单见总局网站）

3. 果园及包装厂注册登记特殊要求

无。

4. 秘鲁关注的检疫性有害生物

（1）桃小食心虫（*Carposina sasakii*）

（2）桃蛀螟（*Conogethes punctiferalis*）

（3）李小食心虫（*Grapholita funebrana*）

（4）苹小食心虫（*Grapholita inopinata*）

（5）梨小食心虫（*Grapholitha molesta*）

（6）梨象甲（*Rhynchites foveipennis*）

（7）山楂叶螨（*Amphitetranychus viennensis*）

（8）神泽叶螨（*Tetranychus kanzawai*）

（9）轮纹病（*Botryosphaeria ribis*）

（10）褐腐病（*Monilinia fructigena*）

5. 果园、包装厂检验检疫监管特殊要求

（1）在检验检疫机构指导下，输秘梨果园、包装厂应采取有效监测、预防和有害生物综合管理措施（IPM），以避免和控制秘方关注的检疫性有害生物发生，维持果园和包装厂的植物卫生状况。

（2）出口梨（香梨除外）应在果实直径达到 2.5cm 时采用果实套袋措施，直到收获时。

（3）香梨在种植期间，应采用 Delta 和 Jackson 性诱捕器，针对梨小食心虫进行诱捕监测。

（4）梨加工、包装、贮藏和运输过程应在 CIQ 监管下进行。

（5）梨包装前，应采取脱袋，剔除病虫果，挑选，必要时气枪吹，抽样检验等措施。以确保输秘梨不带秘方关注的检疫性有害生物以及枝、叶和土壤。

（6）贮藏要求：固定在托盘上，专库冷藏，避免再次感染有害生物。

6. 包装要求

每个包装箱上应用英文标明：产地（省）、果园或其注册号、包装厂或其注册号及“输往秘鲁共和国”的字样。

7. 出口检验检疫特殊要求

（1）依照出境水果检验检疫一般工作程序实施现场检验检疫及实验室检验检疫。

（2）在议定书实施的前 2 年，CIQ 按 2% 抽样比例进行查验；2 年后，如果未发现检疫问题，则抽样比例降低到 1%。

（3）如果在出口货物中发现秘鲁关注的检疫性有害生物，该批货物不得出口。

8. 植检证书要求

证书上应注明梨的产区（省），同时应在附加声明中填写：“本批货物符合 AQSIQ 和 SENASA 签署的议定书。”

9. 依据

《中华人民共和国国家质量监督检验检疫总局与秘鲁共和国农业部关于中国梨输秘植物检疫要求的议定书》

第 12 节 输往墨西哥苹果检验检疫要求

1. 水果名称

苹果（*Malus domestica*）

2. 允许产地

山东、陕西、山西、河南、河北、辽宁、甘肃、宁夏和北京。

须来自注册果园和包装厂（名单见总局网站）。

3. 果园及包装厂注册登记特殊要求

无。

4. 关注的检疫性有害生物

苹小卷叶蛾 *Adoxophyes orana*

橘小实蝇 *Bactrocera dorsalis*

桃小食心虫 *Carposina sasakii*

桃蛀螟 *Conogethes punctiferalis*

李小食心虫 *Cydia funebrana*

苹小食心虫 *Cydia inopinata*

梨心食心虫 *Cydia molesta*

榆蛎盾蚧 *Lepidosaphes ulmi*

木槿曼粉蚧 *Maconellicoccus hirsutus*

5. 果园检疫监督特殊要求

（1）果实套袋：输墨西哥苹果应在生长期间采用果实套袋技术。

（2）病虫害监测、防治和果园卫生管理：

在苹果生长季节，检验检疫机关不定期的就病虫害监测、防治（用药时间、种类、剂量）、田间卫生管理等方面进行监督指导，以避免和控制墨西哥关注的检疫性有害生物发生，保持果园的卫生状态。

6. 包装厂监管特殊要求

（1）根据需要，CIQ 对水果包装、储藏和装运进行检疫监管。

（2）在包装前，应采取挑选、水洗和/或滚刷、分级、选果等程序，以确保苹果不带墨方关注的检疫性有害生物以及枝、叶和土壤。

（3）包装厂应有适当的防虫措施以避免再次感染有害生物。

（4）加工过的水果须单独存放，以避免再感染。

（5）加工过水果在运输过程中，应采取商业冷藏处理。

7. 包装箱要求

每个苹果包装箱上应有英文标明：产地（省）、果园或其注册号、包装厂或其注册号及“输往墨西哥”等信息（见附件）。

8. 特殊处理要求

加工过的苹果应在（0±0.5）℃下专库存放 40 天，如果在出口的第一年没有发现食心虫类害虫，冷藏措施将被取消。

9. 出境检验检疫

（1）依照出境水果检验检疫一般工作程序实施现场及实验室检验检疫。

（2）CIQ 按 2% 抽样比例实施出口前检验检疫。

（3）出口货物检疫合格的，将出具植物检疫证书；发现关注性检疫性有害生物的，则该批货物不得出口。

10. 植检证书特殊要求

（1）证书中要注明产地（果园）和包装厂注册代码。

（2）在处理栏列明冷藏开始时间、持续时间、冷藏温度。

11. 依据

（1）中华人民共和国国家质量监督检验检疫总局与墨西哥农牧业农村发展渔业和食品部

《关于中国苹果输墨植物检疫要求的议定书》

（2）出境水果检验检疫一般工作程序

附件

包 装 标 签

产地（省） 果园名称或其注册号 包装厂名称或其注册号 输往墨西哥

第 13 节　输往墨西哥鲜梨检验检疫要求

1. 水果名称

白梨（*Pyrus bretschneider*）、沙梨（*Pyrus pyrifolia*）、香梨（*Pyrus sp.* Nr. *Communis*）。

2. 水果产地

中国山东、河北、新疆、陕西、安徽省和北京市

水果须来自注册的果园和包装厂（名单见总局网站）

3. 墨西哥关注的检疫性有害生物

节肢类动物

梨巢斑蛾　*Acrobasis pirivorella*

苹小卷叶蛾　*Adoxophyes orana*

橘小实蝇　*Bactrocera dorsalis*

桃小食心虫　*Carposina sasakii*

桃蛀螟　*Conogethes punctiferalis*

苹小食心虫　*Cydia inopinata*

梨小食心虫　*Cydia molesta*

果褐卷蛾 *Pandemis heparana*

梨虎 *Rhynchites foveipennis*

白小食心虫 *Spilonota albicana*

山楂叶螨 *Tetranychus viennensis*

病害类

梨黑斑病 *Alternaria gaisen*

梨褐腐病 *Monilinia frictigena*

梨轮纹病 *Physalospora pyricola*

4. 果园及包装厂注册登记特殊要求

无。

5. 果园和包装厂检验检疫监管特殊要求

(1) 输墨梨果园、包装厂应采取有效监测、预防和有害生物综合管理措施（IPM），以避免和控制墨方关注的检疫性有害生物的发生，维持果园和包装厂的植物卫生状况。IPM 应当包括疫情监测、化学防治、生物防治和物理防治等。

(2) 出口梨（不包括香梨）应在果实直径 2.5cm 之前完成套袋。

(3) 梨加工、包装、贮藏和运输过程应在检验检疫部门监管下进行。

(4) 梨包装前，应采取挑选、滚刷、剔果、分级等程序，以确保梨不带墨方关注的检疫性有害生物以及枝、叶、根、烂果和土壤。包装厂应有适当设施，以避免再次感染有害生物。

6. 包装要求

每个梨包装箱上应有英文标明：产地（省）、果园或其注册号、包装厂或其注册号，每个托盘上应标明“输往墨西哥”的英文字样。

7. 贮藏及处理要求

加工过的梨应在 (0±0.5)℃下专库存放 40 天，避免再污染，如果在出口的第一年没有发现食心虫类害虫，该冷藏措施将被取消。

8. 出口检验检疫

(1) 依照出境水果检验检疫一般工作程序实施现场及实验室检验检疫。

(2) 抽样比例：CIQ 应按 2% 的抽样比例对梨实施出口前检验检疫，并逐果检查。

(3) 如果在出口货物中发现墨西哥关注的检疫性有害生物，该批货物不得出口。

9. 植检证书要求

(1) 在证书的处理部分注明处理起始时间、处理温度。

(2) 在附加声明中注明：

① “it complies with Mexican quarantine requirements agreed in the protocol between SAGARPA and AQSIQ and are free of quarantine pests concerned by mexico”;

② 产地（果园）号；

③ 包装厂号。

10. 依据

《中华人民共和国国家质量监督检验检疫总局与墨西哥合众国农牧业农村发展渔业和

食品部关于中国梨输墨植物检疫要求的议定书》

第14节　输往南非苹果检验检疫要求

1. 水果名称

苹果（*Malus domestica*）

2. 允许产地

中国苹果相关产区，须来自注册果园和包装厂（名单见总局网站）。

3. 果园及包装厂注册登记特殊要求

果园及包装厂所在地区须实施国家实蝇监测体系，位于南非认可的橘小实蝇非疫区内（包括：陕西、山东、河北、辽宁、山西、安徽、河南、甘肃、江苏、北京、天津）。

4. 关注的检疫性有害生物

山楂叶螨　*Amphitetranychus viennensis*

苹果小卷叶蛾*　*Adoxophyes orana*

橘小实蝇　*Bactrocera dorsalis*

桃小食心虫*　*Carposina sasakii*

桃蛀螟*　*Conogethes punctiferalis*

李小食心虫*　*Cydia funebrana*

苹小食心虫*　*Grapholita inopinata*

旋纹潜蛾　*Leucoptera malifoliella*

日本长盾蚧　*Lopholeucaspis japonica*

康氏粉蚧　*Pseudococcus comstocki*

5. 果园检验检疫监管特殊要求

（1）果实套袋：

① 输南非苹果应在生长期间采用果实套袋技术。

② 套袋应当在果树开花后，果实直径不超过2.5cm时进行。

③ 去除纸袋的时间应不早于收获前4周。

（2）实蝇监测：在出口地区实施国家实蝇监测体系，针对每个出口注册果园则不需要。

（3）病虫害监测、防治和果园卫生管理：

① CIQ应指导、督促出口注册果园实施果园控制管理计划（如良好农业操作规范或有害生物综合管理计划），建立科学有效的农药残留等农用化学品监控管理体系。针对南非关注的检疫性有害生物特别是带‘*’的检疫性有害生物采取田间卫生措施和适当的化学防治（包括去袋后），为出口到南非的苹果不带有其关注的检疫性有害生物提供系统保障。出口注册果园须保留有果园相关技术人员签字的有关管理措施的书面记录。

② CIQ应定期对出口注册果园中有害生物进行调查和监测，并将调查和监测结果以标准报告的格式进行保存，以备南非抽查。如果发现南非关注的新的检疫性有害生物，AQSIQ应立即通报DOA并采取适当的行动。

6. 包装厂监管特殊要求

（1）根据需要，CIQ 应对水果采收、加工、检验、储存和运输进行检验检疫监管。

（2）只有来自注册果园、符合议定书要求的苹果，才允许进入包装厂，不能有落地果。

（3）在包装前，应采取筛选、清洗和/或刷洗、精选和分类措施，必要时可使用毛刷清理、气枪吹击等措施，以保证果实不带有南非关注的任何检疫性有害生物以及泥土、砂粒、树叶和植物残体。

（4）禁止在同一场地同一时间加工内销果。每天工作结束后，必须将剔除掉的果实运出包装区域。

（5）出口的果实不能与非出口果实一起储存，并能与内销果明显区分。

（6）包装厂应配备适当的设备，以避免果实二次感染。加工和储存设施应当保持清洁。如果之前设施加工过国内和其他出口国家的果实，那么应先对设施进行清洁后方可加工出口南非的苹果。包装的同时加工设施内不准有其他水果。在加工、装箱和运输过程中，应当采取措施有效防护苹果不受来自于附近果园或其他农作物的感染。

（7）加工出口的水果应通过冷藏集装箱运输。

7. 包装箱要求

（1）每个包装箱的标签应当用英语注明以下内容：

产地（省份），包装厂名称或注册代码，生产点（果园）的名称或注册代码和输往南非共和国字样（见附件）。

（2）果实的包装材料必须清洁卫生，应使用新的、干净的硬板纸箱包装，不得使用植物源性材料，如稻草、麦秆。

8. 特殊处理要求

无。

9. 出境检验检疫

（1）依照出境水果检验检疫工作程序实施现场及实验室检验检疫，实施安全卫生重点项目检测。

（2）抽样检查遵循以下程序：如果该批货物大于 1000 个果实，抽查 600 个果实；如果小于 1000 个（含）果实，则抽查 450 个果实。

（3）出口水果检验检疫合格的，在发运前 14 天内签发植物检疫证书；发现关注性检疫性有害生物的，则该批货物不得出口。

10. 植物检疫证书特殊要求

（1）AQSIQ 须向 DOA 提供植物检疫证书样本，以便确认和存档。

（2）证书中应包含产地省份。[入境港口为开普敦 Cape Town、德班 Durban 和伊丽莎白港口 Port Elizabeth，入境机场为约翰内斯堡国际机场 O. R. Tambo International Airport（集装箱存放在 City Deep）]

（3）植物检疫证书应当附加以下声明：

① “The consignment is in compliance with requirements described in the Protocol of Phytosanitary Requirements for the Export of Apple Fruit from China to South Africa signed on December 12, 2006 and is free from quarantine pests of concern to South Africa.”（该批货物符合2007年2月6日在比勒陀利亚签署的《关于中国苹果出口南非植物检疫要求议定书》的规定，不带有南非关注的检疫性有害生物”）。

② 生产点（果园）代码、包装厂代码。

③ 集装箱号、CIQ铅封号。

说明：AQSIQ 指中华人民共和国国家质量监督检验检疫总局

DOA 指南非共和国农业部

11. 依据

中华人民共和国国家质量监督检验检疫总局与南非共和国农业部

《关于中国苹果出口南非植物检疫要求的议定书》

附件

包装标签

Production place (province):   Orchard name or it's registered number: Packinghouse name or it's registered number: For the Republic of South Africa

第15节　输往南非梨检验检疫要求

1. 水果名称

梨（*Pyrus spp.*）

2. 允许产地

中国梨相关产区，须来自注册果园和包装厂（名单见总局网站）。

3. 果园及包装厂注册登记特殊要求

果园及包装厂所在地区须实施国家实蝇监测体系，位于南非认可的橘小实蝇非疫区内（包括：陕西、山东、河北、辽宁、山西、安徽、河南、甘肃、江苏、北京、天津、新疆、吉林）。

4. 关注的检疫性有害生物

① 山楂叶螨　*Amphitetranychus viennensis*

② 梨大食心虫　*Acrobasis pyrivorella*

③ 苹小卷叶蛾*　*Adoxophyes orana*

④ 梨黄粉蚜　*Aphaonostigma jakusuiense*

⑤ 橘小实蝇　*Bactrocera dorsalis*

⑥ 梨喀木虱　*Cacopsylla pyri*

⑦ 桃小食心虫*　*Carposina sasakii*

⑧ 桃蛀螟* *Conogethes punctiferalis*

⑨ 李小食心虫* *Cydia funebrana*

⑩ 香梨优斑螟* *Euzophera pyriella*

⑪ 苹小食心虫* *Grapholita inopinata*

⑫ 旋纹潜蛾 *Leucoptera malifoliella*

⑬ 康氏粉蚧 *Pseudococcus comstocki*

⑭ 朝鲜梨象甲* *Rhynchites coreanus*

5. 果园检验检疫监管特殊要求

（1）果实套袋：

① 出口南非的梨（香梨除外）须在生长期间实施套袋管理。

② 套袋应当在果树开花后，果实直径不超过 2.5cm 时进行。

③ 考虑到香梨果柄脆弱、成熟生理特性及香梨产区气候条件、病虫害发生情况，新疆香梨不要求套袋。

（2）实蝇监测：在出口地区实施国家实蝇监测体系，针对每个出口注册果园则不需要。

（3）病虫害监测、防治和果园卫生管理：

① CIQ 应指导、督促出口注册果园实施果园控制管理计划（如良好农业操作规范或有害生物综合管理计划），建立科学有效的农药残留等农用化学品监控管理体系。针对南非关注的检疫性有害生物特别是带‘*’的检疫性有害生物采取田间卫生措施和适当的化学防治（包括去袋后），为出口到南非的梨不带有其关注的检疫性有害生物提供系统保障。出口注册果园须保留有果园相关技术人员签字的有关管理措施的书面记录。

② CIQ 应定期对指定地区出口注册果园中有害生物进行调查和监测，并将当年调查和监测结果以标准报告的格式进行保存，以备南非抽查。如果发现南非关注的新的检疫性有害生物，AQSIQ 应立即通报 DOA 并采取适当的行动。

6. 采果和包装厂监管特殊要求

（1）根据需要，CIQ 对水果采收、加工、检验、储存和运输进行检验检疫监管。

（2）只有来自注册果园、符合议定书要求的，且套袋完整的梨（如果需要），才允许进入包装厂，不能有落地果。必须在包装厂内远离包装线的特定区域脱袋。

（3）在包装前，应采取筛选、清洗和/或刷洗、精选和分类措施，必要时可使用毛刷清理、气枪吹击等措施，以保证果实不带有南非关注的任何检疫性有害生物以及泥土、砂粒、树叶和植物残体。

（4）禁止在同一场地同一时间加工内销果。每天工作结束后，必须将剔除掉的果实运出包装区域。

（5）出口的果实不能与非出口果实一起储存，并能与内销果明显区分。

（6）包装厂应配备适当的设备，以避免果实二次感染。加工和储存设施应当保持清洁。如果之前设施加工过国内和其他出口国家的果实，那么应先对设施进行清洁后方可加工出口南非的梨。包装的同时加工设施内不准有其他水果。在加工、装箱和运输过程中，应当采取措施有效防护梨不受来自于附近果园或其他农作物的感染。

（7）加工出口的水果应通过冷藏集装箱运输。

7. 包装箱要求

（1）每个包装箱的标签应当用英语注明以下内容：

产地（省份），包装厂名称或注册代码，生产点（果园）的名称或注册代码和输往南非共和国字样（见附件）。

（2）果实的包装材料必须清洁卫生，应使用新的、干净的硬板纸箱包装，不得使用植物源性材料，如稻草、麦秆。

8. 现场检验检疫

（1）依照出境水果检验检疫工作程序实施现场及实验室检验检疫，实施安全卫生重点项目检测。

（2）抽样检查遵循以下程序：如果该批货物大于1000个果实，抽查600个果实；如果小于1000个（含）果实，则抽查450个果实。

9. 植物检疫证书特殊要求

（1）AQSIQ须向DOA提供植物检疫证书样本，以便确认和存档。

（2）证书中应包含产地省份。[入境港口为开普敦Cape Town、德班Durban和伊丽莎白港口Port Elizabeth，入境机场为约翰内斯堡国际机场O. R. Tambo International Airport（集装箱存放在City Deep）]

（3）植物检疫证书应当附加以下声明：

①"The consignment is in compliance with requirements described in the Protocol of Phytosanitary Requirements for the Export of Pear Fruit from China to South Africa signed on December 12, 2006 and is free from quarantine pests of concern to South Africa."（"该批货物符合2007年2月6日在比勒陀利亚签署的《关于中国梨出口南非植物检疫要求议定书》的规定，不带有南非关注的检疫性有害生物"）。

② 生产点（果园）代码、包装厂代码。

③ 集装箱号、CIQ铅封号。

说明：AQSIQ指中华人民共和国国家质量监督检验检疫总局

DOA指南非共和国农业部

10. 依据

中华人民共和国国家质量监督检验检疫总局与南非共和国农业部

《关于中国梨出口南非植物检疫要求的议定书》

附件

包 装 标 签

Production place (province): Orchard name or it's registered number: Packinghouse name or it's registered number: For the Republic of South Africa

第 16 节　输往泰国水果检验检疫要求

1. 水果名称

苹果（*Malus pumila*），梨（*Pyrus spp.*），柑橘（橙子 *Citrus sinensis*，柚子 *Citrus paradisi*，橘子 *Citrus reticulate*，柠檬 *Citrus limon*），葡萄（*Vitis spp*），枣（*Ziziphus jujube*）。

2. 允许产地

中国。须来自注册登记的果园和包装厂（名单见总局网站）。

3. 果园及包装厂注册登记特殊要求

在需要时向泰国农业合作部（MOAC）提供注册的果园、包装厂名单。

4. 泰国关注的限定性有害生物

橘大实蝇（*Bactrocera minax*）、蜜柑大实蝇（*Bactrocera tsuneonis*）或番石榴实蝇（*Bactrocera correcta*），和泰方法律法规规定的检疫性有害生物，以及新发生的可能对泰国水果和其它作物生产造成不可接受的经济影响的其他有害生物。

5. 果园检验检疫监管要求

（1）应对病虫害发生情况进行调查和监测，由 AQSIQ 向 MOAC 通报中国这些水果上发生的重大疫情和新发生的任何有害生物。

（2）指导果园种植者采取有效的田间病虫害预防和控制措施，将病虫害的影响降至最小程度。

（3）对水果上的农用化学品的科学使用进行监督管理，并定期实施农残检测，确保符合泰方安全卫生要求。应推广“良好的农业操作规范”管理。

6. 包装厂检验检疫监管要求

监管指导包装厂采取适当措施对水果进行处理和包装，确保不带 MOAC 关注的有害生物以及枝、叶、土壤，避免有害物质污染和限定性有害生物感染。

7. 包装箱要求

每个包装箱上须用英文或泰文标出果园、包装厂和出口商以及“输往泰王国”的信息，并加贴由 MOAC 和 AQSIQ 认可的检疫标签（见附件）。

8. 特殊处理要求

如果出口柑橘来自橘大实蝇（*Bactrocera minax*）、蜜柑大实蝇（*Bactrocera tsuneonis*）或番石榴实蝇（*Bactrocera correcta*）发生地区，则须由出口方进行有效的除害处理。

9. 出境检验检疫

（1）依照出境水果检验检疫一般工作程序实施现场及实验室检验检疫。

（2）对每批水果应按 3% 抽样比例进行检验检疫。

（3）检查水果农残检测报告：水果上的农药及化学残留限量不得超出泰国法律法规规定的标准。对泰国尚无限量标准的，则参照国际食品法典委员会（Codex）有关标准，或者 MOAC 和 AQSIQ 商定的标准。

（4）合格判定条件：

水果农残检测合格，且没有携带 MOAC 关注的限定性有害生物，不得带有枝、叶和土壤；

输往泰国的柑橘应不带有橘大实蝇（*Bactrocera minax*）、蜜柑大实蝇（*Bactrocera tsuneonis*）或番石榴实蝇（*Bactrocera correcta*）。

10. 植检证书特殊要求：

在附加声明中注明：

"This fruits is in compliance with the Protocol on Inspection and Quarantine Conditions of Fruits to be exported from China to Thailand."（中文："该批水果符合《中国水果输泰检验检疫要求的议定书》的要求"）。

11. 依据

《中华人民共和国国家质量监督检验检疫总局与泰王国农业与合作部关于中国水果输泰检验检疫条件的议定书》

附件

包装箱标签样式

出口商：
水果种类：
（果园注册号）
（包装厂注册号）
包装日期：
输往泰王国

第 17 节　输往新西兰鲜梨检验检疫要求

1. 水果品种

白梨（*Pyrus bretschneider*）、砂梨（*Pyrus pyrifolia*）、香梨（*Pyrus sp.* Nr. *communis*）。

2. 产地

中国梨产区

水果须来自注册登记的果园和包装厂（名单见国家质检总局网站）

3. 检验检疫监管特殊要求

（1）果园监管

① 应采用包括适时套袋等良好农业操作规范，所有果园将执行一个有害生物综合管理计划，包括病虫害监测、化学、生物和农事等控制措施。这些管理方案将把对"新西兰进口中国产鲜梨应采取检疫控制施的有害生物"（附件 1）结合起来。

② 所有注册果园必须保留防治措施的记录以便新西兰农业部生物安全局（MAFBNZ）审核。

③ 生产季节每个注册果园所使用的农药和灭菌剂详细信息，如名称、有效成分、使

用日期及使用浓度均需在喷洒记录中记录。

④ 生产季节，需对苹小卷叶蛾（*Adoxophyes orana*）、桃小食心虫（*Carposina sasakii*）、网籽草叶圆蚧（*Chrysomphalus dictyospermi*）、桃蛀螟（*Conogethes punctiferalis*），苹小食心虫（*Cydia inopinata*）、褐腐病（*Monilinia fructigena*）、苹褐卷蛾（*Pandemis heparana.*）等有害生物实施田间监测。凡发现有害生物的地方必须采取适当的治理措施以降低这些出口水果受到有害生物侵染的风险。对病虫害监测和防治的结果需按要求呈报 MAFBNZ。

⑤ AQSIQ 授权的官员将在水果脱袋之前检查所有果园，以确保这些果园都没有感染梨褐腐病，任何有此疾病症状的果园的水果不得出口到新西兰。落果，有迹象表明受损、表皮受伤或感染虫害的梨果不得出口新西兰。

⑥ 实蝇监测：按照《实蝇非疫区的监测和维护》(附件 2）进行果园田间实蝇监测；

（2）包装厂监管

① 检验检疫机构应在收获期，对准备出口新西兰的梨在包装厂实施检验检疫监管，保证只有来自注册登记果园梨送到包装厂。出口新西兰鲜梨收获时要与其他水果分开。

② 包装厂应制定相应的工作程序以防止出口新西兰水果与其他市场（国内和其他出口市场）水果混淆。

（3）包装要求

① 所有包装必须由清洁新原料制成。

② 每个箱要注明产地及包装厂代码、批次号、包装日期。

4. 现场检验检疫

（1）抽样检验：检验人员对出口新西兰的水果按下列比例抽取具有代表性的样品，并逐果目测有无虫害和病害的征兆。

单批数量（单位：个）	样本大小（单位）
最多 419	批次的 100%
420 ~ 599	420
600 ~ 999	450
1000	550
1500 或者更多	600

（2）凡发现附件 1 中的管制性有害生物，将货物不得出口。

（3）检验人员将保留包括检查日期、果园注册号码、包装厂注册号码、每个批次的数量、取样的数量、发现有害生物和采取的措施等相关检验记录，如果需要，这些记录将在 MAFBNZ 检查时提供。

5. 针对橘小实蝇的管理措施

（1）针对梨是高风险实蝇 – 橘小实蝇的寄主，MAFBNZ 批准的针对该有害生物的有效措施为果实来自非疫区或采取冷处理措施。

（2）双方确认河北、山东、新疆、北京、甘肃、河南、辽宁、山西、陕西、安徽和吉林省为橘小实蝇非疫区，来自于上述省份的梨果实不需采取冷处理措施，而来自于实蝇非疫区的果实必须采取冷处理措施（见附件 3）。

6. 植物检疫证书要求

对经检验检疫部门检验检疫合格的梨，应出具一份植物检疫证书，证书中应注明梨的学名（属和种），并在附加声明中注明：

The pears in this consignment have:

（ⅰ）been inspected in accordance with appropriate official procedures and considered to be free of regulated pests specified by MAFBNZ

AND

（ⅱ）undergone agreed pest control activities that are effective against Adoxophyes orana, Carposina sasakii, Chrysomphalus dictyospermi, Conogethes punctiferalis, Cydia inopinata, Monilinia fructigena and Pandemis heparana in accordance with the Official Assurance programme (OAP).

AND

（ⅲ）been treated in accordance with Section 4 or 5 of the Official Assurance Programme between MAF Biosecurity New Zealand and the general Administration for Quality Supervision and Inspection and Quarantine of the People's Republic of China (AQSIQ).

包装厂号：

产地/果园号：

铅封号：

7. 依据

（1）《新西兰进口中华人民共和国产鲜梨的卫生标准》。

（2）《关于中华人民共和国梨果实（白梨、砂梨和香梨）出口新西兰的官方保证计划》。

附件

中国梨上需要采取检疫控制的有害生物名单

学　　名	有害生物种类	通用名（英文名）	截获后采取的措施
Alternaria gaisen 日本梨黑斑病	真菌	black spot of Japanese pear	1 and/or 2
Alternaria yaliinficiens 鸭梨黑斑病	真菌	chocolate spot of Ya pear	1 and/or 2
Alternaria ventricosa 鸭梨黑斑病	真菌		1 and/or 2
Gymnosporangium fuscum 欧洲梨锈病	真菌	European pear rust	1 and/or 2
Monilinia fructigena 梨褐腐病	真菌	European brown rot	3
Phomopsis fukushii 梨干枯病	真菌	Japanese pear canker	1 and/or 2

续表

学　　名	有害生物种类	通用名（英文名）	截获后采取的措施
Venturia nashicola 梨黑星病	真菌	Japanese pear scab	1 and/or 2
Acrobasis pirivorella 梨大食心虫	昆虫	Pear fruit moth	1 and/or 2
Adoxophyes orana 苹小卷叶蛾	昆虫	Summer fruit tortrix moth	1and 2a
Amphitetranychus viennensis 山楂叶螨	螨类	Hawthorn spider mite	1 and/or 2
Aphanostigma iaksuiense 梨黄粉蚜	昆虫	Powdery pear aphid	1 and/or 2
Bactrocera dorsalis 橘小实心虫	昆虫	Oriental fruit fly	3
Cacopsylla chinensis 中国梨木虱	昆虫	Pear psyllid	1 and/or 2
Cacopsylla pyricola 梨木虱	昆虫	Pear psyllid	1 and/or 2
Carposina sasakii 桃小食心虫	昆虫	Peach fruit borer	3
Chrysomphalus dictyospermi 网籽草叶圆蚧	昆虫	Spanish red scale	3
Conogethes punctiferalis 桃蛀螟	昆虫	Yellow peach moth	1 and 2a
Cydia inopinata 苹小食心虫	昆虫	Manchurian fruit moth	1 and 2a
Dolycoris baccarum 烟草斑须蝽	昆虫	Sloe bug	1 and/or 2
Euzophera pyriella 香梨优斑螟	昆虫	Pyralid moth	1 and/or 2
Harmonia axyridis 异色瓢虫	昆虫	Harlequin ladybird	1 and/or 2
Lepidosaphes conchiformes 梅牡蛎盾蚧	昆虫	Fig scale	1 and/or 2
Lepidosaphes malicola 苹果牡蛎蚧	昆虫	Armenian comma scale	1 and/or 2
Lepidosaphes pyrorum 梨蛎盾蚧	昆虫	Zhejiang pear oyster scale	1 and/or 2
Leucoptera malifoliella 旋纹潜蛾	昆虫	Pear leaf miner	1 and/or 2
Lopholeucaspis japonica 日本长白蚧	昆虫	Japanese maple scale	1 and/or 2
Pandemis heparana 苹褐卷蛾	昆虫	Apple brown tortrix	1 and 2a
Parlatoria oleae 橄榄片盾蚧	昆虫	Olive parlatoria scale	1 and/or 2
Pempelia heringii	昆虫	Pear fruit borer	1 and/or 2
Planococcus kraunhiae 臀纹粉介壳虫	昆虫	Japanese mealybug	1 and/or 2
Pseudococcus comstocki 康氏粉蚧	昆虫	Comstock mealybug	1 and/or 2
Pseudococcus maritimus 海粉蚧	昆虫	Ocean mealybug	1 and/or 2
Spilonota albicana 白小食心虫	昆虫	Large apple fruit moth	1 and/or 2
Spilonota ocellana 苹白小卷蛾	昆虫	Eye-spotted bud moth	1 and/or 2
Tarsonemus yali	螨类	Tarsonemid mite	1 and/or 2
Tetranychus kanzawai 神泽氏叶螨	螨类	Kanzawa spider mite	1 and/or 2
Tetranychus truncatus 截形叶螨	螨类	Cassava mite	1 and/or 2

第18节　输往智利苹果检验检疫要求

1. 水果名称

苹果（*Malus domestica*）

2. 允许产地

山东、陕西、山西、河南、河北、辽宁、甘肃、宁夏和北京。

须来自注册果园和包装厂（名单见总局网站）。

3. 果园及包装厂注册登记特殊要求

出口前将注册果园和包装厂名单提供智方。

4. 关注的检疫性有害生物

橘小实蝇　*Bactrocera dorsalis*

桃蛀野螟　*Conogethes punctiferalis*

桃小食心虫　*Carposina niponensis*

李小食心虫　*Cydia funebrana*

苹小食心虫　*Cydia inopinata*

5. 果园检疫监管特殊要求

（1）果实套袋：输智利苹果应在生长期间采用果实套袋技术（大约开花后30天套袋）。

（2）实蝇监测：根据需要实施。可在每年5～9月，设置橘小实蝇性信息素诱捕器进行监测。具体监测按《中国实蝇监测指南》要求操作。

（3）病虫害监测、防治和果园卫生管理：

在苹果生长季节，检验检疫机关不定期的就病虫害监测、防治（用药时间、种类、剂量）、田间卫生管理等方面进行监督指导，以避免和控制智利关注的检疫性有害生物发生，保持果园的卫生状态。

6. 包装厂监管特殊要求

（1）根据需要，CIQ对水果加工、储藏和运输进行检疫监管，以确保苹果不带智利关注的检疫性有害生物以及枝、叶和土壤。

（2）包装厂应有适当的防虫措施以避免再次感染有害生物。

（3）加工过的水果须单独存放，以避免再感染。

（4）加工过水果在运输过程中，应采取商业冷藏处理。

7. 包装箱要求

每个包装箱上应具有苹果来源的信息和标识，用英文标明果园（生产者）、产地和包装厂（见附件）。

8. 特殊处理要求

无。

9. 出境检验检疫要求

（1）依照出境水果检验检疫一般工作程序实施现场及实验室检验检疫。

（2）CIQ在实施本议定书的前2年，按2%抽样比例进行查验；2年后，如果未发现检疫问题，可将抽样比例降低到1%。

10. 植检证书特殊要求

注明产地（果园）和包装厂注册代码。

11. 依据

中华人民共和国国家质量监督检验检疫总局和智利共和国农业部《关于中国苹果输智植物检疫要求的议定书》

附件

包装标签样式

输智中国苹果
果园（生产者）代码/名称
产地
包装厂代码/名称
中华人民共和国

第 19 节　输往智利鲜梨检验检疫要求

1. 水果名称

中国梨（*Pyrus sp.*）

2. 允许产地

中国梨相关产区（包括香梨产区）。

须来自注册果园和包装厂（名单见总局网站）。

3. 果园及包装厂注册登记特殊要求

出口前将果园和包装厂名单提供智方。

4. 智利关注的检疫性有害生物

橘小实蝇　*Bactrocera dorsalis*

桃蛀野螟　*Conogethes punctiferalis*

桃小食心虫　*Carposina niponensis*

优斑螟　*Euzophera pyriella*

5. 果园检疫监管特殊要求

（1）果实套袋：输智利梨应在生长期间采用果实套袋技术（大约开花后 30 天套袋）（香梨不需套袋）。

（2）产区须采取预防性控制措施，维持果园的植物卫生条件，有效控制智方关注的检疫性有害生物发生。

（3）实蝇监测：根据需要实施。可在每年 5～9 月，设置橘小实蝇性信息素诱捕器进行监测。具体监测按《中国实蝇监测指南》要求操作。

（4）生长期的套袋在收获和进入厂房前的运输过程中应继续保留。

6. 包装厂监管特殊要求

（1）根据需要，CIQ 对水果加工、储藏和运输进行检疫监管，以确保梨不带智利关注的检疫性有害生物以及枝、叶和土壤。

（2）包装厂应有适当的防虫措施以避免再次感染有害生物。

（3）加工过的水果须单独存放，以避免再感染。

（4）加工过水果在运输过程中，应采取商业冷藏处理。

7. 包装箱要求

每个包装箱上应具有梨来源的信息和标识，用英文标明果园（生产者）、产地和包装厂（见附件）。

8. 特殊处理要求

无。

9. 出境检验检疫及植物检疫证书特殊要求

（1）依照出境水果检验检疫一般工作程序实施现场及实验室检验检疫。

（2）CIQ 在实施本议定书的前 2 年，按 2% 抽样比例进行查验；2 年后，如果未发现检疫问题，可将抽样比例降低到 1% 。

（3）植检证书特殊要求

注明产地（果园）和包装厂注册代码。

10. 依据

（1）《智利共和国农业部和中华人民共和国国家质量监督检验检疫总局关于中国梨输智植物检疫要求的议定书》

（2）《智利共和国农业部和中华人民共和国国家质量监督检验检疫总局关于中国香梨输智植物检疫要求的议定书》

附件

包装标签样式

输智中国（香）梨 果园（生产者）代码/名称 产地 包装厂代码/名称 中华人民共和国

第3章

国外关注的检疫性有害生物图谱

第1节　国外关注的苹果有害生物图谱

序号	有 害 生 物	拉 丁 学 名
1	丽新须螨	*Cenopalpus pulcher* (Canestrini & Fanzago)
2	樱桃虎象	*Rhynchites auratus* (Scopoli)
3	欧洲苹虎象	*Rhynchites bacchus* (L.)
4	南欧梨虎象	*Rhynchites giganteus* Krynicky
5	日本苹虎象	*Rhynchites heros* Roelofs
6	橘小实蝇	*Bactrocera dorsalis* (Hendel)
7	桃小食心虫	*Carposina sasakii* Matsumura Carposina sasakii
8	旋纹潜蛾	*Leucoptera malifoliella* (Costa)
9	高粱穗隐斑螟	*Cryptoblabes gnidiella* (Millière)
10	枇杷暗斑螟	*Euzophera bigella* (Zeller)
11	香梨优斑螟	*Euzophera pyriellaYang*
12	苹小卷叶蛾	*Adoxophyes orana* (Fischer von Röslerstamm)
13	拟后黄卷蛾	*Archips micaceana* (Walker)
14	葡萄卷叶蛾	*Argyrotaenia ljungiana* (Thunberg)
15	李小食心虫	*Cydia funebrana* (Treitschke)
16	苹小食心虫	*Grapholita inopinata* Heinrich
17	桃白小卷蛾	*Spilonota albicana* (Motschulsky)
18	苹果白小食心虫	*Spilonota prognathana* Snellen
19	多齿卷蛾	*Ulodemis trigrapha* Meyrick

续表

序号	有 害 生 物	拉 丁 学 名
20	褐腐病	*Monilia polystroma van Leeuwen*
21	仁果褐腐病	*Monilinia fructigena Honey*
22	山楂叶螨	*Amphitetranychus viennensis*
23	槭树绵粉蚧	*Phenacoccus aceris*
24	康氏粉蚧	*Pseudococcus comstocki*
25	苹果枝溃疡病	*Neonectria ditissima*
26	苹果褐斑病	*Diplocarpon mali*
27	苹果锈病	*Gymnosporangium yamadae*
28	苹果圆斑病	*Phyllosticta arbutifolia*
29	苹果蠹蛾	*Cydia pomonella*
30	桃蛀螟	*Conogethes punctiferalis Guenee*
31	梨小食心虫	*Grapholitha molesta Busck*
32	神泽叶螨	*T. kanzawai Kishida*
33	苹果花腐病菌	*Monilinia mali*
34	苹果实蝇	*Rhagoletis pomonella*
35	杏小卷蛾	*Cydia prunivora*
36	地中海实蝇	*Ceratitis capitata*
37	桃蛀果蛾	*Carposina niponensis*
38	昆士兰实蝇	*Bactrocera tryoni*
39	苹果小吉丁虫	*Agrilus mali*
40	南美按实蝇	*Anastrepha fraterculus*
41	墨西哥实蝇	*Anastrepha ludens*

第 2 节　国外关注的梨有害生物图谱

序号	有 害 生 物	拉 丁 学 名
1	梨大食心虫	*Acrobasis pyrivorella*
2	日本梨黑斑病	*Alternaria gaisen*
3	山楂叶螨	*Amphitetranychus viennensis*
4	梨黄粉蚜	*Aphanostigma jakusuiense*
5	橘小实蝇	*Bactrocera dorsalis*

续表

序号	有害生物	拉丁学名
6	苹果实蝇	*Rhagoletis pomonella*
7	桃蛀果蛾	*Carposina sasakii*
8	日本龟蜡蚧	*Ceroplastes japonicus*
9	红蜡蚧	*Ceroplastes rubens*
10	桃蛀螟	*Conogethes punctiferalis*
11	轮纹病菌	*Guignardia pyricola*
12	苹小食心虫	*Grapholita inopinata*
13	褐腐病	*Monilinia fructigena*
14	柿长绵粉蚧	*Phenacoccus pergandei*
15	紫藤臀纹粉蚧	*Planococcus kraunhiae*
16	日本梨黑星病	*Venturia nashicola*
17	梨木虱	*Psylla chinensis Yang et Li*
18	苹果小卷叶蛾	*Adoxophyes orana*
19	桃小食心虫	*Carposina sasaki*
20	李小食心虫	*Cydia funerbrana*
21	梨锈病	*Gymnosporangium fuscum*
22	梨虎象	*Rhynchites fovepessin*
23	日本苹虎	*Rhynchites heros*
24	木槿曼粉蚧	*Maconellicoccus hirsutus*
25	黄斑卷叶蛾	*Acleris fimbriana*
26	斑须蝽	*Dolycoris baccarumLinnaeus*
27	香梨优斑螟	*Euzophera pyriellaYang*
28	梨小食心虫	*Grapholita molesta*
29	茶翅蝽	*Halyomorpha picus*
30	暗黑鳃金龟	*Holotrichia parallela*
31	棕色鳃金龟	*Holotrichia titanisReitter*
32	梨实蜂	*Hoplocampa pyricolaRohwe*
33	黄色卷蛾	*Choristoneura longicellana*
34	旋纹潜蛾	*Leucoptera malifoliella*
35	梨白片盾蚧	*Lopholeucaspis japonica*
36	舞毒蛾	*Lymantria dispar*

续表

序号	有害生物	拉丁学名
37	苹褐卷蛾	*Pandemis heparana*Schiffermüller
38	康氏粉蚧	*Pseudococcus comstocki*
39	朝鲜梨象甲	*Rhynchites coreanus*Kono
40	杏象甲/日本草虎象	*Rhynchites heros* Roel
41	白小食心虫	*Spilonota albicana*Motschulsky
42	芽白小卷蛾	*Spilonota lechriaspis*Meyrick
43	苹白小卷蛾	*Spilonota ocellana*Schiffermüller
44	梨潜皮细蛾	*Spulerina astaurota*
45	梨网蝽	*Stephanitis nashi*Esaki & Takeya
46	花壮异蝽/梨异尾蝽	*Urochela luteovaria*Distant
47	日本梨锈病	*Gymnosporangium asiaticum*Miyabe
48	梨干枯病	*Phomopsis fukushii* Tanaka et Eudo
49	梨树腐烂病	*Valsa ambiens*

第 3 节　国外关注的葡萄有害生物图谱

序号	有害生物	拉丁学名
1	橘小实蝇	*Bactrocera dorsalis*
2	斑翅果蝇	*Drosophila suzukii*
3	葡萄根瘤蚜	*Daktulosphaira vitifoliae*
4	拟后黄卷叶蛾	*Archips micaceana*
5	果黄卷蛾	*Archips podana*
6	女贞细卷蛾	*Eupoecilia ambiguella*
7	葡萄长须卷蛾	*Sparganothis pilleriana*
8	腹钩蓟马	*Rhipiphorothrips cruentatus*
9	西花蓟马	*Frankliniella occidentalis*
10	异色瓢虫	*Harmonia axyridis*
11	日本金龟子	*Popillia japonica*
12	弧丽金龟	*Popillia mutans*
13	四纹丽金龟	*Popillia quadriguttata*
14	日本臀纹粉蚧	*Planococcus kraunhiae*

续表

序号	有 害 生 物	拉 丁 学 名
15	康氏粉蚧	*Pseudococcus comstocki*
16	葡萄粉蚧	*Pseudococcus maritimus*
17	葡萄粉虱	*Aleurolobus taeonabe*
18	红斑蛛	*Latrodectus mactans*
19	间斑寇蛛	*Latrodectus tredecimguttatus*
20	神泽氏叶螨	*Tetranychus kanzawai*
21	葡萄囊孢壳菌	*Physalospora baccae*
22	葡萄黑腐病菌	*Guignardia bidwellii*
23	葡萄生链格孢	*Alternaria viticola*
24	真葡萄亚属层锈菌	*Phakopsora euvitis*

备注：图见附录。

第4章 主要贸易国家进口水果农残限量要求

第1节 中国水果农残限量要求

水果品种	检 测 项 目	英 文 名	农残限量标准/(mg/kg)
苹果	阿维菌素	abamectin	0.02
	百草枯	paraquat	0.05
	百菌清	chlorothalonil	1.00
	保棉磷	azinphos-methyl	2.00
	苯丁锡	fenbutatin oxide	5.00
	苯氟磺胺	dichlofluanid	5.00
	苯醚甲环唑	difenoconazole	0.50
	吡草醚	pyraflufen-ethyl	0.03
	吡虫啉	imidacloprid	0.50
	吡唑醚菌酯	pyraclostrobin	0.50
	丙环唑	propiconazol	0.10
	丙森锌	propineb	5.00
	丙溴磷	profenofos	0.05
	草甘膦	glyphosate	0.50
	除虫脲	diflubenzuron	2.00
	哒螨灵	pyridaben	2.00
	代森铵	amobam	5.00*
	代森联	metriam	5.00

续表

水果品种	检 测 项 目	英 文 名	农残限量标准/(mg/kg)
苹果	代森锰锌	mancozeb	5.00
	单甲脒和单甲脒盐酸盐	semiamitraz and semiamitraz chloride	0.50
	敌草快	diquat	0.10
	敌螨普	dinocap	0.20*
	丁硫克百威	carbosulfan	0.20
	丁香菌酯	coumoxystrobin	0.20*
	啶虫脒	acetamiprid	0.80
	啶酰菌胺	boscalid	2.00
	毒死蜱	chlorpyrifos	1.00
	多菌灵	carbendazim	3.00
	多杀霉素	spinosad	0.10
	多效唑	paclobutrazol	0.50
	噁唑菌酮	famoxadone	0.20
	二苯胺	diphenylamine	5.00
	二氰蒽醌	dithianon	5.00
	氟虫脲	flufenoxuron	1.00
	氟啶虫酰胺	flonicamid	1.00*
	氟硅唑	flusilazole	0.20
	氟环唑	epoxiconazole	0.50
	氟氯氰菊酯和高效氟氯氰菊酯	cyfluthrin and beta-cyfluthrin	0.50
	氟氰戊菊酯	flucythrinate	0.50
	福美双	thiram	5.00
	福美锌	ziram	5.00
	己唑醇	hexaconazole	0.50
	甲基对硫磷	parathion-methyl	0.01
	甲基硫菌灵	thiophanate-methyl	3.00
	甲氧虫酰肼	methoxyfenozide	3.00
	腈菌唑	myclobutanil	0.50
	克菌丹	captan	15.00
	喹啉铜	oxine-copper	2.00*

续表

水果品种	检测项目	英文名	农残限量标准/(mg/kg)
苹果	乐果	dimethoate	1.00*
	联苯肼酯	bifenazate	0.20
	联苯菊酯	bifenthrin	0.50
	硫丹	endosulfan	1.00*
	氯苯嘧啶醇	fenarimol	0.30
	氯虫苯甲酰胺	chlorantraniliprole	2.00*
	氯氟氰菊酯和高效氯氟氰菊酯	cyhalothrin and lambda-cyhalothrin	0.20
	氯氰菊酯和高效氯氰菊酯	cypermethrin and beta-cypermethrin	2.00
	马拉硫磷	malathion	2.00
	咪鲜胺和咪鲜胺锰盐	prochloraz and prochloraz-manganese chloride complex	2.00
	醚菊酯	etofenprox	0.60
	醚菌酯	kresoxim-methyl	0.20
	灭多威	methomyl	2.00
	灭菌丹	folpet	10.00
	萘乙酸和萘乙酸钠	1-naphthylacetic acid and sodium 1-naphthalacitic acid	0.10
	宁南霉素	Ningnanmycin	1.00*
	嗪氨灵	Triforine	2.00
	氰戊菊酯和 S-氰戊菊酯	fenvalerate and esfenvalerate	1.00
	炔螨特	propargite	5.00
	噻螨酮	hexythiazox	0.50
	三氯杀螨醇	dicofol	1.00
	三氯杀螨砜	tetradifon	2.00
	三乙膦酸铝	fosetyl-aluminium	30.00*
	三唑醇	triadimenol	0.30
	三唑磷	triazophos	0.20
	三唑酮	triadimefon	1.00
	三唑锡	azocyclotin	0.50
	杀虫单	thiosultap-monosodium	1.00

续表

水果品种	检 测 项 目	英 文 名	农残限量标准/(mg/kg)
苹果	杀铃脲	triflumuron	0.10
	双胍三辛烷基苯磺酸盐	iminoctadinetris (albesilate)	2.00*
	双甲脒	amitraz	0.50
	水胺硫磷	isocarbophos	0.01
	四螨嗪	clofentezine	0.50
	肟菌酯	trifloxystrobin	0.70
	戊唑醇	tebuconazole	2.00
	烯唑醇	diniconazole	0.20
	溴菌腈	bromothalonil	0.20*
	溴螨酯	bromopropylate	2.00
	溴氰菊酯	deltamethrin	0.10
	蚜灭磷	vamidothion	1.00
	亚胺唑	imibenconazole	1.00*
	乙烯利	ethephon	5.00
	异菌脲	iprodione	5.00
	唑螨酯	fenpyroximate	0.30

水果品种	检 测 项 目	英 文 名	农残限量标准/(mg/kg)
梨	阿维菌素	abamectin	0.02
	百菌清	chlorothalonil	1.00
	保棉磷	azinphos-methyl	2.00
	苯丁锡	fenbutatin oxide	5.00
	苯氟磺胺	dichlofluanid	5.00
	苯菌灵	benomyl	3.00*
	苯醚甲环唑	difenoconazole	0.50
	吡虫啉	imidacloprid	0.50
	丙森锌	propineb	5.00
	除虫脲	diflubenzuron	1.00
	代森锰锌	mancozeb	5.00
	单甲脒和单甲脒盐酸盐	semiamitraz and semiamitraz chloride	0.50
	毒死蜱	chlorpyrifos	1.00

续表

水果品种	检 测 项 目	英 文 名	农残限量标准/(mg/kg)
梨	多菌灵	carbendazim	3.00
	噁唑菌酮	famoxadone	0.20
	二苯胺	diphenylamine	5.00
	二氰蒽醌	dithianon	2.00
	氟虫脲	flufenoxuron	1.00
	氟硅唑	flusilazole	0.20
	氟氯氰菊酯和高效氟氯氰菊酯	cyfluthrin and beta-cyfluthrin	0.10
	氟氰戊菊酯	flucythrinate	0.50
	己唑醇	hexaconazole	0.50
	甲氨基阿维菌素苯甲酸盐	emamectin benzoate	0.02*
	腈菌唑	myclobutanil	0.50
	克菌丹	captan	15.00
	乐果	dimethoate	1.00*
	联苯菊酯	bifenthrin	0.50
	邻苯基苯酚	2-phenylphenol	20.00
	硫丹	endosulfan	1.00*
	氯苯嘧啶醇	fenarimol	0.30
	氯氟氰菊酯和高效氯氟氰菊酯	cyhalothrin and lambda-cyhalothrin	0.20
	氯氰菊酯和高效氯氰菊酯	cypermethrin and beta-cypermethrin	2.00
	马拉硫磷	malathion	2.00
	醚菊酯	etofenprox	0.60
	嘧菌环胺	cyprodinil	1.00
	嘧霉胺	pyrimethanil	1.00
	氰戊菊酯和 S-氰戊菊酯	fenvalerate and esfenvalerate	1.00
	炔螨特	propargite	5.00
	噻螨酮	hexythiazox	0.50
	三氯杀螨醇	dicofol	1.00
	三唑酮	triadimefon	0.50
	三唑锡	azocyclotin	0.20

续表

水果品种	检 测 项 目	英 文 名	农残限量标准/(mg/kg)
梨	双甲脒	amitraz	0.50
	四螨嗪	clofentezine	0.50
	戊唑醇	tebuconazole	0.50
	烯唑醇	diniconazole	0.10
	辛硫磷	phoxim	0.05
	溴螨酯	bromopropylate	2.00
	溴氰菊酯	deltamethrin	0.10
	蚜灭磷	vamidothion	1.00
	亚砜磷	oxydemeton-methyl	0.05
	乙氧喹啉	ethoxyquin	3.00
	异菌脲	iprodione	5.00

水果品种	检 测 项 目	英 文 名	农残限量标准/(mg/kg)
猕猴桃	虫酰肼	tebufenozide	0.50
	代森锰锌	mancozeb	2.00
	多菌灵	carbendazim	0.50
	多杀霉素	spinosad	0.05
	环酰菌胺	fenhexamid	15.00*
	氯吡脲	forchlorfenuron	0.05
	氯菊酯	permethrin	2.00
	螺虫乙酯	spirotetramat	0.02*
	噻虫啉	thiacloprid	0.20
	溴氰菊酯	deltamethrin	0.05
	乙烯利	ethephon	2.00

水果品种	检 测 项 目	英 文 名	农残限量标准/(mg/kg)
柑橘	2 甲 4 氯（钠）	MCPA（sodium）	0.10
	阿维菌素	abamectin	0.02
	百草枯	paraquat	0.20
	百菌清	chlorothalonil	1.00
	苯丁锡	fenbutatin oxide	1.00

续表

水果品种	检测项目	英文名	农残限量标准/(mg/kg)
柑橘	苯菌灵	benomyl	5.00*
	苯硫威	fenothiocarb	0.50*
	苯螨特	benzoximate	0.30*
	苯醚甲环唑	difenoconazole	0.20
	吡虫啉	imidacloprid	1.00
	丙炔氟草胺	flumioxazin	0.05
	丙溴磷	profenofos	0.20
	草铵膦	glufosinate-ammonium	0.50*
	草甘膦	glyphosate	0.50
	除虫脲	diflubenzuron	1.00
	春雷霉素	kasugamycin	0.10*
	哒螨灵	pyridaben	2.00
	代森联	metriam	3.00
	代森锰锌	mancozeb	3.00
	单甲脒和单甲脒盐酸盐	semiamitraz and semiamitraz chloride	0.50
	稻丰散	phenthoate	1.00
	丁硫克百威	carbosulfan	1.00
	丁醚脲	diafenthiuron	0.20*
	啶虫脒	acetamiprid	0.50
	毒死蜱	chlorpyrifos	1.00
	多菌灵	carbendazim	5.00
	噁唑菌酮	famoxadone	1.00
	氟苯脲	teflubenzuron	0.50
	氟虫脲	flufenoxuron	0.50
	氟啶脲	chlorfluazuron	0.50
	腈菌唑	myclobutanil	5.00
	克菌丹	captan	5.00
	喹硫磷	quinalphos	0.50*
	乐果	dimethoate	2.00*
	联苯肼酯	bifenazate	0.70
	联苯菊酯	bifenthrin	0.05

续表

水果品种	检 测 项 目	英 文 名	农残限量标准/(mg/kg)
柑橘	硫线磷	cadusafos	0. 01
	氯氟氰菊酯和高效氯氟氰菊酯	cyhalothrin and lambda-cyhalothrin	0. 20
	氯氰菊酯和高效氯氰菊酯	cypermethrin and beta-cypermethrin	1. 00
	氯噻啉	imidaclothiz	0. 20*
	螺虫乙酯	spirotetramat	1. 00*
	螺螨酯	spirodiclofen	0. 50
	马拉硫磷	malathion	2. 00
	咪鲜胺和咪鲜胺锰盐	prochloraz and prochloraz-manganese chloride complex	5. 00
	嘧菌酯	azoxystrobin	1. 00
	灭多威	methomyl	1. 00
	氰戊菊酯和 S-氰戊菊酯	fenvalerate and esfenvalerate	1. 00
	炔螨特	propargite	5. 00
	噻菌灵	thiabendazole	10. 00
	噻螨酮	hexythiazox	0. 50
	噻嗪酮	buprofezin	0. 50
	噻唑锌	zinc-thiazole	0. 50*
	三氯杀螨醇	dicofol	1. 00
	三唑磷	triazophos	0. 20
	三唑酮	triadimefon	1. 00
	三唑锡	azocyclotin	2. 00
	杀铃脲	triflumuron	0. 05
	杀螟丹	cartap	3. 00
	杀扑磷	methidathion	2. 00
	双胍三辛烷基苯磺酸盐	iminoctadinetris (albesilate)	3. 00*
	双甲脒	amitraz	0. 50
	水胺硫磷	isocarbophos	0. 02
	四螨嗪	clofentezine	0. 50
	肟菌酯	trifloxystrobin	0. 50
	戊唑醇	tebuconazole	2. 00

续表

水果品种	检测项目	英文名	农残限量标准/(mg/kg)
柑橘	烯啶虫胺	nitenpyram	0.50*
	烯唑醇	diniconazole	1.00
	溴螨酯	bromopropylate	2.00
	溴氰菊酯	deltamethrin	0.05
	亚胺硫磷	phosmet	5.00
	亚胺唑	imibenconazole	1.00*
	烟碱	nicotine	0.20
	乙螨唑	etoxazole	0.50
	抑霉唑	imazalil	5.00
	唑螨酯	fenpyroximate	0.20

水果品种	检测项目	英文名	农残限量标准/(mg/kg)
桃	保棉磷	azinphos-methyl	2.00
	苯丁锡	fenbutatin oxide	7.00
	苯氟磺胺	dichlofluanid	5.00
	苯醚甲环唑	difenoconazole	0.50
	虫酰肼	tebufenozide	0.50
	敌敌畏	dichlorvos	0.10
	敌螨普	dinocap	0.10*
	多果定	dodine	5.00
	多菌灵	carbendazim	2.00
	二嗪磷	diazinon	0.20
	氟硅唑	flusilazole	0.20
	环酰菌胺	fenhexamid	10.00*
	腈苯唑	fenbuconazole	0.50
	抗蚜威	pirimicarb	0.50
	克菌丹	captan	20.00
	乐果	dimethoate	2.00*
	联苯三唑醇	bitertanol	1.00
	氯苯嘧啶醇	fenarimol	0.50
	氯氟氰菊酯和高效氯氟氰菊酯	cyhalothrin and lambda-cyhalothrin	0.50

续表

水果品种	检 测 项 目	英 文 名	农残限量标准/(mg/kg)
桃	氯氰菊酯和高效氯氰菊酯	cypermethrin and beta-cypermethrin	1.00
	氯硝胺	dicloran	7.00
	马拉硫磷	malathion	6.00
	醚菊酯	etofenprox	0.60
	嘧霉胺	pyrimethanil	4.00
	嗪氨灵	triforine	5.00
	双甲脒	amitraz	0.50
	戊菌唑	penconazole	0.10
	戊唑醇	tebuconazole	2.00
	亚胺硫磷	phosmet	10.00

水果品种	检 测 项 目	英 文 名	农残限量标准/(mg/kg)
油桃	保棉磷	azinphos-methyl	2.00
	苯醚甲环唑	difenoconazole	0.50
	虫酰肼	tebufenozide	0.50
	多果定	dodine	5.00
	多菌灵	carbendazim	2.00
	氟硅唑	flusilazole	0.20
	环酰菌胺	fenhexamid	10.00*
	抗蚜威	pirimicarb	0.50
	克菌丹	captan	3.00
	乐果	dimethoate	2.00*
	联苯三唑醇	bitertanol	1.00
	氯氟氰菊酯和高效氯氟氰菊酯	cyhalothrin and lambda-cyhalothrin	0.50
	氯硝胺	dicloran	7.00
	马拉硫磷	malathion	6.00
	醚菊酯	etofenprox	0.60
	嘧霉胺	pyrimethanil	4.00
	戊菌唑	penconazole	0.10
	戊唑醇	tebuconazole	2.00
	亚胺硫磷	phosmet	10.00

水果品种	检测项目	英文名	农残限量标准/(mg/kg)
杏	多菌灵	carbendazim	2.00
	氟硅唑	flusilazole	0.20
	环酰菌胺	fenhexamid	10.00*
	腈苯唑	fenbuconazole	0.50
	抗蚜威	pirimicarb	0.50
	乐果	dimethoate	2.00*
	联苯三唑醇	bitertanol	1.00
	氯氟氰菊酯和高效氯氟氰菊酯	cyhalothrin and lambda-cyhalothrin	0.50
	马拉硫磷	malathion	6.00
	嘧霉胺	pyrimethanil	3.00
	戊唑醇	tebuconazole	2.00
	亚胺硫磷	phosmet	10.00

水果品种	检测项目	英文名	农残限量标准/(mg/kg)
樱桃	保棉磷	azinphos-methyl	2.00
	倍硫磷	fenthion	2.00
	苯丁锡	fenbutatin oxide	10.00
	苯醚甲环唑	difenoconazole	0.20
	丙森锌	propineb	0.20
	多果定	dodine	3.00
	多菌灵	carbendazim	0.50
	二嗪磷	diazinon	1.00
	环酰菌胺	fenhexamid	7.00*
	腈苯唑	fenbuconazole	1.00
	抗蚜威	pirimicarb	0.50
	克菌丹	captan	25.00
	喹氧灵	quinoxyfen	0.40*
	乐果	dimethoate	2.00*
	联苯三唑醇	bitertanol	1.00
	氯苯嘧啶醇	fenarimol	1.00
	氯氟氰菊酯和高效氯氟氰菊酯	cyhalothrin and lambda-cyhalothrin	0.30

续表

水果品种	检 测 项 目	英 文 名	农残限量标准/(mg/kg)
樱桃	马拉硫磷	malathion	6. 00
	嘧霉胺	pyrimethanil	4. 00
	嗪氨灵	triforine	2. 00
	双甲脒	amitraz	0. 50
	戊唑醇	tebuconazole	4. 00
	乙烯利	ethephon	10. 00

水果品种	检 测 项 目	英 文 名	农残限量标准/(mg/kg)
葡萄	百菌清	chlorothalonil	0. 50
	苯丁锡	fenbutatin oxide	5. 00
	苯氟磺胺	dichlofluanid	15. 00
	苯霜灵	benalaxyl	0. 30
	苯酰菌胺	zoxamide	5. 00
	吡唑醚菌酯	pyraclostrobin	2. 00
	丙森锌	propineb	5. 00
	虫酰肼	tebufenozide	2. 00
	代森联	metriam	5. 00
	代森锰锌	mancozeb	5. 00
	单氰胺	cyanamide	0. 05*
	敌螨普	dinocap	0. 50*
	多菌灵	carbendazim	3. 00
	多杀霉素	spinosad	0. 50
	氟吡禾灵	haloxyfop	0. 02
	氟硅唑	flusilazole	0. 50
	氟吗啉	flumorph	5. 00*
	腐霉利	procymidone	5. 00
	环酰菌胺	fenhexamid	15. 00*
	己唑醇	hexaconazole	0. 10
	甲苯氟磺胺	tolylfluanid	3. 00
	甲氰菊酯	fenpropathrin	5. 00
	甲霜灵和精甲霜灵	metalaxyl and metalaxyl-M	1. 00

续表

水果品种	检 测 项 目	英 文 名	农残限量标准/(mg/kg)
葡萄	腈苯唑	fenbuconazole	1.00
	腈菌唑	myclobutanil	1.00
	克菌丹	captan	5.00
	喹氧灵	quinoxyfen	2.00*
	联苯肼酯	bifenazate	0.70
	氯苯嘧啶醇	fenarimol	0.30
	氯吡脲	forchlorfenuron	0.05
	氯菊酯	permethrin	2.00
	氯氰菊酯和高效氯氰菊酯	cypermethrin and beta-cypermethrin	0.20
	氯硝胺	dicloran	7.00
	螺虫乙酯	spirotetramat	2.00*
	马拉硫磷	malathion	8.00
	咪鲜胺和咪鲜胺锰盐	prochloraz and prochloraz-manganese chloride complex	2.00
	嘧菌酯	azoxystrobin	5.00
	嘧霉胺	pyrimethanil	4.00
	灭菌丹	folpet	10.00
	氰霜唑	cyazofamid	1.00*
	噻苯隆	thidiazuron	0.05*
	噻螨酮	hexythiazox	1.00
	三环锡	cyhexatin	0.30
	三唑锡	azocyclotin	0.30
	杀草强	amitrole	0.05
	双胍三辛烷基苯磺酸盐	iminoctadinetris (albesilate)	1.00*
	双炔酰菌胺	mandipropamid	2.00*
	霜霉威和霜霉威盐酸盐	propamocarb and propamocarb hydrochloride	2.00
	霜脲氰	cymoxanil	0.50
	四螨嗪	clofentezine	2.00
	戊菌唑	penconazole	0.20
	戊唑醇	tebuconazole	2.00

续表

水果品种	检测项目	英文名	农残限量标准/(mg/kg)
葡萄	烯酰吗啉	dimethomorph	5.00
	烯唑醇	diniconazole	0.20
	溴螨酯	bromopropylate	2.00
	溴氰菊酯	deltamethrin	0.20
	亚胺硫磷	phosmet	10.00
	亚胺唑	imibenconazole	3.00*
	乙烯利	ethephon	1.00
	异菌脲	iprodione	10.00

水果品种	检测项目	英文名	农残限量标准/(mg/kg)
核果类水果(李子)	2，4-滴和 2，4-滴钠盐	2，4-D and 2，4-D Na	0.05
	艾氏剂	aldrin	0.05
	百草枯	paraquat	0.01
	倍硫磷	fenthion	0.05
	苯线磷	fenamiphos	0.02
	丙森锌	propineb	7.00
	草甘膦	glyphosate	0.10
	滴滴涕	DDT	0.05
	狄氏剂	dieldrin	0.02
	敌百虫	trichlorfon	0.20
	敌敌畏	dichlorvos	0.20
	地虫硫磷	fonofos	0.01
	啶虫脒	acetamiprid	2.00
	毒杀芬	camphechlor	0.05*
	对硫磷	parathion	0.01
	多杀霉素	spinosad	0.20
	伏杀硫磷	phosalone	2.00
	氟吡禾灵	haloxyfop	0.02
	氟酰脲	novaluron	7.00
	甲胺磷	methamidophos	0.05
	甲拌磷	phorate	0.01
	甲基对硫磷	parathion-methyl	0.02

续表

水果品种	检测项目	英文名	农残限量标准/(mg/kg)
核果类水果（李子）	甲基硫环磷	phosfolan-methyl	0.03*
	甲基异柳磷	isofenphos-methyl	0.01*
	甲氰菊酯	fenpropathrin	5.00
	久效磷	monocrotophos	0.03
	克百威	carbofuran	0.02
	联苯肼酯	bifenazate	2.00
	磷胺	phosphamidon	0.05
	硫环磷	phosfolan	0.03*
	六六六	HCB	0.05
	氯虫苯甲酰胺	chlorantraniliprole	1.00*
	氯丹	chlordane	0.02
	氯菊酯	permethrin	2.00
	氯氰菊酯和高效氯氰菊酯	cypermethrin and beta-cypermethrin	2.00
	氯唑磷	isazofos	0.01*
	螺虫乙酯	spirotetramat	3.00*
	嘧菌环胺	cyprodinil	2.00
	灭线磷	ethoprophos	0.02
	灭蚁灵	mirex	0.01
	内吸磷	demeton	0.02
	七氯	heptachlor	0.01
	氰戊菊酯和 S-氰戊菊酯	fenvalerate and esfenvalerate	0.20
	噻虫啉	thiacloprid	0.50
	噻螨酮	hexythiazox	0.30
	杀草强	amitrole	0.05
	杀虫脒	chlordimeform	0.01*
	杀螟硫磷	fenitrothion	0.50*
	四螨嗪	clofentezine	0.50
	特丁硫磷	terbufos	0.01
	涕灭威	aldicarb	0.02
	辛硫磷	phoxim	0.05
	溴氰菊酯	deltamethrin	0.05

续表

水果品种	检 测 项 目	英 文 名	农残限量标准/(mg/kg)
核果类水果（李子）	氧乐果	omethoate	0.02
	乙酰甲胺磷	acephate	0.50
	异狄氏剂	endrin	0.05
	蝇毒磷	coumaphos	0.05
	治螟磷	sulfotep	0.01

第 2 节　中国台湾水果农残限量要求

水果品种	检 测 项 目	英 文 名	农残限量标准 $\times 10^{-6}$(ppm)
苹果	阿维菌素	abamectin	0.02
	艾克敌	Spinosad	0.10
	氨基乙氧基乙烯基甘氨酸	Aminoethoxyvinyl- glycine	0.08
	百菌清	Chlorothalonil	1.00
	倍硫磷	Fenthion	1.00
	吡虫啉	Imidacloprid	0.50
	吡螨胺	tebufenpyrad	0.50
	吡蚜酮	Pymetrozine	0.10
	吡唑醚菌酯	pyraclostrobin	1.00
	蟲螨腈	chlorfenapyr	1.00
	除蟲脲	diflubenzuron	1.00
	调环酸钙盐	Prohexadione calcium	3.00
	丁氟螨酯	Cyflumetofen	1.00
	啶酰菌胺	boscalid	2.00
	二苯胺	Diphenylamine	10.00
	伐虫脒	Formetanate	0.50
	呋虫胺	Dinotefuran	1.00
	氟苯脲	teflubenzuron	0.50
	氟丙菊酯	Acrinathrin	0.10
	氟虫酰胺	Flubendiamide	1.00
	氟蟲脲	flufenoxuron	1.00
	氟啶胺	fluazinam	0.50

续表

水果品种	检 测 项 目	英 文 名	农残限量标准 $\times 10^{-6}$ (ppm)
苹果	氟啶蟲酰胺	flonicamid	0. 20
	氟氯氰菊酯	Cyfluthrin	0. 50
	季酮螨酯	Spirodiclofen	0. 80
	甲基對硫磷	parathion-methyl	0. 20
	甲霜灵	Metalaxyl	0. 20
	甲氧虫酰肼	Methoxyfenozide	1. 50
	腈苯唑	fenbuconazole	0. 50
	克菌丹	Captan	25. 00
	克螨特	Propargite	3. 00
	联苯肼酯	Bifenazate	0. 75
	硫丹	Endosulfan	0. 50
	咯菌腈	Fludioxonil	5. 00
	氯蟲苯甲酰胺	chlorantraniliprole	0. 50
	螺虫乙酯	Spirotetramat	0. 70
	螺甲螨酯	Spiromesifen	2. 00
	嘧菌胺	Mepanipyrim	0. 50
	嘧菌酯	Azoxystrobin	1. 00
	嘧黴胺	pyrimethanil	7. 00
	灭螨醌	Acequinocyl	0. 50
	灭螨猛	Chinomethionat	0. 20
	噻虫啉	Thiacloprid	0. 30
	噻虫嗪	Thiamethoxam	0. 20
	噻蟲胺	clothianidin	1. 00
	噻嗪酮	Buprofezin	1. 00
	三唑醇	triadimenol	0. 50
	杀螟硫磷	Fenitrothion	0. 20
	虱螨脲	Lufenuron	0. 50
	双苯氟脲	Novaluron	2. 00
	双胍辛胺	Iminoctadine	0. 50
	特苯恶唑	Etoxazole	0. 20
	肟菌酯	trifloxystrobin	0. 70
	戊唑醇	tebuconazole	1. 00

续表

水果品种	检 测 项 目	英 文 名	农残限量标准 $\times 10^{-6}$(ppm)
苹果	烯菌灵	Imazalil	5. 00
	稀禾定	Sethoxydim	0. 20
	叶菌唑	Metconazole	0. 20
	乙基多杀菌素	Spinetoram	0. 20
	乙磷铝	Fosetyl-Al	10. 00
	唑螨酯	Fenpyroximate	0. 40

水果品种	检 测 项 目	英 文 名	农残限量标准 $\times 10^{-6}$(ppm)
梨	阿维菌素	abamectin	0. 02
	艾克敌	Spinosad	0. 20
	氨基乙氧基乙烯基甘氨酸	Aminoethoxyvinyl- glycine	0. 08
	倍硫磷	Fenthion	1. 00
	吡虫啉	Imidacloprid	0. 50
	吡蚜酮	Pymetrozine	0. 10
	吡唑醚菌酯	pyraclostrobin	1. 00
	苄螨醚	Halfenprox	0. 50
	草胺磷	Glufosinate-ammonium	0. 10
	蟲螨腈	chlorfenapyr	0. 50
	哒螨灵	Pyridaben	0. 50
	稻丰散	Phenthoate	0. 20
	调环酸钙盐	Prohexadione calcium	3. 00
	啶酰菌胺	boscalid	1. 00
	伐虫脒	Formetanate	0. 50
	粉唑醇	Flutriafol	0. 01
	呋虫胺	Dinotefuran	1. 00
	氟苯脲	teflubenzuron	1. 00
	氟丙菊酯	Acrinathrin	0. 10
	氟蟲脲	flufenoxuron	0. 50
	氟啶胺	fluazinam	0. 50
	氟啶蟲酰胺	flonicamid	0. 20
	甲基對硫磷	parathion-methyl	0. 20
	甲氧虫酰肼	Methoxyfenozide	1. 50

续表

水果品种	检测项目	英文名	农残限量标准 $\times 10^{-6}$ (ppm)
梨	克菌丹	Captan	25.00
	克螨特	Propargite	4.00
	联苯肼酯	Bifenazate	0.75
	硫丹	Endosulfan	0.50
	咯菌腈	Fludioxonil	5.00
	氯蟲苯甲酰胺	chlorantraniliprole	0.50
	螺甲螨酯	Spiromesifen	2.00
	嘧菌胺	Mepanipyrim	0.50
	嘧菌酯	Azoxystrobin	1.00
	嘧黴胺	pyrimethanil	2.00
	灭螨醌	Acequinocyl	0.50
	噻虫啉	Thiacloprid	1.00
	噻虫嗪	Thiamethoxam	0.50
	噻蟲胺	clothianidin	1.00
	噻螨酮	Hexythiazox	1.00
	噻嗪酮	Buprofezin	1.00
	三唑醇	triadimenol	0.50
	杀螟硫磷	Fenitrothion	0.20
	虱螨脲	Lufenuron	0.50
	双苯氟脲	Novaluron	2.00
	双胍辛胺	Iminoctadine	0.50
	四氟醚唑	tetraconazole	0.50
	特苯恶唑	Etoxazole	0.20
	肟菌酯	trifloxystrobin	0.50
	戊唑醇	tebuconazole	0.50
	烯菌灵	Imazalil	5.00
	稀禾定	Sethoxydim	0.20
	叶菌唑	Metconazole	0.20
	乙基多杀菌素	Spinetoram	0.20
	乙磷铝	Fosetyl-Al	10.00
	唑螨酯	Fenpyroximate	0.40

水果品种	检 测 项 目	英 文 名	农残限量标准 $\times 10^{-6}$(ppm)
柑橘	吡草醚	Pyraflufen-ethyl	0.10
	吡虫啉	Imidacloprid	1.00
	吡虫清	Acetamiprid	0.50
	吡螨胺	tebufenpyrad	0.50
	吡唑醚菌酯	pyraclostrobin	1.00
	蟲螨腈	chlorfenapyr	1.00
	丁氟螨酯	Cyflumetofen	1.00
	季酮螨酯	Spirodiclofen	0.50
	醚菌酯	kresoxim-methyl	5.00
	嘧黴胺	pyrimethanil	7.00
	氰霜唑	Cyazofamid	5.00
	噻虫嗪	Thiamethoxam	1.00
	噻蟲胺	clothianidin	1.00
	杀螟硫磷	Fenitrothion	0.50
	虱螨脲	Lufenuron	0.50
	双胍辛胺	Iminoctadine	0.20
	双胍盐	Guazatine	5.00
	肟菌酯	trifloxystrobin	0.50
	烯菌灵	Imazalil	5.00(采收后处理)
	溴氰菊酯	Deltamethrin	0.02
	乙基多杀菌素	Spinetoram	0.20

水果品种	检 测 项 目	英 文 名	农残限量标准 $\times 10^{-6}$(ppm)
桃	阿维菌素	abamectin	0.09
	艾克敌	Spinosad	0.20
	氨基乙氧基乙烯基甘氨酸	Aminoethoxyvinyl- glycine	0.08
	百草枯	paraquat	0.01
	百菌清	Chlorothalonil	1.00
	吡虫啉	Imidacloprid	0.50
	吡唑醚菌酯	pyraclostrobin	1.00
	蟲螨腈	chlorfenapyr	0.50
	哒螨灵	Pyridaben	0.50

续表

水果品种	检测项目	英文名	农残限量标准 $\times 10^{-6}$(ppm)
桃	啶酰菌胺	boscalid	3.00
	二氰蒽醌	dithianon	3.00
	伐虫脒	Formetanate	0.40
	呋虫胺	Dinotefuran	1.00
	氟胺氰菊酯	tau-fluvalinate	0.10
	氟苯脲	teflubenzuron	0.30
	氟丙菊酯	Acrinathrin	0.20
	氟草敏	Norflurazon	0.10
	氟蟲脲	flufenoxuron	0.50
	氟啶胺	fluazinam	0.50
	氟啶蟲酰胺	flonicamid	0.20
	腈苯唑	fenbuconazole	0.50
	腈菌唑	Myclobutanil	1.00
	克菌丹	Captan	20.00
	克螨特	Propargite	4.00
	硫丹	Endosulfan	0.50
	咯菌腈	Fludioxonil	5.00
	氯蟲苯甲酰胺	chlorantraniliprole	1.00
	氯菊酯	Permethrin	2.00
	嘧菌胺	Mepanipyrim	0.50
	嘧菌酯	Azoxystrobin	1.00
	嘧黴胺	pyrimethanil	4.00
	灭螨醌	Acequinocyl	0.50
	噻虫啉	Thiacloprid	1.00
	噻虫嗪	Thiamethoxam	0.40
	噻蟲胺	clothianidin	1.00
	噻螨酮	Hexythiazox	1.00
	噻嗪酮	Buprofezin	1.00
	三唑醇	triadimenol	1.00
	双胍辛胺	Iminoctadine	0.50
	四螨嗪®	Clofentezine	0.50
	肟菌酯	trifloxystrobin	3.00

续表

水果品种	检 测 项 目	英 文 名	农残限量标准 $\times 10^{-6}$ (ppm)
桃	戊唑醇	tebuconazole	1.00
	稀禾定	Sethoxydim	0.20
	叶菌唑	Metconazole	0.20

水果品种	检 测 项 目	英 文 名	农残限量标准 $\times 10^{-6}$ (ppm)
李	阿维菌素	abamectin	0.01
	艾克敌	Spinosad	0.20
	百草枯	paraquat	0.01
	吡虫啉	Imidacloprid	0.50
	吡唑醚菌酯	pyraclostrobin	1.00
	蟲螨腈	chlorfenapyr	0.50
	哒螨灵	Pyridaben	0.50
	啶酰菌胺	boscalid	3.00
	呋虫胺	Dinotefuran	1.00
	氟胺氰菊酯	tau-fluvalinate	0.30
	氟草敏	Norflurazon	0.10
	氟啶蟲酰胺	flonicamid	0.20
	腈菌唑	Myclobutanil	1.00
	克菌丹	Captan	10.00
	克螨特	Propargite	4.00
	咯菌腈	Fludioxonil	5.00
	氯蟲苯甲酰胺	chlorantraniliprole	0.20
	螺虫乙酯	Spirotetramat	3.00
	嘧菌环胺	Cyprodinil	2.00
	嘧黴胺	pyrimethanil	2.00
	噻虫嗪	Thiamethoxam	0.40
	噻蟲胺	clothianidin	1.00
	噻螨酮	Hexythiazox	1.00
	双胍辛胺	Iminoctadine	0.50
	肟菌酯	trifloxystrobin	3.00
	叶菌唑	Metconazole	0.20

水果品种	检 测 项 目	英 文 名	农残限量标准 $\times 10^{-6}$(ppm)
杏	吡虫啉	Imidacloprid	0.50
	吡唑醚菌酯	pyraclostrobin	1.00
	蟲螨腈	chlorfenapyr	0.50
	啶酰菌胺	boscalid	3.00
	呋虫胺	Dinotefuran	1.00
	氟草敏	Norflurazon	0.10
	克菌丹	Captan	10.00
	硫丹	Endosulfan	0.02
	氯蟲苯甲酰胺	chlorantraniliprole	1.00
	螺虫乙酯	Spirotetramat	3.00
	嘧菌环胺	Cyprodinil	2.00
	嘧黴胺	pyrimethanil	3.00
	噻蟲胺	clothianidin	1.00
	肟菌酯	trifloxystrobin	3.00
	稀禾定	Sethoxydim	0.20
	乙基多杀菌素	Spinetoram	0.20

水果品种	检 测 项 目	英 文 名	农残限量标准 $\times 10^{-6}$(ppm)
樱桃	2，4-滴	2，4-D	0.20
	阿维菌素	abamectin	0.02
	艾克敌	Spinosad	0.20
	百草枯	paraquat	0.01
	吡虫啉	Imidacloprid	0.50
	吡唑醚菌酯	pyraclostrobin	1.00
	蟲螨腈	chlorfenapyr	0.50
	啶酰菌胺	boscalid	1.70
	多菌灵	Carbendazim	5.00
	呋虫胺	Dinotefuran	1.00
	氟胺氰菊酯	tau-fluvalinate	0.50
	氟虫酰胺	Flubendiamide	1.00
	甲氰菊酯	Fenpropathrin	5.00
	甲氧虫酰肼	Methoxyfenozide	2.00

续表

水果品种	检 测 项 目	英 文 名	农残限量标准 $\times 10^{-6}$(ppm)
樱桃	腈苯唑	fenbuconazole	1.00
	腈菌唑	Myclobutanil	1.00
	抗蚜威	pirimicarb	3.00
	克菌丹	Captan	25.00
	克螨特	Propargite	4.00
	喹氧灵	Quinoxyfen	0.40
	联苯肼酯	Bifenazate	2.00
	硫丹	Endosulfan	0.50
	咯菌腈	Fludioxonil	5.00
	氯苯嘧啶醇	fenarimol	1.00
	氯蟲苯甲酰胺	chlorantraniliprole	1.00
	氯菊酯	Permethrin	2.00
	螺虫乙酯	Spirotetramat	3.00
	马拉硫磷	Malathion	0.50
	嘧菌环胺	Cyprodinil	2.00
	嘧菌酯	Azoxystrobin	1.00
	噻虫啉	Thiacloprid	2.00
	噻虫嗪	Thiamethoxam	0.50
	噻蟲胺	clothianidin	1.00
	噻螨酮	Hexythiazox	1.00
	四螨嗪®	Clofentezine	0.50
	肟菌酯	trifloxystrobin	3.00
	戊唑醇	tebuconazole	2.00
	稀禾定	Sethoxydim	0.20
	叶菌唑	Metconazole	0.20
	乙基多杀菌素	Spinetoram	0.20
	乙烯利	Ethephon	3.00

水果品种	检 测 项 目	英 文 名	农残限量标准 $\times 10^{-6}$(ppm)
石榴	咯菌腈	Fludioxonil	2.00

水果品种	检 测 项 目	英 文 名	农残限量标准 ×10⁻⁶(ppm)
葡萄	2，4-滴	2，4-D	0.10
	艾克敌	Spinosad	0.50
	百草枯	paraquat	0.01
	苯丁锡	Fenbutatin-oxide	5.00
	苯菌酮	Metrafenone	2.00
	吡虫清	Acetamiprid	1.00
	吡螨胺	tebufenpyrad	0.50
	吡唑醚菌酯	pyraclostrobin	2.00
	虫酰肼	Tebufenozide	2.00
	蟲螨腈	chlorfenapyr	0.50
	哒螨灵	Pyridaben	1.00
	敌草隆	Diuron	0.05
	啶嘧磺隆	flazasulfuron	0.20
	啶酰菌胺	boscalid	1.00
	多菌灵	Carbendazim	3.00
	恶唑菌酮	Famoxadone	2.00
	二氰蒽醌	dithianon	0.20
	粉唑醇	Flutriafol	0.20
	呋虫胺	Dinotefuran	1.00
	氟丙菊酯	Acrinathrin	2.00
	氟草敏	Norflurazon	0.10
	氟樂靈	trifluralin	0.05
	环氟菌胺	Cyflufenamid	0.20
	甲氰菊酯	Fenpropathrin	1.00
	甲霜灵	Metalaxyl	2.00
	腈菌唑	Myclobutanil	1.00
	克菌丹	Captan	25.00
	喹氧灵	Quinoxyfen	2.00
	联苯肼酯	Bifenazate	1.00
	硫丹	Endosulfan	0.40
	六氟铝酸钠	Cryolite	7.00
	咯菌腈	Fludioxonil	2.00

续表

水果品种	检 测 项 目	英 文 名	农残限量标准 ×10^-6^(ppm)
葡萄	氯蟲苯甲酰胺	chlorantraniliprole	1.00
	氯硝胺	Dicloran	7.00
	螺虫乙酯	Spirotetramat	2.00
	嘧菌胺	Mepanipyrim	3.00
	嘧菌环胺	Cyprodinil	2.00
	嘧黴胺	pyrimethanil	4.00
	内氟吡菌胺	Fluopicolide	2.00
	氰霜唑	Cyazofamid	1.00
	噻虫嗪	Thiamethoxam	0.30
	噻蟲胺	clothianidin	1.00
	噻嗪酮	Buprofezin	0.50
	杀螟硫磷	Fenitrothion	0.20
	双胍辛胺	Iminoctadine	1.00
	霜黴威	propamocarb	9.00
	雙炔酰菌胺	mandipropamid	1.00
	特苯恶唑	Etoxazole	0.50
	肟菌酯	trifloxystrobin	2.00
	戊唑醇	tebuconazole	2.00
	西玛津	Simazine	0.20
	烯酰吗啉	Dimethomorph	1.00
	稀禾定	Sethoxydim	1.00
	吲哚磺菌胺	amisulbrom	2.00
	吲哚羧酸酯	Fenhexamid	4.00

第 3 节　中国香港水果农残限量要求

水果品种	检 测 项 目	英 文 名	农残限量标准/(mg/kg)
苹果	阿维菌素	Abamectin	0.02
	胺基乙氧基乙烯甘氨酸盐酸盐（艾维激素）	Aminoethoxyvinylglycine hydrochloride (Aviglycine HCl)	0.08
	保棉磷	Azinphos methyl	0.05

续表

水果品种	检 测 项 目	英 文 名	农残限量标准/(mg/kg)
苹果	苯丁锡	Fenbutatin oxide	15.00
	苯氟磺胺	Dichlofluanid	5.00
	苯线磷	Fenamiphos	0.05
	吡虫啉	Imidacloprid	0.50
	吡唑醚菌酯	Pyraclostrobin	0.50
	草甘膦	Glyphosate	0.50
	除虫菊素	Pyrethrins	1.00
	哒螨灵	Pyridaben	0.50
	敌草腈	Dichlobenil	0.50
	敌草隆	Diuron	0.10
	多效唑	Paclobutrazol	0.50
	二苯胺	Diphenylamine	10.00
	二嗪磷	Diazinon	0.50
	二硫代氨基甲酸酯类	Dithiocarbamates	7.00
	伐虫脒盐酸盐	Formetanate hydrochloride	0.50
	粉唑醇	Flutriafol	0.20
	呋虫胺	Dinotefuran	0.50
	氟苯虫酰胺	Flubendiamide	1.00
	氟草敏	Norflurazon	0.10
	氟虫脲	Flufenoxuron	1.00
	氟啶胺	Fluazinam	2.00
	氟菌唑	Triflumizole	0.50
	甲基对硫磷	Parathion methyl	0.20
	甲氧虫酰肼	Methoxyfenoxide	3.00
	喹啉铜	Oxine copper	2.00
	乐果	Dimethoate	1.00
	邻苯基苯酚	2-Phenylphenol	25.00
	氯吡嘧磺隆（甲酯）	Halosulfuron methyl	0.05
	氯虫苯甲酰胺	Chlorantraniliprole	1.20
	螺甲螨酯	Spiromesifen	2.00
	马拉硫磷	Malathion	8.00
	灭多威	Methomyl	2.00

续表

水果品种	检 测 项 目	英 文 名	农残限量标准/(mg/kg)
苹果	灭菌丹	Folpet	10.00
	嗪氨灵	Triforine	2.00
	炔苯酰草胺	Propyzamide	0.10
	噻嗪酮	Buprofezin	3.00
	三环锡	Cyhexatin	0.20
	三唑醇	Triadimenol	0.30
	三唑酮	Triadimefon	0.30
	三唑锡	Azocyclotin	0.50
	杀扑磷	Methidathion	0.50
	顺式氰戊菊酯	Esfenvalerate	1.00
	土霉素	Oxytetracycline	0.35
	西玛津	Simazine	0.20
	乙烯利	Ethephon	5.00
	增效醚	Piperonyl butoxide	8.00

水果品种	检 测 项 目	英 文 名	农残限量标准/(mg/kg)
梨	阿维菌素	Abamectin	0.02
	胺基乙氧基乙烯甘氨酸盐酸盐（艾维激素）	Aminoethoxyvinylglycine hydrochloride（Aviglycine HCl）	0.08
	保棉磷	Azinphos methyl	2.00
	苯丁锡	Fenbutatin oxide	15.00
	苯氟磺胺	Dichlofluanid	5.00
	吡虫啉	Imidacloprid	1.00
	吡唑醚菌酯	Pyraclostrobin	1.50
	虫酰肼	Tebufenozide	1.50
	除虫菊素	Pyrethrins	1.00
	哒螨灵	Pyridaben	0.75
	敌草腈	Dichlobenil	0.50
	敌草隆	Diuron	1.00
	多杀霉素	Spinosad	0.50
	多效唑	Paclobutrazol	1.00
	二苯胺	Diphenylamine	7.00

续表

水果品种	检 测 项 目	英 文 名	农残限量标准/(mg/kg)
梨	二嗪磷	Diazinon	0. 50
	二硫代氨基甲酸酯类	Dithiocarbamates	10. 00
	呋虫胺	Dinotefuran	1. 00
	氟苯虫酰胺	Flubendiamide	1. 00
	氟草敏	Norflurazon	0. 10
	氟虫脲	Flufenoxuron	0. 50
	氟啶胺	Fluazinam	0. 50
	氟菌唑	Triflumizole	0. 50
	环酰菌胺	Fenhexamid	10. 00
	喹啉铜	Oxine copper	2. 00
	乐果	Dimethoate	1. 00
	邻苯基苯酚	2-Phenylphenol	25. 00
	咯菌腈	Fludioxonil	0. 70
	氯虫苯甲酰胺	Chlorantraniliprole	1. 20
	螺甲螨酯	Spiromesifen	2. 00
	马拉硫磷	Malathion	8. 00
	嘧菌酯	Azoxystrobin	2. 00
	灭多威	Methomyl	0. 30
	七氯	Heptachlor	EMRL：0. 05
	炔苯酰草胺	Propyzamide	0. 10
	噻虫啉	Thiacloprid	1. 00
	噻螨酮	Hexythiazox	1. 00
	噻嗪酮	Buprofezin	6. 00
	三环锡	Cyhexatin	0. 20
	三唑锡	Azocyclotin	0. 20
	杀扑磷	Methidathion	1. 00
	顺式氰戊菊酯	Esfenvalerate	1. 00
	土霉素	Oxytetracycline	0. 35
	西玛津	Simazine	0. 25
	溴氰菊酯	Deltamethrin	0. 10
	亚砜磷	Oxydemeton methyl	0. 05
	乙氧喹啉	Ethoxyquin	3. 00
	茚虫威	Indoxacarb	2. 00
	增效醚	Piperonyl butoxide	8. 00

水果品种	检 测 项 目	英 文 名	农残限量标准/(mg/kg)
猕猴桃	氨磺乐灵	Oryzalin	0.05
	冰晶石	Cryolite	15.00
	虫酰肼	Tebufenozide	0.50
	敌草胺	Napropamide	0.10
	啶酰菌胺	Boscalid	5.00
	毒死蜱	Chlorpyrifos	2.00
	多菌灵	Carbendazim	0.50
	多杀霉素	Spinosad	0.05
	二嗪磷	Diazinon	0.20
	环酰菌胺	Fenhexamid	15.00
	甲霜灵	Metalaxyl	0.10
	咯菌腈	Fludioxonil	20.00
	氯吡脲	Forchlorfenuron	0.04
	嘧菌环胺	Cyprodinil	1.80
	氰戊菊酯	Fenvalerate	5.00
	噻虫啉	Thiacloprid	0.20
	杀扑磷	Methidathion	0.10
	溴氰菊酯	Deltamethrin	0.05
	乙氧氟草醚	Oxyfluorfen	0.05
	异菌脲	Iprodione	5.00
	唑草酮	Carfentrazone ethyl	0.10

水果品种	检 测 项 目	英 文 名	农残限量标准/(mg/kg)
柑橘	百草枯	Paraquat	0.20
	百菌清	Chlorothalonil	1.00
	苯醚甲环唑	Difenoconazole	0.20
	单甲脒	Semiamitraz	0.50
	稻丰散	Phenthoate	1.00
	多菌灵	Carbendazim	5.00
	二硫代氨基甲酸酯类	Dithiocarbamates	10.00
	喹硫磷	Quinalphos	0.50
	硫线磷	Cadusafos	0.01

续表

水果品种	检 测 项 目	英 文 名	农残限量标准/(mg/kg)
柑橘	三唑锡	Azocyclotin	2.00
	杀扑磷	Methidathion	5.00
	水胺硫磷	Isocarbophos	0.02
	顺式氰戊菊酯	Esfenvalerate	1.00
	溴氰菊酯	Deltamethrin	0.05
	异菌脲	Iprodione	5.00

水果品种	检 测 项 目	英 文 名	农残限量标准/(mg/kg)
桃	艾氏剂及狄氏剂	Aldrin and Dieldrin	EMRL：0.02
	百菌清	Chlorothalonil	30.00
	苯丁锡	Fenbutatin oxide	7.00
	苯氟磺胺	Dichlofluanid	5.00
	苯醚甲环唑	Difenoconazole	2.50
	吡虫啉	Imidacloprid	0.50
	冰晶石	Cryolite	7.00
	虫螨腈	Chlorfenapyr	1.00
	虫酰肼	Tebufenozide	0.50
	除虫菊素	Pyrethrins	1.00
	敌草隆	Diuron	0.10
	多果定	Dodine	5.00
	多菌灵	Carbendazim	2.00
	二硫化碳	Carbon disulfide	0.10
	二嗪磷	Diazinon	0.20
	二溴磷	Naled	0.50
	伐虫脒盐酸盐	Formetanate hydrochloride	0.40
	呋虫胺	Dinotefuran	3.00
	氟草敏	Norflurazon	0.10
	氟硅唑	Flusilazole	0.20
	甲胺磷	Methamidophos	1.00
	甲基对硫磷	Parathion methyl	0.30
	甲霜灵	Metalaxyl	0.20
	腈苯唑	Fenbuconazole	0.50

续表

水果品种	检测项目	英文名	农残限量标准/(mg/kg)
桃	克菌丹	Captan	20.00
	乐果	Dimethoate	2.00
	联苯三唑醇	Bitertanol	1.00
	邻苯基苯酚	2-Phenylphenol	20.00
	硫丹	Endosulfan	2.00
	咯菌腈	Fludioxonil	10.00
	氯苯嘧啶醇	Fenarimol	0.50
	氯氟氰菊酯	Cyhalothrin	0.50
	氯硝胺	Dicloran	7.00
	螺甲螨酯	Spiromesifen	0.20
	嘧霉胺	Pyrimethanil	4.00
	灭多威	Methomyl	0.20
	嗪氨灵	Triforine	5.00
	氰戊菊酯	Fenvalerate	5.00
	噻嗪酮	Buprofezin	9.00
	三乙膦酸铝	Fosetyl aluminium	1.00
	双甲脒	Amitraz	0.50
	土霉素	Oxytetracycline	0.35
	戊菌唑	Penconazole	0.10
	西玛津	Simazine	0.20
	亚胺硫磷	Phosmet	10.00
	乙烯利	Ethephon	0.50
	异菌脲	Iprodione	10.00
	增效醚	Piperonyl butoxide	8.00

水果品种	检测项目	英文名	农残限量标准/(mg/kg)
油桃	百菌清	Chlorothalonil	7.00
	苯醚甲环唑	Difenoconazole	2.50
	吡虫啉	Imidacloprid	0.50
	冰晶石	Cryolite	7.00
	虫酰肼	Tebufenozide	0.50
	多果定	Dodine	5.00

续表

水果品种	检 测 项 目	英 文 名	农残限量标准/(mg/kg)
油桃	多菌灵	Carbendazim	2.00
	二嗪磷	Diazinon	0.20
	伐虫脒盐酸盐	Formetanate hydrochloride	0.40
	氟草敏	Norflurazon	0.10
	氟硅唑	Flusilazole	0.20
	甲基对硫磷	Parathion methyl	0.30
	克菌丹	Captan	3.00
	乐果	Dimethoate	2.00
	联苯三唑醇	Bitertanol	1.00
	邻苯基苯酚	2-Phenylphenol	5.00
	硫丹	Endosulfan	2.00
	氯氟氰菊酯	Cyhalothrin	0.50
	氯硝胺	Dicloran	7.00
	嘧霉胺	Pyrimethanil	4.00
	灭多威	Methomyl	0.20
	噻嗪酮	Buprofezin	9.00
	杀扑磷	Methidathion	0.20
	戊菌唑	Penconazole	0.10
	亚胺硫磷	Phosmet	10.00
	乙烯利	Ethephon	0.01

水果品种	检 测 项 目	英 文 名	农残限量标准/(mg/kg)
李子	阿维菌素	Abamectin	0.03
	百菌清	Chlorothalonil	10.00
	苯丁锡	Fenbutatin oxide	3.00
	苯醚甲环唑	Difenoconazole	2.50
	吡虫啉	Imidacloprid	0.50
	冰晶石	Cryolite	7.00
	除虫菊素	Pyrethrins	1.00
	啶虫脒	Acetamiprid	0.20
	多菌灵	Carbendazim	0.50
	二硫化碳	Carbon disulfide	0.10

续表

水果品种	检 测 项 目	英 文 名	农残限量标准/(mg/kg)
李子	二嗪磷	Diazinon	1.00
	氟苯脲	Teflubenzuron	0.10
	氟草敏	Norflurazon	0.10
	环酰菌胺	Fenhexamid	1.00
	腈菌唑	Myclobutanil	0.20
	克菌丹	Captan	10.00
	乐果	Dimethoate	2.00
	联苯三唑醇	Bitertanol	2.00
	邻苯基苯酚	2-Phenylphenol	20.00
	硫丹	Endosulfan	2.00
	氯氟氰菊酯	Cyhalothrin	0.20
	氯硝胺	Dicloran	15.00
	嘧霉胺	Pyrimethanil	2.00
	灭多威	Methomyl	1.00
	嗪氨灵	Triforine	2.00
	噻嗪酮	Buprofezin	2.00
	三氯杀螨醇	Dicofol	1.00
	杀扑磷	Methidathion	0.20
	西玛津	Simazine	0.20
	溴螨酯	Bromopropylate	2.00
	乙螨唑	Etoxazole	0.15
	增效醚	Piperonyl butoxide	8.00

水果品种	检 测 项 目	英 文 名	农残限量标准/(mg/kg)
杏	百菌清	Chlorothalonil	7.00
	吡虫啉	Imidacloprid	0.50
	冰晶石	Cryolite	7.00
	多菌灵	Carbendazim	2.00
	二嗪磷	Diazinon	0.20
	氟草敏	Norflurazon	0.10
	氟硅唑	Flusilazole	0.20
	腈苯唑	Fenbuconazole	0.50

续表

水果品种	检 测 项 目	英 文 名	农残限量标准/(mg/kg)
杏	克菌丹	Captan	10.00
	乐果	Dimethoate	2.00
	联苯三唑醇	Bitertanol	1.00
	硫丹	Endosulfan	2.00
	咯菌腈	Fludioxonil	10.00
	氯氟氰菊酯	Cyhalothrin	0.50
	氯硝胺	Dicloran	20.00
	嘧霉胺	Pyrimethanil	3.00
	噻嗪酮	Buprofezin	9.00
	亚胺硫磷	Phosmet	10.00

水果品种	检 测 项 目	英 文 名	农残限量标准/(mg/kg)
樱桃	百菌清	Chlorothalonil	0.50
	倍硫磷	Fenthion	2.00
	苯丁锡	Fenbutatin oxide	10.00
	苯醚甲环唑	Difenoconazole	2.50
	啶酰菌胺	Boscalid	3.50
	多果定	Dodine	3.00
	多菌灵	Carbendazim	10.00
	二嗪磷	Diazinon	1.00
	二氰蒽醌	Dithianon	5.00
	二硫代氨基甲酸酯类	Dithiocarbamates	3.00
	氟草敏	Norflurazon	0.10
	氟啶草酮	Fluridone	0.10
	氟酰脲	Novaluron	8.00
	甲氧虫酰肼	Methoxyfenoxide	3.00
	腈苯唑	Fenbuconazole	1.00
	克菌丹	Captan	50.00
	乐果	Dimethoate	2.00
	联苯三唑醇	Bitertanol	1.00
	邻苯基苯酚	2-Phenylphenol	5.00
	氯苯嘧啶醇	Fenarimol	1.00

续表

水果品种	检 测 项 目	英 文 名	农残限量标准/(mg/kg)
樱桃	氯虫苯甲酰胺	Chlorantraniliprole	2.00
	氯氟氰菊酯	Cyhalothrin	0.30
	氯菊酯	Permethrin	4.00
	马拉硫磷	Malathion	8.00
	嗪氨灵	Triforine	2.00
	氰戊菊酯	Fenvalerate	2.00
	噻嗪酮	Buprofezin	2.00
	杀扑磷	Methidathion	0.20
	双甲脒	Amitraz	0.50
	戊唑醇	Tebuconazole	5.00
	西玛津	Simazine	0.25
	乙烯利	Ethephon	10.00
	异菌脲	Iprodione	10.00

水果品种	检 测 项 目	英 文 名	农残限量标准/(mg/kg)
石榴	氨磺乐灵	Oryzalin	0.05
	吡丙醚	Pyriproxyfen	0.20
	吡虫啉	Imidacloprid	1.00
	多杀霉素	Spinosad	0.30
	环酰菌胺	Fenhexamid	2.00
	甲氧虫酰肼	Methoxyfenoxide	0.60
	咯菌腈	Fludioxonil	5.00
	氯虫苯甲酰胺	Chlorantraniliprole	4.00
	灭多威	Methomyl	0.20
	噻嗪酮	Buprofezin	1.90
	乙氧氟草醚	Oxyfluorfen	0.05
	唑草酮	Carfentrazone ethyl	0.10

水果品种	检 测 项 目	英 文 名	农残限量标准/(mg/kg)
葡萄	阿维菌素	Abamectin	0.02
	矮壮素	Chlormequat	0.75
	百菌清	Chlorothalonil	10.00

续表

水果品种	检 测 项 目	英 文 名	农残限量标准/(mg/kg)
葡萄	苯丁锡	Fenbutatin oxide	5.00
	苯氟磺胺	Dichlofluanid	15.00
	苯菌酮	Metrafenone	4.50
	苯醚甲环唑	Difenoconazole	4.00
	苯霜灵	Benalaxyl	0.50
	苯酰菌胺	Zoxamide	5.00
	吡丙醚	Pyriproxyfen	2.50
	吡虫啉	Imidacloprid	1.00
	吡氟甲禾灵	Haloxyfop	0.02
	吡唑醚菌酯	Pyraclostrobin	2.00
	冰晶石	Cryolite	7.00
	丙炔氟草胺	Flumioxazin	0.02
	丙溴磷	Profenofos	0.05
	虫酰肼	Tebufenozide	2.00
	除虫菊素	Pyrethrins	1.00
	哒螨灵	Pyridaben	5.00
	敌草腈	Dichlobenil	0.15
	敌草隆	Diuron	0.05
	丁硫克百威	Carbosulfan	0.10
	啶酰菌胺	Boscalid	5.00
	毒死蜱	Chlorpyrifos	1.00
	多菌灵	Carbendazim	3.00
	多杀霉素	Spinosad	0.50
	恶唑菌酮	Famoxadone	2.00
	二硫化碳	Carbon disulfide	0.10
	二氰蒽醌	Dithianon	3.00
	二溴磷	Naled	0.50
	二氧化硫	Sulfur dioxide	50.00
	二硫代氨基甲酸酯类	Dithiocarbamates	10.00
	砜嘧磺隆	Rimsulfuron	0.01
	氟苯虫酰胺	Flubendiamide	2.00
	氟吡菌胺	Fluopicolide	2.00

续表

水果品种	检 测 项 目	英 文 名	农残限量标准/(mg/kg)
葡萄	氟吡菌酰胺	Fluopyram	2.00
	氟草敏	Norflurazon	0.10
	氟啶胺	Fluazinam	0.50
	氟啶草酮	Fluridone	0.10
	氟硅唑	Flusilazole	0.50
	氟菌唑	Triflumizole	2.50
	氟乐灵	Trifluralin	0.05
	氟氯氰菊酯	Cyfluthrin	1.00
	腐霉利	Procymidone	5.00
	环酰菌胺	Fenhexamid	15.00
	甲苯氟磺胺	Tolylfluanid	3.00
	甲基毒死蜱	Chlorpyrifos methyl	1.00
	甲基对硫磷	Parathion methyl	0.50
	甲霜灵	Metalaxyl	1.00
	甲氧虫酰肼	Methoxyfenoxide	2.00
	腈苯唑	Fenbuconazole	1.00
	腈菌唑	Myclobutanil	1.00
	克菌丹	Captan	25.00
	喹氧灵	Quinoxyfen	2.00
	联苯菊酯	Bifenthrin	0.20
	磷化氢	Hydrogen phosphide	0.01
	硫丹	Endosulfan	2.00
	咯菌腈	Fludioxonil	2.00
	氯苯嘧啶醇	Fenarimol	0.30
	氯吡脲	Forchlorfenuron	0.03
	氯氰菊酯	Cypermethrin	0.20
	氯硝胺	Dicloran	7.00
	螺虫乙酯	Spirotetramat	2.00
	螺菌环胺	Spiroxamine	2.00
	螺螨酯	Spirodiclofen	0.20

续表

水果品种	检测项目	英文名	农残限量标准/(mg/kg)
葡萄	马拉硫磷	Malathion	8.00
	咪唑菌酮	Fenamidone	1.00
	醚菌酯	Kresoxim methyl	1.00
	嘧菌环胺	Cyprodinil	3.00
	嘧菌酯	Azoxystrobin	10.00
	嘧霉胺	Pyrimethanil	4.00
	灭多威	Methomyl	0.30
	灭菌丹	Folpet	10.00
	灭螨醌	Acequinocyl	1.60
	炔苯酰草胺	Propyzamide	0.10
	炔螨特	Propargite	7.00
	噻螨酮	Hexythiazox	1.00
	噻嗪酮	Buprofezin	1.00
	三环锡	Cyhexatin	0.30
	三氯杀螨醇	Dicofol	5.00
	三乙膦酸铝	Fosetyl aluminium	10.00
	三唑磷	Triazophos	0.02
	三唑酮	Triadimefon	1.00
	三唑锡	Azocyclotin	0.30
	杀草强	Amitrole	0.05
	杀扑磷	Methidathion	0.20
	双炔酰菌胺	Mandipropamid	2.00
	霜脲氰	Cymoxanil	1.00
	四氟醚唑	Tetraconazole	0.50
	四螨嗪	Clofentezine	2.00
	速灭磷	Mevinphos	0.50
	涕灭威	Aldicarb	0.20
	肟菌酯	Trifloxystrobin	3.00
	五氟磺草胺	Penoxsulam	0.01
	戊菌唑	Penconazole	0.20
	戊唑醇	Tebuconazole	2.00
	西玛津	Simazine	0.20

续表

水果品种	检 测 项 目	英 文 名	农残限量标准/(mg/kg)
葡萄	烯酰吗啉	Dimethomorph	2. 00
	消螨多	Meptyldinocap	0. 20
	溴螨酯	Bromopropylate	2. 00
	溴氰菊酯	Deltamethrin	0. 20
	亚胺硫磷	Phosmet	10. 00
	乙螨唑	Etoxazole	0. 50
	乙烯利	Ethephon	1. 00
	乙氧氟草醚	Oxyfluorfen	0. 05
	异恶酰草胺	Isoxaben	0. 01
	异菌脲	Iprodione	20. 00
	茚虫威	Indoxacarb	2. 00
	增效醚	Piperonyl butoxide	8. 00
	唑螨酯	Fenpyroximate	0. 10

第 4 节 CAC 食品法典水果农残限量要求

水果品种	检 测 项 目	英 文 名	农残限量标准/(mg/kg)
苹果	Spinozad	Spinozad	0. 10
	阿维菌素	Abamectin	0. 02
	保棉磷	Azinphos-Methyl	0. 05
	吡虫啉	Imidacloprid	0. 50
	吡唑醚菌酯	Pyraclostrobin	0. 50
	啶酰菌胺	Boscalid	2. 00
	二苯胺	Diphenylamine	10. 00
	伏杀硫磷	Phosalone	5. 00
	高效氟氯氰菊酯	Cyfluthrin/beta-cyfluthrin	0. 10
	甲基对硫磷	Parathion-Methyl	0. 20
	克螨特	Propargite	3. 00
	克线磷	Fenamiphos	0. 05
	马拉硫磷	Malathion	0. 50
	醚菊酯	Etofenprox	0. 60

续表

水果品种	检 测 项 目	英 文 名	农残限量标准/(mg/kg)
苹果	嘧菌环胺	Cyprodinil	0.05
	灭多威	Methomyl	0.30
	灭菌丹	Folpet	10.00
	嗪氨灵	Triforine	2.00
	噻嗪酮	Buprofezin	3.00
	三环锡	Cyhexatin	0.20
	三唑醇	Triadimenol	0.30
	三唑酮	Triadimefon	0.30
	三唑锡	Azocyclotin	0.20
	杀螟硫磷	Fenitrothion	0.50
	杀扑磷	Methidathion	0.50
	戊唑醇	Tebuconazole	1.00
	消螨普	Dinocap	0.20
	溴氰菊酯	Deltamethrin	0.20
	乙烯利	Ethephon	5.00
	抑菌灵	Dichlofluanid	5.00
	茚虫威	Indoxacarb	0.50

水果品种	检 测 项 目	英 文 名	农残限量标准/(mg/kg)
梨	2-苯酚	2-Phenylphenol	20.00
	阿维菌素	Abamectin	0.02
	保棉磷	Azinphos-Methyl	2.00
	吡虫啉	Imidacloprid	1.00
	二苯胺	Diphenylamine	5.00
	高效氟氯氰菊酯	Cyfluthrin/beta-cyfluthrin	0.10
	乐果	Dimethoate	1.00
	醚菊酯	Etofenprox	0.60
	嘧菌环胺	Cyprodinil	1.00
	灭多威	Methomyl	0.30
	噻嗪酮	Buprofezin	6.00
	三环锡	Cyhexatin	0.20
	三唑锡	Azocyclotin	0.20

续表

水果品种	检 测 项 目	英 文 名	农残限量标准/(mg/kg)
梨	杀扑磷	Methidathion	1.00
	戊唑醇	Tebuconazole	1.00
	亚砜磷	Oxydemeton-Methyl	0.05
	乙氧喹啉	Ethoxyquin	3.00
	抑菌灵	Dichlofluanid	5.00
	茚虫威	Indoxacarb	0.20

水果品种	检 测 项 目	英 文 名	农残限量标准/(mg/kg)
猕猴桃	Spinozad	Spinozad	0.05
	虫酰肼	Tebufenozide	0.50
	啶酰菌胺	Boscalid	5.00
	二嗪磷	Diazinon	0.20
	咯菌腈	Fludioxonil	15.00
	氯菊酯	Permethrin	2.00
	螺虫乙酯	Spirotetramate	0.02
	噻虫啉	Thiacloprid	0.20
	异菌脲	Iprodione	5.00
	吲哚羧酸酯	Fenhexamid	15.00

水果品种	检 测 项 目	英 文 名	农残限量标准/(mg/kg)
柑橘类水果	2，4-滴	2，4-D	1.00
	2-苯酚	2-Phenylphenol	10.00
	Spinozad	Spinozad	0.30
	阿维菌素	Abamectin	0.01
	艾氏剂和狄氏剂	Aldrin and Dieldrin	0.05
	百草枯	Paraquat	0.02
	倍硫磷	Fenthion	2.00
	苯丁锡	Fenbutatin Oxide	5.00
	苯嘧磺草胺	Saflufenacil	0.01
	吡虫啉	Imidacloprid	1.00
	吡氟氯禾灵	Haloxyfop	0.02

续表

水果品种	检测项目	英文名	农残限量标准/(mg/kg)
柑橘类水果	吡唑醚菌酯	Pyraclostrobin	2.00
	草铵膦	Glufosinate-Ammonium	0.05
	虫酰肼	Tebufenozide	2.00
	除虫菊素	Pyrethrins	0.05
	除虫脲	Diflubenzuron	0.50
	啶虫脒	Acetamiprid	1.00
	啶酰菌胺	Boscalid	2.00
	毒死蜱	Chlorpyrifos	1.00
	二甲嘧菌胺	Pyrimethanil	7.00
	二硫代氨基甲酸酯	Dithiocarbamates	10.00
	高效氟氯氰菊酯	Cyfluthrin/beta-cyfluthrin	0.30
	季酮螨酯	Spirodiclofen	0.40
	甲基毒死蜱	Chlorpyrifos-Methyl	2.00
	甲萘威	Carbaryl	15.00
	甲霜灵	Metalaxyl	5.00
	甲氧虫酰肼	Methoxyfenozide	2.00
	抗蚜威	Pirimicarb	3.00
	克螨特	Propargite	3.00
	乐果	Dimethoate	5.00
	联苯菊酯	Bifenthrin	0.05
	咯菌腈	Fludioxonil	10.00
	氯虫酰胺	Chlorantraniliprole	0.50
	氯氟氰菊酯（包括高效氯氟氰菊酯）	Cyhalothrin（includes lambda-cyhalothrin）	0.20
	氯菊酯	Permethrin	0.50
	氯氰菊酯（包括 alpha-和 zeta- 氯氰菊酯）	Cypermethrins（including alpha- and zeta- cypermethrin）	0.30
	螺虫乙酯	Spirotetramate	0.50
	马拉硫磷	Malathion	7.00
	咪酰胺	Prochloraz	10.00
	嘧菌酯	Azoxystrobin	15.00
	灭多威	Methomyl	1.00

续表

水果品种	检 测 项 目	英 文 名	农残限量标准/(mg/kg)
柑橘类水果	七氯	Heptachlor	0.01
	噻虫胺	Clothianidin	0.07
	噻虫嗪	Thiamethoxam	0.50
	噻菌灵	Thiabendazole	7.00
	噻螨酮	Hexythiazox	0.50
	噻嗪酮	Buprofezin	1.00
	杀扑磷	Methidathion	5.00
	杀线威	Oxamyl	5.00
	双胍盐	Guazatine	5.00
	四螨嗪®	Clofentezine	0.50
	特苯恶唑	Etoxazole	0.10
	涕灭威	Aldicarb	0.20
	蚊蝇醚	Pyriproxifen	0.50
	肟菌酯	Trifloxystrobin	0.50
	烯菌灵	Imazalil	5.00
	溴离子	Bromide Ion	30.00
	溴螨酯	Bromopropylate	2.00
	溴氰菊酯	Deltamethrin	0.02
	亚胺硫磷	Phosmet	3.00
	增效醚	Piperonyl Butoxide	5.00
	唑螨酯	Fenpyroximate	0.50

水果品种	检 测 项 目	英 文 名	农残限量标准/(mg/kg)
桃	百菌清	Chlorothalonil	0.20
	保棉磷	Azinphos-Methyl	2.00
	苯丁锡	Fenbutatin Oxide	7.00
	苯醚甲环唑	Difenoconazole	0.50
	吡虫啉	Imidacloprid	0.50
	吡唑醚菌酯	Pyraclostrobin	0.30
	虫酰肼	Tebufenozide	0.50
	除虫脲	Diflubenzuron	0.50
	啶虫脒	Acetamiprid	0.70

续表

水果品种	检 测 项 目	英 文 名	农残限量标准/(mg/kg)
桃	毒死蜱	Chlorpyrifos	0. 50
	多果定	Dodine	5. 00
	多菌灵	Carbendazim	2. 00
	二甲嘧菌胺	Pyrimethanil	4. 00
	二嗪磷	Diazinon	0. 20
	呋虫胺	Dinotefuran	0. 80
	氟吡菌酰胺	Fluopyram	0. 40
	氟硅唑	Flusilazole	0. 20
	甲基对硫磷	Parathion-Methyl	0. 30
	腈苯唑	Fenbuconazole	0. 50
	克菌丹	Captan	20. 00
	氯苯嘧啶醇	Fenarimol	0. 50
	氯氟氰菊酯（包括高效氯氟氰菊酯）	Cyhalothrin（includes lambda-cyhalothrin）	0. 50
	氯硝胺	Dichloran	7. 00
	醚菊酯	Etofenprox	0. 60
	灭多威	Methomyl	0. 20
	嗪氨灵	Triforine	5. 00
	噻嗪酮	Buprofezin	9. 00
	双苯三唑醇	Bitertanol	1. 00
	双甲脒	Amitraz	0. 50
	戊菌唑	Penconazole	0. 10
	戊唑醇	Tebuconazole	2. 00
	消螨普	Dinocap	0. 10
	溴氰菊酯	Deltamethrin	0. 05
	亚胺硫磷	Phosmet	10. 00
	乙基多杀菌素	Spinetoram	0. 30
	异菌脲	Iprodione	10. 00
	抑菌灵	Dichlofluanid	5. 00
	因灭汀	Emamectin benzoate	0. 03
	吲哚羧酸酯	Fenhexamid	10. 00

水果品种	检 测 项 目	英 文 名	农残限量标准/(mg/kg)
油桃	保棉磷	Azinphos-Methyl	2.00
	苯醚甲环唑	Difenoconazole	0.50
	吡虫啉	Imidacloprid	0.50
	吡唑醚菌酯	Pyraclostrobin	0.30
	虫酰肼	Tebufenozide	0.50
	除虫脲	Diflubenzuron	0.50
	啶虫脒	Acetamiprid	0.70
	多果定	Dodine	5.00
	多菌灵	Carbendazim	2.00
	二甲嘧菌胺	Pyrimethanil	4.00
	呋虫胺	Dinotefuran	0.80
	氟硅唑	Flusilazole	0.20
	甲基对硫磷	Parathion-Methyl	0.30
	克菌丹	Captan	3.00
	氯氟氰菊酯（包括高效氯氟氰菊酯）	Cyhalothrin（includes lambda-cyhalothrin）	0.50
	氯硝胺	Dichloran	7.00
	醚菊酯	Etofenprox	0.60
	灭多威	Methomyl	0.20
	噻嗪酮	Buprofezin	9.00
	杀扑磷	Methidathion	0.20
	双苯三唑醇	Bitertanol	1.00
	戊菌唑	Penconazole	0.10
	戊唑醇	Tebuconazole	2.00
	溴氰菊酯	Deltamethrin	0.05
	亚胺硫磷	Phosmet	10.00
	乙基多杀菌素	Spinetoram	0.30
	因灭汀	Emamectin benzoate	0.03
	吲哚羧酸酯	Fenhexamid	10.00

水果品种	检 测 项 目	英 文 名	农残限量标准/(mg/kg)
李子	保棉磷	Azinphos-Methyl	2.00
	苯丁锡	Fenbutatin Oxide	3.00
	苯醚甲环唑	Difenoconazole	0.20
	吡虫啉	Imidacloprid	0.20
	吡唑醚菌酯	Pyraclostrobin	0.80
	除虫脲	Diflubenzuron	0.50
	啶虫脒	Acetamiprid	0.20
	毒死蜱	Chlorpyrifos	0.50
	多菌灵	Carbendazim	0.50
	二甲嘧菌胺	Pyrimethanil	2.00
	二嗪磷	Diazinon	1.00
	氟苯脲	Teflubenzuron	0.10
	腈苯唑	Fenbuconazole	0.30
	腈菌唑	Myclobutanil	0.20
	克菌丹	Captan	10.00
	氯氟氰菊酯（包括高效氯氟氰菊酯）	Cyhalothrin (includes lambda-cyhalothrin)	0.20
	灭多威	Methomyl	1.00
	嗪氨灵	Triforine	2.00
	噻嗪酮	Buprofezin	2.00
	杀扑磷	Methidathion	0.20
	双苯三唑醇	Bitertanol	2.00
	戊唑醇	Tebuconazole	1.00
	溴螨酯	Bromopropylate	2.00
	溴氰菊酯	Deltamethrin	0.05
	吲哚羧酸酯	Fenhexamid	1.00

水果品种	检 测 项 目	英 文 名	农残限量标准/(mg/kg)
杏	吡虫啉	Imidacloprid	0.50
	多菌灵	Carbendazim	2.00
	二甲嘧菌胺	Pyrimethanil	3.00
	氟硅唑	Flusilazole	0.20

续表

水果品种	检测项目	英文名	农残限量标准/(mg/kg)
杏	腈苯唑	Fenbuconazole	0. 50
	氯氟氰菊酯（包括高效氯氟氰菊酯）	Cyhalothrin (includes lambda-cyhalothrin)	0. 50
	双苯三唑醇	Bitertanol	1. 00
	戊唑醇	Tebuconazole	2. 00
	亚胺硫磷	Phosmet	10. 00
	吲哚羧酸酯	Fenhexamid	10. 00

水果品种	检测项目	英文名	农残限量标准/(mg/kg)
樱桃	百菌清	Chlorothalonil	0. 50
	保棉磷	Azinphos-Methyl	2. 00
	倍硫磷	Fenthion	2. 00
	苯丁锡	Fenbutatin Oxide	10. 00
	苯醚甲环唑	Difenoconazole	0. 20
	吡虫啉	Imidacloprid	0. 50
	吡唑醚菌酯	Pyraclostrobin	3. 00
	啶虫脒	Acetamiprid	1. 50
	多果定	Dodine	3. 00
	多菌灵	Carbendazim	10. 00
	二甲嘧菌胺	Pyrimethanil	4. 00
	二硫代氨基甲酸酯	Dithiocarbamates	0. 20
	二嗪磷	Diazinon	1. 00
	二噻农	Dithianon	5. 00
	氟吡菌酰胺	Fluopyram	0. 70
	腈苯唑	Fenbuconazole	1. 00
	克菌丹	Captan	25. 00
	喹氧灵	Quinoxyfen	0. 40
	乐果	Dimethoate	2. 00
	氯苯嘧啶醇	Fenarimol	1. 00
	氯氟氰菊酯（包括高效氯氟氰菊酯）	Cyhalothrin (includes lambda-cyhalothrin)	0. 30

续表

水果品种	检 测 项 目	英 文 名	农残限量标准/(mg/kg)
樱桃	嗪氨灵	Triforine	2.00
	噻嗪酮	Buprofezin	2.00
	杀扑磷	Methidathion	0.20
	双苯三唑醇	Bitertanol	1.00
	双甲脒	Amitraz	0.50
	戊唑醇	Tebuconazole	4.00
	乙烯利	Ethephon	10.00
	异菌脲	Iprodione	10.00
	吲哚羧酸酯	Fenhexamid	7.00

水果品种	检 测 项 目	英 文 名	农残限量标准/(mg/kg)
石榴	吡虫啉	Imidacloprid	1.00
	咯菌腈	Fludioxonil	2.00

水果品种	检 测 项 目	英 文 名	农残限量标准/(mg/kg)
葡萄	Spinozad	Spinozad	0.50
	百菌清	Chlorothalonil	3.00
	苯丁锡	Fenbutatin Oxide	5.00
	苯醚甲环唑	Difenoconazole	0.10
	苯嘧磺草胺	Saflufenacil	0.01
	苯霜灵	Benalaxyl	0.30
	苯酰菌胺	Zoxamide	5.00
	吡虫啉	Imidacloprid	1.00
	吡氟氯禾灵	Haloxyfop	0.02
	吡唑醚菌酯	Pyraclostrobin	2.00
	草铵膦	Glufosinate-Ammonium	0.15
	虫酰肼	Tebufenozide	2.00
	啶虫脒	Acetamiprid	0.50
	啶酰菌胺	Boscalid	5.00
	毒死蜱	Chlorpyrifos	0.50
	多菌灵	Carbendazim	3.00
	恶唑菌酮	Famoxadone	2.00

续表

水果品种	检 测 项 目	英 文 名	农残限量标准/(mg/kg)
葡萄	二甲嘧菌胺	Pyrimethanil	4.00
	二硫代氨基甲酸酯	Dithiocarbamates	5.00
	二噻农	Dithianon	3.00
	粉唑醇	Flutriafol	0.80
	呋虫胺	Dinotefuran	0.90
	氟吡菌酰胺	Fluopyram	2.00
	氟虫酰胺	Flubendiamide	2.00
	氟啶虫胺腈	Sulfoxaflor	2.00
	氟硅唑	Flusilazole	0.20
	季酮螨酯	Spirodiclofen	0.20
	甲苯氟磺胺	Tolylfluanid	3.00
	甲基毒死蜱	Chlorpyrifos-Methyl	1.00
	甲基对硫磷	Parathion-Methyl	0.50
	甲氰菊酯	Fenpropathrin	5.00
	甲霜灵	Metalaxyl	1.00
	甲氧虫酰肼	Methoxyfenozide	1.00
	腈苯唑	Fenbuconazole	1.00
	腈菌唑	Myclobutanil	1.00
	克菌丹	Captan	25.00
	克螨特	Propargite	7.00
	喹氧灵	Quinoxyfen	2.00
	联苯肼酯	Bifenazate	0.70
	咯菌腈	Fludioxonil	2.00
	氯苯嘧啶醇	Fenarimol	0.30
	氯菊酯	Permethrin	2.00
	氯氰菊酯(包括 alpha-和 zeta- 氯氰菊酯)	Cypermethrins (including alpha- and zeta- cypermethrin)	0.20
	氯硝胺	Dichloran	7.00
	螺虫乙酯	Spirotetramate	2.00
	马拉硫磷	Malathion	5.00
	醚菊酯	Etofenprox	4.00
	醚菌酯	Kresoxim-Methyl	1.00

续表

水果品种	检 测 项 目	英 文 名	农残限量标准/(mg/kg)
葡萄	嘧菌环胺	Cyprodinil	3.00
	嘧菌酯	Azoxystrobin	2.00
	灭多威	Methomyl	0.30
	灭菌丹	Folpet	10.00
	内氟吡菌胺	Fluopicolide	2.00
	噻草酮	Cycloxydim	0.30
	噻虫胺	Clothianidin	0.70
	噻螨酮	Hexythiazox	1.00
	噻嗪酮	Buprofezin	1.00
	三环锡	Cyhexatin	0.30
	三唑锡	Azocyclotin	0.30
	杀草强	Amitrole	50.00
	杀扑磷	Methidathion	1.00
	双炔酰菌胺	Mandipropamid	2.00
	四螨嗪®	Clofentezine	2.00
	特苯恶唑	Etoxazole	0.50
	涕灭威	Aldicarb	0.20
	肟菌酯	Trifloxystrobin	3.00
	戊菌唑	Penconazole	0.20
	戊唑醇	Tebuconazole	6.00
	烯酰吗啉	Dimethomorph	2.00
	消螨多	Meptyldinocap	0.20
	消螨普	Dinocap	0.50
	溴螨酯	Bromopropylate	2.00
	溴氰菊酯	Deltamethrin	0.20
	亚胺硫磷	Phosmet	10.00
	乙基多杀菌素	Spinetoram	0.30
	乙烯利	Ethephon	1.00
	异菌脲	Iprodione	10.00
	抑菌灵	Dichlofluanid	15.00
	因灭汀	Emamectin benzoate	0.03
	吲哚羧酸酯	Fenhexamid	15.00

续表

水果品种	检 测 项 目	英 文 名	农残限量标准/(mg/kg)
葡萄	茚虫威	Indoxacarb	2.00
	唑螨酯	Fenpyroximate	0.10
	唑嘧菌胺	Ametoctradin	6.00

第 5 节　韩国水果农残限量要求

水果品种	检 测 项 目	英 文 名	农残限量标准/(mg/kg)
苹果	2，4-滴	2，4-D	2.00
	2，4-滴丙酸	Dichlorprop	0.05
	6-苯甲酰基腺嘌呤	6-Benzylaminopurine	0.10
	Cyenopyrafen	Cyenopyrafen	1.00
	EBDC［Ethylenebis（dithiocarbamate）s］	EBDC［Ethylenebis（dithiocarbamate）s］	2.00
	Flumioxazine	Flumioxazine	0.10
	Meptyldinocap	Meptyldinocap	0.10
	Phosphamidone	Phosphamidone	0.50
	pyrifluquinazon	pyrifluquinazon	0.05
	阿维菌素	Abamectin	0.02
	矮壮素	Chlormequat（Cycocel）	1.00
	艾氏剂和狄氏剂	Aldrin & Dieldrin	0.05
	氨磺乐灵	Oryzalin	0.05
	百菌清	Chlorothalonil	2.00
	百克敏	Pyraclostrobin	0.20
	保棉磷	Azinphos-methyl	1.00
	倍硫磷	Fenthion：MPP	0.20
	苯并噻二唑	Acibenzolar-S-methyl	0.20
	苯丁锡	Fenbutatin oxide（Vendex）	5.00
	苯硫膦	EPN	0.20
	苯螨特	Benzoximate	0.50
	苯醚甲环唑	Difenoconazole	1.00
	苯嘧磺草胺	Saflufenacil	0.03

续表

水果品种	检测项目	英文名	农残限量标准/(mg/kg)
苹果	吡草醚	Pyraflufen-ethyl	0.10
	吡虫啉	Imidacloprid	0.50
	吡虫清	Acetamiprid	0.30
	吡螨胺	Tebufenpyrad	0.50
	吡嘧磷	Pyrazophos	1.00
	必芬松	Pyridaphenthion	0.10
	丙环唑	Propiconazole	1.00
	丙硫克百威	Benfuracarb	0.20
	丙硫磷	Prothiofos	0.05
	丙溴磷	Profenofos	2.00
	布洛芬	Trifloxystrobin	0.70
	草铵膦	Glufosinate (ammonium)	0.05
	草甘膦	Glyphosate	0.20
	草净津	Terbuthylazine	0.10
	虫螨腈	Chlorfenapyr	1.00
	虫酰肼	Tebufenozide	1.00
	除虫菊素	Pyrethrins	1.00
	除虫脲	Diflubenzuron	2.00
	哒草伏	Norflurazon	0.10
	哒螨灵	Pyridaben	1.00
	稻丰散	Phenthoate；PAP	0.20
	稻瘟灵	Isoprothiolane	0.05
	敌百虫	Trichlorfon (DEP)	2.00
	敌草腈	Dichlobenil	0.15
	敌敌畏	Dichlorvos；DDVP	2.00
	丁氟螨酯	Cyflumetofen	0.30
	丁硫克百威	Carbosulfan	0.10
	丁嘧脲	Diafenthiuron	0.50
	丁酰肼	Daminozide	N.D.
	啶虫丙醚	Pyridalyl	1.00
	啶酰菌胺	Boscalid	1.00
	啶氧菌酯	Picoxystrobin	0.30

续表

水果品种	检测项目	英文名	农残限量标准/(mg/kg)
苹果	毒虫畏	Chlorfenvinphos	0.05
	毒死蜱	Chlorpyrifos	1.00
	对硫磷	Parathion	0.30
	多果定	Dodine	5.00
	多菌灵	Carbendazim	3.00
	多效唑	Paclobutrazol	0.50
	恶二唑虫	Indoxacarb	0.10
	二苯胺	Diphenylamine	5.00
	二甲基二硫代氨基甲酸盐	Dimethyl dithiocarbamates	0.30
	二甲嘧菌胺	Pyrimethanil	2.00
	二嗪磷	Diazinon	0.50
	二噻农	Dithianon	5.00
	呋虫胺	Dinotefuran	0.50
	呋喃丹	Carbofuran	0.50
	呋线威	Furathiocarb	0.50
	伏杀硫磷	Phosalone	5.00
	氟苯脲	Teflubenzuron	1.00
	氟丙菊酯	Acrinathrin	0.50
	氟草烟	Fluroxypyr	0.10
	氟虫脲	Flufenoxuron	0.70
	氟虫酰胺	Flubendiamide	1.00
	氟定脲	Chlorfluazuron	0.20
	氟啶胺	Fluazinam	0.30
	氟啶虫胺腈	Sulfoxaflor	0.40
	氟啶虫酰胺	Flonicamid	0.70
	氟硅唑	Flusilazole	0.30
	氟菌唑	Triflumizole	1.00
	氟铃脲	Hexaflumuron	0.50
	氟氯氰菊酯	Cyfluthrin	0.50
	氟醚唑	Tetraconazole	1.00
	氟酮唑草	Carfentrazone-ethyl	0.10
	腐霉利	Procymidone	5.00

续表

水果品种	检 测 项 目	英 文 名	农残限量标准/(mg/kg)
苹果	硅氟唑	Simeconazole	0.50
	环丙唑醇	Cyproconazole	0.10
	环虫酰肼	Chromafenozide	1.00
	环氟菌胺	Cyflufenamid	0.20
	己唑醇	Hexaconazole	0.50
	季酮螨酯	Spirodiclofen	1.00
	甲胺磷	Methamidophos	0.10
	甲苯氟磺胺	Tolylfluanid	5.00
	甲基代森锌	Propineb	1.00
	甲基对硫磷	Parathion-methyl	0.20
	甲基立枯磷	Tolclofos-methyl	0.05
	甲基嘧啶磷	Pirimiphos-methyl	2.00
	甲萘威	Carbaryl：NAC	1.00
	甲氰菊酯	Fenpropathrin	5.00
	甲霜灵	Metalaxyl	0.05
	甲氧虫酰肼	Methoxyfenozide	2.00
	甲氧滴滴涕	Methoxychlor	14.00
	腈苯唑	Fenbuconazole	2.00
	腈菌唑	Myclobutanil	0.50
	腈嘧菌酯	Azoxystrobin	1.00
	久效磷	Monocrotophos	1.00
	抗蚜威	Pirimicarb	1.00
	克菌丹	Captan	5.00
	克螨特	Propargite	5.00
	克线磷	Fenamiphos	0.20
	喹唑菌酮	Fluquinconazole	0.50
	乐果	Dimethoate	1.00
	联苯肼酯	Bifenazate	1.00
	联苯菊酯	Bifenthrin	0.50
	邻苯基苯酚	2-phenylphenol（OPP）	10.00
	硫双威	Thiodicarb	2.00
	六六六	BHC	0.01

续表

水果品种	检测项目	英文名	农残限量标准/(mg/kg)
苹果	氯苯胺灵	Chlorpropham	0.05
	氯苯嘧啶醇	Fenarimol	0.30
	氯虫酰胺	Chlorantraniliprole	1.00
	氯丹	Chlordane	0.02
	氯氟氰菊酯	Cyhalothrin	0.20
	氯菊酯	Permethrin（Permetrin）	0.05
	氯氰菊酯	Cypermethrin	2.00
	螺甲螨酯	Spiromesifen	0.50
	马拉硫磷	Malathion	0.50
	螨即死	Fenazaquin	0.10
	咪酰胺	Prochloraz	0.50
	醚菊酯	Etofenprox	1.00
	醚菌酯	Kresoxim-methyl	2.00
	密灭汀	Milbemectin	0.10
	嘧菌胺	Mepanipyrim	0.50
	嘧菌环胺	Cyprodinil	1.00
	嘧螨醚	Pyrimidifen	0.20
	嘧螨酯	Fluacrypyrim	1.00
	棉铃威	Alanycarb	0.50
	灭多威	Methomyl	1.00
	灭菌丹	Folpet	5.00
	灭螨醌	Acequinocyl	0.50
	尼瑞莫	Nuarimol	0.10
	嗪氨灵	Triforine	2.00
	氰氟虫腙	Metaflumizone	1.00
	氰戊菊酯	Fenvalerate	2.00
	噻虫胺	Clothianidin	1.00
	噻虫啉	Thiacloprid	0.70
	噻虫嗪	Thiamethoxam	0.50
	噻菌灵	Thiabendazole	10.00
	噻螨酮	Hexythiazox	0.30
	三环锡	Cyhexatin	2.00

续表

水果品种	检 测 项 目	英 文 名	农残限量标准/(mg/kg)
苹果	三硫磷	Carbophenothion	0. 02
	三氯杀螨醇	Dicofol	2. 00
	三氯杀螨砜	Tetradifon	3. 00
	三唑醇	Triadimenol	0. 50
	三唑磷	Triazophos	0. 20
	三唑酮	Triadimefon	0. 50
	三唑锡	Azocyclotin	2. 00
	杀虫磺	Bensultap	0. 70
	杀铃脲	Triflumuron	0. 50
	杀螟硫磷	Fenitrothion；MEP	0. 50
	杀扑磷	Methidathion	0. 30
	杀线威	Oxamyl	2. 00
	虱螨脲	Lufenuron	0. 30
	双苯氟脲	Novaluron	1. 00
	双苯三唑醇	Bitertanol	0. 60
	双胍辛胺	Iminoctadine	0. 30
	双甲脒	Amitraz	0. 50
	双三氟虫脲	Bistrifluron	1. 00
	双氧威	Fenoxycarb	0. 50
	四螨嗪	Clofentezine	1. 00
	四溴菊酯	Tralomethrin	0. 50
	速灭磷	Mevinphos	0. 50
	特苯恶唑	Etoxazole	0. 50
	戊菌唑	Penconazole	0. 20
	戊唑醇	Tebuconazole	0. 50
	西玛津	Simazine	0. 25
	烯菌灵	Imazalil	5. 00
	烯唑醇	Diniconazole	1. 00
	稀禾定	Sethoxydim	1. 00
	硝草胺	Pendimethalin	0. 05
	溴螨酯	Bromopropylate	5. 00
	溴氰菊酯	Deltamethrin	0. 50

续表

水果品种	检 测 项 目	英 文 名	农残限量标准/(mg/kg)
苹果	亚胺唑	Imibenconazole	0.30
	氧化乐果	Omethoate	0.40
	叶菌唑	Metconazole	1.00
	乙磷铝	Fosetyl-aluminium	25.00
	乙硫苯威	Ethiofencarb	5.00
	乙烯菌核利	Vinclozolin	1.00
	乙烯利	Ethephon	5.00
	乙酰甲胺磷	Acephate	5.00
	乙氧氟草醚	Oxyfluorfen	0.05
	乙氧喹啉	Ethoxyquin	3.00
	乙酯杀螨醇	Chlorobenzilate	0.02
	异菌脲	Iprodione	10.00
	抑菌灵	Dichlofluanid	5.00
	抑芽丹	Maleic hydrazide	40.00
	因灭汀	Emamectin benzoate	0.20
	吲哚羧酸酯	Fenhexamid	1.00
	唑螨酯	Fenpyroximate	0.50
	唑蚜威	Triazamate	0.10

水果品种	检 测 项 目	英 文 名	农残限量标准/(mg/kg)
梨	2，4-滴	2，4-D	2.00
	6-苯甲酰基腺嘌呤	6-Benzylaminopurine	0.20
	Cyenopyrafen	Cyenopyrafen	1.00
	EBDC［Ethylenebis（dithiocarbamate）s］	EBDC［Ethylenebis（dithiocarbamate）s］	0.50
	Meptyldinocap	Meptyldinocap	0.10
	Phosphamidone	Phosphamidone	0.50
	pyrifluquinazon	pyrifluquinazon	0.05
	阿维菌素	Abamectin	0.02
	矮壮素	Chlormequat（Cycocel）	3.00
	艾氏剂和狄氏剂	Aldrin & Dieldrin	0.05
	百菌清	Chlorothalonil	1.00

续表

水果品种	检测项目	英文名	农残限量标准/(mg/kg)
梨	百克敏	Pyraclostrobin	1.00
	保棉磷	Azinphos-methyl	1.00
	倍硫磷	Fenthion：MPP	0.20
	苯丁锡	Fenbutatin oxide（Vendex）	5.00
	苯硫膦	EPN	0.20
	苯醚甲环唑	Difenoconazole	1.00
	苯嘧磺草胺	Saflufenacil	0.03
	苯嘧磺草胺	Saflufenacil	0.03
	苯酰菌胺	Zoxamide	0.50
	吡虫啉	Imidacloprid	0.50
	吡虫清	Acetamiprid	0.30
	吡螨胺	Tebufenpyrad	0.50
	必芬松	Pyridaphenthion	0.30
	丙硫克百威	Benfuracarb	0.05
	丙硫磷	Prothiofos	0.05
	布洛芬	Trifloxystrobin	0.70
	草铵膦	Glufosinate（ammonium）	0.05
	草甘膦	Glyphosate	0.20
	虫螨腈	Chlorfenapyr	1.00
	虫酰肼	Tebufenozide	1.00
	除虫菊素	Pyrethrins	1.00
	除虫脲	Diflubenzuron	2.00
	哒螨灵	Pyridaben	0.50
	稻丰散	Phenthoate：PAP	0.20
	敌草腈	Dichlobenil	0.15
	丁氟螨酯	Cyflumetofen	1.00
	丁硫克百威	Carbosulfan	0.20
	丁嘧脲	Diafenthiuron	0.20
	丁酰肼	Daminozide	N.D.
	啶酰菌胺	Boscalid	1.00
	毒虫畏	Chlorfenvinphos	0.05
	毒死蜱	Chlorpyrifos	1.00

续表

水果品种	检 测 项 目	英 文 名	农残限量标准/(mg/kg)
梨	对硫磷	Parathion	0. 30
	多果定	Dodine	5. 00
	多菌灵	Carbendazim	3. 00
	恶草灵	Oxadiazon	0. 05
	恶二唑虫	Indoxacarb	0. 50
	恶唑菌酮	Famoxadone	0. 50
	二苯胺	Diphenylamine	5. 00
	二甲基二硫代氨基甲酸盐	Dimethyl dithiocarbamates	0. 50
	二甲嘧菌胺	Pyrimethanil	3. 00
	二嗪磷	Diazinon	0. 10
	二噻农	Dithianon	1. 00
	呋虫胺	Dinotefuran	0. 50
	呋喃丹	Carbofuran	0. 10
	呋线威	Furathiocarb	0. 10
	伏杀硫磷	Phosalone	2. 00
	氟苯脲	Teflubenzuron	1. 00
	氟虫脲	Flufenoxuron	0. 70
	氟虫酰胺	Flubendiamide	1. 00
	氟定脲	Chlorfluazuron	0. 10
	氟啶胺	Fluazinam	0. 30
	氟啶虫胺腈	Sulfoxaflor	0. 40
	氟啶虫酰胺	Flonicamid	0. 30
	氟硅唑	Flusilazole	0. 30
	氟菌唑	Triflumizole	1. 00
	氟氯氰菊酯	Cyfluthrin	1. 00
	氟醚唑	Tetraconazole	1. 00
	硅氟唑	Simeconazole	0. 50
	环丙唑醇	Cyproconazole	0. 10
	环氟菌胺	Cyflufenamid	0. 20
	己唑醇	Hexaconazole	0. 50
	季酮螨酯	Spirodiclofen	1. 00
	甲胺磷	Methamidophos	0. 10

续表

水果品种	检 测 项 目	英 文 名	农残限量标准/(mg/kg)
梨	甲苯氟磺胺	Tolylfluanid	5.00
	甲基对硫磷	Parathion-methyl	0.20
	甲基嘧啶磷	Pirimiphos-methyl	1.00
	甲萘威	Carbaryl：NAC	0.50
	甲氰菊酯	Fenpropathrin	5.00
	甲氧虫酰肼	Methoxyfenozide	2.00
	甲氧滴滴涕	Methoxychlor	14.00
	腈苯唑	Fenbuconazole	0.50
	腈菌唑	Myclobutanil	0.50
	腈嘧菌酯	Azoxystrobin	1.00
	久效磷	Monocrotophos	1.00
	抗蚜威	Pirimicarb	1.00
	克菌丹	Captan	5.00
	克螨特	Propargite	3.00
	喹唑菌酮	Fluquinconazole	0.50
	乐果	Dimethoate	1.00
	联苯肼酯	Bifenazate	0.20
	联苯菊酯	Bifenthrin	0.50
	邻苯基苯酚	2-phenylphenol（OPP）	10.00
	硫双威	Thiodicarb	2.00
	六六六	BHC	0.01
	氯苯胺灵	Chlorpropham	0.05
	氯苯嘧啶醇	Fenarimol	0.30
	氯虫酰胺	Chlorantraniliprole	1.00
	氯丹	Chlordane	0.02
	氯氟氰菊酯	Cyhalothrin	0.20
	氯菊酯	Permethrin（Permetrin）	2.00
	氯氰菊酯	Cypermethrin	2.00
	螺甲螨酯	Spiromesifen	0.50
	马拉硫磷	Malathion	0.50
	螨即死	Fenazaquin	0.30
	咪酰胺	Prochloraz	2.00

续表

水果品种	检测项目	英文名	农残限量标准/(mg/kg)
梨	醚菊酯	Etofenprox	1.00
	醚菌酯	Kresoxim-methyl	2.00
	密灭汀	Milbemectin	0.10
	嘧菌胺	Mepanipyrim	0.50
	嘧菌环胺	Cyprodinil	1.00
	嘧螨醚	Pyrimidifen	0.20
	嘧螨酯	Fluacrypyrim	0.50
	灭螨醌	Acequinocyl	0.30
	尼瑞莫	Nuarimol	0.10
	氰霜唑	Cyazofamid	0.20
	氰戊菊酯	Fenvalerate	2.00
	噻虫胺	Clothianidin	1.00
	噻虫啉	Thiacloprid	0.70
	噻虫嗪	Thiamethoxam	0.50
	噻菌灵	Thiabendazole	10.00
	噻螨酮	Hexythiazox	0.30
	三环锡	Cyhexatin	2.00
	三硫磷	Carbophenothion	0.02
	三氯杀螨醇	Dicofol	2.00
	三氯杀螨砜	Tetradifon	5.00
	三唑醇	Triadimenol	0.50
	三唑磷	Triazophos	0.20
	三唑酮	Triadimefon	0.50
	三唑锡	Azocyclotin	0.50
	杀虫环	Thiocyclam	1.00
	杀虫环	Thiocyclam	1.00
	杀螟硫磷	Fenitrothion；MEP	0.20
	杀扑磷	Methidathion	0.30
	杀线威	Oxamyl	2.00
	虱螨脲	Lufenuron	0.50
	双苯氟脲	Novaluron	1.00
	双苯三唑醇	Bitertanol	0.60

续表

水果品种	检测项目	英文名	农残限量标准/(mg/kg)
梨	双胍辛胺	Iminoctadine	0.05
	双甲脒	Amitraz	0.50
	双三氟虫脲	Bistrifluron	1.00
	四螨嗪	Clofentezine	0.50
	四溴菊酯	Tralomethrin	0.50
	速灭磷	Mevinphos	0.20
	特苯恶唑	Etoxazole	0.50
	戊菌唑	Penconazole	0.20
	戊唑醇	Tebuconazole	0.50
	西玛津	Simazine	0.25
	烯菌灵	Imazalil	5.00
	烯唑醇	Diniconazole	1.00
	稀禾定	Sethoxydim	1.00
	溴螨酯	Bromopropylate	5.00
	溴氰菊酯	Deltamethrin	0.50
	氧化乐果	Omethoate	0.01
	叶菌唑	Metconazole	0.50
	乙硫苯威	Ethiofencarb	5.00
	乙烯菌核利	Vinclozolin	1.00
	乙烯利	Ethephon	5.00
	乙酰甲胺磷	Acephate	1.00
	乙氧氟草醚	Oxyfluorfen	0.05
	乙氧喹啉	Ethoxyquin	3.00
	乙酯杀螨醇	Chlorobenzilate	0.02
	异菌脲	Iprodione	10.00
	抑菌灵	Dichlofluanid	5.00
	抑芽丹	Maleic hydrazide	40.00
	唑螨酯	Fenpyroximate	0.50

水果品种	检测项目	英文名	农残限量标准/(mg/kg)
猕猴桃	矮壮素	Chlormequat (Cycocel)	1.00
	保棉磷	Azinphos-methyl	1.00
	倍硫磷	Fenthion: MPP	0.20

续表

水果品种	检 测 项 目	英 文 名	农残限量标准/(mg/kg)
猕猴桃	苯丁锡	Fenbutatin oxide (Vendex)	2.00
	吡虫啉	Imidacloprid	1.00
	吡虫清	Acetamiprid	0.50
	草铵膦	Glufosinate (ammonium)	0.05
	除虫菊素	Pyrethrins	1.00
	丁酰肼	Daminozide	N. D.
	啶酰菌胺	Boscalid	5.00
	毒虫畏	Chlorfenvinphos	0.05
	毒死蜱	Chlorpyrifos	2.00
	多菌灵	Carbendazim	3.00
	二嗪磷	Diazinon	0.20
	呋虫胺	Dinotefuran	1.00
	氟氯氰菊酯	Cyfluthrin	1.00
	腐霉利	Procymidone	7.00
	甲胺磷	Methamidophos	0.10
	甲基嘧啶磷	Pirimiphos-methyl	2.00
	腈菌唑	Myclobutanil	1.00
	腈嘧菌酯	Azoxystrobin	1.00
	抗蚜威	Pirimicarb	1.00
	克线磷	Fenamiphos	0.05
	联苯菊酯	Bifenthrin	0.05
	硫丹	Endosulfan	0.10
	硫线磷	Cadusafos	0.02
	六六六	BHC	0.01
	咯菌腈	Fludioxonil	1.00
	氯苯胺灵	Chlorpropham	0.05
	氯吡脲	Forchlorfenuron	0.05
	氯丹	Chlordane	0.02
	氯氟氰菊酯	Cyhalothrin	0.50
	氯菊酯	Permethrin (Permetrin)	2.00
	氯氰菊酯	Cypermethrin	2.00
	氯硝胺	Dicloran	10.00

续表

水果品种	检 测 项 目	英 文 名	农残限量标准/(mg/kg)
猕猴桃	马拉硫磷	Malathion	0.50
	醚菊酯	Etofenprox	0.50
	嘧菌环胺	Cyprodinil	3.00
	氰戊菊酯	Fenvalerate	5.00
	噻苯隆	Thidiazuron	0.10
	噻虫胺	Clothianidin	1.00
	噻虫嗪	Thiamethoxam	0.50
	噻唑磷	Fosthiazate	0.05
	三硫磷	Carbophenothion	0.02
	三氯杀螨醇	Dicofol	1.00
	杀螟丹	Cartap	3.00
	杀螟硫磷	Fenitrothion；MEP	0.20
	杀线威	Oxamyl	0.50
	双胍辛胺	Iminoctadine	0.30
	双甲脒	Amitraz	1.00
	四螨嗪	Clofentezine	1.00
	四溴菊酯	Tralomethrin	0.05
	戊菌唑	Penconazole	0.20
	烯丙苯噻唑	Probenazole	0.05
	烯菌灵	Imazalil	2.00
	稀禾定	Sethoxydim	1.00
	溴甲烷	Methyl bromide	20.00
	溴氰菊酯	Deltamethrin	0.05
	乙硫苯威	Ethiofencarb	5.00
	乙烯菌核利	Vinclozolin	10.00
	乙酰甲胺磷	Acephate	1.00
	乙氧氟草醚	Oxyfluorfen	0.05
	乙氧氟草醚	Oxyfluorfen	0.05
	乙酯杀螨醇	Chlorobenzilate	0.02
	异菌脲	Iprodione	5.00
	抑菌灵	Dichlofluanid	15.00
	抑芽丹	Maleic hydrazide	40.00

水果品种	检 测 项 目	英 文 名	农残限量标准/(mg/kg)
柑橘类水果	艾氏剂和狄氏剂	Aldrin & Dieldrin	0.05
	除草定	Bromacil	0.10
	稻丰散	Phenthoate：PAP	1.00
	敌草腈	Dichlobenil	0.15
	敌草隆	Diuron	1.00
	毒虫畏	Chlorfenvinphos	0.05
	氟乐灵	Trifluralin	0.05
	乐果	Dimethoate	2.00
	六六六	BHC	0.01
	灭蚜磷	Mecarbam	0.05
	七氯	Heptachlor	0.01
	三硫磷	Carbophenothion	0.02
	杀螟硫磷	Fenitrothion：MEP	2.00
	溴甲烷	Methyl bromide	30.00
	乙硫磷	Ethion	0.01
	乙酯杀螨醇	Chlorobenzilate	0.02

水果品种	检 测 项 目	英 文 名	农残限量标准/(mg/kg)
桃	Cyenopyrafen	Cyenopyrafen	0.50
	EBDC [Ethylenebis (dithiocarbamate) s]	EBDC [Ethylenebis (dithiocarbamate) s]	3.00
	Meptyldinocap	Meptyldinocap	0.10
	Phosphamidone	Phosphamidone	0.20
	阿维菌素	Abamectin	0.10
	矮壮素	Chlormequat (Cycocel)	1.00
	百菌清	Chlorothalonil	2.00
	百克敏	Pyraclostrobin	1.00
	保棉磷	Azinphos-methyl	1.00
	苯并噻二唑	Acibenzolar-S-methyl	0.20
	苯丁锡	Fenbutatin oxide (Vendex)	7.00
	苯醚甲环唑	Difenoconazole	0.50
	苯嘧磺草胺	Saflufenacil	0.03

续表

水果品种	检 测 项 目	英 文 名	农残限量标准/(mg/kg)
桃	吡虫啉	Imidacloprid	0.10
	吡虫清	Acetamiprid	0.30
	吡氟禾草灵	Fluazifop-butyl	0.05
	必芬松	Pyridaphenthion	0.30
	丙环唑	Propiconazole	1.00
	布洛芬	Trifloxystrobin	2.00
	草铵膦	Glufosinate (ammonium)	0.05
	草甘膦	Glyphosate	0.20
	虫螨腈	Chlorfenapyr	1.00
	虫酰肼	Tebufenozide	0.10
	除虫菊素	Pyrethrins	1.00
	除虫脲	Diflubenzuron	1.00
	哒螨灵	Pyridaben	1.00
	稻丰散	Phenthoate：PAP	0.20
	敌百虫	Trichlorfon (DEP)	0.05
	敌草腈	Dichlobenil	0.15
	敌草隆	Diuron	0.10
	敌敌畏	Dichlorvos：DDVP	0.05
	丁氟螨酯	Cyflumetofen	0.50
	丁硫克百威	Carbosulfan	0.20
	丁酰肼	Daminozide	N. D.
	啶虫丙醚	Pyridalyl	3.00
	啶酰菌胺	Boscalid	1.00
	毒虫畏	Chlorfenvinphos	0.05
	毒死蜱	Chlorpyrifos	0.50
	多菌灵	Carbendazim	2.00
	多效唑	Paclobutrazol	0.05
	恶草灵	Oxadiazon	0.05
	恶二唑虫	Indoxacarb	1.00
	恶喹酸	Oxolinic acid	2.00
	二甲基二硫代氨基甲酸盐	Dimethyl dithiocarbamates	0.50
	二甲嘧菌胺	Pyrimethanil	2.00

续表

水果品种	检 测 项 目	英 文 名	农残限量标准/(mg/kg)
桃	二嗪磷	Diazinon	0.70
	二噻农	Dithianon	5.00
	呋虫胺	Dinotefuran	0.50
	呋喃丹	Carbofuran	0.10
	呋喃丹	Carbofuran	0.03
	伏杀硫磷	Phosalone	5.00
	氟苯脲	Teflubenzuron	1.00
	氟丙菊酯	Acrinathrin	0.20
	氟虫脲	Flufenoxuron	1.00
	氟虫酰胺	Flubendiamide	0.70
	氟定脲	Chlorfluazuron	0.50
	氟啶胺	Fluazinam	1.00
	氟啶虫酰胺	Flonicamid	1.00
	氟硅唑	Flusilazole	0.50
	氟菌唑	Triflumizole	1.00
	氟乐灵	Trifluralin	0.05
	氟氯氰菊酯	Cyfluthrin	1.00
	腐霉利	Procymidone	10.00
	硅氟唑	Simeconazole	0.50
	环虫酰肼	Chromafenozide	0.50
	环氟菌胺	Cyflufenamid	0.20
	己唑醇	Hexaconazole	0.50
	季酮螨酯	Spirodiclofen	0.50
	甲胺磷	Methamidophos	1.00
	甲基代森锌	Propineb	3.00
	甲硫威	Methiocarb	5.00
	甲萘威	Carbaryl：NAC	1.00
	甲氧虫酰肼	Methoxyfenozide	2.00
	甲氧滴滴涕	Methoxychlor	14.00
	腈苯唑	Fenbuconazole	2.00
	腈菌唑	Myclobutanil	0.50
	腈嘧菌酯	Azoxystrobin	2.00

续表

水果品种	检 测 项 目	英 文 名	农残限量标准/(mg/kg)
桃	抗蚜威	Pirimicarb	0. 50
	克螨特	Propargite	7. 00
	克线磷	Fenamiphos	0. 20
	喹唑菌酮	Fluquinconazole	1. 00
	乐果	Dimethoate	2. 00
	联苯肼酯	Bifenazate	0. 30
	联苯菊酯	Bifenthrin	0. 30
	邻苯基苯酚	2-phenylphenol （OPP）	10. 00
	硫双威	Thiodicarb	2. 00
	六六六	BHC	0. 01
	咯菌腈	Fludioxonil	1. 00
	氯苯胺灵	Chlorpropham	0. 05
	氯苯嘧啶醇	Fenarimol	0. 50
	氯虫酰胺	Chlorantraniliprole	1. 00
	氯丹	Chlordane	0. 02
	氯氟氰菊酯	Cyhalothrin	0. 50
	氯甲喹啉酸	Quinmerac	0. 05
	氯菊酯	Permethrin （Permetrin）	2. 00
	氯氰菊酯	Cypermethrin	2. 00
	氯硝胺	Dicloran	10. 00
	螺甲螨酯	Spiromesifen	0. 20
	马拉硫磷	Malathion	0. 50
	咪酰胺	Prochloraz	2. 00
	醚菊酯	Etofenprox	2. 00
	醚菌酯	Kresoxim-methyl	1. 00
	嘧菌环胺	Cyprodinil	1. 00
	灭多威	Methomyl	5. 00
	灭螨醌	Acequinocyl	2. 00
	扑派威	Propamocarb	1. 00
	嗪氨灵	Triforine	5. 00
	氰氟虫腙	Metaflumizone	0. 50
	氰霜唑	Cyazofamid	1. 00

续表

水果品种	检 测 项 目	英 文 名	农残限量标准/(mg/kg)
桃	氰戊菊酯	Fenvalerate	5.00
	噻虫胺	Clothianidin	0.50
	噻虫啉	Thiacloprid	1.00
	噻虫嗪	Thiamethoxam	1.00
	三环锡	Cyhexatin	1.00
	三硫磷	Carbophenothion	0.02
	三氯杀螨醇	Dicofol	1.00
	三氯杀螨砜	Tetradifon	2.00
	三唑锡	Azocyclotin	2.00
	杀螟硫磷	Fenitrothion：MEP	0.10
	杀扑磷	Methidathion	0.20
	杀线威	Oxamyl	0.50
	虱螨脲	Lufenuron	0.50
	双苯氟脲	Novaluron	1.00
	双苯三唑醇	Bitertanol	1.00
	双胍辛胺	Iminoctadine	0.20
	双甲脒	Amitraz	0.50
	双三氟虫脲	Bistrifluron	1.00
	四螨嗪	Clofentezine	0.20
	四溴菊酯	Tralomethrin	0.50
	速灭磷	Mevinphos	0.50
	特苯恶唑	Etoxazole	0.20
	戊唑醇	Tebuconazole	0.50
	西玛津	Simazine	0.25
	稀禾定	Sethoxydim	1.00
	溴螨酯	Bromopropylate	5.00
	溴氰菊酯	Deltamethrin	0.50
	亚胺唑	Imibenconazole	0.30
	氧化乐果	Omethoate	0.20
	叶菌唑	Metconazole	0.30
	乙硫苯威	Ethiofencarb	5.00
	乙霉威	Diethofencarb	0.30

续表

水果品种	检 测 项 目	英 文 名	农残限量标准/(mg/kg)
桃	乙烯菌核利	Vinclozolin	5.00
	乙酰甲胺磷	Acephate	1.00
	乙氧氟草醚	Oxyfluorfen	0.05
	乙酯杀螨醇	Chlorobenzilate	0.02
	异丙甲草胺	Metolachlor	0.10
	异菌脲	Iprodione	10.00
	抑菌灵	Dichlofluanid	5.00
	抑芽丹	Maleic hydrazide	40.00
	因灭汀	Emamectin benzoate	0.20
	吲哚羧酸酯	Fenhexamid	1.00

水果品种	检 测 项 目	英 文 名	农残限量标准/(mg/kg)
油桃	矮壮素	Chlormequat (Cycocel)	1.00
	苯丁锡	Fenbutatin oxide (Vendex)	2.00
	布洛芬	Trifloxystrobin	2.00
	草铵膦	Glufosinate (ammonium)	0.05
	除虫菊素	Pyrethrins	1.00
	丁酰肼	Daminozide	N. D.
	啶酰菌胺	Boscalid	1.00
	毒虫畏	Chlorfenvinphos	0.05
	毒死蜱	Chlorpyrifos	0.50
	氟氯氰菊酯	Cyfluthrin	1.00
	甲胺磷	Methamidophos	0.10
	甲氧虫酰肼	Methoxyfenozide	2.00
	腈嘧菌酯	Azoxystrobin	2.00
	抗蚜威	Pirimicarb	1.00
	六六六	BHC	0.01
	氯苯胺灵	Chlorpropham	0.05
	氯虫酰胺	Chlorantraniliprole	1.00
	氯丹	Chlordane	0.02
	氯氟氰菊酯	Cyhalothrin	0.50
	氯菊酯	Permethrin (Permetrin)	5.00

续表

水果品种	检 测 项 目	英 文 名	农残限量标准/(mg/kg)
油桃	氯氰菊酯	Cypermethrin	2.00
	醚菊酯	Etofenprox	2.00
	氰戊菊酯	Fenvalerate	3.00
	噻虫啉	Thiacloprid	1.00
	噻虫嗪	Thiamethoxam	1.00
	三硫磷	Carbophenothion	0.02
	杀螟硫磷	Fenitrothion; MEP	0.20
	杀线威	Oxamyl	0.50
	四螨嗪	Clofentezine	1.00
	稀禾定	Sethoxydim	1.00
	乙硫苯威	Ethiofencarb	5.00
	乙酰甲胺磷	Acephate	1.00
	乙酯杀螨醇	Chlorobenzilate	0.02
	抑菌灵	Dichlofluanid	15.00
	抑芽丹	Maleic hydrazide	40.00

水果品种	检 测 项 目	英 文 名	农残限量标准/(mg/kg)
李子	2，4-滴	2，4-D	0.10
	Phosphamidone	Phosphamidone	0.20
	矮壮素	Chlormequat (Cycocel)	1.00
	百菌清	Chlorothalonil	2.00
	百克敏	Pyraclostrobin	1.00
	保棉磷	Azinphos-methyl	1.00
	倍硫磷	Fenthion; MPP	0.50
	苯丁锡	Fenbutatin oxide (Vendex)	3.00
	苯醚甲环唑	Difenoconazole	0.30
	苯嘧磺草胺	Saflufenacil	0.03
	苯嘧磺草胺	Saflufenacil	0.03
	吡虫啉	Imidacloprid	0.20
	吡虫清	Acetamiprid	0.10
	吡氟禾草灵	Fluazifop-butyl	0.05
	丙环唑	Propiconazole	1.00

续表

水果品种	检 测 项 目	英 文 名	农残限量标准/(mg/kg)
李子	布洛芬	Trifloxystrobin	2.00
	草铵膦	Glufosinate (ammonium)	0.05
	除虫菊素	Pyrethrins	1.00
	敌草腈	Dichlobenil	0.15
	丁酰肼	Daminozide	N. D.
	啶虫丙醚	Pyridalyl	2.00
	啶酰菌胺	Boscalid	1.00
	毒虫畏	Chlorfenvinphos	0.05
	毒死蜱	Chlorpyrifos	1.00
	对硫磷	Parathion	0.50
	多菌灵	Carbendazim	0.50
	多效唑	Paclobutrazol	0.05
	恶草灵	Oxadiazon	0.05
	恶二唑虫	Indoxacarb	0.50
	恶喹酸	Oxolinic acid	0.10
	二甲嘧菌胺	Pyrimethanil	2.00
	二嗪磷	Diazinon	0.50
	伏杀硫磷	Phosalone	5.00
	氟啶胺	Fluazinam	0.50
	氟菌唑	Triflumizole	0.20
	氟乐灵	Trifluralin	0.05
	氟氯氰菊酯	Cyfluthrin	1.00
	硅氟唑	Simeconazole	0.20
	季酮螨酯	Spirodiclofen	2.00
	甲胺磷	Methamidophos	0.10
	甲基对硫磷	Parathion-methyl	0.01
	甲基嘧啶磷	Pirimiphos-methyl	1.00
	甲萘威	Carbaryl; NAC	1.00
	甲氧虫酰肼	Methoxyfenozide	2.00
	甲氧滴滴涕	Methoxychlor	14.00
	腈菌唑	Myclobutanil	0.50
	腈嘧菌酯	Azoxystrobin	2.00

续表

水果品种	检 测 项 目	英 文 名	农残限量标准/(mg/kg)
李子	抗蚜威	Pirimicarb	0.50
	克菌丹	Captan	5.00
	克螨特	Propargite	7.00
	乐果	Dimethoate	0.50
	联苯菊酯	Bifenthrin	0.10
	邻苯基苯酚	2-phenylphenol（OPP）	10.00
	六六六	BHC	0.01
	氯苯胺灵	Chlorpropham	0.05
	氯虫酰胺	Chlorantraniliprole	1.00
	氯丹	Chlordane	0.02
	氯氟氰菊酯	Cyhalothrin	0.50
	氯菊酯	Permethrin（Permetrin）	2.00
	氯氰菊酯	Cypermethrin	1.00
	氯硝胺	Dicloran	10.00
	马拉硫磷	Malathion	0.50
	醚菊酯	Etofenprox	2.00
	嗪氨灵	Triforine	2.00
	氰戊菊酯	Fenvalerate	10.00
	噻虫胺	Clothianidin	0.50
	噻虫啉	Thiacloprid	1.00
	噻虫嗪	Thiamethoxam	1.00
	三环锡	Cyhexatin	2.00
	三硫磷	Carbophenothion	0.02
	三氯杀螨醇	Dicofol	0.50
	三氯杀螨砜	Tetradifon	2.00
	杀螟硫磷	Fenitrothion；MEP	0.20
	杀扑磷	Methidathion	0.20
	杀线威	Oxamyl	0.50
	虱螨脲	Lufenuron	0.05
	双苯三唑醇	Bitertanol	1.00
	四螨嗪	Clofentezine	0.20
	四溴菊酯	Tralomethrin	0.50

续表

水果品种	检 测 项 目	英 文 名	农残限量标准/(mg/kg)
李子	戊菌唑	Penconazole	0.50
	西玛津	Simazine	0.25
	稀禾定	Sethoxydim	1.00
	溴螨酯	Bromopropylate	5.00
	溴氰菊酯	Deltamethrin	0.50
	氧化乐果	Omethoate	0.01
	乙硫苯威	Ethiofencarb	5.00
	乙霉威	Diethofencarb	0.50
	乙烯菌核利	Vinclozolin	10.00
	乙酰甲胺磷	Acephate	1.00
	乙氧氟草醚	Oxyfluorfen	0.05
	乙酯杀螨醇	Chlorobenzilate	0.02
	异丙甲草胺	Metolachlor	0.10
	异菌脲	Iprodione	10.00
	抑菌灵	Dichlofluanid	15.00
	抑芽丹	Maleic hydrazide	40.00
	吲哚羧酸酯	Fenhexamid	1.00

水果品种	检 测 项 目	英 文 名	农残限量标准/(mg/kg)
杏	2，4-滴	2，4-D	2.00
	Meptyldinocap	Meptyldinocap	0.10
	矮壮素	Chlormequat （Cycocel）	1.00
	保棉磷	Azinphos-methyl	1.00
	苯丁锡	Fenbutatin oxide （Vendex）	2.00
	吡氟禾草灵	Fluazifop-butyl	0.05
	丙环唑	Propiconazole	1.00
	布洛芬	Trifloxystrobin	2.00
	草铵膦	Glufosinate （ammonium）	0.05
	虫螨腈	Chlorfenapyr	1.00
	虫螨腈	Chlorfenapyr	1.00
	除虫菊素	Pyrethrins	1.00
	敌草腈	Dichlobenil	0.15

续表

水果品种	检 测 项 目	英 文 名	农残限量标准/(mg/kg)
杏	丁酰肼	Daminozide	N. D.
	啶酰菌胺	Boscalid	1. 00
	毒虫畏	Chlorfenvinphos	0. 05
	毒死蜱	Chlorpyrifos	1. 00
	对硫磷	Parathion	0. 30
	多效唑	Paclobutrazol	0. 05
	恶草灵	Oxadiazon	0. 05
	恶二唑虫	Indoxacarb	0. 30
	二嗪磷	Diazinon	0. 50
	氟苯脲	Teflubenzuron	0. 30
	氟乐灵	Trifluralin	0. 05
	氟氯氰菊酯	Cyfluthrin	1. 00
	季酮螨酯	Spirodiclofen	5. 00
	甲胺磷	Methamidophos	0. 10
	甲基对硫磷	Parathion-methyl	0. 20
	甲萘威	Carbaryl；NAC	1. 00
	甲氧虫酰肼	Methoxyfenozide	2. 00
	甲氧滴滴涕	Methoxychlor	14. 00
	腈苯唑	Fenbuconazole	2. 00
	腈菌唑	Myclobutanil	0. 20
	腈嘧菌酯	Azoxystrobin	2. 00
	抗蚜威	Pirimicarb	1. 00
	克菌丹	Captan	10. 00
	克螨特	Propargite	7. 00
	乐果	Dimethoate	2. 00
	硫丹	Endosulfan	0. 10
	六六六	BHC	0. 01
	氯苯胺灵	Chlorpropham	0. 05
	氯虫酰胺	Chlorantraniliprole	1. 00
	氯丹	Chlordane	0. 02
	氯氟氰菊酯	Cyhalothrin	0. 50
	氯菊酯	Permethrin （Permetrin）	2. 00

续表

水果品种	检 测 项 目	英 文 名	农残限量标准/(mg/kg)
杏	氯氰菊酯	Cypermethrin	2.00
	氯硝胺	Dicloran	10.00
	螺甲螨酯	Spiromesifen	1.00
	马拉硫磷	Malathion	0.50
	醚菊酯	Etofenprox	2.00
	灭螨醌	Acequinocyl	2.00
	氰戊菊酯	Fenvalerate	10.00
	噻虫啉	Thiacloprid	1.00
	噻虫嗪	Thiamethoxam	1.00
	三硫磷	Carbophenothion	0.02
	三氯杀螨醇	Dicofol	1.00
	三氯杀螨砜	Tetradifon	2.00
	杀螟硫磷	Fenitrothion；MEP	0.20
	杀扑磷	Methidathion	0.20
	杀线威	Oxamyl	0.50
	双苯三唑醇	Bitertanol	1.00
	四螨嗪	Clofentezine	0.20
	速灭磷	Mevinphos	0.20
	稀禾定	Sethoxydim	1.00
	氧化乐果	Omethoate	0.01
	乙硫苯威	Ethiofencarb	5.00
	乙烯菌核利	Vinclozolin	5.00
	乙酰甲胺磷	Acephate	1.00
	乙氧氟草醚	Oxyfluorfen	0.05
	乙酯杀螨醇	Chlorobenzilate	0.02
	异丙甲草胺	Metolachlor	0.10
	异菌脲	Iprodione	10.00
	抑菌灵	Dichlofluanid	15.00
	抑芽丹	Maleic hydrazide	40.00

水果品种	检 测 项 目	英 文 名	农残限量标准/(mg/kg)
樱桃	2，4-滴	2，4-D	0.10
	Phosphamidone	Phosphamidone	0.20
	矮壮素	Chlormequat（Cycocel）	1.00
	保棉磷	Azinphos-methyl	1.00
	倍硫磷	Fenthion：MPP	0.50
	苯丁锡	Fenbutatin oxide（Vendex）	5.00
	苯醚甲环唑	Difenoconazole	1.00
	苯嘧磺草胺	Saflufenacil	0.03
	吡氟禾草灵	Fluazifop-butyl	0.05
	吡蚜酮	Pymetrozine	1.00
	丙环唑	Propiconazole	1.00
	布洛芬	Trifloxystrobin	2.00
	草铵膦	Glufosinate（ammonium）	0.05
	虫螨腈	Chlorfenapyr	1.00
	除虫菊素	Pyrethrins	1.00
	敌草腈	Dichlobenil	0.15
	丁酰肼	Daminozide	N. D.
	啶酰菌胺	Boscalid	1.00
	毒虫畏	Chlorfenvinphos	0.05
	毒死蜱	Chlorpyrifos	0.50
	对硫磷	Parathion	0.30
	多果定	Dodine	2.00
	多效唑	Paclobutrazol	0.05
	恶草灵	Oxadiazon	0.05
	恶二唑虫	Indoxacarb	0.30
	二嗪磷	Diazinon	0.10
	伏杀硫磷	Phosalone	10.00
	氟苯脲	Teflubenzuron	0.05
	氟乐灵	Trifluralin	0.05
	氟氯氰菊酯	Cyfluthrin	1.00
	腐霉利	Procymidone	5.00
	季酮螨酯	Spirodiclofen	2.00

续表

水果品种	检测项目	英文名	农残限量标准/(mg/kg)
樱桃	甲胺磷	Methamidophos	0.10
	甲基对硫磷	Parathion-methyl	0.01
	甲基嘧啶磷	Pirimiphos-methyl	1.00
	甲硫威	Methiocarb	5.00
	甲萘威	Carbaryl：NAC	1.00
	甲氰菊酯	Fenpropathrin	5.00
	甲氧虫酰肼	Methoxyfenozide	2.00
	甲氧滴滴涕	Methoxychlor	14.00
	腈苯唑	Fenbuconazole	2.00
	腈菌唑	Myclobutanil	1.00
	腈嘧菌酯	Azoxystrobin	2.00
	抗蚜威	Pirimicarb	1.00
	克菌丹	Captan	5.00
	克线磷	Fenamiphos	0.20
	乐果	Dimethoate	2.00
	邻苯基苯酚	2-phenylphenol （OPP）	3.00
	六六六	BHC	0.01
	氯苯胺灵	Chlorpropham	0.05
	氯苯嘧啶醇	Fenarimol	1.00
	氯虫酰胺	Chlorantraniliprole	1.00
	氯丹	Chlordane	0.02
	氯氟氰菊酯	Cyhalothrin	0.50
	氯菊酯	Permethrin （Permetrin）	5.00
	氯氰菊酯	Cypermethrin	1.00
	氯硝胺	Dicloran	10.00
	螺甲螨酯	Spiromesifen	1.00
	马拉硫磷	Malathion	0.50
	咪酰胺	Prochloraz	2.00
	醚菊酯	Etofenprox	2.00
	灭菌丹	Folpet	2.00
	嗪氨灵	Triforine	2.00
	氰戊菊酯	Fenvalerate	2.00

续表

水果品种	检 测 项 目	英 文 名	农残限量标准/(mg/kg)
樱桃	噻虫胺	Clothianidin	0.50
	噻虫啉	Thiacloprid	1.00
	噻虫嗪	Thiamethoxam	1.00
	三硫磷	Carbophenothion	0.02
	三氯杀螨醇	Dicofol	1.00
	三氯杀螨砜	Tetradifon	2.00
	杀螟硫磷	Fenitrothion；MEP	0.20
	杀扑磷	Methidathion	0.20
	杀线威	Oxamyl	0.50
	双苯三唑醇	Bitertanol	2.00
	四螨嗪	Clofentezine	0.20
	速灭磷	Mevinphos	1.00
	戊菌唑	Penconazole	0.50
	西玛津	Simazine	0.25
	稀禾定	Sethoxydim	1.00
	溴螨酯	Bromopropylate	5.00
	氧化乐果	Omethoate	0.01
	乙硫苯威	Ethiofencarb	10.00
	乙嘧硫磷	Etrimfos	0.01
	乙烯菌核利	Vinclozolin	5.00
	乙酰甲胺磷	Acephate	1.00
	乙氧氟草醚	Oxyfluorfen	0.05
	乙酯杀螨醇	Chlorobenzilate	0.02
	异丙甲草胺	Metolachlor	0.10
	异菌脲	Iprodione	10.00
	抑菌灵	Dichlofluanid	2.00
	抑芽丹	Maleic hydrazide	40.00
	吲哚羧酸酯	Fenhexamid	5.00

水果品种	检 测 项 目	英 文 名	农残限量标准/(mg/kg)
石榴	矮壮素	Chlormequat (Cycocel)	1.00
	艾氏剂和狄氏剂	Aldrin & Dieldrin	0.05
	苯丁锡	Fenbutatin oxide (Vendex)	2.00

续表

水果品种	检测项目	英文名	农残限量标准/(mg/kg)
石榴	苯醚甲环唑	Difenoconazole	1.00
	吡虫啉	Imidacloprid	0.50
	吡虫清	Acetamiprid	0.30
	布洛芬	Trifloxystrobin	0.70
	草铵膦	Glufosinate (ammonium)	0.05
	草甘膦	Glyphosate	0.20
	虫螨腈	Chlorfenapyr	1.00
	虫酰肼	Tebufenozide	1.00
	除虫菊素	Pyrethrins	1.00
	除虫脲	Diflubenzuron	2.00
	丁酰肼	Daminozide	N.D.
	啶虫丙醚	Pyridalyl	1.00
	啶酰菌胺	Boscalid	1.00
	毒虫畏	Chlorfenvinphos	0.05
	毒死蜱	Chlorpyrifos	1.00
	多菌灵	Carbendazim	3.00
	二噻农	Dithianon	2.00
	呋虫胺	Dinotefuran	0.50
	氟苯脲	Teflubenzuron	1.00
	氟硅唑	Flusilazole	0.30
	氟氯氰菊酯	Cyfluthrin	1.00
	氟醚唑	Tetraconazole	1.00
	硅氟唑	Simeconazole	0.50
	环氟菌胺	Cyflufenamid	0.20
	己唑醇	Hexaconazole	0.50
	季酮螨酯	Spirodiclofen	1.00
	甲胺磷	Methamidophos	0.10
	甲氧虫酰肼	Methoxyfenozide	2.00
	腈菌唑	Myclobutanil	0.50
	腈嘧菌酯	Azoxystrobin	1.00
	抗蚜威	Pirimicarb	1.00
	喹唑菌酮	Fluquinconazole	0.50

续表

水果品种	检 测 项 目	英 文 名	农残限量标准/(mg/kg)
石榴	联苯菊酯	Bifenthrin	0.50
	六六六	BHC	0.01
	氯苯胺灵	Chlorpropham	0.05
	氯苯嘧啶醇	Fenarimol	0.30
	氯虫酰胺	Chlorantraniliprole	1.00
	氯丹	Chlordane	0.02
	氯氟氰菊酯	Cyhalothrin	0.20
	氯菊酯	Permethrin （Permetrin）	5.00
	氯氰菊酯	Cypermethrin	2.00
	醚菊酯	Etofenprox	1.00
	醚菌酯	Kresoxim-methyl	2.00
	氰戊菊酯	Fenvalerate	2.00
	噻虫胺	Clothianidin	1.00
	噻虫啉	Thiacloprid	0.70
	噻虫嗪	Thiamethoxam	0.50
	三硫磷	Carbophenothion	0.02
	杀螟硫磷	Fenitrothion：MEP	0.20
	杀线威	Oxamyl	0.50
	虱螨脲	Lufenuron	0.50
	双甲脒	Amitraz	0.50
	四螨嗪	Clofentezine	1.00
	戊唑醇	Tebuconazole	0.50
	稀禾定	Sethoxydim	1.00
	溴氰菊酯	Deltamethrin	0.50
	乙硫苯威	Ethiofencarb	5.00
	乙酰甲胺磷	Acephate	1.00
	乙氧氟草醚	Oxyfluorfen	0.05
	乙酯杀螨醇	Chlorobenzilate	0.02
	抑菌灵	Dichlofluanid	15.00
	抑芽丹	Maleic hydrazide	40.00
	因灭汀	Emamectin benzoate	0.05

水果品种	检 测 项 目	英 文 名	农残限量标准/(mg/kg)
葡萄	2，4-滴	2，4-D	0.50
	Ametoctradin	Ametoctradin	5.00
	Cyenopyrafen	Cyenopyrafen	3.00
	EBDC［Ethylenebis（dithiocarbamate）s］	EBDC［Ethylenebis（dithiocarbamate）s］	5.00
	Meptyldinocap	Meptyldinocap	0.10
	Spinetoram	Spinetoram	1.00
	矮壮素	Chlormequat（Cycocel）	1.00
	艾克敌	Spinosad	0.50
	百菌清	Chlorothalonil	5.00
	百克敏	Pyraclostrobin	3.00
	保棉磷	Azinphos-methyl	1.00
	倍硫磷	Fenthion；MPP	0.20
	苯并噻二唑	Acibenzolar-S-methyl	2.00
	苯丁锡	Fenbutatin oxide（Vendex）	5.00
	苯醚甲环唑	Difenoconazole	1.00
	苯嘧磺草胺	Saflufenacil	0.03
	苯嘧磺草胺	Saflufenacil	0.03
	苯噻菌胺	Benthiavalicarb-isopropyl	0.50
	苯酰菌胺	Zoxamide	0.50
	吡虫啉	Imidacloprid	1.00
	吡虫清	Acetamiprid	1.00
	吡螨胺	Tebufenpyrad	0.50
	吡噻菌胺	Penthiopyrad	2.00
	丙环唑	Propiconazole	0.50
	丙线磷	Ethoprophos（Ethoprop）	0.02
	布洛芬	Trifloxystrobin	1.00
	草铵膦	Glufosinate（ammonium）	0.05
	草甘膦	Glyphosate	0.20
	除虫菊素	Pyrethrins	1.00
	敌草腈	Dichlobenil	0.15
	敌草隆	Diuron	1.00

续表

水果品种	检 测 项 目	英 文 名	农残限量标准/(mg/kg)
葡萄	丁硫克百威	Carbosulfan	0.10
	丁酰肼	Daminozide	N.D.
	啶酰菌胺	Boscalid	5.00
	啶氧菌酯	Picoxystrobin	5.00
	毒虫畏	Chlorfenvinphos	0.05
	毒死蜱	Chlorpyrifos	1.00
	对硫磷	Parathion	0.30
	多果定	Dodine	5.00
	多菌灵	Carbendazim	3.00
	恶霜灵	Oxadixyl	2.00
	恶唑菌酮	Famoxadone	2.00
	二甲基二硫代氨基甲酸盐	Dimethyl dithiocarbamates	2.00
	二甲嘧菌胺	Pyrimethanil	5.00
	二嗪磷	Diazinon	0.10
	二噻农	Dithianon	3.00
	二氧化硫	Sulfur dioxide	10.00
	呋虫胺	Dinotefuran	1.00
	呋喃丹	Carbofuran	0.10
	呋喃丹	Carbofuran	0.03
	呋酰胺	Ofurace	0.30
	伏杀硫磷	Phosalone	5.00
	氟啶胺	Fluazinam	0.05
	氟啶胺	Fluazinam	0.05
	氟硅唑	Flusilazole	0.30
	氟菌唑	Triflumizole	2.00
	氟乐灵	Trifluralin	0.05
	氟氯氰菊酯	Cyfluthrin	1.00
	氟醚唑	Tetraconazole	2.00
	腐霉利	Procymidone	5.00
	硅氟唑	Simeconazole	1.00
	环氟菌胺	Cyflufenamid	0.50
	己唑醇	Hexaconazole	0.10

续表

水果品种	检测项目	英文名	农残限量标准/(mg/kg)
葡萄	季酮螨酯	Spirodiclofen	1.00
	甲胺磷	Methamidophos	0.10
	甲苯氟磺胺	Tolylfluanid	2.00
	甲基代森锌	Propineb	3.00
	甲基毒死蜱	Chlorpyrifos-methyl	1.00
	甲基对硫磷	Parathion-methyl	0.20
	甲萘威	Carbaryl：NAC	0.50
	甲哌啶	Mepiquat chloride	0.50
	甲霜灵	Metalaxyl	1.00
	甲氧虫酰肼	Methoxyfenozide	2.00
	甲氧滴滴涕	Methoxychlor	14.00
	腈苯唑	Fenbuconazole	1.00
	腈菌唑	Myclobutanil	2.00
	腈嘧菌酯	Azoxystrobin	3.00
	抗蚜威	Pirimicarb	1.00
	克菌丹	Captan	5.00
	克螨特	Propargite	10.00
	克线磷	Fenamiphos	0.10
	喹唑菌酮	Fluquinconazole	1.00
	乐果	Dimethoate	1.00
	联苯菊酯	Bifenthrin	0.50
	六六六	BHC	0.01
	咯菌腈	Fludioxonil	5.00
	氯苯胺灵	Chlorpropham	0.05
	氯苯嘧啶醇	Fenarimol	0.30
	氯吡脲	Forchlorfenuron	0.05
	氯虫酰胺	Chlorantraniliprole	2.00
	氯氟氰菊酯	Cyhalothrin	1.00
	氯菊酯	Permethrin（Permetrin）	2.00
	氯氰菊酯	Cypermethrin	0.50
	氯硝胺	Dicloran	10.00
	螺甲螨酯	Spiromesifen	1.00

续表

水果品种	检 测 项 目	英 文 名	农残限量标准/(mg/kg)
葡萄	马拉硫磷	Malathion	2.00
	螨即死	Fenazaquin	0.50
	咪酰胺	Prochloraz	1.00
	咪唑菌酮	Fenamidone	0.70
	醚菊酯	Etofenprox	3.00
	醚菌酯	Kresoxim-methyl	5.00
	嘧菌胺	Mepanipyrim	5.00
	嘧菌环胺	Cyprodinil	5.00
	灭多威	Methomyl	1.00
	灭菌丹	Folpet	5.00
	灭螨醌	Acequinocyl	0.20
	内氟吡菌胺	Fluopicolide	0.70
	扑派威	Propamocarb	2.00
	氰霜唑	Cyazofamid	2.00
	氰戊菊酯	Fenvalerate	1.00
	噻苯隆	Thidiazuron	0.20
	噻虫胺	Clothianidin	2.00
	噻虫啉	Thiacloprid	1.00
	噻虫嗪	Thiamethoxam	1.00
	噻唑菌胺	Ethaboxam	3.00
	三环锡	Cyhexatin	0.20
	三硫磷	Carbophenothion	0.02
	三氯杀螨醇	Dicofol	1.00
	三氯杀螨砜	Tetradifon	2.00
	三唑醇	Triadimenol	0.50
	三唑酮	Triadimefon	1.00
	三唑锡	Azocyclotin	0.20
	杀螟丹	Cartap	1.00
	杀螟硫磷	Fenitrothion；MEP	0.50
	杀扑磷	Methidathion	0.20

续表

水果品种	检 测 项 目	英 文 名	农残限量标准/(mg/kg)
葡萄	杀线威	Oxamyl	0.50
	双胍辛胺	Iminoctadine	0.50
	双炔酰菌胺	Mandipropamid	5.00
	霜脲氰	Cymoxanil	0.50
	四螨嗪	Clofentezine	1.00
	速灭磷	Mevinphos	0.50
	特苯恶唑	Etoxazole	0.50
	戊菌唑	Penconazole	0.20
	戊唑醇	Tebuconazole	2.00
	西玛津	Simazine	0.25
	烯丙苯噻唑	Probenazole	0.05
	烯酰吗啉	Dimethomorph	2.00
	稀禾定	Sethoxydim	1.00
	缬霉威	Iprovalicarb	2.00
	溴螨酯	Bromopropylate	5.00
	亚胺唑	Imibenconazole	0.20
	氧化乐果	Omethoate	0.01
	叶菌唑	Metconazole	2.00
	乙磷铝	Fosetyl-aluminium	25.00
	乙硫苯威	Ethiofencarb	5.00
	乙霉威	Diethofencarb	2.00
	乙烯菌核利	Vinclozolin	5.00
	乙烯利	Ethephon	2.00
	乙酰甲胺磷	Acephate	5.00
	乙氧氟草醚	Oxyfluorfen	0.05
	乙酯杀螨醇	Chlorobenzilate	0.02
	异菌脲	Iprodione	10.00
	抑菌灵	Dichlofluanid	15.00
	抑芽丹	Maleic hydrazide	40.00
	吲哚羧酸酯	Fenhexamid	3.00
	吲唑磺菌胺	Amisulbrom	3.00

第 6 节　南非水果农残限量要求

水果品种	检 测 项 目	英 文 名	农残限量标准/(mg/kg)
苹果	1-奈乙酸	1-Naphthylacetic acid	1.00
	6-苄基腺嘌呤	6-benzyl adenine	0.20
	Es-生物丙烯菊酯	Esfenvalerate	0.50
	Ethylene bisdithiocarbamates	Ethylene bisdithiocarbamates	3.00
	阿维菌素	Abamectin	0.01
	艾克敌	Spinosad	0.01
	安果	Formothion	2.00
	氨磺乐灵	Oryzalin	0.05
	保棉磷	Azinphos-methyl	0.40
	倍硫磷	Fenthion	1.00
	苯丁锡	Fenbutatin oxide	2.00
	苯菌灵	Benomyl	3.00
	苯螨特	Benzoximate	0.50
	苯螨特	Benzoximate	0.10
	苯醚甲环唑	Difenoconazole	0.20
	吡虫啉	Imidacloprid	0.20
	吡氟氯禾灵	Haloxyfop	0.05
	丙硫磷	Prothiofos	0.05
	勃激素	Gibberellic acid	0.05
	布洛芬	Trifloxystrobin	0.10
	虫螨腈	Chlorfenapyr	0.50
	虫酰肼	Tebufenozide	1.00
	除虫菊素	Pyrethrins	1.00
	除虫脲	Diflubenzuron	1.00
	代森联	Metiram	3.00
	代森锰锌	Mancozeb	3.00
	代森锌	Zineb	3.00
	敌百虫	Trichlorfon	0.20
	敌螨通	Dinobuton	1.00
	啶斑肟	Pyrifenox	0.05

续表

水果品种	检 测 项 目	英 文 名	农残限量标准/(mg/kg)
苹果	毒死蜱	Chlorpyrifos	0. 05
	多果定	Dodine	1. 00
	多菌灵	Carbendazim	3. 00
	恶二唑虫	Indoxacarb	1. 00
	二苯胺	Diphenylamine	10. 00
	二嗪磷	Diazinon	0. 50
	二噻农	Dithianon	2. 00
	伐虫脒	Formetanate	0. 10
	粉唑醇	Flutriafol	0. 05
	伏杀硫磷	Phosalone	2. 00
	氟胺氰菊酯	Tau-Fluvalinate	0. 05
	氟丙菊酯	ACRINATHRIN	0. 10
	氟虫脲	Flufenoxuron	0. 05
	氟硅唑	Flusilazole	0. 05
	氟硅唑	Flusilazole	0. 05
	氟咯草酮	Flurochloridone	0. 02
	氟氯氰菊酯	Cyfluthrin	0. 10
	福美双	Thiram	3. 00
	富立	Zeta-Cypermethrin	0. 50
	高效氯氟氰菊酯	Lambda-cyhalothrin	0. 20
	高效氯氰菊酯	Beta-cypermethrin	0. 50
	环丙唑醇	Cyproconazole	0. 10
	己唑醇	Hexaconazole	0. 10
	甲胺磷	Methamidophos	1. 00
	甲拌磷	Phorate	0. 05
	甲基硫菌灵	Thiophanate-methyl	3. 00
	甲基内吸磷	Demeton-S-methyl	0. 40
	甲基乙拌磷	Thiometon	0. 40
	甲硫威	Methiocarb	0. 20
	甲萘威	Carbaryl	2. 50
	腈苯唑	Fenbuconazole	0. 10
	腈菌唑	Myclobutanil	0. 20

续表

水果品种	检 测 项 目	英 文 名	农残限量标准/(mg/kg)
苹果	精吡氟禾草灵	Fluazifop-P-butyl	0.05
	糠菌唑	Bromuconazole	0.20
	抗蚜威	Pirimicarb	0.50
	克菌丹	Captan	15.00
	克螨特	Propargite	2.00
	乐果	Dimethoate	2.00
	林丹	Lindane	1.00
	硫丹	Endosulfan	0.50
	硫黄粉	Sulphur	50.00
	氯苯嘧啶醇	Fenarimol	0.20
	氯氟氰菊酯	Cyhalothrin	0.20
	氯化双癸基二甲基铵	Dimethyl didecyl ammonium chloride	20.00
	氯菊酯	Permethrin	0.50
	氯氰菊酯	Cypermethrin	0.50
	马拉硫磷	Malathion	2.00
	螨即死	Fenazaquin	0.05
	醚菌酯	Kresoxim-methyl	0.10
	密灭汀	Milbemectin	0.01
	嘧菌环胺	Cyprodinil	0.10
	灭螨猛	Chinomethionat	0.20
	嗪氨灵	Triforine	2.00
	氰胺	Cyanamide	0.05
	氰戊菊酯	Fenvalerate	0.50
	炔苯酰草胺	Propyzamide	0.10
	噻虫啉	Thiacloprid	1.00
	噻虫嗪	Thiamethoxam	0.02
	噻菌灵	Thiabendazole	6.00
	噻螨酮	Hexythiazox	0.20
	三环锡	Cyhexatin	2.00
	三氯杀螨醇	Dicofol	5.00
	三氯杀螨砜	Tetradifon	5.00

续表

水果品种	检 测 项 目	英 文 名	农残限量标准/(mg/kg)
苹果	三唑醇	Triadimenol	0.05
	三唑磷	Triazophos	0.20
	三唑酮	Triadimefon	0.05
	三唑锡	Azocyclotin	2.00
	杀铃脲	Triflumuron	2.00
	杀扑磷	Methidathion	0.30
	双苯氟脲	Novaluron	0.05
	双苯三唑醇	Bitertanol	1.00
	双甲脒	Amitraz	0.50
	双氧威	Fenoxycarb	1.00
	顺式氯氰菊酯	Alpha-cypermethrin	0.50
	四螨嗪	Clofentezine	0.50
	四溴菊酯	Tralomethrin	0.10
	酞菌酯	Nitrothal-isopropyl	0.50
	特苯恶唑	Etoxazole	0.20
	完灭硫磷	Vamidothion	0.40
	戊菌唑	Penconazole	0.10
	西玛津	Simazine	0.20
	消螨普	Dinocap	1.00
	溴氰菊酯	Deltamethrin	0.10
	亚胺硫磷	Phosmet	5.00
	亚砜磷	Oxydemeton-methyl	0.40
	氧化乐果	Omethoate	1.50
	氧氯化铜和其他铜盐	Copper oxychloride and other copper salts	20.00
	乙嘧酚磺酸酯	Bupirimate	0.50
	乙烯利	Ethephon	3.00
	乙酰甲胺磷	Acephate	3.00
	乙氧喹啉	Ethoxyquin	3.00
	异菌脲	Iprodione	2.50
	增效醚	Piperonyl butoxide	5.00
	唑螨酯	Fenpyroximate	0.20

水果品种	检测项目	英文名	农残限量标准/(mg/kg)
梨	1-奈乙酸	1-Naphthylacetic acid	1.00
	Es-生物丙烯菊酯	Esfenvalerate	0.50
	Ethylene bisdithiocarbamates	Ethylene bisdithiocarbamates	3.00
	阿维菌素	Abamectin	0.01
	矮壮素	Chlormequat	2.00
	艾克敌	Spinosad	0.01
	安果	Formothion	2.00
	氨磺乐灵	Oryzalin	0.05
	保棉磷	Azinphos-methyl	0.40
	倍硫磷	Fenthion	1.00
	苯丁锡	Fenbutatin oxide	2.00
	苯螨特	Benzoximate	0.50
	苯螨特	Benzoximate	0.10
	苯醚甲环唑	Difenoconazole	0.20
	吡氟氯禾灵	Haloxyfop	0.05
	丙硫磷	Prothiofos	0.05
	布洛芬	Trifloxystrobin	0.10
	虫螨腈	Chlorfenapyr	0.50
	虫酰肼	Tebufenozide	1.00
	除虫菊素	Pyrethrins	1.00
	除虫脲	Diflubenzuron	1.00
	代森联	Metiram	3.00
	代森锰锌	Mancozeb	3.00
	代森锌	Zineb	3.00
	敌螨通	Dinobuton	1.00
	毒死蜱	Chlorpyrifos	0.05
	多果定	Dodine	1.00
	多菌灵	Carbendazim	3.00
	恶二唑虫	Indoxacarb	1.00
	二苯胺	Diphenylamine	10.00
	二嗪磷	Diazinon	0.50
	二噻农	Dithianon	2.00

续表

水果品种	检 测 项 目	英 文 名	农残限量标准/(mg/kg)
梨	粉唑醇	Flutriafol	0.05
	伏杀硫磷	Phosalone	2.00
	氟胺氰菊酯	Tau-Fluvalinate	0.05
	氟丙菊酯	ACRINATHRIN	0.10
	氟虫脲	Flufenoxuron	0.05
	氟硅唑	Flusilazole	0.05
	氟硅唑	Flusilazole	0.05
	氟咯草酮	Flurochloridone	0.02
	氟氯氰菊酯	Cyfluthrin	0.10
	福美双	Thiram	3.00
	腐霉利	Procymidone	0.05
	富立	Zeta-Cypermethrin	0.50
	高效氯氟氰菊酯	Lambda-cyhalothrin	0.20
	高效氯氰菊酯	Beta-cypermethrin	0.50
	环丙唑醇	Cyproconazole	0.10
	己唑醇	Hexaconazole	0.10
	甲胺磷	Methamidophos	1.00
	甲基硫菌灵	Thiophanate-methyl	3.00
	甲基内吸磷	Demeton-S-methyl	0.40
	甲基乙拌磷	Thiometon	0.40
	甲硫威	Methiocarb	0.20
	甲萘威	Carbaryl	2.50
	腈苯唑	Fenbuconazole	0.10
	腈菌唑	Myclobutanil	0.20
	精吡氟禾草灵	Fluazifop-P-butyl	0.05
	克菌丹	Captan	15.00
	克螨特	Propargite	0.05
	乐果	Dimethoate	2.00
	林丹	Lindane	1.00
	硫丹	Endosulfan	0.50
	氯氟氰菊酯	Cyhalothrin	0.20
	氯化双癸基二甲基铵	Dimethyl didecyl ammonium chloride	20.00

续表

水果品种	检 测 项 目	英 文 名	农残限量标准/(mg/kg)
梨	氯菊酯	Permethrin	0.50
	氯氰菊酯	Cypermethrin	0.50
	螨即死	Fenazaquin	0.50
	醚菌酯	Kresoxim-methyl	0.10
	氰戊菊酯	Fenvalerate	0.50
	炔苯酰草胺	Propyzamide	0.10
	噻菌灵	Thiabendazole	6.00
	噻螨酮	Hexythiazox	0.20
	三环锡	Cyhexatin	2.00
	三氯杀螨醇	Dicofol	5.00
	三氯杀螨砜	Tetradifon	5.00
	三唑磷	Triazophos	0.20
	三唑锡	Azocyclotin	2.00
	杀铃脲	Triflumuron	2.00
	杀扑磷	Methidathion	0.30
	杀扑磷	Methidathion	0.20
	双苯氟脲	Novaluron	0.05
	双苯三唑醇	Bitertanol	1.00
	双氧威	Fenoxycarb	1.00
	顺式氯氰菊酯	Alpha-cypermethrin	0.50
	四螨嗪	Clofentezine	0.50
	四溴菊酯	Tralomethrin	0.10
	特苯恶唑	Etoxazole	0.10
	戊菌唑	Penconazole	0.10
	西玛津	Simazine	0.20
	消螨普	Dinocap	1.00
	溴氰菊酯	Deltamethrin	0.10
	亚胺硫磷	Phosmet	2.00
	亚砜磷	Oxydemeton-methyl	0.40
	氧化乐果	Omethoate	1.50
	乙酰甲胺磷	Acephate	3.00
	乙氧喹啉	Ethoxyquin	3.00

续表

水果品种	检 测 项 目	英 文 名	农残限量标准/(mg/kg)
梨	异菌脲	Iprodione	2.00
	增效醚	Piperonyl butoxide	5.00
	唑螨酯	Fenpyroximate	0.20

水果品种	检 测 项 目	英 文 名	农残限量标准/(mg/kg)
猕猴桃	倍硫磷	Fenthion	1.00
	氰胺	Cyanamide	0.05
	异菌脲	Iprodione	5.00

水果品种	检 测 项 目	英 文 名	农残限量标准/(mg/kg)
柑橘类	2，4-D 盐类和酯类	2，4-D salts and esters	2.00
	阿维菌素	Abamectin	0.01
	艾克敌	Spinosad	0.05
	百克敏	Pyraclostrobin	0.10
	苯虫醚	Diofenolan	1.00
	苯丁锡	Fenbutatin oxide	1.00
	苯菌灵	Benomyl	5.00
	苯醚甲环唑	Difenoconazole	0.05
	吡虫啉	Imidacloprid	0.50
	吡虫清	Acetamiprid	0.50
	吡咯烷甲基四环素	Pyrrolidinomethyl tetracycline	0.05
	丙线磷	Ethoprophos	0.05
	丙溴磷	Profenofos	1.00
	勃激素	Gibberellic acid	0.20
	布洛芬	Trifloxystrobin	0.10
	虫螨腈	Chlorfenapyr	0.01
	稻丰散	Phenthoate	1.00
	敌百虫	Trichlorfon	0.10
	敌杀磷	Dioxathion	1.00
	毒死蜱	Chlorpyrifos	0.30
	对硫磷	Parathion	0.50
	多菌灵	Carbendazim	5.00

续表

水果品种	检测项目	英文名	农残限量标准/(mg/kg)
柑橘类	伐虫脒	Formetanate	0.50
	氟苯脲	Teflubenzuron	0.50
	氟虫清	Fipronil	0.05
	腐霉利	Procymidone	0.20
	高效氯氰菊酯	Beta-cypermethrin	0.20
	季酮螨酯	Spirodiclofen	0.01
	甲胺磷	Methamidophos	0.20
	甲基对硫磷	Parathion-methyl	1.00
	甲基硫菌灵	Thiophanate-methyl	5.00
	甲基内吸磷	Demeton-S-methyl	0.50
	甲硫威	Methiocarb	0.10
	甲氰菊酯	Fenpropathrin	0.05
	甲霜灵	Metalaxyl	1.00
	腈嘧菌酯	Azoxystrobin	0.50
	精甲霜灵	Metalaxyl-M	1.00
	精喹禾灵	Quizalofop-P-ethyl	0.20
	克螨特	Propargite	2.00
	邻苯基苯酚	Ortho-phenylphenol	10.00
	磷酸	Phosphorous acid	50.00
	氯化双癸基二甲基铵	Dimethyl didecyl ammonium chloride	0.20
	氯氰菊酯	Cypermethrin	0.20
	氯唑磷	Isazofos	0.02
	灭多威	Methomyl	0.20
	灭螨猛	Chinomethionat	0.50
	氢吡四环素	Rolitetracycline	0.05
	噻嗪酮	Buprofezin	0.05
	噻唑磷	Fosthiazate	0.10
	三环锡	Cyhexatin	2.00
	三氯吡氧乙酸	Trichlopyr	0.10
	杀铃脲	Triflumuron	0.50
	杀扑磷	Methidathion	2.00

续表

水果品种	检 测 项 目	英 文 名	农残限量标准/(mg/kg)
柑橘类	砷酸钙	Calcium arsenate	0.20
	双胍盐	Guazatine	5.00
	双甲脒	Amitraz	0.20
	双硫磷	Temephos	1.00
	四螨嗪	Clofentezine	0.30
	特丁硫磷	Terbufos	0.10
	涕灭威	Aldicarb	0.20
	吐酒石	Tartar emetic	3.00
	蚊蝇醚	Pyriproxyfen	0.20
	戊唑醇	Tebuconazole	0.02
	烯菌灵	Chloramizol	5.00
	烯菌灵	Chloramizol	5.00
	溴螨酯	Bromopropylate	0.20
	亚砜磷	Oxydemeton-methyl	0.50
	氧化乐果	Omethoate	2.00
	乙磷铝	Fosetyl-Al	15.00
	乙氧氟草醚	Oxyfluorfen	0.05
	异菌脲	Iprodione	1.00
	异柳磷	Isofenphos	0.20

水果品种	检 测 项 目	英 文 名	农残限量标准/(mg/kg)
桃子	Ethylene bisdithiocarbamates	Ethylene bisdithiocarbamates	3.00
	安果	Formothion	2.00
	氨磺乐灵	Oryzalin	0.05
	保棉磷	Azinphos-methyl	2.00
	倍硫磷	Fenthion	1.00
	苯丁锡	Fenbutatin oxide	2.00
	苯菌灵	Benomyl	3.00
	吡氟氯禾灵	Haloxyfop	0.05
	丙硫磷	Prothiofos	0.05
	虫螨腈	Chlorfenapyr	0.50
	除虫菊素	Pyrethrins	1.00

续表

水果品种	检 测 项 目	英 文 名	农残限量标准/(mg/kg)
桃子	代森联	Metiram	3.00
	代森锰锌	Mancozeb	3.00
	代森锌	Zineb	3.00
	敌百虫	Trichlorfon	0.20
	毒死蜱	Chlorpyrifos	0.05
	多效唑	Paclobutrazol	0.05
	二嗪磷	Diazinon	0.50
	二噻农	Dithianon	2.00
	粉唑醇	Flutriafol	0.05
	氟胺氰菊酯	Tau-Fluvalinate	0.05
	福美双	Thiram	3.00
	高效氯氟氰菊酯	Lambda-cyhalothrin	0.50
	高效氯氰菊酯	Beta-cypermethrin	0.20
	己唑醇	Hexaconazole	0.10
	甲胺磷	Methamidophos	1.00
	甲基内吸磷	Demeton-S-methyl	0.40
	甲基乙拌磷	Thiometon	0.40
	腈苯唑	Fenbuconazole	0.50
	精吡氟禾草灵	Fluazifop-P-butyl	0.05
	抗蚜威	Pirimicarb	0.50
	克菌丹	Captan	15.00
	克螨特	Propargite	2.00
	克线磷	Fenamiphos	0.05
	乐果	Dimethoate	2.00
	林丹	Lindane	1.00
	硫丹	Endosulfan	0.50
	硫黄粉	Sulphur	50.00
	氯氟氰菊酯	Cyhalothrin	0.50
	氯氰菊酯	Cypermethrin	0.20
	马拉硫磷	Malathion	4.00
	灭多威	Methomyl	0.20
	灭螨猛	Chinomethionat	0.50

续表

水果品种	检 测 项 目	英 文 名	农残限量标准/(mg/kg)
桃子	嗪氨灵	Triforine	2.00
	炔苯酰草胺	Propyzamide	0.02
	三环锡	Cyhexatin	2.00
	三氯杀螨醇	Dicofol	5.00
	三氯杀螨砜	Tetradifon	5.00
	三唑锡	Azocyclotin	2.00
	杀铃脲	Triflumuron	0.50
	杀扑磷	Methidathion	0.20
	双苯三唑醇	Bitertanol	0.50
	四溴菊酯	Tralomethrin	0.10
	酞菌酯	Nitrothal-isopropyl	0.50
	土霉素	Oxytetracycline	0.10
	消螨普	Dinocap	1.00
	溴氰菊酯	Deltamethrin	0.10
	亚砜磷	Oxydemeton-methyl	0.40
	氧氯化铜和其他铜盐	Copper oxychloride and other copper salts	20.00
	乙嘧酚磺酸酯	Bupirimate	0.50
	乙烯利	Ethephon	3.00
	异菌脲	Iprodione	5.00
	抑菌灵	Dichlofluanid	0.50
	增效醚	Piperonyl butoxide	5.00

水果品种	检 测 项 目	英 文 名	农残限量标准/(mg/kg)
油桃	艾克敌	Spinosad	0.50
	虫螨腈	Chlorfenapyr	0.50
	伐虫脒	Formetanate	0.02
	氟咯草酮	Flurochloridone	0.02

水果品种	检 测 项 目	英 文 名	农残限量标准/(mg/kg)
李子	Ethylene bisdithiocarbamates	Ethylene bisdithiocarbamates	3.00
	阿维菌素	Abamectin	0.01

续表

水果品种	检 测 项 目	英 文 名	农残限量标准/(mg/kg)
李子	艾克敌	Spinosad	0.01
	安果	Formothion	2.00
	氨磺乐灵	Oryzalin	0.05
	保棉磷	Azinphos-methyl	1.00
	倍硫磷	Fenthion	1.00
	苯菌灵	Benomyl	3.00
	吡氟氯禾灵	Haloxyfop	0.05
	丙硫磷	Prothiofos	0.05
	虫螨腈	Chlorfenapyr	0.10
	除虫菊素	Pyrethrins	1.00
	代森联	Metiram	3.00
	代森锰锌	Mancozeb	3.00
	代森锌	Zineb	3.00
	敌百虫	Trichlorfon	0.20
	毒死蜱	Chlorpyrifos	0.05
	多效唑	Paclobutrazol	0.05
	二嗪磷	Diazinon	0.50
	二噻农	Dithianon	2.00
	氟咯草酮	Flurochloridone	0.02
	福美双	Thiram	3.00
	高效氯氟氰菊酯	Lambda-cyhalothrin	0.20
	高效氯氰菊酯	Beta-cypermethrin	0.05
	甲胺磷	Methamidophos	1.00
	甲基内吸磷	Demeton-S-methyl	0.40
	甲基乙拌磷	Thiometon	0.40
	甲硫威	Methiocarb	0.20
	腈苯唑	Fenbuconazole	0.20
	精吡氟禾草灵	Fluazifop-P-butyl	0.05
	克菌丹	Captan	15.00
	乐果	Dimethoate	2.00
	林丹	Lindane	1.00
	硫丹	Endosulfan	0.50

续表

水果品种	检 测 项 目	英 文 名	农残限量标准/(mg/kg)
李子	硫黄粉	Sulphur	50.00
	氯氟氰菊酯	Cyhalothrin	0.20
	马拉硫磷	Malathion	2.00
	炔苯酰草胺	Propyzamide	0.02
	三环锡	Cyhexatin	2.00
	三氯杀螨醇	Dicofol	5.00
	三氯杀螨砜	Tetradifon	5.00
	三唑锡	Azocyclotin	2.00
	杀扑磷	Methidathion	0.20
	双苯三唑醇	Bitertanol	0.50
	四溴菊酯	Tralomethrin	0.10
	土霉素	Oxytetracycline	0.10
	溴氰菊酯	Deltamethrin	0.10
	亚砜磷	Oxydemeton-methyl	0.40
	氧氯化铜和其他铜盐	Copper oxychloride and other copper salts	20.00
	乙烯利	Ethephon	3.00
	乙酰甲胺磷	Acephate	1.00
	异菌脲	Iprodione	5.00
	抑菌灵	Dichlofluanid	0.50
	增效醚	Piperonyl butoxide	5.00

水果品种	检 测 项 目	英 文 名	农残限量标准/(mg/kg)
杏	Ethylene bisdithiocarbamates	Ethylene bisdithiocarbamates	3.00
	艾克敌	Spinosad	0.01
	氨磺乐灵	Oryzalin	0.05
	保棉磷	Azinphos-methyl	2.00
	倍硫磷	Fenthion	1.00
	苯菌灵	Benomyl	3.00
	吡氟氯禾灵	Haloxyfop	0.05
	丙硫磷	Prothiofos	0.05
	除虫菊素	Pyrethrins	1.00

续表

水果品种	检 测 项 目	英 文 名	农残限量标准/(mg/kg)
杏	代森联	Metiram	3.00
	代森锰锌	Mancozeb	3.00
	代森锌	Zineb	3.00
	敌百虫	Trichlorfon	0.20
	毒死蜱	Chlorpyrifos	0.05
	二嗪磷	Diazinon	0.50
	二噻农	Dithianon	2.00
	福美双	Thiram	3.00
	高效氯氟氰菊酯	Lambda-cyhalothrin	0.50
	甲胺磷	Methamidophos	1.00
	甲基内吸磷	Demeton-S-methyl	0.40
	甲基乙拌磷	Thiometon	0.40
	甲硫威	Methiocarb	0.20
	甲萘威	Carbaryl	2.50
	腈苯唑	Fenbuconazole	0.50
	精吡氟禾草灵	Fluazifop-P-butyl	0.05
	克菌丹	Captan	15.00
	林丹	Lindane	1.00
	硫丹	Endosulfan	0.50
	硫黄粉	Sulphur	50.00
	氯氟氰菊酯	Cyhalothrin	0.50
	马拉硫磷	Malathion	4.00
	炔苯酰草胺	Propyzamide	0.02
	三氯杀螨醇	Dicofol	5.00
	三氯杀螨砜	Tetradifon	5.00
	杀扑磷	Methidathion	0.20
	双苯三唑醇	Bitertanol	0.50
	土霉素	Oxytetracycline	0.10
	亚砜磷	Oxydemeton-methyl	0.40
	氧氯化铜和其他铜盐	Copper oxychloride and other copper salts	20.00
	异菌脲	Iprodione	5.00

续表

水果品种	检 测 项 目	英 文 名	农残限量标准/(mg/kg)
杏	抑菌灵	Dichlofluanid	0.50
	增效醚	Piperonyl butoxide	5.00

水果品种	检 测 项 目	英 文 名	农残限量标准/(mg/kg)
樱桃	敌敌畏	Dichlorvos	0.10
	硫丹	Endosulfan	0.50
	炔苯酰草胺	Propyzamide	0.02
	三氯杀螨醇	Dicofol	5.00
	杀扑磷	Methidathion	0.20
	氧氯化铜和其他铜盐	Copper oxychloride and other copper salts	20.00
	乙烯利	Ethephon	3.00

水果品种	检 测 项 目	英 文 名	农残限量标准/(mg/kg)
葡萄	Es-生物丙烯菊酯	Esfenvalerate	0.05
	Ethylene bisdithiocarbamates	Ethylene bisdithiocarbamates	3.00
	艾克敌	Spinosad	0.01
	安果	Formothion	2.00
	氨磺乐灵	Oryzalin	0.05
	百克敏	Pyraclostrobin	0.50
	倍硫磷	Fenthion	0.50
	苯菌灵	Benomyl	1.00
	苯螨特	Benzoximate	0.10
	苯醚甲环唑	Difenoconazole	0.20
	苯霜灵	Benalaxyl	2.00
	苯酰菌胺	Zoxamide	2.00
	吡虫啉	Imidacloprid	0.05
	吡氟氯禾灵	Haloxyfop	0.05
	丙环唑	Propiconazole	0.20
	丙硫磷	Prothiofos	1.00
	勃激素	Gibberellic acid	0.20
	布洛芬	Trifloxystrobin	0.50

续表

水果品种	检 测 项 目	英 文 名	农残限量标准/(mg/kg)
葡萄	残杀威	Propoxur	0.05
	虫螨腈	Chlorfenapyr	0.50
	虫螨腈	Chlorfenapyr	0.50
	除虫菊素	Pyrethrins	1.00
	代森联	Metiram	3.00
	代森锰锌	Mancozeb	3.00
	代森锌	Zineb	3.00
	敌百虫	Trichlorfon	0.20
	敌敌畏	Dichlorvos	0.10
	丁硫克百威	Carbosulfan	0.05
	啶斑肟	Pyrifenox	0.10
	啶酰菌胺	Boscalid	5.00
	毒死蜱	Chlorpyrifos	0.50
	多菌灵	Carbendazim	1.00
	恶霜灵	Oxadixyl	2.00
	恶唑菌酮	Famoxadone	1.00
	二甲嘧菌胺	Pyrimethanil	5.00
	伐虫脒	Formetanate	0.05
	呋酰胺	Ofurace	0.20
	氟硅唑	Flusilazole	0.05
	氟咯草酮	Flurochloridone	0.02
	氟氯氰菊酯	Cyfluthrin	0.10
	氟醚唑	Tetraconazole	0.50
	福美双	Thiram	5.00
	腐霉利	Procymidone	5.00
	高效氯氟氰菊酯	Lambda-cyhalothrin	0.20
	高效氯氰菊酯	Beta-cypermethrin	0.05
	环丙唑醇	Cyproconazole	0.10
	己唑醇	Hexaconazole	0.10
	甲基代森锌	Propineb	3.00
	甲硫威	Methiocarb	0.20
	甲萘威	Carbaryl	2.50

续表

水果品种	检 测 项 目	英 文 名	农残限量标准/(mg/kg)
葡萄	甲霜灵	Metalaxyl	1.50
	腈菌唑	Myclobutanil	0.20
	腈嘧菌酯	Azoxystrobin	无
	精吡氟禾草灵	Fluazifop-P-butyl	0.05
	克菌丹	Captan	15.00
	克线磷	Fenamiphos	0.05
	喹氧灵	Quinoxyfen	1.00
	乐果	Dimethoate	2.00
	磷酸	Phosphorous acid	25.00
	硫丹	Endosulfan	0.50
	硫黄粉	Sulphur	50.00
	咯菌腈	Fludioxonil	0.50
	氯苯嘧啶醇	Fenarimol	0.20
	氯氟氰菊酯	Cyhalothrin	0.20
	氯菊酯	Permethrin	0.50
	马拉硫磷	Malathion	2.00
	醚菌酯	Kresoxim-methyl	0.50
	嘧菌环胺	Cyprodinil	0.50
	灭菌丹	Folpet	15.00
	尼瑞莫	Nuarimol	0.05
	氰胺	Cyanamide	0.05
	氰戊菊酯	Fenvalerate	0.05
	炔苯酰草胺	Propyzamide	0.10
	萁孢菌素	Spiroxamine	1.00
	三唑醇	Triadimenol	1.00
	三唑酮	Triadimefon	2.00
	杀扑磷	Methidathion	0.20
	霜脲氰	Cymoxanil	0.10
	四溴菊酯	Tralomethrin	0.10
	速灭磷	Mevinphos	0.20
	涕灭威	Aldicarb	0.20
	五氯硝基苯	Quintozene	1.00

续表

水果品种	检测项目	英文名	农残限量标准/(mg/kg)
葡萄	戊菌唑	Penconazole	0.20
	戊唑醇	Tebuconazole	2.00
	西玛津	Simazine	0.20
	烯酰吗啉	Dimethomorph	5.00
	消螨普	Dinocap	1.00
	缬霉威	Iprovalicarb	0.50
	溴螨酯	Bromopropylate	1.00
	溴氰菊酯	Deltamethrin	0.10
	氧化乐果	Omethoate	1.50
	氧氯化铜和其他铜盐	Copper oxychloride and other copper salts	20.00
	乙磷铝	Fosetyl-Al	25.00
	乙烯菌核利	Vinclozolin	3.00
	乙烯利	Ethephon	5.00
	乙酰甲胺磷	Acephate	1.50
	异菌脲	Iprodione	5.00
	抑菌灵	Dichlofluanid	1.00
	吲哚羧酸酯	Fenhexamid	5.00
	增效醚	Piperonyl butoxide	5.00

第 7 节　欧盟水果农残限量要求

水果品种	检测项目	英文名	农残限量标准/(mg/kg)
苹果	1，1-二氯-2，2-二（4-乙苯）乙烷	1，1-dichloro-2，2-bis（4-ethylphenyl）ethane	0.01*
	1，2-二氯乙烷	1，2-dichloroethane	0.01*
	1，2-二溴乙烷	1，2-dibromoethane	0.01*
	1-甲基环丙烯	1-methylcyclopropene	0.01*
	2，4，5-涕	2，4，5-T	0.05*
	2，4-滴	2，4-D	0.05*
	2，4-滴丁酸	2，4-DB	0.05*

续表

水果品种	检 测 项 目	英 文 名	农残限量标准/(mg/kg)
苹果	2-苯酚	2-phenylphenol	0.05*
	Flumioxazine	Flumioxazine	0.05*
	Myclobutanyl	Myclobutanyl	0.50
	阿特拉津	Atrazine	0.05*
	阿维菌素	Abamectin	0.01*
	矮壮素	Chlormequat	0.05*
	艾氏剂和狄氏剂	Aldrin and Dieldrin	0.01*
	安果	Formothion	0.02*
	百草枯	Paraquat	0.02*
	百菌清	Chlorothalonil	1.00
	保棉磷	Azinphos-methyl	0.05*
	倍硫磷	Fenthion	0.01*
	苯并噻二唑	Acibenzolar-S-methyl	0.02*
	苯并噻二唑	Bentazone	0.1*
	苯敌草	Phenmedipham	0.05*
	苯丁锡	Fenbutatin oxide	2.00
	苯霜灵	Benalaxyl	0.05*
	苯锈定	Fenpropidin	0.01*
	吡虫清	Acetamiprid	0.80
	草甘膦	Glyphosate	0.1*
	虫螨腈	Chlorfenapyr	0.01*
	虫螨畏	Methacrifos	0.05*
	除草醚	Nitrofen	0.01*
	滴滴涕	DDT	0.05*
	敌草快	Diquat	0.05*
	敌敌畏	Dichlorvos	0.01*
	敌杀磷	Dioxathion	0.05*
	地乐酚	Dinoseb	0.05*
	碘苯腈	Ioxynil	0.05*
	碘甲磺隆	Iodosulfuron-methyl	0.01*
	丁硫克百威	Carbosulfan	0.01*
	毒杀芬	Camphechlor (Toxaphene)	0.1*

续表

水果品种	检 测 项 目	英 文 名	农残限量标准/(mg/kg)
苹果	毒死蜱	Chlorpyrifos	0.50
	对硫磷	Parathion	0.05*
	多菌灵和苯菌灵	Carbendazim and benomyl	0.20
	恶二唑虫	Indoxacarb	0.50
	恶唑菌酮	Famoxadone	0.02*
	二苯胺	Diphenylamine	5.00
	二甲四氯丙酸	Mecoprop	0.05*
	二甲四氯和二甲四氯丁酸	MCPA and MCPB	0.05*
	二硫代氨基甲酸酯	Dithiocarbamates	5.00
	二硫化碳	Carbon disulphide	
	二嗪磷	Diazinon	0.01*
	二硝甲酚	DNOC	0.05*
	伐虫脒	Formetanate	0.01*
	粉锈啉	Fenpropimorph	0.05*
	呋草酮	Flurtamone	0.02*
	呋喃丹	Carbofuran	0.01*
	氟草烟	Fluroxypyr	0.05*
	氟啶嘧磺隆	Flupyrsulfuron-methyl	0.02*
	氟氯氰菊酯	Cyfluthrin	0.20
	氟氰戊菊酯	Flucythrinate	0.05*
	氟噻草胺	Flufenacet	0.05*
	氟唑草酮	Carfentrazone-ethyl	0.01*
	高效氯氟氰菊酯	Lambda-Cyhalothrin	0.10
	汞化合物	Mercury compounds	0.01*
	禾草敌	Molinate	0.05*
	环氧嘧磺隆	Oxasulfuron	0.01*
	环氧乙烷	Ethylene oxide	0.1*
	甲胺磷	Methamidophos	0.01*
	甲磺胺磺隆	Mesosulfuron-methyl	0.01*
	甲磺隆	Metsulfuron-methyl	0.05*
	甲基毒死蜱	Chlorpyrifos-methyl	0.50
	甲基对硫磷	Parathion-methyl	0.01*

续表

水果品种	检 测 项 目	英 文 名	农残限量标准/(mg/kg)
苹果	甲萘威	Carbaryl	0.01 *
	甲霜灵及精甲霜灵	Metalaxyl and metalaxyl-M	1.00
	甲酰氨基嘧磺隆	Foramsulfuron	0.01 *
	甲氧虫酰肼	Methoxyfenozide	2.00
	甲氧滴滴涕	Methoxychlor	0.01 *
	甲氧咪草烟	Imazamox	0.05 *
	克菌丹	Captan	3.00
	克氯得	Chlozolinate	0.05 *
	克线磷	Fenamiphos	0.02 *
	枯草隆	Chloroxuron	0.05 *
	乐果	Dimethoate	0.02 *
	乐杀螨	Binapacryl	0.05 *
	利谷隆	Linuron	0.05 *
	联苯肼酯	Bifenazate	0.7 (ft)
	联苯菊酯	Bifenthrin	0.30
	林丹	Lindane	0.01 *
	磷化氢	Hydrogen phosphide	
	硫丹	Endosulfan	0.05 *
	六六六（HCH），alpha-异构体	Hexachlorociclohexane (HCH), alpha-isomer	
	六六六（HCH），beta-异构体	Hexachlorociclohexane (HCH), beta-isomer	
	六六六（HCH），所有异构体总量，gamma-异构体除外	Hexachlorociclohexane (HCH), sum of isomers, except the gamma isomer	0.01 *
	六氯苯	Hexachlorobenzene	0.01 *
	绿谷隆	Monolinuron	0.05 *
	氯苯胺灵	Chlorpropham	0.01 *
	氯苯嘧啶醇	Fenarimol	0.10
	氯草灵	Chlorbufam	0.05 *
	氯丹	Chlordane	0.01 *
	氯菊酯	Permethrin	0.05 *

续表

水果品种	检测项目	英文名	农残限量标准/(mg/kg)
苹果	氯氰菊酯	Cypermethrin	1.00
	氯杀螨	Chlorbenside	0.01*
	马拉硫磷	Malathion	0.02*
	麦喜为	Florasulam	0.01*
	咪唑磺隆	Imazosulfuron	0.01*
	咪唑菌酮	Fenamidone	0.02*
	醚菌酯	Kresoxim-methyl	0.20
	密灭汀	Milbemectin	0.02*
	嘧啶磺隆	Flazasulfuron	0.01*
	嘧菌胺	Mepanipyrim	0.01*
	嘧菌酯	Azoxystrobin	0.05*
	灭多威和硫双威	Methomyl and Thiodicarb	0.02*
	灭菌丹	Folpet	3.00
	灭蚜磷	Mecarbam	0.05*
	灭蝇胺	Cyromazine	0.05*
	皮蝇磷	Fenchlorphos	0.01*
	七氯	Heptachlor	0.01*
	氢氰酸	Hydrogen cyanide	
	氰氟草酯	Cyhalofop-butyl	0.02*
	氰霜唑	Cyazofamid	0.01*
	氰戊菊酯（任意比例的 RR，SS，RS & SR 异构体），包括高效氰戊菊酯	Fenvalerate (any ratio of constituent isomers (RR, SS, RS & SR) including esfenvalerate) (F) (R)	0.1 (ft)
	炔恶草酮	Oxadiargyl	0.01*
	噻吩草胺-p	Dimethenamid-p	0.01*
	噻唑磷	Fosthiazate	0.02*
	三苯锡	Fentin hydroxide	0.05*
	三氯杀螨醇	Dicofol	0.02*
	三唑锡和三环锡	Azocyclotin and Cyhexatin	0.20
	杀草强	Amitrole	0.01
	杀螨特	Aramite	0.01*

续表

水果品种	检 测 项 目	英 文 名	农残限量标准/(mg/kg)
苹果	杀螨酯	Chlorfenson	0.01*
	杀螟丹	Cartap	
	杀螟硫磷	Fenitrothion	0.01*
	杀扑磷	Methidathion	0.03
	杀线威	Oxamyl	0.01*
	薯瘟锡	Fentin acetate	0.05*
	双苯三唑醇	Bitertanol	0.01*
	双甲脒	Amitraz	0.05*
	四氯化碳	Carbon tetrachloride	
	四螨嗪	Clofentezine	0.50
	四唑嘧磺隆	Azimsulfuron	0.01*
	速灭磷	Mevinphos	0.01*
	特苯恶唑	Etoxazole	0.07
	特乐酚	Dinoterb	0.05*
	涕灭威	Aldicarb	0.02*
	甜菜安	Desmedipham	0.05*
	戊菌唑	Penconazole	0.20
	烯菌灵	Imazalil	2.00
	硝草胺	Pendimethalin	0.05*
	硝磺酮	Mesotrione	0.05*
	缬霉威	Iprovalicarb	0.05*
	溴苯腈	Bromoxynil	0.05*
	溴螨酯	Bromopropylate	0.01*
	溴氰菊酯	Deltamethrin	0.20
	亚砜磷	Oxydemeton-methyl	0.01*
	燕麦敌	Diallate	0.05*
	燕麦灵	Barban	0.05*
	乙拌磷	Disulfoton	0.01*
	乙呋草黄	Ethofumesate	0.05*
	乙基溴硫磷	Bromophos-ethyl	0.05*
	乙硫磷	Ethion	0.01*
	乙烯利	Ethephon	0.60

续表

水果品种	检 测 项 目	英 文 名	农残限量标准/(mg/kg)
苹果	乙酰胺	Pethoxamid	0.01*
	乙酰甲胺磷	Acephate	
	乙氧嘧磺隆	Ethoxysulfuron	0.05*
	乙酯杀螨醇	Chlorobenzilate	0.02*
	异丙甲草胺和S-异丙甲草胺	Metholachlor and metholachlor-S	0.05*
	异丙隆	Isoproturon	0.01*
	异狄氏剂	Endrin	0.01*
	异恶氟草	Isoxaflutole	0.05*
	异菌脲	Iprodione	5.00
	抑芽丹	Maleic hydrazide	0.2*
	益棉磷	Azinphos-ethyl	0.02*
	吲哚羧酸酯	Fenhexamid	0.05*
	吲哚酮草酯	Cinidon-ethyl	0.05*

水果品种	检 测 项 目	英 文 名	农残限量标准/(mg/kg)
梨（东方梨）	1，1-二氯-2，2-二（4-乙苯）乙烷	1，1-dichloro-2，2-bis（4-ethylphenyl）ethane	0.01*
	1，2-二氯乙烷	1，2-dichloroethane	0.01*
	1，2-二溴乙烷	1，2-dibromoethane	0.01*
	1-甲基环丙烯	1-methylcyclopropene	0.01*
	2，4，5-涕	2，4，5-T	0.05*
	2，4-滴	2，4-D	0.05*
	2，4-滴丁酸	2，4-DB	0.05*
	2-苯酚	2-phenylphenol	0.05*
	Flumioxazine	Flumioxazine	0.05*
	Myclobutanyl	Myclobutanyl	0.50
	阿特拉津	Atrazine	0.05*
	阿维菌素	Abamectin	0.01*
	矮壮素	Chlormequat	0.1（ft）
	艾氏剂和狄氏剂	Aldrin and Dieldrin	0.01*
	安果	Formothion	0.02*

续表

水果品种	检 测 项 目	英 文 名	农残限量标准/(mg/kg)
梨（东方梨）	百草枯	Paraquat	0.02*
	百菌清	Chlorothalonil	1.00
	保棉磷	Azinphos-methyl	0.05*
	倍硫磷	Fenthion	0.01*
	苯并噻二唑	Acibenzolar-S-methyl	0.02*
	苯并噻二唑	Bentazone	0.1*
	苯敌草	Phenmedipham	0.05*
	苯丁锡	Fenbutatin oxide	2.00
	苯霜灵	Benalaxyl	0.05*
	苯锈定	Fenpropidin	0.01*
	吡虫清	Acetamiprid	0.80
	草甘膦	Glyphosate	0.1*
	虫螨腈	Chlorfenapyr	0.01*
	虫螨畏	Methacrifos	0.05*
	除草醚	Nitrofen	0.01*
	滴滴涕	DDT	0.05*
	敌草快	Diquat	0.05*
	敌敌畏	Dichlorvos	0.01*
	敌杀磷	Dioxathion	0.05*
	地乐酚	Dinoseb	0.05*
	碘苯腈	Ioxynil	0.05*
	碘甲磺隆	Iodosulfuron-methyl	0.01*
	丁硫克百威	Carbosulfan	0.01*
	毒杀芬	Camphechlor（Toxaphene）	0.1*
	毒死蜱	Chlorpyrifos	0.50
	对硫磷	Parathion	0.05*
	多菌灵和苯菌灵	Carbendazim and benomyl	0.20
	恶二唑虫	Indoxacarb	0.50
	恶唑菌酮	Famoxadone	0.02*
	二苯胺	Diphenylamine	10.00
	二甲四氯丙酸	Mecoprop	0.05*
	二甲四氯和二甲四氯丁酸	MCPA and MCPB	0.05*

续表

水果品种	检 测 项 目	英 文 名	农残限量标准/(mg/kg)
梨（东方梨）	二硫代氨基甲酸酯	Dithiocarbamates	5.00
	二硫化碳	Carbon disulphide	
	二嗪磷	Diazinon	0.01*
	二硝甲酚	DNOC	0.05*
	伐虫脒	Formetanate	0.01*
	粉锈啉	Fenpropimorph	0.05*
	呋草酮	Flurtamone	0.02*
	呋喃丹	Carbofuran	0.01*
	氟草烟	Fluroxypyr	0.05*
	氟啶嘧磺隆	Flupyrsulfuron-methyl	0.02*
	氟氯氰菊酯	Cyfluthrin	0.20
	氟氰戊菊酯	Flucythrinate	0.05*
	氟噻草胺	Flufenacet	0.05*
	氟唑草酮	Carfentrazone-ethyl	0.01*
	高效氯氟氰菊酯	Lambda-Cyhalothrin	0.10
	汞化合物	Mercury compounds	0.01*
	禾草敌	Molinate	0.05*
	环氧嘧磺隆	Oxasulfuron	0.01*
	环氧乙烷	Ethylene oxide	0.1*
	甲胺磷	Methamidophos	0.01*
	甲磺胺磺隆	Mesosulfuron-methyl	0.01*
	甲磺隆	Metsulfuron-methyl	0.05*
	甲基毒死蜱	Chlorpyrifos-methyl	0.50
	甲基对硫磷	Parathion-methyl	0.01*
	甲萘威	Carbaryl	0.01*
	甲霜灵及精甲霜灵	Metalaxyl and metalaxyl-M	1.00
	甲酰氨基嘧磺隆	Foramsulfuron	0.01*
	甲氧虫酰肼	Methoxyfenozide	2.00
	甲氧滴滴涕	Methoxychlor	0.01*
	甲氧咪草烟	Imazamox	0.05*
	克菌丹	Captan	3.00
	克氯得	Chlozolinate	0.05*

续表

水果品种	检 测 项 目	英 文 名	农残限量标准/(mg/kg)
梨（东方梨）	克线磷	Fenamiphos	0.02*
	枯草隆	Chloroxuron	0.05*
	乐果	Dimethoate	0.02*
	乐杀螨	Binapacryl	0.05*
	利谷隆	Linuron	0.05*
	联苯肼酯	Bifenazate	0.7（ft）
	联苯菊酯	Bifenthrin	0.30
	林丹	Lindane	0.01*
	磷化氢	Hydrogen phosphide	
	硫丹	Endosulfan	0.05*
	六六六（HCH），alpha-异构体	Hexachlorociclohexane（HCH），alpha-isomer	
	六六六（HCH），beta-异构体	Hexachlorociclohexane（HCH），beta-isomer	
	六六六（HCH），所有异构体总量，gamma-异构体除外	Hexachlorociclohexane（HCH），sum of isomers，except the gamma isomer	0.01*
	六氯苯	Hexachlorobenzene	0.01*
	绿谷隆	Monolinuron	0.05*
	氯苯胺灵	Chlorpropham	0.01*
	氯苯嘧啶醇	Fenarimol	0.10
	氯草灵	Chlorbufam	0.05*
	氯丹	Chlordane	0.01*
	氯菊酯	Permethrin	0.05*
	氯氰菊酯	Cypermethrin	1.00
	氯杀螨	Chlorbenside	0.01*
	马拉硫磷	Malathion	0.02*
	麦喜为	Florasulam	0.01*
	咪唑磺隆	Imazosulfuron	0.01*
	咪唑菌酮	Fenamidone	0.02*
	醚菌酯	Kresoxim-methyl	0.20
	密灭汀	Milbemectin	0.02*

续表

水果品种	检 测 项 目	英 文 名	农残限量标准/(mg/kg)
梨（东方梨）	嘧啶磺隆	Flazasulfuron	0. 01*
	嘧菌胺	Mepanipyrim	0. 01*
	嘧菌酯	Azoxystrobin	0. 05*
	灭多威和硫双威	Methomyl and Thiodicarb	0. 02*
	灭菌丹	Folpet	3. 00
	灭蚜磷	Mecarbam	0. 05*
	灭蝇胺	Cyromazine	0. 05*
	皮蝇磷	Fenchlorphos	0. 01*
	七氯	Heptachlor	0. 01*
	氢氰酸	Hydrogen cyanide	
	氰氟草酯	Cyhalofop-butyl	0. 02*
	氰霜唑	Cyazofamid	0. 01*
	氰戊菊酯（任意比例的RR，SS，RS & SR 异构体），包括高效氰戊菊酯	Fenvalerate（any ratio of constituent isomers（RR，SS，RS & SR）including esfenvalerate）（F）（R）	0. 1（ft）
	炔恶草酮	Oxadiargyl	0. 01*
	噻吩草胺-p	Dimethenamid-p	0. 01*
	噻唑磷	Fosthiazate	0. 02*
	三苯锡	Fentin hydroxide	0. 05*
	三氯杀螨醇	Dicofol	0. 02*
	三唑锡和三环锡	Azocyclotin and Cyhexatin	0. 01*
	杀草强	Amitrole	0. 01
	杀螨特	Aramite	0. 01*
	杀螨酯	Chlorfenson	0. 01*
	杀螟丹	Cartap	
	杀螟硫磷	Fenitrothion	0. 01*
	杀扑磷	Methidathion	0. 03
	杀线威	Oxamyl	0. 01*
	薯瘟锡	Fentin acetate	0. 05*
	双苯三唑醇	Bitertanol	0. 01*
	双甲脒	Amitraz	0. 05*
	四氯化碳	Carbon tetrachloride	

续表

水果品种	检测项目	英文名	农残限量标准/(mg/kg)
梨（东方梨）	四螨嗪	Clofentezine	0.50
	四唑嘧磺隆	Azimsulfuron	0.01*
	速灭磷	Mevinphos	0.01*
	特苯恶唑	Etoxazole	0.07
	特乐酚	Dinoterb	0.05*
	涕灭威	Aldicarb	0.02*
	甜菜安	Desmedipham	0.05*
	戊菌唑	Penconazole	0.20
	烯菌灵	Imazalil	2.00
	硝草胺	Pendimethalin	0.05*
	硝磺酮	Mesotrione	0.05*
	缬霉威	Iprovalicarb	0.05*
	溴苯腈	Bromoxynil	0.05*
	溴螨酯	Bromopropylate	0.01*
	溴氰菊酯	Deltamethrin	0.10
	亚砜磷	Oxydemeton-methyl	0.01*
	燕麦敌	Diallate	0.05*
	燕麦灵	Barban	0.05*
	乙拌磷	Disulfoton	0.01*
	乙呋草黄	Ethofumesate	0.05*
	乙基溴硫磷	Bromophos-ethyl	0.05*
	乙硫磷	Ethion	0.01*
	乙烯利	Ethephon	0.05*
	乙酰胺	Pethoxamid	0.01*
	乙酰甲胺磷	Acephate	
	乙氧嘧磺隆	Ethoxysulfuron	0.05*
	乙酯杀螨醇	Chlorobenzilate	0.02*
	异丙甲草胺和S-异丙甲草胺	Metholachlor and metholachlor-S	0.05*
	异丙隆	Isoproturon	0.01*
	异狄氏剂	Endrin	0.01*
	异恶氟草	Isoxaflutole	0.05*

续表

水果品种	检 测 项 目	英 文 名	农残限量标准/(mg/kg)
梨（东方梨）	异菌脲	Iprodione	5.00
	抑芽丹	Maleic hydrazide	0.2*
	益棉磷	Azinphos-ethyl	0.02*
	吲哚羧酸酯	Fenhexamid	0.05*
	吲哚酮草酯	Cinidon-ethyl	0.05*

水果品种	检 测 项 目	英 文 名	农残限量标准/(mg/kg)
猕猴桃	1，1-二氯-2，2-二（4-乙苯）乙烷	1，1-dichloro-2，2-bis（4-ethylphenyl）ethane	0.01*
	1，2-二氯乙烷	1，2-dichloroethane	0.01*
	1，2-二溴乙烷	1，2-dibromoethane	0.01*
	1-甲基环丙烯	1-methylcyclopropene	0.01*
	2，4，5-涕	2，4，5-T	0.05*
	2，4-滴	2，4-D	0.05*
	2，4-滴丁酸	2，4-DB	0.05*
	2-苯酚	2-phenylphenol	0.05*
	Flumioxazine	Flumioxazine	0.05*
	Myclobutanyl	Myclobutanyl	0.02*
	阿特拉津	Atrazine	0.05*
	阿维菌素	Abamectin	0.01*
	矮壮素	Chlormequat	0.05*
	艾氏剂和狄氏剂	Aldrin and Dieldrin	0.01*
	安果	Formothion	0.02*
	百草枯	Paraquat	0.02*
	百菌清	Chlorothalonil	0.01*
	保棉磷	Azinphos-methyl	0.05*
	倍硫磷	Fenthion	0.01*
	苯并噻二唑	Acibenzolar-S-methyl	0.02*
	苯并噻二唑	Bentazone	0.1*
	苯敌草	Phenmedipham	0.05*
	苯丁锡	Fenbutatin oxide	0.05*
	苯霜灵	Benalaxyl	0.05*

续表

水果品种	检 测 项 目	英 文 名	农残限量标准/(mg/kg)
猕猴桃	苯锈定	Fenpropidin	0.01*
	吡虫清	Acetamiprid	0.01*
	草甘膦	Glyphosate	0.1*
	虫螨腈	Chlorfenapyr	0.01*
	虫螨畏	Methacrifos	0.05*
	除草醚	Nitrofen	0.01*
	滴滴涕	DDT	0.05*
	敌草快	Diquat	0.05*
	敌敌畏	Dichlorvos	0.01*
	敌杀磷	Dioxathion	0.05*
	地乐酚	Dinoseb	0.05*
	碘苯腈	Ioxynil	0.05*
	碘甲磺隆	Iodosulfuron-methyl	0.01*
	丁硫克百威	Carbosulfan	0.01*
	毒杀芬	Camphechlor (Toxaphene)	0.1*
	毒死蜱	Chlorpyrifos	2.00
	对硫磷	Parathion	0.05*
	多菌灵和苯菌灵	Carbendazim and benomyl	0.1*
	恶二唑虫	Indoxacarb	0.02*
	恶唑菌酮	Famoxadone	0.02*
	二苯胺	Diphenylamine	0.05*
	二甲四氯丙酸	Mecoprop	0.05*
	二甲四氯和二甲四氯丁酸	MCPA and MCPB	0.05*
	二硫代氨基甲酸酯	Dithiocarbamates	0.05*
	二硫化碳	Carbon disulphide	
	二嗪磷	Diazinon	0.01*
	二硝甲酚	DNOC	0.05*
	伐虫脒	Formetanate	0.01*
	粉锈啉	Fenpropimorph	0.05*
	呋草酮	Flurtamone	0.02*
	呋喃丹	Carbofuran	0.01*
	氟草烟	Fluroxypyr	0.05*

续表

水果品种	检 测 项 目	英 文 名	农残限量标准/(mg/kg)
猕猴桃	氟啶嘧磺隆	Flupyrsulfuron-methyl	0.02*
	氟氯氰菊酯	Cyfluthrin	0.02*
	氟氰戊菊酯	Flucythrinate	0.05*
	氟噻草胺	Flufenacet	0.05*
	氟唑草酮	Carfentrazone-ethyl	0.01*
	高效氯氟氰菊酯	Lambda-Cyhalothrin	0.02*
	汞化合物	Mercury compounds	0.01*
	禾草敌	Molinate	0.05*
	环氧嘧磺隆	Oxasulfuron	0.01*
	环氧乙烷	Ethylene oxide	0.1*
	甲胺磷	Methamidophos	0.01*
	甲磺胺磺隆	Mesosulfuron-methyl	0.01*
	甲磺隆	Metsulfuron-methyl	0.05*
	甲基毒死蜱	Chlorpyrifos-methyl	0.05*
	甲基对硫磷	Parathion-methyl	0.01*
	甲萘威	Carbaryl	0.01*
	甲霜灵及精甲霜灵	Metalaxyl and metalaxyl-M	0.05*
	甲酰氨基嘧磺隆	Foramsulfuron	0.01*
	甲氧虫酰肼	Methoxyfenozide	1.00
	甲氧滴滴涕	Methoxychlor	0.01*
	甲氧咪草烟	Imazamox	0.05*
	克菌丹	Captan	0.02*
	克氯得	Chlozolinate	0.05*
	克线磷	Fenamiphos	0.02*
	枯草隆	Chloroxuron	0.05*
	乐果	Dimethoate	0.02*
	乐杀螨	Binapacryl	0.05*
	利谷隆	Linuron	0.05*
	联苯肼酯	Bifenazate	0.01*
	联苯菊酯	Bifenthrin	0.05*
	林丹	Lindane	0.01*
	磷化氢	Hydrogen phosphide	

续表

水果品种	检 测 项 目	英 文 名	农残限量标准/(mg/kg)
猕猴桃	硫丹	Endosulfan	0.05*
	六六六（HCH），alpha-异构体	Hexachlorociclohexane (HCH), alpha-isomer	
	六六六（HCH），beta-异构体	Hexachlorociclohexane (HCH), beta-isomer	
	六六六（HCH），所有异构体总量，gamma-异构体除外	Hexachlorociclohexane (HCH), sum of isomers, except the gamma isomer	0.01*
	六氯苯	Hexachlorobenzene	0.01*
	绿谷隆	Monolinuron	0.05*
	氯苯胺灵	Chlorpropham	0.01*
	氯苯嘧啶醇	Fenarimol	0.02*
	氯草灵	Chlorbufam	0.05*
	氯丹	Chlordane	0.01*
	氯菊酯	Permethrin	0.05*
	氯氰菊酯	Cypermethrin	0.05*
	氯杀螨	Chlorbenside	0.01*
	马拉硫磷	Malathion	0.02*
	麦喜为	Florasulam	0.01*
	咪唑磺隆	Imazosulfuron	0.01*
	咪唑菌酮	Fenamidone	0.02*
	醚菌酯	Kresoxim-methyl	0.05*
	密灭汀	Milbemectin	0.02*
	嘧啶磺隆	Flazasulfuron	0.01*
	嘧菌胺	Mepanipyrim	0.01*
	嘧菌酯	Azoxystrobin	0.05*
	灭多威和硫双威	Methomyl and Thiodicarb	0.02*
	灭菌丹	Folpet	0.02*
	灭蚜磷	Mecarbam	0.05*
	灭蝇胺	Cyromazine	0.05*
	皮蝇磷	Fenchlorphos	0.01*
	七氯	Heptachlor	0.01*

续表

水果品种	检 测 项 目	英 文 名	农残限量标准/(mg/kg)
猕猴桃	氢氰酸	Hydrogen cyanide	
	氰氟草酯	Cyhalofop-butyl	0.02*
	氰霜唑	Cyazofamid	0.01*
	氰戊菊酯（任意比例的RR，SS，RS & SR 异构体），包括高效氰戊菊酯	Fenvalerate (any ratio of constituent isomers (RR, SS, RS & SR) including esfenvalerate) (F) (R)	0.02*
	炔恶草酮	Oxadiargyl	0.01*
	噻吩草胺-p	Dimethenamid-p	0.01*
	噻唑磷	Fosthiazate	0.02*
	三苯锡	Fentin hydroxide	0.05*
	三氯杀螨醇	Dicofol	0.02*
	三唑锡和三环锡	Azocyclotin and Cyhexatin	0.01*
	杀草强	Amitrole	0.01
	杀螨特	Aramite	0.01*
	杀螨酯	Chlorfenson	0.01*
	杀螟丹	Cartap	
	杀螟硫磷	Fenitrothion	0.01*
	杀扑磷	Methidathion	0.02*
	杀线威	Oxamyl	0.01*
	薯瘟锡	Fentin acetate	0.05*
	双苯三唑醇	Bitertanol	0.01*
	双甲脒	Amitraz	0.05*
	四氯化碳	Carbon tetrachloride	
	四螨嗪	Clofentezine	0.02*
	四唑嘧磺隆	Azimsulfuron	0.01*
	速灭磷	Mevinphos	0.01*
	特苯恶唑	Etoxazole	0.02*
	特乐酚	Dinoterb	0.05*
	涕灭威	Aldicarb	0.02*
	甜菜安	Desmedipham	0.05*
	戊菌唑	Penconazole	0.05*
	烯菌灵	Imazalil	0.05*

续表

水果品种	检 测 项 目	英 文 名	农残限量标准/(mg/kg)
猕猴桃	硝草胺	Pendimethalin	0.05*
	硝磺酮	Mesotrione	0.05*
	缬霉威	Iprovalicarb	0.05*
	溴苯腈	Bromoxynil	0.05*
	溴螨酯	Bromopropylate	0.01*
	溴氰菊酯	Deltamethrin	0.20
	亚砜磷	Oxydemeton-methyl	0.01*
	燕麦敌	Diallate	0.05*
	燕麦灵	Barban	0.05*
	乙拌磷	Disulfoton	0.01*
	乙呋草黄	Ethofumesate	0.05*
	乙基溴硫磷	Bromophos-ethyl	0.05*
	乙硫磷	Ethion	0.01*
	乙烯利	Ethephon	0.05*
	乙酰胺	Pethoxamid	0.01*
	乙酰甲胺磷	Acephate	
	乙氧嘧磺隆	Ethoxysulfuron	0.05*
	乙酯杀螨醇	Chlorobenzilate	0.02*
	异丙甲草胺和S-异丙甲草胺	Metholachlor and metholachlor-S	0.05*
	异丙隆	Isoproturon	0.01*
	异狄氏剂	Endrin	0.01*
	异恶氟草	Isoxaflutole	0.05*
	异菌脲	Iprodione	5.00
	抑芽丹	Maleic hydrazide	0.2*
	益棉磷	Azinphos-ethyl	0.02*
	吲哚羧酸酯	Fenhexamid	10.00
	吲哚酮草酯	Cinidon-ethyl	0.05*

水果品种	检 测 项 目	英 文 名	农残限量标准/(mg/kg)
柑橘属水果	1，1-二氯-2，2-二（4-乙苯）乙烷	1，1-dichloro-2，2-bis（4-ethylphenyl）ethane	0.01*

续表

水果品种	检测项目	英文名	农残限量标准/(mg/kg)
柑橘属水果	1，2-二氯乙烷	1，2-dichloroethane	0.01*
	1，2-二溴乙烷	1，2-dibromoethane	0.01*
	1-甲基环丙烯	1-methylcyclopropene	0.01*
	2，4，5-涕	2，4，5-T	0.05*
	2，4-滴	2，4-D	1.00
	2，4-滴丁酸	2，4-DB	0.05*
	2-苯酚	2-phenylphenol	5 (ft)
	Flumioxazine	Flumioxazine	0.05*
	Myclobutanyl	Myclobutanyl	3
	阿特拉津	Atrazine	0.05*
	阿维菌素	Abamectin	0.01*
	矮壮素	Chlormequat	0.05*
	艾氏剂和狄氏剂	Aldrin and Dieldrin	0.01*
	安果	Formothion	0.02*
	百草枯	Paraquat	0.02*
	百菌清	Chlorothalonil	0.01*
	保棉磷	Azinphos-methyl	0.05*
	倍硫磷	Fenthion	0.01*
	苯并噻二唑	Acibenzolar-S-methyl	0.02*
	苯并噻二唑	Bentazone	0.1*
	苯敌草	Phenmedipham	0.05*
	苯丁锡	Fenbutatin oxide	5.00
	苯霜灵	Benalaxyl	0.05*
	苯锈定	Fenpropidin	0.01*
	吡虫清	Acetamiprid	0.90
	草甘膦	Glyphosate	
	虫螨腈	Chlorfenapyr	0.01*
	虫螨畏	Methacrifos	0.05*
	除草醚	Nitrofen	0.01*
	滴滴涕	DDT	0.05*
	敌草快	Diquat	0.05*
	敌敌畏	Dichlorvos	0.01*

续表

水果品种	检测项目	英文名	农残限量标准/(mg/kg)
柑橘属水果	敌杀磷	Dioxathion	0.05*
	地乐酚	Dinoseb	0.05*
	碘苯腈	Ioxynil	0.05*
	碘甲磺隆	Iodosulfuron-methyl	0.01*
	丁硫克百威	Carbosulfan	
	毒杀芬	Camphechlor (Toxaphene)	0.1*
	毒死蜱	Chlorpyrifos	
	对硫磷	Parathion	0.05*
	多菌灵和苯菌灵	Carbendazim and benomyl	
	恶二唑虫	Indoxacarb	0.02*
	恶唑菌酮	Famoxadone	0.02*
	二苯胺	Diphenylamine	0.05*
	二甲四氯丙酸	Mecoprop	0.05*
	二甲四氯和二甲四氯丁酸	MCPA and MCPB	0.05*
	二硫代氨基甲酸酯	Dithiocarbamates	5.00
	二硫化碳	Carbon disulphide	
	二嗪磷	Diazinon	0.01*
	二硝甲酚	DNOC	0.05*
	伐虫脒	Formetanate	0.01*
	粉锈啉	Fenpropimorph	0.05*
	呋草酮	Flurtamone	0.02*
	呋喃丹	Carbofuran	
	氟草烟	Fluroxypyr	0.05*
	氟啶嘧磺隆	Flupyrsulfuron-methyl	0.02*
	氟氯氰菊酯	Cyfluthrin	0.02*
	氟氰戊菊酯	Flucythrinate	0.05*
	氟噻草胺	Flufenacet	0.05*
	氟唑草酮	Carfentrazone-ethyl	0.01*
	高效氯氟氰菊酯	Lambda-Cyhalothrin	0.20
	汞化合物	Mercury compounds	0.01*
	禾草敌	Molinate	0.05*
	环氧嘧磺隆	Oxasulfuron	0.01*

续表

水果品种	检 测 项 目	英 文 名	农残限量标准/(mg/kg)
柑橘属水果	环氧乙烷	Ethylene oxide	0.1*
	甲胺磷	Methamidophos	0.01*
	甲磺胺磺隆	Mesosulfuron-methyl	0.01*
	甲磺隆	Metsulfuron-methyl	0.05*
	甲基毒死蜱	Chlorpyrifos-methyl	
	甲基对硫磷	Parathion-methyl	0.01*
	甲萘威	Carbaryl	0.01*
	甲霜灵及精甲霜灵	Metalaxyl and metalaxyl-M	0.50
	甲酰氨基嘧磺隆	Foramsulfuron	0.01*
	甲氧虫酰肼	Methoxyfenozide	2.00
	甲氧滴滴涕	Methoxychlor	0.01*
	甲氧咪草烟	Imazamox	0.05*
	克菌丹	Captan	0.02*
	克氯得	Chlozolinate	0.05*
	克线磷	Fenamiphos	0.02*
	枯草隆	Chloroxuron	0.05*
	乐果	Dimethoate	0.02*
	乐杀螨	Binapacryl	0.05*
	利谷隆	Linuron	0.05*
	联苯肼酯	Bifenazate	0.90
	联苯菊酯	Bifenthrin	0.10
	林丹	Lindane	0.01*
	磷化氢	Hydrogen phosphide	
	硫丹	Endosulfan	0.05*
	六六六（HCH），alpha-异构体	Hexachlorociclohexane（HCH），alpha-isomer	
	六六六（HCH），beta-异构体	Hexachlorociclohexane（HCH），beta-isomer	
	六六六（HCH），所有异构体总量，gamma-异构体除外	Hexachlorociclohexane（HCH），sum of isomers，except the gamma isomer	0.01*
	六氯苯	Hexachlorobenzene	0.01*

续表

水果品种	检 测 项 目	英 文 名	农残限量标准/(mg/kg)
柑橘属水果	绿谷隆	Monolinuron	0.05*
	氯苯胺灵	Chlorpropham	0.01*
	氯苯嘧啶醇	Fenarimol	0.02*
	氯草灵	Chlorbufam	0.05*
	氯丹	Chlordane	0.01*
	氯菊酯	Permethrin	0.05*
	氯氰菊酯	Cypermethrin	2.00
	氯杀螨	Chlorbenside	0.01*
	马拉硫磷	Malathion	0.02*
	麦喜为	Florasulam	0.01*
	咪唑磺隆	Imazosulfuron	0.01*
	咪唑菌酮	Fenamidone	0.02*
	醚菌酯	Kresoxim-methyl	0.05*
	密灭汀	Milbemectin	0.02*
	嘧啶磺隆	Flazasulfuron	0.01*
	嘧菌胺	Mepanipyrim	0.01*
	嘧菌酯	Azoxystrobin	15.00
	灭多威和硫双威	Methomyl and Thiodicarb	0.02*
	灭菌丹	Folpet	0.02*
	灭蚜磷	Mecarbam	0.05*
	灭蝇胺	Cyromazine	0.05*
	皮蝇磷	Fenchlorphos	0.01*
	七氯	Heptachlor	0.01*
	氢氰酸	Hydrogen cyanide	
	氰氟草酯	Cyhalofop-butyl	0.02*
	氰霜唑	Cyazofamid	0.01*
	氰戊菊酯（任意比例的RR，SS，RS & SR 异构体），包括高效氰戊菊酯	Fenvalerate (any ratio of constituent isomers (RR, SS, RS & SR) including esfenvalerate) (F) (R)	0.02*
	炔恶草酮	Oxadiargyl	0.01*
	噻吩草胺-p	Dimethenamid-p	0.01*
	噻唑磷	Fosthiazate	0.02*

续表

水果品种	检 测 项 目	英 文 名	农残限量标准/(mg/kg)
柑橘属水果	三苯锡	Fentin hydroxide	0.05*
	三氯杀螨醇	Dicofol	0.02*
	三唑锡和三环锡	Azocyclotin and Cyhexatin	
	杀草强	Amitrole	0.01
	杀螨特	Aramite	0.01*
	杀螨酯	Chlorfenson	0.01*
	杀螟丹	Cartap	
	杀螟硫磷	Fenitrothion	0.01*
	杀扑磷	Methidathion	0.02*
	杀线威	Oxamyl	0.01*
	薯瘟锡	Fentin acetate	0.05*
	双苯三唑醇	Bitertanol	0.01*
	双甲脒	Amitraz	0.05*
	四氯化碳	Carbon tetrachloride	
	四螨嗪	Clofentezine	0.50
	四唑嘧磺隆	Azimsulfuron	0.01*
	速灭磷	Mevinphos	0.01*
	特苯恶唑	Etoxazole	0.10
	特乐酚	Dinoterb	0.05*
	涕灭威	Aldicarb	0.02*
	甜菜安	Desmedipham	0.05*
	戊菌唑	Penconazole	0.05*
	烯菌灵	Imazalil	5.00
	硝草胺	Pendimethalin	0.05*
	硝磺酮	Mesotrione	0.05*
	缬霉威	Iprovalicarb	0.05*
	溴苯腈	Bromoxynil	0.05*
	溴螨酯	Bromopropylate	0.01*
	溴氰菊酯	Deltamethrin	0.05*
	亚砜磷	Oxydemeton-methyl	0.01*
	燕麦敌	Diallate	0.05*
	燕麦灵	Barban	0.05*

续表

水果品种	检 测 项 目	英 文 名	农残限量标准/(mg/kg)
柑橘属水果	乙拌磷	Disulfoton	0.01*
	乙呋草黄	Ethofumesate	0.05*
	乙基溴硫磷	Bromophos-ethyl	0.05*
	乙硫磷	Ethion	0.01*
	乙烯利	Ethephon	0.05*
	乙酰胺	Pethoxamid	0.01*
	乙酰甲胺磷	Acephate	
	乙氧嘧磺隆	Ethoxysulfuron	0.05*
	乙酯杀螨醇	Chlorobenzilate	0.02*
	异丙甲草胺和S-异丙甲草胺	Metholachlor and metholachlor-S	0.05*
	异丙隆	Isoproturon	0.01*
	异狄氏剂	Endrin	0.01*
	异恶氟草	Isoxaflutole	0.05*
	异菌脲	Iprodione	
	抑芽丹	Maleic hydrazide	0.2*
	益棉磷	Azinphos-ethyl	0.02*
	吲哚羧酸酯	Fenhexamid	0.05*
	吲哚酮草酯	Cinidon-ethyl	0.05*

水果品种	检 测 项 目	英 文 名	农残限量标准/(mg/kg)
桃子（油桃和相似杂交品种）	1，1-二氯-2，2-二（4-乙苯）乙烷	1，1-dichloro-2，2-bis（4-ethylphenyl）ethane	0.01*
	1，2-二氯乙烷	1，2-dichloroethane	0.01*
	1，2-二溴乙烷	1，2-dibromoethane	0.01*
	1-甲基环丙烯	1-methylcyclopropene	0.01*
	2，4，5-涕	2，4，5-T	0.05*
	2，4-滴	2，4-D	0.05*
	2，4-滴丁酸	2，4-DB	0.05*
	2-苯酚	2-phenylphenol	0.05*
	Flumioxazine	Flumioxazine	0.05*
	Myclobutanyl	Myclobutanyl	0.50

续表

水果品种	检测项目	英文名	农残限量标准/(mg/kg)
桃子（油桃和相似杂交品种）	阿特拉津	Atrazine	0.05*
	阿维菌素	Abamectin	0.01*
	矮壮素	Chlormequat	0.05*
	艾氏剂和狄氏剂	Aldrin and Dieldrin	0.01*
	安果	Formothion	0.02*
	百草枯	Paraquat	0.02*
	百菌清	Chlorothalonil	1.00
	保棉磷	Azinphos-methyl	0.05*
	倍硫磷	Fenthion	0.01*
	苯并噻二唑	Acibenzolar-S-methyl	0.20
	苯并噻二唑	Bentazone	0.1*
	苯敌草	Phenmedipham	0.05*
	苯丁锡	Fenbutatin oxide	0.05*
	苯霜灵	Benalaxyl	0.05*
	苯锈定	Fenpropidin	0.01*
	吡虫清	Acetamiprid	0.70
	草甘膦	Glyphosate	0.1*
	虫螨腈	Chlorfenapyr	0.01*
	虫螨畏	Methacrifos	0.05*
	除草醚	Nitrofen	0.01*
	滴滴涕	DDT	0.05*
	敌草快	Diquat	0.05*
	敌敌畏	Dichlorvos	0.01*
	敌杀磷	Dioxathion	0.05*
	地乐酚	Dinoseb	0.05*
	碘苯腈	Ioxynil	0.05*
	碘甲磺隆	Iodosulfuron-methyl	0.01*
	丁硫克百威	Carbosulfan	0.01*
	毒杀芬	Camphechlor（Toxaphene）	0.1*
	毒死蜱	Chlorpyrifos	0.20
	对硫磷	Parathion	0.05*
	多菌灵和苯菌灵	Carbendazim and benomyl	0.20

续表

水果品种	检 测 项 目	英 文 名	农残限量标准/(mg/kg)
桃子（油桃和相似杂交品种）	恶二唑虫	Indoxacarb	1.00
	恶唑菌酮	Famoxadone	0.02*
	二苯胺	Diphenylamine	0.05*
	二甲四氯丙酸	Mecoprop	0.05*
	二甲四氯和二甲四氯丁酸	MCPA and MCPB	0.05*
	二硫代氨基甲酸酯	Dithiocarbamates	2 (ft)
	二硫化碳	Carbon disulphide	
	二嗪磷	Diazinon	0.01*
	二硝甲酚	DNOC	0.05*
	伐虫脒	Formetanate	0.01*
	粉锈啉	Fenpropimorph	0.05*
	呋草酮	Flurtamone	0.02*
	呋喃丹	Carbofuran	0.01*
	氟草烟	Fluroxypyr	0.05*
	氟啶嘧磺隆	Flupyrsulfuron-methyl	0.02*
	氟氯氰菊酯	Cyfluthrin	0.30
	氟氰戊菊酯	Flucythrinate	0.05*
	氟噻草胺	Flufenacet	0.05*
	氟唑草酮	Carfentrazone-ethyl	0.01*
	高效氯氟氰菊酯	Lambda-Cyhalothrin	0.20
	汞化合物	Mercury compounds	0.01*
	禾草敌	Molinate	0.05*
	环氧嘧磺隆	Oxasulfuron	0.01*
	环氧乙烷	Ethylene oxide	0.1*
	甲胺磷	Methamidophos	0.01*
	甲磺胺磺隆	Mesosulfuron-methyl	0.01*
	甲磺隆	Metsulfuron-methyl	0.05*
	甲基毒死蜱	Chlorpyrifos-methyl	0.50
	甲基对硫磷	Parathion-methyl	0.01*
	甲萘威	Carbaryl	0.01*
	甲霜灵及精甲霜灵	Metalaxyl and metalaxyl-M	0.05*
	甲酰氨基嘧磺隆	Foramsulfuron	0.01*

续表

水果品种	检 测 项 目	英 文 名	农残限量标准/(mg/kg)
桃子（油桃和相似杂交品种）	甲氧虫酰肼	Methoxyfenozide	0.30
	甲氧滴滴涕	Methoxychlor	0.01*
	甲氧咪草烟	Imazamox	0.05*
	克菌丹	Captan	4.00
	克氯得	Chlozolinate	0.05*
	克线磷	Fenamiphos	0.02*
	枯草隆	Chloroxuron	0.05*
	乐果	Dimethoate	0.02*
	乐杀螨	Binapacryl	0.05*
	利谷隆	Linuron	0.05*
	联苯肼酯	Bifenazate	2.00
	联苯菊酯	Bifenthrin	0.20
	林丹	Lindane	0.01*
	磷化氢	Hydrogen phosphide	
	硫丹	Endosulfan	0.05*
	六六六（HCH），alpha-异构体	Hexachlorociclohexane（HCH），alpha-isomer	
	六六六（HCH），beta-异构体	Hexachlorociclohexane（HCH），beta-isomer	
	六六六（HCH），所有异构体总量，gamma-异构体除外	Hexachlorociclohexane（HCH），sum of isomers，except the gamma isomer	0.01*
	六氯苯	Hexachlorobenzene	0.01*
	绿谷隆	Monolinuron	0.05*
	氯苯胺灵	Chlorpropham	0.01*
	氯苯嘧啶醇	Fenarimol	0.50
	氯草灵	Chlorbufam	0.05*
	氯丹	Chlordane	0.01*
	氯菊酯	Permethrin	0.05*
	氯氰菊酯	Cypermethrin	2.00
	氯杀螨	Chlorbenside	0.01*
	马拉硫磷	Malathion	0.02*

续表

水果品种	检 测 项 目	英 文 名	农残限量标准/(mg/kg)
桃子（油桃和相似杂交品种）	麦喜为	Florasulam	0.01*
	咪唑磺隆	Imazosulfuron	0.01*
	咪唑菌酮	Fenamidone	0.02*
	醚菌酯	Kresoxim-methyl	0.05*
	密灭汀	Milbemectin	0.02*
	嘧啶磺隆	Flazasulfuron	0.01*
	嘧菌胺	Mepanipyrim	0.01*
	嘧菌酯	Azoxystrobin	2.00
	灭多威和硫双威	Methomyl and Thiodicarb	0.02*
	灭菌丹	Folpet	0.02*
	灭蚜磷	Mecarbam	0.05*
	灭蝇胺	Cyromazine	0.05*
	皮蝇磷	Fenchlorphos	0.01*
	七氯	Heptachlor	0.01*
	氢氰酸	Hydrogen cyanide	
	氰氟草酯	Cyhalofop-butyl	0.02*
	氰霜唑	Cyazofamid	0.01*
	氰戊菊酯（任意比例的RR，SS，RS & SR异构体），包括高效氰戊菊酯	Fenvalerate (any ratio of constituent isomers (RR, SS, RS & SR) including esfenvalerate) (F) (R)	0.20
	炔恶草酮	Oxadiargyl	0.01*
	噻唑磷	Fosthiazate	0.02*
	三苯锡	Fentin hydroxide	0.05*
	三氯杀螨醇	Dicofol	0.02*
	三唑锡和三环锡	Azocyclotin and Cyhexatin	0.01*
	杀草强	Amitrole	0.01
	杀螨特	Aramite	0.01*
	杀螨酯	Chlorfenson	0.01*
	杀螟丹	Cartap	
	杀螟硫磷	Fenitrothion	0.01*
	杀扑磷	Methidathion	0.02*

续表

水果品种	检 测 项 目	英 文 名	农残限量标准/(mg/kg)
桃子（油桃和相似杂交品种）	杀线威	Oxamyl	0.01*
	薯瘟锡	Fentin acetate	0.05*
	双苯三唑醇	Bitertanol	0.01*
	双甲脒	Amitraz	0.05*
	四氯化碳	Carbon tetrachloride	
	四螨嗪	Clofentezine	0.02*
	四唑嘧磺隆	Azimsulfuron	0.01*
	速灭磷	Mevinphos	0.01*
	特苯恶唑	Etoxazole	0.10
	特乐酚	Dinoterb	0.05*
	涕灭威	Aldicarb	0.02*
	甜菜安	Desmedipham	0.05*
	戊菌唑	Penconazole	0.10
	烯菌灵	Imazalil	0.05*
	硝草胺	Pendimethalin	0.05*
	硝磺酮	Mesotrione	0.05*
	缬霉威	Iprovalicarb	0.05*
	溴苯腈	Bromoxynil	0.05*
	溴螨酯	Bromopropylate	0.01*
	溴氰菊酯	Deltamethrin	0.10
	亚砜磷	Oxydemeton-methyl	0.01*
	燕麦敌	Diallate	0.05*
	燕麦灵	Barban	0.05*
	乙拌磷	Disulfoton	0.01*
	乙呋草黄	Ethofumesate	0.05*
	乙基溴硫磷	Bromophos-ethyl	0.05*
	乙硫磷	Ethion	0.01*
	乙烯利	Ethephon	0.05*
	乙酰胺	Pethoxamid	0.01*
	乙酰甲胺磷	Acephate	
	乙氧嘧磺隆	Ethoxysulfuron	0.05*
	乙酯杀螨醇	Chlorobenzilate	0.02*

续表

水果品种	检 测 项 目	英 文 名	农残限量标准/(mg/kg)
桃子（油桃和相似杂交品种）	异丙甲草胺和S-异丙甲草胺	Metholachlor and metholachlor-S	0.05*
	异丙隆	Isoproturon	0.01*
	异狄氏剂	Endrin	0.01*
	异恶氟草	Isoxaflutole	0.05*
	异菌脲	Iprodione	3.00
	抑芽丹	Maleic hydrazide	0.2*
	益棉磷	Azinphos-ethyl	0.02*
	吲哚羧酸酯	Fenhexamid	5.00
	吲哚酮草酯	Cinidon-ethyl	0.05*

水果品种	检 测 项 目	英 文 名	农残限量标准/(mg/kg)
李子	1，1-二氯-2，2-二（4-乙苯）乙烷	1，1-dichloro-2，2-bis（4-ethylphenyl）ethane	0.01*
	1，2-二氯乙烷	1，2-dichloroethane	0.01*
	1，2-二溴乙烷	1，2-dibromoethane	0.01*
	1-甲基环丙烯	1-methylcyclopropene	0.01*
	2，4，5-涕	2，4，5-T	0.05*
	2，4-滴	2，4-D	0.05*
	2，4-滴丁酸	2，4-DB	0.05*
	2-苯酚	2-phenylphenol	0.05*
	Flumioxazine	Flumioxazine	0.05*
	Myclobutanyl	Myclobutanyl	0.50
	阿特拉津	Atrazine	0.05*
	阿维菌素	Abamectin	0.01*
	矮壮素	Chlormequat	0.05*
	艾氏剂和狄氏剂	Aldrin and Dieldrin	0.01*
	安果	Formothion	0.02*
	百草枯	Paraquat	0.02*
	百菌清	Chlorothalonil	0.01*
	保棉磷	Azinphos-methyl	0.05*
	倍硫磷	Fenthion	0.01*

续表

水果品种	检 测 项 目	英 文 名	农残限量标准/(mg/kg)
李子	苯并噻二唑	Acibenzolar-S-methyl	0. 02*
	苯并噻二唑	Bentazone	0. 1*
	苯敌草	Phenmedipham	0. 05*
	苯丁锡	Fenbutatin oxide	0. 05*
	苯霜灵	Benalaxyl	0. 05*
	苯锈定	Fenpropidin	0. 01*
	吡虫清	Acetamiprid	0. 03
	草甘膦	Glyphosate	0. 1*
	虫螨腈	Chlorfenapyr	0. 01*
	虫螨畏	Methacrifos	0. 05*
	除草醚	Nitrofen	0. 01*
	滴滴涕	DDT	0. 05*
	敌草快	Diquat	0. 05*
	敌敌畏	Dichlorvos	0. 01*
	敌杀磷	Dioxathion	0. 05*
	地乐酚	Dinoseb	0. 05*
	碘苯腈	Ioxynil	0. 05*
	碘甲磺隆	Iodosulfuron-methyl	0. 01*
	丁硫克百威	Carbosulfan	0. 01*
	毒杀芬	Camphechlor (Toxaphene)	0. 1*
	毒死蜱	Chlorpyrifos	0. 20
	对硫磷	Parathion	0. 05*
	多菌灵和苯菌灵	Carbendazim and benomyl	0. 50
	恶二唑虫	Indoxacarb	1. 00
	恶唑菌酮	Famoxadone	0. 02*
	二苯胺	Diphenylamine	0. 05*
	二甲四氯丙酸	Mecoprop	0. 05*
	二甲四氯和二甲四氯丁酸	MCPA and MCPB	0. 05*
	二硫代氨基甲酸酯	Dithiocarbamates	2 (ft)
	二硫化碳	Carbon disulphide	
	二嗪磷	Diazinon	0. 01*
	二硝甲酚	DNOC	0. 05*

续表

水果品种	检 测 项 目	英 文 名	农残限量标准/(mg/kg)
李子	伐虫脒	Formetanate	0.01*
	粉锈啉	Fenpropimorph	0.05*
	呋草酮	Flurtamone	0.02*
	呋喃丹	Carbofuran	0.01*
	氟草烟	Fluroxypyr	0.05*
	氟啶嘧磺隆	Flupyrsulfuron-methyl	0.02*
	氟氯氰菊酯	Cyfluthrin	0.20
	氟氰戊菊酯	Flucythrinate	0.05*
	氟噻草胺	Flufenacet	0.05*
	氟唑草酮	Carfentrazone-ethyl	0.01*
	高效氯氟氰菊酯	Lambda-Cyhalothrin	0.20
	汞化合物	Mercury compounds	0.01*
	禾草敌	Molinate	0.05*
	环氧嘧磺隆	Oxasulfuron	0.01*
	环氧乙烷	Ethylene oxide	0.1*
	甲胺磷	Methamidophos	0.01*
	甲磺胺磺隆	Mesosulfuron-methyl	0.01*
	甲磺隆	Metsulfuron-methyl	0.05*
	甲基毒死蜱	Chlorpyrifos-methyl	0.05*
	甲基对硫磷	Parathion-methyl	0.01*
	甲萘威	Carbaryl	0.01*
	甲霜灵及精甲霜灵	Metalaxyl and metalaxyl-M	0.05*
	甲酰氨基嘧磺隆	Foramsulfuron	0.01*
	甲氧虫酰肼	Methoxyfenozide	0.10
	甲氧滴滴涕	Methoxychlor	0.01*
	甲氧咪草烟	Imazamox	0.05*
	克菌丹	Captan	7.00
	克氯得	Chlozolinate	0.05*
	克线磷	Fenamiphos	0.02*
	枯草隆	Chloroxuron	0.05*
	乐果	Dimethoate	0.02*
	乐杀螨	Binapacryl	0.05*

续表

水果品种	检 测 项 目	英 文 名	农残限量标准/(mg/kg)
李子	利谷隆	Linuron	0.05*
	联苯肼酯	Bifenazate	2.00
	联苯菊酯	Bifenthrin	0.20
	林丹	Lindane	0.01*
	磷化氢	Hydrogen phosphide	
	硫丹	Endosulfan	0.05*
	六六六（HCH），alpha-异构体	Hexachlorociclohexane (HCH), alpha-isomer	
	六六六（HCH），beta-异构体	Hexachlorociclohexane (HCH), beta-isomer	
	六六六（HCH），所有异构体总量，gamma-异构体除外	Hexachlorociclohexane (HCH), sum of isomers, except the gamma isomer	0.01*
	六氯苯	Hexachlorobenzene	0.01*
	绿谷隆	Monolinuron	0.05*
	氯苯胺灵	Chlorpropham	0.01*
	氯苯嘧啶醇	Fenarimol	0.02*
	氯草灵	Chlorbufam	0.05*
	氯丹	Chlordane	0.01*
	氯菊酯	Permethrin	0.05*
	氯氰菊酯	Cypermethrin	2.00
	氯杀螨	Chlorbenside	0.01*
	马拉硫磷	Malathion	0.02*
	麦喜为	Florasulam	0.01*
	咪唑磺隆	Imazosulfuron	0.01*
	咪唑菌酮	Fenamidone	0.02*
	醚菌酯	Kresoxim-methyl	0.05*
	密灭汀	Milbemectin	0.02*
	嘧啶磺隆	Flazasulfuron	0.01*
	嘧菌胺	Mepanipyrim	0.01*
	嘧菌酯	Azoxystrobin	2.00
	灭多威和硫双威	Methomyl and Thiodicarb	0.02*

续表

水果品种	检 测 项 目	英 文 名	农残限量标准/(mg/kg)
李子	灭菌丹	Folpet	0.02*
	灭蚜磷	Mecarbam	0.05*
	灭蝇胺	Cyromazine	0.05*
	皮蝇磷	Fenchlorphos	0.01*
	七氯	Heptachlor	0.01*
	氢氰酸	Hydrogen cyanide	
	氰氟草酯	Cyhalofop-butyl	0.02*
	氰霜唑	Cyazofamid	0.01*
	氰戊菊酯（任意比例的RR，SS，RS & SR异构体），包括高效氰戊菊酯	Fenvalerate (any ratio of constituent isomers (RR, SS, RS & SR) including esfenvalerate) (F) (R)	0.02* (ft)
	炔恶草酮	Oxadiargyl	0.01*
	噻吩草胺-p	Dimethenamid-p	0.01*
	噻唑磷	Fosthiazate	0.02*
	三苯锡	Fentin hydroxide	0.05*
	三氯杀螨醇	Dicofol	0.02*
	三唑锡和三环锡	Azocyclotin and Cyhexatin	0.01*
	杀草强	Amitrole	0.01
	杀螨特	Aramite	0.01*
	杀螨酯	Chlorfenson	0.01*
	杀螟丹	Cartap	
	杀螟硫磷	Fenitrothion	0.01*
	杀扑磷	Methidathion	0.02*
	杀线威	Oxamyl	0.01*
	薯瘟锡	Fentin acetate	0.05*
	双苯三唑醇	Bitertanol	0.01*
	双甲脒	Amitraz	0.05*
	四氯化碳	Carbon tetrachloride	
	四螨嗪	Clofentezine	0.20
	四唑嘧磺隆	Azimsulfuron	0.01*
	速灭磷	Mevinphos	0.01*
	特苯恶唑	Etoxazole	0.02*

续表

水果品种	检 测 项 目	英 文 名	农残限量标准/(mg/kg)
李子	特乐酚	Dinoterb	0.05*
	涕灭威	Aldicarb	0.02*
	甜菜安	Desmedipham	0.05*
	戊菌唑	Penconazole	0.05*
	烯菌灵	Imazalil	0.05*
	硝草胺	Pendimethalin	0.05*
	硝磺酮	Mesotrione	0.05*
	缬霉威	Iprovalicarb	0.05*
	溴苯腈	Bromoxynil	0.05*
	溴螨酯	Bromopropylate	0.01*
	溴氰菊酯	Deltamethrin	0.10
	亚砜磷	Oxydemeton-methyl	0.01*
	燕麦敌	Diallate	0.05*
	燕麦灵	Barban	0.05*
	乙拌磷	Disulfoton	0.01*
	乙呋草黄	Ethofumesate	0.05*
	乙基溴硫磷	Bromophos-ethyl	0.05*
	乙硫磷	Ethion	0.01*
	乙烯利	Ethephon	0.05*
	乙酰胺	Pethoxamid	0.01*
	乙酰甲胺磷	Acephate	
	乙氧嘧磺隆	Ethoxysulfuron	0.05*
	乙酯杀螨醇	Chlorobenzilate	0.02*
	异丙甲草胺和S-异丙甲草胺	Metholachlor and metholachlor-S	0.05*
	异丙隆	Isoproturon	0.01*
	异狄氏剂	Endrin	0.01*
	异恶氟草	Isoxaflutole	0.05*
	异菌脲	Iprodione	3.00
	抑芽丹	Maleic hydrazide	0.2*
	益棉磷	Azinphos-ethyl	0.02*
	吲哚羧酸酯	Fenhexamid	1.00
	吲哚酮草酯	Cinidon-ethyl	0.05*

水果品种	检 测 项 目	英 文 名	农残限量标准/(mg/kg)
杏	1，1-二 氯-2，2-二 （4-乙苯）乙烷	1，1-dichloro-2，2-bis （4-ethylphenyl） ethane	0.01*
	1，2-二氯乙烷	1，2-dichloroethane	0.01*
	1，2-二溴乙烷	1，2-dibromoethane	0.01*
	1-甲基环丙烯	1-methylcyclopropene	0.01*
	2，4，5-涕	2，4，5-T	0.05*
	2，4-滴	2，4-D	0.05*
	2，4-滴丁酸	2，4-DB	0.05*
	2-苯酚	2-phenylphenol	0.05*
	Flumioxazine	Flumioxazine	0.05*
	Myclobutanyl	Myclobutanyl	0.30
	阿特拉津	Atrazine	0.05*
	阿维菌素	Abamectin	0.01*
	矮壮素	Chlormequat	0.05*
	艾氏剂和狄氏剂	Aldrin and Dieldrin	0.01*
	安果	Formothion	0.02*
	百草枯	Paraquat	0.02*
	百菌清	Chlorothalonil	1.00
	保棉磷	Azinphos-methyl	0.05*
	倍硫磷	Fenthion	0.01*
	苯并噻二唑	Acibenzolar-S-methyl	0.20
	苯并噻二唑	Bentazone	0.1*
	苯敌草	Phenmedipham	0.05*
	苯丁锡	Fenbutatin oxide	0.05*
	苯霜灵	Benalaxyl	0.05*
	苯锈定	Fenpropidin	0.01*
	吡虫清	Acetamiprid	0.1 (ft)
	丙溴磷	Profenofos	0.01*
	草甘膦	Glyphosate	0.1*
	虫螨腈	Chlorfenapyr	0.01*
	虫螨畏	Methacrifos	0.05*
	除草醚	Nitrofen	0.01*

续表

水果品种	检 测 项 目	英 文 名	农残限量标准/(mg/kg)
杏	滴滴涕	DDT	0.05*
	敌草快	Diquat	0.05*
	敌敌畏	Dichlorvos	0.01*
	敌杀磷	Dioxathion	0.05*
	地乐酚	Dinoseb	0.05*
	碘苯腈	Ioxynil	0.05*
	碘甲磺隆	Iodosulfuron-methyl	0.01*
	丁硫克百威	Carbosulfan	0.01*
	毒杀芬	Camphechlor (Toxaphene)	0.1*
	毒死蜱	Chlorpyrifos	0.05
	对硫磷	Parathion	0.05*
	多菌灵和苯菌灵	Carbendazim and benomyl	0.20
	恶二唑虫	Indoxacarb	1.00
	恶唑菌酮	Famoxadone	0.02*
	二苯胺	Diphenylamine	0.05*
	二甲四氯丙酸	Mecoprop	0.05*
	二甲四氯和二甲四氯丁酸	MCPA and MCPB	0.05*
	二硫代氨基甲酸酯	Dithiocarbamates	2 (ft)
	二硫化碳	Carbon disulphide	
	二嗪磷	Diazinon	0.01*
	二硝甲酚	DNOC	0.05*
	伐虫脒	Formetanate	0.01*
	粉锈啉	Fenpropimorph	0.05*
	呋草酮	Flurtamone	0.02*
	呋喃丹	Carbofuran	0.01*
	氟草烟	Fluroxypyr	0.05*
	氟啶嘧磺隆	Flupyrsulfuron-methyl	0.02*
	氟氯氰菊酯	Cyfluthrin	0.30
	氟氰戊菊酯	Flucythrinate	0.05*
	氟噻草胺	Flufenacet	0.05*
	氟唑草酮	Carfentrazone-ethyl	0.01*
	高效氯氟氰菊酯	Lambda-Cyhalothrin	0.20

续表

水果品种	检 测 项 目	英 文 名	农残限量标准/(mg/kg)
杏	汞化合物	Mercury compounds	0.01 *
	禾草敌	Molinate	0.05 *
	环氧嘧磺隆	Oxasulfuron	0.01 *
	环氧乙烷	Ethylene oxide	0.1 *
	甲胺磷	Methamidophos	0.01 *
	甲磺胺磺隆	Mesosulfuron-methyl	0.01 *
	甲磺隆	Metsulfuron-methyl	0.05 *
	甲基毒死蜱	Chlorpyrifos-methyl	0.05 *
	甲基对硫磷	Parathion-methyl	0.01 *
	甲萘威	Carbaryl	0.01 *
	甲霜灵及精甲霜灵	Metalaxyl and metalaxyl-M	0.05 *
	甲酰氨基嘧磺隆	Foramsulfuron	0.01 *
	甲氧虫酰肼	Methoxyfenozide	0.30
	甲氧滴滴涕	Methoxychlor	0.01 *
	甲氧咪草烟	Imazamox	0.05 *
	克菌丹	Captan	4.00
	克氯得	Chlozolinate	0.05 *
	克线磷	Fenamiphos	0.02 *
	枯草隆	Chloroxuron	0.05 *
	乐果	Dimethoate	0.02 *
	乐杀螨	Binapacryl	0.05 *
	利谷隆	Linuron	0.05 *
	联苯肼酯	Bifenazate	2.00
	联苯菊酯	Bifenthrin	0.20
	林丹	Lindane	0.01 *
	磷化氢	Hydrogen phosphide	
	硫丹	Endosulfan	0.05 *
	六六六（HCH），alpha-异构体	Hexachlorociclohexane (HCH), alpha-isomer	
	六六六（HCH），beta-异构体	Hexachlorociclohexane (HCH), beta-isomer	

续表

水果品种	检 测 项 目	英 文 名	农残限量标准/(mg/kg)
杏	六六六（HCH），所有异构体总量，gamma-异构体除外	Hexachlorociclohexane (HCH), sum of isomers, except the gamma isomer	0.01*
	六氯苯	Hexachlorobenzene	0.01*
	绿谷隆	Monolinuron	0.05*
	氯苯胺灵	Chlorpropham	0.01*
	氯苯嘧啶醇	Fenarimol	0.50
	氯草灵	Chlorbufam	0.05*
	氯丹	Chlordane	0.01*
	氯菊酯	Permethrin	0.05*
	氯氰菊酯	Cypermethrin	2.00
	氯杀螨	Chlorbenside	0.01*
	马拉硫磷	Malathion	0.02*
	麦喜为	Florasulam	0.01*
	咪唑磺隆	Imazosulfuron	0.01*
	咪唑菌酮	Fenamidone	0.02*
	醚菌酯	Kresoxim-methyl	0.05*
	密灭汀	Milbemectin	0.02*
	嘧啶磺隆	Flazasulfuron	0.01*
	嘧菌胺	Mepanipyrim	0.01*
	嘧菌酯	Azoxystrobin	2.00
	灭多威和硫双威	Methomyl and Thiodicarb	0.02*
	灭菌丹	Folpet	0.02*
	灭蚜磷	Mecarbam	0.05*
	灭蝇胺	Cyromazine	0.05*
	皮蝇磷	Fenchlorphos	0.01*
	七氯	Heptachlor	0.01*
	氢氰酸	Hydrogen cyanide	
	氰氟草酯	Cyhalofop-butyl	0.02*
	氰霜唑	Cyazofamid	0.01*
	氰戊菊酯（任意比例的 RR，SS，RS & SR 异构体），包括高效氰戊菊酯	Fenvalerate (any ratio of constituent isomers (RR, SS, RS & SR) including esfenvalerate) (F) (R)	0.20

续表

水果品种	检测项目	英文名	农残限量标准/(mg/kg)
杏	炔恶草酮	Oxadiargyl	0.01*
	噻吩草胺-p	Dimethenamid-p	0.01*
	噻唑磷	Fosthiazate	0.02*
	三苯锡	Fentin hydroxide	0.05*
	三氯杀螨醇	Dicofol	0.02*
	三唑锡和三环锡	Azocyclotin and Cyhexatin	0.01*
	杀草强	Amitrole	0.01
	杀螨特	Aramite	0.01*
	杀螨酯	Chlorfenson	0.01*
	杀螟丹	Cartap	
	杀螟硫磷	Fenitrothion	0.01*
	杀扑磷	Methidathion	0.02*
	杀线威	Oxamyl	0.01*
	薯瘟锡	Fentin acetate	0.05*
	双苯三唑醇	Bitertanol	0.01*
	双甲脒	Amitraz	0.05*
	四氯化碳	Carbon tetrachloride	
	四螨嗪	Clofentezine	0.02*
	四唑嘧磺隆	Azimsulfuron	0.01*
	速灭磷	Mevinphos	0.01*
	特苯恶唑	Etoxazole	0.10
	特乐酚	Dinoterb	0.05*
	涕灭威	Aldicarb	0.02*
	甜菜安	Desmedipham	0.05*
	戊菌唑	Penconazole	0.10
	烯菌灵	Imazalil	0.05*
	硝草胺	Pendimethalin	0.05*
	硝磺酮	Mesotrione	0.05*
	缬霉威	Iprovalicarb	0.05*
	溴苯腈	Bromoxynil	0.05*
	溴螨酯	Bromopropylate	0.01*
	溴氰菊酯	Deltamethrin	0.10

续表

水果品种	检测项目	英文名	农残限量标准/(mg/kg)
杏	亚砜磷	Oxydemeton-methyl	0.01*
	燕麦敌	Diallate	0.05*
	燕麦灵	Barban	0.05*
	乙拌磷	Disulfoton	0.01*
	乙呋草黄	Ethofumesate	0.05*
	乙基溴硫磷	Bromophos-ethyl	0.05*
	乙硫磷	Ethion	0.01*
	乙烯利	Ethephon	0.05*
	乙酰胺	Pethoxamid	0.01*
	乙酰甲胺磷	Acephate	
	乙氧嘧磺隆	Ethoxysulfuron	0.05*
	乙酯杀螨醇	Chlorobenzilate	0.02*
	异丙甲草胺和S-异丙甲草胺	Metholachlor and metholachlor-S	0.05*
	异丙隆	Isoproturon	0.01*
	异狄氏剂	Endrin	0.01*
	异恶氟草	Isoxaflutole	0.05*
	异菌脲	Iprodione	3.00
	抑芽丹	Maleic hydrazide	0.2*
	益棉磷	Azinphos-ethyl	0.02*
	吲哚羧酸酯	Fenhexamid	5.00
	吲哚酮草酯	Cinidon-ethyl	0.05*

水果品种	检测项目	英文名	农残限量标准/(mg/kg)
樱桃	1，1-二氯-2，2-二（4-乙苯）乙烷	1，1-dichloro-2，2-bis（4-ethylphenyl）ethane	0.01*
	1，2-二氯乙烷	1，2-dichloroethane	0.01*
	1，2-二溴乙烷	1，2-dibromoethane	0.01*
	1-甲基环丙烯	1-methylcyclopropene	0.01*
	2，4，5-涕	2，4，5-T	0.05*
	2，4-滴	2，4-D	0.05*
	2，4-滴丁酸	2，4-DB	0.05*

续表

水果品种	检测项目	英文名	农残限量标准/(mg/kg)
樱桃	2-苯酚	2-phenylphenol	0.05*
	Flumioxazine	Flumioxazine	0.05*
	Myclobutanyl	Myclobutanyl	1.00
	阿特拉津	Atrazine	0.05*
	阿维菌素	Abamectin	0.01*
	矮壮素	Chlormequat	0.05*
	艾氏剂和狄氏剂	Aldrin and Dieldrin	0.01*
	安果	Formothion	0.02*
	百草枯	Paraquat	0.02*
	百菌清	Chlorothalonil	0.01*
	保棉磷	Azinphos-methyl	0.05*
	倍硫磷	Fenthion	0.01*
	苯并噻二唑	Acibenzolar-S-methyl	0.02*
	苯并噻二唑	Bentazone	0.1*
	苯敌草	Phenmedipham	0.05*
	苯丁锡	Fenbutatin oxide	0.05*
	苯霜灵	Benalaxyl	0.05*
	苯锈定	Fenpropidin	0.01*
	吡虫清	Acetamiprid	1.50
	丙溴磷	Profenofos	0.01*
	草甘膦	Glyphosate	0.1*
	虫螨腈	Chlorfenapyr	0.01*
	虫螨畏	Methacrifos	0.05*
	除草醚	Nitrofen	0.01*
	滴滴涕	DDT	0.05*
	敌草快	Diquat	0.05*
	敌敌畏	Dichlorvos	0.01*
	敌杀磷	Dioxathion	0.05*
	地乐酚	Dinoseb	0.05*
	碘苯腈	Ioxynil	0.05*
	碘甲磺隆	Iodosulfuron-methyl	0.01*
	丁硫克百威	Carbosulfan	0.01*

续表

水果品种	检 测 项 目	英 文 名	农残限量标准/(mg/kg)
樱桃	毒杀芬	Camphechlor (Toxaphene)	0.1*
	毒死蜱	Chlorpyrifos	0.30
	对硫磷	Parathion	0.05*
	多菌灵和苯菌灵	Carbendazim and benomyl	0.50
	恶二唑虫	Indoxacarb	1.00
	恶唑菌酮	Famoxadone	0.02*
	二苯胺	Diphenylamine	0.05*
	二甲四氯丙酸	Mecoprop	0.05*
	二甲四氯和二甲四氯丁酸	MCPA and MCPB	0.05*
	二硫代氨基甲酸酯	Dithiocarbamates	2 (ft)
	二硫化碳	Carbon disulphide	
	二嗪磷	Diazinon	0.01*
	二硝甲酚	DNOC	0.05*
	伐虫脒	Formetanate	0.01*
	粉锈啉	Fenpropimorph	0.05*
	呋草酮	Flurtamone	0.02*
	呋喃丹	Carbofuran	0.01*
	氟草烟	Fluroxypyr	0.05*
	氟啶嘧磺隆	Flupyrsulfuron-methyl	0.02*
	氟氯氰菊酯	Cyfluthrin	0.20
	氟氰戊菊酯	Flucythrinate	0.05*
	氟噻草胺	Flufenacet	0.05*
	氟唑草酮	Carfentrazone-ethyl	0.01*
	高效氯氟氰菊酯	Lambda-Cyhalothrin	0.30
	汞化合物	Mercury compounds	0.01*
	禾草敌	Molinate	0.05*
	环氧嘧磺隆	Oxasulfuron	0.01*
	环氧乙烷	Ethylene oxide	0.1*
	甲胺磷	Methamidophos	0.01*
	甲磺胺磺隆	Mesosulfuron-methyl	0.01*
	甲磺隆	Metsulfuron-methyl	0.05*
	甲基毒死蜱	Chlorpyrifos-methyl	0.05*

续表

水果品种	检 测 项 目	英 文 名	农残限量标准/(mg/kg)
樱桃	甲基对硫磷	Parathion-methyl	0.01*
	甲萘威	Carbaryl	0.01*
	甲霜灵及精甲霜灵	Metalaxyl and metalaxyl-M	0.05*
	甲酰氨基嘧磺隆	Foramsulfuron	0.01*
	甲氧虫酰肼	Methoxyfenozide	0.02*
	甲氧滴滴涕	Methoxychlor	0.01*
	甲氧咪草烟	Imazamox	0.05*
	克菌丹	Captan	5.00
	克氯得	Chlozolinate	0.05*
	克线磷	Fenamiphos	0.02*
	枯草隆	Chloroxuron	0.05*
	乐果	Dimethoate	0.2 (ft)
	乐杀螨	Binapacryl	0.05*
	利谷隆	Linuron	0.05*
	联苯肼酯	Bifenazate	2.00
	联苯菊酯	Bifenthrin	0.20
	林丹	Lindane	0.01*
	磷化氢	Hydrogen phosphide	
	硫丹	Endosulfan	0.05*
	六六六（HCH），alpha-异构体	Hexachlorociclohexane (HCH), alpha-isomer	
	六六六（HCH），beta-异构体	Hexachlorociclohexane (HCH), beta-isomer	
	六六六（HCH），所有异构体总量，gamma-异构体除外	Hexachlorociclohexane (HCH), sum of isomers, except the gamma isomer	0.01*
	六氯苯	Hexachlorobenzene	0.01*
	绿谷隆	Monolinuron	0.05*
	氯苯胺灵	Chlorpropham	0.01*
	氯苯嘧啶醇	Fenarimol	1.50
	氯草灵	Chlorbufam	0.05*
	氯丹	Chlordane	0.01*

续表

水果品种	检 测 项 目	英 文 名	农残限量标准/(mg/kg)
樱桃	氯菊酯	Permethrin	0.05*
	氯氰菊酯	Cypermethrin	2.00
	氯杀螨	Chlorbenside	0.01*
	马拉硫磷	Malathion	0.02*
	麦喜为	Florasulam	0.01*
	咪唑磺隆	Imazosulfuron	0.01*
	咪唑菌酮	Fenamidone	0.02*
	醚菌酯	Kresoxim-methyl	0.05*
	密灭汀	Milbemectin	0.02*
	嘧啶磺隆	Flazasulfuron	0.01*
	嘧菌胺	Mepanipyrim	0.01*
	嘧菌酯	Azoxystrobin	2.00
	灭多威和硫双威	Methomyl and Thiodicarb	0.10
	灭菌丹	Folpet	2.00
	灭蚜磷	Mecarbam	0.05*
	灭蝇胺	Cyromazine	0.05*
	皮蝇磷	Fenchlorphos	0.01*
	七氯	Heptachlor	0.01*
	氢氰酸	Hydrogen cyanide	
	氰氟草酯	Cyhalofop-butyl	0.02*
	氰霜唑	Cyazofamid	0.01*
	氰戊菊酯（任意比例的RR，SS，RS & SR异构体），包括高效氰戊菊酯	Fenvalerate (any ratio of constituent isomers (RR, SS, RS & SR) including esfenvalerate) (F) (R)	0.02* (ft)
	炔恶草酮	Oxadiargyl	0.01*
	噻吩草胺-p	Dimethenamid-p	0.01*
	噻唑磷	Fosthiazate	0.02*
	三苯锡	Fentin hydroxide	0.05*
	三氯杀螨醇	Dicofol	0.02*
	三唑锡和三环锡	Azocyclotin and Cyhexatin	0.01*
	杀草强	Amitrole	0.01
	杀螨特	Aramite	0.01*

续表

水果品种	检 测 项 目	英 文 名	农残限量标准/(mg/kg)
樱桃	杀螨酯	Chlorfenson	0.01*
	杀螟丹	Cartap	
	杀螟硫磷	Fenitrothion	0.01*
	杀扑磷	Methidathion	0.02*
	杀线威	Oxamyl	0.01*
	薯瘟锡	Fentin acetate	0.05*
	双苯三唑醇	Bitertanol	0.01*
	双甲脒	Amitraz	0.05*
	四氯化碳	Carbon tetrachloride	
	四螨嗪	Clofentezine	0.02*
	四唑嘧磺隆	Azimsulfuron	0.01*
	速灭磷	Mevinphos	0.01*
	特苯恶唑	Etoxazole	0.02*
	特乐酚	Dinoterb	0.05*
	涕灭威	Aldicarb	0.02*
	甜菜安	Desmedipham	0.05*
	戊菌唑	Penconazole	0.05*
	烯菌灵	Imazalil	0.05*
	硝草胺	Pendimethalin	0.05*
	硝磺酮	Mesotrione	0.05*
	缬霉威	Iprovalicarb	0.05*
	溴苯腈	Bromoxynil	0.05*
	溴螨酯	Bromopropylate	0.01*
	溴氰菊酯	Deltamethrin	0.20
	亚砜磷	Oxydemeton-methyl	0.01*
	燕麦敌	Diallate	0.05*
	燕麦灵	Barban	0.05*
	乙拌磷	Disulfoton	0.01*
	乙呋草黄	Ethofumesate	0.05*
	乙基溴硫磷	Bromophos-ethyl	0.05*
	乙硫磷	Ethion	0.01*
	乙烯利	Ethephon	3.00

续表

水果品种	检 测 项 目	英 文 名	农残限量标准/(mg/kg)
樱桃	乙酰胺	Pethoxamid	0.01*
	乙酰甲胺磷	Acephate	
	乙氧嘧磺隆	Ethoxysulfuron	0.05*
	乙酯杀螨醇	Chlorobenzilate	0.02*
	异丙甲草胺和S-异丙甲草胺	Metholachlor and metholachlor-S	0.05*
	异丙隆	Isoproturon	0.01*
	异狄氏剂	Endrin	0.01*
	异恶氟草	Isoxaflutole	0.05*
	异菌脲	Iprodione	3.00
	抑芽丹	Maleic hydrazide	0.2*
	益棉磷	Azinphos-ethyl	0.02*
	吲哚羧酸酯	Fenhexamid	5.00
	吲哚酮草酯	Cinidon-ethyl	0.05*

水果品种	检 测 项 目	英 文 名	农残限量标准/(mg/kg)
石榴	1，1-二氯-2，2-二（4-乙苯）乙烷	1，1-dichloro-2，2-bis（4-ethylphenyl）ethane	0.01*
	1，2-二氯乙烷	1，2-dichloroethane	0.01*
	1，2-二溴乙烷	1，2-dibromoethane	0.01*
	1-甲基环丙烯	1-methylcyclopropene	0.01*
	2，4，5-涕	2，4，5-T	0.05*
	2，4-滴	2，4-D	0.05*
	2，4-滴丁酸	2，4-DB	0.05*
	2-苯酚	2-phenylphenol	0.05*
	Flumioxazine	Flumioxazine	0.05*
	Myclobutanyl	Myclobutanyl	0.02*
	阿特拉津	Atrazine	0.05*
	阿维菌素	Abamectin	0.01*
	矮壮素	Chlormequat	0.05*
	艾氏剂和狄氏剂	Aldrin and Dieldrin	0.01*
	安果	Formothion	0.02*

续表

水果品种	检 测 项 目	英 文 名	农残限量标准/(mg/kg)
石榴	百草枯	Paraquat	0.02*
	百菌清	Chlorothalonil	0.01*
	保棉磷	Azinphos-methyl	0.05*
	倍硫磷	Fenthion	0.01*
	苯并噻二唑	Acibenzolar-S-methyl	0.02*
	苯并噻二唑	Bentazone	0.1*
	苯敌草	Phenmedipham	0.05*
	苯丁锡	Fenbutatin oxide	0.05*
	苯霜灵	Benalaxyl	0.05*
	苯锈定	Fenpropidin	0.01*
	吡虫清	Acetamiprid	0.01*
	草甘膦	Glyphosate	0.1*
	虫螨腈	Chlorfenapyr	0.01*
	虫螨畏	Methacrifos	0.05*
	除草醚	Nitrofen	0.01*
	滴滴涕	DDT	0.05*
	敌草快	Diquat	0.05*
	敌敌畏	Dichlorvos	0.01*
	敌杀磷	Dioxathion	0.05*
	地乐酚	Dinoseb	0.05*
	碘苯腈	Ioxynil	0.05*
	碘甲磺隆	Iodosulfuron-methyl	0.01*
	丁硫克百威	Carbosulfan	0.01*
	毒杀芬	Camphechlor (Toxaphene)	0.1*
	毒死蜱	Chlorpyrifos	0.05*
	对硫磷	Parathion	0.05*
	多菌灵和苯菌灵	Carbendazim and benomyl	0.1*
	恶二唑虫	Indoxacarb	0.02*
	恶唑菌酮	Famoxadone	0.02*
	二苯胺	Diphenylamine	0.05*
	二甲四氯丙酸	Mecoprop	0.05*
	二甲四氯和二甲四氯丁酸	MCPA and MCPB	0.05*

续表

水果品种	检 测 项 目	英 文 名	农残限量标准/(mg/kg)
石榴	二硫代氨基甲酸酯	Dithiocarbamates	0.05*
	二硫化碳	Carbon disulphide	
	二嗪磷	Diazinon	0.01*
	二硝甲酚	DNOC	0.05*
	伐虫脒	Formetanate	0.01*
	粉锈啉	Fenpropimorph	0.05*
	呋草酮	Flurtamone	0.02*
	呋喃丹	Carbofuran	0.01*
	氟草烟	Fluroxypyr	0.05*
	氟啶嘧磺隆	Flupyrsulfuron-methyl	0.02*
	氟氯氰菊酯	Cyfluthrin	0.02*
	氟氰戊菊酯	Flucythrinate	0.05*
	氟噻草胺	Flufenacet	0.05*
	氟唑草酮	Carfentrazone-ethyl	0.01*
	高效氯氟氰菊酯	Lambda-Cyhalothrin	0.02*
	汞化合物	Mercury compounds	0.01*
	禾草敌	Molinate	0.05*
	环氧嘧磺隆	Oxasulfuron	0.01*
	环氧乙烷	Ethylene oxide	0.1*
	甲胺磷	Methamidophos	0.01*
	甲磺胺磺隆	Mesosulfuron methyl	0.01*
	甲磺隆	Metsulfuron-methyl	0.05*
	甲基毒死蜱	Chlorpyrifos-methyl	0.05*
	甲基对硫磷	Parathion-methyl	0.01*
	甲萘威	Carbaryl	0.01*
	甲霜灵及精甲霜灵	Metalaxyl and metalaxyl-M	0.05*
	甲酰氨基嘧磺隆	Foramsulfuron	0.01*
	甲氧虫酰肼	Methoxyfenozide	0.60
	甲氧滴滴涕	Methoxychlor	0.01*
	甲氧咪草烟	Imazamox	0.05*
	克菌丹	Captan	0.02*
	克氯得	Chlozolinate	0.05*

续表

水果品种	检 测 项 目	英 文 名	农残限量标准/(mg/kg)
石榴	克线磷	Fenamiphos	0.02 *
	枯草隆	Chloroxuron	0.05 *
	乐果	Dimethoate	0.02 *
	乐杀螨	Binapacryl	0.05 *
	利谷隆	Linuron	0.05 *
	联苯肼酯	Bifenazate	0.01 *
	联苯菊酯	Bifenthrin	0.05 *
	林丹	Lindane	0.01 *
	磷化氢	Hydrogen phosphide	
	硫丹	Endosulfan	0.05 *
	六六六（HCH），alpha-异构体	Hexachlorociclohexane (HCH), alpha-isomer	
	六六六（HCH），beta-异构体	Hexachlorociclohexane (HCH), beta-isomer	
	六六六（HCH），所有异构体总量，gamma-异构体除外	Hexachlorociclohexane (HCH), sum of isomers, except the gamma isomer	0.01 *
	六氯苯	Hexachlorobenzene	0.01 *
	绿谷隆	Monolinuron	0.05 *
	氯苯胺灵	Chlorpropham	0.01 *
	氯苯嘧啶醇	Fenarimol	0.02 *
	氯草灵	Chlorbufam	0.05 *
	氯丹	Chlordane	0.01 *
	氯菊酯	Permethrin	0.05 *
	氯氰菊酯	Cypermethrin	0.05 *
	氯杀螨	Chlorbenside	0.01 *
	马拉硫磷	Malathion	0.02 *
	麦喜为	Florasulam	0.01 *
	咪唑磺隆	Imazosulfuron	0.01 *
	咪唑菌酮	Fenamidone	0.02 *
	醚菌酯	Kresoxim-methyl	0.05 *
	密灭汀	Milbemectin	0.02 *

续表

水果品种	检测项目	英文名	农残限量标准/(mg/kg)
石榴	嘧啶磺隆	Flazasulfuron	0.01*
	嘧菌胺	Mepanipyrim	0.01*
	嘧菌酯	Azoxystrobin	0.05*
	灭多威和硫双威	Methomyl and Thiodicarb	0.02*
	灭菌丹	Folpet	0.02*
	灭蚜磷	Mecarbam	0.05*
	灭蝇胺	Cyromazine	0.05*
	皮蝇磷	Fenchlorphos	0.01*
	七氯	Heptachlor	0.01*
	氢氰酸	Hydrogen cyanide	
	氰氟草酯	Cyhalofop-butyl	0.02*
	氰霜唑	Cyazofamid	0.01*
	氰戊菊酯（任意比例的RR, SS, RS & SR异构体），包括高效氰戊菊酯	Fenvalerate (any ratio of constituent isomers (RR, SS, RS & SR) including esfenvalerate) (F) (R)	0.02*
	炔恶草酮	Oxadiargyl	0.01*
	噻吩草胺-p	Dimethenamid-p	0.01*
	噻唑磷	Fosthiazate	0.02*
	三苯锡	Fentin hydroxide	0.05*
	三氯杀螨醇	Dicofol	0.02*
	三唑锡和三环锡	Azocyclotin and Cyhexatin	0.01*
	杀草强	Amitrole	0.01
	杀螨特	Aramite	0.01*
	杀螨酯	Chlorfenson	0.01*
	杀螟丹	Cartap	
	杀螟硫磷	Fenitrothion	0.01*
	杀扑磷	Methidathion	0.02*
	杀线威	Oxamyl	0.01*
	薯瘟锡	Fentin acetate	0.05*
	双苯三唑醇	Bitertanol	0.01*
	双甲脒	Amitraz	0.05*
	四氯化碳	Carbon tetrachloride	

续表

水果品种	检 测 项 目	英 文 名	农残限量标准/(mg/kg)
石榴	四螨嗪	Clofentezine	0.02*
	四唑嘧磺隆	Azimsulfuron	0.01*
	速灭磷	Mevinphos	0.01*
	特苯恶唑	Etoxazole	0.02*
	特乐酚	Dinoterb	0.05*
	涕灭威	Aldicarb	0.02*
	甜菜安	Desmedipham	0.05*
	戊菌唑	Penconazole	0.05*
	烯菌灵	Imazalil	0.05*
	硝草胺	Pendimethalin	0.05*
	硝磺酮	Mesotrione	0.05*
	缬霉威	Iprovalicarb	0.05*
	溴苯腈	Bromoxynil	0.05*
	溴螨酯	Bromopropylate	0.01*
	溴氰菊酯	Deltamethrin	0.05*
	亚砜磷	Oxydemeton-methyl	0.01*
	燕麦敌	Diallate	0.05*
	燕麦灵	Barban	0.05*
	乙拌磷	Disulfoton	0.01*
	乙呋草黄	Ethofumesate	0.05*
	乙基溴硫磷	Bromophos-ethyl	0.05*
	乙硫磷	Ethion	0.01*
	乙烯利	Ethephon	0.05*
	乙酰胺	Pethoxamid	0.01*
	乙酰甲胺磷	Acephate	
	乙氧嘧磺隆	Ethoxysulfuron	0.05*
	乙酯杀螨醇	Chlorobenzilate	0.02*
	异丙甲草胺和S-异丙甲草胺	Metholachlor and metholachlor-S	0.05*
	异丙隆	Isoproturon	0.01*
	异狄氏剂	Endrin	0.01*
	异恶氟草	Isoxaflutole	0.05*

续表

水果品种	检 测 项 目	英 文 名	农残限量标准/(mg/kg)
石榴	异菌脲	Iprodione	0.02*
	抑芽丹	Maleic hydrazide	0.2*
	益棉磷	Azinphos-ethyl	0.02*
	吲哚羧酸酯	Fenhexamid	0.05*
	吲哚酮草酯	Cinidon-ethyl	0.05*

水果品种	检 测 项 目	英 文 名	农残限量标准/(mg/kg)
鲜食葡萄	1，1-二氯-2，2-二（4-乙苯）乙烷	1，1-dichloro-2，2-bis（4-ethylphenyl）ethane	0.01*
	1，2-二氯乙烷	1，2-dichloroethane	0.01*
	1，2-二溴乙烷	1，2-dibromoethane	0.01*
	1-甲基环丙烯	1-methylcyclopropene	0.01*
	2，4，5-涕	2，4，5-T	0.05*
	2，4-滴	2，4-D	0.10
	2，4-滴丁酸	2，4-DB	0.05*
	2-苯酚	2-phenylphenol	0.05*
	Flumioxazine	Flumioxazine	0.05*
	Myclobutanyl	Myclobutanyl	1.00
	阿特拉津	Atrazine	0.05*
	阿维菌素	Abamectin	0.01*
	矮壮素	Chlormequat	0.05*
	艾氏剂和狄氏剂	Aldrin and Dieldrin	0.01*
	安果	Formothion	0.02*
	百草枯	Paraquat	0.02*
	百菌清	Chlorothalonil	3.00
	保棉磷	Azinphos-methyl	0.05*
	倍硫磷	Fenthion	0.01*
	苯并噻二唑	Acibenzolar-S-methyl	0.02*
	苯并噻二唑	Bentazone	0.1*
	苯敌草	Phenmedipham	0.05*
	苯丁锡	Fenbutatin oxide	2.00
	苯霜灵	Benalaxyl	0.30

续表

水果品种	检 测 项 目	英 文 名	农残限量标准/(mg/kg)
鲜食葡萄	苯锈定	Fenpropidin	0.01*
	吡虫清	Acetamiprid	0.50
	草甘膦	Glyphosate	0.50
	虫螨腈	Chlorfenapyr	0.01*
	虫螨畏	Methacrifos	0.05*
	除草醚	Nitrofen	0.01*
	滴滴涕	DDT	0.05*
	敌草快	Diquat	0.05*
	敌敌畏	Dichlorvos	0.01*
	敌杀磷	Dioxathion	0.05*
	地乐酚	Dinoseb	0.05*
	碘苯腈	Ioxynil	0.05*
	碘甲磺隆	Iodosulfuron-methyl	0.01*
	丁硫克百威	Carbosulfan	0.01*
	毒杀芬	Camphechlor (Toxaphene)	0.1*
	毒死蜱	Chlorpyrifos	0.50
	对硫磷	Parathion	0.05*
	多菌灵和苯菌灵	Carbendazim and benomyl	0.30
	恶二唑虫	Indoxacarb	2.00
	恶唑菌酮	Famoxadone	2.00
	二苯胺	Diphenylamine	0.05*
	二甲四氯丙酸	Mecoprop	0.05*
	二甲四氯和二甲四氯丁酸	MCPA and MCPB	0.05*
	二硫代氨基甲酸酯	Dithiocarbamates	5.00
	二硫化碳	Carbon disulphide	
	二嗪磷	Diazinon	0.01*
	二硝甲酚	DNOC	0.05*
	伐虫脒	Formetanate	(ft) 0.1
	粉锈啉	Fenpropimorph	0.05*
	呋草酮	Flurtamone	0.02*
	呋喃丹	Carbofuran	0.01*
	氟草烟	Fluroxypyr	0.05*

续表

水果品种	检测项目	英文名	农残限量标准/(mg/kg)
鲜食葡萄	氟啶嘧磺隆	Flupyrsulfuron-methyl	0.02*
	氟氯氰菊酯	Cyfluthrin	0.30
	氟氰戊菊酯	Flucythrinate	0.05*
	氟噻草胺	Flufenacet	0.05*
	氟唑草酮	Carfentrazone-ethyl	0.01*
	高效氯氟氰菊酯	Lambda-Cyhalothrin	0.20
	汞化合物	Mercury compounds	0.01*
	禾草敌	Molinate	0.05*
	环氧嘧磺隆	Oxasulfuron	0.01*
	环氧乙烷	Ethylene oxide	0.1*
	甲胺磷	Methamidophos	0.01*
	甲磺胺磺隆	Mesosulfuron-methyl	0.01*
	甲磺隆	Metsulfuron-methyl	0.05*
	甲基毒死蜱	Chlorpyrifos-methyl	0.20
	甲基对硫磷	Parathion-methyl	0.01*
	甲萘威	Carbaryl	0.01*
	甲霜灵及精甲霜灵	Metalaxyl and metalaxyl-M	2.00
	甲酰氨基嘧磺隆	Foramsulfuron	0.01*
	甲氧虫酰肼	Methoxyfenozide	1.00
	甲氧滴滴涕	Methoxychlor	0.01*
	甲氧咪草烟	Imazamox	0.05*
	克菌丹	Captan	0.02*
	克氯得	Chlozolinate	0.05*
	克线磷	Fenamiphos	0.03
	枯草隆	Chloroxuron	0.05*
	乐果	Dimethoate	0.02*
	乐杀螨	Binapacryl	0.05*
	利谷隆	Linuron	0.05*
	联苯肼酯	Bifenazate	0.70
	联苯菊酯	Bifenthrin	0.20
	林丹	Lindane	0.01*
	磷化氢	Hydrogen phosphide	

续表

水果品种	检 测 项 目	英 文 名	农残限量标准/(mg/kg)
鲜食葡萄	硫丹	Endosulfan	0.05*
	六六六（HCH），alpha-异构体	Hexachlorociclohexane (HCH), alpha-isomer	
	六六六（HCH），beta-异构体	Hexachlorociclohexane (HCH), beta-isomer	
	六六六（HCH），所有异构体总量，gamma-异构体除外	Hexachlorociclohexane (HCH), sum of isomers, except the gamma isomer	0.01*
	六氯苯	Hexachlorobenzene	0.01*
	绿谷隆	Monolinuron	0.05*
	氯苯胺灵	Chlorpropham	0.01*
	氯苯嘧啶醇	Fenarimol	0.30
	氯草灵	Chlorbufam	0.05*
	氯丹	Chlordane	0.01*
	氯菊酯	Permethrin	0.05*
	氯氰菊酯	Cypermethrin	0.50
	氯杀螨	Chlorbenside	0.01*
	马拉硫磷	Malathion	0.02*
	麦喜为	Florasulam	0.01*
	咪唑磺隆	Imazosulfuron	0.01*
	咪唑菌酮	Fenamidone	0.50
	醚菌酯	Kresoxim-methyl	1.00
	密灭汀	Milbemectin	0.02*
	嘧啶磺隆	Flazasulfuron	0.01*
	嘧菌胺	Mepanipyrim	3.00
	嘧菌酯	Azoxystrobin	2.00
	灭多威和硫双威	Methomyl and Thiodicarb	0.02*
	灭菌丹	Folpet	0.02*
	灭蚜磷	Mecarbam	0.05*
	灭蝇胺	Cyromazine	0.05*
	皮蝇磷	Fenchlorphos	0.01*
	七氯	Heptachlor	0.01*

续表

水果品种	检 测 项 目	英 文 名	农残限量标准/(mg/kg)
鲜食葡萄	氢氰酸	Hydrogen cyanide	
	氰氟草酯	Cyhalofop-butyl	0.02*
	氰霜唑	Cyazofamid	0.90
	氰戊菊酯（任意比例的RR，SS，RS & SR异构体），包括高效氰戊菊酯	Fenvalerate (any ratio of constituent isomers (RR, SS, RS & SR) including esfenvalerate) (F) (R)	0.30
	炔恶草酮	Oxadiargyl	0.01*
	噻吩草胺-p	Dimethenamid-p	0.01*
	噻唑磷	Fosthiazate	0.02*
	三苯锡	Fentin hydroxide	0.05*
	三氯杀螨醇	Dicofol	0.02*
	三唑锡和三环锡	Azocyclotin and Cyhexatin	0.01*
	杀草强	Amitrole	0.01
	杀螨特	Aramite	0.01*
	杀螨酯	Chlorfenson	0.01*
	杀螟丹	Cartap	
	杀螟硫磷	Fenitrothion	0.01*
	杀扑磷	Methidathion	0.02*
	杀线威	Oxamyl	0.01*
	薯瘟锡	Fentin acetate	0.05*
	双苯三唑醇	Bitertanol	0.01*
	双甲脒	Amitraz	0.05*
	四氯化碳	Carbon tetrachloride	
	四螨嗪	Clofentezine	0.02*
	四唑嘧磺隆	Azimsulfuron	0.01*
	速灭磷	Mevinphos	0.01*
	特苯恶唑	Etoxazole	0.50
	特乐酚	Dinoterb	0.05*
	涕灭威	Aldicarb	0.02*
	甜菜安	Desmedipham	0.05*
	戊菌唑	Penconazole	0.20
	烯菌灵	Imazalil	0.05*

续表

水果品种	检 测 项 目	英 文 名	农残限量标准/(mg/kg)
鲜食葡萄	硝草胺	Pendimethalin	0.05*
	硝磺酮	Mesotrione	0.05*
	缬霉威	Iprovalicarb	2.00
	溴苯腈	Bromoxynil	0.05*
	溴螨酯	Bromopropylate	0.01*
	溴氰菊酯	Deltamethrin	0.20
	亚砜磷	Oxydemeton-methyl	0.01*
	燕麦敌	Diallate	0.05*
	燕麦灵	Barban	0.05*
	乙拌磷	Disulfoton	0.01*
	乙呋草黄	Ethofumesate	0.05*
	乙基溴硫磷	Bromophos-ethyl	0.05*
	乙硫磷	Ethion	0.01*
	乙烯利	Ethephon	0.70
	乙酰胺	Pethoxamid	0.01*
	乙酰甲胺磷	Acephate	
	乙氧嘧磺隆	Ethoxysulfuron	0.05*
	乙酯杀螨醇	Chlorobenzilate	0.02*
	异丙甲草胺和 S-异丙甲草胺	Metholachlor and metholachlor-S	0.05*
	异丙隆	Isoproturon	0.01*
	异狄氏剂	Endrin	0.01*
	异恶氟草	Isoxaflutole	0.05*
	异菌脲	Iprodione	10.00
	抑芽丹	Maleic hydrazide	0.2*
	益棉磷	Azinphos-ethyl	0.02*
	吲哚羧酸酯	Fenhexamid	5.00
	吲哚酮草酯	Cinidon-ethyl	0.05*

第8节　日本水果农残限量要求

水果品种	检测项目	英文名	农残限量标准 ×10^{-6}（ppm）
苹果	1，1-二氯-2，2-二（4-乙苯）乙烷	1，1-DICHLORO-2，2-BIS（4-ETHYLPHENYL）ETHANE	0.01
	2-（1-萘）乙酰胺	2-（1-NAPHTHYL）ACETAMIDE	0.10
	2，4，5-涕	2，4，5-T	不得检出
	2，4-滴	2，4-D	0.01
	2，4-滴丙酸	DICHLORPROP	3.00
	Cyenopyrafen	Cyenopyrafen	2.00
	LEPIMECTIN	LEPIMECTIN	0.20
	N6-苯甲酰基腺嘌呤	BENZYLADENINE（BENZYLAMINOPRIN）	0.10
	Pyribencarb	Pyribencarb	2.00
	Pyrifluquinazon	Pyrifluquinazon	0.50
	Spinetoram	Spinetoram	0.50
	シェノピラフェン	シェノピラフェン	2.00
	阿特拉津	ATRAZINE	0.02
	阿维菌素	ABAMECTIN	0.02
	矮壮素	CHLORMEQUAT	0.05
	艾克敌	Spinosad	0.50
	艾氏剂和狄氏剂（总量）	ALDRIN and DIELDRIN（as total）	不得检出
	艾维激素	AMINOETHOXYVINYLGLYCINE	0.09
	安果	FORMOTHION	0.02
	氨磺乐灵	ORYZALIN	0.08
	胺磺铜	DBEDC	0.50
	霸草灵	PYRAFLUFEN ETHYL	0.02
	百草枯	PARAQUAT	0.05
	百菌清	CHLOROTHALONIL	2.00

续表

水果品种	检 测 项 目	英 文 名	农残限量标准 $\times 10^{-6}$(ppm)
苹果	百克敏	Pyraclostrobin	1. 00
	苯丁锡	FENBUTATIN OXIDE	5. 00
	苯硫威	FENOTHIOCARB	0. 50
	苯醚甲环唑	DIFENOCONAZOLE	1. 00
	苯醚菊酯	PHENOTHRIN	0. 02
	苯霜灵	BENALAXYL	0. 05
	吡虫啉	Imidacloprid	0. 5
	吡虫清	Acetamiprid	2. 00
	吡氟草胺	DIFLUFENICAN	0. 02
	吡氟禾草灵	FLUAZIFOP	0. 10
	吡氟氯禾灵	HALOXYFOP	0. 05
	吡螨胺	TEBUFENPYRAD	0. 50
	吡嘧磷	PYRAZOPHOS	0. 05
	吡噻菌胺	Penthiopyrad	2. 00
	吡蚜酮	Pymetrozine	0. 02
	苄草唑	Pyrazoxyfen	0. 02
	苄呋菊酯	RESMETHRIN	0. 10
	苄螨醚	HALFENPROX	1. 00
	丙环唑	PROPICONAZOLE	0. 05
	丙硫克百威	BENFURACARB	0. 50
	丙硫磷	PROTHIOFOS	0. 30
	丙炔氟草胺	FLUMIOXAZIN	0. 10
	丙溴磷	PROFENOFOS	0. 05
	布洛芬	Trifloxystrobin	3. 00
	残杀威	PROPOXUR	1. 00
	草胺磷	GLUFOSINATE	0. 2
	草甘膦	GLYPHOSATE	0. 20
	草萘胺	NAPROPAMIDE	0. 10
	草噻喃	CYCLOXYDIM	0. 05
	赤霉素	GIBBERELLIN	0. 20
	虫螨畏	METHACRIFOS	0. 05
	虫酰肼	Tebufenozide	1. 00

续表

水果品种	检测项目	英文名	农残限量标准 $\times 10^{-6}$ (ppm)
苹果	除草定	BROMACIL	0.05
	除虫菊素	PYRETHRINS	1.00
	除虫脲	DIFLUBENZURON	1.00
	哒草伏	NORFLURAZON	0.20
	哒菌酮	DICLOMEZINE	0.02
	哒螨灵	PYRIDABEN	2.00
	哒嗪硫磷	PYRIDAFENTHION	0.10
	代森环	MILNEB	0.60
	稻丰散	PHENTHOATE	0.10
	稻瘟灵	Isoprothiolane	0.05
	得杀草	TEPRALOXYDIM	0.05
	滴滴涕（包括 DDD 和 DDE）	DDT（including DDD and DDE）	0.20
	敌百虫	TRICHLORFON	2.00
	敌稗	PROPANIL	0.10
	敌草腈	DICHLOBENIL	0.20
	敌草快	DIQUAT	0.03
	敌草隆	DIURON	0.05
	敌敌畏和二溴磷（总量）	DICHLORVOS and NALED (as total)	0.10
	敌菌丹	CAPTAFOL	不得检出
	敌菌灵	ANILAZINE	10.00
	敌杀磷	DIOXATHION	0.05
	地乐酚	DINOSEB	0.05
	地散磷	BENSULIDE	0.03
	碘苯腈	IOXYNIL	0.10
	调环酸钙盐	Prohexadione calcium	2.00
	丁氟螨酯	CYFLUMETOFEN	3.00
	丁硫克百威	CARBOSULFAN	0.20
	丁醚脲	DIAFENTHIURON	0.02
	丁酰肼	DAMINOZIDE	不得检出
	啶斑肟	PYRIFENOX	2.00

续表

水果品种	检 测 项 目	英 文 名	农残限量标准 ×10^-6^ (ppm)
苹果	啶酰菌胺	Boscalid	3.00
	毒虫畏	CHLORFENVINPHOS	0.05
	毒死蜱	CHLORPYRIFOS	1.00
	对硫磷	PARATHION	0.30
	对氯苯氧乙酸	4-CPA	0.02
	多果定	DODINE	5.00
	多菌灵，托布津，甲基托布津，苯菌灵（总量）	CARBENDAZIM，THIOPHANATE，THIOPHANATE-METHYL and BENOMYL（as total）	3.00
	多效唑	Paclobutrazol	0.50
	多氧霉素	POLYOXINS	0.10
	恶二唑虫	Indoxacarb	0.50
	恶霉灵	HYMEXAZOL	0.50
	恶咪唑延胡索酸盐	OXPOCONAZOLE-FUMARATE	2.00
	恶霜灵	OXADIXYL	1.00
	恶唑菌酮	FAMOXADONE	0.02
	恶唑磷	ISOXATHION	0.20
	二苯胺	DIPHENYLAMINE	10.00
	二氟吡隆	DIFLUFENZOPYR	2.00
	二甲嘧菌胺	PYRIMETHANIL	5.00
	二甲四氯（包括酚硫杀）	MCPA（including phenothiol）	0.10
	二甲四氯丁酸	MCPB	0.20
	二硫代氨基甲酸酯	DITHIOCARBAMATES	5.00
	二氯萘醌	DICHLONE	3.00
	二氯乙烯	ETHYLENE DICHLORIDE	0.01
	二氯异丙醚	DCIP	0.20
	二嗪磷	DIAZINON	0.10
	二噻农	Dithianon	2.00
	二溴乙烯	ETHYLENE DIBROMIDE（EDB）	0.01

续表

水果品种	检 测 项 目	英 文 名	农残限量标准 ×10^{-6}(ppm)
苹果	伐虫脒盐酸盐	FORMETANATE HYDRO-CHLORIDE	3.00
	粉锈啉	FENPROPIMORPH	0.05
	呋吡菌胺	FURAMETPYR	0.10
	呋虫胺	Dinotefuran	0.50
	呋喃丹	CARBOFURAN	0.30
	呋线威	FURATHIOCARB	0.10
	伏草隆	FLUOMETURON	0.02
	伏杀硫磷	PHOSALONE	2.00
	氟胺氰菊酯（Fluvalinate）	FLUVALINATE	0.50
	氟苯脲	TEFLUBENZURON	0.50
	氟丙菊酯	ACRINATHRIN	0.50
	氟草烟	FLUROXYPYR	0.05
	氟虫脲	Flufenoxuron	1.00
	氟虫清	FIPRONIL	0.01
	氟虫酰胺	Flubendiamide	1
	氟定脲	CHLORFLUAZURON	2.00
	氟啶胺	FLUAZINAM	0.50
	氟啶草酮	FLURIDONE	0.10
	氟啶虫酰胺	Flonicamid	1.00
	氟硅菊酯	Silafluofen	3.00
	氟硅唑	Flusilazole	0.30
	氟菌唑	TRIFLUMIZOLE	2.00
	氟乐灵	TRIFLURALIN	0.05
	氟铃脲	HEXAFLUMURON	0.50
	氟氯氰菊酯	CYFLUTHRIN	1.00
	氟醚唑	TETRACONAZOLE	0.50
	氟氰戊菊酯	FLUCYTHRINATE	0.50
	氟酮唑草	CARFENTRAZONE-ETHYL	0.10
	氟唑虫清	CHLORPHENAPYR	2.00
	福赛得	FOSETYL	75.00
	腐霉利	PROCYMIDONE	0.50

续表

水果品种	检 测 项 目	英 文 名	农残限量标准×10^{-6}(ppm)
苹果	硅氟唑	Simeconazole	0.50
	禾草敌	MOLINATE	0.02
	环丙唑醇	CYPROCONAZOLE	0.10
	环草定	LENACIL	0.30
	环虫酰肼	Chromafenozide	0.70
	环氟菌胺	Cyflufenamid	0.70
	磺草灵	ASULAM	0.20
	己唑醇	HEXACONAZOLE	0.50
	季酮螨酯	SPIRODICLOFEN	2.00
	甲胺磷	METHAMIDOPHOS	0.05
	甲拌磷	PHORATE	0.05
	甲苯氟磺胺	Tolylfluanid	5.00
	甲草胺	ALACHLOR	0.01
	甲磺草胺	SULFENTRAZONE	0.05
	甲磺隆	Metsulfuron-methyl	0.05
	甲基虫螨磷	PIRIMIPHOS-METHYL (PIRIMIFOS-METHYL)	1.00
	甲基毒死蜱	CHLORPYRIFOS-METHYL	0.50
	甲基对硫磷	PARATHION-METHYL	0.20
	甲基立枯磷	Tolclofos-methyl	0.10
	甲基内吸磷	DEMETON-S-METHYL	0.40
	甲基乙拌磷	THIOMETON	0.05
	甲菌定	DIMETHIRIMOL	0.10
	甲硫威	Methiocarb	0.05
	甲萘威	CARBARYL	1.00
	甲氰菊酯	FENPROPATHRIN	5.00
	甲霜灵和精甲霜灵(总量)	Metalaxyl and metalaxyl-M	0.20
	甲氧虫酰肼	Methoxyfenozide	2.00
	甲氧滴滴涕	METHOXYCHLOR	7.00
	腈苯唑	Fenbuconazole	1.00
	腈菌唑	Myclobutanil	0.50
	腈嘧菌酯	Azoxystrobin	2.00

续表

水果品种	检 测 项 目	英 文 名	农残限量标准 $\times 10^{-6}$ (ppm)
苹果	久效磷	MONOCROTOPHOS	1.00
	抗蚜威	PIRIMICARB	1.00
	克菌丹	CAPTAN	5.00
	克氯得	CHLOZOLINATE	0.05
	克螨特	PROPARGITE	3.00
	克线磷	FENAMIPHOS	0.05
	枯草隆	CHLOROXURON	0.05
	喹禾灵	QUIZALOFOP-ETHYL	0.05
	喹啉铜	OXINE-COPPER	2.00
	喹硫磷	QUINALPHOS	0.02
	喹唑菌酮	FLUQUINCONAZOLE	0.05
	乐果	DIMETHOATE	1.00
	利谷隆	LINURON	0.20
	联苯	DIPHENYL	2.00
	联苯肼酯	Bifenazate	2.00
	联苯菊酯	Bifenthrin	1.00
	邻苯二甲酸铜	COPPER TELEPHTHALATE	5.00
	林丹 (gamma-BHC)	LINDANE (gamma-BHC)	2.00
	磷胺	PHOSPHAMIDON	0.50
	磷化氢	HYDROGEN PHOSPHIDE	0.01
	硫丹	ENDOSULFAN	1.00
	硫双威和灭多威（总量）	THIODICARB and METHOMYL (as total)	3.00
	六六六（四种异构体总量）	BHC (as total of alpha-BHC, beta-BHC, gamma-BHC and delta-BHC)	0.20
	六氯苯	HEXACHLOROBENZENE	0.01
	咯菌腈	Fludioxonil	5.00
	绿草定	TRICLOPYR	0.03
	绿谷隆	MONOLINURON	0.05
	氯苯胺灵	CHLORPROPHAM	0.05

续表

水果品种	检 测 项 目	英 文 名	农残限量标准 $\times 10^{-6}$(ppm)
苹果	氯苯嘧啶醇	FENARIMOL	1.00
	氯吡脲	FORCHLORFENURON	0.10
	氯草灵	CHLORBUFAM	0.05
	氯虫酰胺	Chlorantraniliprole	1.00
	氯丹	CHLORDANE	0.02
	氯恶草唑	FENOXAPROP-ETHYL	0.10
	氯氟氰菊酯	CYHALOTHRIN	0.40
	氯菊酯	PERMETHRIN	2.00
	氯羟吡啶	CLOPIDOL	0.20
	氯氰菊酯	CYPERMETHRIN	2.00
	氯杀螨	CHLORBENSIDE	0.01
	螺虫乙酯	Spirotetramat	0.70
	螺甲螨酯	Spiromesifen	2.00
	马拉硫磷	MALATHION	0.50
	茅草枯标准品	2, 2-DPA	0.10
	咪酰胺	PROCHLORAZ	0.05
	咪唑乙烟酸铵	IMAZETHAPYR AMMONIUM	0.05
	醚菊酯	Etofenprox	2.00
	醚菌酯	KRESOXIM-METHYL	5.00
	密灭汀	Milbemectin	0.20
	嘧啶磺隆	FLAZASULFURON	0.02
	嘧菌胺	MEPANIPYRIM	2.00
	嘧菌环胺	CYPRODINIL	5.00
	嘧螨醚	PYRIMIDIFEN	0.30
	嘧螨酯	Fluacrypyrim	2.00
	棉铃威	ALANYCARB	2.00
	棉隆，威百亩和甲基异硫氰酸酯（总量）	DAZOMET, METAM and METHYL ISOTHIOCYANATE (as total)	0.10
	灭草喹	IMAZAQUIN	0.05
	灭草松	BENTAZONE	0.02

续表

水果品种	检 测 项 目	英 文 名	农残限量标准 ×10^{-6}(ppm)
苹果	灭除威	XMC	0.20
	灭菌丹	FOLPET	5.00
	灭螨醌	ACEQUINOCYL	0.7
	灭螨猛	CHINOMETHIONAT	0.20
	灭蚜磷	MECARBAM	0.05
	茉莉酸诱导体	PROHYDROJASMON	0.05
	皮蝇磷	FENCHLORPHOS	0.01
	七氯	HEPTACHLOR	0.01
	铅	Pb	5.00
	嗪氨灵	TRIFORINE	2.00
	嗪草酮	METRIBUZIN	0.30
	氢氰酸	HYDROGEN CYANIDE	5.00
	氰戊菊酯	FENVALERATE	2.00
	炔苯酰草胺	PROPYZAMIDE	0.06
	炔草酯	CLODINAFOP-PROPARGYL	0.02
	壬基苯酚磺酸铜	COPPER NONYLPHENOL-SULFONATE	5.00
	噻虫胺	Clothianidin	1.00
	噻虫啉	THIACLOPRID	2.00
	噻虫嗪	Thiamethoxam	0.30
	噻节因	DIMETHIPIN	0.04
	噻菌灵	THIABENDAZOLE	3.00
	噻螨酮	Hexythiazox	1.00
	噻嗪酮	Buprofezin	2.00
	三苯锡基	FENTIN	0.05
	三环锡	CYHEXATIN	不得检出
	三环唑	TRICYCLAZOLE	0.02
	三氯杀螨醇	DICOFOL	3.00
	三氯杀螨砜	TETRADIFON	1.00
	三氧化二砷	ARSENIC TRIOXIDE	3.50
	三唑醇	TRIADIMENOL	0.50
	三唑酮	TRIADIMEFON	0.50

续表

水果品种	检 测 项 目	英 文 名	农残限量标准 $\times 10^{-6}$ (ppm)
苹果	杀草强	Amitrole	0.05
	杀虫威	TETRACHLORVINPHOS	10.00
	杀铃脲	TRIFLUMURON	0.02
	杀螨特	ARAMITE	0.01
	杀螨酯	CHLORFENSON	0.01
	杀螟丹、杀虫环和杀虫蝗（总量）	CARTAP, THIOCYCLAM and BENSULTAP (as total)	3.00
	杀螟腈	CYANOPHOS	0.20
	杀螟硫磷	FENITROTHION	0.20
	杀扑磷	METHIDATHION	0.50
	杀鼠灵	WARFARIN	0.00
	杀鼠酮	PINDONE	0.00
	杀线威	OXAMYL	2.00
	生物苄呋菊酯	BIORESMETHRIN	0.10
	十三吗啉	TRIDEMORPH	0.05
	双苯氟脲	Novaluron	3.00
	双苯三唑醇	BITERTANOL	0.60
	双丙氨磷	BILANAFOS (BIALAPHOS)	0.00
	双胍辛胺	IMINOCTADINE	0.30
	双甲脒	Amitraz	0.90
	双氢链霉素，链霉素（总量）	DIHYDROSTREPTOMYCIN and STREPTOMYCIN (as total)	0.05
	双氧威	FENOXYCARB	2.00
	霜脲氰	CYMOXANIL	0.05
	水杨菌胺	TRICHLAMIDE	0.10
	四氯硝基苯	TECNAZENE	0.05
	四螨嗪	CLOFENTEZINE	1.00
	速灭磷	MEVINPHOS	0.20
	缩节胺	MEPIQUAT-CHLORIDE	2.00
	酞菌酯	NITROTHAL-ISOPROPYL	1.00

续表

水果品种	检 测 项 目	英 文 名	农残限量标准 $\times 10^{-6}$ (ppm)
苹果	特苯恶唑	Etoxazole	0.50
	特草定	TERBACIL	0.10
	特丁硫磷	TERBUFOS	0.01
	特丁噻黄隆	TEBUTHIURON	0.02
	特乐酚	DINOTERB	0.05
	涕灭威	ALDICARB	0.05
	土霉素	OXYTETRACYCLINE	0.05
	完灭硫磷	VAMIDOTHION	3.00
	蚊蝇醚	Pyriproxyfen	0.20
	五氯硝基苯	QUINTOZENE	0.02
	戊菌唑	PENCONAZOLE	0.20
	戊唑醇	Tebuconazole	0.20
	西玛津	SIMAZINE	0.20
	烯丙苯噻唑	PROBENAZOLE	0.03
	烯啶虫胺	NITENPYRAM	0.50
	烯菌灵	IMAZALIL	5.00
	稀禾定	SETHOXYDIM	1.00
	消螨普	DINOCAP	0.20
	硝草胺	PENDIMETHALIN	0.1
	辛硫磷	PHOXIM	0.02
	溴离子	BROMIDE ION	20.00
	溴硫磷	BROMOPHOS	2.00
	溴螨酯	BROMOPROPYLATE	2.00
	溴氰菊酯和四溴菊酯（总量）	DELTAMETHRIN and TRALOMETHRIN（as total）	0.50
	溴鼠灵	BRODIFACOUM	0.00
	亚胺硫磷	PHOSMET	10.00
	亚胺唑	Imibenconazole	1.00
	亚砜磷	OXYDEMETON-METHYL	0.50
	烟碱	NICOTINE	2.00
	燕麦敌	Diallate	0.05
	燕麦枯	DIFENZOQUAT	0.05

续表

水果品种	检测项目	英文名	农残限量标准×10^{-6}(ppm)
苹果	燕麦灵	BARBAN	0.05
	氧化乐果	OMETHOATE	1.00
	野麦畏	TRI-ALLATE	0.10
	乙拌磷	DISULFOTON	0.05
	乙虫清	ETHIPROLE	1
	乙基溴硫磷	BROMOPHOS-ETHYL	0.05
	乙硫苯威	ETHIOFENCARB	5.00
	乙硫磷	ETHION	0.30
	乙霉威	DIETHOFENCARB	5.00
	乙嘧酚磺酸酯	BUPIRIMATE	0.80
	乙嘧硫磷	ETRIMFOS	0.20
	乙氰菊酯	CYCLOPROTHRIN	0.20
	乙烯菌核利	VINCLOZOLIN	1.00
	乙烯利	ETHEPHON	5.00
	乙氧氟草醚	Oxyfluorfen	0.05
	乙氧喹啉	ETHOXYQUIN	3.00
	乙酯杀螨醇	CHLOROBENZILATE	0.02
	异丙甲草胺	Metolachlor	0.10
	异狄氏剂	ENDRIN	不得检出
	异恶草酮	CLOMAZONE	0.02
	异恶隆	ISOURON	0.02
	异菌脲	IPRODIONE	10.00
	抑菌灵	DICHLOFLUANID	5.00
	抑芽丹	MALEIC HYDRAZIDE	0.20
	英拜除草剂	BUTAFENACIL	0.10
	增效醚	PIPERONYL BUTOXIDE	8.00
	仲丁胺	Sec-BUTYLAMINE	0.10
	仲丁威	FENOBUCARB	0.30
	唑呋草	FLUOROIMIDE	5.00
	唑螨酯	FENPYROXIMATE	0.50

水果品种	检 测 项 目	英 文 名	农残限量标准 $\times 10^{-6}$ (ppm)
梨	1，1-二氯-2，2-二（4-乙苯）乙烷	1，1-DICHLORO-2，2-BIS (4-ETHYLPHENYL) ETHANE	0.01
	2-（1-萘）乙酰胺	2-(1-NAPHTHYL) ACETAMIDE	0.10
	2，4，5-涕	2，4，5-T	不得检出
	2，4-滴	2，4-D	0.01
	2，4-滴丙酸	DICHLORPROP	3.00
	Cyenopyrafen	Cyenopyrafen	2.00
	LEPIMECTIN	LEPIMECTIN	0.20
	N6-苯甲酰基腺嘌呤	BENZYLADENINE (BENZYLAMINOPRIN)	0.10
	Pyribencarb	Pyribencarb	3.00
	Pyrifluquinazon	Pyrifluquinazon	1.00
	Spinetoram	Spinetoram	0.50
	シェノピラフェン	シェノピラフェン	0.10
	阿特拉津	ATRAZINE	0.02
	阿维菌素	ABAMECTIN	0.02
	矮壮素	CHLORMEQUAT	3.00
	艾克敌	Spinosad	0.50
	艾氏剂和狄氏剂（总量）	ALDRIN and DIELDRIN (as total)	不得检出
	艾维激素	AMINOETHOXYVINYLGLYCINE	0.08
	安果	FORMOTHION	0.02
	氨磺乐灵	ORYZALIN	0.08
	胺磺铜	DBEDC	0.50
	霸草灵	PYRAFLUFEN ETHYL	0.02
	百草枯	PARAQUAT	0.05
	百菌清	CHLOROTHALONIL	2.00
	百克敏	Pyraclostrobin	1.50
	苯丁锡	FENBUTATIN OXIDE	5.00

续表

水果品种	检 测 项 目	英 文 名	农残限量标准 $\times 10^{-6}$ (ppm)
梨	苯硫威	FENOTHIOCARB	0.50
	苯醚甲环唑	DIFENOCONAZOLE	1.00
	苯醚菊酯	PHENOTHRIN	0.02
	苯霜灵	BENALAXYL	0.05
	吡虫啉	Imidacloprid	0.7
	吡虫清	Acetamiprid	2.00
	吡氟草胺	DIFLUFENICAN	0.02
	吡氟禾草灵	FLUAZIFOP	0.10
	吡氟氯禾灵	HALOXYFOP	0.05
	吡螨胺	TEBUFENPYRAD	0.50
	吡嘧磷	PYRAZOPHOS	0.05
	吡噻菌胺	Penthiopyrad	3.00
	吡蚜酮	Pymetrozine	0.10
	苄草唑	Pyrazoxyfen	0.02
	苄呋菊酯	RESMETHRIN	0.10
	苄螨醚	HALFENPROX	0.50
	丙环唑	PROPICONAZOLE	0.05
	丙硫克百威	BENFURACARB	0.50
	丙硫磷	PROTHIOFOS	0.10
	丙炔氟草胺	FLUMIOXAZIN	0.10
	丙溴磷	PROFENOFOS	0.05
	布洛芬	Trifloxystrobin	5.00
	残杀威	PROPOXUR	1.00
	草胺磷	GLUFOSINATE	0.1
	草甘膦	GLYPHOSATE	0.20
	草萘胺	NAPROPAMIDE	0.10
	草噻喃	CYCLOXYDIM	0.05
	赤霉素	GIBBERELLIN	0.20
	虫螨畏	METHACRIFOS	0.05
	除草定	BROMACIL	0.05
	除虫菊素	PYRETHRINS	1.00
	除虫脲	DIFLUBENZURON	1.00

续表

水果品种	检 测 项 目	英 文 名	农残限量标准 ×10^{-6}(ppm)
梨	春雷霉素	KASUGAMYCIN	0.04
	哒草伏	NORFLURAZON	0.20
	哒菌酮	DICLOMEZINE	0.02
	哒螨灵	PYRIDABEN	2.00
	哒嗪硫磷	PYRIDAFENTHION	0.10
	代森环	MILNEB	0.60
	稻丰散	PHENTHOATE	0.10
	稻瘟灵	Isoprothiolane	0.05
	得杀草	TEPRALOXYDIM	0.05
	滴滴涕(包括DDD和DDE)	DDT (including DDD and DDE)	0.20
	敌百虫	TRICHLORFON	0.50
	敌稗	PROPANIL	0.10
	敌草腈	DICHLOBENIL	0.20
	敌草快	DIQUAT	0.03
	敌草隆	DIURON	0.05
	敌敌畏和二溴磷(总量)	DICHLORVOS and NALED (as total)	0.10
	敌菌丹	CAPTAFOL	不得检出
	敌菌灵	ANILAZINE	10.00
	敌杀磷	DIOXATHION	0.05
	地乐酚	DINOSEB	0.05
	地散磷	BENSULIDE	0.03
	碘苯腈	IOXYNIL	0.10
	调环酸钙盐	Prohexadione calcium	2.00
	丁氟螨酯	CYFLUMETOFEN	3.00
	丁硫克百威	CARBOSULFAN	0.20
	丁醚脲	DIAFENTHIURON	0.02
	丁酰肼	DAMINOZIDE	不得检出
	啶斑肟	PYRIFENOX	0.50
	啶酰菌胺	Boscalid	3.00
	毒虫畏	CHLORFENVINPHOS	0.05

续表

水果品种	检 测 项 目	英 文 名	农残限量标准 ×10⁻⁶(ppm)
梨	毒死蜱	CHLORPYRIFOS	0.50
	对硫磷	PARATHION	0.30
	对氯苯氧乙酸	4-CPA	0.02
	多果定	DODINE	5.00
	多菌灵，托布津，甲基托布津，苯菌灵（总量）	CARBENDAZIM, THIOPHANATE, THIOPHANATE-METHYL and BENOMYL (as total)	3.00
	多效唑	Paclobutrazol	1.00
	多氧霉素	POLYOXINS	0.05
	恶喹酸	Oxolinic acid	0.30
	恶霉灵	HYMEXAZOL	0.50
	恶咪唑延胡索酸盐	OXPOCONAZOLE-FUMARATE	2.00
	恶霜灵	OXADIXYL	1.00
	恶唑菌酮	FAMOXADONE	0.02
	恶唑磷	ISOXATHION	0.20
	二苯胺	DIPHENYLAMINE	5.00
	二氟吡隆	DIFLUFENZOPYR	0.05
	二甲嘧菌胺	PYRIMETHANIL	1.00
	二甲四氯（包括酚硫杀）	MCPA (including phenothiol)	0.05
	二甲四氯丁酸	MCPB	0.20
	二硫代氨基甲酸酯	DITHIOCARBAMATES	5.00
	二氯乙烯	ETHYLENE DICHLORIDE	0.01
	二氯异丙醚	DCIP	0.20
	二嗪磷	DIAZINON	0.10
	二噻农	Dithianon	5.00
	二溴乙烯	ETHYLENE DIBROMIDE (EDB)	0.01
	伐虫脒盐酸盐	FORMETANATE HYDROCHLORIDE	3.00

续表

水果品种	检 测 项 目	英 文 名	农残限量标准 ×10^{-6}（ppm）
梨	粉锈啉	FENPROPIMORPH	0.05
	呋吡菌胺	FURAMETPYR	0.10
	呋虫胺	Dinotefuran	1.00
	呋喃丹	CARBOFURAN	0.30
	呋线威	FURATHIOCARB	0.10
	伏草隆	FLUOMETURON	0.02
	伏杀硫磷	PHOSALONE	2.00
	氟胺氰菊酯（Fluvalinate）	FLUVALINATE	2.00
	氟苯脲	TEFLUBENZURON	1.00
	氟丙菊酯	ACRINATHRIN	0.50
	氟草烟	FLUROXYPYR	0.05
	氟虫脲	Flufenoxuron	0.50
	氟虫清	FIPRONIL	0.01
	氟虫酰胺	Flubendiamide	1
	氟定脲	CHLORFLUAZURON	2.00
	氟啶胺	FLUAZINAM	0.50
	氟啶草酮	FLURIDONE	0.10
	氟啶虫酰胺	Flonicamid	0.50
	氟硅菊酯	Silafluofen	1.00
	氟硅唑	Flusilazole	0.30
	氟菌唑	TRIFLUMIZOLE	2.00
	氟乐灵	TRIFLURALIN	0.05
	氟铃脲	HEXAFLUMURON	0.50
	氟氯氰菊酯	CYFLUTHRIN	1.00
	氟醚唑	TETRACONAZOLE	0.50
	氟氰戊菊酯	FLUCYTHRINATE	0.50
	氟酮唑草	CARFENTRAZONE-ETHYL	0.10
	氟酰胺	Flutolanil	2.00
	氟唑虫清	CHLORPHENAPYR	1.00
	福赛得	FOSETYL	50.00
	腐霉利	PROCYMIDONE	1.00
	硅氟唑	Simeconazole	0.50

续表

水果品种	检 测 项 目	英 文 名	农残限量标准 $\times 10^{-6}$(ppm)
梨	禾草敌	MOLINATE	0.02
	环丙唑醇	CYPROCONAZOLE	0.10
	环草定	LENACIL	0.30
	环虫酰肼	Chromafenozide	1.00
	磺草灵	ASULAM	0.20
	己唑醇	HEXACONAZOLE	0.50
	季酮螨酯	SPIRODICLOFEN	2.00
	甲胺磷	METHAMIDOPHOS	0.05
	甲拌磷	PHORATE	0.05
	甲苯氟磺胺	Tolylfluanid	5.00
	甲草胺	ALACHLOR	0.01
	甲磺草胺	SULFENTRAZONE	0.05
	甲磺隆	Metsulfuron-methyl	0.05
	甲基虫螨磷	PIRIMIPHOS-METHYL (PIRIMIFOS-METHYL)	1.00
	甲基毒死蜱	CHLORPYRIFOS-METHYL	0.50
	甲基对硫磷	PARATHION-METHYL	0.20
	甲基立枯磷	Tolclofos-methyl	0.10
	甲基内吸磷	DEMETON-S-METHYL	0.40
	甲基乙拌磷	THIOMETON	0.05
	甲菌定	DIMETHIRIMOL	0.10
	甲硫威	Methiocarb	0.05
	甲萘威	CARBARYL	5.00
	甲氰菊酯	FENPROPATHRIN	5.00
	甲霜灵和精甲霜灵(总量)	Metalaxyl and metalaxyl-M	0.20
	甲氧虫酰肼	Methoxyfenozide	2.00
	甲氧滴滴涕	METHOXYCHLOR	7.00
	腈苯唑	Fenbuconazole	0.70
	腈菌唑	Myclobutanil	0.70
	腈嘧菌酯	Azoxystrobin	2.00
	久效磷	MONOCROTOPHOS	0.50
	抗蚜威	PIRIMICARB	1.00

续表

水果品种	检 测 项 目	英 文 名	农残限量标准 ×10^{-6}(ppm)
梨	克菌丹	CAPTAN	25.00
	克氯得	CHLOZOLINATE	0.05
	克螨特	PROPARGITE	5.00
	克线磷	FENAMIPHOS	0.02
	枯草隆	CHLOROXURON	0.05
	喹啉铜	OXINE-COPPER	2.00
	喹硫磷	QUINALPHOS	0.02
	喹唑菌酮	FLUQUINCONAZOLE	0.05
	乐果	DIMETHOATE	1.00
	利谷隆	LINURON	0.20
	联苯肼酯	Bifenazate	2.00
	联苯菊酯	Bifenthrin	0.50
	邻苯二甲酸铜	COPPER TELEPHTHALATE	5.00
	邻苯基苯酚	2-PHENYLPHENOL	20.00
	林丹（gamma-BHC）	LINDANE（gamma-BHC）	1.00
	磷胺	PHOSPHAMIDON	0.50
	磷化氢	HYDROGEN PHOSPHIDE	0.01
	硫丹	ENDOSULFAN	1.00
	硫双威和灭多威（总量）	THIODICARB and METHOMYL（as total）	3.00
	六六六（四种异构体总量）	BHC（as total of alpha-BHC, beta-BHC, gamma-BHC and delta-BHC）	0.20
	六氯苯	HEXACHLOROBENZENE	0.01
	咯菌腈	Fludioxonil	5.00
	绿草定	TRICLOPYR	0.03
	绿谷隆	MONOLINURON	0.05
	氯苯胺灵	CHLORPROPHAM	0.05
	氯苯嘧啶醇	FENARIMOL	1.00
	氯吡脲	FORCHLORFENURON	0.10
	氯草灵	CHLORBUFAM	0.05

续表

水果品种	检 测 项 目	英 文 名	农残限量标准 ×10^{-6}(ppm)
梨	氯虫酰胺	Chlorantraniliprole	0.50
	氯丹	CHLORDANE	0.02
	氯恶草唑	FENOXAPROP-ETHYL	0.10
	氯氟氰菊酯	CYHALOTHRIN	0.40
	氯菊酯	PERMETHRIN	2.00
	氯羟吡啶	CLOPIDOL	0.20
	氯氰菊酯	CYPERMETHRIN	2.00
	氯杀螨	CHLORBENSIDE	0.01
	螺虫乙酯	Spirotetramat	0.70
	螺甲螨酯	Spiromesifen	2.00
	马拉硫磷	MALATHION	0.50
	茅草枯标准品	2，2-DPA	0.10
	咪酰胺	PROCHLORAZ	0.05
	咪唑乙烟酸铵	IMAZETHAPYR AMMONIUM	0.05
	醚菊酯	Etofenprox	2.00
	醚菌酯	KRESOXIM-METHYL	5.00
	密灭汀	Milbemectin	0.20
	嘧啶磺隆	FLAZASULFURON	0.02
	嘧菌胺	MEPANIPYRIM	2.00
	嘧菌环胺	CYPRODINIL	5.00
	嘧螨醚	PYRIMIDIFEN	0.20
	嘧螨酯	Fluacrypyrim	2.00
	棉铃威	ALANYCARB	2.00
	棉隆，威百亩和甲基异硫氰酸酯（总量）	DAZOMET, METAM and METHYL ISOTHIOCYANATE (as total)	0.10
	灭草喹	IMAZAQUIN	0.05
	灭草松	BENTAZONE	0.02
	灭除威	XMC	0.20
	灭螨醌	ACEQUINOCYL	1.00
	灭螨猛	CHINOMETHIONAT	0.50

续表

水果品种	检测项目	英文名	农残限量标准 ×10⁻⁶(ppm)
梨	灭锈胺	Mepronil	1
	灭蚜磷	MECARBAM	0.05
	皮蝇磷	FENCHLORPHOS	0.01
	七氯	HEPTACHLOR	0.01
	嗪氨灵	TRIFORINE	2.00
	氢氰酸	HYDROGEN CYANIDE	5.00
	氰戊菊酯	FENVALERATE	2.00
	炔苯酰草胺	PROPYZAMIDE	0.06
	炔草酯	CLODINAFOP-PROPARGYL	0.02
	壬基苯酚磺酸铜	COPPER NONYLPHENOLSULFONATE	5.00
	噻虫胺	Clothianidin	1.00
	噻虫啉	THIACLOPRID	2.00
	噻虫嗪	Thiamethoxam	1.00
	噻节因	DIMETHIPIN	0.04
	噻菌灵	THIABENDAZOLE	3.00
	噻螨酮	Hexythiazox	1.00
	噻嗪酮	Buprofezin	4.00
	三苯锡基	FENTIN	0.05
	三环锡	CYHEXATIN	不得检出
	三环唑	TRICYCLAZOLE	0.02
	三氯杀螨醇	DICOFOL	3.00
	三氯杀螨砜	TETRADIFON	1.00
	三唑醇	TRIADIMENOL	0.50
	三唑酮	TRIADIMEFON	0.50
	杀草强	Amitrole	0.05
	杀铃脲	TRIFLUMURON	0.02
	杀螨特	ARAMITE	0.01
	杀螨酯	CHLORFENSON	0.01
	杀螟丹、杀虫环和杀虫蝗(总量)	CARTAP, THIOCYCLAM and BENSULTAP (as total)	3.00

续表

水果品种	检 测 项 目	英 文 名	农残限量标准 $\times 10^{-6}$(ppm)
梨	杀螟腈	CYANOPHOS	0.20
	杀螟硫磷	FENITROTHION	0.20
	杀扑磷	METHIDATHION	1.00
	杀鼠灵	WARFARIN	0.00
	杀鼠酮	PINDONE	0.00
	杀线威	OXAMYL	2.00
	生物苄呋菊酯	BIORESMETHRIN	0.10
	虱螨脲	Lufenuron	0.50
	十三吗啉	TRIDEMORPH	0.05
	双苯氟脲	Novaluron	3.00
	双苯三唑醇	BITERTANOL	0.60
	双丙氨磷	BILANAFOS(BIALAPHOS)	0.00
	双胍辛胺	IMINOCTADINE	0.50
	双甲脒	Amitraz	0.90
	双氢链霉素，链霉素（总量）	DIHYDROSTREPTOMYCIN and STREPTOMYCIN (as total)	0.05
	双氧威	FENOXYCARB	2.00
	霜脲氰	CYMOXANIL	0.05
	水杨菌胺	TRICHLAMIDE	0.10
	四氯硝基苯	TECNAZENE	0.05
	四螨嗪	CLOFENTEZINE	0.50
	速灭磷	MEVINPHOS	0.20
	缩节胺	MEPIQUAT-CHLORIDE	2.00
	特苯恶唑	Etoxazole	0.50
	特草定	TERBACIL	0.10
	特丁硫磷	TERBUFOS	0.01
	特丁噻黄隆	TEBUTHIURON	0.02
	特乐酚	DINOTERB	0.05
	涕灭威	ALDICARB	0.05
	土霉素	OXYTETRACYCLINE	0.05
	完灭硫磷	VAMIDOTHION	2.00

续表

水果品种	检 测 项 目	英 文 名	农残限量标准 ×10^{-6}(ppm)
梨	蚊蝇醚	PYRIPROXYFEN	0. 20
	五氯硝基苯	QUINTOZENE	0. 02
	戊菌唑	PENCONAZOLE	0. 20
	戊唑醇	TEBUCONAZOLE	5. 00
	西玛津	SIMAZINE	0. 20
	烯丙苯噻唑	PROBENAZOLE	0. 03
	烯啶虫胺	NITENPYRAM	0. 50
	烯菌灵	IMAZALIL	5. 00
	稀禾定	SETHOXYDIM	1. 00
	消螨普	DINOCAP	0. 10
	硝草胺	PENDIMETHALIN	0. 1
	辛硫磷	PHOXIM	0. 02
	溴离子	BROMIDE ION	20. 00
	溴螨酯	BROMOPROPYLATE	2. 00
	溴氰菊酯和四溴菊酯（总量）	DELTAMETHRIN AND TRALOMETHRIN（AS TOTAL）	0. 50
	溴鼠灵	BRODIFACOUM	0. 00
	亚胺硫磷	PHOSMET	10. 00
	亚胺唑	IMIBENCONAZOLE	0. 30
	亚砜磷	OXYDEMETON-METHYL	0. 20
	烟碱	NICOTINE	2. 00
	燕麦敌	DIALLATE	0. 05
	燕麦枯	DIFENZOQUAT	0. 05
	燕麦灵	BARBAN	0. 05
	氧化乐果	OMETHOATE	1. 00
	野麦畏	TRI-ALLATE	0. 10
	乙拌磷	DISULFOTON	0. 05
	乙基溴硫磷	BROMOPHOS-ETHYL	0. 05
	乙硫苯威	ETHIOFENCARB	5. 00
	乙硫磷	ETHION	0. 30
	乙霉威	DIETHOFENCARB	5. 00
	乙嘧酚磺酸酯	BUPIRIMATE	0. 50

续表

水果品种	检测项目	英文名	农残限量标准 $\times 10^{-6}$(ppm)
梨	乙嘧硫磷	ETRIMFOS	0.20
	乙氰菊酯	CYCLOPROTHRIN	0.20
	乙烯菌核利	VINCLOZOLIN	1.00
	乙烯利	ETHEPHON	3.00
	乙氧氟草醚	OXYFLUORFEN	0.05
	乙氧喹啉	ETHOXYQUIN	3.00
	乙酯杀螨醇	CHLOROBENZILATE	0.02
	异丙甲草胺	METOLACHLOR	0.10
	异狄氏剂	ENDRIN	不得检出
	异恶草酮	CLOMAZONE	0.02
	异恶隆	ISOURON	0.02
	异菌脲	IPRODIONE	10.00
	抑菌灵	DICHLOFLUANID	5.00
	抑芽丹	MALEIC HYDRAZIDE	0.20
	英拜除草剂	BUTAFENACIL	0.10
	增效醚	PIPERONYL BUTOXIDE	8.00
	仲丁胺	SEC-BUTYLAMINE	0.10
	仲丁威	FENOBUCARB	0.30
	唑虫酰胺	TOLFENPYRAD	2.00
	唑呋草	FLUOROIMIDE	5.00
	唑螨酯	FENPYROXIMATE	1.00

水果品种	检测项目	英文名	农残限量标准/(mg/kg)
猕猴桃	1，1-二氯-2，2-二（4-乙苯）乙烷	1，1-DICHLORO-2，2-BIS（4-ETHYLPHENYL）ETHANE	0.01
	2，4，5-涕	2，4，5-T	不得检出
	2，4-滴	2，4-D	0.05
	2，4-滴丙酸	DICHLORPROP	3.00
	N6-苯甲酰基腺嘌呤	BENZYLADENINE（BENZYLAMINOPRIN）	0.10
	阿特拉津	ATRAZINE	0.02

续表

水果品种	检 测 项 目	英 文 名	农残限量标准/(mg/kg)
猕猴桃	阿维菌素	ABAMECTIN	0.01
	矮壮素	CHLORMEQUAT	0.05
	艾氏剂和狄氏剂（总量）	ALDRIN and DIELDRIN（as total）	0.05
	安果	FORMOTHION	0.02
	氨磺乐灵	ORYZALIN	0.08
	胺磺铜	DBEDC	10.00
	百草枯	PARAQUAT	0.05
	百菌清	CHLOROTHALONIL	0.20
	倍硫磷	Fenthion	5.00
	苯丁锡	FENBUTATIN OXIDE	5.00
	苯硫威	FENOTHIOCARB	0.50
	苯醚甲环唑	DIFENOCONAZOLE	0.10
	苯醚菊酯	PHENOTHRIN	0.02
	苯霜灵	BENALAXYL	0.05
	吡虫啉	Imidacloprid	0.2
	吡虫清	Acetamiprid	0.20
	吡氟草胺	DIFLUFENICAN	0.00
	吡氟禾草灵（Fluazifop）	FLUAZIFOP	0.05
	吡氟氯禾灵	HALOXYFOP	0.05
	吡螨胺	TEBUFENPYRAD	0.10
	吡嘧磷	PYRAZOPHOS	0.05
	苄草唑	Pyrazoxyfen	0.02
	苄呋菊酯	RESMETHRIN	0.10
	苄螨醚	HALFENPROX	0.10
	丙环唑	PROPICONAZOLE	0.05
	丙硫克百威	BENFURACARB	0.50
	丙溴磷	PROFENOFOS	0.05
	布洛芬	Trifloxystrobin	0.02
	残杀威	PROPOXUR	1.00
	草胺磷	GLUFOSINATE	0.20
	草甘膦	GLYPHOSATE	0.10

续表

水果品种	检 测 项 目	英 文 名	农残限量标准/(mg/kg)
猕猴桃	草萘胺	NAPROPAMIDE	0. 10
	草噻喃	CYCLOXYDIM	0. 05
	赤霉素	GIBBERELLIN	0. 20
	虫螨畏	METHACRIFOS	0. 05
	虫酰肼	Tebufenozide	0. 50
	除草定	BROMACIL	0. 05
	除虫菊素	PYRETHRINS	1. 00
	除虫脲	DIFLUBENZURON	0. 05
	春雷霉素	KASUGAMYCIN	0. 04
	哒菌酮	DICLOMEZINE	0. 02
	哒螨灵	PYRIDABEN	1. 00
	哒嗪硫磷	PYRIDAFENTHION	0. 10
	代森环	MILNEB	0. 60
	稻丰散	PHENTHOATE	0. 10
	得杀草	TEPRALOXYDIM	0. 05
	滴滴涕（包括 DDD 和 DDE）	DDT (including DDD and DDE)	0. 50
	敌百虫	TRICHLORFON	0. 50
	敌稗	PROPANIL	0. 10
	敌草腈	DICHLOBENIL	0. 20
	敌草快	DIQUAT	0. 03
	敌草隆	DIURON	0. 05
	敌敌畏和二溴磷（总量）	DICHLORVOS and NALED (as total)	0. 10
	敌菌丹	CAPTAFOL	不得检出
	敌菌灵	ANILAZINE	10. 00
	敌杀磷	DIOXATHION	0. 05
	地乐酚	DINOSEB	0. 05
	地散磷	BENSULIDE	0. 03
	碘苯腈	IOXYNIL	0. 10
	调环酸钙盐	Prohexadione calcium	0. 05
	丁硫克百威	CARBOSULFAN	0. 20

续表

水果品种	检 测 项 目	英 文 名	农残限量标准/(mg/kg)
猕猴桃	丁嘧脲	DIAFENTHIURON	0.02
	丁酰肼	DAMINOZIDE	不得检出
	毒虫畏	CHLORFENVINPHOS	0.05
	毒死蜱	CHLORPYRIFOS	2.00
	对硫磷	PARATHION	0.05
	对氯苯氧乙酸	4-CPA	0.10
	多果定	DODINE	0.20
	多菌灵，托布津，甲基托布津，苯菌灵（总量）	CARBENDAZIM, THIOPHANATE, THIOPHANATE-METHYL and BENOMYL (as total)	3.00
	多效唑	Paclobutrazol	0.01
	恶霉灵	HYMEXAZOL	0.50
	恶咪唑延胡索酸盐	OXPOCONAZOLE-FUMARATE	2.00
	恶霜灵	OXADIXYL	1.00
	恶唑菌酮	FAMOXADONE	0.10
	恶唑磷	ISOXATHION	0.20
	二苯胺	DIPHENYLAMINE	0.05
	二氟吡隆	DIFLUFENZOPYR	0.05
	二甲四氯丁酸	MCPB	0.20
	二硫代氨基甲酸酯	DITHIOCARBAMATES	0.60
	二氯乙烯	ETHYLENE DICHLORIDE	0.01
	二氯异丙醚	DCIP	0.20
	二嗪磷	DIAZINON	0.20
	二溴乙烯	ETHYLENE DIBROMIDE (EDB)	0.01
	粉锈啉	FENPROPIMORPH	0.05
	呋吡菌胺	FURAMETPYR	0.10
	呋虫胺	Dinotefuran	0.50
	呋喃丹	CARBOFURAN	0.30
	呋线威	FURATHIOCARB	0.10
	伏草隆	FLUOMETURON	0.02

续表

水果品种	检测项目	英文名	农残限量标准/(mg/kg)
猕猴桃	伏杀硫磷	PHOSALONE	1.00
	氟胺氰菊酯（Fluvalinate)	FLUVALINATE	0.20
	氟苯脲	TEFLUBENZURON	0.10
	氟丙菊酯	ACRINATHRIN	0.10
	氟草烟	FLUROXYPYR	0.05
	氟虫清	FIPRONIL	0.01
	氟定脲	CHLORFLUAZURON	2.00
	氟啶胺	FLUAZINAM	0.50
	氟菌唑	TRIFLUMIZOLE	2.00
	氟乐灵	TRIFLURALIN	0.05
	氟铃脲	HEXAFLUMURON	0.02
	氟氯氰菊酯	CYFLUTHRIN	0.02
	氟氰戊菊酯	FLUCYTHRINATE	0.05
	氟酮唑草	CARFENTRAZONE-ETHYL	0.10
	氟唑虫清	CHLORPHENAPYR	0.05
	福赛得	FOSETYL	70.00
	腐霉利	PROCYMIDONE	3.00
	禾草敌	MOLINATE	0.02
	环丙唑醇	CYPROCONAZOLE	0.50
	环草定	LENACIL	0.30
	磺草灵	ASULAM	0.20
	己唑醇	HEXACONAZOLE	0.50
	甲胺磷	METHAMIDOPHOS	0.01
	甲拌磷	PHORATE	0.05
	甲磺草胺	SULFENTRAZONE	0.05
	甲基虫螨磷	PIRIMIPHOS-METHYL (PIRIMIFOS-METHYL)	1.00
	甲基毒死蜱	CHLORPYRIFOS-METHYL	0.05
	甲基对硫磷	PARATHION-METHYL	0.20
	甲基立枯磷	Tolclofos-methyl	0.10
	甲基内吸磷	DEMETON-S-METHYL	0.40
	甲基乙拌磷	THIOMETON	0.05

续表

水果品种	检 测 项 目	英 文 名	农残限量标准/(mg/kg)
猕猴桃	甲菌定	DIMETHIRIMOL	0. 10
	甲硫威	Methiocarb	0. 05
	甲萘威	CARBARYL	10. 00
	甲氰菊酯	FENPROPATHRIN	0. 50
	甲氧虫酰肼	Methoxyfenozide	0. 50
	甲氧滴滴涕	METHOXYCHLOR	0. 01
	腈菌唑	Myclobutanil	1. 00
	抗蚜威	PIRIMICARB	0. 50
	克菌丹	CAPTAN	5. 00
	克氯得	CHLOZOLINATE	0. 05
	克螨特	PROPARGITE	3. 00
	克线磷	FENAMIPHOS	0. 02
	枯草隆	CHLOROXURON	0. 05
	喹禾灵	QUIZALOFOP-ETHYL	0. 05
	喹啉铜	OXINE-COPPER	2. 00
	喹硫磷	QUINALPHOS	0. 02
	乐果	DIMETHOATE	1. 00
	利谷隆	LINURON	0. 20
	邻苯二甲酸铜	COPPER TELEPHTHALATE	5. 00
	林丹（gamma-BHC）	LINDANE（gamma-BHC）	0. 30
	磷胺	PHOSPHAMIDON	0. 20
	磷化氢	HYDROGEN PHOSPHIDE	0. 01
	硫丹	ENDOSULFAN	0. 50
	硫双威和灭多威（总量）	THIODICARB and METHOMYL（as total）	2. 00
	六氯苯	HEXACHLOROBENZENE	0. 01
	咯菌腈	Fludioxonil	20. 00
	绿草定	TRICLOPYR	0. 03
	绿谷隆	MONOLINURON	0. 05
	氯苯胺灵	CHLORPROPHAM	1. 00
	氯苯嘧啶醇	FENARIMOL	1. 00
	氯吡脲	FORCHLORFENURON	0. 10

续表

水果品种	检 测 项 目	英 文 名	农残限量标准/(mg/kg)
猕猴桃	氯草灵	CHLORBUFAM	0.05
	氯丹	CHLORDANE	0.02
	氯恶草唑	FENOXAPROP-ETHYL	0.10
	氯氟氰菊酯	CYHALOTHRIN	0.50
	氯菊酯	PERMETHRIN	2.00
	氯羟吡啶	CLOPIDOL	0.20
	氯氰菊酯	CYPERMETHRIN	2.00
	氯杀螨	CHLORBENSIDE	0.01
	马拉硫磷	MALATHION	2.00
	茅草枯标准品	2，2-DPA	0.10
	咪酰胺	PROCHLORAZ	0.05
	咪唑乙烟酸铵	IMAZETHAPYR AMMONIUM	0.05
	醚菊酯	Etofenprox	0.20
	醚菌酯	KRESOXIM-METHYL	1.00
	嘧啶磺隆	FLAZASULFURON	0.02
	嘧菌胺	MEPANIPYRIM	2.00
	嘧螨醚	PYRIMIDIFEN	0.10
	棉铃威	ALANYCARB	2.00
	棉隆，威百亩和甲基异硫氰酸酯（总量）	DAZOMET, METAM and METHYL ISOTHIOCYANATE (as total)	0.10
	灭草喹	IMAZAQUIN	0.05
	灭草松	BENTAZONE	0.02
	灭除威	XMC	0.20
	灭螨猛	CHINOMETHIONAT	0.30
	灭蚜磷	MECARBAM	0.05
	皮蝇磷	FENCHLORPHOS	0.01
	七氯	HEPTACHLOR	0.01
	嗪氨灵	TRIFORINE	2.00
	氢氰酸	HYDROGEN CYANIDE	5.00
	氰戊菊酯	FENVALERATE	5.00

续表

水果品种	检 测 项 目	英 文 名	农残限量标准/(mg/kg)
猕猴桃	炔苯酰草胺	PROPYZAMIDE	0.02
	炔草酯	CLODINAFOP-PROPARGYL	0.02
	壬基苯酚磺酸铜	COPPER NONYLPHENOL-SULFONATE	5.00
	噻虫胺	Clothianidin	0.02
	噻虫啉	THIACLOPRID	1.00
	噻节因	DIMETHIPIN	0.04
	噻菌灵	THIABENDAZOLE	3.00
	噻螨酮	Hexythiazox	0.20
	噻嗪酮	Buprofezin	0.50
	噻唑磷	FOSTHIAZATE	0.50
	三苯锡基	FENTIN	0.05
	三环锡	CYHEXATIN	不得检出
	三环唑	TRICYCLAZOLE	0.02
	三氯杀螨醇	DICOFOL	3.00
	三氯杀螨砜	TETRADIFON	1.00
	三唑醇	TRIADIMENOL	0.10
	三唑酮	TRIADIMEFON	0.10
	杀铃脲	TRIFLUMURON	0.02
	杀螨特	ARAMITE	0.01
	杀螨酯	CHLORFENSON	0.01
	杀螟丹、杀虫环和杀虫蝗(总量)	CARTAP, THIOCYCLAM and BENSULTAP (as total)	3.00
	杀螟腈	CYANOPHOS	0.20
	杀螟硫磷	FENITROTHION	0.80
	杀扑磷	METHIDATHION	0.20
	杀鼠灵	WARFARIN	0.00
	杀鼠酮	PINDONE	0.00
	生物苄呋菊酯	BIORESMETHRIN	0.10
	十三吗啉	TRIDEMORPH	0.05
	双苯三唑醇	BITERTANOL	0.05
	双丙氨磷	BILANAFOS(BIALAPHOS)	0.00

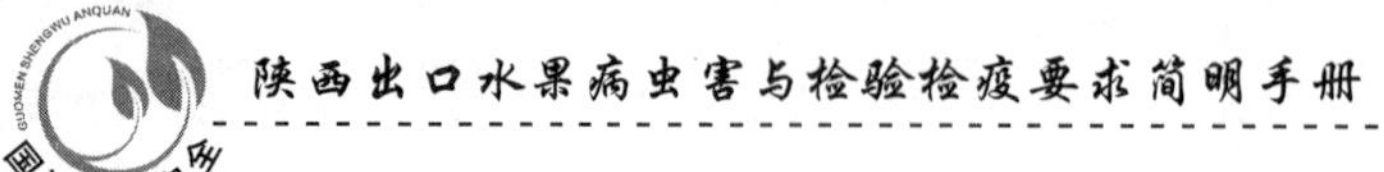

续表

水果品种	检测项目	英文名	农残限量标准/(mg/kg)
猕猴桃	双胍辛胺	IMINOCTADINE	0.20
	双氢链霉素，链霉素（总量）	DIHYDROSTREPTOMYCIN and STREPTOMYCIN (as total)	0.05
	双氧威	FENOXYCARB	0.05
	霜脲氰	CYMOXANIL	0.10
	水杨菌胺	TRICHLAMIDE	0.10
	四氯硝基苯	TECNAZENE	0.05
	四螨嗪	CLOFENTEZINE	0.02
	速灭磷	MEVINPHOS	0.10
	缩节胺	MEPIQUAT-CHLORIDE	2.00
	特丁硫磷	TERBUFOS	0.01
	特丁噻黄隆	TEBUTHIURON	0.02
	特乐酚	DINOTERB	0.05
	涕灭威	ALDICARB	0.05
	土霉素	OXYTETRACYCLINE	0.03
	完灭硫磷	VAMIDOTHION	0.05
	五氯硝基苯	QUINTOZENE	0.02
	戊菌唑	PENCONAZOLE	0.05
	西玛津	SIMAZINE	0.10
	烯丙苯噻唑	PROBENAZOLE	0.03
	烯啶虫胺	NITENPYRAM	1.00
	烯菌灵	IMAZALIL	2.00
	稀禾定	SETHOXYDIM	1.00
	硝草胺	PENDIMETHALIN	0.05
	辛硫磷	PHOXIM	0.02
	溴离子	BROMIDE ION	30.00
	溴螨酯	BROMOPROPYLATE	2.00
	溴氰菊酯和四溴菊酯（总量）	DELTAMETHRIN and TRALOMETHRIN (as total)	0.50
	溴鼠灵	BRODIFACOUM	0.00
	亚胺硫磷	PHOSMET	0.10

续表

水果品种	检 测 项 目	英 文 名	农残限量标准/(mg/kg)
猕猴桃	亚砜磷	OXYDEMETON-METHYL	0.02
	燕麦敌	Diallate	0.05
	燕麦枯	DIFENZOQUAT	0.05
	燕麦灵	BARBAN	0.05
	氧化乐果	OMETHOATE	1.00
	野麦畏	TRI-ALLATE	0.10
	乙拌磷	DISULFOTON	0.05
	乙基溴硫磷	BROMOPHOS-ETHYL	0.05
	乙硫磷	ETHION	0.30
	乙霉威	DIETHOFENCARB	5.00
	乙嘧硫磷	ETRIMFOS	0.20
	乙氰菊酯	CYCLOPROTHRIN	0.20
	乙烯菌核利	VINCLOZOLIN	10.00
	乙烯利	ETHEPHON	0.50
	乙氧喹啉	ETHOXYQUIN	0.05
	乙酯杀螨醇	CHLOROBENZILATE	0.02
	异狄氏剂	ENDRIN	0.01
	异恶草酮	CLOMAZONE	0.02
	异恶隆	ISOURON	0.02
	异菌脲	IPRODIONE	5.00
	抑菌灵	DICHLOFLUANID	5.00
	抑芽丹	MALEIC HYDRAZIDE	20.00
	因灭汀	EMAMECTIN BENZOATE	0.10
	英拜除草剂	BUTAFENACIL	0.10
	增效醚	PIPERONYL BUTOXIDE	8.00
	仲丁胺	Sec-BUTYLAMINE	0.10
	仲丁威	FENOBUCARB	0.30
	唑呋草	FLUOROIMIDE	0.04
	唑螨酯	FENPYROXIMATE	0.10

水果品种	检 测 项 目	英 文 名	农残限量标准 $\times 10^{-6}$(ppm)
柑橘类水果指除温州橘果肉、夏橙全果、柠檬、橙(包括脐橙)、葡萄柚之外的柑橘类水果	1,1-二氯-2,2-二(4-乙苯)乙烷	1,1-DICHLORO-2,2-BIS(4-ETHYLPHENYL) ETHANE	0.01
	1-萘乙酸	1-Naphthaleneacetic acid	0.10
	2,4,5-涕	2,4,5-T	不得检出
	2,4-滴	2,4-D	2.00
	2,4-滴丙酸	DICHLORPROP	3.00
	Cyenopyrafen	Cyenopyrafen	2.00
	LEPIMECTIN	LEPIMECTIN	0.10
	Metoconazole	Metoconazole	0.30
	N6-苯甲酰基腺嘌呤	BENZYLADENINE (BENZYLAMINOPRIN)	0.02
	Pyribencarb	Pyribencarb	5.00
	Pyrifluquinazon	Pyrifluquinazon	1.00
	Spinetoram	Spinetoram	0.30
	TOLYFLOXYSULFURON	TOLYFLOXYSULFURON	0.03
	シェノピラフェン	シェノピラフェン	2.00
	阿特拉津	ATRAZINE	0.02
	阿维菌素	ABAMECTIN	0.01
	矮壮素	CHLORMEQUAT	0.05
	艾克敌	Spinosad	0.30
	艾氏剂和狄氏剂(总量)	ALDRIN and DIELDRIN (as total)	0.05
	安果	FORMOTHION	0.02
	氨磺乐灵	ORYZALIN	0.08
	胺磺铜	DBEDC	0.50
	霸草灵	PYRAFLUFEN ETHYL	0.02
	百草枯	PARAQUAT	0.05
	百菌清	CHLOROTHALONIL	0.01
	百克敏	Pyraclostrobin	1.00
	保棉磷	AZINPHOS-METHYL	2.00
	倍硫磷	Fenthion	2.00

续表

水果品种	检 测 项 目	英 文 名	农残限量标准 $\times10^{-6}$(ppm)
柑橘类水果指除温州橘果肉、夏橙全果、柠檬、橙(包括脐橙)、葡萄柚之外的柑橘类水果	苯丁锡	FENBUTATIN OXIDE	5.00
	苯硫威	FENOTHIOCARB	0.50
	苯醚菊酯	PHENOTHRIN	0.02
	苯霜灵	BENALAXYL	0.05
	吡虫啉	Imidacloprid	0.7
	吡虫清	Acetamiprid	2.00
	吡氟草胺	DIFLUFENICAN	0.02
	吡氟禾草灵	FLUAZIFOP	0.10
	吡氟氯禾灵	HALOXYFOP	0.05
	吡螨胺	TEBUFENPYRAD	1.00
	吡嘧磷	PYRAZOPHOS	0.05
	吡唑硫磷	PYRACLOFOS	1.00
	苄草唑	Pyrazoxyfen	0.02
	苄呋菊酯	RESMETHRIN	0.10
	苄螨醚	HALFENPROX	1.00
	丙环唑	PROPICONAZOLE	0.05
	丙硫克百威	BENFURACARB	0.50
	丙硫磷	PROTHIOFOS	0.10
	丙炔氟草胺	FLUMIOXAZIN	0.10
	丙溴磷	PROFENOFOS	0.05
	布洛芬	Trifloxystrobin	0.50
	残杀威	PROPOXUR	1.00
	草胺磷	GLUFOSINATE	0.2
	草甘膦	GLYPHOSATE	0.50
	草萘胺	NAPROPAMIDE	0.10
	草噻喃	CYCLOXYDIM	0.05
	赤霉素	GIBBERELLIN	0.20
	虫螨畏	METHACRIFOS	0.05
	虫酰肼	Tebufenozide	2.00
	除草定	BROMACIL	0.05
	除虫菊素	PYRETHRINS	1.00
	除虫脲	DIFLUBENZURON	3.00

续表

水果品种	检 测 项 目	英 文 名	农残限量标准 $\times 10^{-6}$(ppm)
柑橘类水果指除温州橘果肉、夏橙全果、柠檬、橙(包括脐橙)、葡萄柚之外的柑橘类水果	春雷霉素	KASUGAMYCIN	0.05
	哒草伏	NORFLURAZON	0.20
	哒菌酮	DICLOMEZINE	0.02
	哒螨灵	PYRIDABEN	2.00
	哒嗪硫磷	PYRIDAFENTHION	0.10
	代森环	MILNEB	0.60
	稻丰散	PHENTHOATE	0.10
	得杀草	TEPRALOXYDIM	0.05
	滴滴涕(包括DDD和DDE)	DDT (including DDD and DDE)	0.50
	敌百虫	TRICHLORFON	0.10
	敌稗	PROPANIL	0.10
	敌草腈	DICHLOBENIL	0.20
	敌草快	DIQUAT	0.03
	敌草隆	DIURON	0.05
	敌敌畏和二溴磷(总量)	DICHLORVOS and NALED (as total)	0.20
	敌菌丹	CAPTAFOL	不得检出
	敌菌灵	ANILAZINE	10.00
	敌杀磷	DIOXATHION	0.05
	地乐酚	DINOSEB	0.05
	地散磷	BENSULIDE	0.03
	碘苯腈	IOXYNIL	0.10
	调环酸钙盐	Prohexadione calcium	0.05
	丁氟螨酯	CYFLUMETOFEN	10.00
	丁硫克百威	CARBOSULFAN	0.20
	丁嘧脲	DIAFENTHIURON	0.02
	丁酰肼	DAMINOZIDE	不得检出
	啶酰菌胺	Boscalid	10.00
	毒虫畏	CHLORFENVINPHOS	5.00
	毒死蜱	CHLORPYRIFOS	1.00
	对硫磷	PARATHION	0.50

续表

水果品种	检 测 项 目	英 文 名	农残限量标准 $\times 10^{-6}$(ppm)
柑橘类水果指除温州橘果肉、夏橙全果、柠檬、橙（包括脐橙）、葡萄柚之外的柑橘类水果	对氯苯氧乙酸	4-CPA	0.02
	多果定	DODINE	0.20
	多菌灵，托布津，甲基托布津，苯菌灵（总量）	CARBENDAZIM, THIOPHANATE, THIOPHANATE-METHYL and BENOMYL (as total)	3.00
	多氧霉素	POLYOXINS	0.10
	恶霉灵	HYMEXAZOL	0.50
	恶咪唑延胡索酸盐	OXPOCONAZOLE-FUMARATE	5.00
	恶霜灵	OXADIXYL	1.00
	恶唑菌酮	FAMOXADONE	0.02
	恶唑磷	ISOXATHION	0.20
	二苯胺	DIPHENYLAMINE	0.05
	二氟吡隆	DIFLUFENZOPYR	0.05
	二甲嘧菌胺	PYRIMETHANIL	15.00
	二甲四氯（包括酚硫杀）	MCPA (including phenothiol)	1.00
	二甲四氯丁酸	MCPB	0.20
	二硫代氨基甲酸酯	DITHIOCARBAMATES	10.00
	二氯乙烯	ETHYLENE DICHLORIDE	0.01
	二氯异丙醚	DCIP	0.20
	二嗪磷	DIAZINON	0.10
	二噻农	Dithianon	5.00
	二溴乙烯	ETHYLENE DIBROMIDE (EDB)	不得检出
	伐虫脒盐酸盐	FORMETANATE HYDROCHLORIDE	4.00
	粉锈啉	FENPROPIMORPH	0.05
	呋吡菌胺	FURAMETPYR	0.10
	呋虫胺	Dinotefuran	10.00
	呋喃丹	CARBOFURAN	0.30

续表

水果品种	检 测 项 目	英 文 名	农残限量标准 $\times 10^{-6}$ (ppm)
柑橘类水果指除温州橘果肉、夏橙全果、柠檬、橙(包括脐橙)、葡萄柚之外的柑橘类水果	呋线威	FURATHIOCARB	0.10
	伏草隆	FLUOMETURON	0.50
	伏杀硫磷	PHOSALONE	1.00
	氟胺氰菊酯 (Fluvalinate)	FLUVALINATE	2.00
	氟苯脲	TEFLUBENZURON	1.00
	氟丙菊酯	ACRINATHRIN	2.00
	氟草烟	FLUROXYPYR	0.05
	氟虫脲	Flufenoxuron	2.00
	氟虫清	FIPRONIL	0.01
	氟定脲	CHLORFLUAZURON	2.00
	氟啶胺	FLUAZINAM	5.00
	氟啶草酮	FLURIDONE	0.10
	氟硅菊酯	Silafluofen	3.00
	氟硅唑	Flusilazole	0.10
	氟菌唑	TRIFLUMIZOLE	2.00
	氟乐灵	TRIFLURALIN	0.05
	氟铃脲	HEXAFLUMURON	0.02
	氟氯氰菊酯	CYFLUTHRIN	2.00
	氟氰戊菊酯	FLUCYTHRINATE	2.00
	氟酮唑草	CARFENTRAZONE-ETHYL	0.10
	氟唑虫清	CHLORPHENAPYR	2.00
	福赛得	FOSETYL	150.00
	腐霉利	PROCYMIDONE	0.50
	硅氟唑	Simeconazole	0.30
	禾草敌	MOLINATE	0.02
	环丙唑醇	CYPROCONAZOLE	0.01
	环草定	LENACIL	0.30
	磺草灵	ASULAM	0.20
	己唑醇	HEXACONAZOLE	0.02
	季酮螨酯	SPIRODICLOFEN	2.00
	甲胺磷	METHAMIDOPHOS	1.00
	甲拌磷	PHORATE	0.05

续表

水果品种	检 测 项 目	英 文 名	农残限量标准 $\times 10^{-6}$(ppm)
柑橘类水果指除温州橘果肉、夏橙全果、柠檬、橙(包括脐橙)、葡萄柚之外的柑橘类水果	甲磺草胺	SULFENTRAZONE	0.05
	甲基虫螨磷	PIRIMIPHOS-METHYL (PIRIMIFOS-METHYL)	5.00
	甲基毒死蜱	CHLORPYRIFOS-METHYL	0.50
	甲基对硫磷	PARATHION-METHYL	0.20
	甲基立枯磷	Tolclofos-methyl	0.10
	甲基内吸磷	DEMETON-S-METHYL	0.40
	甲基乙拌磷	THIOMETON	0.05
	甲菌定	DIMETHIRIMOL	0.10
	甲硫威	Methiocarb	0.05
	甲萘威	CARBARYL	7.00
	甲氰菊酯	FENPROPATHRIN	5.00
	甲霜灵和精甲霜灵(总量)	Metalaxyl and metalaxyl-M	0.70
	甲氧滴滴涕	METHOXYCHLOR	0.01
	腈苯唑	Fenbuconazole	1.00
	腈嘧菌酯	Azoxystrobin	2.00
	井岗霉素	VALIDAMYCIN	0.05
	久效磷	MONOCROTOPHOS	0.20
	抗蚜威	PIRIMICARB	0.05
	克菌丹	CAPTAN	5.00
	克氯得	CHLOZOLINATE	0.05
	克螨特	PROPARGITE	3.00
	克线磷	FENAMIPHOS	0.04
	枯草隆	CHLOROXURON	0.05
	喹啉铜	OXINE-COPPER	2.00
	喹硫磷	QUINALPHOS	0.80
	乐果	DIMETHOATE	2.00
	利谷隆	LINURON	0.20
	联苯肼酯	Bifenazate	0.70
	联苯菊酯	Bifenthrin	2.00
	邻苯二甲酸铜	COPPER TELEPHTHALATE	5.00

续表

水果品种	检 测 项 目	英 文 名	农残限量标准 ×10⁻⁶(ppm)
柑橘类水果指除温州橘果肉、夏橙全果、柠檬、橙(包括脐橙)、葡萄柚之外的柑橘类水果	邻苯基苯酚	2-PHENYLPHENOL	10.00
	林丹(gamma-BHC)	LINDANE (gamma-BHC)	0.30
	磷胺	PHOSPHAMIDON	0.40
	磷化氢	HYDROGEN PHOSPHIDE	0.01
	硫丹	ENDOSULFAN	0.50
	硫双威和灭多威(总量)	THIODICARB and METHOMYL (as total)	10.00
	硫线磷	Cadusafos	0.01
	六氯苯	HEXACHLOROBENZENE	0.01
	咯菌腈	Fludioxonil	10.00
	绿草定	TRICLOPYR	0.10
	绿谷隆	MONOLINURON	0.05
	氯苯胺灵	CHLORPROPHAM	0.05
	氯苯嘧啶醇	FENARIMOL	1.00
	氯草灵	CHLORBUFAM	0.05
	氯丹	CHLORDANE	0.02
	氯恶草唑	FENOXAPROP-ETHYL	0.10
	氯氟氰菊酯	CYHALOTHRIN	1.00
	氯菊酯	PERMETHRIN	5.00
	氯羟吡啶	CLOPIDOL	0.20
	氯氰菊酯	CYPERMETHRIN	2.00
	氯杀螨	CHLORBENSIDE	0.01
	螺虫乙酯	Spirotetramat	1.00
	马拉硫磷	MALATHION	4.00
	茅草枯标准品	2,2-DPA	0.10
	咪酰胺	PROCHLORAZ	10.00
	咪唑乙烟酸铵	IMAZETHAPYR AMMONIUM	0.05
	醚菊酯	Etofenprox	5.00
	醚菌酯	KRESOXIM-METHYL	10.00
	密灭汀	Milbemectin	0.20
	嘧啶磺隆	FLAZASULFURON	0.10

续表

水果品种	检 测 项 目	英 文 名	农残限量标准 $\times 10^{-6}$ (ppm)
柑橘类水果指除温州橘果肉、夏橙全果、柠檬、橙（包括脐橙）、葡萄柚之外的柑橘类水果	嘧菌胺	MEPANIPYRIM	2.00
	嘧菌环胺	CYPRODINIL	5.00
	嘧螨醚	PYRIMIDIFEN	0.30
	嘧螨酯	Fluacrypyrim	0.50
	棉铃威	ALANYCARB	2.00
	棉隆，威百亩和甲基异硫氰酸酯（总量）	DAZOMET, METAM and METHYL ISOTHIOCYANATE (as total)	0.10
	灭草喹	IMAZAQUIN	0.05
	灭草松	BENTAZONE	0.02
	灭除威	XMC	0.20
	灭菌丹	FOLPET	10.00
	灭螨醌	ACEQUINOCYL	1.00
	灭螨猛	CHINOMETHIONAT	0.50
	灭蚜磷	MECARBAM	0.05
	皮蝇磷	FENCHLORPHOS	0.01
	七氯	HEPTACHLOR	0.01
	嗪氨灵	TRIFORINE	2.00
	氢氰酸	HYDROGEN CYANIDE	5.00
	氰霜唑	Cyazofamid	5.00
	氰戊菊酯	FENVALERATE	2.00
	炔苯酰草胺	PROPYZAMIDE	0.02
	炔草酯	CLODINAFOP-PROPARGYL	0.02
	壬基苯酚磺酸铜	COPPER NONYLPHENOL-SULFONATE	5.00
	噻虫胺	Clothianidin	2.00
	噻虫嗪	Thiamethoxam	1.00
	噻节因	DIMETHIPIN	0.04
	噻菌灵	THIABENDAZOLE	10.00
	噻螨酮	Hexythiazox	2.00
	噻嗪酮	Buprofezin	2.50

续表

水果品种	检测项目	英文名	农残限量标准 $\times 10^{-6}$ (ppm)
柑橘类水果指除温州橘果肉、夏橙全果、柠檬、橙（包括脐橙）、葡萄柚之外的柑橘类水果	三苯锡基	FENTIN	0.05
	三环锡	CYHEXATIN	不得检出
	三环唑	TRICYCLAZOLE	0.02
	三氯杀螨醇	DICOFOL	5.00
	三氯杀螨砜	TETRADIFON	3.00
	三唑醇	TRIADIMENOL	0.10
	三唑酮	TRIADIMEFON	0.10
	杀铃脲	TRIFLUMURON	0.02
	杀螨特	ARAMITE	0.01
	杀螨酯	CHLORFENSON	0.01
	杀螟丹、杀虫环和杀虫蝗（总量）	CARTAP, THIOCYCLAM and BENSULTAP (as total)	3.00
	杀螟腈	CYANOPHOS	0.20
	杀螟硫磷	FENITROTHION	2.00
	杀扑磷	METHIDATHION	5.00
	杀鼠灵	WARFARIN	0.00
	杀鼠酮	PINDONE	0.00
	杀线威	OXAMYL	5.00
	生物苄呋菊酯	BIORESMETHRIN	0.10
	虱螨脲	Lufenuron	0.30
	十三吗啉	TRIDEMORPH	0.05
	双苯三唑醇	BITERTANOL	0.05
	双丙氨磷	BILANAFOS(BIALAPHOS)	0.02
	双胍辛胺	IMINOCTADINE	1.00
	双甲脒	Amitraz	0.90
	双氢链霉素，链霉素（总量）	DIHYDROSTREPTOMYCIN and STREPTOMYCIN (as total)	0.02
	双氧威	FENOXYCARB	0.05
	霜脲氰	CYMOXANIL	0.05
	水杨菌胺	TRICHLAMIDE	0.10
	四氯硝基苯	TECNAZENE	0.05

续表

水果品种	检 测 项 目	英 文 名	农残限量标准 $\times 10^{-6}$ (ppm)
柑橘类水果指除温州橘果肉、夏橙全果、柠檬、橙（包括脐橙）、葡萄柚之外的柑橘类水果	四螨嗪	CLOFENTEZINE	0.50
	速灭磷	MEVINPHOS	0.20
	缩节胺	MEPIQUAT-CHLORIDE	2.00
	特苯恶唑	Etoxazole	0.70
	特草定	TERBACIL	0.10
	特丁硫磷	TERBUFOS	0.01
	特丁噻黄隆	TEBUTHIURON	0.02
	特乐酚	DINOTERB	0.05
	涕灭威	ALDICARB	0.20
	土霉素	OXYTETRACYCLINE	0.04
	完灭硫磷	VAMIDOTHION	0.05
	蚊蝇醚	Pyriproxyfen	0.50
	五氯硝基苯	QUINTOZENE	0.02
	戊菌唑	PENCONAZOLE	0.05
	戊唑醇	Tebuconazole	5.00
	西玛津	SIMAZINE	0.10
	烯丙苯噻唑	PROBENAZOLE	0.03
	烯啶虫胺	NITENPYRAM	2.00
	烯菌灵	IMAZALIL	5.00
	稀禾定	SETHOXYDIM	1.00
	硝草胺	PENDIMETHALIN	0.05
	辛硫磷	PHOXIM	0.02
	溴离子	BROMIDE ION	30.00
	溴螨酯	BROMOPROPYLATE	2.00
	溴氰菊酯和四溴菊酯（总量）	DELTAMETHRIN and TRALOMETHRIN (as total)	1.00
	溴鼠灵	BRODIFACOUM	0.00
	亚胺硫磷	PHOSMET	5.00
	亚胺唑	Imibenconazole	1.00
	亚砜磷	OXYDEMETON-METHYL	0.02
	烟碱	NICOTINE	2.00
	燕麦敌	Diallate	0.05

续表

水果品种	检测项目	英文名	农残限量标准 $\times 10^{-6}$(ppm)
柑橘类水果指除温州橘果肉、夏橙全果、柠檬、橙(包括脐橙)、葡萄柚之外的柑橘类水果	燕麦枯	DIFENZOQUAT	0.05
	燕麦灵	BARBAN	0.05
	氧化乐果	OMETHOATE	1.00
	野麦畏	TRI-ALLATE	0.10
	叶菌唑	Metconazole	0.30
	乙拌磷	DISULFOTON	0.05
	乙虫清	ETHIPROLE	0.7
	乙基溴硫磷	BROMOPHOS-ETHYL	0.05
	乙硫苯威	ETHIOFENCARB	5.00
	乙硫磷	ETHION	5.00
	乙霉威	DIETHOFENCARB	5.00
	乙嘧硫磷	ETRIMFOS	0.20
	乙氰菊酯	CYCLOPROTHRIN	0.20
	乙烯利	ETHEPHON	2.00
	乙酰甲胺磷	ACEPHATE	5.00
	乙氧喹啉	ETHOXYQUIN	0.05
	乙酯杀螨醇	CHLOROBENZILATE	5.00
	异狄氏剂	ENDRIN	0.01
	异恶草酮	CLOMAZONE	0.02
	异恶隆	ISOURON	0.02
	异菌脲	IPRODIONE	10.00
	异柳磷	ISOFENPHOS	2.00
	抑菌灵	DICHLOFLUANID	5.00
	抑芽丹	MALEIC HYDRAZIDE	40.00
	茵草敌	EPTC	0.10
	吲哚羧酸酯	Fenhexamid	5.00
	吲熟酯	Ethychlozate	5.00
	吲唑磺菌胺	Amisulbrom	2.00
	英拜除草剂	BUTAFENACIL	0.10
	增效醚	PIPERONYL BUTOXIDE	5.00

续表

水果品种	检测项目	英文名	农残限量标准×10⁻⁶(ppm)
柑橘类水果指除温州橘果肉、夏橙全果、柠檬、橙(包括脐橙)、葡萄柚之外的柑橘类水果	仲丁胺	Sec-BUTYLAMINE	30.00
	仲丁威	FENOBUCARB	7.00
	唑虫酰胺	TOLFENPYRAD	3.00
	唑啶草酮	AZAFENIDIN	0.10
	唑呋草	FLUOROIMIDE	0.04
	唑螨酯	FENPYROXIMATE	1.00

水果品种	检测项目	英文名	农残限量标准×10⁻⁶(ppm)
桃	1，1-二氯-2，2-二（4-乙苯）乙烷	1，1-DICHLORO-2，2-BIS（4-ETHYLPHENYL）ETHANE	0.01
	2，4，5-涕	2，4，5-T	不得检出
	2，4-滴	2，4-D	0.20
	2，4-滴丙酸	DICHLORPROP	3.00
	Cyenopyrafen	Cyenopyrafen	0.10
	N6-苯甲酰基腺嘌呤	BENZYLADENINE (BENZYLAMINOPRIN)	0.10
	Pyribencarb	Pyribencarb	0.50
	Pyrifluquinazon	Pyrifluquinazon	0.20
	Spinetoram	Spinetoram	0.10
	シェノピラフェン	シェノピラフェン	2.00
	阿特拉津	ATRAZINE	0.02
	阿维菌素	ABAMECTIN	0.02
	矮壮素	CHLORMEQUAT	0.05
	艾克敌	Spinosad	0.20
	艾氏剂和狄氏剂（总量）	ALDRIN and DIELDRIN (as total)	不得检出
	艾维激素	AMINOETHOXYVINYLGLYCINE	0.20
	安果	FORMOTHION	0.02
	氨磺乐灵	ORYZALIN	0.08

续表

水果品种	检 测 项 目	英 文 名	农残限量标准 $\times 10^{-6}$(ppm)
桃	胺磺铜	DBEDC	10.00
	霸草灵	PYRAFLUFEN ETHYL	0.02
	百草枯	PARAQUAT	0.05
	百菌清	CHLOROTHALONIL	2.00
	百克敏	Pyraclostrobin	0.02
	苯丁锡	FENBUTATIN OXIDE	7.00
	苯硫威	FENOTHIOCARB	0.50
	苯醚甲环唑	DIFENOCONAZOLE	1.00
	苯醚菊酯	PHENOTHRIN	0.02
	苯霜灵	BENALAXYL	0.05
	吡虫啉	Imidacloprid	0.5
	吡虫清	Acetamiprid	2.00
	吡氟草胺	DIFLUFENICAN	0.02
	吡氟禾草灵	FLUAZIFOP	0.05
	吡氟氯禾灵	HALOXYFOP	0.05
	吡螨胺	TEBUFENPYRAD	0.50
	吡嘧磷	PYRAZOPHOS	0.05
	吡噻菌胺	Penthiopyrad	0.20
	吡蚜酮	Pymetrozine	0.10
	苄草唑	Pyrazoxyfen	0.02
	苄呋菊酯	RESMETHRIN	0.10
	苄螨醚	HALFENPROX	0.10
	丙环唑	PROPICONAZOLE	1.00
	丙硫克百威	BENFURACARB	0.50
	丙溴磷	PROFENOFOS	0.05
	布洛芬	Trifloxystrobin	0.20
	残杀威	PROPOXUR	1.00
	草甘膦	GLYPHOSATE	0.20
	草萘胺	NAPROPAMIDE	0.10
	草噻喃	CYCLOXYDIM	0.05
	赤霉素	GIBBERELLIN	0.20
	虫螨畏	METHACRIFOS	0.05

续表

水果品种	检测项目	英文名	农残限量标准 $\times 10^{-6}$(ppm)
桃	虫酰肼	Tebufenozide	0.05
	除草定	BROMACIL	0.05
	除虫菊素	PYRETHRINS	1.00
	除虫脲	DIFLUBENZURON	0.05
	春雷霉素	KASUGAMYCIN	0.04
	哒草伏	NORFLURAZON	0.20
	哒菌酮	DICLOMEZINE	0.02
	哒螨灵	PYRIDABEN	2.00
	哒嗪硫磷	PYRIDAFENTHION	0.10
	代森环	MILNEB	0.60
	稻丰散	PHENTHOATE	0.10
	稻瘟灵	Isoprothiolane	0.02
	得杀草	TEPRALOXYDIM	0.05
	滴滴涕(包括DDD和DDE)	DDT (including DDD and DDE)	0.20
	敌百虫	TRICHLORFON	0.20
	敌稗	PROPANIL	0.10
	敌草腈	DICHLOBENIL	0.20
	敌草快	DIQUAT	0.03
	敌草隆	DIURON	0.05
	敌敌畏和二溴磷(总量)	DICHLORVOS and NALED (as total)	0.10
	敌菌丹	CAPTAFOL	不得检出
	敌菌灵	ANILAZINE	10.00
	敌杀磷	DIOXATHION	0.05
	地乐酚	DINOSEB	0.05
	地散磷	BENSULIDE	0.03
	碘苯腈	IOXYNIL	0.10
	调环酸钙盐	Prohexadione calcium	0.05
	丁氟螨酯	CYFLUMETOFEN	0.50
	丁硫克百威	CARBOSULFAN	0.20
	丁嘧脲	DIAFENTHIURON	0.02

续表

水果品种	检 测 项 目	英 文 名	农残限量标准 $\times 10^{-6}$(ppm)
桃	丁酰肼	DAMINOZIDE	不得检出
	啶斑肟	PYRIFENOX	2.00
	啶酰菌胺	Boscalid	0.20
	毒虫畏	CHLORFENVINPHOS	0.05
	毒死蜱	CHLORPYRIFOS	1.00
	对硫磷	PARATHION	0.30
	对氯苯氧乙酸	4-CPA	0.10
	多果定	DODINE	5.00
	多菌灵，托布津，甲基托布津，苯菌灵（总量）	CARBENDAZIM, THIOPHANATE, THIOPHANATE-METHYL and BENOMYL (as total)	2.00
	多效唑	Paclobutrazol	0.20
	恶喹酸	Oxolinic acid	0.30
	恶霉灵	HYMEXAZOL	0.50
	恶咪唑延胡索酸盐	OXPOCONAZOLE-FUMARATE	2.00
	恶霜灵	OXADIXYL	1.00
	恶唑菌酮	FAMOXADONE	0.10
	恶唑磷	ISOXATHION	0.20
	二苯胺	DIPHENYLAMINE	0.05
	二氟吡隆	DIFLUFENZOPYR	0.05
	二甲嘧菌胺	PYRIMETHANIL	3.00
	二甲四氯丁酸	MCPB	0.20
	二硫代氨基甲酸酯	DITHIOCARBAMATES	7.00
	二氯萘醌	DICHLONE	3.00
	二氯皮考啉酸	CLOPYRALID	0.50
	二氯乙烯	ETHYLENE DICHLORIDE	0.01
	二氯异丙醚	DCIP	0.20
	二嗪磷	DIAZINON	0.10
	二噻农	Dithianon	0.20
	二溴乙烯	ETHYLENE DIBROMIDE (EDB)	0.01

续表

水果品种	检 测 项 目	英 文 名	农残限量标准 $\times 10^{-6}$ (ppm)
桃	伐虫脒盐酸盐	FORMETANATE HYDRO-CHLORIDE	4.00
	粉锈啉	FENPROPIMORPH	0.05
	呋吡菌胺	FURAMETPYR	0.10
	呋虫胺	Dinotefuran	3.00
	呋喃丹	CARBOFURAN	0.30
	呋线威	FURATHIOCARB	0.10
	伏草隆	FLUOMETURON	0.02
	伏杀硫磷	PHOSALONE	2.00
	氟胺氰菊酯	FLUVALINATE	0.20
	氟苯脲	TEFLUBENZURON	0.30
	氟丙菊酯	ACRINATHRIN	0.20
	氟草烟	FLUROXYPYR	0.05
	氟虫脲	Flufenoxuron	0.10
	氟虫清	FIPRONIL	0.01
	氟虫酰胺	Flubendiamide	0.05
	氟定脲	CHLORFLUAZURON	2.00
	氟啶胺	FLUAZINAM	0.50
	氟啶草酮	FLURIDONE	0.10
	氟啶虫酰胺	Flonicamid	1.00
	氟硅菊酯	Silafluofen	0.10
	氟菌唑	TRIFLUMIZOLE	2.00
	氟乐灵	TRIFLURALIN	0.05
	氟铃脲	HEXAFLUMURON	0.02
	氟氯氰菊酯	CYFLUTHRIN	1.00
	氟醚唑	TETRACONAZOLE	0.30
	氟氰戊菊酯	FLUCYTHRINATE	0.50
	氟酮唑草	CARFENTRAZONE-ETHYL	0.08
	氟唑虫清	CHLORPHENAPYR	0.05
	福赛得	FOSETYL	150.00
	腐霉利	PROCYMIDONE	3.00
	硅氟唑	Simeconazole	0.70

续表

水果品种	检测项目	英文名	农残限量标准 $\times 10^{-6}$ (ppm)
桃	禾草敌	MOLINATE	0.02
	环丙唑醇	CYPROCONAZOLE	0.50
	环草定	LENACIL	0.30
	环虫酰肼	Chromafenozide	0.10
	环氟菌胺	Cyflufenamid	0.05
	磺草灵	ASULAM	0.20
	己唑醇	HEXACONAZOLE	0.10
	季酮螨酯	SPIRODICLOFEN	1.00
	甲胺磷	METHAMIDOPHOS	1.00
	甲拌磷	PHORATE	0.05
	甲草苯隆	METHABENZTHIAZURON	0.05
	甲磺草胺	SULFENTRAZONE	0.05
	甲基虫螨磷	PIRIMIPHOS-METHYL (PIRIMIFOS-METHYL)	0.10
	甲基毒死蜱	CHLORPYRIFOS-METHYL	0.50
	甲基对硫磷	PARATHION-METHYL	0.20
	甲基立枯磷	Tolclofos-methyl	0.10
	甲基内吸磷	DEMETON-S-METHYL	0.40
	甲基乙拌磷	THIOMETON	0.05
	甲菌定	DIMETHIRIMOL	0.10
	甲硫威	Methiocarb	3
	甲萘威	CARBARYL	1.00
	甲氰菊酯	FENPROPATHRIN	1.00
	甲霜灵和精甲霜灵(总量)	Metalaxyl and metalaxyl-M (as total)	0.20
	甲氧虫酰肼	Methoxyfenozide	2.00
	甲氧滴滴涕	METHOXYCHLOR	7.00
	腈苯唑	Fenbuconazole	0.50
	腈菌唑	Myclobutanil	1.00
	腈嘧菌酯	Azoxystrobin	0.05
	井岗霉素	VALIDAMYCIN	0.05
	抗蚜威	PIRIMICARB	0.50
	克菌丹	CAPTAN	15.00

续表

水果品种	检 测 项 目	英 文 名	农残限量标准 $\times 10^{-6}$ (ppm)
桃	克氯得	CHLOZOLINATE	0.05
	克螨特	PROPARGITE	4.00
	克线磷	FENAMIPHOS	0.10
	枯草隆	CHLOROXURON	0.05
	喹禾灵	QUIZALOFOP-ETHYL	0.05
	喹啉铜	OXINE-COPPER	2.00
	喹硫磷	QUINALPHOS	0.02
	乐果	DIMETHOATE	1.00
	利谷隆	LINURON	0.20
	联苯肼酯	Bifenazate	2.00
	联苯菊酯	Bifenthrin	0.03
	邻苯二甲酸铜	COPPER TELEPHTHALATE	5.00
	邻苯基苯酚	2-PHENYLPHENOL	20.00
	林丹（gamma-BHC）	LINDANE（gamma-BHC）	2.00
	磷胺	PHOSPHAMIDON	0.20
	磷化氢	HYDROGEN PHOSPHIDE	0.01
	硫丹	ENDOSULFAN	1.00
	硫双威和灭多威（总量）	THIODICARB and METHOMYL（as total）	2.00
	六六六（四种异构体总量）	BHC（as total of alpha-BHC, beta-BHC, gamma-BHC and delta-BHC）	0.20
	六氯苯	HEXACHLOROBENZENE	0.01
	咯菌腈	Fludioxonil	5.00
	绿草定	TRICLOPYR	0.03
	绿谷隆	MONOLINURON	0.05
	氯苯胺灵	CHLORPROPHAM	0.05
	氯苯嘧啶醇	FENARIMOL	1.00
	氯吡脲	FORCHLORFENURON	0.10
	氯草灵	CHLORBUFAM	0.05
	氯虫酰胺	Chlorantraniliprole	1.00

续表

水果品种	检 测 项 目	英 文 名	农残限量标准 ×10^{-6}(ppm)
桃	氯丹	CHLORDANE	0.02
	氯恶草唑	FENOXAPROP-ETHYL	0.10
	氯氟氰菊酯	CYHALOTHRIN	0.50
	氯菊酯	PERMETHRIN	2.00
	氯羟吡啶	CLOPIDOL	0.20
	氯氰菊酯	CYPERMETHRIN	2.00
	氯杀螨	CHLORBENSIDE	0.01
	氯硝胺	DICLORAN	10.00
	螺甲螨酯	Spiromesifen	0.20
	马拉硫磷	MALATHION	0.50
	茅草枯标准品	2, 2-DPA	1.00
	咪酰胺	PROCHLORAZ	0.05
	咪唑乙烟酸铵	IMAZETHAPYR AMMONIUM	0.05
	醚菊酯	Etofenprox	2.00
	醚菌酯	KRESOXIM-METHYL	1.00
	密灭汀	Milbemectin	0.20
	嘧啶磺隆	FLAZASULFURON	0.02
	嘧菌胺	MEPANIPYRIM	2.00
	嘧菌环胺	CYPRODINIL	2.00
	嘧螨醚	PYRIMIDIFEN	0.10
	棉铃威	ALANYCARB	2.00
	棉隆，威百亩和甲基异硫氰酸酯（总量）	DAZOMET, METAM and METHYL ISOTHIOCYANATE (as total)	0.10
	灭草喹	IMAZAQUIN	0.05
	灭草松	BENTAZONE	0.02
	灭除威	XMC	0.20
	灭螨醌	ACEQUINOCYL	0.10
	灭螨猛	CHINOMETHIONAT	0.50
	灭蚜磷	MECARBAM	0.05
	皮蝇磷	FENCHLORPHOS	0.01

续表

水果品种	检 测 项 目	英 文 名	农残限量标准 $\times 10^{-6}$(ppm)
桃	七氯	HEPTACHLOR	0.01
	铅	Pb	1.00
	嗪氨灵	TRIFORINE	2.00
	氢氰酸	HYDROGEN CYANIDE	5.00
	氰戊菊酯	FENVALERATE	5.00
	炔苯酰草胺	PROPYZAMIDE	0.06
	炔草酯	CLODINAFOP-PROPARGYL	0.02
	壬基苯酚磺酸铜	COPPER NONYLPHENOL-SULFONATE	5.00
	噻虫胺	Clothianidin	0.70
	噻虫啉	THIACLOPRID	1.00
	噻虫嗪	Thiamethoxam	0.50
	噻节因	DIMETHIPIN	0.04
	噻菌灵	THIABENDAZOLE	3.00
	噻螨酮	Hexythiazox	1.00
	噻嗪酮	Buprofezin	1.00
	噻唑磷	FOSTHIAZATE	0.50
	三苯锡基	FENTIN	0.05
	三环锡	CYHEXATIN	不得检出
	三环唑	TRICYCLAZOLE	0.02
	三氯杀螨醇	DICOFOL	3.00
	三氯杀螨砜	TETRADIFON	1.00
	三氧化二砷	ARSENIC TRIOXIDE	1.00
	三唑醇	TRIADIMENOL	0.10
	三唑酮	TRIADIMEFON	0.10
	杀铃脲	TRIFLUMURON	0.02
	杀螨特	ARAMITE	0.01
	杀螨酯	CHLORFENSON	0.01
	杀螟丹、杀虫环和杀虫蝗(总量)	CARTAP, THIOCYCLAM and BENSULTAP (as total)	3.00

续表

水果品种	检 测 项 目	英 文 名	农残限量标准 $\times 10^{-6}$ (ppm)
桃	杀螟腈	CYANOPHOS	0.20
	杀螟硫磷	FENITROTHION	0.20
	杀扑磷	METHIDATHION	0.20
	杀鼠灵	WARFARIN	0.00
	杀鼠酮	PINDONE	0.00
	生物苄呋菊酯	BIORESMETHRIN	0.10
	十三吗啉	TRIDEMORPH	0.05
	双苯三唑醇	BITERTANOL	1.00
	双丙氨磷	BILANAFOS(BIALAPHOS)	0.00
	双胍辛胺	IMINOCTADINE	0.20
	双甲脒	Amitraz	0.90
	双氢链霉素，链霉素（总量）	DIHYDROSTREPTOMYCIN and STREPTOMYCIN (as total)	0.05
	双氧威	FENOXYCARB	0.05
	霜脲氰	CYMOXANIL	0.10
	水杨菌胺	TRICHLAMIDE	0.10
	四氯硝基苯	TECNAZENE	0.05
	四螨嗪	CLOFENTEZINE	0.20
	速灭磷	MEVINPHOS	0.40
	缩节胺	MEPIQUAT-CHLORIDE	2.00
	特苯恶唑	Etoxazole	0.05
	特草定	TERBACIL	0.10
	特丁硫磷	TERBUFOS	0.01
	特丁噻黄隆	TEBUTHIURON	0.02
	特乐酚	DINOTERB	0.05
	涕灭威	ALDICARB	0.05
	土霉素	OXYTETRACYCLINE	0.05
	完灭硫磷	VAMIDOTHION	0.50
	蚊蝇醚	Pyriproxyfen	1.00
	五氯硝基苯	QUINTOZENE	0.02
	戊菌唑	PENCONAZOLE	0.10

续表

水果品种	检 测 项 目	英 文 名	农残限量标准 $\times 10^{-6}$ (ppm)
桃	戊唑醇	Tebuconazole	1.00
	西玛津	SIMAZINE	0.20
	烯丙苯噻唑	PROBENAZOLE	0.03
	烯啶虫胺	NITENPYRAM	0.50
	烯菌灵	IMAZALIL	0.02
	稀禾定	SETHOXYDIM	1.00
	消螨普	DINOCAP	0.10
	硝草胺	PENDIMETHALIN	0.05
	辛硫磷	PHOXIM	0.02
	溴离子	BROMIDE ION	20.00
	溴螨酯	BROMOPROPYLATE	2.00
	溴氰菊酯和四溴菊酯（总量）	DELTAMETHRIN and TRALOMETHRIN（as total）	0.50
	溴鼠灵	BRODIFACOUM	0.00
	亚胺硫磷	PHOSMET	10.00
	亚胺唑	Imibenconazole	0.50
	亚砜磷	OXYDEMETON-METHYL	0.02
	烟碱	NICOTINE	2.00
	燕麦敌	Diallate	0.05
	燕麦枯	DIFENZOQUAT	0.05
	燕麦灵	BARBAN	0.05
	氧化乐果	OMETHOATE	1.00
	野麦畏	TRI-ALLATE	0.10
	乙拌磷	DISULFOTON	0.05
	乙基溴硫磷	BROMOPHOS-ETHYL	0.05
	乙硫苯威	ETHIOFENCARB	5.00
	乙硫磷	ETHION	0.30
	乙霉威	DIETHOFENCARB	5.00
	乙嘧硫磷	ETRIMFOS	0.05
	乙氰菊酯	CYCLOPROTHRIN	0.20
	乙烯菌核利	VINCLOZOLIN	2.00
	乙烯利	ETHEPHON	0.50

续表

水果品种	检 测 项 目	英 文 名	农残限量标准 ×10^{-6}(ppm)
桃	乙氧喹啉	ETHOXYQUIN	0.05
	乙酯杀螨醇	CHLOROBENZILATE	0.02
	异丙甲草胺	Metolachlor	0.10
	异狄氏剂	ENDRIN	不得检出
	异恶草酮	CLOMAZONE	0.02
	异恶隆	ISOURON	0.02
	异菌脲	IPRODIONE	10.00
	抑菌灵	DICHLOFLUANID	5.00
	抑芽丹	MALEIC HYDRAZIDE	0.20
	因灭汀	EMAMECTIN BENZOATE	0.10
	吲哚羧酸酯	Fenhexamid	6.00
	英拜除草剂	BUTAFENACIL	0.10
	增效醚	PIPERONYL BUTOXIDE	8.00
	仲丁胺	Sec-BUTYLAMINE	0.10
	仲丁威	FENOBUCARB	0.30
	唑虫酰胺	TOLFENPYRAD	0.20
	唑呋草	FLUOROIMIDE	0.04
	唑螨酯	FENPYROXIMATE	0.10

水果品种	检 测 项 目	英 文 名	农残限量标准 ×10^{-6}(ppm)
油桃	1，1-二氯-2，2-二（4-乙苯）乙烷	1，1-DICHLORO-2，2-BIS（4-ETHYLPHENYL） ETHANE	0.01
	2，4，5-涕	2，4，5-T	不得检出
	2，4-滴	2，4-D	0.20
	2，4-滴丙酸	DICHLORPROP	3.00
	N6-苯甲酰基腺嘌呤	BENZYLADENINE (BENZYLAMINOPRIN)	0.10
	阿特拉津	ATRAZINE	0.02

续表

水果品种	检 测 项 目	英 文 名	农残限量标准 $\times 10^{-6}$ (ppm)
油桃	阿维菌素	ABAMECTIN	0.02
	矮壮素	CHLORMEQUAT	0.05
	艾克敌	Spinosad	0.50
	艾氏剂和狄氏剂（总量）	ALDRIN and DIELDRIN (as total)	0.05
	艾维激素	AMINOETHOXYVINYLGLYCINE	0.20
	安果	FORMOTHION	0.02
	氨磺乐灵	ORYZALIN	0.08
	胺磺铜	DBEDC	0.50
	霸草灵	PYRAFLUFEN ETHYL	0.02
	百草枯	PARAQUAT	0.05
	百菌清	CHLOROTHALONIL	25.00
	百克敏	Pyraclostrobin	1.00
	保棉磷	AZINPHOS-METHYL	2.00
	倍硫磷	Fenthion	1.00
	苯丁锡	FENBUTATIN OXIDE	2.00
	苯硫威	FENOTHIOCARB	0.50
	苯醚甲环唑	DIFENOCONAZOLE	1.00
	苯醚菊酯	PHENOTHRIN	0.02
	苯霜灵	BENALAXYL	0.05
	吡虫啉	Imidacloprid	2
	吡虫清	Acetamiprid	1.00
	吡氟草胺	DIFLUFENICAN	0.02
	吡氟禾草灵	FLUAZIFOP	0.05
	吡氟氯禾灵	HALOXYFOP	0.05
	吡螨胺	TEBUFENPYRAD	0.50
	吡嘧磷	PYRAZOPHOS	0.05
	吡蚜酮	Pymetrozine	0.05
	苄草唑	Pyrazoxyfen	0.02
	苄呋菊酯	RESMETHRIN	0.10
	苄螨醚	HALFENPROX	0.50

续表

水果品种	检测项目	英文名	农残限量标准 $\times 10^{-6}$(ppm)
油桃	丙环唑	PROPICONAZOLE	1.00
	丙硫克百威	BENFURACARB	0.50
	丙炔氟草胺	FLUMIOXAZIN	0.10
	丙溴磷	PROFENOFOS	0.05
	布洛芬	Trifloxystrobin	3.00
	残杀威	PROPOXUR	1.00
	草胺磷	GLUFOSINATE	0.10
	草甘膦	GLYPHOSATE	0.20
	草萘胺	NAPROPAMIDE	0.10
	草噻喃	CYCLOXYDIM	0.05
	赤霉素	GIBBERELLIN	0.20
	虫螨畏	METHACRIFOS	0.05
	虫酰肼	Tebufenozide	0.50
	除草定	BROMACIL	0.05
	除虫菊素	PYRETHRINS	1.00
	除虫脲	DIFLUBENZURON	0.07
	哒草伏	NORFLURAZON	0.20
	哒菌酮	DICLOMEZINE	0.02
	哒螨灵	PYRIDABEN	2.00
	哒嗪硫磷	PYRIDAFENTHION	0.10
	代森环	MILNEB	0.60
	稻丰散	PHENTHOATE	0.10
	稻瘟灵	Isoprothiolane	0.03
	得杀草	TEPRALOXYDIM	0.05
	滴滴涕（包括 DDD 和 DDE）	DDT (including DDD and DDE)	0.50
	敌百虫	TRICHLORFON	0.50
	敌稗	PROPANIL	0.10
	敌草腈	DICHLOBENIL	0.20
	敌草快	DIQUAT	0.03
	敌草隆	DIURON	0.05
	敌敌畏和二溴磷（总量）	DICHLORVOS and NALED (as total)	0.10

续表

水果品种	检 测 项 目	英 文 名	农残限量标准 $\times 10^{-6}$ (ppm)
油桃	敌菌丹	CAPTAFOL	不得检出
	敌菌灵	ANILAZINE	10. 00
	敌杀磷	DIOXATHION	0. 05
	地乐酚	DINOSEB	0. 05
	地散磷	BENSULIDE	0. 03
	碘苯腈	IOXYNIL	0. 10
	调环酸钙盐	Prohexadione calcium	0. 05
	丁氟螨酯	CYFLUMETOFEN	2. 00
	丁硫克百威	CARBOSULFAN	0. 20
	丁醚脲	DIAFENTHIURON	0. 02
	丁酰肼	DAMINOZIDE	不得检出
	啶斑肟	PYRIFENOX	0. 20
	啶酰菌胺	Boscalid	3. 00
	毒虫畏	CHLORFENVINPHOS	0. 05
	毒死蜱	CHLORPYRIFOS	1. 00
	对硫磷	PARATHION	0. 50
	对氯苯氧乙酸	4-CPA	0. 02
	多果定	DODINE	5. 00
	多菌灵，托布津，甲基托布津，苯菌灵（总量）	CARBENDAZIM, THIOPHANATE, THIOPHANATE-METHYL and BENOMYL (as total)	2. 00
	多效唑	Paclobutrazol	0. 05
	恶二唑虫	Indoxacarb	0. 90
	恶霉灵	HYMEXAZOL	0. 50
	恶咪唑延胡索酸盐	OXPOCONAZOLE-FUMARATE	2. 00
	恶霜灵	OXADIXYL	1. 00
	恶唑菌酮	FAMOXADONE	0. 02
	恶唑磷	ISOXATHION	0. 20
	二苯胺	DIPHENYLAMINE	0. 05
	二氟吡隆	DIFLUFENZOPYR	0. 05

续表

水果品种	检 测 项 目	英 文 名	农残限量标准 $\times 10^{-6}$(ppm)
油桃	二甲嘧菌胺	PYRIMETHANIL	5.00
	二甲四氯丁酸	MCPB	0.20
	二硫代氨基甲酸酯	DITHIOCARBAMATES	7.00
	二氯萘醌	DICHLONE	3.00
	二氯皮考啉酸	CLOPYRALID	0.50
	二氯乙烯	ETHYLENE DICHLORIDE	0.01
	二氯异丙醚	DCIP	0.20
	二嗪磷	DIAZINON	0.10
	二噻农	Dithianon	5.00
	二溴乙烯	ETHYLENE DIBROMIDE (EDB)	0.01
	伐虫脒盐酸盐	FORMETANATE HYDROCHLORIDE	4.00
	粉锈啉	FENPROPIMORPH	0.05
	呋吡菌胺	FURAMETPYR	0.10
	呋虫胺	Dinotefuran	2.00
	呋喃丹	CARBOFURAN	0.30
	呋线威	FURATHIOCARB	0.10
	伏草隆	FLUOMETURON	0.02
	伏杀硫磷	PHOSALONE	2.00
	氟胺氰菊酯	FLUVALINATE	0.10
	氟苯脲	TEFLUBENZURON	1.00
	氟丙菊酯	ACRINATHRIN	2.00
	氟草烟	FLUROXYPYR	0.05
	氟虫脲	Flufenoxuron	0.70
	氟虫清	FIPRONIL	0.01
	氟虫酰胺	Flubendiamide	1
	氟定脲	CHLORFLUAZURON	2.00
	氟啶胺	FLUAZINAM	0.50
	氟啶草酮	FLURIDONE	0.10
	氟啶虫酰胺	Flonicamid	1.00
	氟硅唑	Flusilazole	0.20

续表

水果品种	检 测 项 目	英 文 名	农残限量标准 $\times 10^{-6}$(ppm)
油桃	氟菌唑	TRIFLUMIZOLE	2.00
	氟乐灵	TRIFLURALIN	0.05
	氟铃脲	HEXAFLUMURON	0.50
	氟氯氰菊酯	CYFLUTHRIN	1.00
	氟醚唑	TETRACONAZOLE	0.20
	氟氰戊菊酯	FLUCYTHRINATE	0.05
	氟酮唑草	CARFENTRAZONE-ETHYL	0.10
	氟唑虫清	CHLORPHENAPYR	1.00
	福赛得	FOSETYL	50.00
	腐霉利	PROCYMIDONE	10.00
	硅氟唑	Simeconazole	0.50
	禾草敌	MOLINATE	0.02
	环丙唑醇	CYPROCONAZOLE	0.05
	环草定	LENACIL	0.30
	磺草灵	ASULAM	0.20
	己唑醇	HEXACONAZOLE	0.50
	季酮螨酯	SPIRODICLOFEN	2.00
	甲胺磷	METHAMIDOPHOS	0.01
	甲拌磷	PHORATE	0.05
	甲草胺	ALACHLOR	0.01
	甲草苯隆	METHABENZTHIAZURON	0.05
	甲磺草胺	SULFENTRAZONE	0.05
	甲基虫螨磷	PIRIMIPHOS-METHYL (PIRIMIFOS-METHYL)	0.10
	甲基毒死蜱	CHLORPYRIFOS-METHYL	0.05
	甲基对硫磷	PARATHION-METHYL	0.20
	甲基立枯磷	Tolclofos-methyl	0.10
	甲基内吸磷	DEMETON-S-METHYL	0.40
	甲基乙拌磷	THIOMETON	0.05
	甲菌定	DIMETHIRIMOL	0.10
	甲硫威	Methiocarb	0.05
	甲萘威	CARBARYL	10.00

续表

水果品种	检 测 项 目	英 文 名	农残限量标准 $\times 10^{-6}$(ppm)
油桃	甲氰菊酯	FENPROPATHRIN	0.02
	甲霜灵和精甲霜灵(总量)	Metalaxyl and metalaxyl-M (as total)	0.20
	甲氧虫酰肼	Methoxyfenozide	2.00
	甲氧滴滴涕	METHOXYCHLOR	7.00
	腈苯唑	Fenbuconazole	1.00
	腈菌唑	Myclobutanil	2.00
	腈嘧菌酯	Azoxystrobin	3.00
	抗蚜威	PIRIMICARB	0.80
	克菌丹	CAPTAN	3.00
	克氯得	CHLOZOLINATE	0.05
	克螨特	PROPARGITE	4.00
	克线磷	FENAMIPHOS	0.02
	枯草隆	CHLOROXURON	0.05
	喹啉铜	OXINE-COPPER	2.00
	喹硫磷	QUINALPHOS	0.02
	乐果	DIMETHOATE	1.00
	利谷隆	LINURON	0.20
	联苯肼酯	Bifenazate	2.00
	联苯菊酯	Bifenthrin	1.00
	邻苯二甲酸铜	COPPER TELEPHTHA-LATE	5.00
	邻苯基苯酚	2-PHENYLPHENOL	10.00
	林丹 (gamma-BHC)	LINDANE (gamma-BHC)	1.00
	磷胺	PHOSPHAMIDON	0.20
	磷化氢	HYDROGEN PHOSPHIDE	0.01
	硫丹	ENDOSULFAN	0.50
	硫双威和灭多威 (总量)	THIODICARB and METHO-MYL (as total)	0.20
	六氯苯	HEXACHLOROBENZENE	0.01
	咯菌腈	Fludioxonil	5.00
	绿草定	TRICLOPYR	0.03
	绿谷隆	MONOLINURON	0.05

续表

水果品种	检测项目	英文名	农残限量标准 $\times 10^{-6}$ (ppm)
油桃	氯苯胺灵	CHLORPROPHAM	0.05
	氯苯嘧啶醇	FENARIMOL	1.00
	氯吡脲	FORCHLORFENURON	0.10
	氯草灵	CHLORBUFAM	0.05
	氯虫酰胺	Chlorantraniliprole	1.00
	氯丹	CHLORDANE	0.02
	氯恶草唑	FENOXAPROP-ETHYL	0.10
	氯氟氰菊酯	CYHALOTHRIN	0.50
	氯菊酯	PERMETHRIN	2.00
	氯羟吡啶	CLOPIDOL	0.20
	氯氰菊酯	CYPERMETHRIN	2.00
	氯杀螨	CHLORBENSIDE	0.01
	氯硝胺	DICLORAN	10.00
	螺虫乙酯	Spirotetramat	3.00
	螺甲螨酯	Spiromesifen	1.00
	马拉硫磷	MALATHION	8.00
	茅草枯标准品	2，2-DPA	1.00
	咪酰胺	PROCHLORAZ	0.05
	咪唑乙烟酸铵	IMAZETHAPYR AMMONIUM	0.05
	醚菊酯	Etofenprox	2.00
	醚菌酯	KRESOXIM-METHYL	5.00
	密灭汀	Milbemectin	0.20
	嘧啶磺隆	FLAZASULFURON	0.02
	嘧菌胺	MEPANIPYRIM	2.00
	嘧菌环胺	CYPRODINIL	2.00
	嘧螨醚	PYRIMIDIFEN	0.20
	棉铃威	ALANYCARB	2.00
	棉隆，威百亩和甲基异硫氰酸酯（总量）	DAZOMET, METAM and METHYL ISOTHIOCYANATE (as total)	0.10
	灭草喹	IMAZAQUIN	0.05

续表

水果品种	检 测 项 目	英 文 名	农残限量标准 $\times 10^{-6}$ (ppm)
油桃	灭草松	BENTAZONE	0.02
	灭除威	XMC	0.20
	灭螨醌	ACEQUINOCYL	1.00
	灭螨猛	CHINOMETHIONAT	0.50
	灭蚜磷	MECARBAM	0.05
	皮蝇磷	FENCHLORPHOS	0.01
	七氯	HEPTACHLOR	0.01
	嗪氨灵	TRIFORINE	2.00
	氢氰酸	HYDROGEN CYANIDE	5.00
	氰戊菊酯	FENVALERATE	10.00
	炔苯酰草胺	PROPYZAMIDE	0.06
	炔草酯	CLODINAFOP-PROPARGYL	0.02
	壬基苯酚磺酸铜	COPPER NONYLPHENOLSULFONATE	5.00
	噻虫胺	Clothianidin	2.00
	噻虫啉	THIACLOPRID	2.00
	噻虫嗪	Thiamethoxam	0.50
	噻节因	DIMETHIPIN	0.04
	噻菌灵	THIABENDAZOLE	3.00
	噻螨酮	Hexythiazox	1.00
	噻嗪酮	Buprofezin	1.90
	三苯锡基	FENTIN	0.05
	三环锡	CYHEXATIN	不得检出
	三环唑	TRICYCLAZOLE	0.02
	三氯杀螨醇	DICOFOL	4.00
	三氯杀螨砜	TETRADIFON	1.00
	三唑醇	TRIADIMENOL	2.00
	三唑酮	TRIADIMEFON	2.00
	杀草强	Amitrole	0.05
	杀铃脲	TRIFLUMURON	0.02
	杀螨特	ARAMITE	0.01

续表

水果品种	检 测 项 目	英 文 名	农残限量标准 $\times 10^{-6}$ (ppm)
油桃	杀螨酯	CHLORFENSON	0.01
	杀螟丹、杀虫环和杀虫蝗（总量）	CARTAP, THIOCYCLAM and BENSULTAP (as total)	3.00
	杀螟腈	CYANOPHOS	0.20
	杀螟硫磷	FENITROTHION	0.80
	杀扑磷	METHIDATHION	0.20
	杀鼠灵	WARFARIN	0.00
	杀鼠酮	PINDONE	0.00
	生物苄呋菊酯	BIORESMETHRIN	0.10
	十三吗啉	TRIDEMORPH	0.05
	双苯三唑醇	BITERTANOL	1.00
	双丙氨磷	BILANAFOS (BIALAPHOS)	0.00
	双胍辛胺	IMINOCTADINE	0.30
	双甲脒	Amitraz	0.90
	双氢链霉素，链霉素（总量）	DIHYDROSTREPTOMYCIN and STREPTOMYCIN (as total)	0.05
	双氧威	FENOXYCARB	0.05
	霜脲氰	CYMOXANIL	0.05
	水杨菌胺	TRICHLAMIDE	0.10
	四氯硝基苯	TECNAZENE	0.05
	四螨嗪	CLOFENTEZINE	0.20
	速灭磷	MEVINPHOS	0.40
	缩节胺	MEPIQUAT-CHLORIDE	2.00
	特苯恶唑	Etoxazole	0.50
	特草定	TERBACIL	0.10
	特丁硫磷	TERBUFOS	0.01
	特丁噻黄隆	TEBUTHIURON	0.02
	特乐酚	DINOTERB	0.05
	涕灭威	ALDICARB	0.05
	土霉素	OXYTETRACYCLINE	0.05

续表

水果品种	检测项目	英文名	农残限量标准 $\times 10^{-6}$ (ppm)
油桃	完灭硫磷	VAMIDOTHION	0.05
	蚊蝇醚	Pyriproxyfen	1.00
	五氯硝基苯	QUINTOZENE	0.02
	戊菌唑	PENCONAZOLE	0.10
	戊唑醇	Tebuconazole	5.00
	西玛津	SIMAZINE	0.10
	烯丙苯噻唑	PROBENAZOLE	0.03
	烯啶虫胺	NITENPYRAM	1.00
	烯菌灵	IMAZALIL	0.02
	稀禾定	SETHOXYDIM	1.00
	消螨普	DINOCAP	0.10
	硝草胺	PENDIMETHALIN	0.05
	辛硫磷	PHOXIM	0.02
	溴离子	BROMIDE ION	20.00
	溴螨酯	BROMOPROPYLATE	2.00
	溴氰菊酯和四溴菊酯（总量）	DELTAMETHRIN and TRALOMETHRIN (as total)	0.50
	溴鼠灵	BRODIFACOUM	0.00
	亚胺硫磷	PHOSMET	5.00
	亚砜磷	OXYDEMETON-METHYL	0.02
	烟碱	NICOTINE	2.00
	燕麦敌	Diallate	0.05
	燕麦枯	DIFENZOQUAT	0.05
	燕麦灵	BARBAN	0.05
	氧化乐果	OMETHOATE	1.00
	野麦畏	TRI-ALLATE	0.10
	乙拌磷	DISULFOTON	0.05
	乙基溴硫磷	BROMOPHOS-ETHYL	0.05
	乙硫磷	ETHION	0.30
	乙霉威	DIETHOFENCARB	5.00
	乙嘧硫磷	ETRIMFOS	0.20
	乙氰菊酯	CYCLOPROTHRIN	0.20

续表

水果品种	检测项目	英文名	农残限量标准 $\times 10^{-6}$ (ppm)
油桃	乙烯菌核利	VINCLOZOLIN	2.00
	乙烯利	ETHEPHON	2.00
	乙氧氟草醚	Oxyfluorfen	0.05
	乙氧喹啉	ETHOXYQUIN	0.05
	乙酯杀螨醇	CHLOROBENZILATE	0.02
	异丙甲草胺	Metolachlor	0.10
	异狄氏剂	ENDRIN	0.01
	异恶草酮	CLOMAZONE	0.02
	异恶隆	ISOURON	0.02
	异菌脲	IPRODIONE	10.00
	抑菌灵	DICHLOFLUANID	5.00
	抑芽丹	MALEIC HYDRAZIDE	0.20
	吲哚羧酸酯	Fenhexamid	10.00
	英拜除草剂	BUTAFENACIL	0.10
	增效醚	PIPERONYL BUTOXIDE	8.00
	仲丁胺	Sec-BUTYLAMINE	0.10
	仲丁威	FENOBUCARB	0.30
	唑虫酰胺	TOLFENPYRAD	5.00
	唑呋草	FLUOROIMIDE	5.00
	唑螨酯	FENPYROXIMATE	1.00

水果品种	检测项目	英文名	农残限量标准 $\times 10^{-6}$ (ppm)
日本李	1，1-二氯-2，2-二（4-乙苯）乙烷	1，1-DICHLORO-2，2-BIS（4-ETHYLPHENYL） ETHANE	0.01
	2，4，5-涕	2，4，5-T	不得检出
	2，4-滴	2，4-D	0.20
	2，4-滴丙酸	DICHLORPROP	3.00
	N6-苯甲酰基腺嘌呤	BENZYLADENINE（BENZYLAMINOPRIN）	0.10
	阿特拉津	ATRAZINE	0.02

续表

水果品种	检 测 项 目	英 文 名	农残限量标准 $\times 10^{-6}$（ppm）
日本李	阿维菌素	ABAMECTIN	0.01
	矮壮素	CHLORMEQUAT	0.05
	艾克敌	Spinosad	0.20
	艾氏剂和狄氏剂（总量）	ALDRIN and DIELDRIN (as total)	0.05
	艾维激素	AMINOETHOXYVINYLG-LYCINE	0.20
	安果	FORMOTHION	0.02
	氨磺乐灵	ORYZALIN	0.08
	胺磺铜	DBEDC	20.00
	霸草灵	PYRAFLUFEN ETHYL	0.02
	百草枯	PARAQUAT	0.05
	百菌清	CHLOROTHALONIL	25.00
	百克敏	Pyraclostrobin	1.00
	保棉磷	AZINPHOS-METHYL	2.00
	倍硫磷	Fenthion	3.00
	苯丁锡	FENBUTATIN OXIDE	3.00
	苯硫威	FENOTHIOCARB	0.50
	苯醚甲环唑	DIFENOCONAZOLE	5.00
	苯醚菊酯	PHENOTHRIN	0.02
	苯霜灵	BENALAXYL	0.05
	吡虫啉	Imidacloprid	2
	吡虫清	Acetamiprid	3.00
	吡氟草胺	DIFLUFENICAN	0.02
	吡氟禾草灵	FLUAZIFOP	0.05
	吡氟氯禾灵	HALOXYFOP	0.05
	吡螨胺	TEBUFENPYRAD	2.00
	吡嘧磷	PYRAZOPHOS	0.05
	吡蚜酮	Pymetrozine	0.05
	苄草唑	Pyrazoxyfen	0.02
	苄呋菊酯	RESMETHRIN	0.10
	丙环唑	PROPICONAZOLE	1.00

续表

水果品种	检测项目	英文名	农残限量标准 ×10⁻⁶(ppm)
日本李	丙硫克百威	BENFURACARB	0.50
	丙炔氟草胺	FLUMIOXAZIN	0.10
	丙溴磷	PROFENOFOS	0.05
	布洛芬	Trifloxystrobin	3.00
	残杀威	PROPOXUR	1.00
	草胺磷	GLUFOSINATE	0.10
	草甘膦	GLYPHOSATE	0.20
	草萘胺	NAPROPAMIDE	0.10
	草噻喃	CYCLOXYDIM	0.05
	赤霉素	GIBBERELLIN	0.20
	虫螨畏	METHACRIFOS	0.05
	除草定	BROMACIL	0.05
	除虫菊素	PYRETHRINS	1.00
	除虫脲	DIFLUBENZURON	1.00
	哒草伏	NORFLURAZON	0.20
	哒菌酮	DICLOMEZINE	0.02
	哒螨灵	PYRIDABEN	2.00
	哒嗪硫磷	PYRIDAFENTHION	0.10
	代森环	MILNEB	0.60
	稻丰散	PHENTHOATE	0.10
	得杀草	TEPRALOXYDIM	0.05
	滴滴涕（包括DDD和DDE）	DDT (including DDD and DDE)	0.50
	敌百虫	TRICHLORFON	0.50
	敌稗	PROPANIL	0.10
	敌草腈	DICHLOBENIL	0.20
	敌草快	DIQUAT	0.03
	敌草隆	DIURON	0.05
	敌敌畏和二溴磷（总量）	DICHLORVOS and NALED (as total)	0.10
	敌菌丹	CAPTAFOL	不得检出
	敌菌灵	ANILAZINE	10.00

续表

水果品种	检 测 项 目	英 文 名	农残限量标准 $\times 10^{-6}$ (ppm)
日本李	敌杀磷	DIOXATHION	0.05
	地乐酚	DINOSEB	0.05
	地散磷	BENSULIDE	0.03
	碘苯腈	IOXYNIL	0.10
	调环酸钙盐	Prohexadione calcium	2.00
	丁氟螨酯	CYFLUMETOFEN	1.00
	丁硫克百威	CARBOSULFAN	0.20
	丁醚脲	DIAFENTHIURON	0.02
	丁酰肼	DAMINOZIDE	不得检出
	啶斑肟	PYRIFENOX	0.20
	啶酰菌胺	Boscalid	3.00
	毒虫畏	CHLORFENVINPHOS	0.05
	毒死蜱	CHLORPYRIFOS	1.00
	对硫磷	PARATHION	0.50
	对氯苯氧乙酸	4-CPA	0.02
	多果定	DODINE	3.00
	多菌灵，托布津，甲基托布津，苯菌灵（总量）	CARBENDAZIM, THIOPHANATE, THIOPHANATE-METHYL and BENOMYL (as total)	1.00
	多效唑	Paclobutrazol	0.05
	恶二唑虫	Indoxacarb	0.90
	恶霉灵	HYMEXAZOL	0.50
	恶咪唑延胡索酸盐	OXPOCONAZOLE-FUMARATE	5.00
	恶霜灵	OXADIXYL	1.00
	恶唑菌酮	FAMOXADONE	2.00
	恶唑磷	ISOXATHION	0.20
	二苯胺	DIPHENYLAMINE	0.05
	二氟吡隆	DIFLUFENZOPYR	0.05
	二甲嘧菌胺	PYRIMETHANIL	10.00
	二甲四氯丁酸	MCPB	0.20
	二硫代氨基甲酸酯	DITHIOCARBAMATES	7.00

续表

水果品种	检 测 项 目	英 文 名	农残限量标准 $\times 10^{-6}$ (ppm)
日本李	二氯萘醌	DICHLONE	3. 00
	二氯皮考啉酸	CLOPYRALID	0. 50
	二氯乙烯	ETHYLENE DICHLORIDE	0. 01
	二氯异丙醚	DCIP	0. 20
	二嗪磷	DIAZINON	1. 00
	二溴乙烯	ETHYLENE DIBROMIDE (EDB)	0. 01
	伐虫脒盐酸盐	FORMETANATE HYDRO-CHLORIDE	0. 50
	粉锈啉	FENPROPIMORPH	0. 05
	呋吡菌胺	FURAMETPYR	0. 10
	呋虫胺	Dinotefuran	0. 70
	呋喃丹	CARBOFURAN	0. 30
	呋线威	FURATHIOCARB	0. 10
	伏草隆	FLUOMETURON	0. 02
	伏杀硫磷	PHOSALONE	2. 00
	氟胺氰菊酯	FLUVALINATE	0. 05
	氟苯脲	TEFLUBENZURON	0. 30
	氟丙菊酯	ACRINATHRIN	2. 00
	氟草烟	FLUROXYPYR	0. 05
	氟虫脲	Flufenoxuron	0. 20
	氟虫清	FIPRONIL	0. 01
	氟虫酰胺	Flubendiamide	2
	氟定脲	CHLORFLUAZURON	2. 00
	氟啶胺	FLUAZINAM	0. 50
	氟啶草酮	FLURIDONE	0. 10
	氟啶虫酰胺	Flonicamid	0. 60
	氟菌唑	TRIFLUMIZOLE	2. 00
	氟乐灵	TRIFLURALIN	0. 05
	氟铃脲	HEXAFLUMURON	0. 02
	氟氯氰菊酯	CYFLUTHRIN	1. 00
	氟醚唑	TETRACONAZOLE	0. 20

续表

水果品种	检测项目	英文名	农残限量标准 $\times 10^{-6}$(ppm)
日本李	氟氰戊菊酯	FLUCYTHRINATE	0.05
	氟酮唑草	CARFENTRAZONE-ETHYL	0.10
	氟唑虫清	CHLORPHENAPYR	0.50
	福赛得	FOSETYL	70.00
	腐霉利	PROCYMIDONE	3.00
	硅氟唑	Simeconazole	0.30
	禾草敌	MOLINATE	0.02
	环丙唑醇	CYPROCONAZOLE	0.05
	环草定	LENACIL	0.30
	环氟菌胺	Cyflufenamid	0.30
	磺草灵	ASULAM	0.20
	己唑醇	HEXACONAZOLE	0.50
	季酮螨酯	SPIRODICLOFEN	5.00
	甲胺磷	METHAMIDOPHOS	0.30
	甲拌磷	PHORATE	0.05
	甲草胺	ALACHLOR	0.01
	甲草苯隆	METHABENZTHIAZURON	0.05
	甲磺草胺	SULFENTRAZONE	0.05
	甲基虫螨磷	PIRIMIPHOS-METHYL (PIRIMIFOS-METHYL)	1.00
	甲基毒死蜱	CHLORPYRIFOS-METHYL	0.05
	甲基对硫磷	PARATHION-METHYL	0.20
	甲基立枯磷	Tolclofos-methyl	0.10
	甲基内吸磷	DEMETON-S-METHYL	0.40
	甲基乙拌磷	THIOMETON	0.05
	甲菌定	DIMETHIRIMOL	0.10
	甲硫威	Methiocarb	0.05
	甲萘威	CARBARYL	10.00
	甲氰菊酯	FENPROPATHRIN	0.02
	甲霜灵和精甲霜灵(总量)	Metalaxyl and metalaxyl-M (as total)	0.20
	甲氧虫酰肼	Methoxyfenozide	2.00
	甲氧虫酰肼	Methoxyfenozide	2.00

续表

水果品种	检 测 项 目	英 文 名	农残限量标准 $\times 10^{-6}$(ppm)
日本李	甲氧滴滴涕	METHOXYCHLOR	7. 00
	腈苯唑	Fenbuconazole	1. 00
	腈菌唑	Myclobutanil	0. 20
	腈嘧菌酯	Azoxystrobin	2. 00
	井岗霉素	VALIDAMYCIN	0. 05
	抗蚜威	PIRIMICARB	0. 50
	克菌丹	CAPTAN	5. 00
	克氯得	CHLOZOLINATE	0. 05
	克螨特	PROPARGITE	4. 00
	克线磷	FENAMIPHOS	0. 02
	枯草隆	CHLOROXURON	0. 05
	喹禾灵	QUIZALOFOP-ETHYL	0. 05
	喹啉铜	OXINE-COPPER	2. 00
	喹硫磷	QUINALPHOS	0. 02
	乐果	DIMETHOATE	1. 00
	利谷隆	LINURON	0. 20
	联苯肼酯	Bifenazate	1. 00
	联苯菊酯	Bifenthrin	0. 50
	邻苯二甲酸铜	COPPER TELEPHTHAL-ATE	5. 00
	邻苯基苯酚	2-PHENYLPHENOL	20. 00
	林丹（gamma-BHC）	LINDANE（gamma-BHC）	1. 00
	磷胺	PHOSPHAMIDON	0. 20
	磷化氢	HYDROGEN PHOSPHIDE	0. 01
	硫丹	ENDOSULFAN	1. 00
	硫双威和灭多威（总量）	THIODICARB and METHO-MYL（as total）	1. 00
	六氯苯	HEXACHLOROBENZENE	0. 01
	咯菌腈	Fludioxonil	5. 00
	绿草定	TRICLOPYR	0. 03
	绿谷隆	MONOLINURON	0. 05
	氯苯胺灵	CHLORPROPHAM	0. 05

续表

水果品种	检 测 项 目	英 文 名	农残限量标准 ×10^{-6}(ppm)
日本李	氯苯嘧啶醇	FENARIMOL	1.00
	氯吡脲	FORCHLORFENURON	0.10
	氯草灵	CHLORBUFAM	0.05
	氯虫酰胺	Chlorantraniliprole	1.00
	氯丹	CHLORDANE	0.02
	氯恶草唑	FENOXAPROP-ETHYL	0.10
	氯氟氰菊酯	CYHALOTHRIN	0.50
	氯菊酯	PERMETHRIN	2.00
	氯羟吡啶	CLOPIDOL	0.20
	氯氰菊酯	CYPERMETHRIN	1.00
	氯杀螨	CHLORBENSIDE	0.01
	氯硝胺	DICLORAN	10.00
	螺虫乙酯	Spirotetramat	3.00
	螺虫乙酯	Spirotetramat	5.00
	螺甲螨酯	Spiromesifen	0.70
	马拉硫磷	MALATHION	6.00
	茅草枯标准品	2，2-DPA	1.00
	咪酰胺	PROCHLORAZ	0.05
	咪唑乙烟酸铵	IMAZETHAPYR AMMONIUM	0.05
	醚菌酯	KRESOXIM-METHYL	20.00
	嘧啶磺隆	FLAZASULFURON	0.10
	嘧菌胺	MEPANIPYRIM	20.00
	嘧菌环胺	CYPRODINIL	2.00
	嘧螨醚	PYRIMIDIFEN	0.30
	棉铃威	ALANYCARB	2.00
	棉隆，威百亩和甲基异硫氰酸酯（总量）	DAZOMET, METAM and METHYL ISOTHIOCYANATE (as total)	0.10
	灭草喹	IMAZAQUIN	0.05
	灭草松	BENTAZONE	0.02
	灭除威	XMC	0.20

续表

水果品种	检 测 项 目	英 文 名	农残限量标准 $\times 10^{-6}$ (ppm)
日本李	灭螨醌	ACEQUINOCYL	0.70
	灭螨猛	CHINOMETHIONAT	0.50
	灭蚜磷	MECARBAM	0.05
	皮蝇磷	FENCHLORPHOS	0.01
	七氟菊酯	TEFLUTHRIN	0.10
	七氯	HEPTACHLOR	0.01
	嗪氨灵	TRIFORINE	2.00
	氢氰酸	HYDROGEN CYANIDE	5.00
	氰戊菊酯	FENVALERATE	10.00
	炔苯酰草胺	PROPYZAMIDE	0.06
	炔草酯	CLODINAFOP-PROPARGYL	0.02
	壬基苯酚磺酸铜	COPPER NONYLPHENOLSULFONATE	5.00
	噻虫胺	Clothianidin	0.30
	噻虫啉	THIACLOPRID	5.00
	噻虫嗪	Thiamethoxam	0.50
	噻节因	DIMETHIPIN	0.04
	噻菌灵	THIABENDAZOLE	3.00
	噻螨酮	Hexythiazox	1.00
	噻嗪酮	Buprofezin	1.90
	噻唑磷	FOSTHIAZATE	0.05
	三苯锡基	FENTIN	0.05
	三环锡	CYHEXATIN	不得检出
	三环唑	TRICYCLAZOLE	0.02
	三氯杀螨醇	DICOFOL	1.00
	三氯杀螨砜	TETRADIFON	1.00
	三唑醇	TRIADIMENOL	0.10
	三唑酮	TRIADIMEFON	0.10
	杀草强	Amitrole	0.05
	杀铃脲	TRIFLUMURON	0.02
	杀螨特	ARAMITE	0.01

续表

水果品种	检 测 项 目	英 文 名	农残限量标准 $\times 10^{-6}$ (ppm)
日本李	杀螨酯	CHLORFENSON	0.01
	杀螟丹、杀虫环和杀虫蝗（总量）	CARTAP, THIOCYCLAM and BENSULTAP (as total)	3.00
	杀螟腈	CYANOPHOS	0.20
	杀螟硫磷	FENITROTHION	0.80
	杀扑磷	METHIDATHION	0.20
	杀鼠灵	WARFARIN	0.00
	杀鼠酮	PINDONE	0.00
	生物苄呋菊酯	BIORESMETHRIN	0.10
	十三吗啉	TRIDEMORPH	0.05
	双苯三唑醇	BITERTANOL	1.00
	双丙氨磷	BILANAFOS(BIALAPHOS)	0.00
	双胍辛胺	IMINOCTADINE	0.50
	双甲脒	Amitraz	0.90
	双氢链霉素，链霉素（总量）	DIHYDROSTREPTOMYCIN and STREPTOMYCIN (as total)	0.05
	双氧威	FENOXYCARB	0.05
	霜脲氰	CYMOXANIL	0.20
	水杨菌胺	TRICHLAMIDE	0.10
	四氯硝基苯	TECNAZENE	0.05
	四螨嗪	CLOFENTEZINE	0.20
	速灭磷	MEVINPHOS	0.40
	缩节胺	MEPIQUAT-CHLORIDE	2.00
	特苯恶唑	Etoxazole	0.50
	特草定	TERBACIL	0.10
	特丁硫磷	TERBUFOS	0.01
	特丁噻黄隆	TEBUTHIURON	0.02
	特乐酚	DINOTERB	0.05
	涕灭威	ALDICARB	0.05
	土霉素	OXYTETRACYCLINE	0.05
	完灭硫磷	VAMIDOTHION	0.05

续表

水果品种	检测项目	英文名	农残限量标准 $\times 10^{-6}$(ppm)
日本李	蚊蝇醚	Pyriproxyfen	1.00
	五氯硝基苯	QUINTOZENE	0.02
	戊菌唑	PENCONAZOLE	0.20
	戊唑醇	Tebuconazole	2.00
	西玛津	SIMAZINE	0.20
	烯丙苯噻唑	PROBENAZOLE	0.03
	烯啶虫胺	NITENPYRAM	5.00
	烯菌灵	IMAZALIL	0.02
	稀禾定	SETHOXYDIM	1.00
	消螨普	DINOCAP	0.10
	硝草胺	PENDIMETHALIN	0.05
	辛硫磷	PHOXIM	0.02
	溴离子	BROMIDE ION	20.00
	溴螨酯	BROMOPROPYLATE	2.00
	溴氰菊酯和四溴菊酯（总量）	DELTAMETHRIN and TRALOMETHRIN (as total)	0.50
	溴鼠灵	BRODIFACOUM	0.00
	亚胺硫磷	PHOSMET	0.10
	亚砜磷	OXYDEMETON-METHYL	0.50
	烟碱	NICOTINE	2.00
	燕麦敌	Diallate	0.05
	燕麦枯	DIFENZOQUAT	0.05
	燕麦灵	BARBAN	0.05
	氧化乐果	OMETHOATE	1.00
	野麦畏	TRI-ALLATE	0.10
	乙拌磷	DISULFOTON	0.05
	乙基溴硫磷	BROMOPHOS-ETHYL	0.05
	乙硫苯威	ETHIOFENCARB	5.00
	乙硫磷	ETHION	0.30
	乙霉威	DIETHOFENCARB	5.00
	乙嘧硫磷	ETRIMFOS	0.20
	乙氰菊酯	CYCLOPROTHRIN	0.20

续表

水果品种	检 测 项 目	英 文 名	农残限量标准 $\times 10^{-6}$（ppm）
日本李	乙烯菌核利	VINCLOZOLIN	1. 00
	乙烯利	ETHEPHON	2. 00
	乙氧氟草醚	Oxyfluorfen	0. 05
	乙氧喹啉	ETHOXYQUIN	0. 05
	乙酯杀螨醇	CHLOROBENZILATE	0. 02
	异丙甲草胺	Metolachlor	0. 10
	异狄氏剂	ENDRIN	0. 01
	异恶草酮	CLOMAZONE	0. 02
	异恶隆	ISOURON	0. 02
	异菌脲	IPRODIONE	10. 00
	抑菌灵	DICHLOFLUANID	5. 00
	抑芽丹	MALEIC HYDRAZIDE	0. 20
	因灭汀	EMAMECTIN BENZOATE	0. 10
	吲哚羧酸酯	Fenhexamid	1. 00
	英拜除草剂	BUTAFENACIL	0. 10
	增效醚	PIPERONYL BUTOXIDE	8. 00
	仲丁胺	Sec-BUTYLAMINE	0. 10
	仲丁威	FENOBUCARB	0. 30
	唑虫酰胺	TOLFENPYRAD	2. 00
	唑呋草	FLUOROIMIDE	0. 04
	唑螨酯	FENPYROXIMATE	0. 02

水果品种	检 测 项 目	英 文 名	农残限量标准/（mg/kg）
杏	1，1-二氯-2，2-二（4-乙苯）乙烷	1，1-DICHLORO-2，2-BIS（4-ETHYLPHENYL）ETHANE	0. 01
	2，4，5-涕	2，4，5-T	不得检出
	2，4-滴	2，4-D	5. 00
	2，4-滴丙酸	DICHLORPROP	3. 00
	N6-苯甲酰基腺嘌呤	BENZYLADENINE（BENZYLAMINOPRIN）	0. 10

续表

水果品种	检测项目	英文名	农残限量标准/(mg/kg)
杏	阿特拉津	ATRAZINE	0.02
	阿维菌素	ABAMECTIN	0.02
	矮壮素	CHLORMEQUAT	0.05
	艾克敌	Spinosad	0.20
	艾氏剂和狄氏剂（总量）	ALDRIN and DIELDRIN (as total)	0.05
	艾维激素	AMINOETHOXYVINYLGLYCINE	0.20
	安果	FORMOTHION	0.02
	氨磺乐灵	ORYZALIN	0.08
	胺磺铜	DBEDC	20.00
	霸草灵	PYRAFLUFEN ETHYL	0.02
	百草枯	PARAQUAT	0.05
	百菌清	CHLOROTHALONIL	25.00
	百克敏	Pyraclostrobin	2.00
	保棉磷	AZINPHOS-METHYL	2.00
	苯丁锡	FENBUTATIN OXIDE	2.00
	苯硫威	FENOTHIOCARB	0.50
	苯醚甲环唑	DIFENOCONAZOLE	5.00
	苯醚菊酯	PHENOTHRIN	0.02
	苯霜灵	BENALAXYL	0.05
	吡虫啉	Imidacloprid	2
	吡虫清	Acetamiprid	3.00
	吡氟草胺	DIFLUFENICAN	0.02
	吡氟禾草灵（Fluazifop）	FLUAZIFOP	0.05
	吡氟氯禾灵	HALOXYFOP	0.05
	吡螨胺	TEBUFENPYRAD	2.00
	吡嘧磷	PYRAZOPHOS	0.05
	吡蚜酮	Pymetrozine	0.05
	苄草唑	Pyrazoxyfen	0.02
	苄呋菊酯	RESMETHRIN	0.10
	丙环唑	PROPICONAZOLE	1.00

续表

水果品种	检 测 项 目	英 文 名	农残限量标准/(mg/kg)
杏	丙硫克百威	BENFURACARB	0.50
	丙炔氟草胺	FLUMIOXAZIN	0.10
	丙溴磷	PROFENOFOS	0.05
	布洛芬	Trifloxystrobin	5.00
	残杀威	PROPOXUR	1.00
	草胺磷	GLUFOSINATE	0.30
	草甘膦	GLYPHOSATE	0.20
	草萘胺	NAPROPAMIDE	0.10
	草噻喃	CYCLOXYDIM	0.05
	赤霉素	GIBBERELLIN	0.20
	虫螨畏	METHACRIFOS	0.05
	除草定	BROMACIL	0.05
	除虫菊素	PYRETHRINS	1.00
	除虫脲	DIFLUBENZURON	0.07
	哒草伏	NORFLURAZON	0.20
	哒菌酮	DICLOMEZINE	0.02
	哒螨灵	PYRIDABEN	2.00
	哒嗪硫磷	PYRIDAFENTHION	0.10
	代森环	MILNEB	0.60
	稻丰散	PHENTHOATE	0.10
	得杀草	TEPRALOXYDIM	0.05
	滴滴涕（包括DDD和DDE）	DDT (including DDD and DDE)	0.50
	敌百虫	TRICHLORFON	0.50
	敌稗	PROPANIL	0.10
	敌草腈	DICHLOBENIL	0.20
	敌草快	DIQUAT	0.03
	敌草隆	DIURON	0.05
	敌敌畏和二溴磷（总量）	DICHLORVOS and NALED (as total)	0.10
	敌菌丹	CAPTAFOL	不得检出
	敌菌灵	ANILAZINE	10.00

续表

水果品种	检测项目	英文名	农残限量标准/(mg/kg)
杏	敌杀磷	DIOXATHION	0.05
	地乐酚	DINOSEB	0.05
	地散磷	BENSULIDE	0.03
	碘苯腈	IOXYNIL	0.10
	调环酸钙盐	Prohexadione calcium	2.00
	丁氟螨酯	CYFLUMETOFEN	10.00
	丁硫克百威	CARBOSULFAN	0.20
	丁嘧脲	DIAFENTHIURON	0.02
	丁酰肼	DAMINOZIDE	不得检出
	啶斑肟	PYRIFENOX	0.20
	啶酰菌胺	Boscalid	3.00
	毒虫畏	CHLORFENVINPHOS	0.05
	毒死蜱	CHLORPYRIFOS	0.05
	对硫磷	PARATHION	0.50
	对氯苯氧乙酸	4-CPA	0.02
	多果定	DODINE	3.00
	多菌灵，托布津，甲基托布津，苯菌灵（总量）	CARBENDAZIM，THIOPHANATE，THIOPHANATE-METHYL and BENOMYL（as total）	3.00
	多效唑	Paclobutrazol	0.05
	恶二唑虫	Indoxacarb	0.90
	恶霉灵	HYMEXAZOL	0.50
	恶咪唑延胡索酸盐	OXPOCONAZOLE-FUMARATE	5.00
	恶霜灵	OXADIXYL	1.00
	恶唑菌酮	FAMOXADONE	2.00
	恶唑磷	ISOXATHION	0.20
	二苯胺	DIPHENYLAMINE	0.05
	二氟吡隆	DIFLUFENZOPYR	0.05
	二甲嘧菌胺	PYRIMETHANIL	10.00
	二甲四氯丁酸	MCPB	0.20
	二硫代氨基甲酸酯	DITHIOCARBAMATES	7.00

续表

水果品种	检 测 项 目	英 文 名	农残限量标准/(mg/kg)
杏	二氯皮考啉酸	CLOPYRALID	0.50
	二氯乙烯	ETHYLENE DICHLORIDE	0.01
	二氯异丙醚	DCIP	0.20
	二嗪磷	DIAZINON	0.10
	二溴乙烯	ETHYLENE DIBROMIDE (EDB)	0.01
	粉锈啉	FENPROPIMORPH	0.05
	呋吡菌胺	FURAMETPYR	0.10
	呋虫胺	Dinotefuran	5.00
	呋喃丹	CARBOFURAN	0.30
	呋线威	FURATHIOCARB	0.10
	伏草隆	FLUOMETURON	0.02
	伏杀硫磷	PHOSALONE	2.00
	氟胺氰菊酯	FLUVALINATE	0.10
	氟苯脲	TEFLUBENZURON	0.30
	氟丙菊酯	ACRINATHRIN	2.00
	氟草烟	FLUROXYPYR	0.05
	氟虫清	FIPRONIL	0.01
	氟虫酰胺	Flubendiamide	2
	氟定脲	CHLORFLUAZURON	2.00
	氟啶胺	FLUAZINAM	0.50
	氟啶草酮	FLURIDONE	0.10
	氟啶虫酰胺	Flonicamid	2.00
	氟硅唑	Flusilazole	0.20
	氟菌唑	TRIFLUMIZOLE	2.00
	氟乐灵	TRIFLURALIN	0.05
	氟铃脲	HEXAFLUMURON	0.02
	氟氯氰菊酯	CYFLUTHRIN	1.00
	氟醚唑	TETRACONAZOLE	0.20
	氟氰戊菊酯	FLUCYTHRINATE	0.05
	氟酮唑草	CARFENTRAZONE-ETHYL	0.10
	福赛得	FOSETYL	70.00

续表

水果品种	检 测 项 目	英 文 名	农残限量标准/(mg/kg)
杏	腐霉利	PROCYMIDONE	10.00
	硅氟唑	Simeconazole	1.00
	禾草敌	MOLINATE	0.02
	环丙唑醇	CYPROCONAZOLE	0.10
	环草定	LENACIL	0.30
	磺草灵	ASULAM	0.20
	己唑醇	HEXACONAZOLE	0.50
	季酮螨酯	SPIRODICLOFEN	5.00
	甲胺磷	METHAMIDOPHOS	0.10
	甲拌磷	PHORATE	0.05
	甲草胺	ALACHLOR	0.01
	甲草苯隆	METHABENZTHIAZURON	0.05
	甲磺草胺	SULFENTRAZONE	0.05
	甲基虫螨磷	PIRIMIPHOS-METHYL (PIRIMIFOS-METHYL)	1.00
	甲基毒死蜱	CHLORPYRIFOS-METHYL	0.05
	甲基对硫磷	PARATHION-METHYL	0.20
	甲基立枯磷	Tolclofos-methyl	0.10
	甲基内吸磷	DEMETON-S-METHYL	0.40
	甲基乙拌磷	THIOMETON	0.05
	甲菌定	DIMETHIRIMOL	0.10
	甲硫威	Methiocarb	0.05
	甲萘威	CARBARYL	10.00
	甲氰菊酯	FENPROPATHRIN	0.02
	甲霜灵和精甲霜灵(总量)	Metalaxyl and metalaxyl-M (as total)	0.20
	甲氧虫酰肼	Methoxyfenozide	2.00
	甲氧滴滴涕	METHOXYCHLOR	7.00
	腈苯唑	Fenbuconazole	0.50
	腈菌唑	Myclobutanil	2.00
	腈嘧菌酯	Azoxystrobin	2.00
	抗蚜威	PIRIMICARB	0.50
	克菌丹	CAPTAN	5.00

续表

水果品种	检 测 项 目	英 文 名	农残限量标准/(mg/kg)
杏	克氯得	CHLOZOLINATE	0.05
	克螨特	PROPARGITE	4.00
	克线磷	FENAMIPHOS	0.02
	枯草隆	CHLOROXURON	0.05
	喹禾灵	QUIZALOFOP-ETHYL	0.05
	喹啉铜	OXINE-COPPER	2.00
	喹硫磷	QUINALPHOS	0.02
	乐果	DIMETHOATE	1.00
	利谷隆	LINURON	0.20
	联苯肼酯	Bifenazate	3.00
	联苯菊酯	Bifenthrin	1.00
	邻苯二甲酸铜	COPPER TELEPHTHALATE	5.00
	林丹(gamma-BHC)	LINDANE (gamma-BHC)	1.00
	磷胺	PHOSPHAMIDON	0.20
	磷化氢	HYDROGEN PHOSPHIDE	0.01
	硫丹	ENDOSULFAN	0.50
	硫双威和灭多威(总量)	THIODICARB and METHOMYL (as total)	1.00
	六氯苯	HEXACHLOROBENZENE	0.01
	咯菌腈	Fludioxonil	5.00
	绿草定	TRICLOPYR	0.03
	绿谷隆	MONOLINURON	0.05
	氯苯胺灵	CHLORPROPHAM	0.05
	氯苯嘧啶醇	FENARIMOL	1.00
	氯吡脲	FORCHLORFENURON	0.10
	氯草灵	CHLORBUFAM	0.05
	氯虫酰胺	Chlorantraniliprole	1.00
	氯丹	CHLORDANE	0.02
	氯恶草唑	FENOXAPROP-ETHYL	0.10
	氯氟氰菊酯	CYHALOTHRIN	0.50
	氯菊酯	PERMETHRIN	2.00
	氯羟吡啶	CLOPIDOL	0.20

续表

水果品种	检 测 项 目	英 文 名	农残限量标准/(mg/kg)
杏	氯氰菊酯	CYPERMETHRIN	1.00
	氯杀螨	CHLORBENSIDE	0.01
	氯硝胺	DICLORAN	10.00
	螺虫乙酯	Spirotetramat	3.00
	螺甲螨酯	Spiromesifen	5.00
	马拉硫磷	MALATHION	8.00
	茅草枯标准品	2, 2-DPA	1.00
	咪酰胺	PROCHLORAZ	0.05
	咪唑乙烟酸铵	IMAZETHAPYR AMMONIUM	0.05
	醚菌酯	KRESOXIM-METHYL	20.00
	嘧啶磺隆	FLAZASULFURON	0.10
	嘧菌胺	MEPANIPYRIM	20.00
	嘧菌环胺	CYPRODINIL	2.00
	嘧螨醚	PYRIMIDIFEN	0.30
	棉铃威	ALANYCARB	2.00
	棉隆，威百亩和甲基异硫氰酸酯（总量）	DAZOMET, METAM and METHYL ISOTHIOCYANATE (as total)	0.10
	灭草喹	IMAZAQUIN	0.05
	灭草松	BENTAZONE	0.02
	灭除威	XMC	0.20
	灭螨猛	CHINOMETHIONAT	0.50
	灭蚜磷	MECARBAM	0.05
	皮蝇磷	FENCHLORPHOS	0.01
	七氟菊酯	TEFLUTHRIN	0.10
	七氯	HEPTACHLOR	0.01
	嗪氨灵	TRIFORINE	2.00
	氢氰酸	HYDROGEN CYANIDE	5.00
	氰戊菊酯	FENVALERATE	10.00
	炔苯酰草胺	PROPYZAMIDE	0.06
	炔草酯	CLODINAFOP-PROPARGYL	0.02

续表

水果品种	检 测 项 目	英 文 名	农残限量标准/(mg/kg)
杏	壬基苯酚磺酸铜	COPPER NONYLPHENOL-SULFONATE	5.00
	噻虫胺	Clothianidin	3.00
	噻虫啉	THIACLOPRID	5.00
	噻虫嗪	Thiamethoxam	3.00
	噻节因	DIMETHIPIN	0.04
	噻菌灵	THIABENDAZOLE	3.00
	噻螨酮	Hexythiazox	1.00
	噻嗪酮	Buprofezin	0.70
	噻唑磷	FOSTHIAZATE	0.05
	三苯锡基	FENTIN	0.05
	三环锡	CYHEXATIN	不得检出
	三环唑	TRICYCLAZOLE	0.02
	三氯杀螨醇	DICOFOL	4.00
	三氯杀螨砜	TETRADIFON	1.00
	三唑醇	TRIADIMENOL	0.10
	三唑酮	TRIADIMEFON	0.10
	杀草强	Amitrole	0.05
	杀铃脲	TRIFLUMURON	0.02
	杀螨特	ARAMITE	0.01
	杀螨酯	CHLORFENSON	0.01
	杀螟丹、杀虫环和杀虫蝗(总量)	CARTAP, THIOCYCLAM and BENSULTAP (as total)	3.00
	杀螟腈	CYANOPHOS	0.20
	杀螟硫磷	FENITROTHION	0.80
	杀扑磷	METHIDATHION	0.20
	杀鼠灵	WARFARIN	0.00
	杀鼠酮	PINDONE	0.00
	生物苄呋菊酯	BIORESMETHRIN	0.10
	十三吗啉	TRIDEMORPH	0.05
	双苯三唑醇	BITERTANOL	2.00
	双丙氨磷	BILANAFOS(BIALAPHOS)	0.00

续表

水果品种	检测项目	英文名	农残限量标准/(mg/kg)
杏	双胍辛胺	IMINOCTADINE	0.50
	双甲脒	Amitraz	0.90
	双氢链霉素，链霉素（总量）	DIHYDROSTREPTOMYCIN and STREPTOMYCIN (as total)	0.05
	双氧威	FENOXYCARB	0.05
	霜脲氰	CYMOXANIL	0.20
	水杨菌胺	TRICHLAMIDE	0.10
	四氯硝基苯	TECNAZENE	0.05
	四螨嗪	CLOFENTEZINE	0.20
	速灭磷	MEVINPHOS	0.20
	缩节胺	MEPIQUAT-CHLORIDE	2.00
	特苯恶唑	Etoxazole	0.10
	特草定	TERBACIL	0.10
	特丁硫磷	TERBUFOS	0.01
	特丁噻黄隆	TEBUTHIURON	0.02
	特乐酚	DINOTERB	0.05
	涕灭威	ALDICARB	0.05
	完灭硫磷	VAMIDOTHION	0.05
	蚊蝇醚	Pyriproxyfen	1.00
	五氯硝基苯	QUINTOZENE	0.02
	戊菌唑	PENCONAZOLE	0.20
	戊唑醇	Tebuconazole	2.00
	西玛津	SIMAZINE	0.10
	烯丙苯噻唑	PROBENAZOLE	0.03
	烯啶虫胺	NITENPYRAM	5.00
	烯菌灵	IMAZALIL	0.02
	稀禾定	SETHOXYDIM	1.00
	消螨普	DINOCAP	0.10
	硝草胺	PENDIMETHALIN	0.05
	辛硫磷	PHOXIM	0.02
	溴离子	BROMIDE ION	20.00

续表

水果品种	检 测 项 目	英 文 名	农残限量标准/(mg/kg)
杏	溴螨酯	BROMOPROPYLATE	2.00
	溴氰菊酯和四溴菊酯（总量）	DELTAMETHRIN and TRALOMETHRIN（as total）	0.50
	溴鼠灵	BRODIFACOUM	0.00
	亚胺硫磷	PHOSMET	5.00
	亚胺唑	Imibenconazole	2.00
	亚砜磷	OXYDEMETON-METHYL	0.02
	烟碱	NICOTINE	2.00
	燕麦敌	Diallate	0.05
	燕麦枯	DIFENZOQUAT	0.05
	燕麦灵	BARBAN	0.05
	氧化乐果	OMETHOATE	1.00
	野麦畏	TRI-ALLATE	0.10
	乙拌磷	DISULFOTON	0.05
	乙基溴硫磷	BROMOPHOS-ETHYL	0.05
	乙硫苯威	ETHIOFENCARB	5.00
	乙硫磷	ETHION	0.30
	乙霉威	DIETHOFENCARB	5.00
	乙嘧硫磷	ETRIMFOS	0.05
	乙氰菊酯	CYCLOPROTHRIN	0.20
	乙烯菌核利	VINCLOZOLIN	5.00
	乙烯利	ETHEPHON	2.00
	乙氧氟草醚	Oxyfluorfen	0.05
	乙氧喹啉	ETHOXYQUIN	0.05
	乙酯杀螨醇	CHLOROBENZILATE	0.02
	异丙甲草胺	Metolachlor	0.10
	异狄氏剂	ENDRIN	0.01
	异恶草酮	CLOMAZONE	0.02
	异恶隆	ISOURON	0.02
	异菌脲	IPRODIONE	10.00
	抑菌灵	DICHLOFLUANID	5.00
	抑芽丹	MALEIC HYDRAZIDE	0.20

续表

水果品种	检 测 项 目	英 文 名	农残限量标准/(mg/kg)
杏	因灭汀	EMAMECTIN BENZOATE	0.10
	吲哚羧酸酯	Fenhexamid	10.00
	英拜除草剂	BUTAFENACIL	0.10
	增效醚	PIPERONYL BUTOXIDE	8.00
	仲丁胺	Sec-BUTYLAMINE	0.10
	仲丁威	FENOBUCARB	0.30
	唑呋草	FLUOROIMIDE	0.04
	唑螨酯	FENPYROXIMATE	0.02

水果品种	检 测 项 目	英 文 名	农残限量标准 $\times 10^{-6}$(ppm)
樱桃	1，1-二氯-2，2-二（4-乙苯）乙烷	1，1-DICHLORO-2，2-BIS（4-ETHYLPHENYL） ETH-ANE	0.01
	1-萘乙酸	1-Naphthaleneacetic acid	0.10
	2，4，5-涕	2，4，5-T	不得检出
	2，4-滴	2，4-D	0.20
	2，4-滴丙酸	DICHLORPROP	3.00
	N6-苯甲酰基腺嘌呤	BENZYLADENINE（BEN-ZYLAMINOPRIN）	0.10
	阿特拉津	ATRAZINE	0.02
	阿维菌素	ABAMECTIN	0.02
	矮壮素	CHLORMEQUAT	0.05
	艾克敌	Spinosad	0.20
	艾氏剂和狄氏剂（总量）	ALDRIN and DIELDRIN (as total)	不得检出
	艾维激素	AMINOETHOXYVINYLG-LYCINE	0.20
	安果	FORMOTHION	0.02
	氨磺乐灵	ORYZALIN	0.08

续表

水果品种	检 测 项 目	英 文 名	农残限量标准 ×10^{-6}(ppm)
樱桃	胺磺铜	DBEDC	20.00
	霸草灵	PYRAFLUFEN ETHYL	0.02
	百草枯	PARAQUAT	0.05
	百菌清	CHLOROTHALONIL	0.50
	百克敏	Pyraclostrobin	2.00
	保棉磷	AZINPHOS-METHYL	2.00
	倍硫磷	Fenthion	2.00
	苯丁锡	FENBUTATIN OXIDE	10.00
	苯硫威	FENOTHIOCARB	0.50
	苯醚甲环唑	DIFENOCONAZOLE	5.00
	苯醚菊酯	PHENOTHRIN	0.02
	苯霜灵	BENALAXYL	0.05
	吡虫啉	Imidacloprid	2
	吡虫清	Acetamiprid	2.00
	吡氟草胺	DIFLUFENICAN	0.02
	吡氟禾草灵	FLUAZIFOP	0.05
	吡氟氯禾灵	HALOXYFOP	0.05
	吡螨胺	TEBUFENPYRAD	2.00
	吡嘧磷	PYRAZOPHOS	0.05
	吡噻菌胺	Penthiopyrad	5.00
	吡蚜酮	Pymetrozine	0.05
	苄草唑	Pyrazoxyfen	0.02
	苄呋菊酯	RESMETHRIN	0.10
	丙环唑	PROPICONAZOLE	1.00
	丙硫克百威	BENFURACARB	0.50
	丙炔氟草胺	FLUMIOXAZIN	0.10
	丙溴磷	PROFENOFOS	0.05
	布洛芬	Trifloxystrobin	3.00
	残杀威	PROPOXUR	1.00
	草胺磷	GLUFOSINATE	0.30
	草甘膦	GLYPHOSATE	0.20
	草萘胺	NAPROPAMIDE	0.10

续表

水果品种	检 测 项 目	英 文 名	农残限量标准 $\times 10^{-6}$(ppm)
樱桃	草噻喃	CYCLOXYDIM	0.05
	赤霉素	GIBBERELLIN	0.20
	虫螨畏	METHACRIFOS	0.05
	虫酰肼	Tebufenozide	1.00
	除草定	BROMACIL	0.05
	除虫菊素	PYRETHRINS	1.00
	除虫脲	DIFLUBENZURON	0.07
	哒草伏	NORFLURAZON	0.20
	哒菌酮	DICLOMEZINE	0.02
	哒螨灵	PYRIDABEN	2.00
	哒嗪硫磷	PYRIDAFENTHION	0.10
	代森环	MILNEB	0.60
	稻丰散	PHENTHOATE	0.10
	得杀草	TEPRALOXYDIM	0.05
	滴滴涕(包括 DDD 和 DDE)	DDT (including DDD and DDE)	0.20
	敌百虫	TRICHLORFON	0.10
	敌稗	PROPANIL	0.10
	敌草腈	DICHLOBENIL	0.20
	敌草快	DIQUAT	0.03
	敌草隆	DIURON	0.05
	敌敌畏和二溴磷(总量)	DICHLORVOS and NALED (as total)	0.10
	敌菌丹	CAPTAFOL	不得检出
	敌菌灵	ANILAZINE	10.00
	敌杀磷	DIOXATHION	0.05
	地乐酚	DINOSEB	0.05
	地散磷	BENSULIDE	0.03
	碘苯腈	IOXYNIL	0.10
	调环酸钙盐	Prohexadione calcium	2.00
	丁氟螨酯	CYFLUMETOFEN	10.00
	丁硫克百威	CARBOSULFAN	0.20

续表

水果品种	检 测 项 目	英 文 名	农残限量标准 $\times10^{-6}$(ppm)
樱桃	丁嘧脲	DIAFENTHIURON	0.02
	丁酰肼	DAMINOZIDE	不得检出
	啶斑肟	PYRIFENOX	0.20
	啶酰菌胺	Boscalid	3.00
	毒虫畏	CHLORFENVINPHOS	0.05
	毒死蜱	CHLORPYRIFOS	1.00
	对硫磷	PARATHION	0.30
	对氯苯氧乙酸	4-CPA	0.02
	多果定	DODINE	3.00
	多菌灵，托布津，甲基托布津，苯菌灵（总量）	CARBENDAZIM，THIOPHANATE，THIOPHANATE-METHYL and BENOMYL（as total）	3.00
	多效唑	Paclobutrazol	0.50
	恶二唑虫	Indoxacarb	0.90
	恶霉灵	HYMEXAZOL	0.50
	恶咪唑延胡索酸盐	OXPOCONAZOLE-FUMARATE	5.00
	恶霜灵	OXADIXYL	1.00
	恶唑菌酮	FAMOXADONE	2.00
	恶唑磷	ISOXATHION	0.20
	二苯胺	DIPHENYLAMINE	0.05
	二氟吡隆	DIFLUFENZOPYR	0.05
	二甲嘧菌胺	PYRIMETHANIL	10.00
	二甲四氯丁酸	MCPB	0.20
	二硫代氨基甲酸酯	DITHIOCARBAMATES	7.00
	二氯萘醌	DICHLONE	3.00
	二氯皮考啉酸	CLOPYRALID	0.50
	二氯乙烯	ETHYLENE DICHLORIDE	0.01
	二氯异丙醚	DCIP	0.20
	二嗪磷	DIAZINON	0.10
	二噻农	Dithianon	5.00

续表

水果品种	检测项目	英文名	农残限量标准 $\times 10^{-6}$ (ppm)
樱桃	二溴乙烯	ETHYLENE DIBROMIDE (EDB)	0.01
	粉锈啉	FENPROPIMORPH	0.05
	呋吡菌胺	FURAMETPYR	0.10
	呋虫胺	Dinotefuran	10.00
	呋喃丹	CARBOFURAN	0.30
	呋线威	FURATHIOCARB	0.10
	伏草隆	FLUOMETURON	0.02
	伏杀硫磷	PHOSALONE	2.00
	氟胺氰菊酯	FLUVALINATE	1.00
	氟苯脲	TEFLUBENZURON	0.30
	氟丙菊酯	ACRINATHRIN	2.00
	氟草烟	FLUROXYPYR	0.05
	氟虫脲	Flufenoxuron	2.00
	氟虫清	FIPRONIL	0.01
	氟虫酰胺	Flubendiamide	2
	氟定脲	CHLORFLUAZURON	2.00
	氟啶胺	FLUAZINAM	0.50
	氟啶草酮	FLURIDONE	0.10
	氟啶虫酰胺	Flonicamid	0.60
	氟菌唑	TRIFLUMIZOLE	3.00
	氟乐灵	TRIFLURALIN	0.05
	氟铃脲	HEXAFLUMURON	0.02
	氟氯氰菊酯	CYFLUTHRIN	1.00
	氟醚唑	TETRACONAZOLE	0.20
	氟氰戊菊酯	FLUCYTHRINATE	2.00
	氟酮唑草	CARFENTRAZONE-ETHYL	0.10
	氟唑虫清	CHLORPHENAPYR	1.00
	福赛得	FOSETYL	70.00
	腐霉利	PROCYMIDONE	10.00
	硅氟唑	Simeconazole	3.00
	禾草敌	MOLINATE	0.02

续表

水果品种	检 测 项 目	英 文 名	农残限量标准 ×10^{-6}(ppm)
樱桃	环丙唑醇	CYPROCONAZOLE	0. 05
	环草定	LENACIL	0. 30
	环虫酰肼	Chromafenozide	1. 00
	环氟菌胺	Cyflufenamid	5. 00
	磺草灵	ASULAM	0. 20
	己唑醇	HEXACONAZOLE	0. 50
	季酮螨酯	SPIRODICLOFEN	5. 00
	甲胺磷	METHAMIDOPHOS	0. 01
	甲拌磷	PHORATE	0. 05
	甲草胺	ALACHLOR	0. 01
	甲草苯隆	METHABENZTHIAZURON	0. 05
	甲磺草胺	SULFENTRAZONE	0. 05
	甲基虫螨磷	PIRIMIPHOS-METHYL (PIRIMIFOS-METHYL)	1. 00
	甲基毒死蜱	CHLORPYRIFOS-METHYL	0. 05
	甲基对硫磷	PARATHION-METHYL	0. 20
	甲基立枯磷	Tolclofos-methyl	0. 10
	甲基内吸磷	DEMETON-S-METHYL	0. 40
	甲基乙拌磷	THIOMETON	0. 05
	甲菌定	DIMETHIRIMOL	0. 10
	甲硫威	Methiocarb	0. 05
	甲萘威	CARBARYL	10. 00
	甲氰菊酯	FENPROPATHRIN	5. 00
	甲霜灵和精甲霜灵(总量)	Metalaxyl and metalaxyl-M (as total)	0. 20
	甲氧虫酰肼	Methoxyfenozide	2. 00
	甲氧滴滴涕	METHOXYCHLOR	7. 00
	腈苯唑	Fenbuconazole	1. 00
	腈菌唑	Myclobutanil	2. 00
	腈嘧菌酯	Azoxystrobin	3. 00
	抗蚜威	PIRIMICARB	0. 50
	克菌丹	CAPTAN	5. 00
	克氯得	CHLOZOLINATE	0. 05

续表

水果品种	检 测 项 目	英 文 名	农残限量标准 $\times 10^{-6}$(ppm)
樱桃	克螨特	PROPARGITE	4.00
	克线磷	FENAMIPHOS	0.10
	枯草隆	CHLOROXURON	0.05
	喹禾灵	QUIZALOFOP-ETHYL	0.05
	喹啉铜	OXINE-COPPER	2.00
	喹硫磷	QUINALPHOS	0.02
	喹氧灵	Quinoxyfen	0.40
	乐果	DIMETHOATE	2.00
	利谷隆	LINURON	0.20
	联苯肼酯	Bifenazate	2.00
	联苯菊酯	Bifenthrin	2.00
	邻苯二甲酸铜	COPPER TELEPHTHALATE	5.00
	邻苯基苯酚	2-PHENYLPHENOL	2.00
	林丹（gamma-BHC）	LINDANE(gamma-BHC)	1.00
	磷胺	PHOSPHAMIDON	0.20
	磷化氢	HYDROGEN PHOSPHIDE	0.01
	硫丹	ENDOSULFAN	1.00
	硫双威和灭多威（总量）	THIODICARB and METHOMYL（as total）	1.00
	六六六（四种异构体总量）	BHC（as total of alpha-BHC, beta-BHC, gamma-BHC and delta-BHC）	0.20
	六氯苯	HEXACHLOROBENZENE	0.01
	咯菌腈	Fludioxonil	5.00
	绿草定	TRICLOPYR	0.03
	绿谷隆	MONOLINURON	0.05
	氯苯胺灵	CHLORPROPHAM	0.05
	氯苯嘧啶醇	FENARIMOL	1.00
	氯吡脲	FORCHLORFENURON	0.10
	氯草灵	CHLORBUFAM	0.05
	氯虫酰胺	Chlorantraniliprole	1.00

续表

水果品种	检 测 项 目	英 文 名	农残限量标准 $\times 10^{-6}$ (ppm)
樱桃	氯丹	CHLORDANE	0.02
	氯恶草唑	FENOXAPROP-ETHYL	0.10
	氯氟氰菊酯	CYHALOTHRIN	0.50
	氯菊酯	PERMETHRIN	5.00
	氯羟吡啶	CLOPIDOL	0.20
	氯氰菊酯	CYPERMETHRIN	2.00
	氯杀螨	CHLORBENSIDE	0.01
	氯硝胺	DICLORAN	10.00
	螺虫乙酯	Spirotetramat	3.00
	螺甲螨酯	Spiromesifen	5.00
	马拉硫磷	MALATHION	6.00
	茅草枯标准品	2，2-DPA	1.00
	咪酰胺	PROCHLORAZ	0.05
	咪唑乙烟酸铵	IMAZETHAPYR AMMONIUM	0.05
	醚菌酯	KRESOXIM-METHYL	20.00
	密灭汀	Milbemectin	0.30
	嘧啶磺隆	FLAZASULFURON	0.10
	嘧菌胺	MEPANIPYRIM	20.00
	嘧菌环胺	CYPRODINIL	2.00
	嘧螨醚	PYRIMIDIFEN	0.30
	棉铃威	ALANYCARB	2.00
	棉隆，威百亩和甲基异硫氰酸酯（总量）	DAZOMET, METAM and METHYL ISOTHIOCYANATE (as total)	0.10
	灭草喹	IMAZAQUIN	0.05
	灭草松	BENTAZONE	0.02
	灭除威	XMC	0.20
	灭菌丹	FOLPET	30.00
	灭螨醌	ACEQUINOCYL	2.00
	灭螨猛	CHINOMETHIONAT	0.50
	灭蚜磷	MECARBAM	0.05

续表

水果品种	检测项目	英文名	农残限量标准×10^{-6}(ppm)
樱桃	皮蝇磷	FENCHLORPHOS	0.01
	七氟菊酯	TEFLUTHRIN	0.10
	七氯	HEPTACHLOR	0.01
	嗪氨灵	TRIFORINE	2.00
	氢氰酸	HYDROGEN CYANIDE	5.00
	氰戊菊酯	FENVALERATE	2.00
	炔苯酰草胺	PROPYZAMIDE	0.06
	炔草酯	CLODINAFOP-PROPARGYL	0.02
	壬基苯酚磺酸铜	COPPER NONYLPHENOLSULFONATE	5.00
	噻虫胺	Clothianidin	5.00
	噻虫啉	THIACLOPRID	5.00
	噻虫嗪	Thiamethoxam	5.00
	噻节因	DIMETHIPIN	0.04
	噻菌灵	THIABENDAZOLE	3.00
	噻螨酮	Hexythiazox	2.00
	噻嗪酮	Buprofezin	1.90
	噻唑磷	FOSTHIAZATE	0.05
	三苯锡基	FENTIN	0.05
	三环锡	CYHEXATIN	不得检出
	三环唑	TRICYCLAZOLE	0.02
	三氯杀螨醇	DICOFOL	3.00
	三氯杀螨砜	TETRADIFON	1.00
	三唑醇	TRIADIMENOL	0.10
	三唑酮	TRIADIMEFON	0.10
	杀草强	Amitrole	0.05
	杀铃脲	TRIFLUMURON	0.02
	杀螨特	ARAMITE	0.01
	杀螨酯	CHLORFENSON	0.01
	杀螟丹、杀虫环和杀虫蝗(总量)	CARTAP, THIOCYCLAM and BENSULTAP (as total)	3.00

续表

水果品种	检 测 项 目	英 文 名	农残限量标准 $\times 10^{-6}$ (ppm)
樱桃	杀螟腈	CYANOPHOS	0.20
	杀螟硫磷	FENITROTHION	0.20
	杀扑磷	METHIDATHION	0.20
	杀鼠灵	WARFARIN	0.00
	杀鼠酮	PINDONE	0.00
	生物苄呋菊酯	BIORESMETHRIN	0.10
	十三吗啉	TRIDEMORPH	0.05
	双苯三唑醇	BITERTANOL	3.00
	双丙氨磷	BILANAFOS(BIALAPHOS)	0.00
	双胍辛胺	IMINOCTADINE	2.00
	双甲脒	Amitraz	0.90
	双氧威	FENOXYCARB	0.05
	霜脲氰	CYMOXANIL	0.20
	水杨菌胺	TRICHLAMIDE	0.10
	四氯硝基苯	TECNAZENE	0.05
	四螨嗪	CLOFENTEZINE	0.20
	速灭磷	MEVINPHOS	0.50
	缩节胺	MEPIQUAT-CHLORIDE	2.00
	特苯恶唑	Etoxazole	1.00
	特草定	TERBACIL	0.04
	特丁硫磷	TERBUFOS	0.01
	特丁噻黄隆	TEBUTHIURON	0.02
	特乐酚	DINOTERB	0.05
	涕灭威	ALDICARB	0.05
	完灭硫磷	VAMIDOTHION	0.05
	蚊蝇醚	Pyriproxyfen	1.00
	五氯硝基苯	QUINTOZENE	0.02
	戊菌唑	PENCONAZOLE	0.20
	戊唑醇	Tebuconazole	5.00
	西玛津	SIMAZINE	0.20
	烯丙苯噻唑	PROBENAZOLE	0.03
	烯啶虫胺	NITENPYRAM	5.00

续表

水果品种	检 测 项 目	英 文 名	农残限量标准 ×10^{-6}(ppm)
樱桃	烯菌灵	IMAZALIL	0.02
	稀禾定	SETHOXYDIM	1.00
	消螨普	DINOCAP	0.10
	硝草胺	PENDIMETHALIN	0.05
	辛硫磷	PHOXIM	0.02
	溴离子	BROMIDE ION	20.00
	溴螨酯	BROMOPROPYLATE	2.00
	溴氰菊酯和四溴菊酯（总量）	DELTAMETHRIN and TRALOMETHRIN（as total）	0.50
	溴鼠灵	BRODIFACOUM	0.00
	亚胺硫磷	PHOSMET	0.10
	亚砜磷	OXYDEMETON-METHYL	0.02
	烟碱	NICOTINE	2.00
	燕麦敌	Diallate	0.05
	燕麦枯	DIFENZOQUAT	0.05
	燕麦灵	BARBAN	0.05
	氧化乐果	OMETHOATE	1.00
	野麦畏	TRI-ALLATE	0.10
	乙拌磷	DISULFOTON	0.05
	乙基溴硫磷	BROMOPHOS-ETHYL	0.05
	乙硫苯威	ETHIOFENCARB	10.00
	乙硫磷	ETHION	0.30
	乙霉威	DIETHOFENCARB	5.00
	乙嘧硫磷	ETRIMFOS	0.01
	乙氰菊酯	CYCLOPROTHRIN	0.20
	乙烯菌核利	VINCLOZOLIN	3.00
	乙烯利	ETHEPHON	10.00
	乙氧氟草醚	Oxyfluorfen	0.05
	乙氧喹啉	ETHOXYQUIN	0.05
	乙酯杀螨醇	CHLOROBENZILATE	0.02
	异丙甲草胺	Metolachlor	0.10
	异狄氏剂	ENDRIN	不得检出

续表

水果品种	检 测 项 目	英 文 名	农残限量标准 $\times 10^{-6}$(ppm)
樱桃	异恶草酮	CLOMAZONE	0.02
	异恶隆	ISOURON	0.02
	异菌脲	IPRODIONE	10.00
	抑菌灵	DICHLOFLUANID	2.00
	抑芽丹	MALEIC HYDRAZIDE	0.20
	因灭汀	EMAMECTIN BENZOATE	0.10
	吲哚羧酸酯	Fenhexamid	10.00
	英拜除草剂	BUTAFENACIL	0.10
	增效醚	PIPERONYL BUTOXIDE	8.00
	仲丁胺	Sec-BUTYLAMINE	0.10
	仲丁威	FENOBUCARB	0.30
	唑呋草	FLUOROIMIDE	0.04
	唑螨酯	FENPYROXIMATE	0.50

水果品种	检 测 项 目	英 文 名	农残限量标准 $\times 10^{-6}$(ppm)
葡萄	1，1-二氯-2，2-二（4-乙苯）乙烷	1，1-DICHLORO-2，2-BIS（4-ETHYLPHENYL） ETHANE	0.01
	2，4，5-涕	2，4，5-T	不得检出
	2，4-滴	2，4-D	0.50
	2，4-滴丙酸	DICHLORPROP	3.00
	Cyenopyrafen	Cyenopyrafen	5.00
	LEPIMECTIN	LEPIMECTIN	0.30
	N6-苯甲酰基腺嘌呤	BENZYLADENINE（BENZYLAMINOPRIN）	0.10
	Pyribencarb	Pyribencarb	2.00
	Pyrifluquinazon	Pyrifluquinazon	3.00
	阿特拉津	ATRAZINE	0.02
	阿维菌素	ABAMECTIN	0.02
	矮壮素	CHLORMEQUAT	1.00
	艾克敌	Spinosad	0.50

续表

水果品种	检 测 项 目	英 文 名	农残限量标准 ×10⁻⁶(ppm)
葡萄	艾氏剂和狄氏剂（总量）	ALDRIN and DIELDRIN (as total)	不得检出
	安果	FORMOTHION	0.02
	氨磺乐灵	ORYZALIN	0.10
	胺磺铜	DBEDC	20.00
	霸草灵	PYRAFLUFEN ETHYL	0.02
	百草枯	PARAQUAT	0.05
	百菌清	CHLOROTHALONIL	0.50
	百克敏	Pyraclostrobin	3.00
	保棉磷	AZINPHOS-METHYL	2.00
	苯丁锡	FENBUTATIN OXIDE	5.00
	苯硫威	FENOTHIOCARB	0.50
	苯醚甲环唑	DIFENOCONAZOLE	0.50
	苯醚菊酯	PHENOTHRIN	0.02
	苯噻菌胺	Benthiavalicarb-isopropyl	2.00
	苯霜灵	BENALAXYL	0.20
	苯酰菌胺	Zoxamide	5
	吡虫啉	Imidacloprid	3
	吡虫清	Acetamiprid	5.00
	吡氟草胺	DIFLUFENICAN	0.00
	吡氟禾草灵（Fluazifop）	FLUAZIFOP	0.20
	吡氟氯禾灵	HALOXYFOP	0.05
	吡螨胺	TEBUFENPYRAD	0.50
	吡嘧磷	PYRAZOPHOS	0.05
	吡噻菌胺	Penthiopyrad	10.00
	苄草唑	Pyrazoxyfen	0.02
	苄呋菊酯	RESMETHRIN	0.10
	丙环唑	PROPICONAZOLE	0.50
	丙硫克百威	BENFURACARB	0.50
	丙硫磷	PROTHIOFOS	2.00
	丙炔氟草胺	FLUMIOXAZIN	0.10
	丙溴磷	PROFENOFOS	0.05

续表

水果品种	检 测 项 目	英 文 名	农残限量标准 $\times 10^{-6}$ (ppm)
葡萄	布洛芬	Trifloxystrobin	5.00
	残杀威	PROPOXUR	1.00
	草胺磷	GLUFOSINATE	0.2
	草甘膦	GLYPHOSATE	0.20
	草萘胺	NAPROPAMIDE	0.10
	草噻喃	CYCLOXYDIM	0.50
	赤霉素	GIBBERELLIN	0.20
	虫螨畏	METHACRIFOS	0.05
	虫酰肼	Tebufenozide	2.00
	除草定	BROMACIL	0.05
	除虫菊素	PYRETHRINS	1.00
	除虫脲	DIFLUBENZURON	0.05
	哒草伏	NORFLURAZON	0.10
	哒菌酮	DICLOMEZINE	0.02
	哒螨灵	PYRIDABEN	2.00
	哒嗪硫磷	PYRIDAFENTHION	0.10
	代森环	MILNEB	0.60
	稻丰散	PHENTHOATE	0.10
	稻瘟灵	Isoprothiolane	0.02
	得杀草	TEPRALOXYDIM	0.05
	滴滴涕（包括 DDD 和 DDE）	DDT (including DDD and DDE)	0.20
	敌百虫	TRICHLORFON	0.50
	敌稗	PROPANIL	0.10
	敌草腈	DICHLOBENIL	0.20
	敌草快	DIQUAT	0.03
	敌草隆	DIURON	0.05
	敌敌畏和二溴磷（总量）	DICHLORVOS and NALED (as total)	0.10
	敌菌丹	CAPTAFOL	不得检出
	敌菌灵	ANILAZINE	10.00
	敌杀磷	DIOXATHION	0.05

续表

水果品种	检 测 项 目	英 文 名	农残限量标准 $\times 10^{-6}$(ppm)
葡萄	地乐酚	DINOSEB	0.05
	地散磷	BENSULIDE	0.03
	碘苯腈	IOXYNIL	0.10
	调环酸钙盐	Prohexadione calcium	2.00
	丁硫克百威	CARBOSULFAN	0.20
	丁醚脲	DIAFENTHIURON	0.02
	丁酰肼	DAMINOZIDE	不得检出
	啶斑肟	PYRIFENOX	2.00
	啶酰菌胺	Boscalid	10.00
	毒虫畏	CHLORFENVINPHOS	0.05
	毒死蜱	CHLORPYRIFOS	1.00
	对硫磷	PARATHION	0.30
	对氯苯氧乙酸	4-CPA	0.02
	多果定	DODINE	0.20
	多菌灵，托布津，甲基托布津，苯菌灵（总量）	CARBENDAZIM, THIOPHANATE, THIOPHANATE-METHYL and BENOMYL（as total）	3.00
	多氧霉素	POLYOXINS	0.05
	恶二唑虫	Indoxacarb	2.00
	恶霉灵	HYMEXAZOL	0.50
	恶咪唑延胡索酸盐	OXPOCONAZOLE-FUMARATE	5.00
	恶霜灵	OXADIXYL	1.00
	恶唑菌酮	FAMOXADONE	2.00
	恶唑磷	ISOXATHION	0.20
	二苯胺	DIPHENYLAMINE	0.05
	二氟吡隆	DIFLUFENZOPYR	0.05
	二甲嘧菌胺	PYRIMETHANIL	10.00
	二甲四氯（包括酚硫杀）	MCPA（including phenothiol）	0.10
	二甲四氯丁酸	MCPB	0.20
	二硫代氨基甲酸酯	DITHIOCARBAMATES	5.00

续表

水果品种	检 测 项 目	英 文 名	农残限量标准 $\times 10^{-6}$(ppm)
葡萄	二氯乙烯	ETHYLENE DICHLORIDE	0.01
	二氯异丙醚	DCIP	0.20
	二嗪磷	DIAZINON	0.10
	二噻农	Dithianon	3.00
	二溴乙烯	ETHYLENE DIBROMIDE (EDB)	0.01
	粉锈啉	FENPROPIMORPH	0.05
	呋吡菌胺	FURAMETPYR	0.10
	呋虫胺	Dinotefuran	15.00
	呋喃丹	CARBOFURAN	0.30
	呋线威	FURATHIOCARB	0.10
	伏草隆	FLUOMETURON	0.02
	伏杀硫磷	PHOSALONE	1.00
	氟胺氰菊酯(Fluvalinate)	FLUVALINATE	2.00
	氟苯脲	TEFLUBENZURON	1.00
	氟丙菊酯	ACRINATHRIN	2.00
	氟草烟	FLUROXYPYR	0.05
	氟虫脲	Flufenoxuron	2.00
	氟虫清	FIPRONIL	0.01
	氟虫酰胺	Flubendiamide	2
	氟定脲	CHLORFLUAZURON	2.00
	氟啶胺	FLUAZINAM	0.50
	氟啶虫酰胺	Flonicamid	5.00
	氟硅唑	Flusilazole	0.20
	氟菌唑	TRIFLUMIZOLE	2.00
	氟乐灵	TRIFLURALIN	0.05
	氟铃脲	HEXAFLUMURON	0.02
	氟氯氰菊酯	CYFLUTHRIN	1.00
	氟醚唑	TETRACONAZOLE	0.50
	氟氰戊菊酯	FLUCYTHRINATE	2.00
	氟酮唑草	CARFENTRAZONE-ETHYL	0.10
	氟唑虫清	CHLORPHENAPYR	5.00

续表

水果品种	检测项目	英文名	农残限量标准 $\times 10^{-6}$(ppm)
葡萄	福赛得	FOSETYL	70.00
	腐霉利	PROCYMIDONE	5.00
	硅氟唑	Simeconazole	0.20
	禾草敌	MOLINATE	0.02
	环丙唑醇	CYPROCONAZOLE	0.20
	环草定	LENACIL	0.30
	环氟菌胺	Cyflufenamid	0.50
	磺草灵	ASULAM	0.20
	己唑醇	HEXACONAZOLE	0.10
	季酮螨酯	SPIRODICLOFEN	5.00
	甲胺磷	METHAMIDOPHOS	3.00
	甲拌磷	PHORATE	0.05
	甲苯氟磺胺	Tolylfluanid	3.00
	甲草胺	ALACHLOR	0.01
	甲草苯隆	METHABENZTHIAZURON	0.10
	甲磺草胺	SULFENTRAZONE	0.05
	甲基虫螨磷	PIRIMIPHOS-METHYL (PIRIMIFOS-METHYL)	1.00
	甲基毒死蜱	CHLORPYRIFOS-METHYL	0.20
	甲基对硫磷	PARATHION-METHYL	0.20
	甲基立枯磷	Tolclofos-methyl	0.10
	甲基内吸磷	DEMETON-S-METHYL	0.40
	甲基乙拌磷	THIOMETON	0.05
	甲菌定	DIMETHIRIMOL	0.10
	甲硫威	Methiocarb	0.1
	甲萘威	CARBARYL	1.00
	甲氰菊酯	FENPROPATHRIN	5.00
	甲霜灵和精甲霜灵(总量)	Metalaxyl and metalaxyl-M	1.00
	甲氧虫酰肼	Methoxyfenozide	1.00
	甲氧滴滴涕	METHOXYCHLOR	7.00
	腈苯唑	Fenbuconazole	3.00
	腈菌唑	Myclobutanil	1.00

续表

水果品种	检测项目	英文名	农残限量标准 $\times 10^{-6}$ (ppm)
葡萄	腈嘧菌酯	Azoxystrobin	10.00
	抗蚜威	PIRIMICARB	0.50
	克菌丹	CAPTAN	5.00
	克氯得	CHLOZOLINATE	0.05
	克螨特	PROPARGITE	7.00
	克线磷	FENAMIPHOS	0.06
	枯草隆	CHLOROXURON	0.05
	喹禾灵	QUIZALOFOP-ETHYL	0.02
	喹啉铜	OXINE-COPPER	2.00
	喹硫磷	QUINALPHOS	0.02
	喹氧灵	Quinoxyfen	2.00
	乐果	DIMETHOATE	1.00
	利谷隆	LINURON	0.20
	联苯肼酯	Bifenazate	3.00
	联苯菊酯	Bifenthrin	2.00
	邻苯二甲酸铜	COPPER TELEPHTHALATE	5.00
	林丹（gamma-BHC）	LINDANE（gamma-BHC）	1.00
	磷胺	PHOSPHAMIDON	0.20
	磷化氢	HYDROGEN PHOSPHIDE	0.01
	硫丹	ENDOSULFAN	1.00
	硫双威和灭多威（总量）	THIODICARB and METHOMYL（as total）	5.00
	六六六（四种异构体总量）	BHC（as total of alpha-BHC, beta-BHC, gamma-BHC and delta-BHC）	0.20
	六氯苯	HEXACHLOROBENZENE	0.01
	咯菌腈	Fludioxonil	5.00
	绿草定	TRICLOPYR	0.03
	绿谷隆	MONOLINURON	0.05
	氯苯胺灵	CHLORPROPHAM	0.05
	氯苯嘧啶醇	FENARIMOL	1.00

续表

水果品种	检测项目	英文名	农残限量标准 $\times 10^{-6}$(ppm)
葡萄	氯吡脲	FORCHLORFENURON	0.10
	氯草灵	CHLORBUFAM	0.05
	氯虫酰胺	Chlorantraniliprole	1.20
	氯丹	CHLORDANE	0.02
	氯恶草唑	FENOXAPROP-ETHYL	0.10
	氯氟氰菊酯	CYHALOTHRIN	1.00
	氯菊酯	PERMETHRIN	5.00
	氯羟吡啶	CLOPIDOL	0.20
	氯氰菊酯	CYPERMETHRIN	2.00
	氯杀螨	CHLORBENSIDE	0.01
	氯硝胺	DICLORAN	7.00
	螺虫乙酯	Spirotetramat	2.00
	螺甲螨酯	Spiromesifen	10.00
	马拉硫磷	MALATHION	8.00
	茅草枯标准品	2，2-DPA	3.00
	咪酰胺	PROCHLORAZ	0.05
	咪唑菌酮	Fenamidone	3.00
	咪唑乙烟酸铵	IMAZETHAPYR AMMONIUM	0.05
	醚菌酯	KRESOXIM-METHYL	15.00
	密灭汀	Milbemectin	0.20
	嘧啶磺隆	FLAZASULFURON	0.10
	嘧菌胺	MEPANIPYRIM	15.00
	嘧菌环胺	CYPRODINIL	5.00
	嘧螨醚	PYRIMIDIFEN	0.30
	棉铃威	ALANYCARB	2.00
	棉隆，威百亩和甲基异硫氰酸酯（总量）	DAZOMET，METAM and METHYL ISOTHIOCYANATE (as total)	0.10
	灭草喹	IMAZAQUIN	0.05
	灭草松	BENTAZONE	0.02
	灭除威	XMC	0.20
	灭菌丹	FOLPET	2.00

续表

水果品种	检 测 项 目	英 文 名	农残限量标准 $\times 10^{-6}$ (ppm)
葡萄	灭螨醌	ACEQUINOCYL	0.50
	灭螨猛	CHINOMETHIONAT	0.10
	灭锈胺	Mepronil	2
	灭蚜磷	MECARBAM	0.05
	茉莉酸诱导体	PROHYDROJASMON	0.05
	内氟吡菌胺	Fluopicolide	2.00
	皮蝇磷	FENCHLORPHOS	0.01
	七氟菊酯	TEFLUTHRIN	0.10
	七氯	HEPTACHLOR	0.01
	铅	Pb	1.00
	嗪氨灵	TRIFORINE	2.00
	氢氰酸	HYDROGEN CYANIDE	5.00
	氰霜唑	Cyazofamid	10.00
	氰戊菊酯	FENVALERATE	5.00
	炔苯酰草胺	PROPYZAMIDE	0.06
	炔草酯	CLODINAFOP-PROPARGYL	0.02
	壬基苯酚磺酸铜	COPPER NONYLPHENOLSULFONATE	5.00
	葚孢菌素	SPIROXAMINE	1.00
	噻虫胺	Clothianidin	5.00
	噻虫啉	THIACLOPRID	5.00
	噻虫嗪	Thiamethoxam	2.00
	噻节因	DIMETHIPIN	0.04
	噻菌灵	THIABENDAZOLE	3.00
	噻螨酮	Hexythiazox	2.00
	噻嗪酮	Buprofezin	1.00
	噻唑磷	FOSTHIAZATE	0.05
	三苯锡基	FENTIN	0.05
	三环锡	CYHEXATIN	不得检出
	三环唑	TRICYCLAZOLE	0.02
	三氯杀螨醇	DICOFOL	3.00

续表

水果品种	检测项目	英文名	农残限量标准 $\times 10^{-6}$(ppm)
葡萄	三氯杀螨砜	TETRADIFON	1.00
	三氧化二砷	ARSENIC TRIOXIDE	1.00
	三唑醇	TRIADIMENOL	0.50
	三唑酮	TRIADIMEFON	0.50
	杀草强	Amitrole	0.05
	杀虫威	TETRACHLORVINPHOS	10.00
	杀铃脲	TRIFLUMURON	0.02
	杀螨特	ARAMITE	0.01
	杀螨酯	CHLORFENSON	0.01
	杀螟丹、杀虫环和杀虫蝗（总量）	CARTAP, THIOCYCLAM and BENSULTAP (as total)	3.00
	杀螟腈	CYANOPHOS	0.20
	杀螟硫磷	FENITROTHION	0.20
	杀扑磷	METHIDATHION	1.00
	杀鼠灵	WARFARIN	0.00
	杀鼠酮	PINDONE	0.00
	生物苄呋菊酯	BIORESMETHRIN	0.10
	虱螨脲	Lufenuron	1.00
	十三吗啉	TRIDEMORPH	0.05
	双苯三唑醇	BITERTANOL	0.05
	双丙氨磷	BILANAFOS(BIALAPHOS)	0.02
	双胍辛胺	IMINOCTADINE	0.50
	双氢链霉素，链霉素（总量）	DIHYDROSTREPTOMYCIN and STREPTOMYCIN (as total)	0.05
	双炔酰菌胺	Mandipropamid	2.00
	双氧威	FENOXYCARB	0.05
	霜脲氰	CYMOXANIL	1.00
	水杨菌胺	TRICHLAMIDE	0.10
	四氯硝基苯	TECNAZENE	0.05
	四螨嗪	CLOFENTEZINE	1.00
	速灭磷	MEVINPHOS	0.30

续表

水果品种	检 测 项 目	英 文 名	农残限量标准 ×10⁻⁶(ppm)
葡萄	缩节胺	MEPIQUAT-CHLORIDE	2.00
	特苯恶唑	Etoxazole	0.50
	特草定	TERBACIL	0.10
	特丁硫磷	TERBUFOS	0.01
	特丁噻黄隆	TEBUTHIURON	0.02
	特乐酚	DINOTERB	0.05
	涕灭威	ALDICARB	0.05
	完灭硫磷	VAMIDOTHION	0.50
	蚊蝇醚	Pyriproxyfen	0.50
	五氯硝基苯	QUINTOZENE	0.02
	戊菌唑	PENCONAZOLE	0.20
	戊唑醇	Tebuconazole	10.00
	西玛津	SIMAZINE	0.20
	烯丙苯噻唑	PROBENAZOLE	0.03
	烯啶虫胺	NITENPYRAM	5.00
	烯菌灵	IMAZALIL	0.02
	烯酰吗啉	Dimethomorph	5.00
	稀禾定	SETHOXYDIM	1.00
	消螨普	DINOCAP	0.50
	硝草胺	PENDIMETHALIN	0.1
	缬霉威	IPROVALICARB	2.00
	辛硫磷	PHOXIM	0.02
	溴苯腈	BROMOXYNIL	0.01
	溴离子	BROMIDE ION	20.00
	溴螨酯	BROMOPROPYLATE	2.00
	溴氰菊酯和四溴菊酯(总量)	DELTAMETHRIN and TRALOMETHRIN (as total)	0.50
	溴鼠灵	BRODIFACOUM	0.00
	亚胺硫磷	PHOSMET	10.00
	亚胺唑	Imibenconazole	5.00
	亚砜磷	OXYDEMETON-METHYL	0.06

续表

水果品种	检 测 项 目	英 文 名	农残限量标准 ×10^{-6}(ppm)
葡萄	燕麦敌	Diallate	0.05
	燕麦枯	DIFENZOQUAT	0.05
	燕麦灵	BARBAN	0.05
	氧化乐果	OMETHOATE	1.00
	野麦畏	TRI-ALLATE	0.10
	乙拌磷	DISULFOTON	0.05
	乙基溴硫磷	BROMOPHOS-ETHYL	0.05
	乙硫磷	ETHION	0.30
	乙霉威	DIETHOFENCARB	5.00
	乙嘧硫磷	ETRIMFOS	0.20
	乙氰菊酯	CYCLOPROTHRIN	0.20
	乙烯菌核利	VINCLOZOLIN	5.00
	乙烯利	ETHEPHON	1.00
	乙酰甲胺磷	ACEPHATE	5.00
	乙氧氟草醚	Oxyfluorfen	0.05
	乙氧喹啉	ETHOXYQUIN	0.05
	乙酯杀螨醇	CHLOROBENZILATE	0.02
	异狄氏剂	ENDRIN	不得检出
	异恶草酮	CLOMAZONE	0.02
	异恶隆	ISOURON	0.02
	异菌脲	IPRODIONE	25.00
	抑菌灵	DICHLOFLUANID	15.00
	抑芽丹	MALEIC HYDRAZIDE	25.00
	因灭汀	EMAMECTIN BENZOATE	0.10
	茵草敌	EPTC	0.10
	吲哚羧酸酯	Fenhexamid	20.00
	吲唑磺菌胺	Amisulbrom	5.00
	英拜除草剂	BUTAFENACIL	0.10
	增效醚	PIPERONYL BUTOXIDE	8.00
	仲丁胺	Sec-BUTYLAMINE	0.10
	仲丁威	FENOBUCARB	0.30
	唑呋草	FLUOROIMIDE	0.04
	唑螨酯	FENPYROXIMATE	2.00

第 9 节　泰国水果农残限量要求

水果品种	检 测 项 目	英 文 名	农残限量标准/(mg/kg)
苹果	灭多威	Methomyl	0.20
	乙烯利	Ethephon	1.00

水果品种	检 测 项 目	英 文 名	农残限量标准/(mg/kg)
樱桃	乙烯利	Ethephon	3.00

水果品种	检 测 项 目	英 文 名	农残限量标准/(mg/kg)
葡萄	dithiocarbamateszineb，福美双，甲基代森锌，代森锰锌	dithiocarbamateszineb，thiram，propineb，mancozeb	2.00
	阿维菌素	Abamectin	0.01
	百草枯	Paraquat	0.01
	丙硫磷	Prothiofos	0.05
	丁硫克百威	Carbosulfan	0.10
	丁硫克百威	Carbosulfan	0.10
	多菌灵/苯菌灵	Carbendazim /benomyl	3.00
	甲萘威	Carbaryl	5.00
	甲霜灵	Metalaxyl	1.00
	克菌丹	Captan	10.00
	灭多威	Methomyl	1.00
	三唑磷	Triazophos	0.02
	杀扑磷	Methidathion	0.20
	乙烯利	Ethephon	1.00

第 10 节　加拿大水果农残限量要求

水果品种	检 测 项 目	英 文 名	农残限量标准/(mg/kg)
苹果	1-甲基环丙烯	1-Methylcyclopropene	0.01
	2，4-滴	2，4-D	0.05
	Ethylenebis-dithiocarbamate fungicides	Ethylenebis-dithiocarbamate fungicides	7.00

续表

水果品种	检 测 项 目	英 文 名	农残限量标准/(mg/kg)
苹果	Indaziflam	Indaziflam	0.01
	阿维菌素	Abamectin	0.02
	艾克敌	Spinosad	0.10
	艾维激素	Aminoethoxyvinyl-glycine hydrochloride	0.08
	百草枯	Paraquat	0.05
	苯丁锡	Fenbutatin oxide	3.00
	苯醚甲环唑	Difenoconazole	1.00
	苯嘧磺草胺	Saflufenacil	0.03
	吡虫啉	Imidacloprid	0.60
	吡虫清	Acetamiprid	1.00
	吡噻菌胺	Penthiopyrad	0.50
	吡唑醚菌酯	Pyraclostrobin	1.50
	丙炔氟草胺	Flumioxazin	0.02
	草铵膦	Glufosinate-ammonium	0.05
	虫酰肼	Tebufenozide	1.00
	除虫菊素	Pyrethrins	1.00
	春雷霉素	Kasugamycin	0.20
	哒螨灵	Pyridaben	0.50
	敌草快	Diquat	0.02
	调环酸钙盐	Prohexadione calcium	3.00
	啶酰菌胺	Boscalid	3.00
	毒死蜱	Chlorpyrifos	0.01
	多果定	Dodine	5.00
	多菌灵和甲基硫菌灵	Carbendazim and Thiophanate-methyl	5.00
	二苯胺	Diphenylamine	5.00
	二甲戊灵	Pendimethalin	0.10
	二嗪磷	Diazinon	0.75
	伐虫脒盐酸盐	Formetanate hydrochloride	3.00
	伏杀硫磷	Phosalone	5.00
	氟吡菌酰胺	Fluopyram	0.30

续表

水果品种	检 测 项 目	英 文 名	农残限量标准/(mg/kg)
苹果	氟虫脲	Flufenoxuron	1.00
	氟啶胺	Fluazinam	2.00
	氟啶虫酰胺	Flonicamid	0.20
	氟硅唑	Flusilazole	0.20
	氟菌唑	Triflumizole	0.50
	氟酮唑草	Carfentrazone-ethyl	0.10
	氟唑菌酰胺	Fluxapyroxad	0.80
	福美双	Thiram	7.00
	福美铁	Ferbam	7.00
	福美锌	Ziram	7.00
	高效氯氟氰菊酯	Lambda-cyhalothrin	0.30
	环氟菌胺	Cyflufenamid	0.06
	甲基谷硫磷	Azinphos-methyl	2.00
	甲萘威	Carbaryl	5.00
	甲氰菊酯	Fenpropathrin	5.00
	甲霜灵	Metalaxyl	0.10
	甲氧虫酰肼	Methoxyfenozide	1.50
	腈苯唑	Fenbuconazole	0.40
	腈菌唑	Myclobutanil	0.50
	久效磷	Monocrotophos	1.00
	抗蚜威	Pirimicarb	0.50
	克菌丹	Captan	5.00
	克螨特	Propargite	3.00
	乐果	Dimethoate	2.00
	联苯肼酯	Bifenazate	0.60
	邻苯基苯酚钠	Sodium orthophenyl phenate	25.00
	硫丹	Endosulfan	2.00
	硫异丙甲草胺	S-metolachlor	0.10
	咯菌腈	Fludioxonil	5.00
	氯虫酰胺	Chlorantraniliprole	0.40
	氯氟吡氧乙酸异辛酯	Fluroxypyr-meptyl	0.02
	氯化苦	Chloropicrin	0.03

续表

水果品种	检 测 项 目	英 文 名	农残限量标准/(mg/kg)
苹果	氯菊酯	Permethrin	1.00
	氯氰菊酯	Cypermethrin	1.00
	螺虫乙酯	Spirotetramat	0.70
	螺螨酯	Spirodiclofen	0.80
	马拉硫磷	Malathion	2.00
	醚菌酯	Kresoxim-methyl	0.50
	嘧霉胺	Pyrimethanil	14.00
	灭多威	Methomyl	0.50
	灭菌丹	Folpet	25.00
	灭螨醌	Acequinocyl	0.30
	炔苯酰草胺	Propyzamide	0.10
	噻虫胺	Clothianidin	0.30
	噻虫啉	Thiacloprid	0.30
	噻虫嗪	Thiamethoxam	0.20
	噻菌灵	Thiabendazole	10.00
	三氯杀螨醇	Dicofol	3.00
	三氯杀螨砜	Tetradifon	5.00
	杀虫威	Tetrachlorvinphos	10.00
	杀扑磷	Methidathion	0.50
	双苯氟脲	Novaluron	2.00
	双甲脒	Amitraz	0.50
	四螨嗪	Clofentezine	0.50
	速灭磷	Mevinphos	0.25
	特苯恶唑	Etoxazole	0.20
	肟菌酯	Trifloxystrobin	0.50
	消螨普	Dinocap	0.10
	溴硫磷	Bromophos	1.50
	溴氰虫酰胺	Cyantraniliprole	1.50
	亚胺硫磷	Phosmet	10.00
	烟碱	Nicotine	2.00
	乙基多杀菌素	Spinetoram	0.10
	乙磷铝	Fosetyl-aluminum	1.00

续表

水果品种	检 测 项 目	英 文 名	农残限量标准/(mg/kg)
苹果	乙烯利	Ethephon	3.00
	增效醚	Piperonyl butoxide	8.00

水果品种	检 测 项 目	英 文 名	农残限量标准/(mg/kg)
梨（亚洲梨）	1-甲基环丙烯	1-Methylcyclopropene	0.01
	2，4-滴	2，4-D	0.05
	阿维菌素	Abamectin	0.02
	艾克敌	Spinosad	0.10
	百草枯	Paraquat	0.05
	苯丁锡	Fenbutatin oxide	3.00
	苯醚甲环唑	Difenoconazole	1.00
	苯嘧磺草胺	Saflufenacil	0.03
	吡虫啉	Imidacloprid	0.60
	吡虫清	Acetamiprid	1.00
	吡噻菌胺	Penthiopyrad	0.50
	吡唑醚菌酯	Pyraclostrobin	1.50
	丙炔氟草胺	Flumioxazin	0.02
	虫酰肼	Tebufenozide	1.00
	除虫菊素	Pyrethrins	1.00
	春雷霉素	Kasugamycin	0.20
	哒螨灵	Pyridaben	0.75
	敌草快	Diquat	0.02
	啶酰菌胺	Boscalid	3.00
	多果定	Dodine	5.00
	多菌灵和甲基硫菌灵	Carbendazim and Thiophanate-methyl	5.00
	二嗪磷	Diazinon	0.75
	伐虫脒盐酸盐	Formetanate hydrochloride	3.00
	伏杀硫磷	Phosalone	2.00

续表

水果品种	检测项目	英文名	农残限量标准/(mg/kg)
梨（亚洲梨）	氟虫脲	Flufenoxuron	1.00
	氟啶虫酰胺	Flonicamid	0.20
	氟菌唑	Triflumizole	0.50
	氟酮唑草	Carfentrazone-ethyl	0.10
	氟唑菌酰胺	Fluxapyroxad	0.80
	福美铁	Ferbam	7.00
	福美锌	Ziram	7.00
	高效氯氟氰菊酯	Lambda-cyhalothrin	0.30
	环氟菌胺	Cyflufenamid	0.06
	甲基谷硫磷	Azinphos-methyl	2.00
	甲萘威	Carbaryl	5.00
	甲氰菊酯	Fenpropathrin	5.00
	甲氧虫酰肼	Methoxyfenozide	1.50
	腈菌唑	Myclobutanil	0.60
	久效磷	Monocrotophos	0.50
	克菌丹	Captan	5.00
	乐果	Dimethoate	2.00
	邻苯基苯酚钠	Sodium orthophenyl phenate	25.00
	硫丹	Endosulfan	2.00
	硫异丙甲草胺	S-metolachlor	0.10
	咯菌腈	Fludioxonil	5.00
	氯虫酰胺	Chlorantraniliprole	0.40
	氯氟吡氧乙酸异辛酯	Fluroxypyr-meptyl	0.02
	氯化苦	Chloropicrin	0.03
	氯菊酯	Permethrin	1.00
	氯氰菊酯	Cypermethrin	0.50
	螺虫乙酯	Spirotetramat	0.70
	螺螨酯	Spirodiclofen	0.80
	马拉硫磷	Malathion	2.00
	醚菌酯	Kresoxim-methyl	0.50
	嘧霉胺	Pyrimethanil	14.00
	灭螨醌	Acequinocyl	0.30

续表

水果品种	检 测 项 目	英 文 名	农残限量标准/(mg/kg)
梨（亚洲梨）	炔苯酰草胺	Propyzamide	0.10
	噻虫胺	Clothianidin	0.30
	噻虫啉	Thiacloprid	0.30
	噻虫嗪	Thiamethoxam	0.20
	噻菌灵	Thiabendazole	10.00
	三氯杀螨醇	Dicofol	3.00
	三氯杀螨砜	Tetradifon	5.00
	杀扑磷	Methidathion	0.50
	双苯氟脲	Novaluron	2.00
	双甲脒	Amitraz	1.00
	四螨嗪	Clofentezine	0.50
	速灭磷	Mevinphos	0.25
	特苯恶唑	Etoxazole	0.20
	肟菌酯	Trifloxystrobin	0.50
	溴氰虫酰胺	Cyantraniliprole	1.50
	亚胺硫磷	Phosmet	10.00
	烟碱	Nicotine	2.00
	乙基多杀菌素	Spinetoram	0.10
	乙氧喹啉	Ethoxyquin	3.00
	增效醚	Piperonyl butoxide	8.00

水果品种	检 测 项 目	英 文 名	农残限量标准/(mg/kg)
猕猴桃	虫酰肼	Tebufenozide	0.50
	毒死蜱	Chlorpyrifos	2.00
	甲基谷硫磷	Azinphos-methyl	0.40
	咯菌腈	Fludioxonil	20.00
	螺虫乙酯	Spirotetramat	0.20
	嘧菌环胺	Cyprodinil	1.80
	亚胺硫磷	Phosmet	1.00
	乙烯菌核利	Vinclozolin	10.00
	异菌脲	Iprodione	0.50
	虫酰肼	Tebufenozide	0.50

续表

水果品种	检 测 项 目	英 文 名	农残限量标准/(mg/kg)
猕猴桃	毒死蜱	Chlorpyrifos	2.00
	甲基谷硫磷	Azinphos-methyl	0.40
	咯菌腈	Fludioxonil	20.00
	螺虫乙酯	Spirotetramat	0.20
	嘧菌环胺	Cyprodinil	1.80
	亚胺硫磷	Phosmet	1.00
	乙烯菌核利	Vinclozolin	10.00
	异菌脲	Iprodione	0.50

水果品种	检 测 项 目	英 文 名	农残限量标准/(mg/kg)
柑橘类水果	2，4-滴	2，4-D	2.00
	阿维菌素	Abamectin	0.02
	苯丁锡	Fenbutatin oxide	2.00
	吡虫啉	Imidacloprid	1.00
	敌草隆	Diuron	1.00
	毒死蜱	Chlorpyrifos	1.00
	多菌灵和甲基硫菌灵	Carbendazim and Thiophanate-methyl	10.00
	二嗪磷	Diazinon	0.70
	二溴磷	Naled	3.00
	伐虫脒盐酸盐	Formetanate hydrochloride	4.00
	伏杀硫磷	Phosalone	1.50
	甲基谷硫磷	Azinphos-methyl	2.00
	甲萘威	Carbaryl	10.00
	甲霜灵	Metalaxyl	5.00
	克螨特	Propargite	5.00
	乐果	Dimethoate	1.50
	联苯	Biphenyl	110.00
	邻苯基苯酚钠	Sodium orthophenyl phenate	10.00
	氯氰菊酯	Cypermethrin	1.00
	灭多威	Methomyl	1.00
	灭菌丹	Folpet	15.00

续表

水果品种	检测项目	英文名	农残限量标准/(mg/kg)
柑橘类水果	噻菌灵	Thiabendazole	10.00
	三氯杀螨醇	Dicofol	5.00
	三氯杀螨砜	Tetradifon	2.00
	杀扑磷	Methidathion	2.00
	速灭磷	Mevinphos	0.20
	烯菌灵	Imazalil	5.00
	溴螨酯	Bromopropylate	2.00
	乙烯利	Ethephon	1.00

水果品种	检测项目	英文名	农残限量标准/(mg/kg)
桃	2，4-滴	2，4-D	0.05
	Indaziflam	Indaziflam	0.01
	艾克敌	Spinosad	0.20
	百草枯	Paraquat	0.05
	百菌清	Chlorothalonil	0.50
	苯嘧磺草胺	Saflufenacil	0.03
	吡虫啉	Imidacloprid	3.00
	吡虫清	Acetamiprid	1.20
	吡氟禾草灵	Fluazifop-butyl	0.05
	吡噻菌胺	Penthiopyrad	4.00
	吡唑醚菌酯	Pyraclostrobin	0.70
	丙环唑	Propiconazole	4.00
	丙炔氟草胺	Flumioxazin	0.02
	草铵膦	Glufosinate-ammonium	0.20
	除虫菊素	Pyrethrins	1.00
	哒螨灵	Pyridaben	1.50
	敌草快	Diquat	0.02
	啶酰菌胺	Boscalid	1.70
	毒死蜱	Chlorpyrifos	0.05
	多菌灵和甲基硫菌灵	Carbendazim and Thiophanate-methyl	10.00

续表

水果品种	检 测 项 目	英 文 名	农残限量标准/(mg/kg)
桃	二甲戊灵	Pendimethalin	0.10
	二氯皮考啉酸	Clopyralid	0.50
	二嗪磷	Diazinon	0.70
	伐虫脒盐酸盐	Formetanate hydrochloride	3.00
	伏杀硫磷	Phosalone	4.00
	氟啶虫酰胺	Flonicamid	0.60
	氟乐灵	Trifluralin	0.05
	氟酮唑草	Carfentrazone-ethyl	0.10
	氟唑菌酰胺	Fluxapyroxad	2.00
	福美双	Thiram	7.00
	福美铁	Ferbam	7.00
	福美锌	Ziram	7.00
	甘油琼脂	Dichloran	15.00
	高效氯氟氰菊酯	Lambda-cyhalothrin	0.50
	甲基谷硫磷	Azinphos-methyl	2.00
	甲萘威	Carbaryl	10.00
	甲氰菊酯	Fenpropathrin	1.40
	甲霜灵	Metalaxyl	1.00
	腈苯唑	Fenbuconazole	0.50
	腈菌唑	Myclobutanil	1.00
	腈嘧菌酯	Azoxystrobin	0.80
	克菌丹	Captan	5.00
	克螨特	Propargite	7.00
	喹氧灵	Quinoxyfen	0.70
	联苯肼酯	Bifenazate	2.50
	邻苯基苯酚钠	Sodium orthophenyl phenate	20.00
	硫丹	Endosulfan	2.00
	硫异丙甲草胺	S-metolachlor	0.10
	咯菌腈	Fludioxonil	5.00
	氯虫酰胺	Chlorantraniliprole	2.50
	氯化苦	Chloropicrin	0.03
	氯菊酯	Permethrin	1.00

续表

水果品种	检 测 项 目	英 文 名	农残限量标准/(mg/kg)
桃	氯氰菊酯	Cypermethrin	0.20
	螺虫乙酯	Spirotetramat	4.50
	螺螨酯	Spirodiclofen	1.00
	马拉硫磷	Malathion	6.00
	嘧霉胺	Pyrimethanil	10.00
	噻虫胺	Clothianidin	0.80
	噻虫嗪	Thiamethoxam	0.50
	三氯杀螨醇	Dicofol	3.00
	三氯杀螨砜	Tetradifon	5.00
	杀扑磷	Methidathion	0.20
	双苯氟脲	Novaluron	1.90
	四螨嗪	Clofentezine	1.00
	速灭磷	Mevinphos	0.25
	肟菌酯	Trifloxystrobin	2.00
	戊唑醇	Tebuconazole	1.00
	溴氰虫酰胺	Cyantraniliprole	1.50
	亚胺硫磷	Phosmet	10.00
	烟碱	Nicotine	2.00
	叶菌唑	Metconazole	0.20
	乙基多杀菌素	Spinetoram	0.20
	乙烯菌核利	Vinclozolin	2.00
	异菌脲	Iprodione	10.00
	吲哚羧酸酯	Fenhexamid	6.00
	增效醚	Piperonyl butoxide	8.00

水果品种	检 测 项 目	英 文 名	农残限量标准/(mg/kg)
油桃	2, 4-滴	2, 4-D	0.05
	Indaziflam	Indaziflam	0.01
	艾克敌	Spinosad	0.20
	百草枯	Paraquat	0.05
	百菌清	Chlorothalonil	0.50
	苯嘧磺草胺	Saflufenacil	0.03

续表

水果品种	检测项目	英文名	农残限量标准/(mg/kg)
油桃	吡虫啉	Imidacloprid	3.00
	吡虫清	Acetamiprid	1.20
	吡氟禾草灵	Fluazifop-butyl	0.05
	吡噻菌胺	Penthiopyrad	4.00
	吡唑醚菌酯	Pyraclostrobin	0.70
	丙环唑	Propiconazole	4.00
	丙炔氟草胺	Flumioxazin	0.02
	草铵膦	Glufosinate-ammonium	0.20
	除虫菊素	Pyrethrins	1.00
	哒螨灵	Pyridaben	1.50
	敌草快	Diquat	0.02
	啶酰菌胺	Boscalid	1.70
	毒死蜱	Chlorpyrifos	0.05
	多菌灵和甲基硫菌灵	Carbendazim and Thiophanate-methyl	10.00
	二甲戊灵	Pendimethalin	0.10
	二氯皮考啉酸	Clopyralid	0.50
	二嗪磷	Diazinon	0.70
	伐虫脒盐酸盐	Formetanate hydrochloride	3.00
	伏杀硫磷	Phosalone	4.00
	氟啶虫酰胺	Flonicamid	0.60
	氟乐灵	Trifluralin	0.05
	氟酮唑草	Carfentrazone-ethyl	0.10
	氟唑菌酰胺	Fluxapyroxad	2.00
	福美双	Thiram	7.00
	福美铁	Ferbam	7.00
	福美锌	Ziram	7.00
	甘油琼脂	Dichloran	15.00
	高效氯氟氰菊酯	Lambda-cyhalothrin	0.50
	甲基谷硫磷	Azinphos-methyl	2.00
	甲萘威	Carbaryl	10.00
	甲氰菊酯	Fenpropathrin	1.40

续表

水果品种	检 测 项 目	英 文 名	农残限量标准/(mg/kg)
油桃	甲霜灵	Metalaxyl	1.00
	腈苯唑	Fenbuconazole	0.50
	腈菌唑	Myclobutanil	1.00
	腈嘧菌酯	Azoxystrobin	0.80
	克菌丹	Captan	5.00
	克螨特	Propargite	7.00
	喹氧灵	Quinoxyfen	0.70
	联苯肼酯	Bifenazate	2.50
	邻苯基苯酚钠	Sodium orthophenyl phenate	20.00
	硫丹	Endosulfan	2.00
	硫异丙甲草胺	S-metolachlor	0.10
	咯菌腈	Fludioxonil	5.00
	氯虫酰胺	Chlorantraniliprole	2.50
	氯化苦	Chloropicrin	0.03
	氯菊酯	Permethrin	1.00
	氯氰菊酯	Cypermethrin	0.20
	螺虫乙酯	Spirotetramat	4.50
	螺螨酯	Spirodiclofen	1.00
	马拉硫磷	Malathion	6.00
	嘧霉胺	Pyrimethanil	10.00
	噻虫胺	Clothianidin	0.80
	噻虫嗪	Thiamethoxam	0.50
	三氯杀螨醇	Dicofol	3.00
	三氯杀螨砜	Tetradifon	5.00
	杀扑磷	Methidathion	0.20
	双苯氟脲	Novaluron	1.90
	四螨嗪	Clofentezine	1.00
	速灭磷	Mevinphos	0.25
	肟菌酯	Trifloxystrobin	2.00
	戊唑醇	Tebuconazole	1.00
	溴氰虫酰胺	Cyantraniliprole	1.50
	亚胺硫磷	Phosmet	10.00

续表

水果品种	检 测 项 目	英 文 名	农残限量标准/(mg/kg)
油桃	烟碱	Nicotine	2.00
	叶菌唑	Metconazole	0.20
	乙基多杀菌素	Spinetoram	0.20
	乙烯菌核利	Vinclozolin	2.00
	异菌脲	Iprodione	10.00
	吲哚羧酸酯	Fenhexamid	6.00
	增效醚	Piperonyl butoxide	8.00

水果品种	检 测 项 目	英 文 名	农残限量标准/(mg/kg)
李子	2，4-滴	2，4-D	0.05
	Indaziflam	Indaziflam	0.01
	艾克敌	Spinosad	0.20
	百草枯	Paraquat	0.05
	苯嘧磺草胺	Saflufenacil	0.03
	吡虫啉	Imidacloprid	3.00
	吡虫清	Acetamiprid	1.20
	吡氟禾草灵	Fluazifop-butyl	0.05
	吡噻菌胺	Penthiopyrad	4.00
	吡唑醚菌酯	Pyraclostrobin	0.70
	丙环唑	Propiconazole	1.00
	丙炔氟草胺	Flumioxazin	0.02
	草铵膦	Glufosinate-ammonium	0.20
	除虫菊素	Pyrethrins	1.00
	敌草快	Diquat	0.02
	啶酰菌胺	Boscalid	1.70
	多菌灵和甲基硫菌灵	Carbendazim and Thiophanate-methyl	5.00
	二氯皮考啉酸	Clopyralid	0.50
	二嗪磷	Diazinon	0.75
	伐虫脒盐酸盐	Formetanate hydrochloride	0.50
	伏杀硫磷	Phosalone	5.00
	氟啶虫酰胺	Flonicamid	0.60

续表

水果品种	检 测 项 目	英 文 名	农残限量标准/(mg/kg)
李子	氟乐灵	Trifluralin	0.05
	氟酮唑草	Carfentrazone-ethyl	0.10
	氟唑菌酰胺	Fluxapyroxad	2.00
	福美铁	Ferbam	7.00
	甘油琼脂	Dichloran	5.00
	高效氯氟氰菊酯	Lambda-cyhalothrin	0.50
	甲基谷硫磷	Azinphos-methyl	1.00
	甲萘威	Carbaryl	10.00
	甲氰菊酯	Fenpropathrin	1.40
	甲霜灵	Metalaxyl	1.00
	腈苯唑	Fenbuconazole	0.10
	腈菌唑	Myclobutanil	2.00
	克菌丹	Captan	5.00
	克螨特	Propargite	5.00
	喹氧灵	Quinoxyfen	0.70
	联苯肼酯	Bifenazate	0.20
	邻苯基苯酚钠	Sodium orthophenyl phenate	20.00
	硫丹	Endosulfan	2.00
	硫异丙甲草胺	S-metolachlor	0.10
	咯菌腈	Fludioxonil	5.00
	氯虫酰胺	Chlorantraniliprole	2.50
	氯化苦	Chloropicrin	0.03
	氯菊酯	Permethrin	0.50
	螺虫乙酯	Spirotetramat	4.50
	螺螨酯	Spirodiclofen	1.00
	马拉硫磷	Malathion	8.00
	嘧霉胺	Pyrimethanil	10.00
	噻虫胺	Clothianidin	0.80
	噻虫嗪	Thiamethoxam	0.50
	三氯杀螨醇	Dicofol	3.00
	三氯杀螨砜	Tetradifon	5.00
	杀扑磷	Methidathion	0.20

续表

水果品种	检 测 项 目	英 文 名	农残限量标准/(mg/kg)
李子	双苯氟脲	Novaluron	1.90
	速灭磷	Mevinphos	0.25
	肟菌酯	Trifloxystrobin	2.00
	溴氰虫酰胺	Cyantraniliprole	0.50
	亚胺硫磷	Phosmet	5.00
	烟碱	Nicotine	2.00
	叶菌唑	Metconazole	0.20
	乙基多杀菌素	Spinetoram	0.20
	乙烯菌核利	Vinclozolin	1.00
	异菌脲	Iprodione	2.00
	吲哚羧酸酯	Fenhexamid	0.50
	增效醚	Piperonyl butoxide	8.00

水果品种	检 测 项 目	英 文 名	农残限量标准/(mg/kg)
杏	2，4-滴	2，4-D	0.05
	Indaziflam	Indaziflam	0.01
	艾克敌	Spinosad	0.20
	百草枯	Paraquat	0.05
	苯嘧磺草胺	Saflufenacil	0.03
	吡虫啉	Imidacloprid	3.00
	吡虫清	Acetamiprid	1.20
	吡氟禾草灵	Fluazifop-butyl	0.05
	吡噻菌胺	Penthiopyrad	4.00
	吡唑醚菌酯	Pyraclostrobin	0.70
	丙环唑	Propiconazole	4.00
	丙炔氟草胺	Flumioxazin	0.02
	草铵膦	Glufosinate-ammonium	0.20
	敌草快	Diquat	0.02
	啶酰菌胺	Boscalid	1.70
	多菌灵和甲基硫菌灵	Carbendazim and Thiophanate-methyl	5.00

续表

水果品种	检 测 项 目	英 文 名	农残限量标准/(mg/kg)
杏	二甲戊灵	Pendimethalin	0. 10
	二氯皮考啉酸	Clopyralid	0. 50
	二嗪磷	Diazinon	0. 75
	伏杀硫磷	Phosalone	4. 00
	氟啶虫酰胺	Flonicamid	0. 60
	氟乐灵	Trifluralin	0. 05
	氟酮唑草	Carfentrazone-ethyl	0. 10
	氟唑菌酰胺	Fluxapyroxad	2. 00
	福美铁	Ferbam	7. 00
	福美锌	Ziram	7. 00
	甘油琼脂	Dichloran	10. 00
	高效氯氟氰菊酯	Lambda-cyhalothrin	0. 50
	甲基谷硫磷	Azinphos-methyl	2. 00
	甲萘威	Carbaryl	10. 00
	甲氰菊酯	Fenpropathrin	1. 40
	甲霜灵	Metalaxyl	1. 00
	腈苯唑	Fenbuconazole	0. 30
	腈菌唑	Myclobutanil	1. 40
	克菌丹	Captan	5. 00
	喹氧灵	Quinoxyfen	0. 70
	联苯肼酯	Bifenazate	2. 50
	硫丹	Endosulfan	2. 00
	硫异丙甲草胺	S-metolachlor	0. 10
	咯菌腈	Fludioxonil	5. 00
	氯虫酰胺	Chlorantraniliprole	2. 50
	氯化苦	Chloropicrin	0. 03
	螺虫乙酯	Spirotetramat	4. 50
	螺螨酯	Spirodiclofen	1. 00
	马拉硫磷	Malathion	8. 00
	嘧霉胺	Pyrimethanil	10. 00
	噻虫胺	Clothianidin	0. 80
	噻虫嗪	Thiamethoxam	0. 50

续表

水果品种	检 测 项 目	英 文 名	农残限量标准/(mg/kg)
杏	三氯杀螨醇	Dicofol	3.00
	三氯杀螨砜	Tetradifon	5.00
	双苯氟脲	Novaluron	1.90
	肟菌酯	Trifloxystrobin	2.00
	溴氰虫酰胺	Cyantraniliprole	0.50
	烟碱	Nicotine	2.00
	叶菌唑	Metconazole	0.20
	乙基多杀菌素	Spinetoram	0.20
	乙烯菌核利	Vinclozolin	5.00
	异菌脲	Iprodione	3.00
	吲哚羧酸酯	Fenhexamid	6.00

水果品种	检 测 项 目	英 文 名	农残限量标准/(mg/kg)
樱桃	百菌清	Chlorothalonil	0.50
	除虫菊素	Pyrethrins	1.00
	多果定	Dodine	2.00
	多菌灵和甲基硫菌灵	Carbendazim and Thiophanate-methyl	5.00
	二嗪磷	Diazinon	0.75
	伏杀硫磷	Phosalone	6.00
	福美铁	Ferbam	7.00
	福美锌	Ziram	7.00
	甲基谷硫磷	Azinphos-methyl	1.00
	甲萘威	Carbaryl	10.00
	甲霜灵	Metalaxyl	1.00
	腈菌唑	Myclobutanil	1.00
	克菌丹	Captan	5.00
	乐果	Dimethoate	2.00
	邻苯基苯酚钠	Sodium orthophenyl phenate	5.00
	硫丹	Endosulfan	2.00
	硫异丙甲草胺	S-metolachlor	0.10
	马拉硫磷	Malathion	6.00

续表

水果品种	检 测 项 目	英 文 名	农残限量标准/(mg/kg)
樱桃	灭菌丹	Folpet	25.00
	三氯杀螨醇	Dicofol	3.00
	三氯杀螨砜	Tetradifon	5.00
	杀扑磷	Methidathion	0.20
	戊唑醇	Tebuconazole	3.00
	亚胺硫磷	Phosmet	7.00
	烟碱	Nicotine	2.00
	乙烯菌核利	Vinclozolin	3.00
	异菌脲	Iprodione	5.00
	吲哚羧酸酯	Fenhexamid	6.00
	增效醚	Piperonyl butoxide	8.00

水果品种	检 测 项 目	英 文 名	农残限量标准/(mg/kg)
石榴	咯菌腈	Fludioxonil	1.70
	螺虫乙酯	Spirotetramat	0.50

水果品种	检 测 项 目	英 文 名	农残限量标准/(mg/kg)
葡萄	1，3-二氯丙烯	1，3-Dichloropropene	0.02
	Ethylenebis-dithiocarbamate fungicides	Ethylenebis-dithiocarbamate fungicides	7.00
	Indaziflam	Indaziflam	0.01
	阿维菌素	Abamectin	0.02
	艾克敌	Spinosad	0.40
	百草枯	Paraquat	0.05
	苯菌酮	Metrafenone	4.50
	苯醚甲环唑	Difenoconazole	4.00
	苯嘧磺草胺	Saflufenacil	0.03
	苯噻菌胺	Benthiavalicarb-isopropyl	0.25
	苯酰菌胺	Zoxamide	3.00
	吡虫啉	Imidacloprid	1.50
	吡虫清	Acetamiprid	0.35
	吡氟禾草灵	Fluazifop-butyl	0.03

续表

水果品种	检测项目	英文名	农残限量标准/(mg/kg)
葡萄	吡螨胺	Tebufenpyrad	0.50
	吡唑醚菌酯	Pyraclostrobin	2.00
	丙炔氟草胺	Flumioxazin	0.02
	草铵膦	Glufosinate-ammonium	0.05
	草萘胺	Napropamide	0.10
	虫酰肼	Tebufenozide	0.50
	除虫菊素	Pyrethrins	1.00
	哒螨灵	Pyridaben	0.30
	敌草快	Diquat	0.02
	敌草隆	Diuron	1.00
	啶酰菌胺	Boscalid	3.50
	毒死蜱	Chlorpyrifos	0.01
	多菌灵和甲基硫菌灵	Carbendazim and Thiophanate-methyl	5.00
	二嗪磷	Diazinon	0.75
	伏杀硫磷	Phosalone	5.00
	氟吡菌酰胺	Fluopyram	2.00
	氟硅唑	Flusilazole	0.50
	氟菌唑	Triflumizole	2.50
	氟醚唑	Tetraconazole	0.20
	氟酮唑草	Carfentrazone-ethyl	0.10
	福美铁	Ferbam	7.00
	福美锌	Ziram	7.00
	腐霉利	Procymidone	5.00
	甘油琼脂	Dichloran	10.00
	高效氯氟氰菊酯	Lambda-cyhalothrin	0.20
	环氟菌胺	Cyflufenamid	0.15
	甲基谷硫磷	Azinphos-methyl	5.00
	甲萘威	Carbaryl	5.00
	甲氰菊酯	Fenpropathrin	5.00
	甲霜灵	Metalaxyl	1.00
	甲氧虫酰肼	Methoxyfenozide	0.60

续表

水果品种	检 测 项 目	英 文 名	农残限量标准/(mg/kg)
葡萄	腈菌唑	Myclobutanil	1.00
	腈嘧菌酯	Azoxystrobin	3.00
	克菌丹	Captan	5.00
	克螨特	Propargite	7.00
	喹氧灵	Quinoxyfen	0.50
	联苯肼酯	Bifenazate	1.00
	硫丹	Endosulfan	1.00
	咯菌腈	Fludioxonil	2.00
	氯虫酰胺	Chlorantraniliprole	1.20
	氯菊酯	Permethrin	2.00
	氯氰菊酯	Cypermethrin	0.50
	螺虫乙酯	Spirotetramat	1.30
	螺螨酯	Spirodiclofen	2.00
	马拉硫磷	Malathion	8.00
	咪唑菌酮	Fenamidone	1.00
	醚菌酯	Kresoxim-methyl	1.00
	嘧菌环胺	Cyprodinil	2.00
	嘧霉胺	Pyrimethanil	5.00
	灭多威	Methomyl	4.00
	灭菌丹	Folpet	25.00
	内氟吡菌胺	Fluopicolide	1.40
	氰霜唑	Cyazofamid	1.20
	噻虫胺	Clothianidin	0.60
	噻虫嗪	Thiamethoxam	0.20
	三氯杀螨醇	Dicofol	3.00
	三氯杀螨砜	Tetradifon	5.00
	杀虫威	Tetrachlorvinphos	10.00
	杀扑磷	Methidathion	0.20
	双炔酰菌胺	Mandipropamid	1.40
	特苯恶唑	Etoxazole	0.50
	肟菌酯	Trifloxystrobin	2.00
	戊唑醇	Tebuconazole	5.00

续表

水果品种	检 测 项 目	英 文 名	农残限量标准/(mg/kg)
葡萄	烯酰吗啉	Dimethomorph	3.00
	消螨多	Meptyldinocap	0.20
	消螨普	Dinocap	0.10
	缬霉威	Iprovalicarb	2.00
	溴螨酯	Bromopropylate	2.00
	溴氰虫酰胺	Cyantraniliprole	1.50
	亚胺硫磷	Phosmet	10.00
	乙基多杀菌素	Spinetoram	0.50
	乙磷铝	Fosetyl-aluminum	30.00
	乙烯菌核利	Vinclozolin	5.00
	乙烯利	Ethephon	1.00
	异菌脲	Iprodione	10.00
	吲哚羧酸酯	Fenhexamid	4.00
	增效醚	Piperonyl butoxide	8.00
	唑嘧菌胺	Ametoctradin	4.00

第 11 节　新加坡水果农残限量要求

水果品种	检 测 项 目	英 文 名	农残限量标准 $\times 10^{-6}$ (ppm)
苹果	Phosphomidon	Phosphomidon	0.50
	苯丁锡	Fenbutatin oxide	5.00
	敌菌丹	Captafol	5.00
	敌杀磷	Dioxathion	5.00
	毒死蜱	Chlorpyrifos	1.00
	多果定	Dodine	5.00
	多菌灵	Carbendazim	2.00
	二苯胺	Diphenylamine	5.00
	二硫代氨基甲酸酯	Dithiocarbamates	3.00
	伏杀硫磷	Phosalone	5.00
	福美双	Thiram	7.00
	甲基毒死蜱	Chlorpyrifos-methyl	0.50

续表

水果品种	检 测 项 目	英 文 名	农残限量标准 $\times 10^{-6}$ (ppm)
苹果	甲基硫菌灵	Thiophanate-methyl	5. 00
	甲基嘧啶磷	Pirimiphos-methyl	2. 00
	甲基乙拌磷	Thiometon	0. 50
	甲萘威	Carbaryl	5. 00
	久效磷	Monocrotophos	0. 50
	抗蚜威	Pirimicarb	1. 00
	克菌丹	Captan	25. 00
	克螨特	Propargite	3. 00
	乐果	Dimethoate	2. 00
	林丹	Lindane	0. 50
	马拉硫磷	Malathion	2. 00
	灭多威	Methomyl	5. 00
	灭菌丹	Folpet	10. 00
	内吸磷	Demeton	0. 50
	嗪氨灵	Triforine	2. 00
	噻菌灵	Thiabendazole	10. 00
	三环锡	Cyhexatin	2. 00
	三硫磷	Carbophenothion	1. 00
	三唑酮	Triadimefon	0. 50
	三唑锡	Azocyclotin	2. 00
	杀螟硫磷	Fenitrothion	2. 00
	杀扑磷	Methidathion	0. 20
	杀线威	Oxamyl	2. 00
	速灭磷	Mevinphos	0. 50
	完灭硫磷	Vamidothion	1. 00
	亚胺硫磷	Phosmet	10. 00
	乙硫磷	Ethion	2. 00
	乙嘧硫磷	Etrimfos	0. 50
	乙氧喹啉	Ethoxyquin	3. 00
	异狄氏剂	Endrin	0. 02
	异菌脲	Iprodione	10. 00

水果品种	检 测 项 目	英 文 名	农残限量标准 ×10^{-6}(ppm)
梨	Phosphomidon	Phosphomidon	0. 50
	矮壮素	Chlormequat	3. 00
	倍硫磷	Fenthion	2. 00
	苯丁锡	Fenbutatin oxide	5. 00
	敌菌丹	Captafol	5. 00
	敌杀磷	Dioxathion	5. 00
	毒死蜱	Chlorpyrifos	0. 50
	多果定	Dodine	5. 00
	多菌灵	Carbendazim	2. 00
	二苯胺	Diphenylamine	5. 00
	二硫代氨基甲酸酯	Dithiocarbamates	3. 00
	呋喃丹	Carbofuran	0. 10
	伏杀硫磷	Phosalone	2. 00
	甲基硫菌灵	Thiophanate-methyl	5. 00
	甲基嘧啶磷	Pirimiphos-methyl	2. 00
	甲基乙拌磷	Thiometon	0. 50
	甲萘威	Carbaryl	5. 00
	久效磷	Monocrotophos	0. 50
	克菌丹	Captan	25. 00
	克螨特	Propargite	3. 00
	乐果	Dimethoate	2. 00
	内吸磷	Demeton	0. 50
	噻菌灵	Thiabendazole	10. 00
	三环锡	Cyhexatin	2. 00
	三硫磷	Carbophenothion	1. 00
	杀螟硫磷	Fenitrothion	0. 50
	杀扑磷	Methidathion	0. 20
	速灭磷	Mevinphos	0. 20
	完灭硫磷	Vamidothion	1. 00
	溴硫磷	Bromophos	1. 00
	亚胺硫磷	Phosmet	10. 00
	乙硫磷	Ethion	2. 00

续表

水果品种	检 测 项 目	英 文 名	农残限量标准 ×10^{-6}(ppm)
梨	乙氧喹啉	Ethoxyquin	3.00
	异菌脲	Iprodione	10.00

水果品种	检 测 项 目	英 文 名	农残限量标准 ×10^{-6}(ppm)
猕猴桃	保棉磷	Azinphos-methyl	4.00
	毒死蜱	Chlorpyrifos	2.00
	二嗪磷	Diazinon	0.50
	甲基嘧啶磷	Pirimiphos-methyl	2.00
	氯菊酯	Permethrin	2.00
	氰戊菊酯	Fenvalerate	5.00
	三环锡	Cyhexatin	5.00
	溴氰菊酯	Deltamethrin	0.05
	亚胺硫磷	Phosmet	15.00
	异菌脲	Iprodione	5.00

水果品种	检 测 项 目	英 文 名	农残限量标准 ×10^{-6}(ppm)
柑橘类水果	2，4-滴	2，4-D	2.00
	Phosphomidon	Phosphomidon	0.40
	阿特拉津	Atrazine	0.10
	艾氏剂	Aldrin （HHDN）	0.05
	安果	Formothion	0.20
	百菌清	Chlorothalonil	7.00
	保棉磷	Azinphos-methyl	2.00
	倍硫磷	Fenthion	2.00
	苯丁锡	Fenbutatin oxide	5.00
	苯菌灵	Benomyl	10.00
	除草定	Bromacil	0.04
	代森锰	Maneb	1.00
	代森锰锌	Mancozeb	1.00
	敌百虫	Trichlorfon	0.10
	敌杀磷	Dioxathion	3.00
	毒死蜱	Chlorpyrifos	0.30

续表

水果品种	检 测 项 目	英 文 名	农残限量标准 ×10^{-6}(ppm)
柑橘类水果	对硫磷	Parathion	1.00
	多菌灵	Carbendazim	10.00
	二嗪磷	Diazinon	0.70
	伏杀硫磷	Phosalone	2.00
	甲胺磷	Methamidophos	0.50
	甲基硫菌灵	Thiophanate-methyl	10.00
	甲硫威	Methiocarb	0.05
	甲萘威	Carbaryl	7.00
	甲霜灵	Metalaxyl	1.00
	久效磷	Monocrotophos	0.20
	抗蚜威	Pirimicarb	0.05
	克菌丹	Captan	15.00
	克螨特	Propargite	5.00
	乐果	Dimethoate	2.00
	联苯	Diphenyl	110.00
	氯菊酯	Permethrin	0.50
	氯氰菊酯	Cypermethrin	2.00
	马拉硫磷	Malathion	4.00
	咪酰胺	Prochloraz	5.00
	灭多威	Methomyl	2.00
	灭菌丹	Folpet	10.00
	内吸磷	Demeton	0.50
	七氯	Heptachlor	0.01
	氰戊菊酯	Fenvalerate	5.00
	噻菌灵	Thiabendazole	10.00
	三环锡	Cyhexatin	2.00
	三硫磷	Carbophenothion	2.00
	杀螟硫磷	Fenitrothion	2.00
	杀线威	Oxamyl	3.00
	速灭磷	Mevinphos	0.20
	涕灭威	Aldicarb	0.20
	无机溴	Inorganic bromide	30.00

续表

水果品种	检 测 项 目	英 文 名	农残限量标准 $\times 10^{-6}$(ppm)
柑橘类水果	烯菌灵	Imazalil	5.00
	亚胺硫磷	Phosmet	5.00
	乙硫磷	Ethion	2.00
	乙酰甲胺磷	Acephate	5.00

水果品种	检 测 项 目	英 文 名	农残限量标准 $\times 10^{-6}$(ppm)
桃	Phosphomidon	Phosphomidon	0.20
	百菌清	Chlorothalonil	25.00
	保棉磷	Azinphos-methyl	4.00
	倍硫磷	Fenthion	2.00
	苯丁锡	Fenbutatin oxide	3.00
	敌百虫	Trichlorfon	0.20
	敌菌丹	Captafol	15.00
	敌杀磷	Dioxathion	0.10
	对硫磷	Parathion	1.00
	多果定	Dodine	5.00
	多菌灵	Carbendazim	10.00
	二硫代氨基甲酸酯	Dithiocarbamates	3.00
	二嗪磷	Diazinon	0.70
	呋喃丹	Carbofuran	0.10
	伏杀硫磷	Phosalone	5.00
	福美双	Thiram	7.00
	甲胺磷	Methamidophos	1.00
	甲基毒死蜱	Chlorpyrifos-methyl	0.50
	甲基硫菌灵	Thiophanate-methyl	10.00
	甲基乙拌磷	Thiometon	0.50
	甲萘威	Carbaryl	10.00
	抗蚜威	Pirimicarb	0.50
	克菌丹	Captan	15.00
	克螨特	Propargite	7.00
	乐果	Dimethoate	2.00
	氯氰菊酯	Cypermethrin	2.00

续表

水果品种	检 测 项 目	英 文 名	农残限量标准 $\times 10^{-6}$ (ppm)
桃	马拉硫磷	Malathion	6. 00
	灭多威	Methomyl	5. 00
	内吸磷	Demeton	1. 00
	嗪氨灵	Triforine	5. 00
	氰戊菊酯	Fenvalerate	5. 00
	三环锡	Cyhexatin	5. 00
	三硫磷	Carbophenothion	1. 00
	三唑锡	Azocyclotin	2. 00
	杀螟硫磷	Fenitrothion	1. 00
	杀扑磷	Methidathion	0. 20
	速灭磷	Mevinphos	0. 50
	完灭硫磷	Vamidothion	1. 00
	溴硫磷	Bromophos	1. 00
	亚胺硫磷	Phosmet	10. 00
	乙硫磷	Ethion	1. 00
	乙嘧硫磷	Etrimfos	0. 10
	异菌脲	Iprodione	10. 00

水果品种	检 测 项 目	英 文 名	农残限量标准 $\times 10^{-6}$ (ppm)
油桃	多菌灵	Carbendazim	2. 00
	甲萘威	Carbaryl	10. 00
	克螨特	Propargite	7. 00
	氯氰菊酯	Cypermethrin	2. 00
	灭多威	Methomyl	5. 00
	三硫磷	Carbophenothion	1. 00
	杀扑磷	Methidathion	0. 20
	亚胺硫磷	Phosmet	5. 00
	乙硫磷	Ethion	1. 00

水果品种	检 测 项 目	英 文 名	农残限量标准 $\times 10^{-6}$ (ppm)
李子	Phosphomidon	Phosphomidon	0. 20
	百菌清	Chlorothalonil	7. 00

续表

水果品种	检测项目	英文名	农残限量标准 $\times 10^{-6}$ (ppm)
李子	倍硫磷	Fenthion	1.00
	苯丁锡	Fenbutatin oxide	3.00
	苯菌灵	Benomyl	2.00
	敌菌丹	Captafol	10.00
	敌杀磷	Dioxathion	0.10
	多菌灵	Carbendazim	2.00
	二硫代氨基甲酸酯	Dithiocarbamates	1.00
	伏杀硫磷	Phosalone	5.00
	甲基硫菌灵	Thiophanate-methyl	2.00
	甲基嘧啶磷	Pirimiphos-methyl	2.00
	甲基乙拌磷	Thiometon	0.50
	甲萘威	Carbaryl	10.00
	抗蚜威	Pirimicarb	0.50
	克菌丹	Captan	15.00
	克螨特	Propargite	7.00
	乐果	Dimethoate	2.00
	林丹	Lindane	0.50
	氯氰菊酯	Cypermethrin	1.00
	马拉硫磷	Malathion	6.00
	内吸磷	Demeton	0.20
	嗪氨灵	Triforine	2.00
	三环锡	Cyhexatin	2.00
	三硫磷	Carbophenothion	1.00
	杀扑磷	Methidathion	0.20
	溴硫磷	Bromophos	5.00
	乙硫磷	Ethion	2.00
	乙嘧硫磷	Etrimfos	0.20
	异菌脲	Iprodione	10.00

水果品种	检 测 项 目	英 文 名	农残限量标准 $\times 10^{-6}$(ppm)
杏	百菌清	Chlorothalonil	7. 00
	保棉磷	Azinphos-methyl	2. 00
	苯菌灵	Benomyl	10. 00
	敌菌丹	Captafol	15. 00
	敌杀磷	Dioxathion	0. 10
	对硫磷	Parathion	1. 00
	多菌灵	Carbendazim	10. 00
	甲基硫菌灵	Thiophanate-methyl	10. 00
	甲基乙拌磷	Thiometon	0. 50
	甲萘威	Carbaryl	10. 00
	克菌丹	Captan	20. 00
	克螨特	Propargite	7. 00
	乐果	Dimethoate	2. 00
	内吸磷	Demeton	1. 00
	三硫磷	Carbophenothion	1. 00
	杀扑磷	Methidathion	0. 20
	速灭磷	Mevinphos	0. 20
	乙硫磷	Ethion	0. 10
	乙嘧硫磷	Etrimfos	0. 20

水果品种	检 测 项 目	英 文 名	农残限量标准 $\times 10^{-6}$(ppm)
樱桃	Phosphamidon	Phosphamidon	0. 20
	百菌清	Chlorothalonil	10. 00
	倍硫磷	Fenthion	2. 00
	苯丁锡	Fenbutatin oxide	5. 00
	苯菌灵	Benomyl	10. 00
	敌百虫	Trichlorfon	0. 10
	敌菌丹	Captafol	10. 00
	多果定	Dodine	2. 00
	多菌灵	Carbendazim	10. 00
	二硫代氨基甲酸酯	Dithiocarbamates	1. 00
	伏杀硫磷	Phosalone	5. 00

续表

水果品种	检 测 项 目	英 文 名	农残限量标准 $\times 10^{-6}$(ppm)
樱桃	甲基硫菌灵	Thiophanate-methyl	10.00
	甲基嘧啶磷	Pirimiphos-methyl	2.00
	甲基乙拌磷	Thiometon	0.50
	甲萘威	Carbaryl	10.00
	克菌丹	Captan	50.00
	乐果	Dimethoate	2.00
	林丹	Lindane	0.50
	氯氰菊酯	Cypermethrin	1.00
	马拉硫磷	Malathion	6.00
	灭多威	Methomyl	2.00
	灭菌丹	Folpet	15.00
	嗪氨灵	Triforine	2.00
	氰戊菊酯	Fenvalerate	5.00
	杀螟硫磷	Fenitrothion	2.00
	杀扑磷	Methidathion	0.20
	速灭磷	Mevinphos	1.00
	乙硫磷	Ethion	0.10
	乙嘧硫磷	Etrimfos	0.01

水果品种	检 测 项 目	英 文 名	农残限量标准 $\times 10^{-6}$(ppm)
葡萄	阿特拉津	Atrazine	0.10
	矮壮素	Chlormequat	1.00
	百菌清	Chlorothalonil	7.00
	保棉磷	Azinphos-methyl	4.00
	倍硫磷	Fenthion	2.00
	苯丁锡	Fenbutatin oxide	5.00
	苯菌灵	Benomyl	2.00
	代森锰	Maneb	1.00
	代森锰锌	Mancozeb	1.00
	敌杀磷	Dioxathion	2.00
	毒死蜱	Chlorpyrifos	1.00
	多果定	Dodine	5.00

续表

水果品种	检 测 项 目	英 文 名	农残限量标准 ×10⁻⁶(ppm)
葡萄	二硫代氨基甲酸酯	Dithiocarbamates	5. 00
	伏杀硫磷	Phosalone	5. 00
	甲拌磷	Phorate	0. 05
	甲基硫菌灵	Thiophanate-methyl	10. 00
	甲基乙拌磷	Thiometon	0. 50
	甲萘威	Carbaryl	5. 00
	甲霜灵	Metalaxyl	1. 00
	克螨特	Propargite	10. 00
	克线磷	Fenamiphos	0. 05
	乐果	Dimethoate	2. 00
	林丹	Lindane	0. 50
	氯菊酯	Permethrin	2. 00
	氯氰菊酯	Cypermethrin	1. 00
	马拉硫磷	Malathion	8. 00
	灭多威	Methomyl	2. 00
	灭菌丹	Folpet	25. 00
	内吸磷	Demeton	1. 00
	三硫磷	Carbophenothion	1. 00
	三唑酮	Triadimefon	1. 00
	三唑锡	Azocyclotin	2. 00
	杀螟硫磷	Fenitrothion	2. 00
	杀扑磷	Methidathion	0. 20
	速灭磷	Mevinphos	0. 50
	完灭硫磷	Vamidothion	0. 50
	消螨普	Dinocap	0. 10
	溴氰菊酯	Deltamethrin	0. 05
	亚胺硫磷	Phosmet	10. 00
	乙硫磷	Ethion	2. 00
	乙嘧硫磷	Etrimfos	0. 50
	异菌脲	Iprodione	10. 00

第 12 节　新西兰水果农残限量要求

水果品种	检 测 项 目	英 文 名	农残限量标准/(mg/kg)
苹果	百克敏	Pyraclostrobin	0.02 (*)
	吡苯脲	Forchlorfenuron	0.01 (*)
	丙环唑	Propiconazole	0.01 (*)
	丙氧喹啉	Proquinazid	0.10
	二苯胺	Diphenylamine	10.00
	氟草烟	Fluroxypyr	0.02 (*)
	醚菌酯	Kresoxim-methyl	0.01 (*)
	灭菌丹	Folpet	10.00
	虱螨脲	Lufenuron	0.02 (*)
	乙基多杀菌素	Spinetoram	0.05

水果品种	检 测 项 目	英 文 名	农残限量标准/(mg/kg)
梨	百克敏	Pyraclostrobin	0.02 (*)
	虱螨脲	Lufenuron	0.05
	乙基多杀菌素	Spinetoram	0.05

水果品种	检 测 项 目	英 文 名	农残限量标准/(mg/kg)
猕猴桃	阿维菌素	Abamectin	0.02 (*)
	艾克敌	Spinosad	0.20
	百克敏	Pyraclostrobin	0.02 (*)
	布洛芬	Trifloxystrobin	0.02 (*)
	草铵膦	Glufosinate ammonium	0.05 (*)
	虫酰肼	Tebufenozide	0.50
	啶酰菌胺	Boscalid	0.1 (*)
	毒死蜱	Chlorpyrifos	2.00
	甲基嘧啶磷	Pirimiphos-methyl	2.00
	甲氧虫酰肼	Methoxyfenozide	0.50
	克线磷	Fenamiphos	0.05 (*)
	联苯菊酯	Bifenthrin	0.01 (*)
	氯菊酯	Permethrin	2.00

续表

水果品种	检 测 项 目	英 文 名	农残限量标准/(mg/kg)
猕猴桃	螺虫乙酯	Spirotetramat	0.10
	氰戊菊酯	Fenvalerate	3.00
	噻虫啉	Thiacloprid	0.02 (*)
	噻虫嗪	Thiamethoxam	1.00
	溴氰菊酯	Deltamethrin	0.01 (*)
	乙氧氟草醚	Oxyfluorfen	0.01 (*)
	异菌脲	Iprodione	5.00
	因灭汀	Emamectin benzoate	0.002 (*)

水果品种	检 测 项 目	英 文 名	农残限量标准/(mg/kg)
中国柑橘	2，4-滴丙酸	Dichlorprop-P	0.10
	噻螨酮	Hexythiazox	0.20
中国柑橘（无核小蜜橘和 Encore）	1-奈乙酸	1-Naphthylacetic acid	0.01
中国柑橘（克莱门氏小柑橘和温州蜜橘）	布洛芬	Trifloxystrobin	0.02
柑橘	螺虫乙酯	Spirotetramat	1.00
柑橘类水果	2，4-滴	2，4-D	5.00
	艾克敌	Spinosad	0.05
	艾氏剂和狄氏剂	Aldrin and Dieldrin	0.05
	吡虫啉	Imidacloprid	0.02 (*)
	吡氟氯禾灵	Haloxyfop	0.05 (*)
	草铵膦	Glufosinate ammonium	0.05 (*)
	多菌灵	Carbendazim	5.00
	氟虫清	Fipronil	0.01 (*)
	氟硅唑	Flusilazole	0.10
	高效氯氟氰菊酯	Lambda-cyhalothrin	0.01 (*)
	甲胺磷	Methamidophos	0.50
	甲基嘧啶磷	Pirimiphos-methyl	1.00
	抗蚜威	Pirimicarb	1.00

续表

水果品种	检 测 项 目	英 文 名	农残限量标准/(mg/kg)
柑橘类水果	克螨特	Propargite	3.00
	密灭汀	Milbemectin	0.02 (*)
	灭菌丹	Folpet	10.00
	噻菌灵	Thiabendazole	3.00
	噻嗪酮	Buprofezin	0.50
	四螨嗪	Clofentezine	0.50
	烯菌灵	Imazalil	5.00
	氧环唑	Azaconazole	0.02 (*)
	乙酰甲胺磷	Acephate	5.00

水果品种	检 测 项 目	英 文 名	农残限量标准/(mg/kg)
桃	百菌清	Chlorothalonil	30.00
	多果定	Dodine	0.02 (*)
	甲氧虫酰肼	Methoxyfenozide	0.20
	噻螨酮	Hexythiazox	0.50
	噻嗪酮	Buprofezin	0.01 (*)

水果品种	检 测 项 目	英 文 名	农残限量标准/(mg/kg)
核果（李子、杏）	2，4-滴	2，4-D	1.00
	艾克敌	Spinosad	1.00
	吡蚜酮	Pymetrozine	0.05
	草铵膦	Glufosinate ammonium	0.05 (*)
	毒死蜱	Chlorpyrifos	1.00
	多效唑	Paclobutrazol	0.01 (*)
	恶草灵	Oxadiazon	0.01 (*)
	二噻农	Dithianon	2.00
	腐霉利	Procymidone	3.00
	甲基谷硫磷	Azinphos-methyl	2.00
	抗蚜威	Pirimicarb	1.00
	克螨特	Propargite	3.00
	链霉素	Streptomycin	0.1 (*)
	氯硝胺	Dicloran	10.00

续表

水果品种	检 测 项 目	英 文 名	农残限量标准/(mg/kg)
核果（李子、杏）	密灭汀	Milbemectin	0.02 (*)
	嗪氨灵	Triforine	3.00
	杀草强	Amitrole	0.01 (*)
	戊唑醇	Tebuconazole	1.00
	溴螨酯	Bromopropylate	3.00
	溴氰菊酯	Deltamethrin	0.02 (*)
	乙基多杀菌素	Spinetoram	0.20
	乙氧氟草醚	Oxyfluorfen	0.01 (*)
	异菌脲	Iprodione	10.00

水果品种	检 测 项 目	英 文 名	农残限量标准/(mg/kg)
樱桃	百克敏	Pyraclostrobin	1.00
	啶酰菌胺	Boscalid	3.00
	亚胺硫磷	Phosmet	10.00

水果品种	检 测 项 目	英 文 名	农残限量标准/(mg/kg)
葡萄	艾克敌	Spinosad	0.10
	百菌清	Chlorothalonil	5.00
	百克敏	Pyraclostrobin	3.00
	丙硫磷	Prothiofos	0.02 (*)
	丙氧喹啉	Proquinazid	0.02
	布洛芬	Trifloxystrobin	0.02 (*)
	草铵膦	Glufosinate ammonium	0.05 (*)
	虫酰肼	Tebufenozide	0.50
	啶酰菌胺	Boscalid	5.00
	毒死蜱	Chlorpyrifos	1.00
	恶草灵	Oxadiazon	0.01 (*)
	恶二唑虫	Indoxacarb	0.50
	二甲嘧菌胺	Pyrimethanil	5.00
	二噻农	Dithianon	2.00
	二氧化硫及亚硫酸钠和钾	Sulphur dioxide and sodium and potassium sulphites	10.00

续表

水果品种	检 测 项 目	英 文 名	农残限量标准/(mg/kg)
葡萄	氟啶胺	Fluazinam	1.00
	腐霉利	Procymidone	5.00
	高效氯氟氰菊酯	Lambda-cyhalothrin	0.01 (*)
	甲苯氟磺胺	Tolylfluanid	0.02 (*)
	腈菌唑	Myclobutanil	0.20
	腈嘧菌酯	Azoxystrobin	1.00
	喹氧灵	Quinoxifen	0.30
	氯苯嘧啶醇	Fenarimol	0.10
	氯菊酯	Permethrin	0.50
	螺虫乙酯	Spirotetramat	0.02 (*)
	嘧菌环胺	Cyprodinil	1.00
	灭菌丹	Folpet	25.00
	嗪氨灵	Triforine	3.00
	萁孢菌素	Spiroxamine	0.05 (*)
	噻嗪酮	Buprofezin	0.01 (*)
	勿落菌恶	Fludioxinil	1.00
	烯酰吗啉	Dimethomorph	0.50
	溴氰菊酯	Deltamethrin	0.01 (*)
	乙氧氟草醚	Oxyfluorfen	0.01 (*)
	因灭汀	Emamectin benzoate	0.002 (*)
	吲哚羧酸酯	Fenhexamid	1.00

第 13 节　印度水果农残限量要求

水果品种	检 测 项 目	英 文 名	农残限量标准/(mg/kg)
苹果	苯醚甲环唑	Difenoconazole	0.01
	多果定	Dodine	5.00
	二噻农	Dithianon	0.10
	己唑醇	Hexaconazole	0.10
	甲基代森锌	Propineb	1.00
	甲基硫菌灵	Thiophanate-methyl	5.00
	氯苯嘧啶醇	Fenarimol	5.00

水果品种	检 测 项 目	英 文 名	农残限量标准/(mg/kg)
梨	伏杀硫磷	Phosalone	2.00

水果品种	检 测 项 目	英 文 名	农残限量标准/(mg/kg)
柑橘	安果	Formothion	0.20
	敌草隆	Diuron	1.00
	伏杀硫磷	Phosalone	1.00
	久效磷	Monocrotophos	0.20

水果品种	检 测 项 目	英 文 名	农残限量标准/(mg/kg)
桃	乙硫磷	Ethion	1.00

水果品种	检 测 项 目	英 文 名	农残限量标准/(mg/kg)
樱桃	二硫代氨基甲酸酯	Dithiocarbamates	1.00

水果品种	检 测 项 目	英 文 名	农残限量标准/(mg/kg)
石榴	甲基代森锌	Propineb	0.50

水果品种	检 测 项 目	英 文 名	农残限量标准/(mg/kg)
葡萄	Triadimenton	Triadimenton	2.00
	矮壮素氯化物	Chlormequat chloride	1.00
	敌草隆	Diuron	1.00
	甲基代森锌	Propineb	0.50
	腈菌唑	Myclobutanil	1.00
	十三吗啉	Tridemorph	0.50
	霜脲氰	Cymoxanil	0.10
	戊菌唑	Penconazole	0.20
	烯酰吗啉	Dimethomorph	0.05
	乙磷铝	Fosetyl-Al	10.00
	异菌脲	Iprodione	10.00

水果品种	检 测 项 目	英 文 名	农残限量标准/(mg/kg)
其他水果（猕猴桃、油桃、李子、杏）	安果	Formothion	1.00
	苯菌灵	Benomyl	5.00
	多菌灵	Carbendazim	5.00
	二硫代氨基甲酸酯	Dithiocarbamates	3.00
	伏杀硫磷	Phosalone	5.00
	久效磷	Monocrotophos	1.00
	乙硫磷	Ethion	2.00

第 14 节　印尼水果农残限量要求

水果品种	检 测 项 目	英 文 名	农残限量标准/(mg/kg)
苹果	阿维菌素	Abamectin	0.02
	保棉磷	Azinphos-methyl	2.00
	吡虫啉	Imidacloprid	0.50
	除虫脲	Diflubenzuron	5.00
	二苯胺	Diphenylamine	10.00
	氟氯氰菊酯	Cyfluthrin	0.50
	甲基毒死蜱	Chlorpyrifos-methyl	0.50
	甲基对硫磷	Parathion-methyl	0.20
	甲萘威	Carbaryl	5.00
	克螨特/快螨特	Propargite	3.00
	克线磷	Fenamiphos	0.05
	嗪氨灵	Triforine	2.00
	噻螨酮	Hexythiazox	0.50
	三环锡	Cyhexatin	2.00
	三唑锡	Azocyclotin	0.20
	杀扑磷	Methidathion	0.50
	杀线威	Oxamyl	2.00
	消螨普	Dinocap	0.20
	溴氰菊酯	Deltamethrin	0.20
	烟酰胺/啶酰菌胺	Niacinamide/Boscalid	2.00

续表

水果品种	检 测 项 目	英 文 名	农残限量标准/(mg/kg)
苹果	乙烯利	Ethephon	5.00
	抑菌灵/苯氟磺胺	Dichlofluanid/Tolylfluanid	5.00

水果品种	检 测 项 目	英 文 名	农残限量标准/(mg/kg)
梨	阿维菌素	Abamectin	0.02
	保棉磷	Azinphos-methyl	2.00
	吡虫啉	Imidacloprid	1.00
	除虫脲	Diflubenzuron	5.00
	二苯胺	Diphenylamine	5.00
	腐霉利	Procymidone	1.00
	甲萘威	Carbaryl	5.00
	乐果	Dimethoate	1.00
	联苯菊酯	Bifenthrin	0.50
	邻苯基苯酚	Ortho-phenylphenol [OPP]	20.00
	灭多威/硫双威	Methomyl/Thiodicarb	0.30
	噻螨酮	Hexythiazox	0.50
	三环锡	Cyhexatin	2.00
	三唑锡	Azocyclotin	0.20
	杀扑磷	Methidathion	1.00
	乙氧三甲硅啉/乙氧喹啉	Ethoxy grade silicon compounds/Ethoxyquin	3.00
	抑菌灵/苯氟磺胺	Dichlofluanid/Tolylfluanid	5.00

水果品种	检 测 项 目	英 文 名	农残限量标准/(mg/kg)
猕猴桃	虫酰肼	Tebufenozide	0.50
	二嗪磷	Diazinon	0.20
	氯菊酯	Permethrin	2.00
	氰戊菊酯	Fenvalerate	5.00
	噻虫啉	Thiacloprid	0.20
	乙烯菌核利	Vinclozolin	10.00
	异菌脲	Iprodione	5.00

水果品种	检 测 项 目	英 文 名	农残限量标准/(mg/kg)
柑橘	2，4-滴	2，4-D	1.00
	阿维菌素	Abamectin	0.01
	倍硫磷	Fenthion	2.00
	苯丁锡/除线磷	Fenbutatin oxide	5.00
	吡虫啉	Imidacloprid	1.00
	吡氟氯禾灵	Haloxyfop	0.05
	草铵膦	Glufosinate-ammonium	0.10
	虫酰肼	Tebufenozide	2.00
	除虫菊酯	Pyrethrin	0.05
	除虫脲	Diflubenzuron	0.50
	狄氏剂和艾氏剂	Dieldrin and aldrin	0.05
	甲基毒死蜱	Chlorpyrifos-methyl	0.50
	甲萘威	Carbaryl	7.00
	甲霜灵	Metalaxyl	5.00
	克螨特/快螨特	Propargite/快螨特	3.00
	乐果	Dimethoate	5.00
	离子甲基溴/溴化物离子	Methyl bromide ion/Bromide ion	30.00
	联苯菊酯	Bifenthrin	0.05
	邻苯基苯酚	Ortho-phenylphenol [OPP]	10.00
	氯菊酯	Permethrin	0.50
	氯氰菊酯	Cypermethrin	2.00
	醚菌酯	Kresoxim-methyl	0.50
	灭多威/硫双威	Methomyl/Thiodicarb	1.00
	七氯	Heptachlor	0.01
	氰戊菊酯	Fenvalerate	2.00
	噻菌灵	Thiabendazole	10.00
	噻螨酮	Hexythiazox	0.50
	噻嗪酮	Buprofezin	0.50
	三环锡	Cyhexatin	2.00
	三氯杀螨醇	Dicofol	5.00
	杀扑磷	Methidathion	2.00

续表

水果品种	检测项目	英文名	农残限量标准/(mg/kg)
柑橘	杀线威	Oxamyl	5.00
	双甲脒	Amitraz	0.50
	四螨嗪/四螨素	Clofentezine/	0.50
	涕灭威	Aldicarb	0.20
	蚊蝇醚	Pyriproxyfen	0.50
	烯菌灵	Imazalil	5.00
	溴螨酯	Bromopropylate	2.00
	溴氰菊酯	Deltamethrin	0.02
	增效醚	Piperonyl butoxide	5.00

水果品种	检测项目	英文名	农残限量标准/(mg/kg)
桃	百菌清	Chlorothalonil	0.20
	保棉磷	Azinphos-methyl	2.00
	苯丁锡/除线磷	Fenbutatin oxide/	7.00
	吡虫啉	Imidacloprid	0.50
	虫酰肼	Tebufenozide	0.50
	多果定	Dodine	5.00
	多菌灵	Carbendazim	2.00
	二嗪磷	Diazinon	0.20
	氟硅唑	Flusilazole	0.50
	腐霉利	Procymidone	2.00
	甲基毒死蜱	Chlorpyrifos-methyl	0.50
	甲基对硫磷	Parathion-methyl	0.30
	甲萘威	Carbaryl	10.00
	腈苯唑	Fenbuconazole	0.50
	联苯菊酯/双苯三唑醇/联苯三唑醇	Bifenthrin/Bitertanol/	1.00
	氯苯嘧啶醇	Fenarimol	0.50
	氯氰菊酯	Cypermethrin	2.00
	氯硝胺	Dicloran	7.00
	灭多威/硫双威	Methomyl/Thiodicarb	0.20
	嗪氨灵	Triforine	5.00

续表

水果品种	检 测 项 目	英 文 名	农残限量标准/(mg/kg)
桃	氰戊菊酯	Fenvalerate	5.00
	噻螨酮	Hexythiazox	1.00
	三氯杀螨醇	Dicofol	5.00
	杀扑磷	Methidathion	0.20
	双甲脒	Amitraz	0.50
	戊菌唑	Penconazole	0.10
	戊唑醇	Tebuconazole	1.00
	消螨普	Dinocap	0.10
	乙烯菌核利	Vinclozolin	5.00
	异菌脲	Iprodione	10.00
	抑菌灵/苯氟磺胺	Dichlofluanid/Tolylfluanid	5.00

水果品种	检 测 项 目	英 文 名	农残限量标准/(mg/kg)
李子	保棉磷	Azinphos-methyl	2.00
	苯丁锡/除线磷	Fenbutatin oxide/	3.00
	吡虫啉	Imidacloprid	0.20
	多菌灵	Carbendazim	0.50
	二嗪磷	Diazinon	1.00
	伏虫隆/氟苯脲	Teflubenzuron/氟苯脲	0.10
	腐霉利	Procymidone	2.00
	腈菌唑	Myclobutanil	0.20
	联苯菊酯/双苯三唑醇/联苯三唑醇	Bifenthrin/Bitertanol/	2.00
	氯氰菊酯	Cypermethrin	1.00
	灭多威/硫双威	Methomyl/Thiodicarb	1.00
	嗪氨灵	Triforine	2.00
	噻螨酮	Hexythiazox	0.20
	三氯杀螨醇	Dicofol	1.00
	杀扑磷	Methidathion	0.20
	溴螨酯	Bromopropylate	2.00

水果品种	检测项目	英文名	农残限量标准/(mg/kg)
杏	吡虫啉	Imidacloprid	0.50
	多菌灵	Carbendazim	2.00
	氟硅唑	Flusilazole	0.50
	甲萘威	Carbaryl	10.00
	腈苯唑	Fenbuconazole	0.50
	联苯菊酯/双苯三唑醇/联苯三唑醇	Bifenthrin/Bitertanol/	1.00

水果品种	检测项目	英文名	农残限量标准/(mg/kg)
樱桃	百菌清	Chlorothalonil	0.50
	保棉磷	Azinphos-methyl	2.00
	倍硫磷	Fenthion	2.00
	苯丁锡/除线磷	Fenbutatin oxide/	10.00
	多果定	Dodine	3.00
	二嗪磷	Diazinon	1.00
	二噻农	Dithianon	5.00
	腐霉利	Procymidone	10.00
	甲萘威	Carbaryl	10.00
	腈苯唑	Fenbuconazole	1.00
	喹氧灵	Quinoxyfen	0.40
	乐果	Dimethoate	2.00
	联苯菊酯/双苯三唑醇/联苯三唑醇	Bifenthrin/Bitertanol/	1.00
	硫丹	Endosulfan	2.00
	氯苯嘧啶醇	Fenarimol	1.00
	氯氰菊酯	Cypermethrin	1.00
	嗪氨灵	Triforine	2.00
	氰戊菊酯	Fenvalerate	2.00
	噻螨酮	Hexythiazox	1.00
	三氯杀螨醇	Dicofol	5.00
	杀扑磷	Methidathion	0.20
	双甲脒	Amitraz	0.50

续表

水果品种	检 测 项 目	英 文 名	农残限量标准/(mg/kg)
樱桃	戊唑醇	Tebuconazole	5.00
	乙烯菌核利	Vinclozolin	5.00
	乙烯利	Ethephon	10.00
	异菌脲	Iprodione	10.00

水果品种	检 测 项 目	英 文 名	农残限量标准/(mg/kg)
葡萄	氨三唑/杀草强	Ammonia triazole/Amitrole	0.05
	百菌清	Chlorothalonil	0.50
	苯丁锡/除线磷	Fenbutatin oxide/	5.00
	苯霜灵	Benalaxyl	0.20
	吡虫啉	Imidacloprid	1.00
	吡氟氯禾灵	Haloxyfop	0.05
	草噻喃	Cycloxydim	0.50
	虫酰肼	Tebufenozide	2.00
	二噻农	Dithianon	3.00
	氟硅唑	Flusilazole	0.50
	腐霉利	Procymidone	5.00
	甲苯氟磺胺	Tolylfluanid	3.00
	甲基毒死蜱	Chlorpyrifos-methyl	—
	甲基对硫磷	Parathion-methyl	0.50
	甲萘威	Carbaryl	5.00
	甲氰菊酯	Fenpropathrin	5.00
	甲霜灵	Metalaxyl	1.00
	腈苯唑	Fenbuconazole	1.00
	腈菌唑	Myclobutanil	1.00
	克螨特/快螨特	Propargite/快螨特	7.00
	喹氧灵	Quinoxyfen	2.00
	氯苯嘧啶醇	Fenarimol	0.30
	氯菊酯	Permethrin	2.00
	氯硝胺	Dicloran	7.00
	醚菌酯	Kresoxim-methyl	1.00
	灭多威/硫双威	Methomyl/Thiodicarb	5.00

续表

水果品种	检 测 项 目	英 文 名	农残限量标准/(mg/kg)
葡萄	噻螨酮	Hexythiazox	1.00
	三环锡	Cyhexatin	0.20
	三氯杀螨醇	Dicofol	5.00
	三唑锡	Azocyclotin	0.30
	杀扑磷	Methidathion	1.00
	四螨嗪/四螨素	Clofentezine	1.00
	涕灭威	Aldicarb	0.20
	戊菌唑	Penconazole	0.20
	消螨普	Dinocap	0.50
	溴螨酯	Bromopropylate	2.00
	溴氰菊酯	Deltamethrin	0.20
	烟酰胺/啶酰菌胺	Niacinamide/Boscalid	5.00
	乙烯菌核利	Vinclozolin	5.00
	乙烯利	Ethephon	1.00
	异菌脲	Iprodione	10.00
	抑菌灵/苯氟磺胺	Dichlofluanid/Tolylfluanid	15.00

第15节　澳大利亚水果农残限量要求

水果品种	检 测 项 目	英 文 名	农残限量标准/(mg/kg)
苹果	阿维菌素	Abamectin	0.01
	艾维激素	Aminoethoxyvinylglycine	0.10
	吡虫啉	Imidacloprid	0.30
	苄胺基嘌呤	Benzyladenine	0.20
	单氰胺	Cyanamide	0.02*
	调环酸钙盐	Prohexadione-calcium	0.02*
	多菌灵	Carbendazim	0.20
	二苯胺	Diphenylamine	10.00
	氟胺氰菊酯	Fluvalinate	0.10
	福赛得	Fosetyl	1.00
	磺草灵	Asulam	0.10*

续表

水果品种	检 测 项 目	英 文 名	农残限量标准/(mg/kg)
苹果	己唑醇	Hexaconazole	0.10
	克螨特	Propargite	3.00
	联苯菊酯	Bifenthrin	0.05*
	林丹	Lindane	E2.00
	灭多威	Methomyl	1.00
	萘乙酸	Naphthalene acetic acid	1.00
	噻菌灵	Thiabendazole	10.00
	三唑酮	Triadimefon	1.00
	杀螟硫磷	Fenitrothion	0.50
	杀扑磷	Methidathion	0.20
	双甲脒	Amitraz	0.50
	酞菌酯	Nitrothal-isopropyl	1.00
	乙嘧酚磺酸酯	Bupirimate	1.00
	乙烯利	Ethephon	1.00
	乙氧基喹啉	Ethoxyquin	3.00
	唑螨酯	Fenpyroximate	0.30

水果品种	检 测 项 目	英 文 名	农残限量标准/(mg/kg)
梨	2，4-滴	2，4-D	0.05*
	2-苯酚	2-Phenylphenol	25.00
	阿维菌素	Abamectin	0.01
	苄胺基嘌呤	Benzyladenine	T0.2
	多菌灵	Carbendazim	0.20
	二苯胺	Diphenylamine	7.00
	己唑醇	Hexaconazole	0.10
	克螨特	Propargite	3.00
	联苯菊酯	Bifenthrin	0.50
	马拉松	Maldison	0.50
	灭多威	Methomyl	3.00
	萘乙酸	Naphthalene acetic acid	1.00
	噻菌灵	Thiabendazole	10.00
	噻嗪酮	Buprofezin	0.20

续表

水果品种	检测项目	英文名	农残限量标准/(mg/kg)
梨	杀扑磷	Methidathion	0.20
	乙氧基喹啉	Ethoxyquin	3.00
	唑螨酯	Fenpyroximate	0.30
东方梨	单氰胺	Cyanamide	0.10*

水果品种	检测项目	英文名	农残限量标准/(mg/kg)
猕猴桃	保棉磷	Azinphos-methyl	2.00
	草甘膦	Glyphosate	0.05*
	虫酰肼	Tebufenozide	2.00
	单氰胺	Cyanamide	0.10*
	毒死蜱	Chlorpyrifos	2.00
	二嗪磷	Diazinon	0.50
	甲萘威	Carbaryl	10.00
	甲氧虫酰肼	Methoxyfenozide	2.00
	咯菌腈	Fludioxonil	15.00
	氯吡脲	Forchlorfenuron	T0.01*
	氯菊酯	Permethrin	2.00
	螺虫乙酯	Spirotetramat	T0.10
	亚胺硫磷	Phosmet	15.00
	乙烯利	Ethephon	0.10
	异菌脲	Iprodione	10.00
	吲哚羧酸酯	Fenhexamid	15.00

水果品种	检测项目	英文名	农残限量标准/(mg/kg)
柑橘类水果	2，4_ 滴丙酸	Dichlorprop-P	0.20
	2，4-滴	2，4-D	5.00
	2-苯酚	2-Phenylphenol	10.00
	阿维菌素	Abamectin	0.02
	艾克敌	Spinosad	0.30
	艾氏剂和狄氏剂	Aldrin and Dieldrin	E0.05
	保棉磷	Azinphos-methyl	2.00
	倍硫磷	Fenthion	T0.7

续表

水果品种	检 测 项 目	英 文 名	农残限量标准/(mg/kg)
柑橘类水果	苯丁锡	Fenbutatin oxide	5.00
	苯嘧磺草胺	Saflufenacil	0.03*
	苯线磷	Fenamiphos	0.05*
	吡虫啉	Imidacloprid	2.00
	吡虫清	Acetamiprid	0.50
	吡氟氯禾灵	Haloxyfop	0.05*
	草胺磷和草铵膦	Glufosinate and Glufosinate-ammonium	0.10
	草甘膦	Glyphosate	0.50
	虫酰肼	Tebufenozide	1.00
	除草定	Bromacil	0.04*
	哒草伏	Norflurazon	0.20
	哒螨灵	Pyridaben	0.50
	敌草腈	Dichlobenil	0.10
	毒死蜱	Chlorpyrifos	T0.50
	二甲戊灵	Pendimethalin	0.05*
	二硫代氨基甲酸酯	Dithiocarbamates	0.20
	二嗪磷	Diazinon	0.70
	伏草隆	Fluometuron	0.50
	氟虫清	Fipronil	T0.01*
	氟啶虫胺腈	Sulfoxaflor	0.70
	氟氯氰菊酯	Cyfluthrin	0.20
	氟酮唑草	Carfentrazone-ethyl	0.05*
	甲胺磷	Methamidophos	0.50
	甲基对硫磷	Parathion-methyl	T1.00
	甲硫威	Methiocarb	0.10
	甲氰菊酯	Fenpropathrin	2.00
	甲氧虫酰肼	Methoxyfenozide	1.00
	腈嘧菌酯	Azoxystrobin	10.00
	精吡氟禾草灵	Fluazifop-p-butyl	0.02*
	乐果	Acephate	5.00
	联苯菊酯	Bifenthrin	0.05*

续表

水果品种	检 测 项 目	英 文 名	农残限量标准/(mg/kg)
柑橘类水果	磷酸	Phosphorous acid	100. 00
	硫线磷	Cadusafos	0. 01 *
	咯菌腈	Fludioxonil	10. 00
	绿草定	Triclopyr	0. 20
	氯丹	Chlordane	E0. 02
	氯氟氰菊酯	Cyhalothrin	0. 01 *
	螺虫乙酯	Spirotetramat	1. 00
	螺螨酯	Spirodiclofen	0. 50
	马拉松	Maldison	4. 00
	茅草枯标准品	2，2-DPA	0. 10 *
	嘧霉胺	Pyrimethanil	10. 00
	灭多威	Methomyl	1. 00
	灭螨醌	Acequinocyl	0. 20
	七氯	Heptachlor	E0. 01
	噻虫嗪	Thiamethoxam	1. 00
	噻菌灵	Thiabendazole	10. 00
	噻嗪酮	Buprofezin	2. 00
	杀草强	Amitrole	0. 01 *
	杀扑磷	Methidathion	2. 00
	双胍盐	Guazatine	5. 00
	特苯恶唑	Etoxazole	0. 20
	涕灭威	Aldicarb	0. 05
	蚊蝇醚	Pyriproxyfen	0. 30
	无机溴	Inorganic bromide	30. 00
	依马菌素	Emamectin	0. 30
	乙基多杀菌素	Spinetoram	3. 00
	乙硫磷	Ethion	1. 00
	异恶草胺	Isoxaben	0. 01 *
	抑霉唑	Imazalil	10. 00
	唑螨酯	Fenpyroximate	0. 60

水果品种	检测项目	英文名	农残限量标准/(mg/kg)
桃	2-苯酚	2-Phenylphenol	20.00
	百菌清	Chlorothalonil	30.00
	倍硫磷	Fenthion	T0.20
	苯丁锡	Fenbutatin oxide	3.00
	吡螨胺	Tebufenpyrad	1.00
	虫螨腈	Chlorfenapyr	1.00
	虫酰肼	Tebufenozide	T1
	丁酰肼	Daminozide	30.00
	多菌灵	Carbendazim	0.20
	二嗪磷	Diazinon	0.70
	福赛得	Fosetyl	1.00
	甲胺磷	Methamidophos	1.00
	甲基硫菌灵	Thiophanate-methyl	3.00
	甲萘威	Carbaryl	10.00
	联苯肼酯	Bifenazate	2.00
	林丹	Lindane	E2.00
	磷酸	Phosphorous acid	100.00
	咯菌腈	Fludioxonil	10.00
	灭多威	Methomyl	1.00
	乙烯利	Ethephon	0.50

水果品种	检测项目	英文名	农残限量标准/(mg/kg)
油桃	2-苯酚	2-Phenylphenol	3.00
	百菌清	Chlorothalonil	7.00
	倍硫磷	Fenthion	T0.25
	苯丁锡	Fenbutatin oxide	3.00
	虫酰肼	Tebufenozide	T1.00
	多菌灵	Carbendazim	0.20
	甲基硫菌灵	Thiophanate-methyl	3.00
	甲萘威	Carbaryl	10.00
	腈苯唑	Fenbuconazole	0.50
	联苯肼酯	Bifenazate	0.50

续表

水果品种	检 测 项 目	英 文 名	农残限量标准/(mg/kg)
油桃	灭多威	Methomyl	1.00
	乙烯利	Ethephon	0.01

水果品种	检 测 项 目	英 文 名	农残限量标准/(mg/kg)
李	2-苯酚	2-Phenylphenol	15.00
	百菌清	Chlorothalonil	10.00
	倍硫磷	Fenthion	T0.25
	氟唑菌酰胺	Fluxapyroxad	3.00
	甲萘威	Carbaryl	5.00
	联苯肼酯	Bifenazate	0.50
	林丹	Lindane	E0.50
	氯吡脲	Forchlorfenuron	T0.01*

水果品种	检 测 项 目	英 文 名	农残限量标准/(mg/kg)
杏	百菌清	Chlorothalonil	7.00
	倍硫磷	Fenthion	T0.20
	多菌灵	Carbendazim	2.00
	甲萘威	Carbaryl	10.00
	联苯肼酯	Bifenazate	0.50
	咯菌腈	Fludioxonil	10.00
	噻虫胺	Clothianidin	T2.00

水果品种	检 测 项 目	英 文 名	农残限量标准/(mg/kg)
樱桃	2-苯酚	2-Phenylphenol	3.00
	百菌清	Chlorothalonil	10.00
	倍硫磷	Fenthion	T0.40
	苯丁锡	Fenbutatin oxide	6.00
	吡唑醚菌酯	Pyraclostrobin	2.50
	调环酸钙盐	Prohexadione-calcium	0.01*
	啶酰菌胺	Boscalid	T3.00
	毒死蜱	Chlorpyrifos	1.00

续表

水果品种	检 测 项 目	英 文 名	农残限量标准/(mg/kg)
樱桃	多菌灵	Carbendazim	20. 00
	氟啶虫胺腈	Sulfoxaflor	3. 00
	氟菌唑	Triflumizole	1. 50
	甲基硫菌灵	Thiophanate-methyl	20. 00
	甲萘威	Carbaryl	5. 00
	甲氰菊酯	Fenpropathrin	5. 00
	腈菌唑	Myclobutanil	5. 00
	喹氧灵	Quinoxyfen	0. 70
	乐果	Dimethoate	T0. 2
	联苯肼酯	Bifenazate	2. 50
	联苯菊酯	Bifenthrin	T1. 00
	林丹	Lindane	E0. 50
	氯苯嘧啶醇	Fenarimol	1. 00
	氯菊酯	Permethrin	4. 00
	灭多威	Methomyl	2. 00
	噻虫胺	Clothianidin	T5. 00
	杀螟硫磷	Fenitrothion	0. 50
	特苯恶唑	Etoxazole	1. 00
	戊唑醇	Tebuconazole	5. 00
	乙烯利	Ethephon	15. 00

水果品种	检 测 项 目	英 文 名	农残限量标准/(mg/kg)
石榴	二硫代氨基甲酸酯	Dithiocarbamates	3. 00
	咯菌腈	Fludioxonil	5. 00

水果品种	检 测 项 目	英 文 名	农残限量标准/(mg/kg)
葡萄	1，3-二氯丙烯	1，3-dichloropropene	0. 02
	2，4-滴	2，4-D	T0. 05*
	阿维菌素	Abamectin	0. 02
	矮壮素	Chlormequat	0. 75
	艾克敌	Spinosad	0. 50

续表

水果品种	检测项目	英文名	农残限量标准/(mg/kg)
葡萄	百菌清	Chlorothalonil	10.00
	保棉磷	Azinphos-methyl	2.00
	倍硫磷	Fenthion	T0.2
	苯菌酮	Metrafenone	4.50
	苯醚甲环唑	Difenoconazole	4.00
	苯嘧磺草胺	Saflufenacil	0.03*
	苯霜灵	Benalaxyl	0.50
	苯酰菌胺	Zoxamide	3.00
	苯线磷	Fenamiphos	0.05*
	吡虫啉	Imidacloprid	T0.1
	吡虫清	Acetamiprid	0.35
	吡氟草胺	Diflufenican	0.002*
	吡唑醚菌酯	Pyraclostrobin	2.00
	丙环唑	Propiconazole	1.00
	丙硫磷	Prothiofos	2.00
	丙氧喹啉	Proquinazid	0.50
	虫酰肼	Tebufenozide	2.00
	哒草伏	Norflurazon	0.10
	哒螨灵	Pyridaben	5.00
	单氰胺	Cyanamide	0.05*
	敌草腈	Dichlobenil	0.10
	啶酰菌胺	Boscalid	4.00
	毒死蜱	Chlorpyrifos	T1
	多菌灵	Carbendazim	0.30
	噁霜灵	Oxadixyl	2.00
	呋虫胺	Dinotefuran	0.90
	氟虫酰胺	Flubendiamide	1.40
	氟硅唑	Flusilazole	0.50
	氟菌唑	Triflumizole	0.50
	氟氯氰菊酯	Cyfluthrin	1.00
	氟醚唑	Tetraconazole	0.50
	氟酮唑草	Carfentrazone-ethyl	0.05*

续表

水果品种	检测项目	英文名	农残限量标准/(mg/kg)
葡萄	环氟菌胺	Cyflufenamid	0.15
	己唑醇	Hexaconazole	0.05
	甲苯氟磺胺	Tolylfluanid	T0.05*
	甲基对硫磷	Parathion-methyl	T0.5
	甲硫威	Methiocarb	0.50
	甲萘威	Carbaryl	5.00
	甲氰菊酯	Fenpropathrin	5.00
	甲霜灵	Metalaxyl	1.00
	甲氧虫酰肼	Methoxyfenozide	2.00
	腈菌唑	Myclobutanil	1.00
	腈嘧菌酯	Azoxystrobin	2.00
	克菌丹	Captan	10.00
	喹禾灵	Quizalofop-ethyl	0.02*
	喹氧灵	Quinoxyfen	0.60
	乐果	Dimethoate	T0.1*
	联苯菊酯	Bifenthrin	0.01*
	林丹	Lindane	E0.5
	咯菌腈	Fludioxonil	2.00
	氯苯嘧啶醇	Fenarimol	0.10
	氯吡脲	Forchlorfenuron	0.01*
	氯氰菊酯	Cypermethrin	T0.05
	氯硝胺	Dicloran	10.00
	螺虫乙酯	Spirotetramat	2.00
	螺螨酯	Spirodiclofen	2.00
	马拉松	Maldison	8.00
	茅草枯标准品	2，2-DPA	3.00
	醚菌酯	Kresoxim-methyl	1.00
	嘧菌环胺	Cyprodinil	2.00
	嘧霉胺	Pyrimethanil	5.00
	灭多威	Methomyl	2.00
	灭螨醌	Acequinocyl	1.60
	内氟吡菌胺	Fluopicolide	2.00

续表

水果品种	检 测 项 目	英 文 名	农残限量标准/(mg/kg)
葡萄	氰氟虫腙	Metaflumizone	0. 04
	氰戊菊酯	Fenvalerate	0. 10
	萁孢菌素	Spiroxamine	2. 00
	噻虫嗪	Thiamethoxam	0. 20
	噻嗪酮	Buprofezin	0. 30
	三唑并嘧啶类杀菌剂	Ametoctradin	3. 00
	三唑醇	Triadimenol	0. 50
	三唑酮	Triadimefon	1. 00
	杀草强	Amitrole	0. 01*
	杀螟硫磷	Fenitrothion	0. 50
	杀扑磷	Methidathion	0. 50
	双炔酰菌胺	Mandipropamid	2. 00
	四螨嗪	Clofentezine	1. 00
	特苯恶唑	Etoxazole	0. 50
	蚊蝇醚	Pyriproxyfen	2. 50
	肟菌酯	Trifloxystrobin	0. 50
	戊菌唑	Penconazole	0. 10
	戊唑醇	Tebuconazole	5. 00
	烯酰吗啉	Dimethomorph	2. 00
	溴苯腈	Bromoxynil	0. 01*
	依马菌素	Emamectin	0. 002*
	乙硫磷	Ethion	2. 00
	乙烯利	Ethephon	10. 00
	乙氧氟草醚	Oxyfluorfen	0. 05
	异恶草胺	Isoxaben	0. 01*
	异菌脲	Iprodione	20. 00
	抑菌灵	Dichlofluanid	0. 50
	吲哚羧酸酯	Fenhexamid	10. 00
	茚虫威	Indoxacarb	0. 50
	英拜除草剂	Butafenacil	T0. 02*

第 16 节　美国水果农残限量要求

水果品种	检 测 项 目	英 文 名	农残限量标准 ×10^{-6}(ppm)
苹果	2，4-二硝基-6-辛基苯基丁烯酸酯和2，6-二甲基-4-辛基苯基 丁烯酸酯	2，4-Dinitro-6-octylphenyl crotonate and 2，6-dinitro-4-octylphenyl crotonate	0.10
	Es-生物丙烯菊酯	Esfenvalerate	1.00
	Isopyrazam	Isopyrazam	0.70
	阿维菌素 B1 及其 delta-8，9-异构体	Avermectin B1 and its delta-8，9-isomer	0.02
	氨基乙氧基乙烯基甘氨酸	Aminoethoxyvinylglycine hydrochloride(aviglycine HCl)	0.08
	保棉磷	Azinphos-methyl	1.50
	苯并噻二唑	Acibenzolar-S-methyl	0.05
	苯丁锡	Fenbutatin-oxide	15.00
	吡虫啉	Imidacloprid	0.50
	草铵膦	Glufosinate-ammonium	0.05
	虫酰肼	Tebufenozide	1.00
	除虫菊素	Pyrethrins	1.00
	哒草伏	Norflurazon	0.10
	哒螨灵	Pyridaben	0.50
	代森联	Metiram	0.50
	代森锰锌	Mancozeb	0.60
	敌草腈	Dichlobenil	0.50
	敌草隆	Diuron	0.10
	毒死蜱	Chlorpyrifos	0.01
	多果定	Dodine	5.00
	二苯胺	Diphenylamine	10.00
	二嗪磷	Diazinon	0.50
	伐虫脒盐酸盐	Formetanate hydrochloride	0.50
	伏杀硫磷	Phosalone	10.00
	氟吡菌酰胺	Fluopyram	0.30
	氟虫脲	Flufenoxuron	0.50

续表

水果品种	检 测 项 目	英 文 名	农残限量标准 $\times 10^{-6}$(ppm)
苹果	氟啶胺	Fluazinam	2.00
	福美双	Thiram	7.00
	福美铁	Ferbam	4.00
	福美锌	Ziram	7.00
	甲苯氟磺胺	Tolylfluanid	5.00
	甲基硫菌灵	Thiophanate-methyl	2.00
	甲霜灵	Metalaxyl	0.20
	腈苯唑	Fenbuconazole	0.40
	腈菌唑	Myclobutanil	0.50
	菌多杀	Endothall	0.05
	克菌丹	Captan	25.00
	邻苯基苯酚和其钠盐	o-Phenylphenol and its sodium salt	25.00
	硫丹	Endosulfan	1.00
	氯苯嘧啶醇	Fenarimol	0.30
	氯吡嘧磺隆	Halosulfuron-methyl	0.05
	马拉硫磷	Malathion	8.00
	螨即死	Fenazaquin	0.20
	灭多威	Methomyl	1.00
	灭菌丹	Folpet	5.00
	庆大霉素	Gentamicin	0.10
	炔苯酰草胺	Propyzamide	0.10
	杀线威	Oxamyl	2.00
	四螨嗪	Clofentezine	0.50
	特草定	Terbacil	0.30
	土霉素	Oxytetracycline	0.35
	无机溴	Inorganic bromide	5.00
	西玛津	Simazine	0.20
	亚胺硫磷	Phosmet	10.00
	乙烯利	Ethephon	5.00
	增效醚	Piperonyl butoxide	8.00

水果品种	检 测 项 目	英 文 名	农残限量标准 $\times 10^{-6}$ (ppm)
梨	Es-生物丙烯菊酯	Esfenvalerate	1.00
	阿维菌素 B1 及其 delta-8，9-异构体	Avermectin B1 and its delta-8，9-isomer	0.02
	氨基乙氧基乙烯基甘氨酸	Aminoethoxyvinylglycine hydrochloride (aviglycine HCl)	0.08
	保棉磷	Azinphos-methyl	1.50
	苯并噻二唑	Acibenzolar-S-methyl	0.05
	苯丁锡	Fenbutatin-oxide	15.00
	除虫脲	Diflubenzuron	0.50
	哒草伏	Norflurazon	0.10
	哒螨灵	Pyridaben	0.75
	代森锰锌	Mancozeb	0.60
	敌草腈	Dichlobenil	0.50
	敌草隆	Diuron	1.00
	毒死蜱	Chlorpyrifos	0.05
	多果定	Dodine	5.00
	恶二唑虫	Indoxacarb	0.20
	二嗪磷	Diazinon	0.50
	伐虫脒盐酸盐	Formetanate hydrochloride	0.50
	伏杀硫磷	Phosalone	10.00
	氟虫脲	Flufenoxuron	0.50
	福美铁	Ferbam	4.00
	福美锌	Ziram	7.00
	甲基硫菌灵	Thiophanate-methyl	3.00
	克菌丹	Captan	25.00
	乐果	Dimethoate	2.00
	联苯菊酯	Bifenthrin	0.50
	邻苯基苯酚和其钠盐	o-Phenylphenol and its sodium salt	25.00
	硫丹	Endosulfan	2.00
	氯苯嘧啶醇	Fenarimol	0.10

续表

水果品种	检 测 项 目	英 文 名	农残限量标准 $\times 10^{-6}$(ppm)
梨	氯吡脲	Forchlorfenuron	0.01
	马拉硫磷	Malathion	8.00
	螨即死	Fenazaquin	0.20
	炔苯酰草胺	Propyzamide	0.10
	噻嗪酮	buprofezin	6.00
	杀线威	Oxamyl	2.00
	四螨嗪	Clofentezine	0.50
	土霉素	Oxytetracycline	0.35
	西玛津	Simazine	0.25
	亚胺硫磷	Phosmet	10.00
	乙氧喹啉	Ethoxyquin	3.00
	吲哚羧酸酯	Fenhexamid	10.00

水果品种	检 测 项 目	英 文 名	农残限量标准 $\times 10^{-6}$(ppm)
猕猴桃	Es-生物丙烯菊酯	Esfenvalerate	0.50
	氨磺乐灵	Oryzalin	0.05
	百草枯	Paraquat	0.05
	草甘膦	Glyphosate	0.20
	草萘胺	Napropamide	0.10
	虫酰肼	Tebufenozide	0.50
	毒死蜱	Chlorpyrifos	2.00
	二嗪磷	Diazinon	0.75
	氟化合物	Fluorine compounds	15.00
	氟酮唑草	Carfentrazone-ethyl	0.10
	甲双灵	Mefenoxam	0.10
	咯菌腈	Fludioxonil	20.00
	氯吡脲	Forchlorfenuron	0.04
	氯菊酯	Permethrin	2.00
	嘧菌环胺	Cyprodinil	1.80
	杀扑磷	Methidathion	0.10
	亚胺硫磷	Phosmet	25.00
	乙氧氟草醚	Oxyfluorfen	0.05

续表

水果品种	检 测 项 目	英 文 名	农残限量标准 ×10^{-6}(ppm)
猕猴桃	异菌脲	Iprodione	10.00
	吲哚羧酸酯	Fenhexamid	15.00

水果品种	检 测 项 目	英 文 名	农残限量标准 ×10^{-6}(ppm)
柑橘类水果	1，1-双（4 氯苯基）-2，2，2-三氯	1,1-Bis(4-chlorophenyl)-2，2，2-trichloroethanol	6.00
	2，4-滴	2，4-D	3.00
	Cyantraniliprole	Cyantraniliprole	0.70
	Indaziflam	Indaziflam	0.01
	Saflufenacil	Saflufenacil	0.03
	Spinetoram	Spinetoram	0.30
	Sulfoxaflor	Sulfoxaflor	0.70
	Tolfenpyrad	Tolfenpyrad	1.50
	阿维菌素 B1 及其 delta-8，9-异构体	Avermectin B1 and its delta-8，9-isomer	0.02
	艾克敌	Spinosad	0.30
	氨磺乐灵	Oryzalin	0.05
	百草枯	Paraquat	0.05
	百克敏	Pyraclostrobin	2.00
	苯丁锡	Fenbutatin-oxide	20.00
	苯醚甲环唑	Difenoconazole	0.60
	吡虫啉	Imidacloprid	0.70
	吡虫清	Acetamiprid	1.00
	吡氟禾草灵	Fluazifop-P-butyl	0.03
	丙环唑	Propiconazole	8.00
	布洛芬	Trifloxystrobin	0.60
	草铵膦	Glufosinate-ammonium	0.15
	草甘膦	Glyphosate	0.50
	虫酰肼	Tebufenozide	0.80
	除草定	Bromacil	0.10
	哒草伏	Norflurazon	0.20
	哒螨灵	Pyridaben	0.50

续表

水果品种	检 测 项 目	英 文 名	农残限量标准 $\times 10^{-6}$ (ppm)
柑橘类水果	敌草快	Diquat	0.05
	敌草隆	Diuron	0.05
	丁氟螨酯	Cyflumetofen	0.30
	啶嘧磺隆	Flazasulfuron	0.01
	啶酰菌胺	Boscalid	2.00
	毒死蜱	Chlorpyrifos	1.00
	二甲嘧菌胺	Pyrimethanil	10.00
	砜嘧磺隆	Rimsulfuron	0.01
	氟啶草酮	Fluridone	0.10
	氟化合物	Fluorine compounds	7.00
	氟乐灵	Trifluralin	0.05
	氟氯氰菊酯和异构体 b-氟氯氰菊酯	Cyfluthrin and the isomer beta-cyfluthrin	0.20
	氟酮唑草	Carfentrazone-ethyl	0.10
	福美铁	Ferbam	4.00
	季酮螨酯	Spirodiclofen	0.50
	甲磺草胺	Sulfentrazone	0.15
	甲基砷酸	Methanearsonic acid	0.35
	甲萘威	Carbaryl	10.00
	甲氰菊酯	Fenpropathrin	2.00
	甲霜灵	Metalaxyl	1.00
	甲氧虫酰肼	Methoxyfenozide	3.00
	腈苯唑	Fenbuconazole	1.00
	腈嘧菌酯	Azoxystrobin	10.00
	菌多杀	Endothall	0.05
	联苯菊酯	Bifenthrin	0.05
	邻苯基苯酚和其钠盐	o-Phenylphenol and its sodium salt	10.00
	咯菌腈	Fludioxonil	10.00
	氯虫酰胺	Chlorantraniliprole	1.40

续表

水果品种	检 测 项 目	英 文 名	农残限量标准 ×10⁻⁶(ppm)
柑橘类水果	氯氰菊酯和异构体和异构体 Z-氯氰菊酯	Cypermethrin and an isomer zeta-cypermethrin	0. 35
	氯氰菊酯和异构体和异构体 Z-氯氰菊酯	Cypermethrin and an isomer zeta-cypermethrin	10. 00
	螺虫乙酯	Spirotetramat	0. 60
	螨即死	Fenazaquin	0. 50
	灭螨醌	ACEQUINOCYL	0. 20
	氢氰酸	Hydrogen cyanide	50. 00
	氰氟虫腙	Metaflumizone	0. 04
	噻虫嗪	Thiamethoxam	0. 40
	噻菌灵	Thiabendazole	10. 00
	噻螨酮	Hexythiazox	0. 35
	噻嗪酮	buprofezin	2. 50
	三氟啶黄隆	Trifloxysulfuron	0. 03
	三乙基膦酸铝	Aluminum tris(O-ethylphosphonate)	5. 00
	杀扑磷	Methidathion	4. 00
	杀线威	Oxamyl	3. 00
	四聚乙醛	Metaldehyde	0. 26
	蚊蝇醚	Pyriproxyfen	0. 30
	蚊蝇醚	Pyriproxyfen	0. 30
	烯菌灵	Imazalil	10. 00
	稀禾定	Sethoxydim	0. 50
	硝草胺	Pendimethalin	0. 10
	亚胺硫磷	Phosmet	5. 00
	乙基二丙硫脲	S-Ethyl dipropylthiocarbamate	0. 10
	唑螨酯	Fenpyroximate	0. 50

水果品种	检 测 项 目	英 文 名	农残限量标准 ×10⁻⁶(ppm)
桃	百菌清	Chlorothalonil	0. 50
	保棉磷	Azinphos-methyl	2. 00

续表

水果品种	检 测 项 目	英 文 名	农残限量标准×10^{-6}(ppm)
桃	苯丁锡	Fenbutatin-oxide	10.00
	丙环唑	Propiconazole	2.00
	除虫菊素	Pyrethrins	1.00
	哒草伏	Norflurazon	0.10
	敌草隆	Diuron	0.10
	毒死蜱	Chlorpyrifos	0.05
	二硫化碳	Carbon disulfide	0.10
	二嗪磷	Diazinon	0.20
	二溴磷	Naled	0.50
	伐虫脒盐酸盐	Formetanate hydrochloride	0.40
	呋虫胺	Dinotefuran	1.00
	伏杀硫磷	Phosalone	15.00
	氟化合物	Fluorine compounds	7.00
	福美双	Thiram	7.00
	福美铁	Ferbam	4.00
	福美锌	Ziram	7.00
	甲基硫菌灵	Thiophanate-methyl	3.00
	克菌丹	Captan	15.00
	邻苯基苯酚和其钠盐	o-Phenylphenol and its sodium salt	20.00
	硫丹	Endosulfan	2.00
	氯菊酯	Permethrin	1.00
	氯硝胺	Dicloran	20.00
	马拉硫磷	Malathion	8.00
	灭多威	Methomyl	5.00
	噻虫胺	Clothianidin	0.80
	噻嗪酮	buprofezin	9.00
	四螨嗪	Clofentezine	1.00
	特草定	Terbacil	0.20
	土霉素	Oxytetracycline	0.35
	无机溴	Inorganic bromide	20.00
	戊唑醇	Tebuconazole	1.00

续表

水果品种	检 测 项 目	英 文 名	农残限量标准 $\times 10^{-6}$(ppm)
桃	西玛津	Simazine	0.20
	烯草酮	Clethodim	0.20
	稀禾定	Sethoxydim	0.20
	亚胺硫磷	Phosmet	10.00
	异菌脲	Iprodione	20.00
	增效醚	Piperonyl butoxide	8.00

水果品种	检 测 项 目	英 文 名	农残限量标准 $\times 10^{-6}$(ppm)
油桃	百菌清	Chlorothalonil	0.50
	丙环唑	Propiconazole	2.00
	哒草伏	Norflurazon	0.10
	毒死蜱	Chlorpyrifos	0.05
	二嗪磷	Diazinon	0.20
	伐虫脒盐酸盐	Formetanate hydrochloride	0.40
	氟化合物	Fluorine compounds	7.00
	福美铁	Ferbam	4.00
	克菌丹	Captan	25.00
	克螨特	Propargite	4.00
	邻苯基苯酚和其钠盐	o-Phenylphenol and its sodium salt	5.00
	硫丹	Endosulfan	2.00
	氯硝胺	Dicloran	20.00
	马拉硫磷	Malathion	8.00
	灭多威	Methomyl	5.00
	四螨嗪	Clofentezine	1.00
	无机溴	Inorganic bromide	20.00
	稀禾定	Sethoxydim	0.20
	亚胺硫磷	Phosmet	5.00
	异菌脲	Iprodione	20.00

水果品种	检 测 项 目	英 文 名	农残限量标准 $\times 10^{-6}$ (ppm)
李子	Cyantraniliprole	Cyantraniliprole	0.50
	Tolfenpyrad	Tolfenpyrad	3.00
	阿维菌素 B1 及其 delta-8，9-异构体	Avermectin B1 and its delta-8，9-isomer	0.01
	百菌清	Chlorothalonil	0.20
	百菌清	Chlorothalonil	0.20
	保棉磷	Azinphos-methyl	2.00
	丙环唑	Propiconazole	0.60
	甲基硫菌灵	Thiophanate-methyl	0.50
	联苯肼酯	Bifenazate	0.20
	硫丹	Endosulfan	2.00
	硫丹	Endosulfan	2.00
	马拉硫磷	Malathion	8.00
	马拉硫磷	Malathion	8.00
	噻虫啉	Thiacloprid	0.05
	噻螨酮	Hexythiazox	0.10
	特苯恶唑	Etoxazole	0.15
	无机溴	Inorganic bromide	20.00
	戊唑醇	Tebuconazole	1.00
	西玛津	Simazine	0.20
	异菌脲	Iprodione	20.00
	异菌脲	Iprodione	20.00
新鲜李子	苯丁锡	Fenbutatin-oxide	4.00
李子	吡虫清	Acetamiprid	0.20
	除虫菊素	Pyrethrins	1.00
	哒草伏	Norflurazon	0.10
	毒死蜱	Chlorpyrifos	0.05
	二硫化碳	Carbon disulfide	0.10
	二嗪磷	Diazinon	0.20
	伏杀硫磷	Phosalone	15.00
	氟化合物	Fluorine compounds	7.00
	甲氧虫酰肼	Methoxyfenozide	0.30

续表

水果品种	检 测 项 目	英 文 名	农残限量标准×10⁻⁶(ppm)
李子	克菌丹	Captan	10.00
	邻苯基苯酚和其钠盐	o-Phenylphenol and its sodium salt	20.00
	氯吡脲	Forchlorfenuron	0.01
	氯硝胺	Dicloran	15.00
	噻螨酮	Hexythiazox	0.10
	亚胺硫磷	Phosmet	5.00
	吲哚羧酸酯	Fenhexamid	1.50
	增效醚	Piperonyl butoxide	8.00

水果品种	检 测 项 目	英 文 名	农残限量标准×10⁻⁶(ppm)
杏	百菌清	Chlorothalonil	0.50
	苯菌酮	Metrafenone	0.70
	哒草伏	Norflurazon	0.10
	二嗪磷	Diazinon	0.20
	氟化合物	Fluorine compounds	7.00
	福美锌	Ziram	7.00
	甲基硫菌灵	Thiophanate-methyl	15.00
	克菌丹	Captan	10.00
	硫丹	Endosulfan	2.00
	氯硝胺	Dicloran	20.00
	马拉硫磷	Malathion	8.00
	噻嗪酮	buprofezin	9.00
	四螨嗪	Clofentezine	1.00
	稀禾定	Sethoxydim	0.20
	亚胺硫磷	Phosmet	5.00
	异菌脲	Iprodione	20.00

水果品种	检 测 项 目	英 文 名	农残限量标准×10⁻⁶(ppm)
樱桃	保棉磷	Azinphos-methyl	2.00
	哒草伏	Norflurazon	0.10

续表

水果品种	检 测 项 目	英 文 名	农残限量标准 $\times 10^{-6}$(ppm)
樱桃	伏杀硫磷	Phosalone	15.00
	氟吡菌酰胺	Fluopyram	0.60
	福美铁	Ferbam	4.00
	邻苯基苯酚和其钠盐	o-Phenylphenol and its sodium salt	5.00
	马拉硫磷	Malathion	8.00
	双苯氟脲	Novaluron	8.00
	四螨嗪	Clofentezine	1.00
	戊唑醇	Tebuconazole	4.00
	西玛津	Simazine	0.25
	亚胺硫磷	Phosmet	10.00
	乙烯利	Ethephon	10.00
甜樱桃	1-萘乙酸	1-Naphthaleneacetic acid	0.10
樱桃	百菌清	Chlorothalonil	0.50
	苯丁锡	Fenbutatin-oxide	6.00
	除虫菊素	Pyrethrins	1.00
	调环酸钙盐	Prohexadione calcium	0.40
	毒死蜱	Chlorpyrifos	1.00
	二嗪磷	Diazinon	0.20
	氟菌唑	Triflumizole	1.50
	福美锌	Ziram	7.00
	甲基硫菌灵	Thiophanate-methyl	20.00
	甲氰菊酯	Fenpropathrin	5.00
	腈菌唑	Myclobutanil	5.00
	克菌丹	Captan	50.00
	乐果	Dimethoate	2.00
	硫丹	Endosulfan	2.00
	氯苯嘧啶醇	Fenarimol	1.00
	氯吡脲	Forchlorfenuron	0.01
	氯吡脲	Forchlorfenuron	0.01
	氯虫酰胺	Chlorantraniliprole	2.00
	氯菊酯	Permethrin	4.00

续表

水果品种	检测项目	英文名	农残限量标准 $\times 10^{-6}$(ppm)
樱桃	氯硝胺	Dicloran	20.00
	灭螨醌	ACEQUINOCYL	0.50
	无机溴	Inorganic bromide	20.00
	稀禾定	Sethoxydim	0.20
	异菌脲	Iprodione	20.00
	增效醚	Piperonyl butoxide	8.00
酸樱桃	百菌清	Chlorothalonil	0.50
樱桃	苯丁锡	Fenbutatin-oxide	6.00
	除虫菊素	Pyrethrins	1.00
	毒死蜱	Chlorpyrifos	1.00
	二嗪磷	Diazinon	0.20
	氟菌唑	Triflumizole	1.50
	福美锌	Ziram	7.00
	甲基硫菌灵	Thiophanate-methyl	20.00
	甲氰菊酯	Fenpropathrin	5.00
	腈菌唑	Myclobutanil	5.00
	克菌丹	Captan	50.00
	乐果	Dimethoate	2.00
	硫丹	Endosulfan	2.00
	氯苯嘧啶醇	Fenarimol	1.00
	氯虫酰胺	Chlorantraniliprole	2.00
	氯菊酯	Permethrin	4.00
	灭螨醌	ACEQUINOCYL	1.00
	无机溴	Inorganic bromide	20.00
	稀禾定	Sethoxydim	0.20
	异菌脲	Iprodione	20.00
	增效醚	Piperonyl butoxide	8.00

水果品种	检测项目	英文名	农残限量标准 $\times 10^{-6}$(ppm)
石榴	Spinetoram	Spinetoram	0.30
	Tolfenpyrad	Tolfenpyrad	2.00
	艾克敌	Spinosad	0.30

续表

水果品种	检 测 项 目	英 文 名	农残限量标准 ×10⁻⁶(ppm)
石榴	氨磺乐灵	Oryzalin	0.05
	吡草醚	Pyraflufen-ethyl	0.01
	吡虫啉	Imidacloprid	0.90
	丙炔氟草胺	Flumioxazin	0.02
	草甘膦	Glyphosate	0.20
	氟酮唑草	Carfentrazone-ethyl	0.10
	甲氧虫酰肼	Methoxyfenozide	0.60
	咯菌腈	Fludioxonil	5.00
	氯虫酰胺	Chlorantraniliprole	4.00
	螺虫乙酯	Spirotetramat	0.50
	灭多威	Methomyl	0.20
	噻虫胺	Clothianidin	0.20
	噻嗪酮	buprofezin	1.90
	蚊蝇醚	Pyriproxyfen	0.20
	无机溴	Inorganic bromide	100.00
	硝草胺	Pendimethalin	0.10
	乙氧氟草醚	Oxyfluorfen	0.05
	吲哚羧酸酯	Fenhexamid	2.00

水果品种	检 测 项 目	英 文 名	农残限量标准 ×10⁻⁶(ppm)
葡萄	1，1 -双（4 氯苯基）-2，2，2 -三氯	1，1-Bis(4-chlorophenyl)-2，2，2-trichloroethanol	5.00
	1，3-二氯丙烯	1,3-DICHLOROPROPENE	0.02
	2，4-滴	2，4-D	0.05
	2，4-二硝基-6-辛基苯基丁烯酸酯和 2，6-二甲基-4-辛基苯基 丁烯酸酯	2， 4-Dinitro-6-octylphenyl crotonate and 2， 6-dinitro-4-octylphenyl crotonate	0.10
	Amisulbrom	Amisulbrom	0.40
	Indaziflam	Indaziflam	0.01
	Meptyldinocap	Meptyldinocap	0.20
	Pyriofenone	Pyriofenone	0.30
	Saflufenacil	Saflufenacil	0.03

续表

水果品种	检 测 项 目	英 文 名	农残限量标准 ×10^{-6}(ppm)
葡萄	Spinetoram	Spinetoram	0.50
	Tolfenpyrad	Tolfenpyrad	2.00
	阿维菌素 B1 及其 delta-8，9-异构体	Avermectin B1 and its delta-8，9-isomer	0.02
	艾克敌	Spinosad	0.50
	氨磺乐灵	Oryzalin	0.05
	百草枯	Paraquat	0.05
	苯丁锡	Fenbutatin-oxide	5.00
	苯醚甲环唑	Difenoconazole	4.00
	苯噻菌胺	Benthiavalicarb-isopropyl	0.25
	苯酰菌胺	Zoxamide	3.00
	吡草醚	Pyraflufen-ethyl	0.01
	吡虫啉	Imidacloprid	1.00
	吡氟禾草灵	Fluazifop-P-butyl	0.01
	丙炔氟草胺	Flumioxazin	0.02
	丙氧喹啉	Proquinazid	0.50
	布洛芬	Trifloxystrobin	2.00
	草铵膦	Glufosinate-ammonium	0.05
	草甘膦	Glyphosate	0.20
	草萘胺	Napropamide	0.10
	虫酰肼	Tebufenozide	3.00
	除虫菊素	Pyrethrins	1.00
	哒草伏	Norflurazon	0.10
	哒螨灵	Pyridaben	1.50
	代森锰锌	Mancozeb	1.50
	敌草腈	Dichlobenil	0.15
	敌草快	Diquat	0.05
	敌草隆	Diuron	0.05
	丁氟螨酯	Cyflumetofen	0.60
	啶嘧磺隆	Flazasulfuron	0.01
	毒死蜱	Chlorpyrifos	0.01
	恶唑菌酮	Famoxadone	2.50

续表

水果品种	检 测 项 目	英 文 名	农残限量标准×10^{-6}(ppm)
葡萄	二硫化碳	Carbon disulfide	0.10
	二噻农	Dithianon	3.00
	二溴磷	Naled	0.50
	二氧化硫	Sulfur dioxide	10.00
	粉唑醇	Flutriafol	1.50
	砜嘧磺隆	Rimsulfuron	0.01
	呋喃丹	Carbofuran	0.40
	伏杀硫磷	Phosalone	10.00
	氟虫脲	Flufenoxuron	0.70
	氟虫酰胺	Flubendiamide	1.40
	氟啶草酮	Fluridone	0.10
	氟化合物	Fluorine compounds	7.00
	氟乐灵	Trifluralin	0.05
	氟氯氰菊酯和异构体 b-氟氯氰菊酯	Cyfluthrin and the isomer beta-cyfluthrin	1.00
	氟酮唑草	Carfentrazone-ethyl	0.10
	福美铁	Ferbam	4.00
	福美锌	Ziram	7.00
	季酮螨酯	Spirodiclofen	2.00
	甲苯氟磺胺	Tolylfluanid	11.00
	甲基硫菌灵	Thiophanate-methyl	5.00
	甲萘威	Carbaryl	10.00
	甲哌啶(N,N-二甲基哌啶氯化物)	Mepiquat (N, N-dimethylpiperidinium)	1.00
	甲霜灵	Metalaxyl	2.00
	腈苯唑	Fenbuconazole	1.00
	腈菌唑	Myclobutanil	1.00
	腈嘧菌酯	Azoxystrobin	1.00
	菌多杀	Endothall	1.00
	克菌丹	Captan	25.00

续表

水果品种	检测项目	英文名	农残限量标准 $\times10^{-6}$(ppm)
葡萄	克螨特	Propargite	10.00
	克线磷	Fenamiphos	0.10
	联苯肼酯	Bifenazate	0.75
	联苯菊酯	Bifenthrin	0.20
	磷化锌	Zinc phosphide	0.01
	咯菌腈	Fludioxonil	1.00
	氯苯嘧啶醇	Fenarimol	0.1.
	氯吡脲	Forchlorfenuron	0.03
	氯氰菊酯和异构体和异构体Z-氯氰菊酯	Cypermethrin and an isomer zeta-cypermethrin	2.00
	氯硝胺	Dicloran	10.00
	马拉硫磷	Malathion	8.00
	咪唑菌酮	Fenamidone	1.00
	醚菌酯	Kresoxim-methyl	1.00
	嘧菌胺	Mepanipyrim	1.50
	嘧菌环胺	Cyprodinil	2.00
	灭多威	Methomyl	5.00
	灭菌丹	Folpet	50.00
	内氟吡菌胺	Fluopicolide	2.00
	氰氟虫腙	Metaflumizone	0.04
	氰霜唑	Cyazofamid	1.50
	炔苯酰草胺	Propyzamide	0.10
	萁孢菌素	Spiroxamine	1.00
	噻虫胺	Clothianidin	0.60
	噻螨酮	Hexythiazox	0.75
	噻嗪酮	buprofezin	2.50
	噻唑菌胺	Ethaboxam	6.00
	三乙基膦酸铝	Aluminum tris(O-ethylphosphonate)	10.00
	三唑并嘧啶类杀菌剂	Ametoctradin	4.00
	霜脲氰	Cymoxanil	0.10
	四螨嗪	Clofentezine	1.00

续表

水果品种	检 测 项 目	英 文 名	农残限量标准 $\times 10^{-6}$ (ppm)
葡萄	蚊蝇醚	Pyriproxyfen	2.50
	无机溴	Inorganic bromide	20.00
	五氟磺草胺	Penoxsulam	0.01
	戊唑醇	Tebuconazole	5.00
	西玛津	Simazine	0.20
	烯酰吗啉	Dimethomorph	3.00
	稀禾定	Sethoxydim	1.00
	硝草胺	Pendimethalin	0.10
	缬霉威	Iprovalicarb	2.00
	亚胺硫磷	Phosmet	10.00
	乙烯利	Ethephon	2.00
	乙氧氟草醚	Oxyfluorfen	0.05
	异恶草胺	Isoxaben	0.01
	异菌脲	Iprodione	60.00
	吲哚羧酸酯	Fenhexamid	4.00
	增效醚	Piperonyl butoxide	8.00

附　　录

第 1 节　检疫性实蝇监测技术指南

1　监测区域

检疫性实蝇监测重点区域包括：

1）进口水果蔬菜等实蝇寄主材料进入点（如国际机场等）和集散地及其相应的周边地区；

2）入境旅客滞留（或旅游热点）地区；

3）远洋垃圾集中堆放、处理场所及其邻近地区；

4）城区内、近郊的植物园、大学校园等具有实蝇寄主植物的场所；

5）其他具有检疫性实蝇传入条件的地区或场所。

2　监测时间

2.1　监测时间确立指导原则

参照目标实蝇的生物学特性及当地的气候条件，监测时间根据以下原则确定：

日平均温度超过 15℃时，需开展监测；

日平均温度低于 10℃的，无需开展监测；

日平均温度在 10℃～15℃的，视情形开展监测。

2.2　全国各地建议监测时间

按 2.1 原则，各地区需开展实蝇监测的时间见表 1。

表 1　各直属局需开展监测的时间*

直　属　局	年总监测时间（月）	推荐的监测起止时间
海南	12	全年
广东、福建、浙江、重庆、深圳、珠海	8	4 月 1 日至 11 月 30 日
广西、云南、贵州、四川、湖南、江西、湖北、江苏、上海、山东、宁波	7	4 月 1 日至 10 月 30 日
甘肃、北京、安徽	6	5 月 1 日至 10 月 30 日
西藏、陕西、天津、河南、山西	5	5 月 1 日至 9 月 30 日
新疆、青海、宁夏、河北、辽宁、吉林、黑龙江	4	6 月 1 日至 9 月 30 日
内蒙古	3	5 月 1 日至 8 月 1 日

* 各局具体监测时间可根据当地气候等因素作适当调整。

3　诱剂（饵）与诱捕器

3.1　诱剂（饵）

3.1.1　地中海实蝇诱芯

地中海实蝇诱芯 Trimedlure（简称 TML），属雄性外激素诱剂，聚合栓状。使用时加入粘蝇纸块以粘着诱入的成虫。

3.1.2　橘小实蝇诱剂

橘小实蝇引诱剂 Methyl eugenol（简称 Me），属雄性外激素引诱剂，液体。使用时加入约 8% 的马拉松原药，以杀死诱入的成虫。

3.1.3　瓜实蝇引诱剂

瓜实蝇引诱剂 Cuelure（简称 Cue），属雄性外激素引诱剂，液体。使用时加入约 5% 的马拉松原药，以杀死诱入的成虫。

3.1.4　蛋白诱饵

蛋白诱饵 Protein Bait（PB），是一种食物引诱物，固体。使用时溶于水，借散发出氨味吸引成虫，成虫进入诱捕器后溺水而死。

3.2　诱捕器及使用方法

3.2.1　Steiner 诱捕器及其使用方法

Steiner 诱捕器是用塑料制成的圆筒状透明容器，主要使用 TML 诱芯、Me 或 Cue 诱剂。其中，用于承载固体诱芯（TML）时的使用方法是：将开包后的地中海实蝇诱芯放入配备的小篮子内，盖上篮盖，挂于穿过诱捕器螺丝孔的细铁丝上，在诱捕器内壁粘上大小约为 10cm ×7cm 的粘蝇纸，以粘杀诱入的目标实蝇。

用于承载液体诱剂（Me 或 Cue）时的使用方法是：准备好长约 4 cm，直径约 1cm 搓实的脱脂棉芯，将棉芯固定在穿过诱捕器螺丝孔的细铁丝上。然后将诱捕器编上标识号，再用细滴管将混有 8% 的马拉松的 Me 或 Cue 诱剂 3 ~4mL 加入上述棉芯中，盖上诱捕器盖即可。

Steiner 诱捕器

Mcphail 诱捕器

3.2.2　McPhail 诱捕器及其使用方法 McPhail 诱捕器是用塑料制成的壶形瓶状容器，主要使用 PB 诱饵。使用时，在诱捕器底座部分加适量的洁净清水，然后放入 4 粒诱饵，轻轻摇动至诱饵溶解，套上盖后即可。

3.3 其他器具

数码相机、GPS、铁丝、指形管、撑杆、橡胶手套、筛网、胶桶、镊子、粘蝇纸、记录用具等。

4 操作方法

4.1 监测点选择

首要选择具有成熟果实的主要寄主植物为诱捕器悬挂点。在某些监测区内，如果没有主要寄主，则应选用次要寄主。如果没有实蝇寄主植物，则需选择能为实蝇成虫提供庇护或者食物的植物（后者对用蛋白诱饵监测时更为重要）。

注意事项：

（1）在监测点选择时，还应考虑到农事操作（如杀虫剂的使用）对实蝇诱捕效果的影响。

（2）对于一些实蝇寄主材料进入点（如国际机场、入境口岸等）常没有寄主植物可选，这种情况下，应将监测点选择在进入点的周边地区。

4.2 诱捕器重置

诱捕器悬挂点应随寄主果实的成熟期变更而进行调整，即需要有计划地对诱捕器进行重置。

4.3 诱捕器悬挂位置

性外激素诱剂（如 Me、Cue、TML）诱捕器应优先选择悬挂在寄主植物的树冠或其附近半阴暗且逆风的地方，也可挂在能够为实蝇提供庇护、避开强风和天敌的场所。针对食物诱饵（如 PB）诱捕器则应悬挂在寄主植物背光（阴暗）的一面。

诱捕器具体悬挂位置应视树干高度和风向而定。通常是寄主植物树冠近中部处，但不宜暴露在太阳直射、强风或多尘土的地方。同时，诱捕器入口应避免受树枝、树叶、蜘蛛网或其他阻碍物的遮挡，使诱捕器内气流流通以便于目标实蝇进入。

为防止不同引诱物间相互干扰而降低诱捕效果，应避免在同一棵树上悬挂两种或以上不同诱剂诱捕器，一般来讲两个诱捕器间的悬挂距离要在 3m 以上。

4.4 诱捕器悬挂密度

诱捕器悬挂密度应根据实蝇监测的目的确定。同时，考虑目标实蝇种类、引诱剂（饵）的诱捕效率以及寄主的可得性，并结合当地气候与地形等因素确定。以预警检疫性入侵实蝇为目的的监测，各类诱剂（饵）诱捕器设置密度见表 2。

表 2 各类诱剂（饵）诱捕器密度信息表

诱剂类型	诱捕器类型	诱捕器推荐密度（个/km^2）	重点诱捕对象
TML	Steiner	3～12	地中海实蝇及其相关种类
Me	Steiner	3～12	橘小实蝇、桃实蝇、番石榴实蝇等
Cue	Steiner	3～12	瓜实蝇、南瓜实蝇、昆士兰实蝇等
PA	McPhail	5～12	橘大实蝇、蜜柑大实蝇、辣椒实蝇、按实蝇类等

4.5 诱捕器的维护

诱捕器中引诱剂（饵）的添加或更换是诱捕器维护的主要环节。各种引诱剂（饵）添加量以及更换或补充的间隔期见表3。

引诱物添加时需防止其外溢，以避免诱捕器外侧、地面或诱捕器周围的叶片和枝条受引诱剂污染。在使用 Me 和 Cue 液体诱剂时，棉芯要搓实，以避免诱剂污染诱捕器，导致诱捕器受侵蚀，影响监测效果。

表3 各诱剂（饵）添加/更换时间间隔

诱剂（饵）类型	首次用量	添加/更换时间间隔
TML	1粒	1个月后更换（含诱芯、粘纸和小篮）
Me	3mL～4mL	依棉芯的湿润程度，可15天或30天之后加1次，每次2mL，棉芯使用2个月后需更新
Cue	3mL～4mL	每次加2mL（依棉芯的湿润程度，可15天或30天加1次），棉芯使用2个月后需更新
PB	4粒	每7天更换一次，与结果检查同步

4.6 诱捕点的记录

悬挂好诱捕器的同时，需按表4要求进行记录。建议运用 GPS，以有效地记录和提供每个诱捕点的地理信息。如果没有条件使用 GPS 的，至少需要提供诱捕器悬挂点详细信息或相应的地图或草图。

表4 诱捕点信息记录表

编号	悬挂时间	悬挂寄主及其挂果状况（拉丁名）	经纬度（如果有）	悬挂具体位置描述	操作人	备注

4.7 结果检查

4.7.1 检查间隔时间

诱捕器的检查时间间隔根据监测的目的及使用诱剂（饵）的特性确定。除对实蝇疫情应急处置需按特定时间要求之外，对于一般性监测调查推荐的结果检查时间间隔见表5。

表5 不同诱剂（饵）诱捕器结果检查时间间隔

诱剂（饵）类型	诱捕器类型	检查时间间隔
TML	Steiner	14天
Me	Steiner	14天
Cue	Steiner	14天
PB	McPhail	7天

* 具体检查时间间隔可按不同的气候条件等因素作适当调整。

4.7.2　检查方法

在检查 Steiner 诱捕器时，开盖时注意保持诱捕器开口朝上倾斜，以免诱捕器内的实蝇倾倒下地，按表 6 的要求做好相关记录。标本尽量置入小玻璃瓶后用封口袋装载，写上相应的标签，带回实验室鉴定。

在检查 McPhail 诱捕器时，先检查是否有活的实蝇存在。如果有，用手捂住底部入口，轻轻摇晃液体，以尽量使实蝇浸入溶液中，但要小心不要让液体溢出。然后再旋开诱捕器底部（如果诱捕器内液体不多，视情况可加入适量的清水以便于将其倒出），将液体倒到筛网中，以检查相应结果，为便于检查，常将筛网浸在事先准备好的盆装水面内，并按表 6 的要求做好相关记录，最后用镊子将监测到的实蝇移到装有酒精的小瓶内，携回实验室鉴定。

表 6　诱捕器检查记录表

诱捕点编号	检查时间	捕获实蝇数量	诱剂添加/补充情况		悬挂点变动情况		检查人	备注
			添加	更换	寄主及含挂果状况	经纬度（如果有）		

5　标本鉴定与记录

5.1　鉴定结果记录

带回实验室的标本要及时进行鉴定，并按表 7 要求记录好鉴定结果，将可疑标本浸泡于少量的 100% 酒精中，并按标本鉴定与复核程序要求做进一步鉴定或复核。

表 7　鉴定结果信息记录表

诱捕点编号	检查时间	鉴定结果		鉴定时间	鉴定人	复核人	标本处置情况	备注*
		种类	数量					

* 备注中注明是否送实蝇重点实蝇室鉴定，如是，需附上鉴定结果单。

5.2　标本的鉴定和复核程序

监测过程中捕获到实蝇标本，须按以下程序作鉴定或复核：

1）应在 1 ~2 天内对收集到的实蝇标本做初步鉴定。如不能确定或需复核的非检疫性实蝇标本，5 天内用特快邮件寄往上一级实验室或实蝇检疫重点实验室鉴定/复核，并及时联系确认标本是否送达。

2）如发现（或怀疑）是检疫性实蝇标本，应在1～2天内用特快邮件寄往实蝇检疫重点实验室鉴定或复核，并及时联系确认标本是否送达。

在提交标本时，需要提供必要的信息，如诱捕地点、悬挂寄主、诱剂（饵）种类、诱捕器编号、检查人等（有GPS信息的，同时提供），并确保标本在寄送过程中不受损坏。

3）实蝇检疫重点实验室在收到标本后1～3天内给予答复。

6　疫情的上报和应急启动

经鉴定或复核确认为检疫性实蝇疫情的，疫情所在直属局应在24小时内向总局汇报。实蝇重点实验室应立即派出专家组会同直属局对疫情开展现场调查和评估工作。并将调查评估结果和应急处置方案及时向总局报告。

7　应急处置

7.1　独立事件的应急处置

当诱到1头中国大陆未发生分布的检疫性实蝇（如地中海实蝇）成虫；或在半径2km范围内14天里，捕获到中国大陆局部地区发生分布的检疫性实蝇成虫不多于3头时，则视为独立事件，并按独立事件定界调查方案开展调查（见附件A）。

7.2　突发疫情事件的应急处置

当在实蝇寄主果实中发现1头检疫性实蝇幼虫或蛹；或在半径2km范围内14天里，捕获到中国大陆未发生分布的实蝇成虫数量多于1头或中国大陆局部地区发生分布的实蝇成虫多于3头，应视为突发疫情事件，由质检总局通报农业部，建议地方政府启动突发实蝇疫情事件的定界调查方案（见附件B），并采取根除措施（见附件C）。

8　文档保存

监测原始记录应保存于监测单位，所在直属局保存相应复印件，保存期10年。

附件A：

独立捕获事件定界调查方案

1　监测诱捕

1.1　监测布点

以实蝇发现点为中心，以半径分别为1km、2km和4km依次划出A区、B区和C区三个调查区（见图1），在不同调查区内目标实蝇寄主上依次以40个/km^2，20个/km^2和10个/km^2诱捕器密度设置诱捕器，同时，在A区内疫点周围加布50个蛋白诱饵诱捕器（针对Me或Cue或TML有引诱效果的实蝇种类）。其中A区布点需在疫情确认后2～3天内完成的，B区和C区的布点需在疫情确认后5～6天内完成。

1.2　检查频次

从发现实蝇疫情后到发现最后1头实蝇及其之后的第1个理论世代内（其中的世代历期的计算方法按泰山模型结合当地调查过程中的气温进行推算，具体由实蝇重点实验室负责技术指导），A区和B区诱捕器的检查频次是每星期2次。C区在发现的第1个理论世代里的检查频次是每星期1次。第二理论世代的调查恢复到原有的监测调查频次（每两星期1次）。各相关信息见表8。

表8 独立捕获事件各区调查内容及相关信息表

调查区域	涉及面积/km^2	诱捕器密度/(个/km^2)	诱捕器最大数量/个	检查频次
A区	3.2	40	128+50*	第一个理论世代内每星期2次；第二个理论世代，每两星期1次
B区	9.4	20	188	第一个理论世代内每星期2次，第二个理论世代，每两星期1次
C区	37.6	10	376	第一个理论世代内每星期1次，第二个理论世代，每两星期1次
合计	50.2	—	692+50*	—

* 表示蛋白诱饵诱捕器。

2　果实调查

2.1　调查方法

以实蝇发现点为中心，200m半径范围内开展果实取样调查活动，以检查或饲养观察是否有实蝇幼虫存在。

2.2　调查频次

在发现实蝇疫情之后，每隔7～10天调查一次，至少连续调查5次。

3　调查的终止或强化

自发现实蝇后经上述调查方案连续调查两个理论世代均未再发现任何实蝇个体，则该次疫情可确认为独立事件，自第三个世代起，恢复到原有的监测水平。

如果上述调查过程中，再度发现目标实蝇个体且符合突发疫情事件标准的，按突发疫情事件处置要求执行。

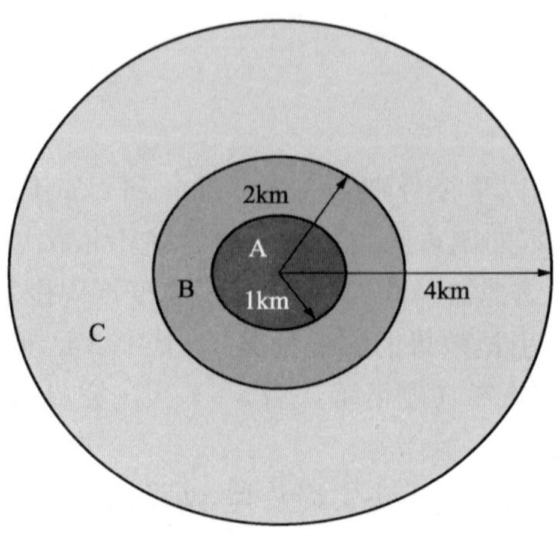

图1　独立捕获事件各调查区示意图

附件 B：

突发疫情事件定界调查方案

1　监测诱捕

1.1　监测布点

以实蝇发现点为中心，以半径分别为 1km、2km、4km、6km 和 7km 为依次划出 A 区、B 区、C 区、D 区和 E 区五个调查区（图 2），在不同调查区内的相应实蝇寄主树内依次以 40 个/km^2、20 个/km^2、10 个/km^2、8 个/ km^2和 4 个/ km^2 的诱捕器密度设置诱捕器。同时，在 A 区内疫点周围附加布置 50 个蛋白诱饵诱捕器（针对 Me 或 Cue 或 TML 有引诱效果的实蝇种类）。A 区、B 区和 C 区布点需在疫情确认后 2 ~6 天内完成的，其他区布点需在 8 天内完成。

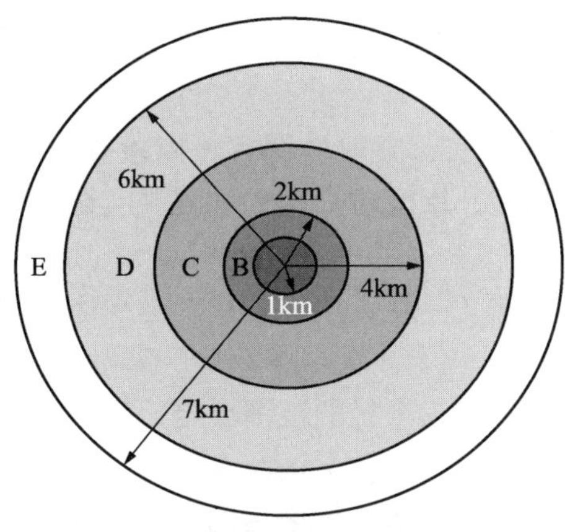

图 2　突发疫情事件各调查区示意图

1.2　调查频次

在发现实蝇疫情后到发现最后 1 头实蝇的第一个理论世代里（其中的世代历期的计算方法按泰山模型结合当地调查过程中的气温进行推算，具体由实蝇重点实验室负责技术指导），A 区、B 区和 C 区诱捕器的检查频率是每星期检查 2 次，D 区和 E 区检查频率是每 7 ~10 天检查一次。在发现最后 1 头实蝇后的第二理论世代开始，各区调查恢复到原有的监测调查频率（每两星期 1 次）。各相关信息见表 9。

表 9　突发疫情事件各区调查内容相关信息表

调查区域	涉及面积/km^2	诱捕器密度/(个/km^2)	诱捕器最大数量/个	检 查 频 次
A 区	3.2	40	128 +50*	第一个理论世代内每星期检查 2 次，第二个理论世代开始，每两星期检查 1 次
B 区	9.4	20	188	第一个理论世代内每星期检查 2 次，第二个理论世代开始，每两星期检查 1 次

续表

调查区域	涉及面积/km^2	诱捕器密度/(个/km^2)	诱捕器最大数量/个	检查频次
C 区	37.6	10	376	第一个理论世代内每星期检查1次，第二个理论世代开始，每两星期检查1次
D 区	62.8	8	503	第一个理论世代内每7～10天检查1次，第二个理论世代开始，每两星期检查1次
E 区	40.8	4	164	第一个理论世代内每7～10天检查1次，第二个理论世代开始，每两星期检查1次
合计	153.8	—	1359+50*	—

*表示蛋白诱饵诱捕器。

2 果实调查

2.1 调查方法

建议摘除A区内所有寄主果实，并取样调查，以检查或饲养观察是否有实蝇幼虫存在，并对摘除的果实做除害处理，B区和C区内加强果实调查频次。

2.2 调查频次

在发现实蝇疫情之后，每隔7～10天调查一次，至少连续调查5次。

3 疫区大小界定

以发现的疫点为中心，7.2km为半径的范围界定为疫区。

4 根除标准

上述措施维持至发现最后1头实蝇个体之后的三个理论世代，如果在连续三个理论世代期间内，未再发现新的实蝇个体，则将宣告本次突发的实蝇已获根除，实蝇监测诱捕的规模和频率将回到常规水准。

附件C：

突发实蝇疫情根除措施

1 检疫措施

严格控制疫区内实蝇寄主材料调运。

2 药剂的检疫处理

在A区的核心区（以发现点为中心，半径为200m的范围）内，视不同情况，采取点喷毒饵和/或覆盖式喷雾及土壤处理等根除措施。

2.1 毒饵点喷

将马拉松与水解蛋白及清水依次按0.6mL∶3.6g∶600mL的比例混合，配制成毒饵。按每公顷90个点（每亩6个点），每个点喷100mL的量将毒饵喷射到树冠中，并尽可能喷射在寄主植物树冠或其附近半阴暗且逆风的地方。在疫情确认后，每7天内喷2次，随

后每隔7天喷1次，直至发现实蝇个体之后的第一个理论世代结束。

2.2　覆盖式喷雾

用马拉松等有机磷杀虫剂1000～1500倍液进行喷雾。喷雾时间以上午11点前或下午4～6点为宜。突发实蝇疫情后的前三周，每隔7天喷1次，以后每隔10天喷1次，直至发现实蝇个体之后的第一个理论世代结束。

2.3　土壤处理

用辛硫磷乳油（phoxim）800～1200倍，在发现实蝇幼虫的树冠下进行地面喷洒土壤处理。每隔5天喷1次，连续喷洒3次。

第2节　苹果蠹蛾监测技术指南

1　基本情况

1.1　分类地位

苹果蠹蛾属于鳞翅目卷蛾科 Tortricidae，小卷蛾科 Olethreutinae。

1.2　地理分布

苹果蠹蛾分布于欧洲的阿尔巴尼亚、奥地利、白俄罗斯、比利时、保加利亚、塞浦路斯、捷克共和国、捷克斯洛伐克、丹麦、爱沙尼亚、芬兰、法国（科西嘉、法国大陆）、德国、希腊（大陆）、匈牙利、爱尔兰、意大利（大陆、撒丁岛、西西里岛）、拉脱维亚、立陶宛、马耳他、摩尔多瓦、荷兰、挪威、波兰（亚述尔群岛、波兰大陆、马德拉）、罗马尼亚、俄罗斯联邦共和国（俄罗斯、俄远东、西伯利亚）、塞黑、斯洛伐克、西班牙、瑞典、瑞士、乌克兰、英国（英属威尔士群岛、南爱尔兰群岛）、苏格兰；亚洲的阿富汗、亚美尼亚、阿塞拜疆、格鲁吉亚、印度（三个省）、伊朗、伊拉克、以色列、日本、哈萨克、吉尔吉斯斯坦、黎巴嫩、约旦、巴基斯坦、叙利亚共和国、塔吉克斯坦、土耳其、土库曼斯坦、乌兹别克斯坦；非洲的阿尔及利亚、埃及、利比亚、毛里求斯、摩洛哥、南非、突尼斯；北美洲的加拿大（英属哥伦比亚、新不伦瑞克省、新斯科舍、安大略湖、爱德华省、魁北克省）、墨西哥、美国（加利福尼亚、伊利诺斯州、印地安那州、爱荷华州、密西根州、马萨诸塞州、密苏里州、纽约、北卡罗莱纳州、俄亥俄州、俄勒冈州、宾夕法尼亚州、犹他州、维吉尼亚、华盛顿、西维吉尼亚、威斯康星州）；南美洲的阿根廷、玻利维亚、巴西（三个州）、智利、哥伦比亚、秘鲁、乌拉圭；大洋洲的澳大利亚（新南威尔士、昆士兰州、南澳州、塔斯马尼亚岛、维多利亚、西澳）、新西兰。

我国新疆、甘肃局部地区发生。

1.3　寄主植物

寄主有仁果类的苹果、苹果梨、沙果、梨、山楂、海棠，核果类的桃、杏、李、枣、樱桃，浆果类的石榴，胡桃等园艺植物。仁果类的苹果、梨、苹果梨、沙果被害最重；核果类的桃、杏等被害较轻。

该虫产卵具有明显的选择性。从树种上看，苹果、沙果树产卵多于梨树。果树的品种不同其产卵量也不相同，中秋里蒙、倭锦、黄元帅、黄太平等苹果品种产卵多，国光、祝光、红元帅、富士等品种产卵较少；梨树中以酥梨最多，苹果梨、锦丰梨、乌酒香次之，鸭梨上产卵很少。卵在树冠上垂直分布上层最多，中层次之，下层最少。向阳、背风处产卵多。

1.4 危害情况

以幼虫蛀果为害。幼虫为害时一般从果实胴部蛀入，可转果危害，造成果实脱落，影响品质，甚至不能食用。据报道，在前苏联克里米亚地区，未防治的情况下，苹果受害率高达84% ~100%；在澳大利亚的堪培拉，蛀果率也达80%以上；在我国新疆库车县管理粗放的老果园、混合园等蛀果率也达到了40%以上，造成大量落果，品质和产量下降。

1.5 生物学

苹果蠹蛾喜欢温暖、干燥的气候条件。每代有小部分幼虫滞育，最长可达2年，发生世代不整齐。在新疆天山以南1年发生3代，天山以北1年可完成两个完整的世代和一个不完整的第三代。

以老龄幼虫在树干粗皮下、裂缝中、剪锯口和树冠下枯枝落叶中、表层土中做茧越冬，也有部分幼虫在堆果场、贮果场以及果箱、果筐里越冬。

越冬幼虫翌年春季化蛹。越冬代蛹期19~39天，平均28天。

成虫一般于4月下旬至5月上旬开始羽化。雌雄比为1∶1。具有趋光性，和趋糖醋的习性。黄昏至清晨交尾，产卵前期一般为3~6天。卵单产。每雌产卵40粒左右，最多可达140多粒。成虫寿命最短1天，最长15天。

卵期4~13天，第一代平均10天。

幼虫第一代开始出现于5月下旬至6月上旬1头幼虫能危害数个果实，从蛀入果实到脱果通常需1个月左右。幼虫5龄。第一代幼虫老熟后脱果爬到与上述越冬相同的场所结茧化蛹，也有在果内、包装物及贮藏室化蛹的现象。一部分幼虫进入滞育。

蛹期第一代9~15天。成虫第一代约开始出现于7月中旬左右。

卵期第二代平均7天。幼虫第二代开始出现于7月下旬至8月上旬，约9月上旬后脱果寻找适宜场所越冬。

1.6 传播途径

因成虫飞行可以传播扩散，借助风力和气流也能远距离传播；也可通过果品、苗木、包装物和运载工具的传带远距离传播扩散。

据称，甘肃敦煌的苹果蠹蛾是1987年随游客携带的果品而来的。

图1 罐式诱捕器

2 监测地点

1）苹果、梨等适寄主的出口果园。

2）果汁加工厂。

3）疫情发生区200km范围内的适宜寄主种植区域。

3 监测时间

月平均气温在10℃以上的月份及适宜寄主树挂果期间。

4 监测器材

罐式诱捕器（图1）、含苹果蠹蛾性诱剂的诱芯（半中空小橡皮塞，每诱芯内含人工合成性信息素50mg）、伸拉杆

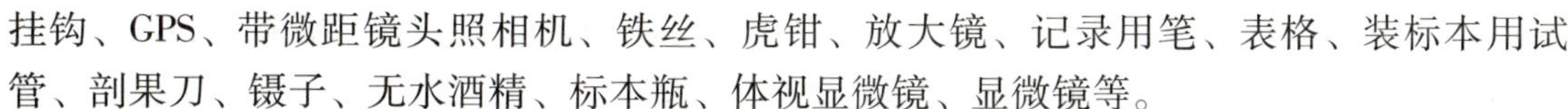

挂钩、GPS、带微距镜头照相机、铁丝、虎钳、放大镜、记录用笔、表格、装标本用试管、剖果刀、镊子、无水酒精、标本瓶、体视显微镜、显微镜等。

5 监测方法

采取果园调查和监测相结合。

5.1 果园调查

可在挂果后约1个月和收获前1周时各调查一次。

在每个果园的四角和中心点各随机观察10株。注意观察寻找下列情况：

1）粪便。幼虫危害果实以后，粪便在果实表面成堆排放。

2）侵入的部位。幼虫侵入的部位一般位于果实的中间，或两个果实接触部位，或果实的顶部（花萼部位）。

3）危害的部位。幼虫侵入以后直达果心，取食果核内的果仁，这是苹果蠹蛾的最显著的特征。其他食心虫仅在果肉部分取食。

4）落果。果实被苹果蠹蛾危害后未熟先落。

如果发现上述情况，采集被害果和落果，现场剖果采集幼虫带回实验室鉴定。如果被害果和落果量少也可带回实验室剖果检查。

5.2 监测诱捕

5.2.1 诱捕器悬挂地点的确定

在已知疫情发生区域及其周边200km范围内的适宜寄主果园，在果园边角及中心，以15～30m的距离，3～4个成组，每果园悬挂总量约20个诱捕器。

在已知疫情发生区域及其周边200km范围内的口岸及其附近，挂在适宜的寄主树上，以15～30m的距离，3～4个成组，每个口岸悬挂总量约20个诱捕器。

在已知疫情发生区域周边200km以外的适宜寄主出口基地，选择敏感品种果园、路边果园和向阳坡果园共1～3个，在果园边角及中心，以15～30m的距离，3～4个成组，每果园悬挂总量约20个诱捕器。

5.2.2 诱捕器的准备

将诱捕器部件组装成诱捕器，把诱芯直接套在诱捕器盖板下面下伸圆柱状凸起上。

5.2.3 诱捕器的悬挂

尽量将诱捕器挂在寄主树冠中上部的外围的迎风向阳处（一般东南方向），不被枝叶遮挡。

5.2.4 检查和维护

每7天检查1次，及时挑起标本带回室内进行鉴定；诱芯每3周更换1次；注意检查诱捕器是否有破损、遗失，保持诱捕器数量。

6 鉴定

对获得的标本应及时根据下列形态特征进行鉴定。

成虫（图2）体长8 mm，翅展19 mm～20mm，体灰褐色而带紫色光泽。雄蛾色深、雌蛾色浅。复眼深棕褐色。头部具有发达的灰白色鳞片丛；下唇须向上弯曲，第2节最长，末节着生于第2节末端的下方。前翅基部淡褐色；外缘突出略呈三角形，在此区内杂有较深的斜行波状纹；翅的中部颜色最浅，也杂有波状纹。臀角处的肛上纹呈深褐色，椭圆形，有3条青铜色条斑，其间显出4~5条褐色横纹，这是本种外形上的显著特征。雄蛾前翅腹面中室后缘有一黑褐色条斑，雌蛾无。后翅深褐色，基部较淡。

图2　苹果蠹蛾雄成虫

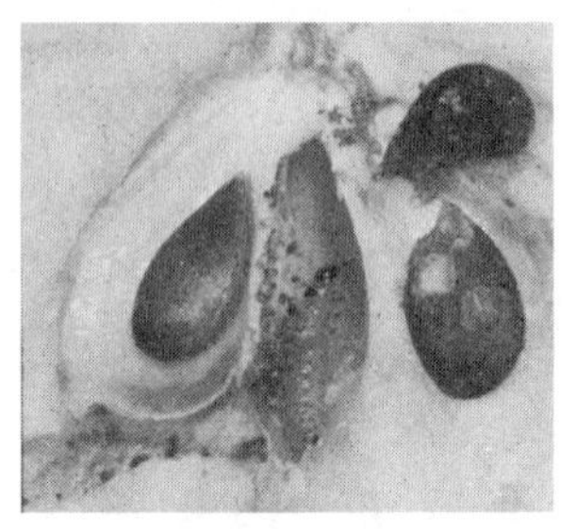

图3　苹果蠹蛾幼虫及危害状

卵乳白色，略呈椭圆形，长1.10mm~1.30mm，扁平，中央部分略隆起，随着胚胎发育，中央呈黄色，并出现断续的红色斑点，后渐连成一圈，至孵化前红圈又逐渐消失，表面无明显刻纹。

老熟幼虫（图3）体长14mm~18mm。幼龄幼虫淡黄白色，渐长呈淡红色。头部黄褐色，两侧有较规则的褐色斑纹。前胸气门前毛片上有3根毛。胸足跗爪背侧刚毛短于跗爪。腹部第8节与9节每侧亚腹毛数量通常为2∶1，第9节侧毛3根，第3根通常着生在单独的毛片上。腹足趾钩单序环，通常外侧有缺口。肛上板较前胸背板浅，上面有淡褐色斑点。无臀栉。

蛹体长7mm~10mm，黄褐色，雄蛹触角较雌蛹发达。第2~7腹节背面的前后缘各有1排整齐的刺，前排粗大而后排细小。第8~10腹节背面仅有1排刺，第10节的刺常为7~8根。雌蛹生殖孔开口于第8、9腹节腹面，而雄蛹则开口于第9腹节腹面。雌雄肛门两侧各有2根钩状毛，蛹末端有6根共10根。

另可详见国家标准——《苹果蠹蛾检疫鉴定方法》。

经过鉴定的标本应妥善保存。

7　记录与上报

监测过程中，应如实填写以下表格（表1，表2，表3，表4）。

表1　诱捕器悬挂记录表

诱捕器编号	悬挂时间	悬挂地址	寄主	操作人

表2　调查记录表

调查时间	调查地址	经纬度	寄主	苹果蠹蛾危害株数	调查人

表3　诱捕器检查记录表

检查时间	诱捕器编号	捕获昆虫数量	诱蕊更换情况	检查人	备注

表4　苹果蠹蛾鉴定记录表

鉴定时间	诱捕器编号	苹果蠹蛾数量	其他昆虫种类及数量	鉴定人

8　应急处置

监测过程中如果发现苹果蠹蛾疫情，应立即向国家质检总局和地方政府报告，启动《进出境植物疫情应急处置预案》，积极配合有关部门采取紧急防除措施。

第3节　斑翅果蝇监测技术指南

1　监测目的

近年来，斑翅果蝇（*Drosophila suzukii*）传入美国加州等地并对樱桃、蓝莓等多种高价值薄皮水果的生产和贸易造成严重影响。斑翅果蝇在中国有分布，为明确该虫在中国（特别是葡萄产区）的发生、分布及危害情况，确保出口葡萄不带该虫。制定本监测技术指南，在出口葡萄产区针对该虫进行监测。

2　监测对象

中文名：斑翅果蝇

别名：樱桃果蝇，铃木氏果蝇；

学名：*Drosophila suzukii*（Matsumura）；

英文名：spotted wing fruit fly。

3　监测地点

出口葡萄果园。

4　监测时间

葡萄采前一个月至果实收获末期。

5　监测诱物与器具

5.1　诱物

- 糖醋液诱物：由水、红糖、白酒、食用醋混配而成，各成份的重量配比依次为1：3：1：6；或者
- 香蕉块诱物。

5.2 器具

综合型诱蝇器，各种规格的水果培养盒，专用粘蝇纸，其他监测调查用具。

6 监测方法

采取诱捕器诱捕和果实调查相结合的方法。

6.1 诱捕器诱捕

6.1.1 诱捕时间

葡萄采前一个月至果实收获末期。

6.1.2 诱捕方案

在果园诱捕点的分布尽可能平均覆盖目标区域，密度为每公顷 1~2 个诱捕器，每个连片果园设置的诱捕器数量不少于 5 个，最多可不超过 20 个；诱捕器之间的距离不低于 20m；

6.1.3 诱捕器的准备

将配好的糖醋液约 50mL 装入诱捕器内，并加入一小块黄色粘蝇纸（长×宽，约为 10cm×6cm）；或

将熟香蕉块（约 25 克）放入诱捕器内，并加入一小块黄色粘蝇纸（长×宽，约为 10cm×6cm）。

6.1.4 诱捕器的悬挂

尽量将诱捕器挂在葡萄棚内阴凉处，诱捕器入口不被枝叶遮挡。

6.1.5 检查和维护

每 7 天检查记录 1 次诱捕结果，同时更换或补充诱物；将捕获的标本带回室内进行鉴定。

6.2 果实调查

6.2.1 调查时间

调查时间为果实成熟初期至果实收获末期。

6.2.2 调查方法

选取较早成熟的果粒，带回室内在水果培养盒中培养观察，记录；并收集培养出的果蝇。每公顷调查 250~500 个果串，并选取 50~100 个果粒，每个连片果园每次选取的果串数不少于 1000 串，培养的果粒不少于 200 个，视工作量的多少，调查的果串数可不多于 2500 串，选取的果粒可不多于 500 粒。每 7 天调查一次。

7 记录与上报

监测过程中，应如实填写记录表。

第一章 陕西苹果梨病虫害有关图谱

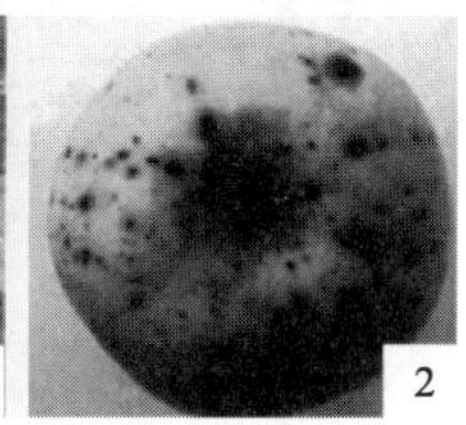

苹果斑点落叶病

1. 病叶害状；2. 病果害状

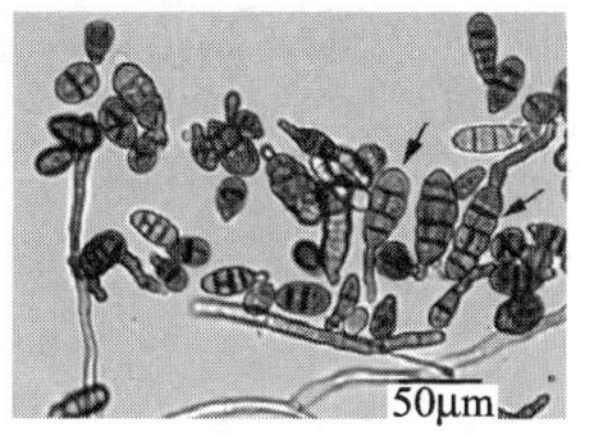

苹果斑点落叶病病原分生孢子

苹果褐斑病

1. 植株害状；2. 病叶害状

苹果褐斑病

1. 病叶；2. 分生孢子盘；3. 分生孢子

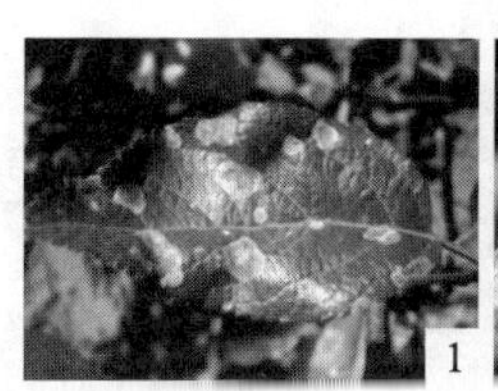

苹果灰斑病

1. 病叶正面；2. 病叶反面

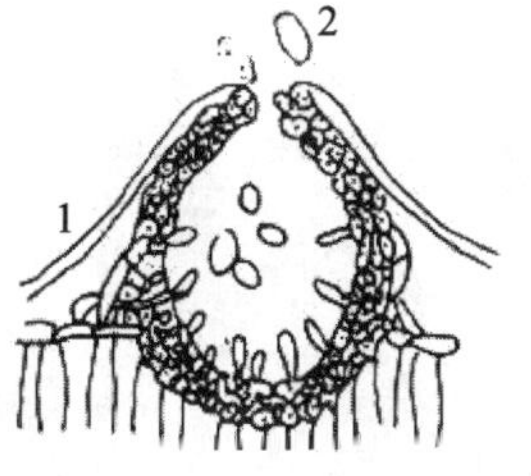

苹果灰斑病分生孢子盘

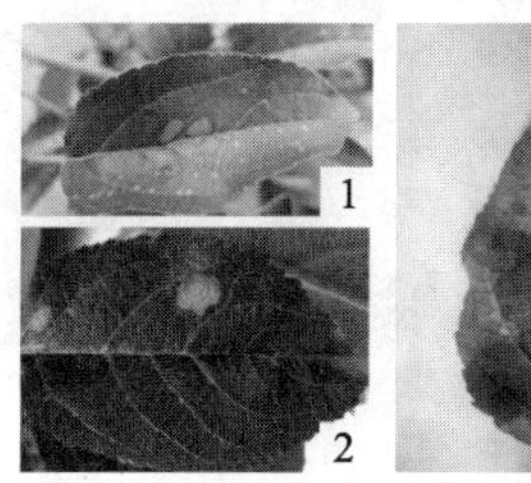

苹果轮斑病

1、2. 病叶正面；3. 病叶反面

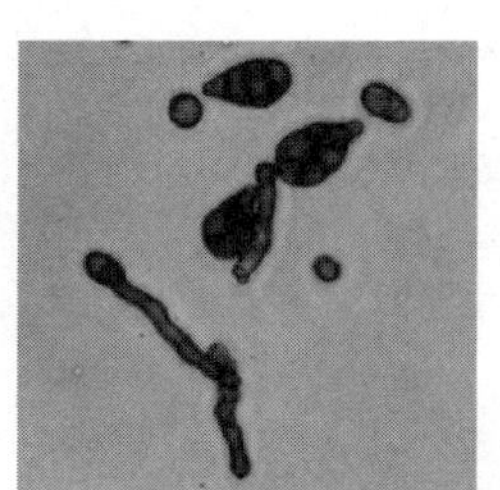

分生孢子

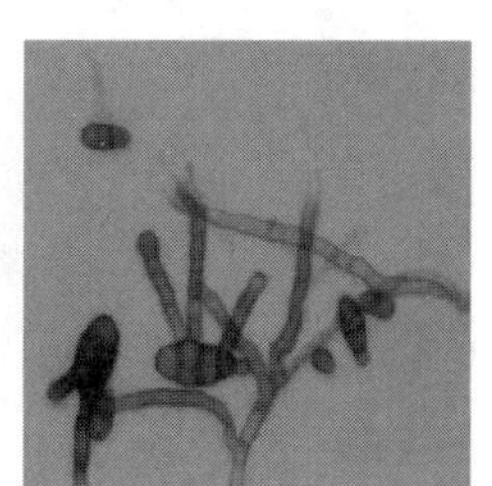

苹果轮斑病分生孢子和分生孢子梗

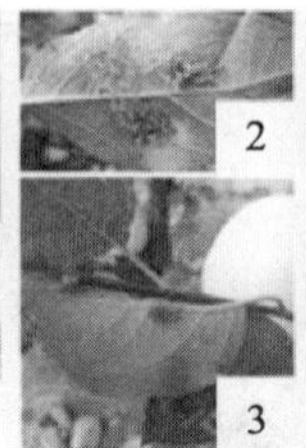

苹果锈病

1. 病叶正面；2、3. 病叶反面；4. 转主寄主

苹果锈病

1、2. 病叶反正面；3. 菌瘿及冬孢子角；4. 冬孢子；5. 担子及担孢子；6. 护膜细胞；7. 锈孢子

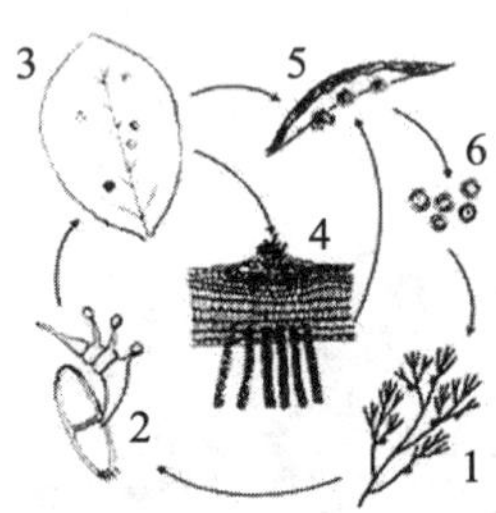

苹果锈病侵染循环

苹果树枝枯病

1. 枝干害状；2. 枝干和叶害状

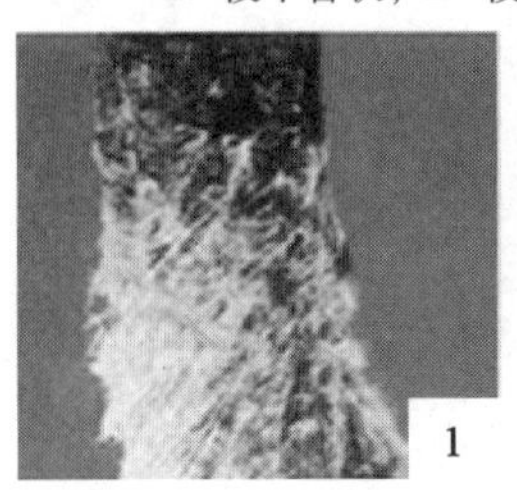

苹果白绢病

1、2. 根部害状

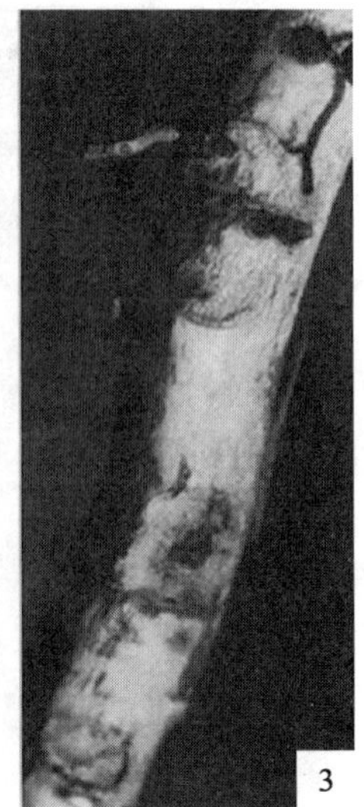

苹果圆斑根腐病

1、2. 叶片害状；3. 根部害状

苹果紫纹羽病

1、2. 根部害状

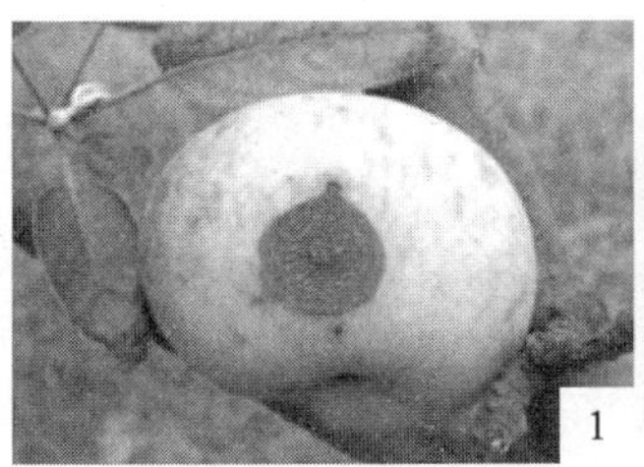

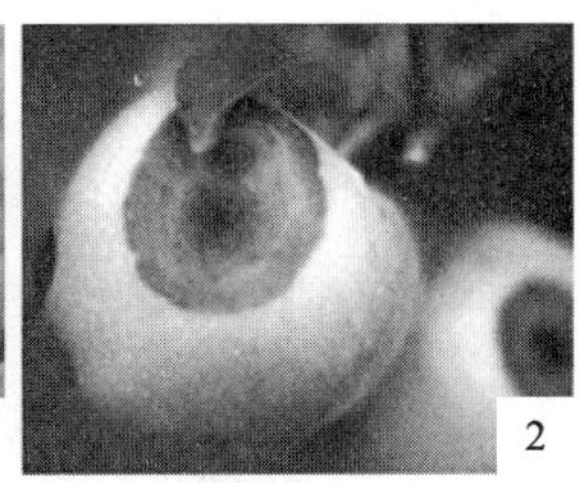

苹果炭疽病

1、2. 果实害状

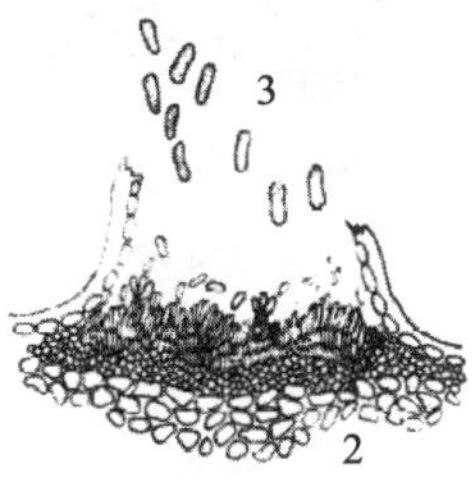

苹果炭疽病病原菌

1. 病果；2. 分生孢子盘；3. 分生孢子

苹果褐腐病

1、2、3. 果实害状

苹果褐腐病分生孢子及孢子梗

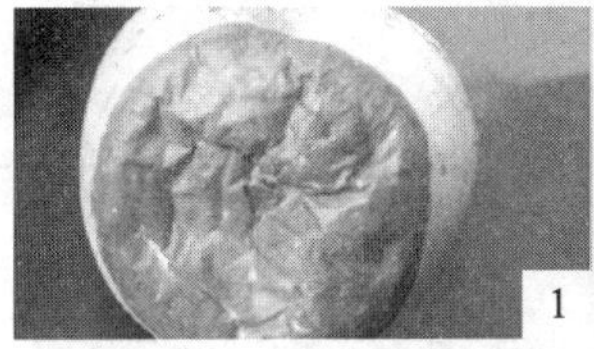

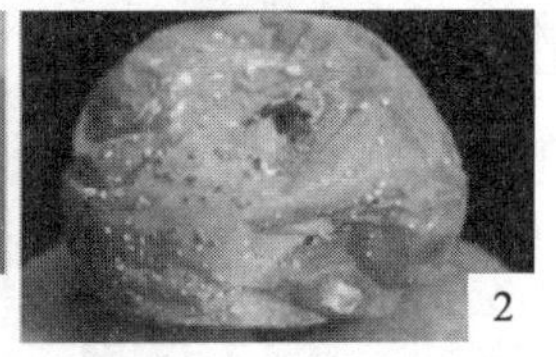

苹果青霉病

1、2. 果实害状

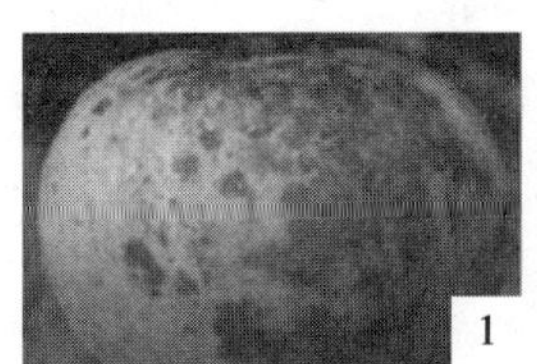

苹果煤污病

1. 果实害状；2. 病叶害状

苹果花叶病叶片害状

苹果花腐病害状

1、2. 花害状

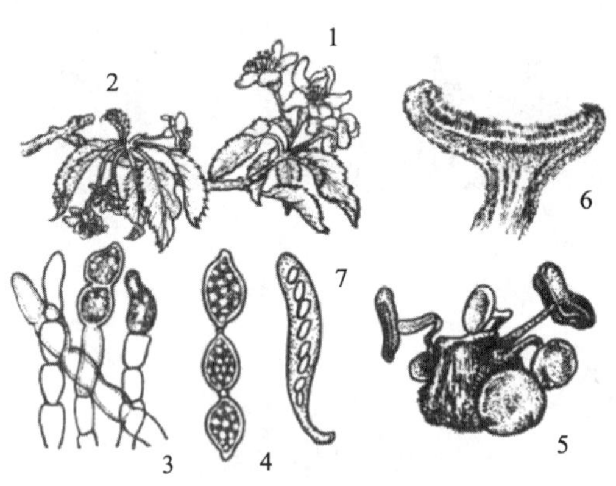

苹果花腐病病原

1. 病花；2. 病叶；3. 分手孢子梗；4. 分手孢子；5. 子囊盘；6. 子囊盘纵切面；7. 子囊

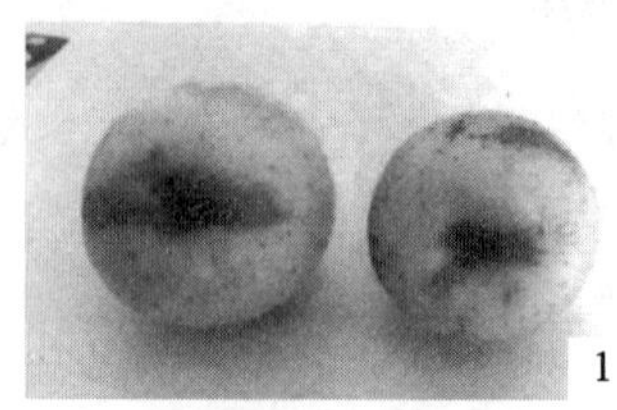

苹果锈果病

1、2. 果实害状

苹果白粉病

1、2. 叶片害状

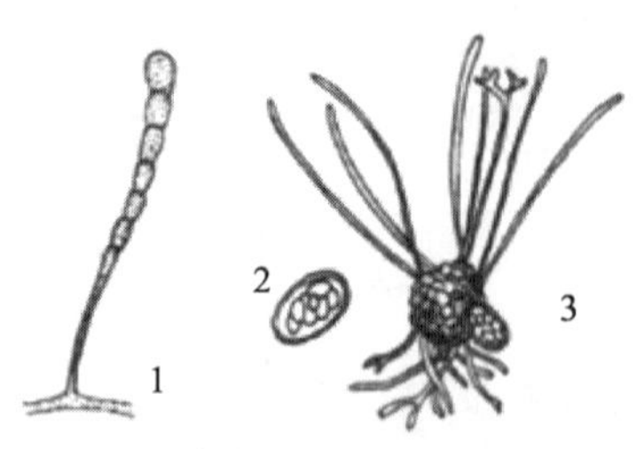

苹果白粉病菌

1. 分生孢子梗；2. 子囊壳；3. 子囊

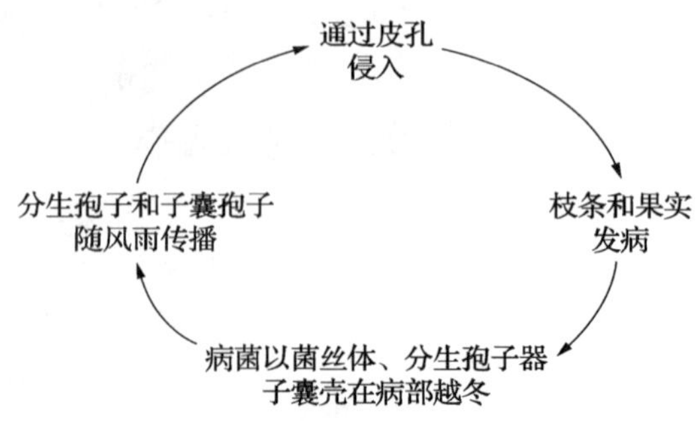

苹果轮纹病的侵染循环

苹果疫腐病害状

1、2. 果实症状；3. 树干症状

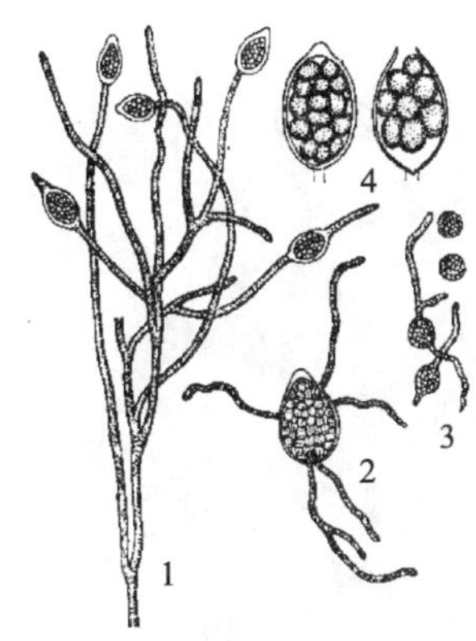

苹果疫腐病

1. 孢囊梗；2. 孢子囊萌发；
3. 静止后的孢囊、孢子萌发；4. 孢子囊

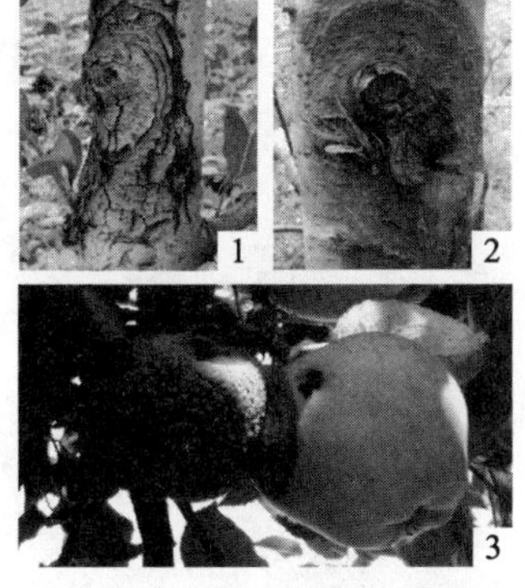

苹果腐烂病害

1、2. 树干症状；3. 果实症状

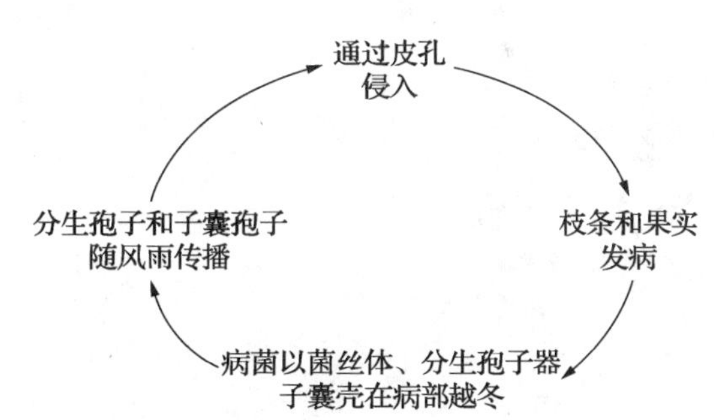

苹果树腐烂病的侵染循环

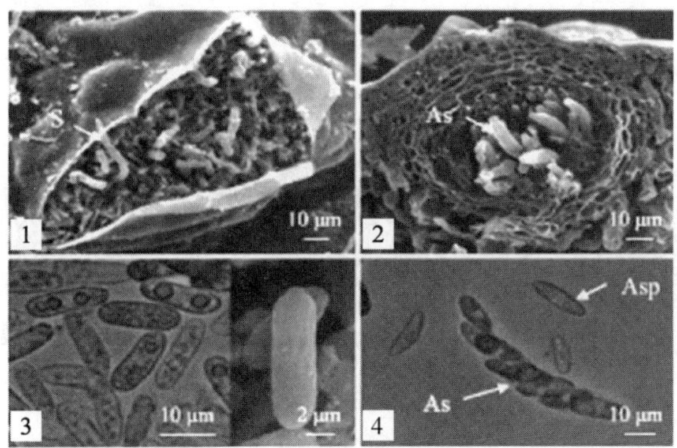

苹果炭疽叶枯病

1. 分生孢子盘；2. 子囊壳纵剖面；3. 分生孢子；4. 子囊和子囊孢子

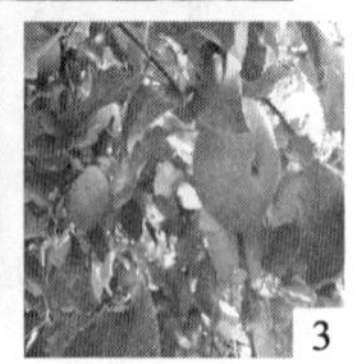

苹果黄叶病害状

1、2、3. 叶片症状

苹果小叶病害状

1、2、3. 叶片症状

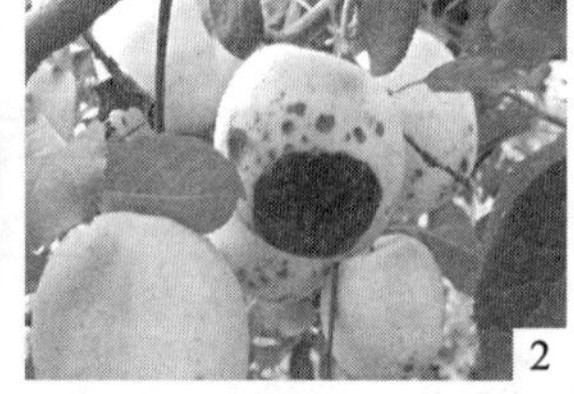

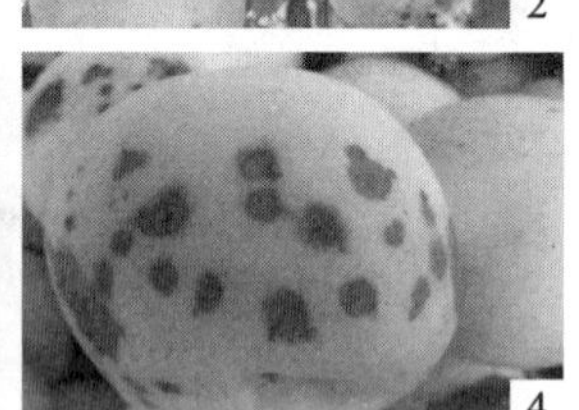

苹果苦痘病害状

1、2、3、4. 果实症状

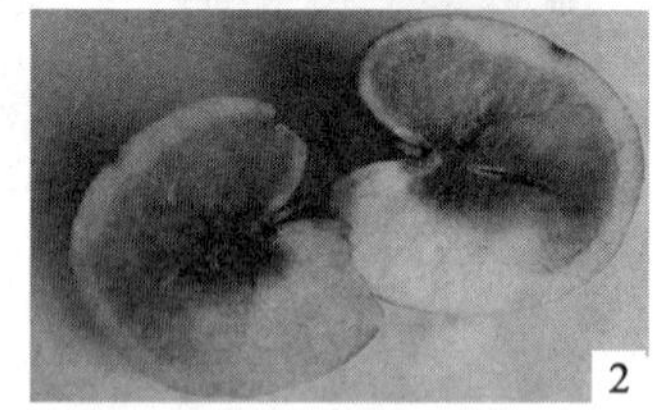

苹果水心病害状

1、2. 果实症状

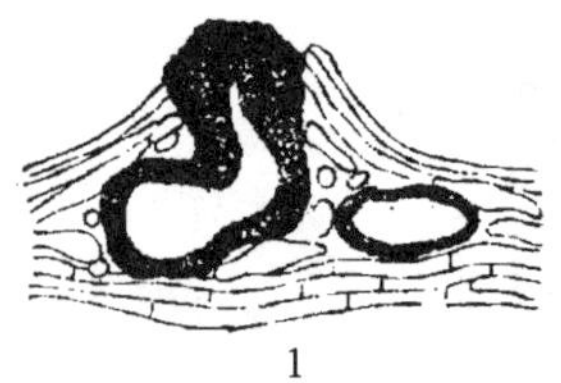
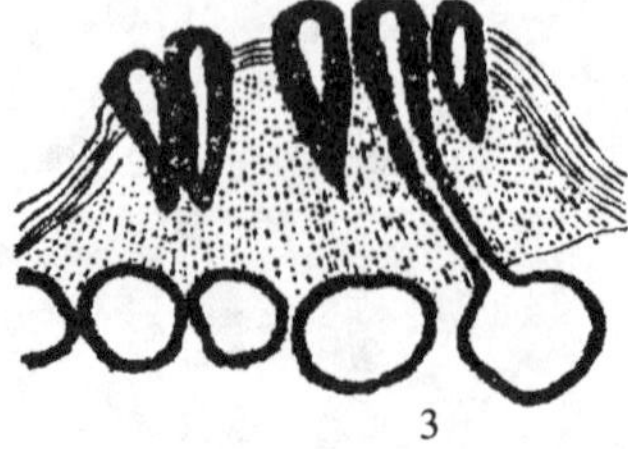

梨树腐烂病

1. 分生孢子器；2. 分生孢子；3. 子囊壳；4. 子囊；5. 子囊孢子

梨黑斑病害状

1. 叶片症状；2、3、4. 果实症状

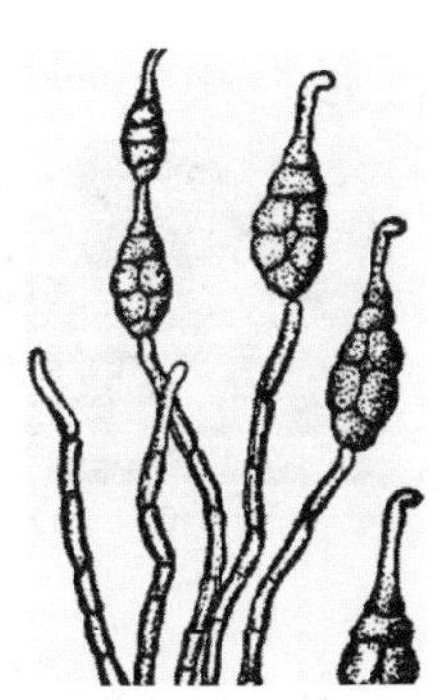

梨黑斑病病原形态

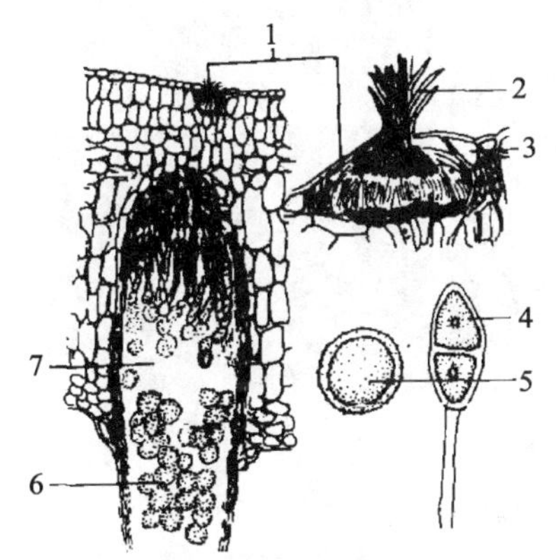

梨锈病病原形态

1. 性孢子器；2. 侧丝；3. 寄主表皮细胞；4. 冬孢子；5. 夏孢子；6. 锈孢子；7. 锈孢子器

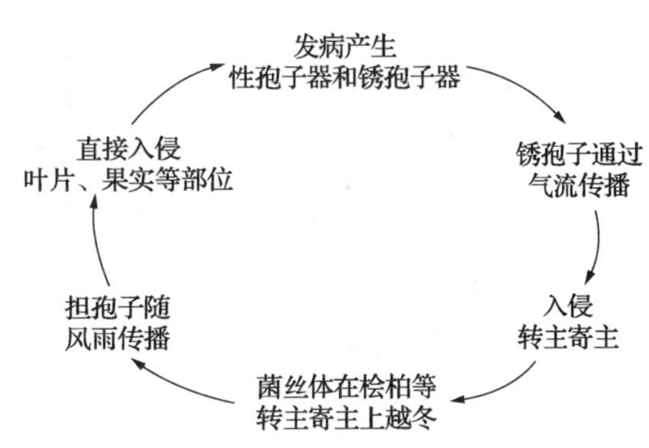

梨锈病的侵染循环

梨黑星病害状

1、2. 叶片症状；3、4. 果实症状

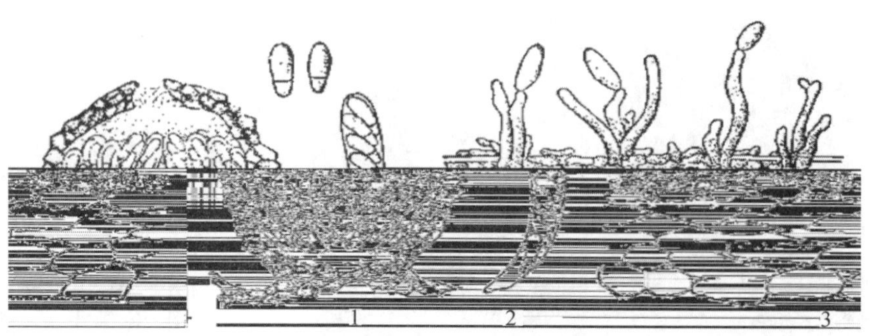

梨黑星病病原形态

1. 子囊壳；2. 子囊及子囊孢子；3. 分生孢子梗及分生孢子

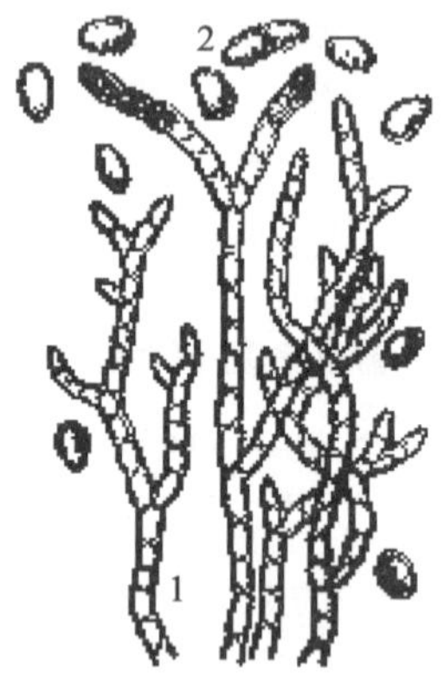

梨褐腐病病原形态

1. 分生孢子梗；2. 分生孢子

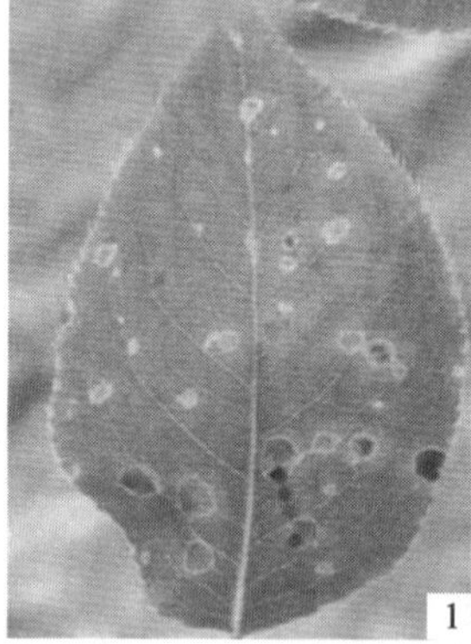

梨灰斑病害状

1、2、3. 叶片正面；4. 叶片背面

梨青霉病害状

1、2. 果实症状

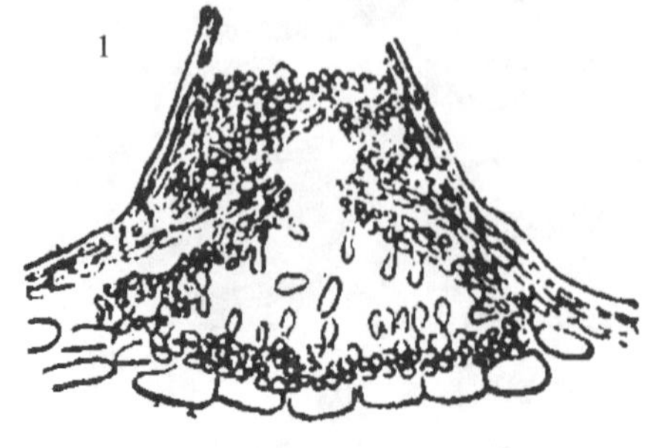

梨干枯病病原形态

1. 分生孢子器；2. 丝状分生孢子

梨白粉病害状

1. 树干症状；2、3. 叶片症状

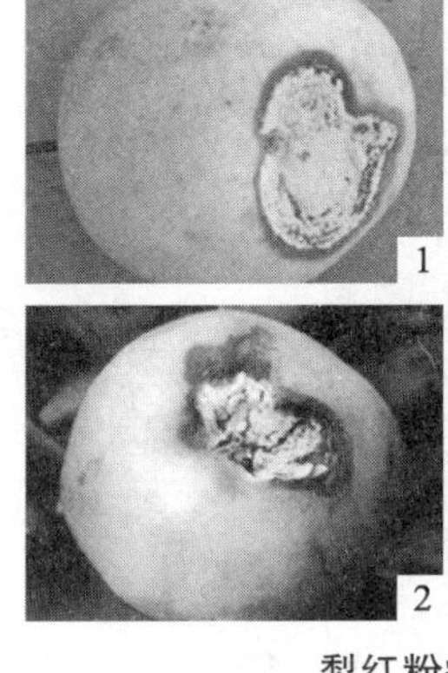

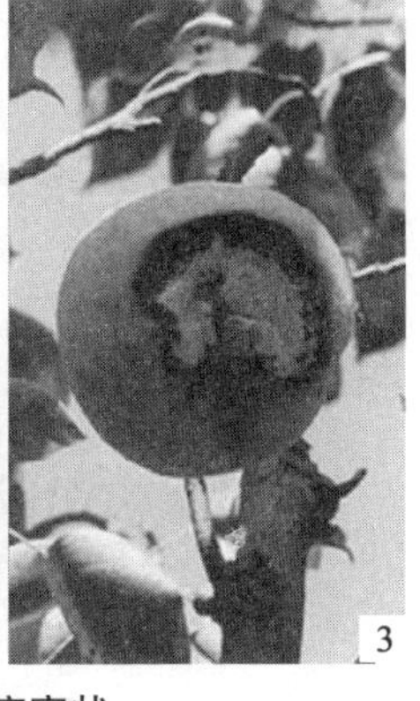

梨红粉病害状

1、2、3. 果实症状

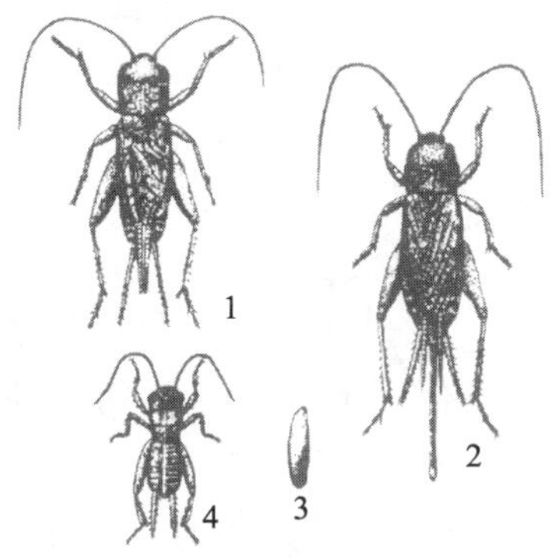

黄脸油葫芦

. 雄成虫；2. 雌成虫；3. 卵；4. 若虫

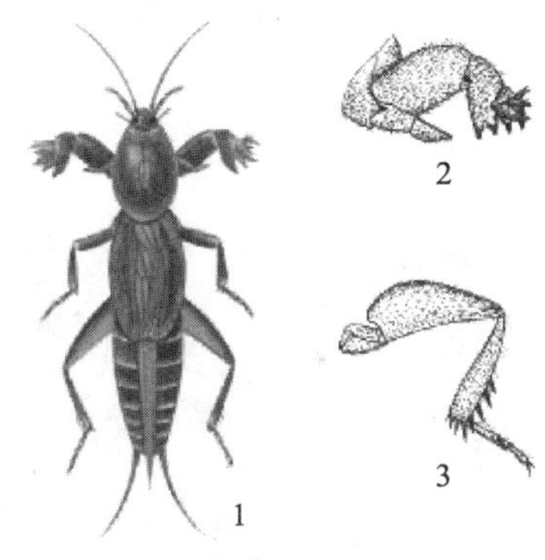

东方蝼蛄

1. 成虫；2. 前足；3. 后足

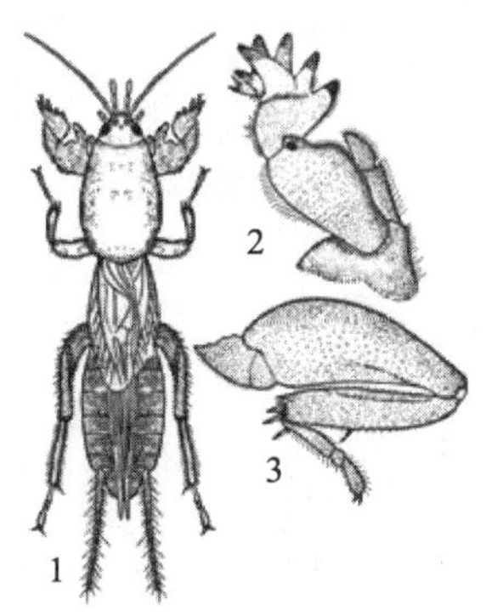

华北蝼蛄

1. 成虫；2. 前足；3. 后足

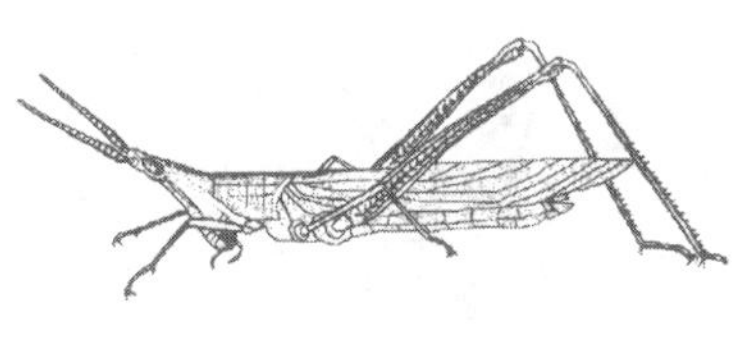

中华蚱蜢成虫

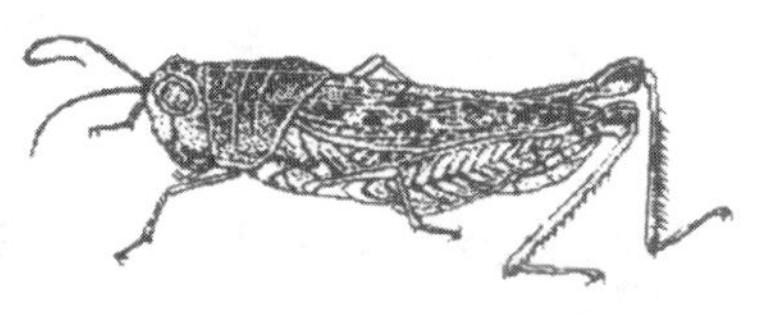

短星翅蝗

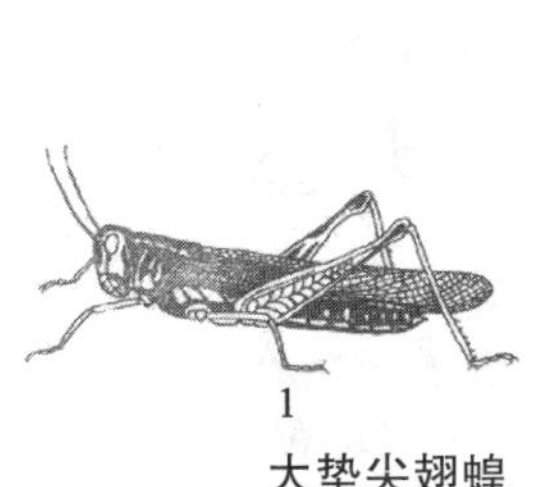

大垫尖翅蝗

1. 成虫；2. 卵囊

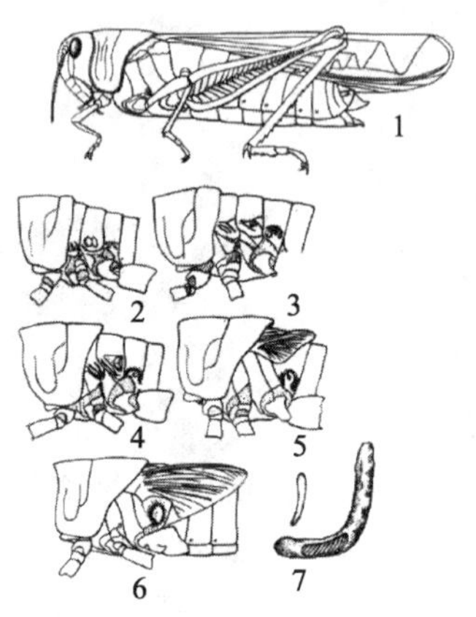

东亚飞蝗

1. 成虫；2~6. 一至五龄若虫翅芽发育特征图；7. 卵囊与卵

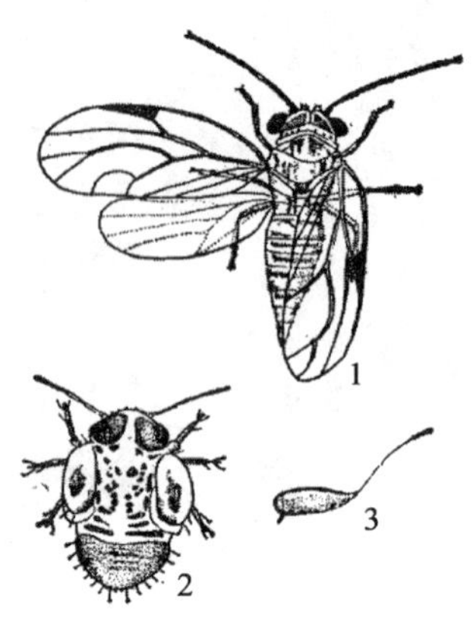

梨木虱

1. 成虫；2. 若虫；3. 卵

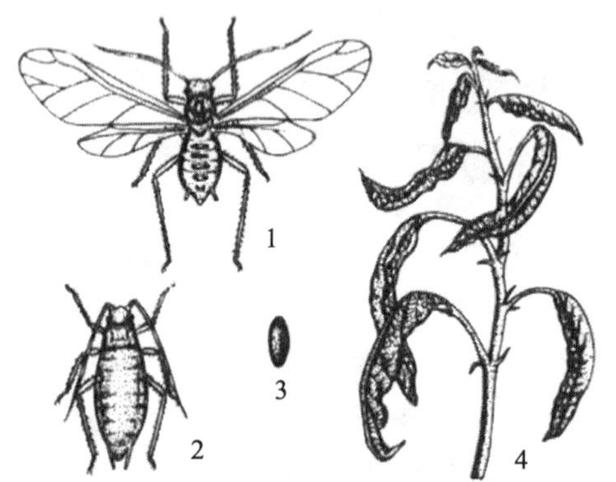

苹果瘤蚜

1. 有翅蚜；2. 无翅蚜；3. 卵；4. 为害状

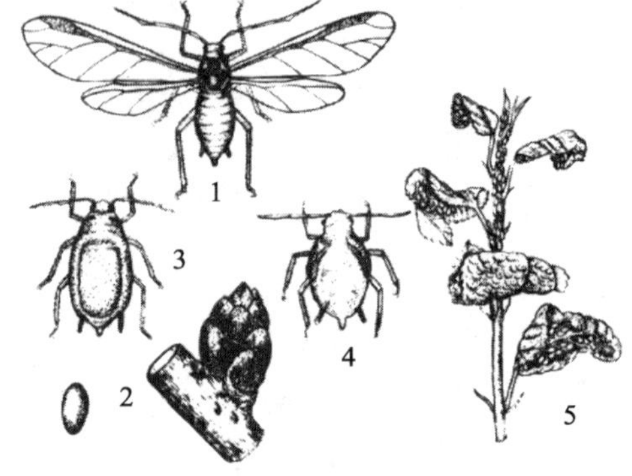

苹果黄蚜

1. 有翅蚜；2. 卵；3. 无翅蚜；4. 若虫；5. 为害状

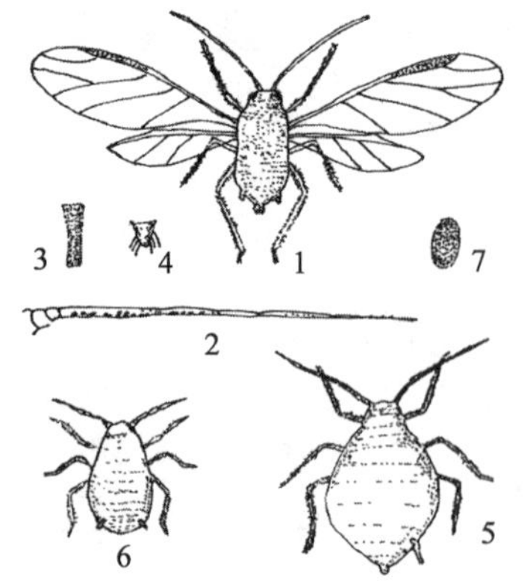

梨二叉蚜

1~4. 有翅胎生雌蚜及触角、腹管、尾片；5. 无翅胎生雌蚜；6. 无翅若蚜；7. 卵

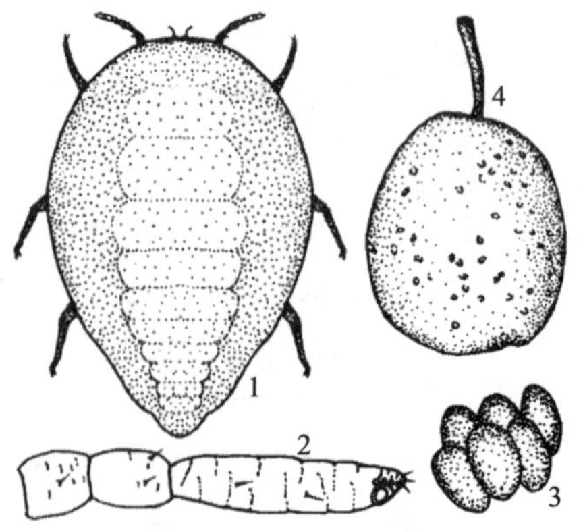

梨黄粉蚜

1. 无翅孤雌蚜成虫；2. 触角；3. 卵；4. 被害状

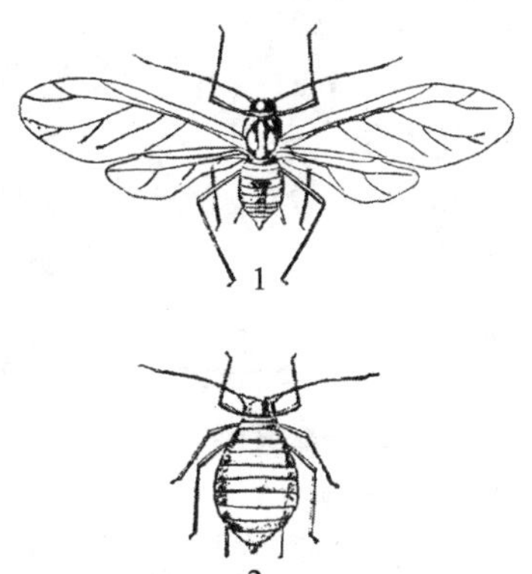

桃蚜

1. 有翅蚜；2. 无翅蚜

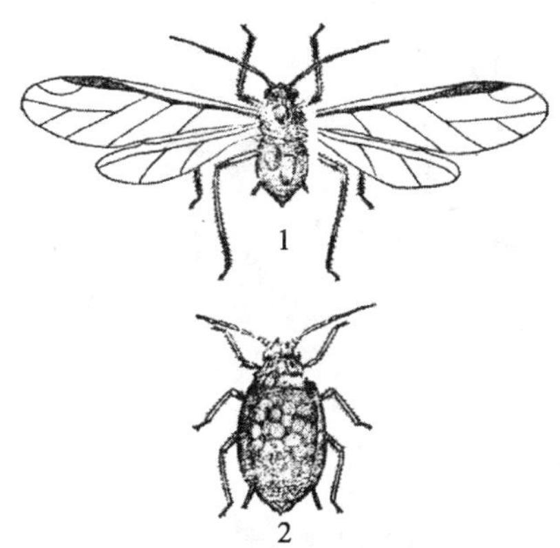

桃瘤蚜

1. 有翅胎生雌蚜；2. 无翅胎生雌蚜

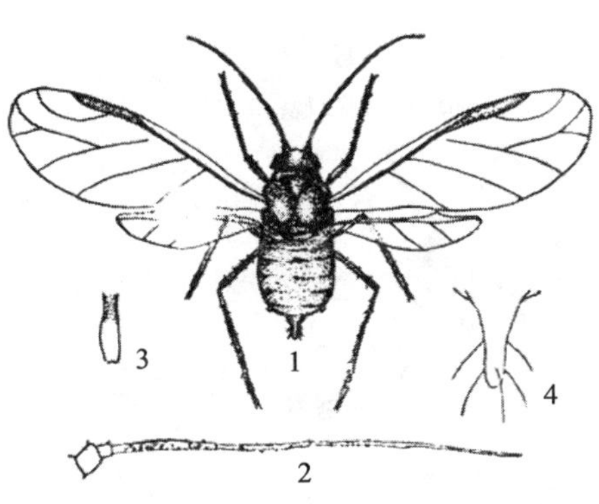

桃粉蚜

1. 有翅胎生雌蚜；2. 触角；3. 腹管；4. 尾片

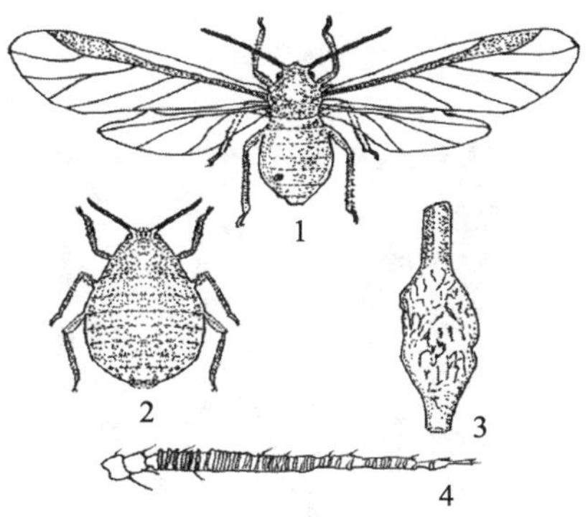

苹果绵蚜

1. 有翅胎生雌蚜；2. 无翅胎生雌蚜；3. 被害状；
4. 有翅雌蚜触角腹面观

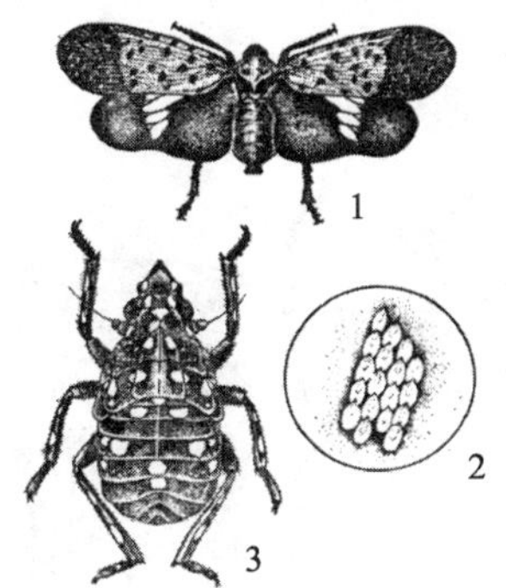

斑衣蜡蝉

1. 成虫；2. 卵；3. 若虫

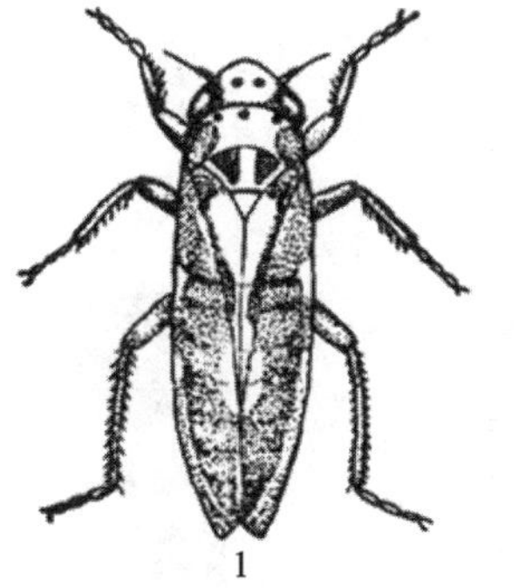

葡萄斑叶蝉

1. 成虫；2. 卵；3. 若虫

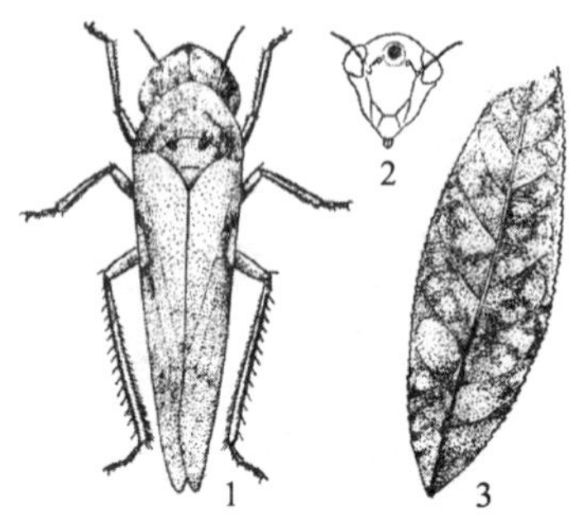

桃一点叶蝉

1. 成虫；2. 成虫头部正面观；3. 桃叶被害状

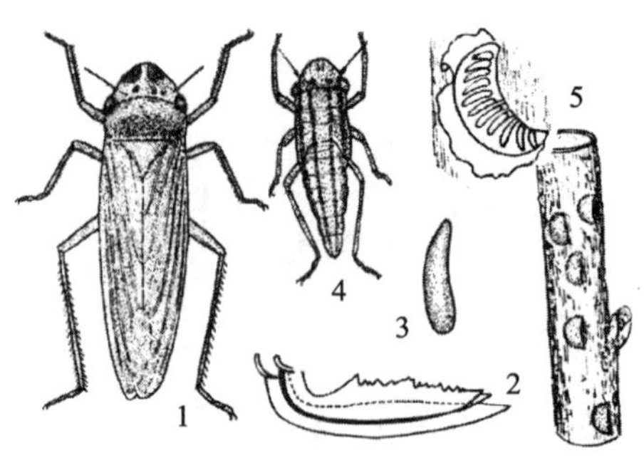

大青叶蝉

1. 成虫；2. 雌虫产卵期；3. 卵；4. 若虫；5. 害状

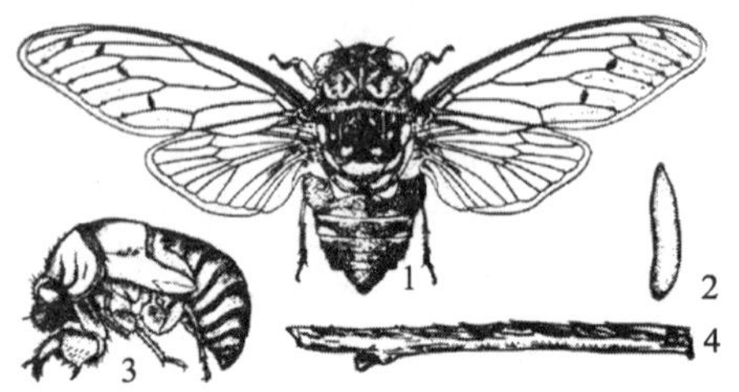

黑蚱蝉

1. 成虫；2. 卵；3. 若虫；4. 害状

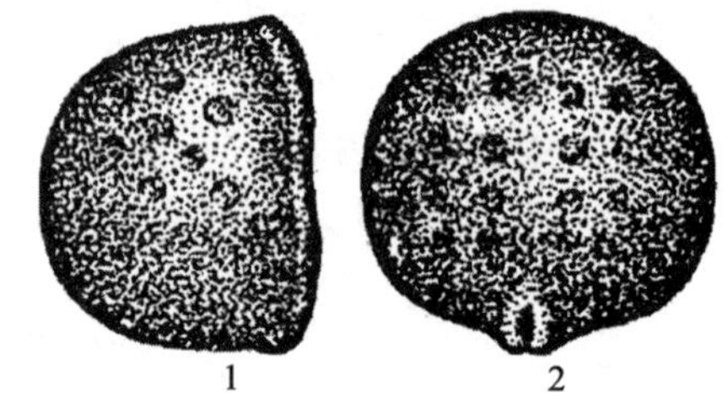

朝鲜球坚蚧

1. 雌成虫介壳侧面观；2. 翅成虫介壳正面观

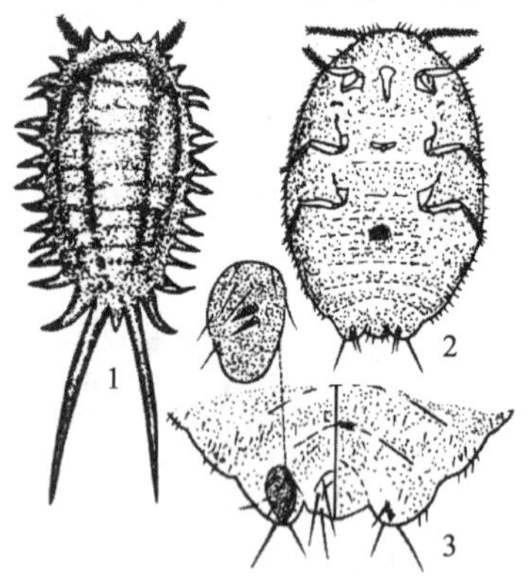

康氏粉蚧

1. 成虫背面观；2. 雌成虫去蜡腹面观；

3. 雌成虫臀板

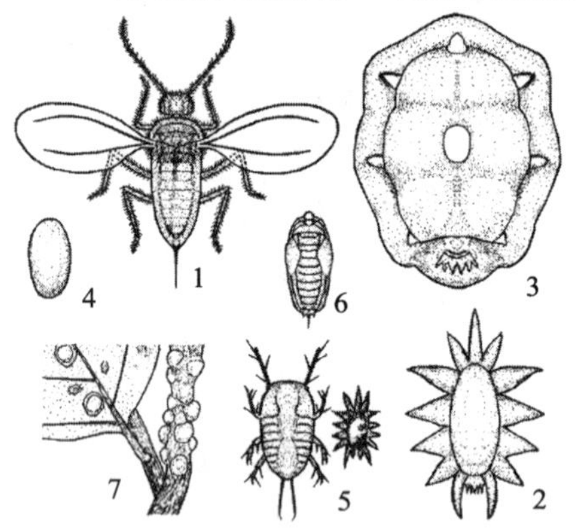

日本蜡蚧

1. 雄成虫；2. 雄虫介壳；3. 雌成虫；

4. 卵；5. 若虫；6. 蛹；7. 害状

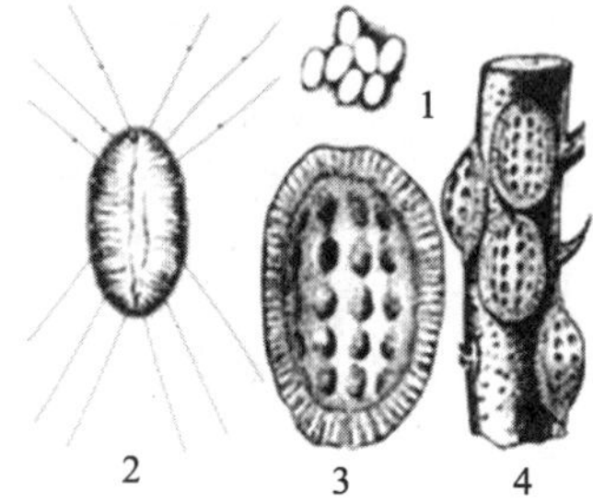

扁平球蚧

1. 卵；2. 2 龄若虫；3. 雌成虫；4. 为害状

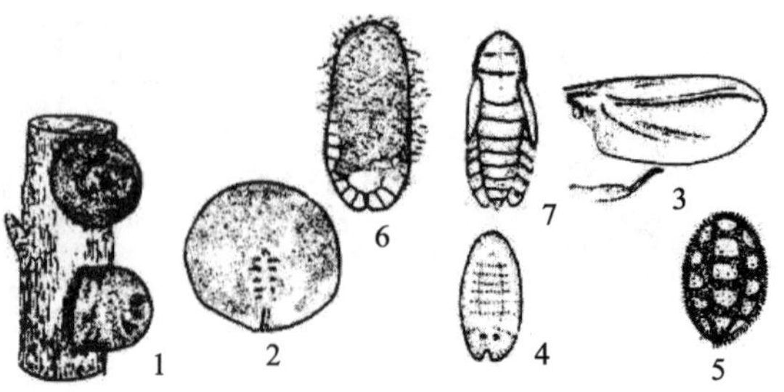

日本球坚蚧

1. 雌虫在枝条上；2. 雌虫背面；3. 雄虫前后翅；4. 2 龄若虫；

5. 越冬的雌若虫；6. 越冬后的雄若虫；7. 蛹

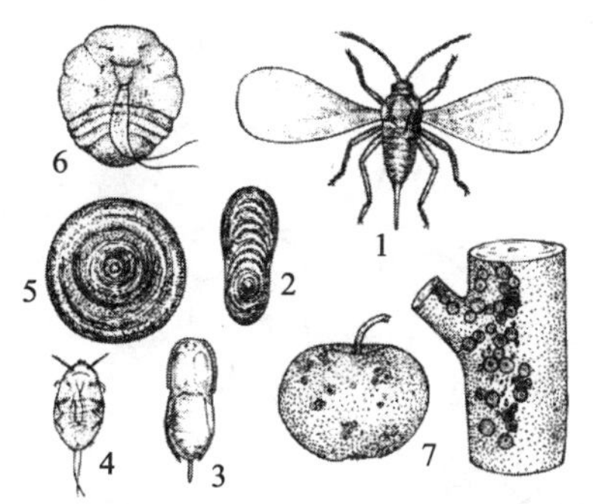

梨圆蚧

. 雄成虫；2. 雄虫介壳；3. 蛹；4. 雌虫1龄若虫；
5. 雌介壳；6. 雌虫腹面；7. 害状

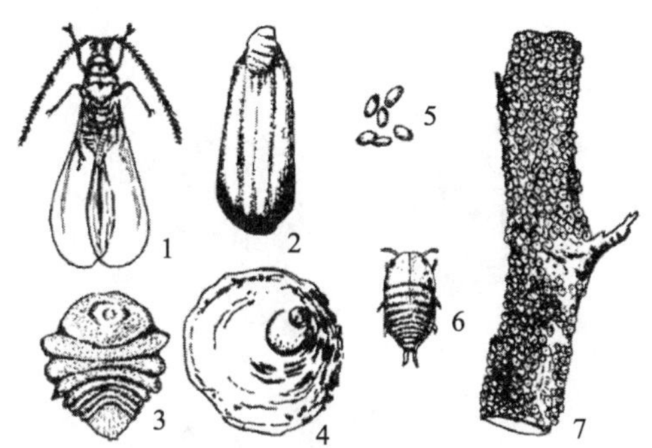

桑盾蚧

1. 雄成虫；2. 雄虫介壳；3. 雌成虫；4. 雌虫介壳；
5. 卵；6. 若虫；7. 被害状

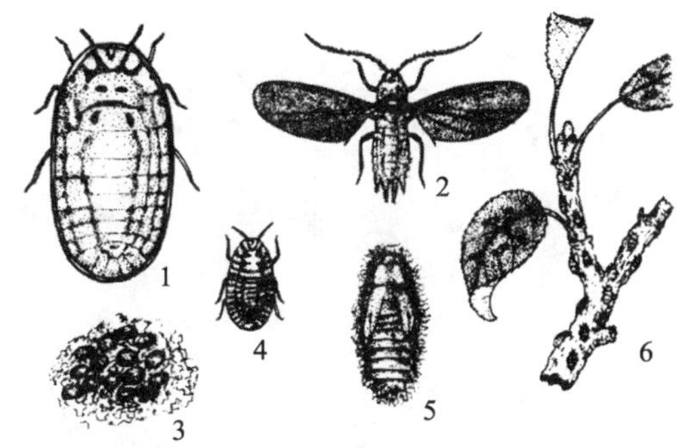

草履硕蚧

1. 雌成虫；2. 雄成虫；3. 卵；
4. 若虫；5. 蛹；6. 被害状

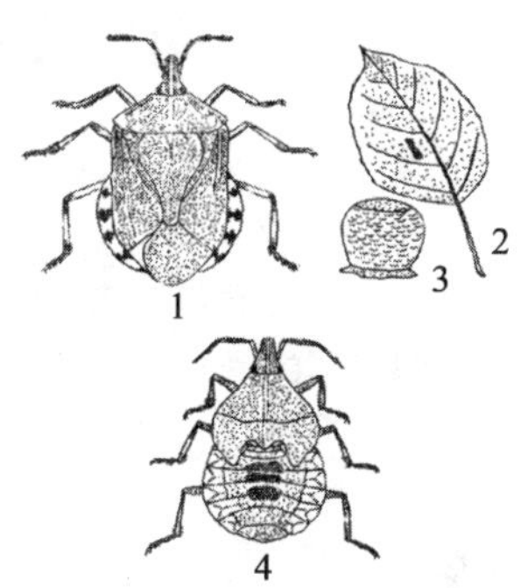

黄霜蝽

1. 成虫；2. 产于叶背的卵块；
3. 卵；4. 若虫

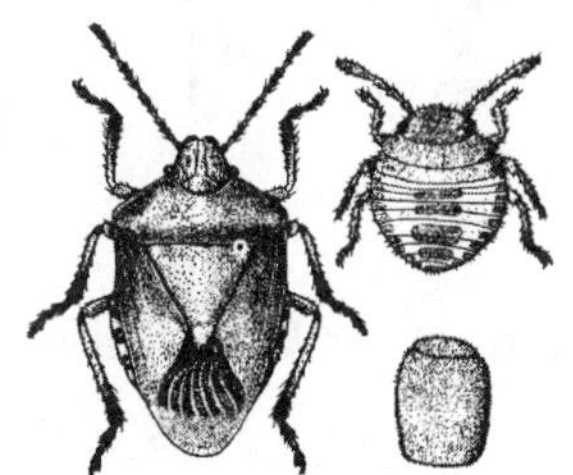

细毛蝽

1. 成虫；2. 卵；3. 若虫

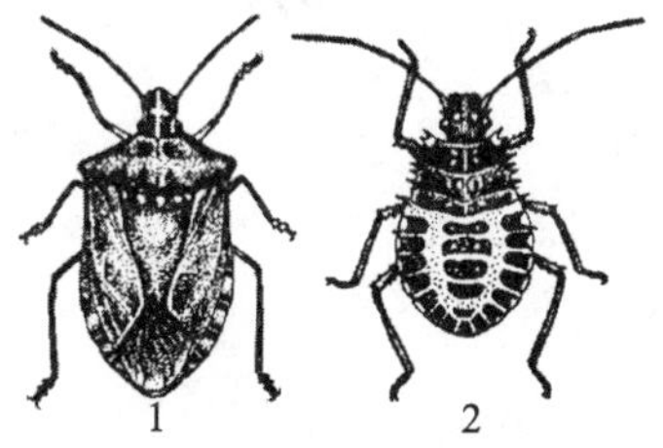

茶翅蝽

1. 成虫；2. 若虫

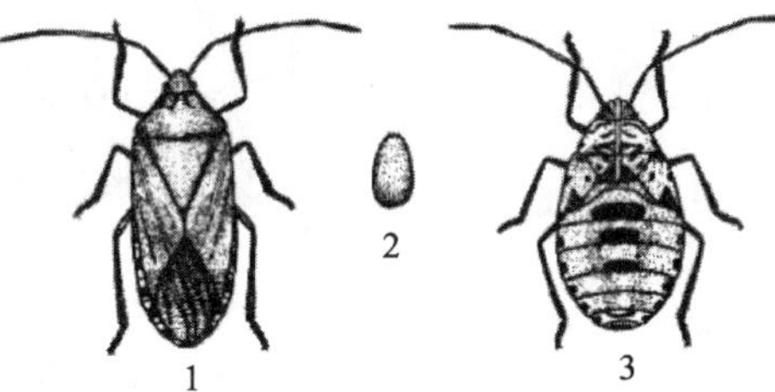

梨蝽

1. 成虫；2. 卵；3. 若虫

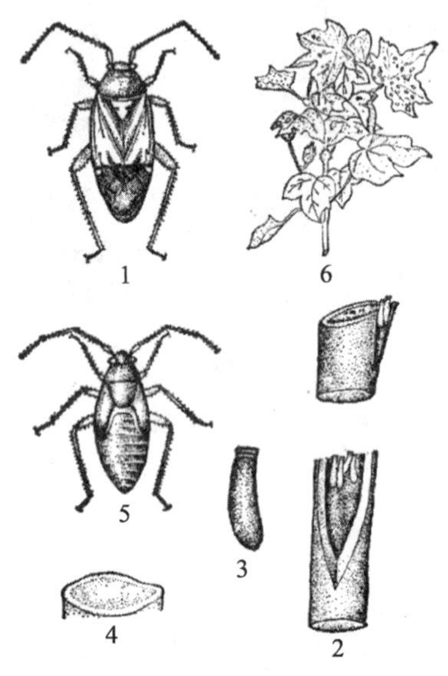

绿盲蝽成虫

1. 成虫；2. 苜蓿茬内的越冬卵；3. 卵；
4. 卵正面观；5. 若虫；6. 被害状

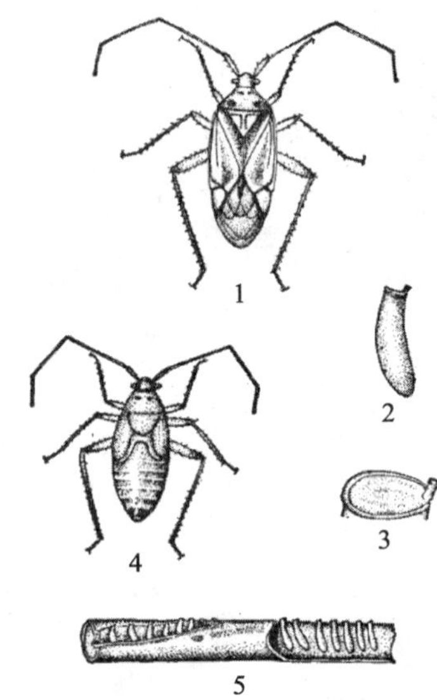

苜蓿盲蝽

1. 成虫；2. 卵；3. 卵横截面；
4. 若虫；5. 苜蓿枝条内的卵

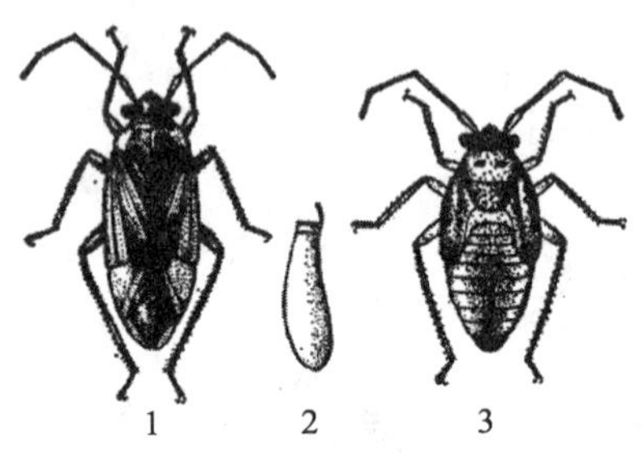

中黑盲蝽

1. 成虫；2. 卵；3. 若虫

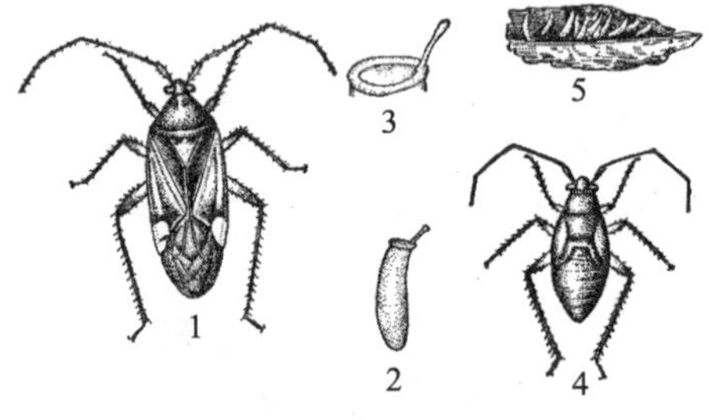

三点盲蝽

1. 成虫；2. 卵；3. 卵盖顶部；4. 若虫；5. 树皮内越冬

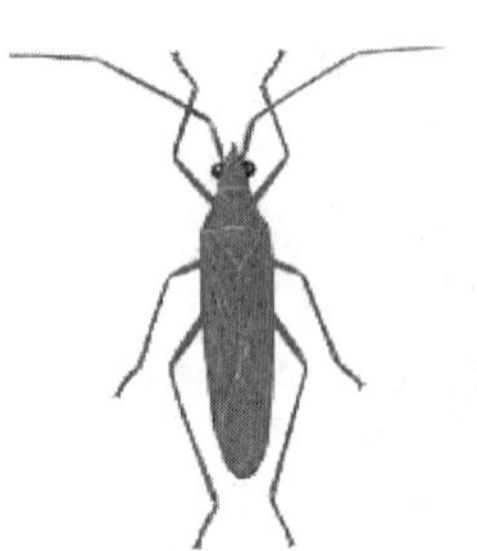

赤须盲蝽成虫

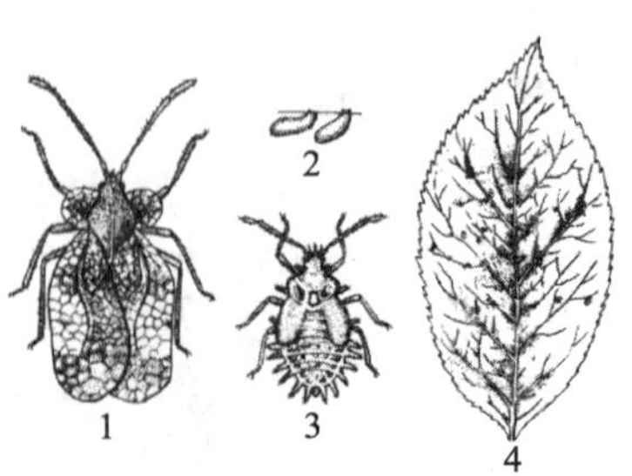

梨冠网蝽

1. 成虫；2. 卵；3. 若虫；4. 被害状

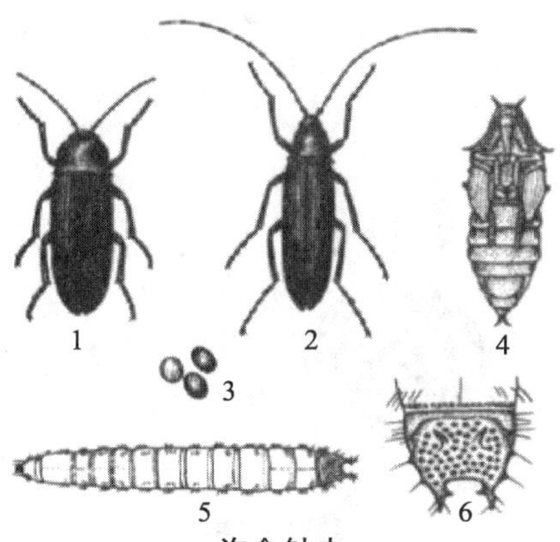

沟金针虫

1. 雌成虫；2. 雄成虫；3. 卵；4. 幼虫；
5. 幼虫腹部末端；6. 蛹

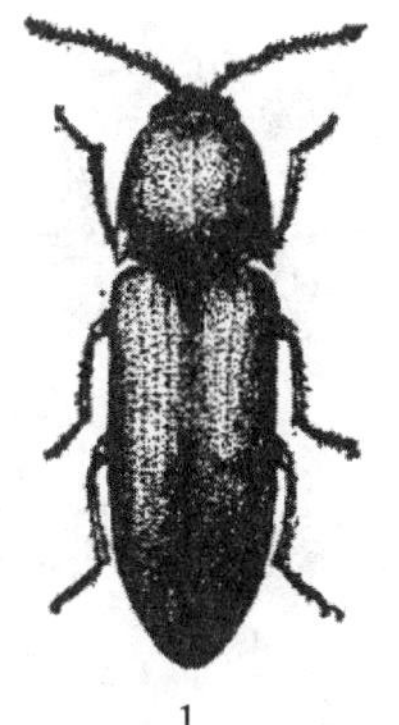

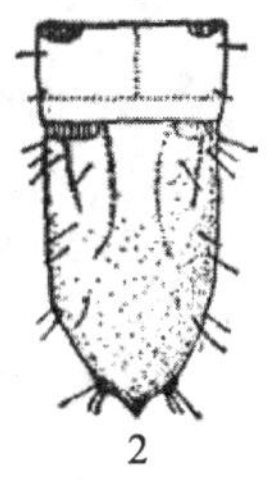

褐纹金针虫

1. 成虫；2. 幼虫腹部末节背面观

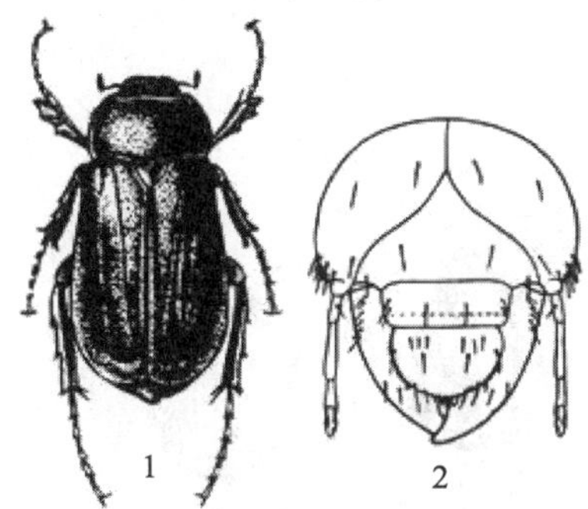

暗黑鳃金龟

1. 成虫；2. 幼虫头部正面观

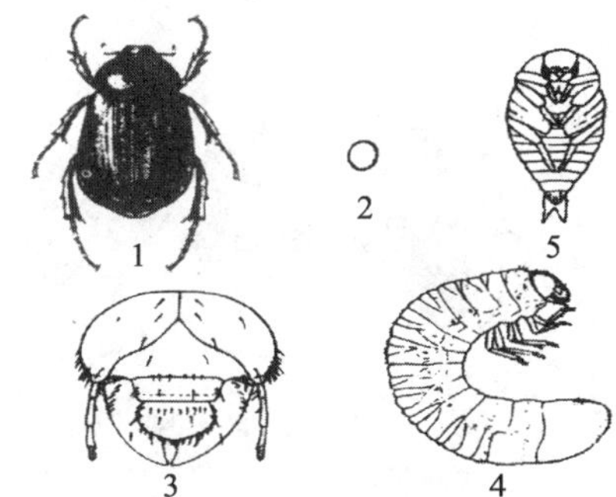

华北大黑鳃金龟

. 成虫；2. 卵；3. 幼虫头部正面观；4. 幼虫；5. 蛹

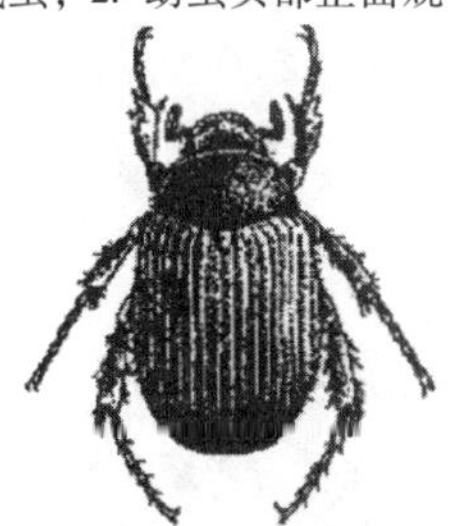

阔胫腮金龟成虫

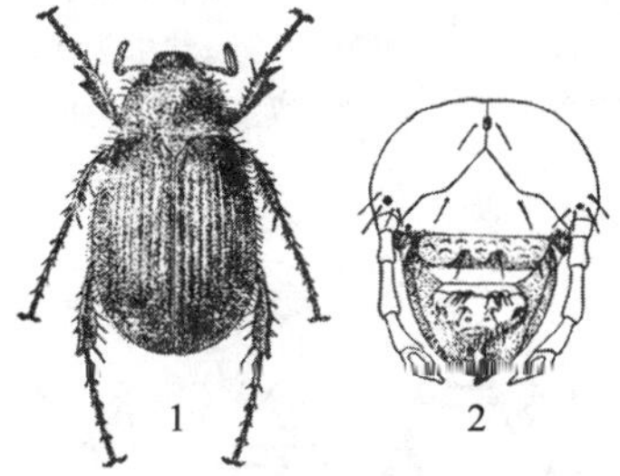

黑绒鳃金龟

1. 成虫；2. 幼虫头部正面观

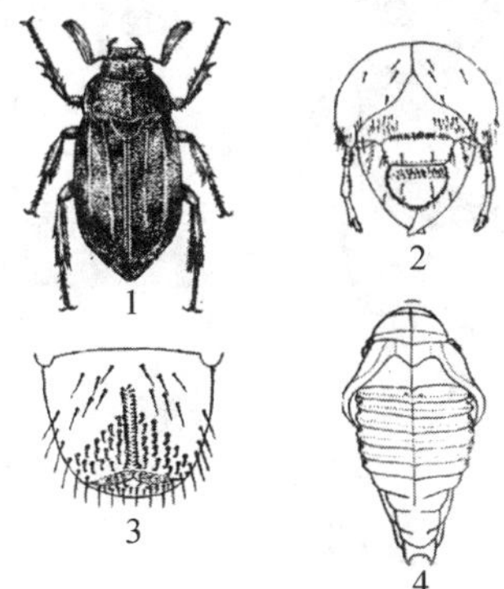

灰胸突鳃金龟

1. 成虫;2. 幼虫头部正面观;3. 肛腹板;4. 蛹背面观

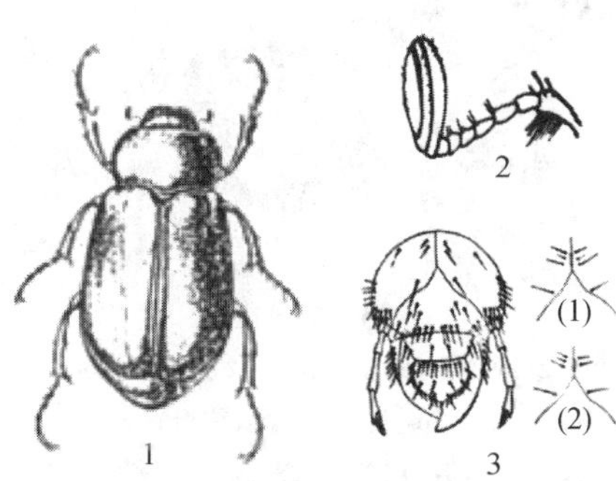

黑皱鳃金龟

1. 成虫;2. 触角前顶刚毛数目;3. 幼虫头部(1)、(2)及排列

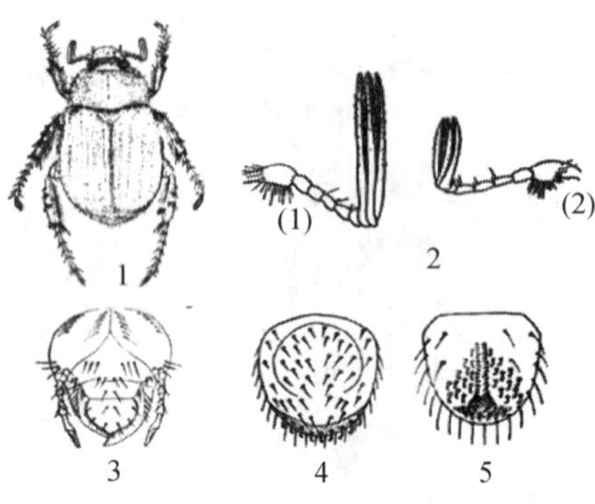

黄褐丽金龟

1. 成虫；2. 触角（1）雄虫（2）雌虫；3. 幼虫头部；4. 幼虫肛背片；5. 幼虫肛腹片

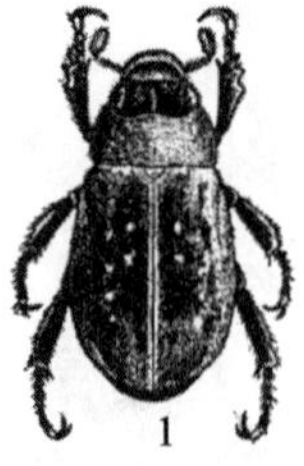

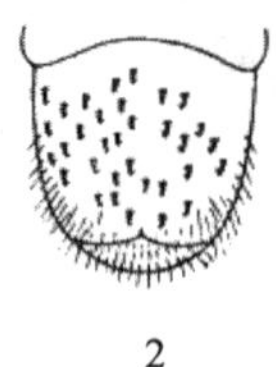

斑喙丽金龟

1. 成虫；2. 幼虫臀节腹面

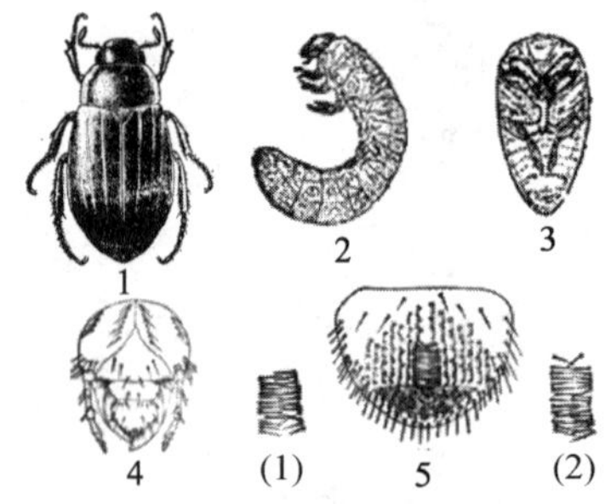

铜绿丽金龟

1. 成虫；2. 幼虫；3. 蛹腹面；4. 幼虫头部；5. 肛腹片（1）、（2）刺毛列数目及排列

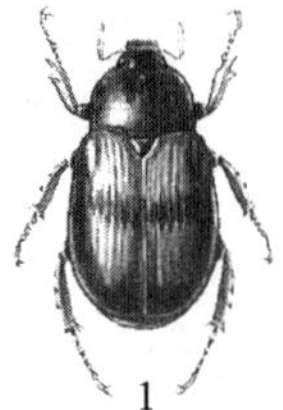

弓斑丽金龟

1. 成虫；2. 幼虫臀节腹面

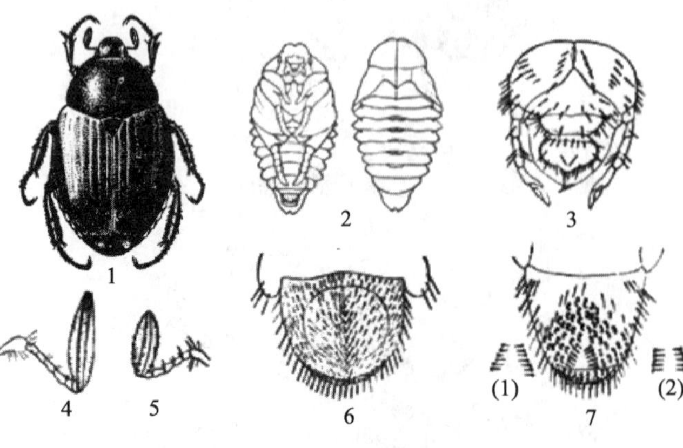

四纹丽金龟

1. 成虫；2. 蛹；3. 幼虫头部；4. 雌虫触角；5. 雄虫触角；6. 肛背片（示臀板）；7. 肛腹片（1）、（2）刺毛列数目及排列

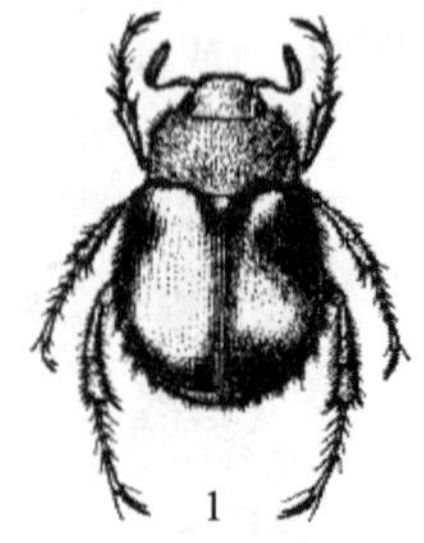

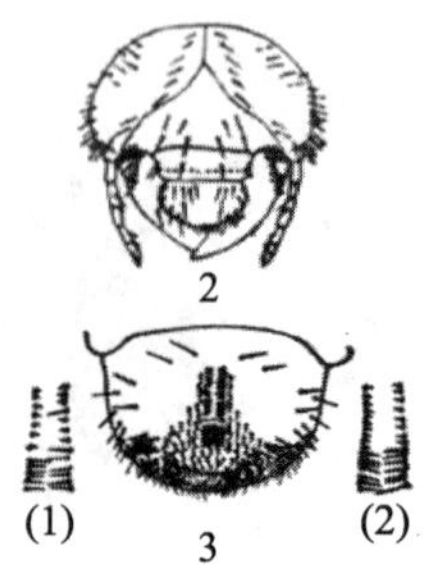

苹毛丽金龟

1. 成虫；2. 幼虫头部；3. 幼虫肛腹片（1）、（2）刺毛列构造

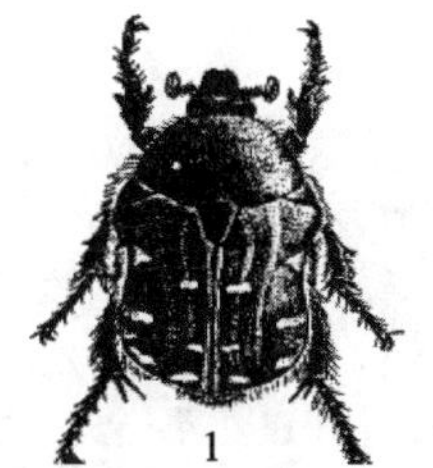

小青花金龟

1. 成虫；2. 幼虫臀节腹面

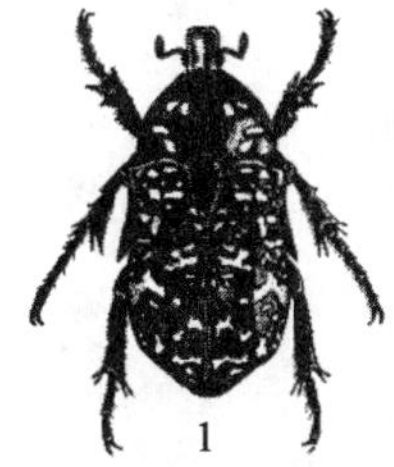

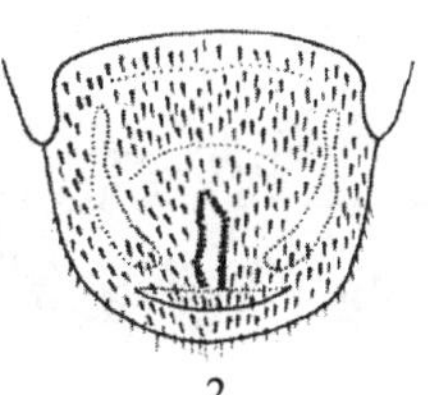

白星花金龟

1. 成虫；2. 幼虫臀节腹面

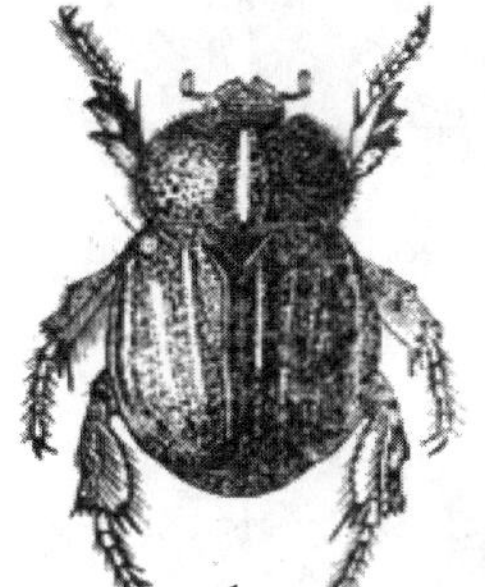

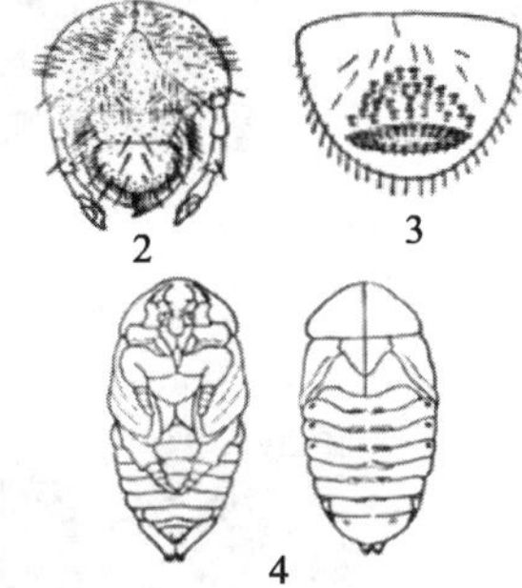

阔胸犀金龟

1. 成虫；2. 幼虫头部；3. 肛腹片；4. 蛹

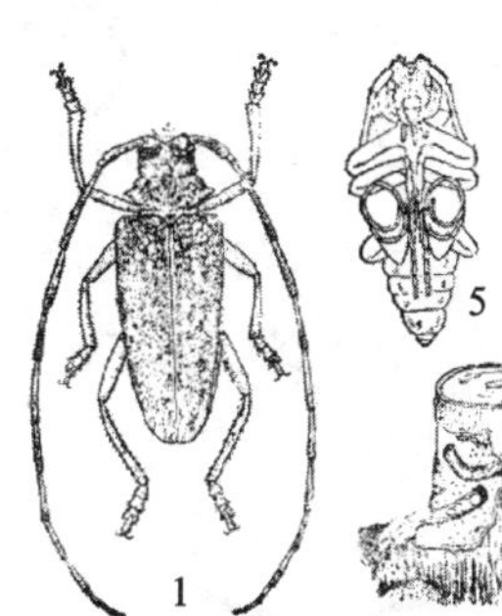

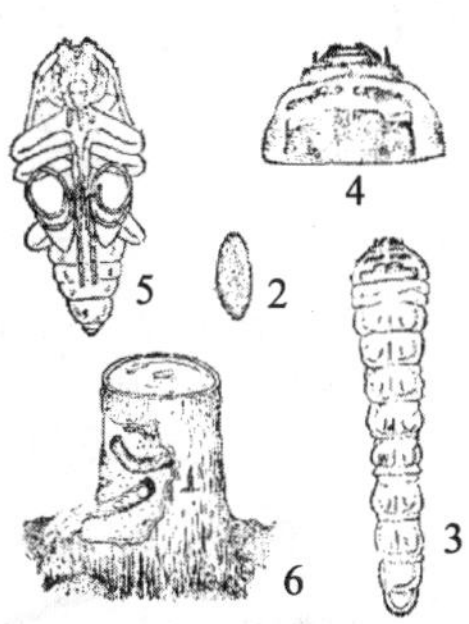

星天牛

1. 成虫；2. 卵；3. 幼虫；4. 幼虫头及前胸背板；5. 蛹；6. 害状

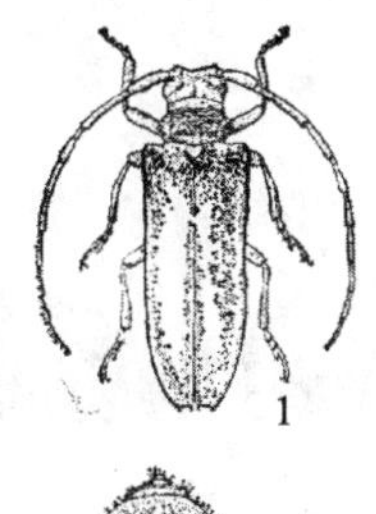

桑天牛

1. 成虫；2. 幼虫；3. 幼虫头和前胸背板；4. 被害状

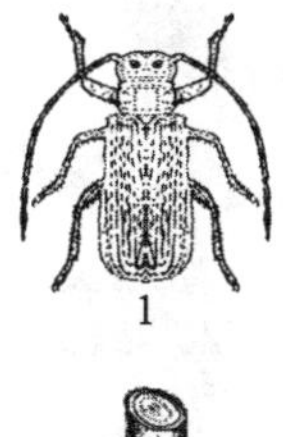

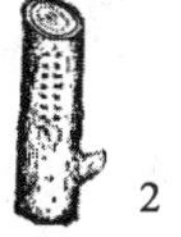

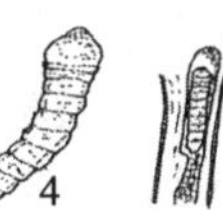

梨眼天牛

1. 成虫；2. 产卵刻痕；3. 卵；4. 幼虫；5. 被害状；6. 蛀道

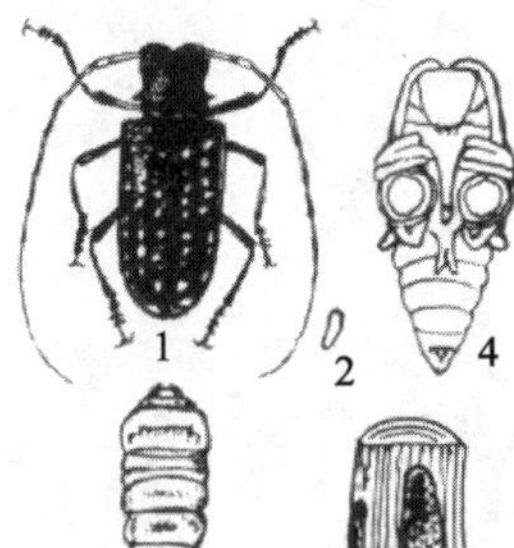

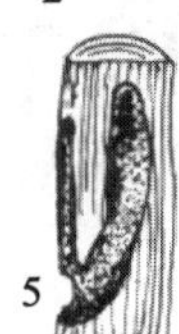

光肩星天牛

1. 成虫；2. 卵；3. 幼虫；4. 蛹；5. 危害状

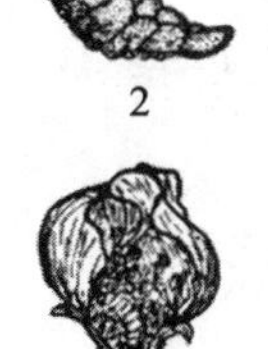

梨花象

1. 成虫；2. 幼虫；3. 卵；4. 蛹；5. 花蕾上的被害孔；6. 幼虫为害花蕾状；7. 老熟幼虫在花内造的窝

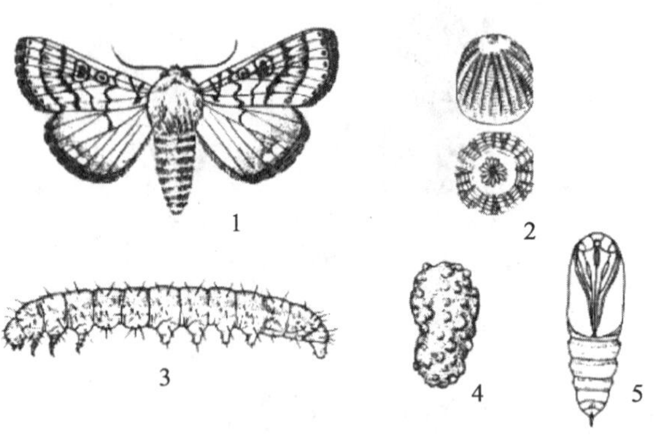

棉铃虫

1. 成虫；2. 卵；3. 幼虫；4. 土茧；5. 蛹

棉铃虫

1. 成虫；2、3. 幼虫；4. 果实被害状

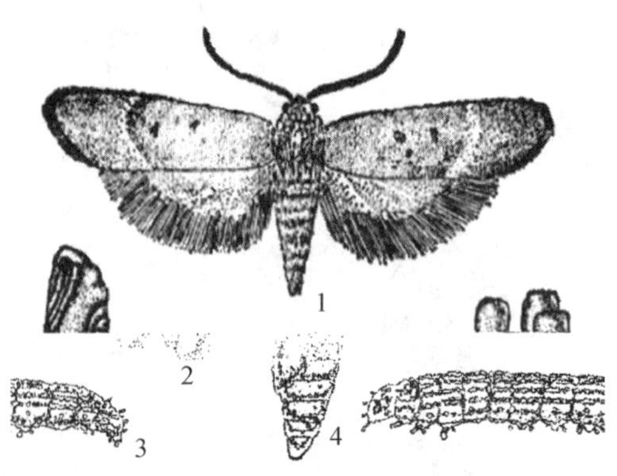

黑星麦蛾

1. 成虫；2. 卵；3. 幼虫；4. 蛹

黑星麦蛾

1. 成虫；2. 幼虫；3. 叶被害状

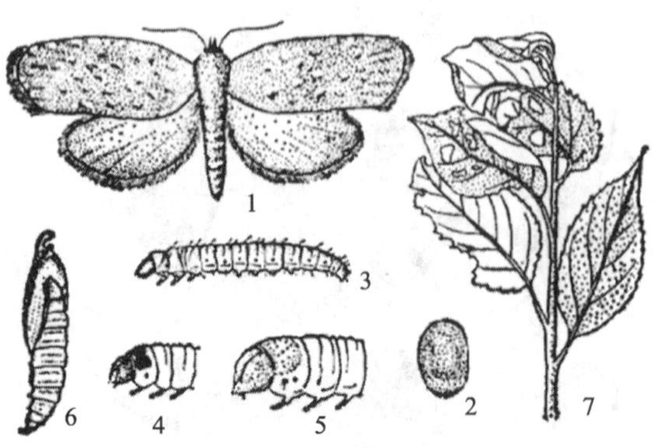

黄斑卷叶蛾

1. 成虫；2. 卵放大；3. 幼虫；4. 幼龄幼虫头及胸部；5. 老龄幼虫及胸部；6. 蛹；7. 被害状

黄斑卷叶蛾

1. 成虫；2. 幼虫；3、4. 叶被害状

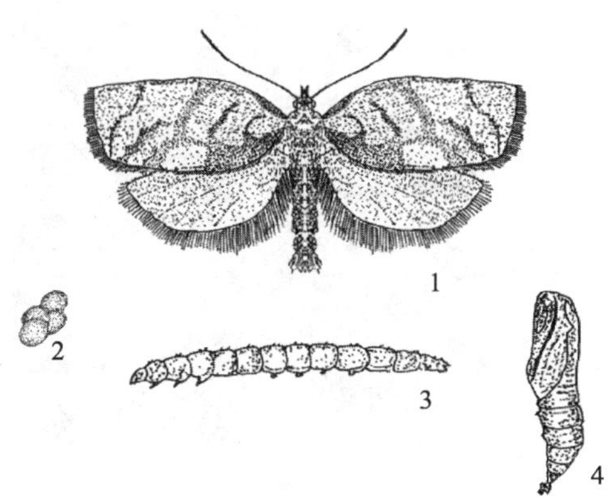

苹小卷叶蛾

1. 成虫；2. 卵；3. 幼虫；4. 蛹

苹小卷叶蛾

1. 成虫；2、3、4. 叶被害状

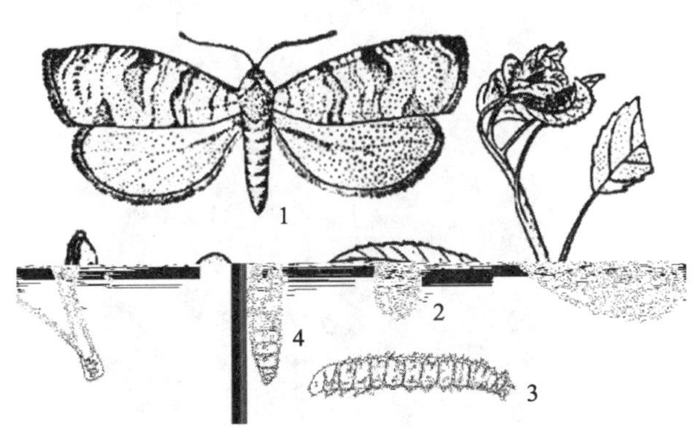

顶梢卷叶蛾

1. 成虫；2. 卵；3. 幼虫；4. 蛹；5. 被害状

顶梢卷叶蛾

1. 蛹；2、3、4. 顶稍被害状

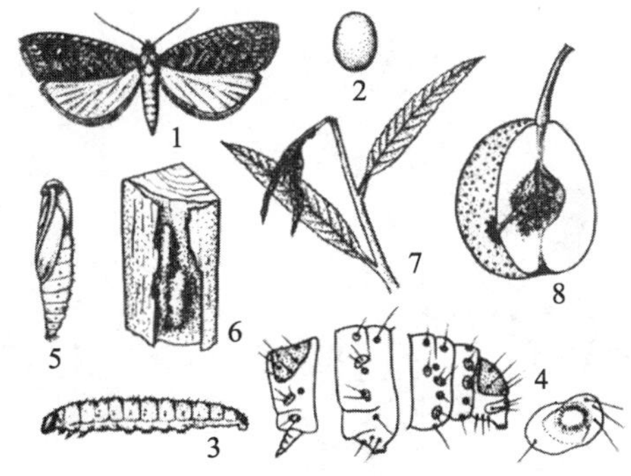

梨小食心虫

1. 成虫；2. 卵；3. 幼虫；4. 幼虫前胸、腹部第 4、8、9、10 节及腹足趾钩；5. 蛹；6. 越冬茧；7. 桃梢被害状；8. 被害果

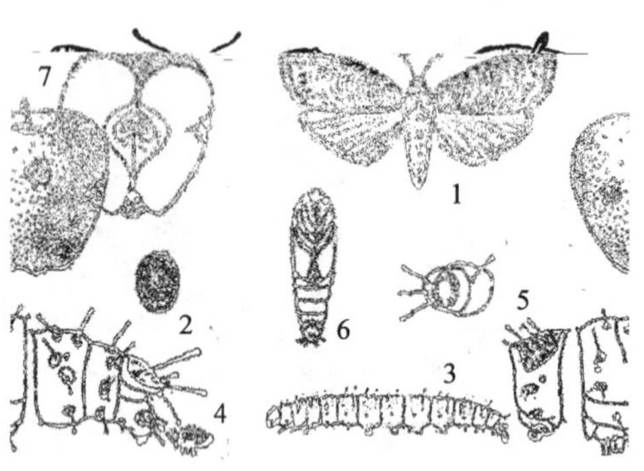

苹小食心虫

1. 成虫；2. 卵；3. 幼虫；4. 幼虫前胸、腹部第4、8、9、10节；5. 幼虫腹足趾钩；6. 蛹；7. 害果

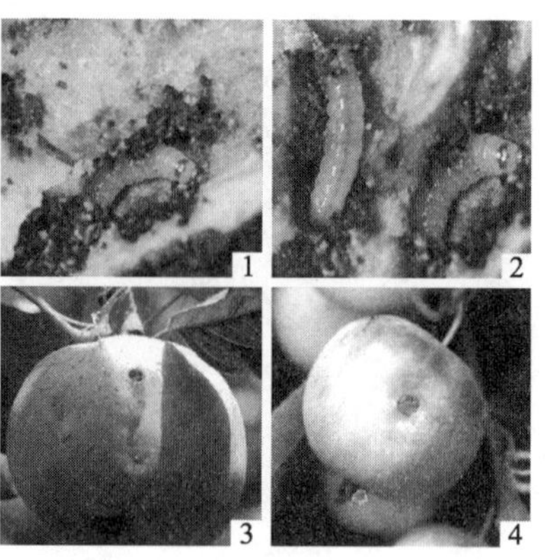

苹小食心虫

1、2. 幼虫；3、4. 果实被害状

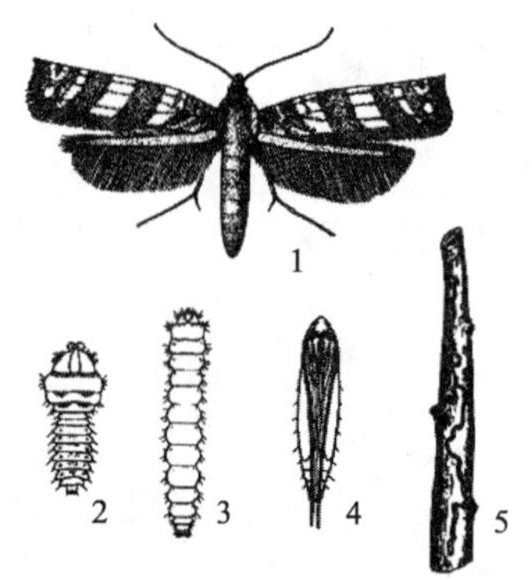

梨潜皮细蛾

1. 成虫；2. 前期幼虫；3. 后期幼虫；4. 蛹；5. 被害状

梨潜皮细蛾

1. 幼虫、蛹；2. 果实被害状；3. 枝被害状

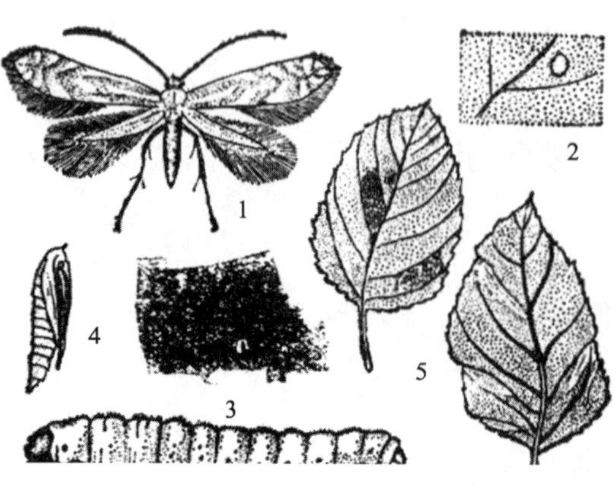

金纹细蛾

1. 成虫；2. 卵；3. 幼虫；4. 蛹；5. 被害叶正面与背面

金纹细蛾

1. 成虫；2 幼虫；3、4. 叶被害状

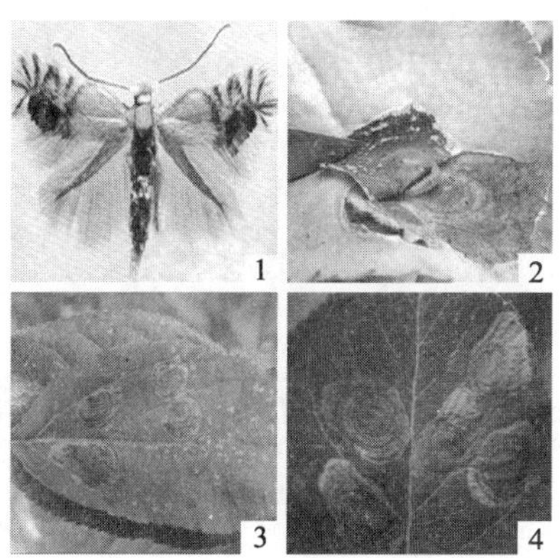

旋纹潜叶蛾

1. 成虫；2、3、4. 叶被害状

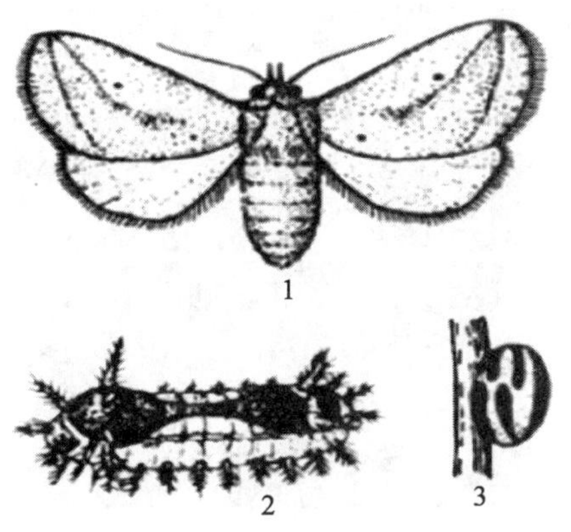

黄刺蛾

1. 成虫；2. 卵；3. 茧

黄刺蛾

1. 成虫；2. 幼虫；3. 茧；4. 叶被害状

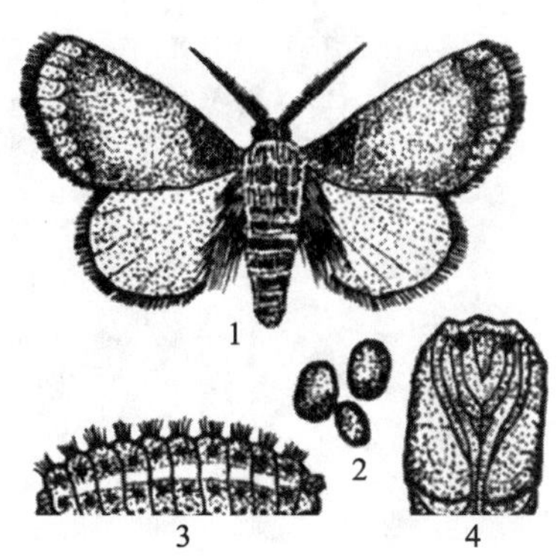

褐边绿刺蛾

1. 成虫；2. 卵；3. 幼虫；4. 蛹

褐边绿刺蛾

1. 成虫；2. 幼虫；3、4. 叶被害状

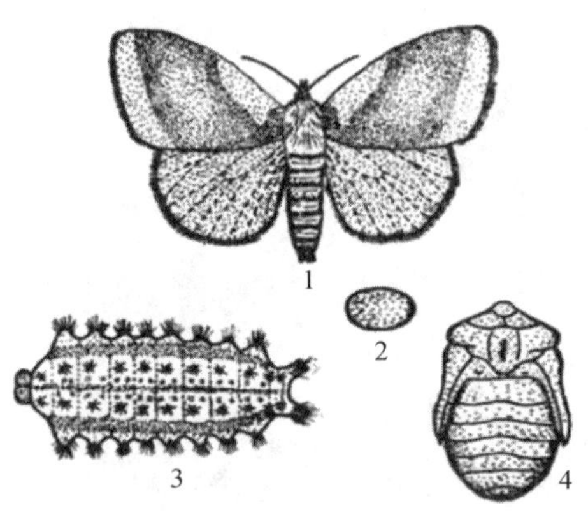

中国刺蛾

1. 成虫；2. 卵；3. 幼虫；4. 蛹

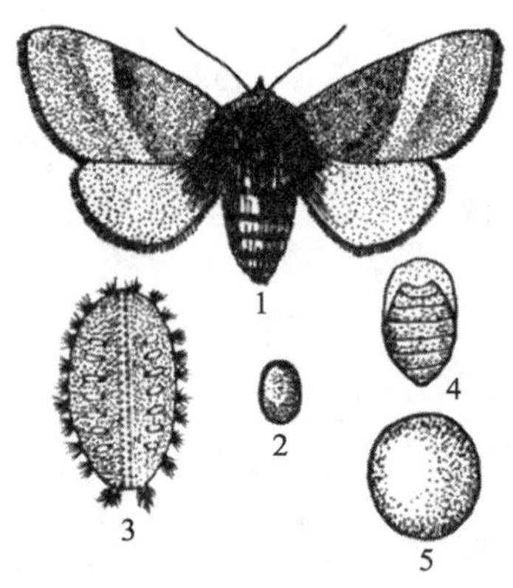

扁刺蛾

1. 成虫；2. 卵；3. 幼虫；4. 蛹；5. 茧

扁刺蛾

1. 成虫；2、3. 幼虫；4. 叶被害状

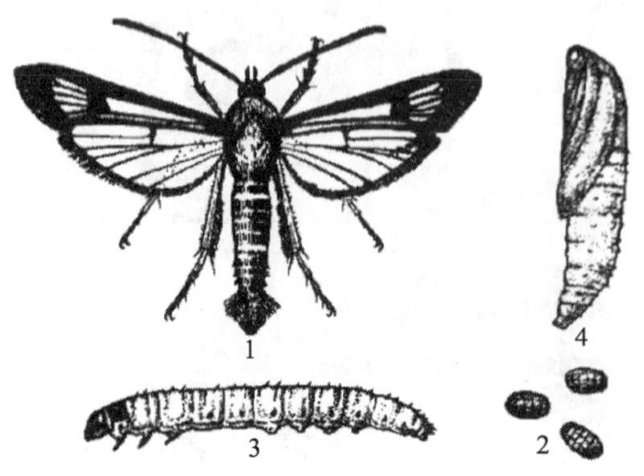

苹果透翅蛾

1. 成虫；2. 卵；3. 幼虫；4. 蛹

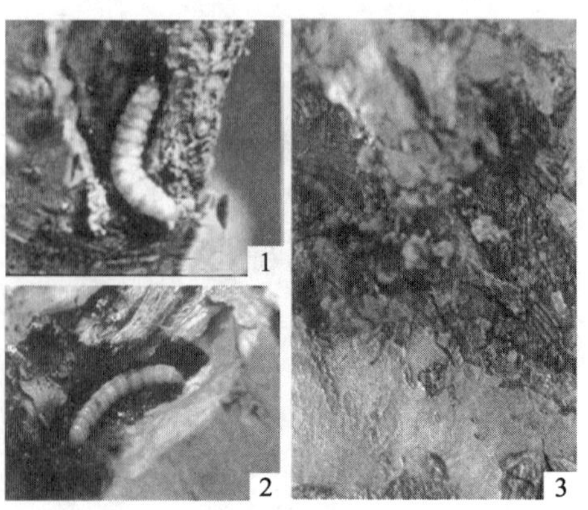

苹果透翅蛾

1、2、3. 树干害状

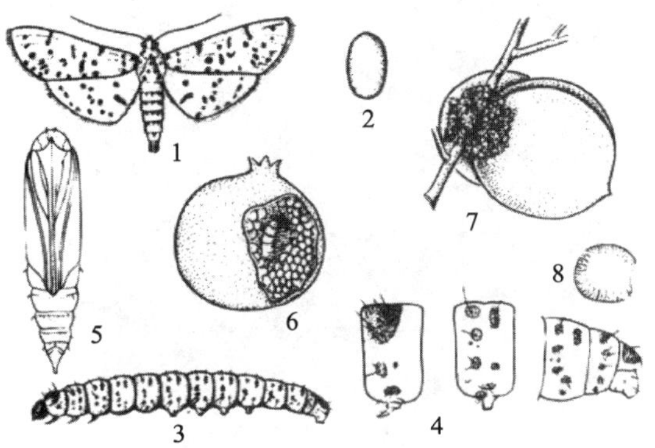

桃蛀螟

. 成虫；2. 卵；3. 幼虫；4. 幼虫前胸、腹部第3、8、9、10 节侧面；5. 蛹；6. 石榴被害状；7. 桃被害状；8. 趾钩

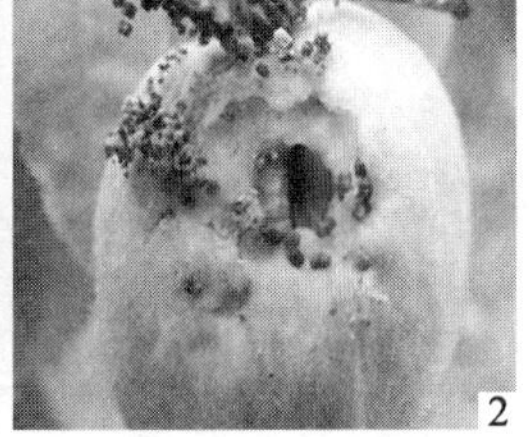

桃蛀螟

1、2. 果实害状

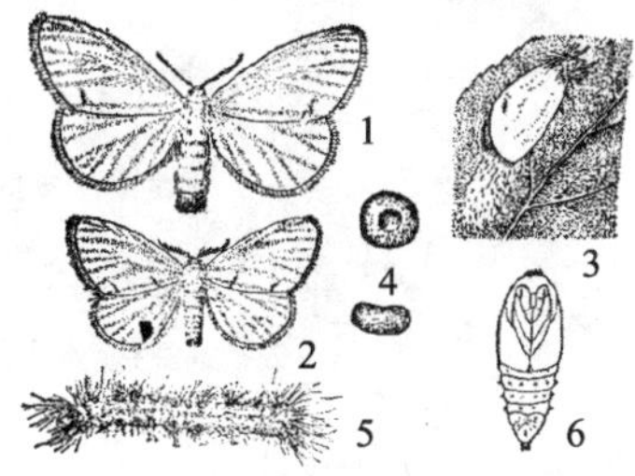

黄尾毒蛾

1. 雌成虫；2. 雄成虫；3. 卵块和雌虫产卵状；4. 卵的正面和侧面；5. 幼虫；6. 蛹

黄尾毒蛾

1、2. 叶片害状

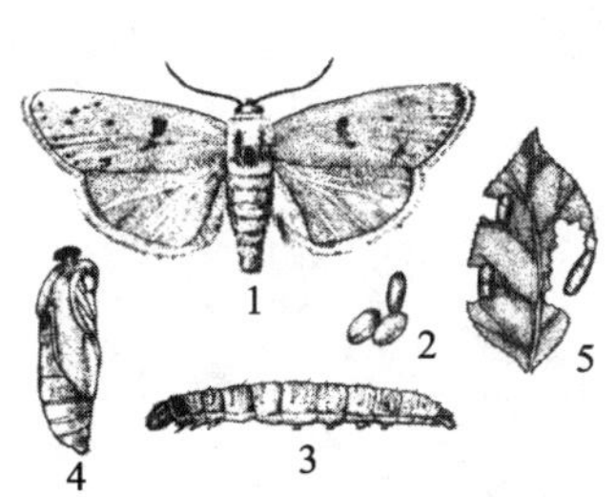

梅木蛾

1. 成虫；2. 卵；3. 幼虫；4. 蛹；5. 被害状

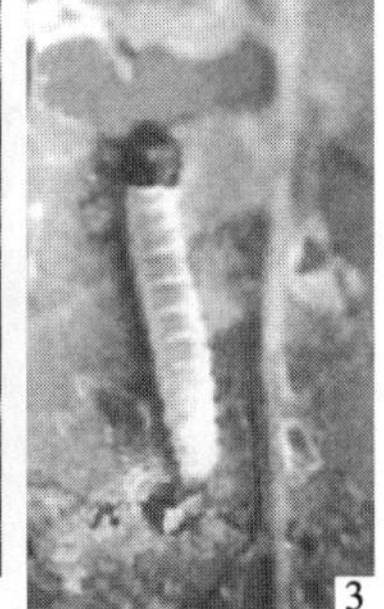

梅木蛾

1. 成虫；2、3. 叶片害状

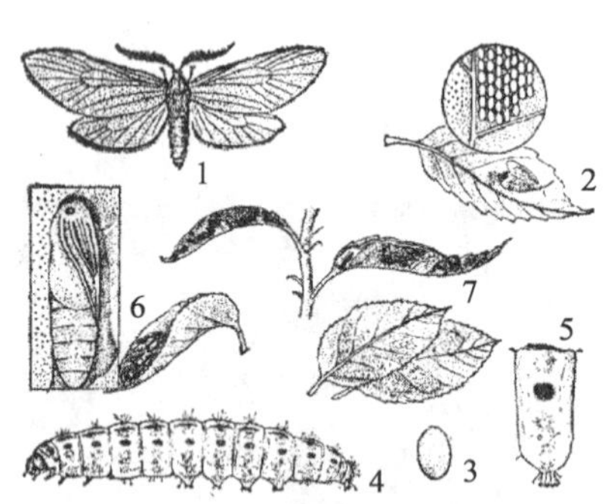

梨星毛虫

1. 成虫；2. 成虫产卵状；3. 卵放大状；4. 幼虫；
5. 幼虫腹部第 4 节；6. 化蛹状；7. 被害状

梨星毛虫

1. 成虫；2、3、4. 叶片害状

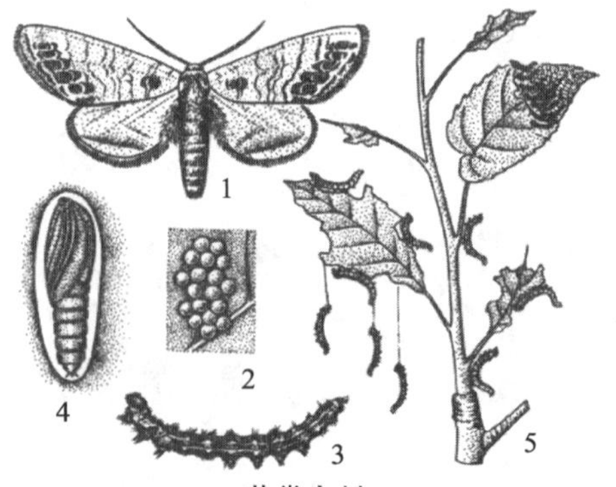

苹掌舟蛾

1. 成虫；2. 卵；3. 幼虫；4. 蛹；5. 被害状

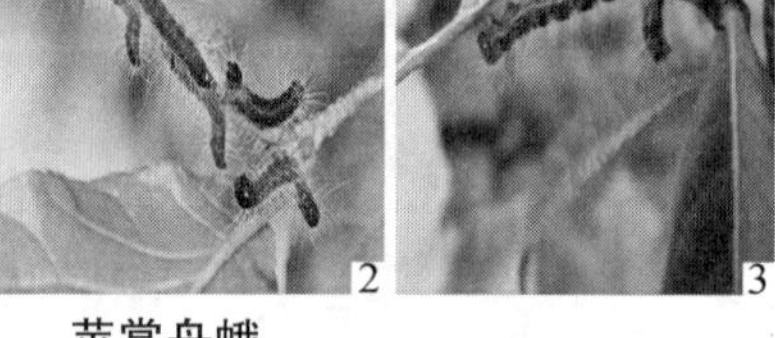

苹掌舟蛾

1. 成虫；2、3. 叶片害状

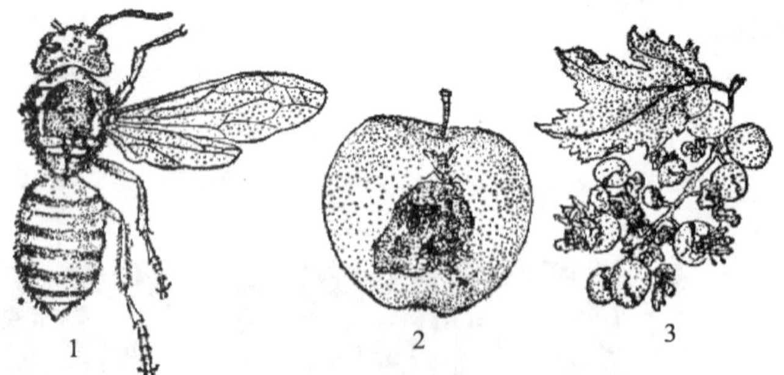

金环胡蜂

1. 成虫；2. 苹果害状；3. 葡萄害状

金环胡蜂

1、2. 果实害状

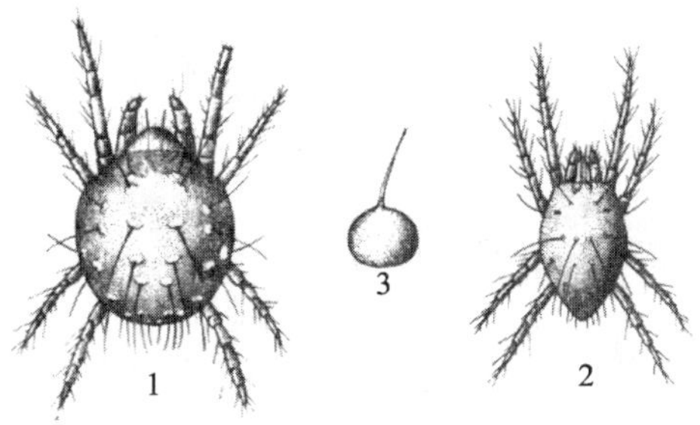

苹果红蜘蛛

1. 雌成螨；2. 雄成螨；3. 卵

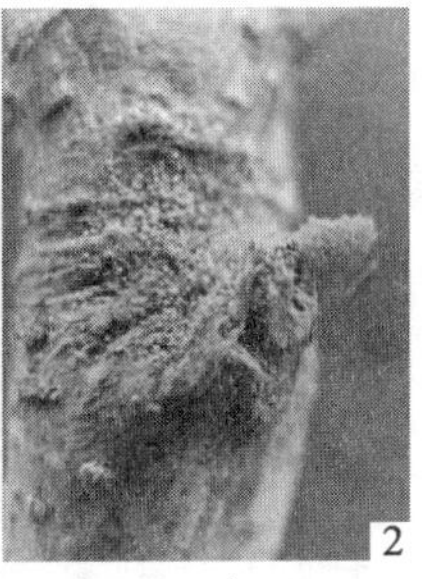

苹果红蜘蛛

1. 叶片害状；2. 树干害状

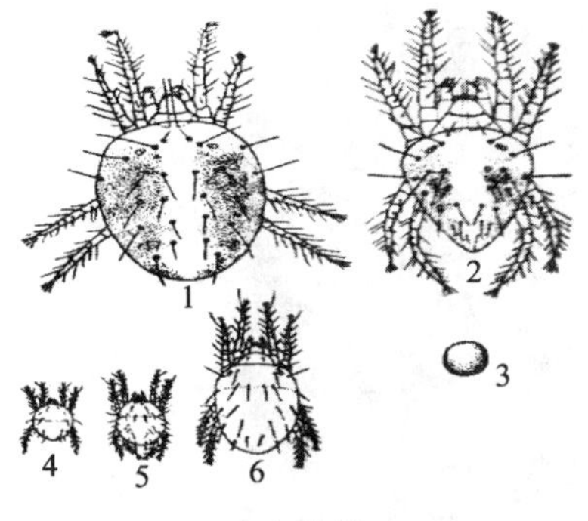

二斑叶螨

1. 雌螨背面观；2. 雄螨背面观；3. 卵；
4. 幼螨；5. 若螨Ⅰ；6. 若螨Ⅱ

二斑叶螨害状

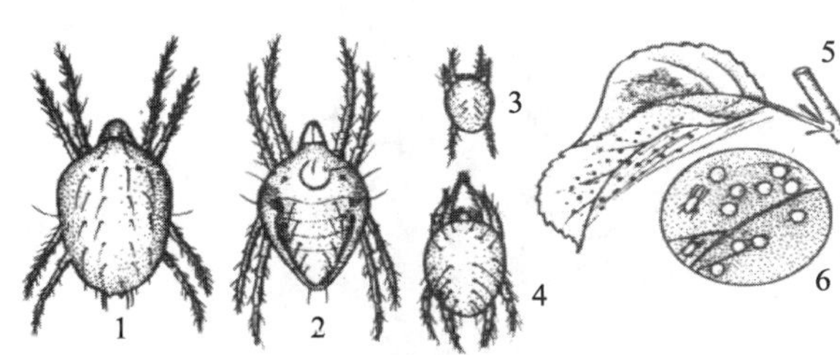

山楂叶螨

1. 雌螨；2. 雄螨；3. 幼螨；4. 若螨；5. 被害叶；6. 卵

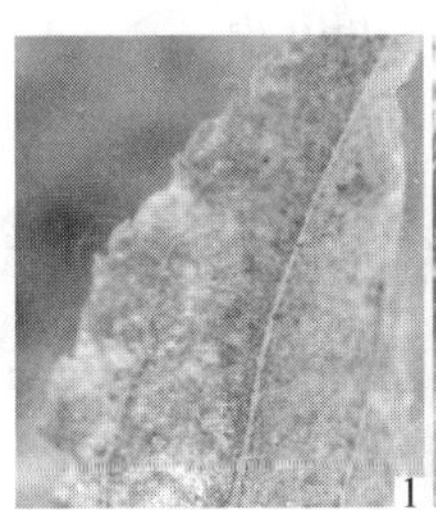

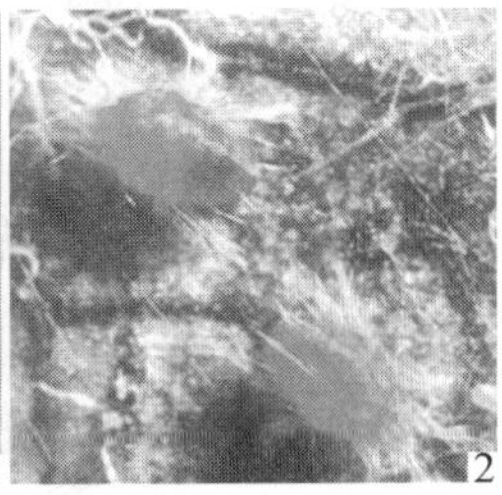

山楂叶螨

1、2. 叶片害状

第三章　国外关注的检疫性有害生物图谱

第一节　国外关注的苹果有害生物图谱

1. 丽新须螨　*Cenopalpus pulcher*（Canestrini & Fanzago）

2. 樱桃虎象　*Rhynchites auratus*（Scopoli）

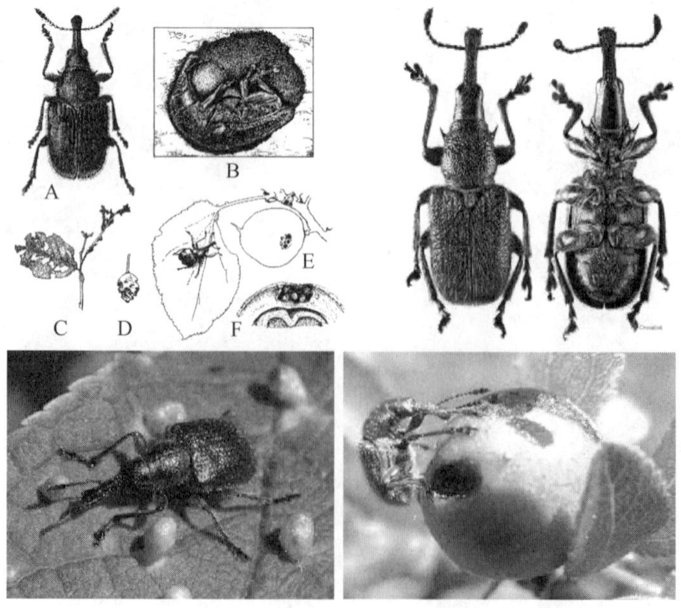

3. 欧洲苹虎象　*Rhynchites bacchus*（L.）

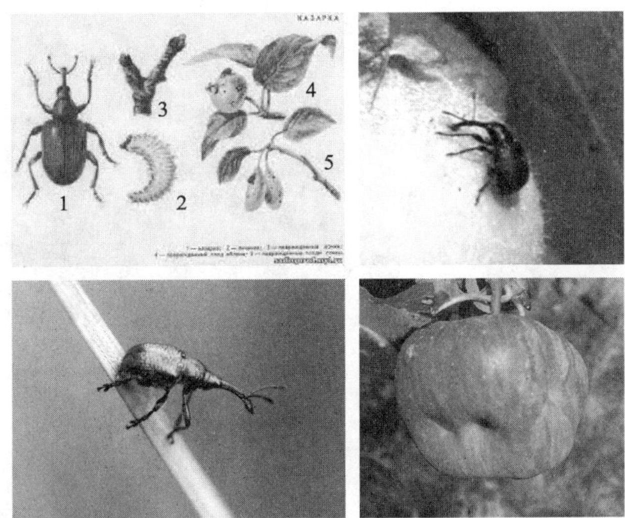

4. 南欧梨虎象　*Rhynchites giganteus* Krynicky

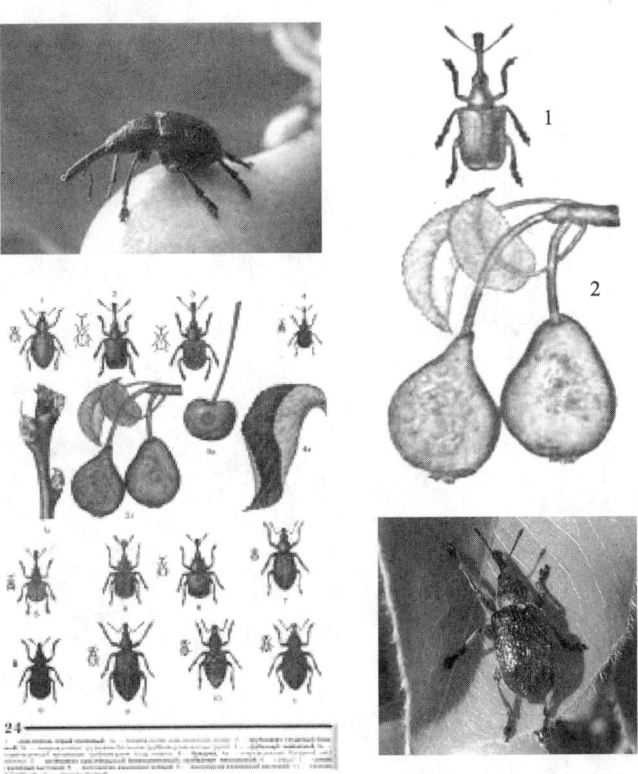

5. 日本苹虎象 *Rhynchites heros* Roelofs

6. 橘小实蝇 *Bactrocera dorsalis*（Hendel）

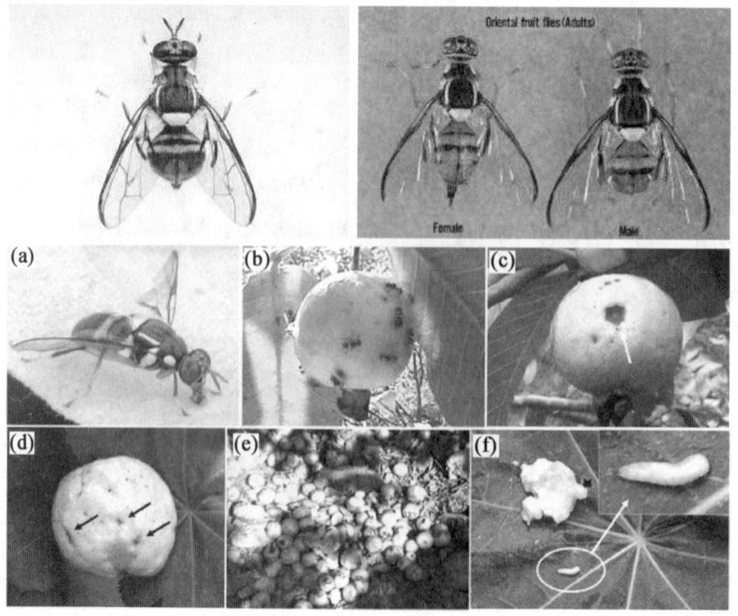

7. 桃小食心虫 *Carposina sasakii* Matsumura

8. 旋纹潜蛾 *Leucoptera malifoliella*（Costa）

9. 高粱穗隐斑螟 *Cryptoblabes gnidiella* (Millière)

10. 枇杷暗斑螟 *Euzophera bigella* (Zeller)

11. 香梨优斑螟 *Euzophera pyriella* Yang

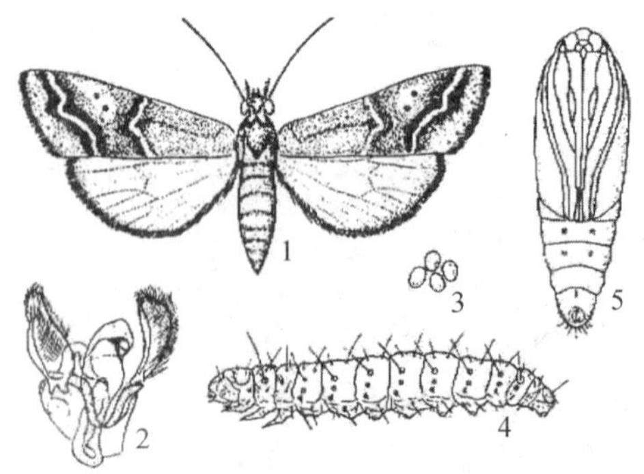

1. 成虫；2. 雄性外生殖器；3. 卵；4. 幼虫；5. 蛹

12. 苹小卷叶蛾 *Adoxophyes orana* (Fischer von Röslerstamm)

13. 拟后黄卷蛾 *Archips micaceana* (Walker)

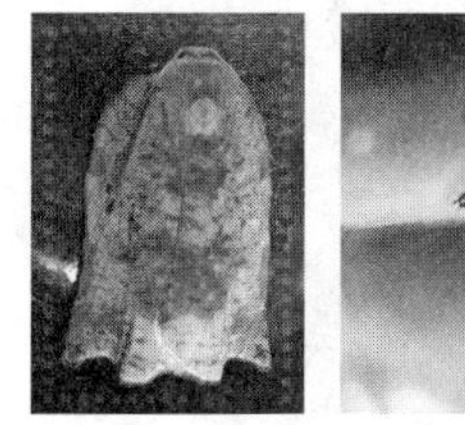

14. 葡萄卷叶蛾 *Argyrotaenia ljungiana* (Thunberg)

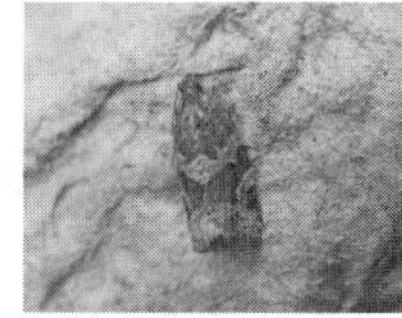

15. 李小食心虫 *Cydia funebrana* (Treitschke)

16. 苹小食心虫 *Grapholita inopinata* Heinrich

17. 桃白小卷蛾 *Spilonota albicana* (Motschulsky)

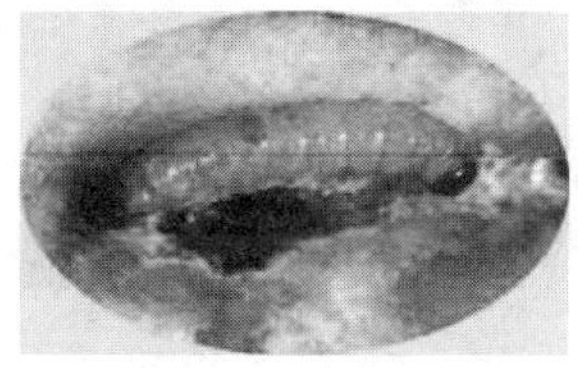

18. 苹果白小食心虫 *Spilonota prognathana* Snellen

19. 多齿卷蛾 *Ulodemis trigrapha* Meyrick

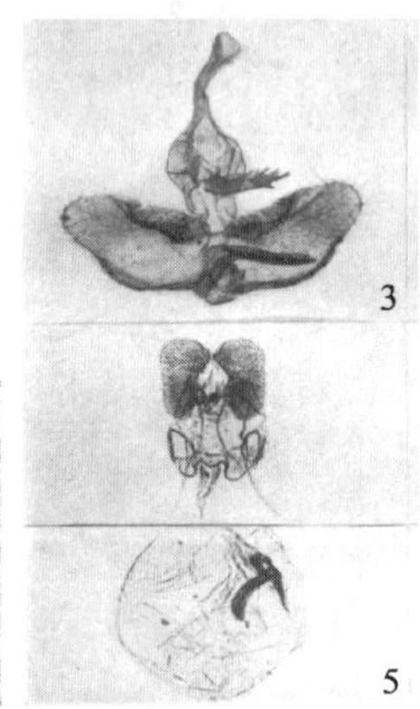

1. 多齿卷蛾；3. 雄性外生殖器；5. 雌性外生殖器

20. 褐腐病 *Monilia polystroma* van Leeuwen

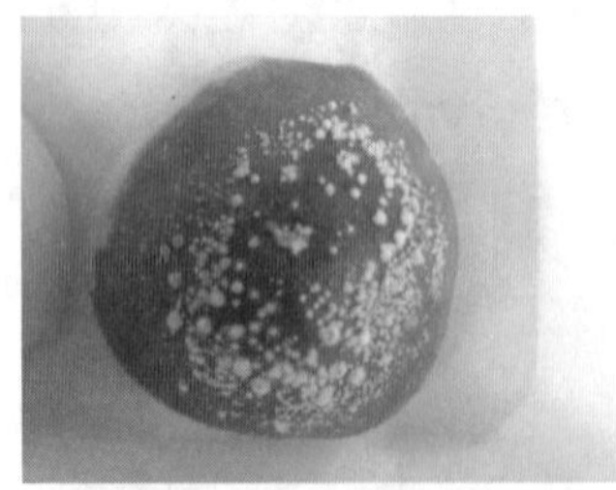
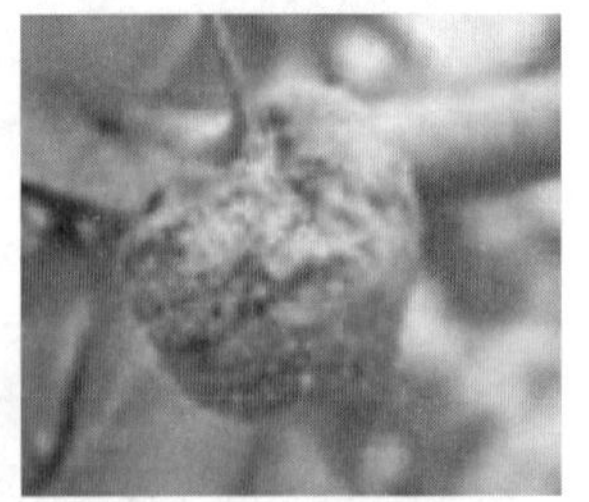

21. 仁果褐腐病 *Monilinia fructigena* Honey

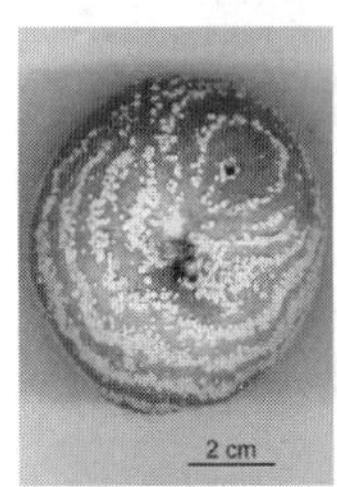

22. 山楂叶螨　*Amphitetranychus viennensis*

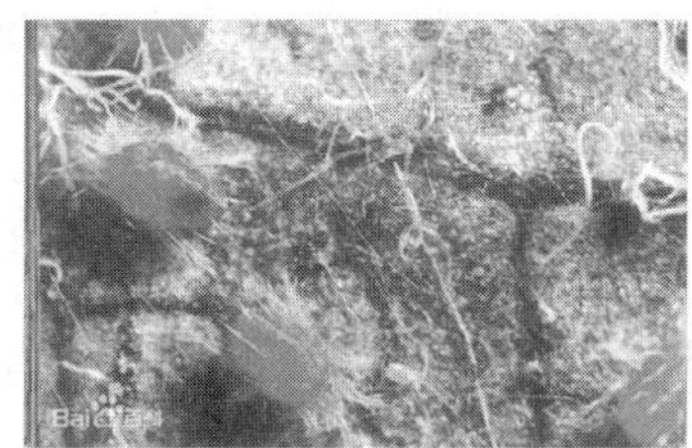

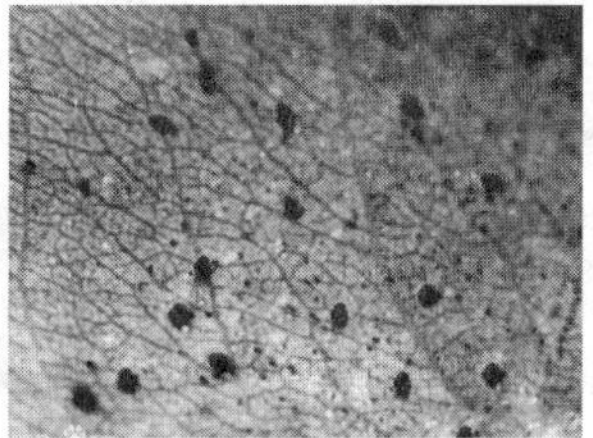

山楂叶螨

23. 槭树绵粉蚧　*Phenacoccus aceris*

24. 康氏粉蚧　*Pseudococcus comstocki*

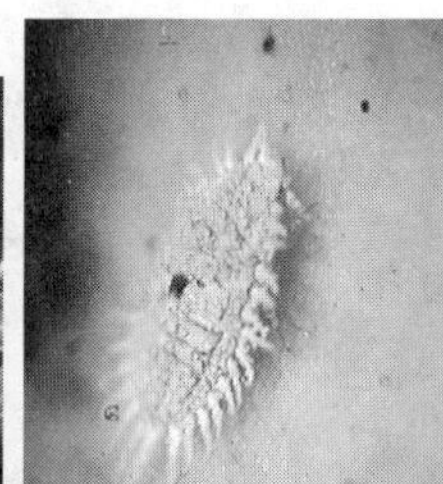

25. 苹果枝溃疡病　*Neonectria ditissima*

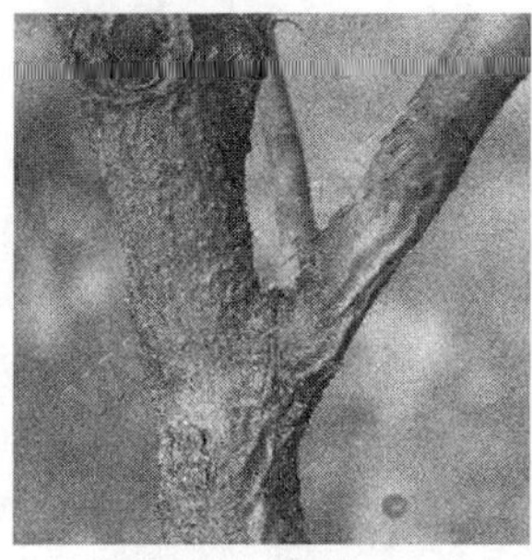

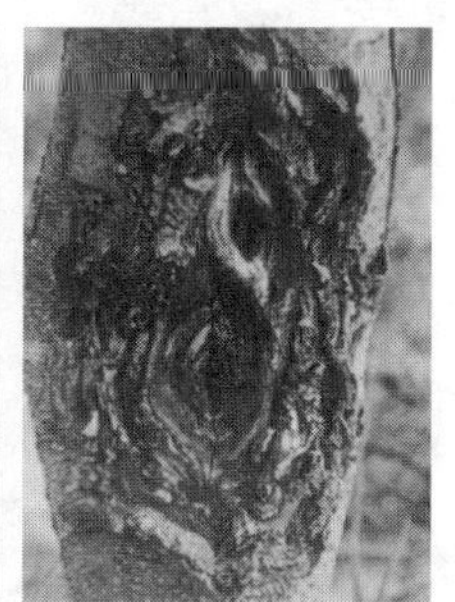

26. 苹果褐斑病　*Diplocarpon mali*

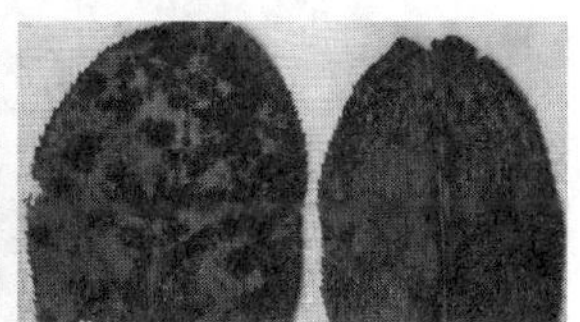

苹果褐斑病病叶

27. 苹果锈病 *Gymnosporangium yamadae*

苹果锈病叶片
正、背面症状

苹果锈病
(冬孢子角吸水状)

苹果锈病病果

28. 苹果圆斑病 *Phyllosticta arbutifolia*

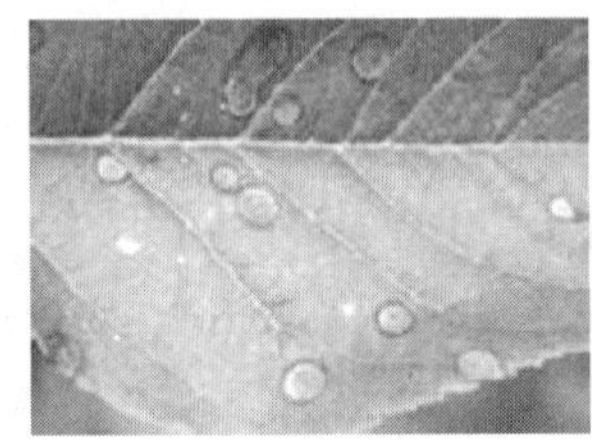

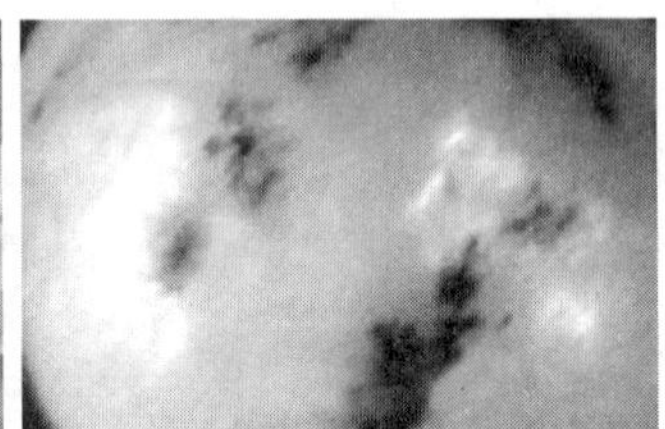

29. 苹果蠹蛾 *Cydia pomonella*

30. 桃蛀螟 *Conogethes punctiferalis Guenee*

31. 梨小食心虫 *Grapholitha molesta Busck*

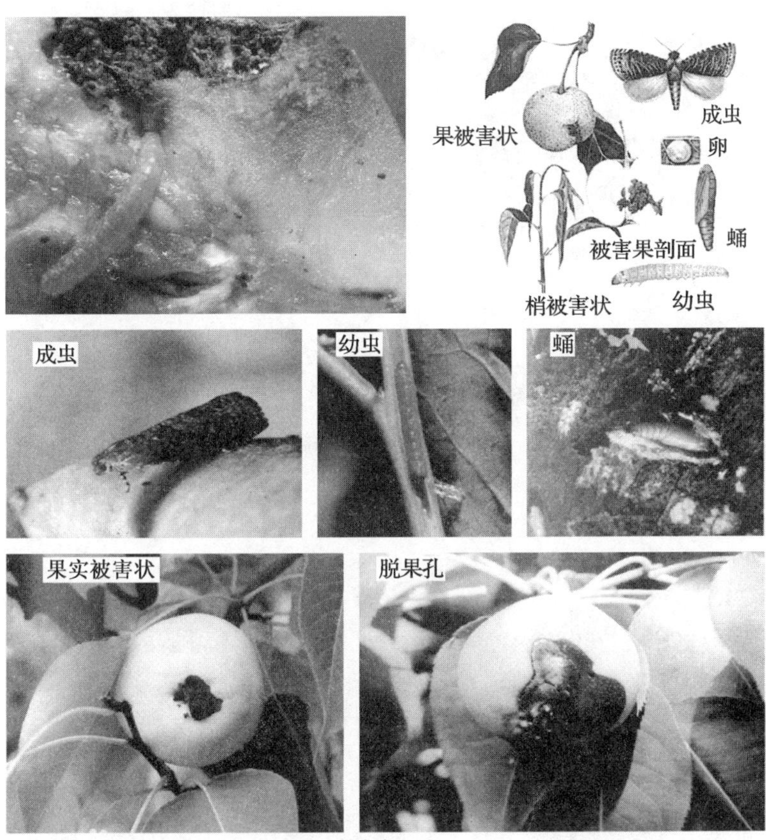

梨小实心虫

32. 神泽氏叶螨 *T. kanzawai Kishida*

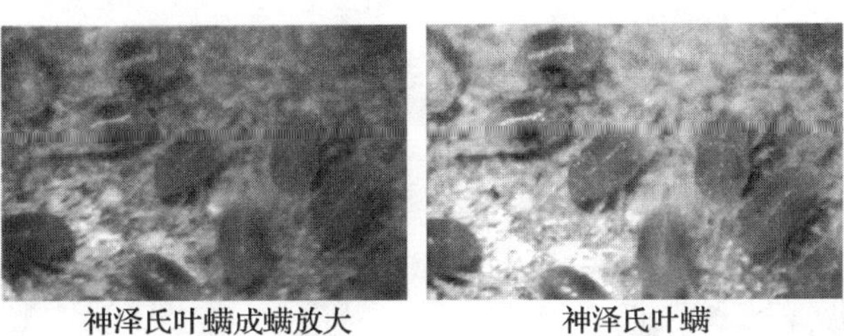

神泽氏叶螨成螨放大　　神泽氏叶螨

33. 苹果花腐病菌 *Monilinia mali*

苹果花腐病花腐　　苹果花腐病叶腐

34. 苹果实蝇 *Rhagoletis pomonella*

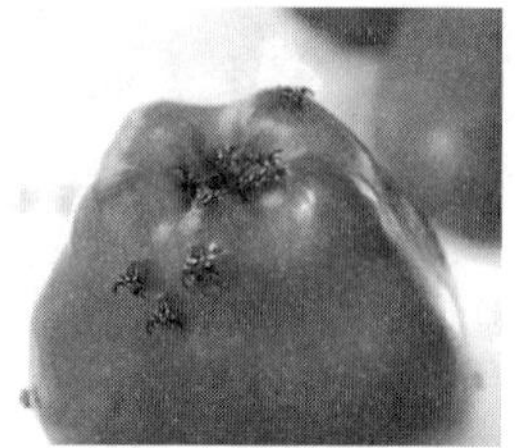

35. 杏小卷蛾 *Cydia prunivora*

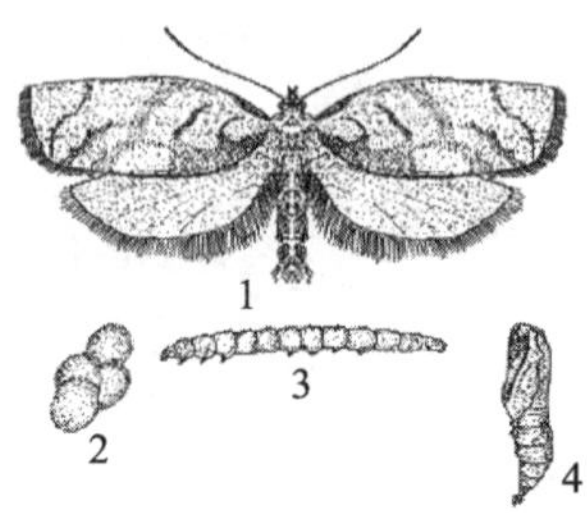

36. 地中海实蝇 *Ceratitis capitata*

37. 桃蛀果蛾 *Carposina niponensis*

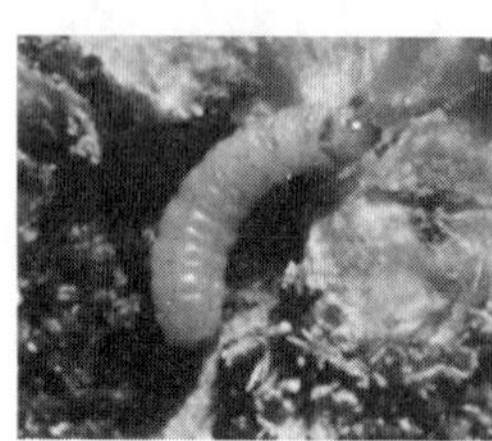
幼虫

成虫(左上)，卵(右下)

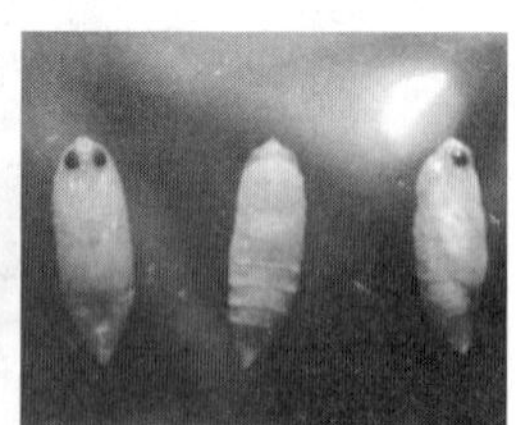
蛹

38. 昆士兰实蝇 *Bactrocera tryoni*

39. 苹果小吉丁虫　*Agrilus mali*

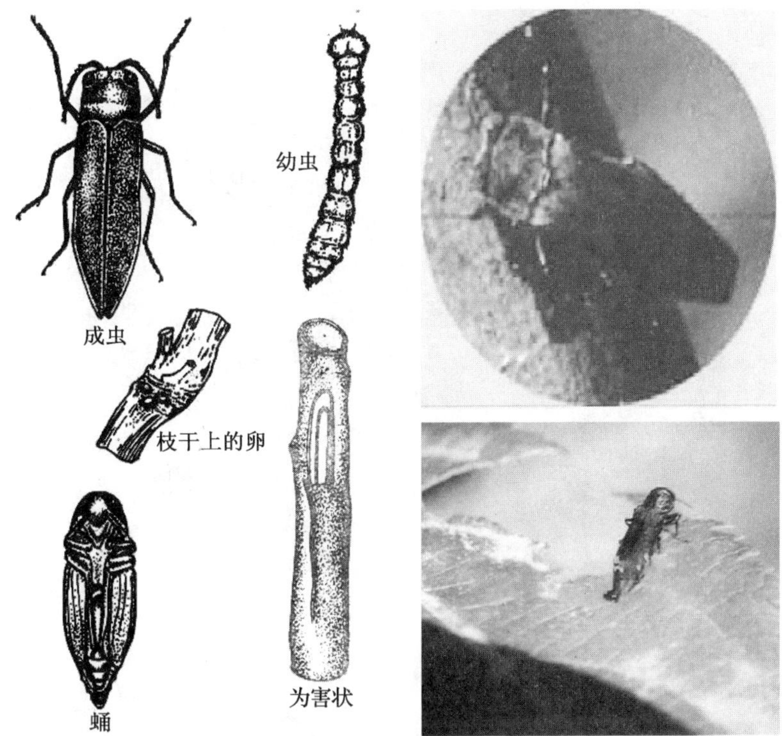

40. 南美按实蝇　*Anastrepha fraterculus*

41. 墨西哥实蝇　*Anastrepha ludens*

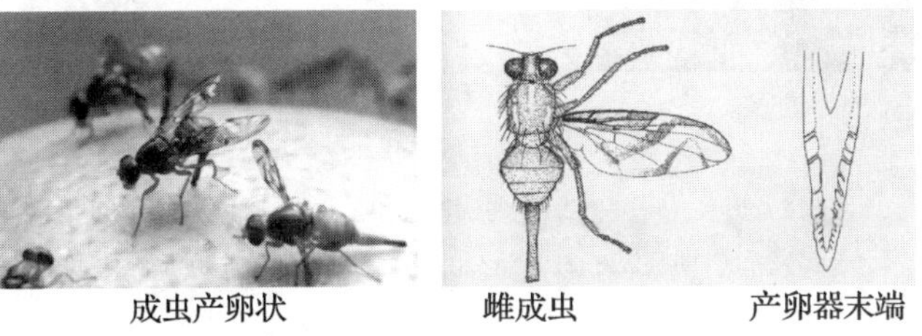

成虫产卵状　　雌成虫　　产卵器末端

第二节　国外关注的梨有害生物图谱

1. 梨大食心虫　*Acrobasis pyrivorella*

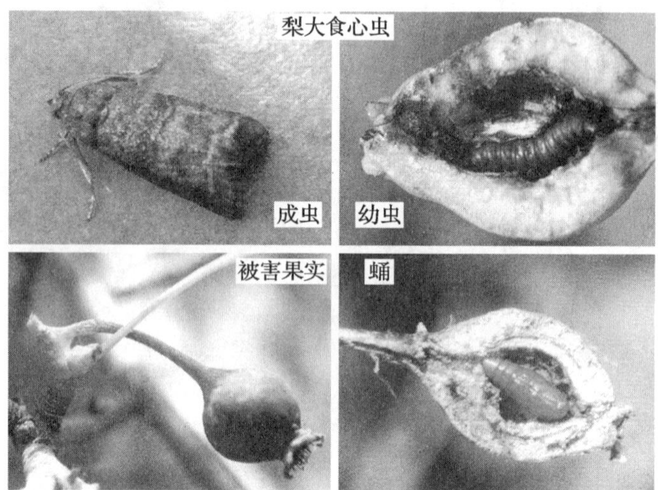

2. 日本梨黑斑病　*Alternaria gaisen*

梨黑斑病症状图

左起（上）1. 发病初期叶上病斑；2. 中期病斑；3. 后期病斑；4. 田间梨树叶片受害状

左起（下）1. 果实发病初期症状；2. 成熟果实受害症状；3. 砀山酥梨上的为害状

3. 山楂叶螨　*Amphitetranychus viennensis*

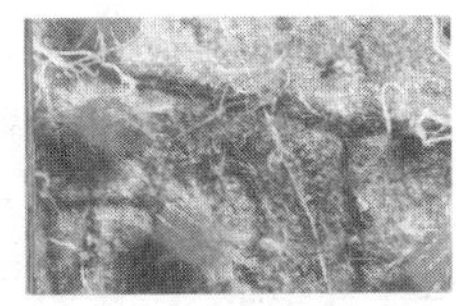

山楂叶螨为害状

4. 梨黄粉蚜　*Aphanostigma jakusuiense*

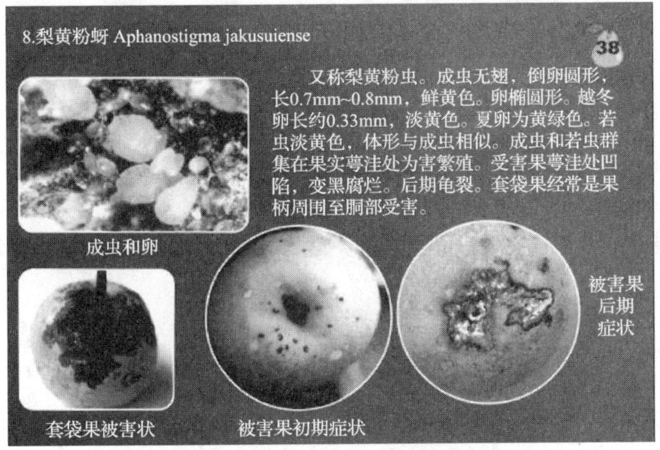

5. 橘小实蝇　*Bactrocera dorsalis*

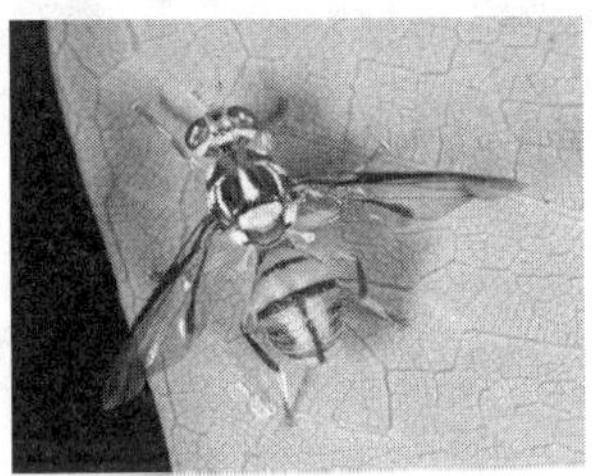

6. 苹果实蝇　*Rhagoletis pomonella*

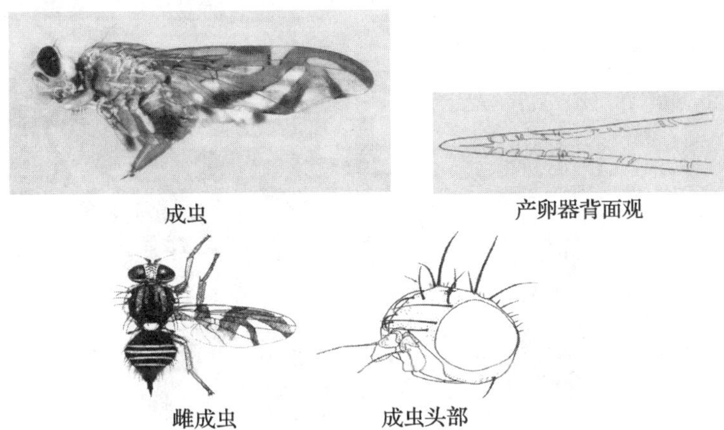

7. 日本龟蜡蚧 *Ceroplastes japonicus*

8. 红蜡蚧 *Ceroplastes rubens*

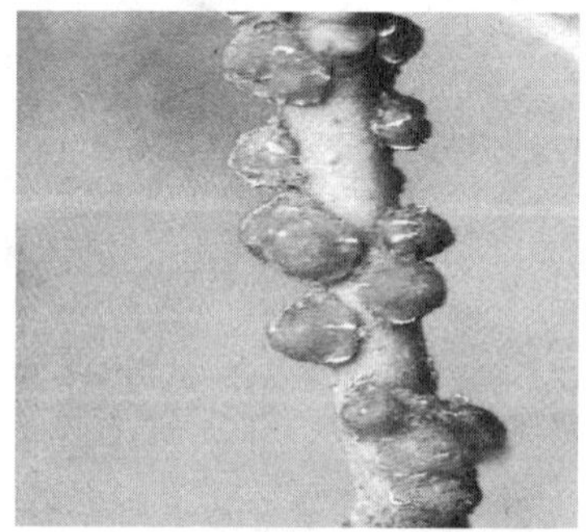

9. 桃蛀螟 *Conogethes punctiferalis*

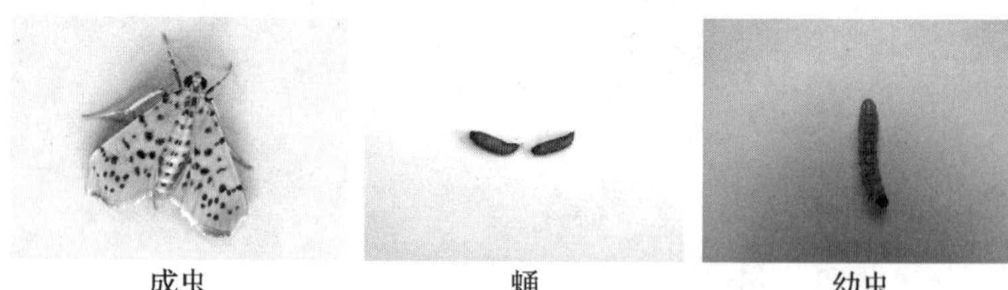

成虫　蛹　幼虫

10. 轮纹病菌 *Guignardia pyricola*

11. 苹小食心虫　*Grapholita inopinata*

12. 褐腐病　*Monilinia fructigena*

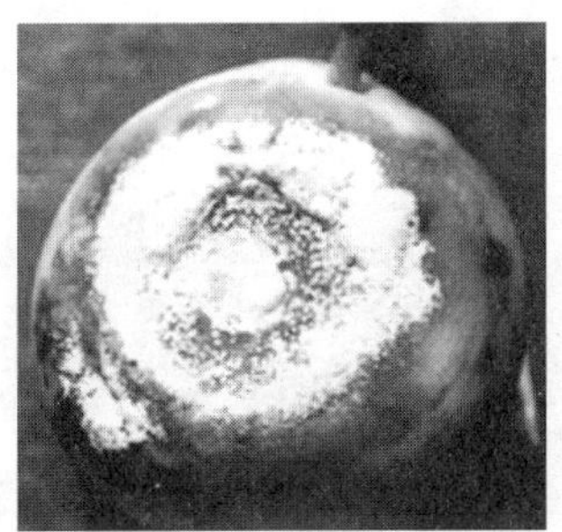

梨褐腐病

左：病果初期，浅褐色软腐，表面产生灰白色霉层

右上：后期全果腐烂，其上布满菌丝

右下：菌丝围绕病斑中心形成同心轮纹

13. 柿长绵粉蚧　*Phenacoccus pergandei*

14. 紫藤臀纹粉蚧 *Planococcus kraunhiae*

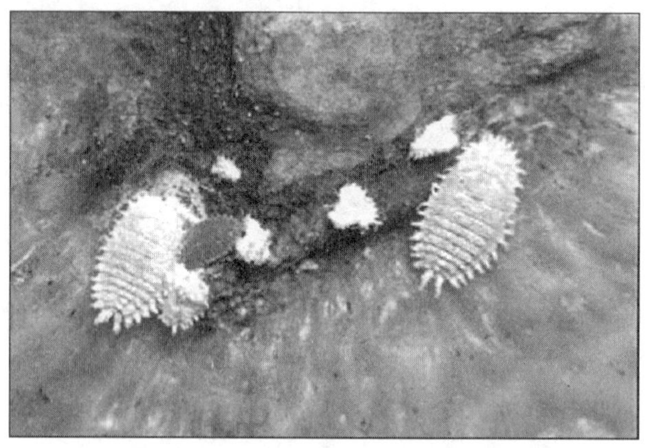

15. 日本梨黑星病 *Venturia nashicola*

梨黑星病在叶片和果实上的症状

16. 梨木虱 *Psylla chinensis Yang et Li*

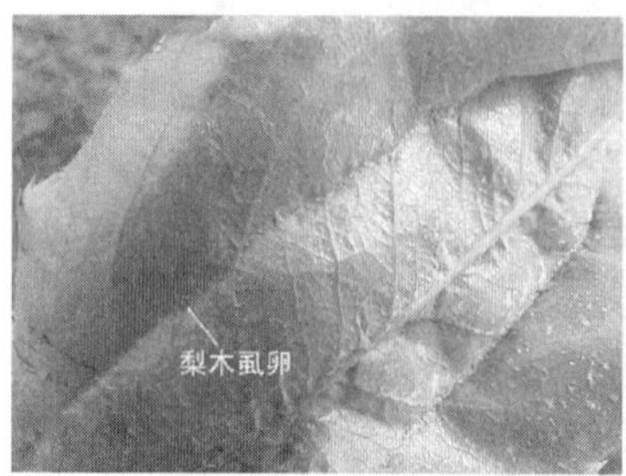

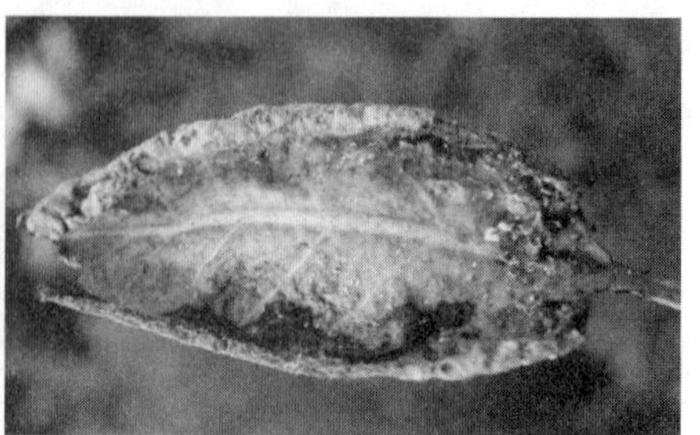

梨木虱在卷叶中为害

17. 苹果小卷叶蛾 *Adoxophyes orana*

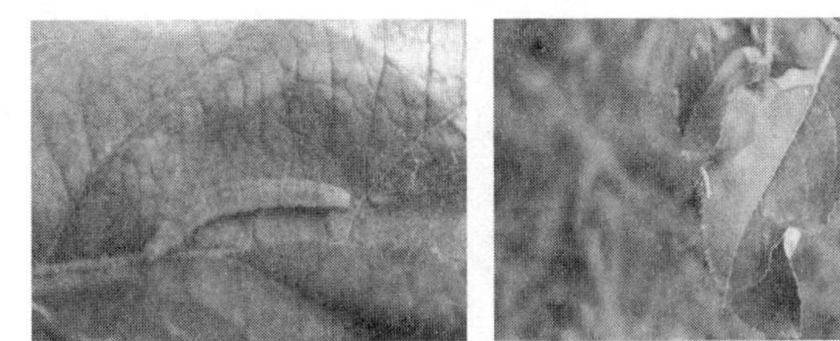

18. 桃小食心虫 *Carposina sasaki*

19. 李小食心虫 *Cydia funerbrana*

20. 梨锈病 *Gymnosporangium fuscum*

梨锈病(示叶片症状)

21. 梨虎象 *Rhynchites fovepessin*

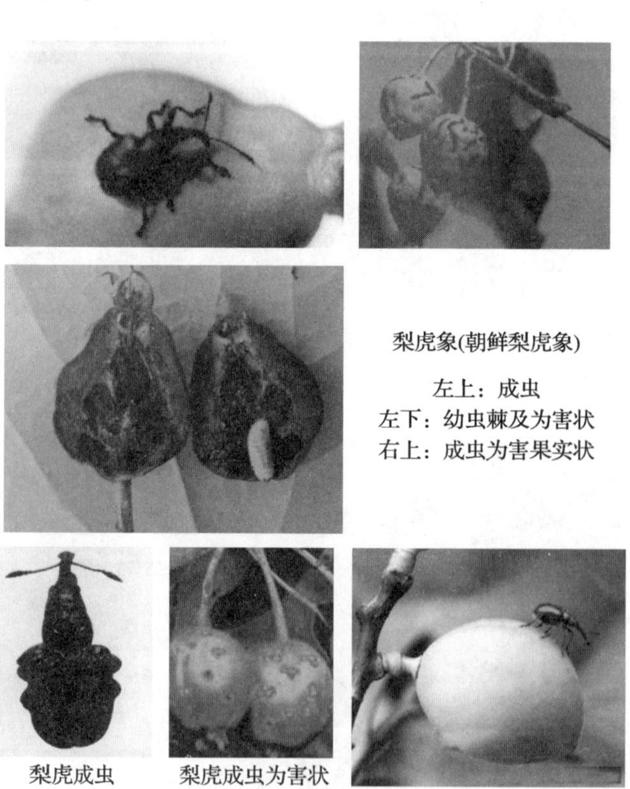

梨虎象(朝鲜梨虎象)

左上：成虫
左下：幼虫棘及为害状
右上：成虫为害果实状

梨虎成虫　梨虎成虫为害状

22. 日本苹虎 *Rhynchites heros*

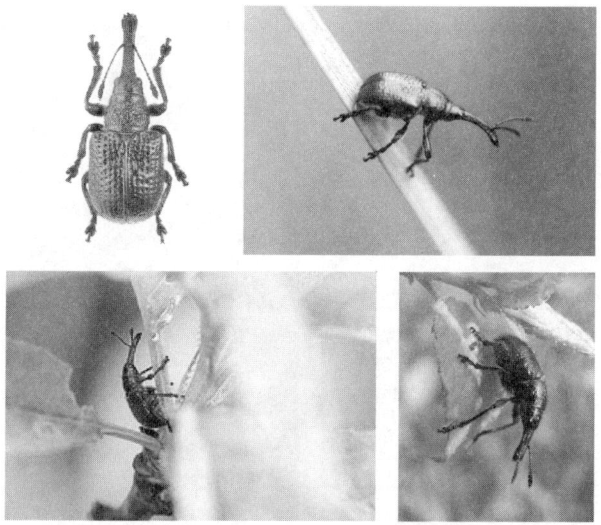

23. 木槿曼粉蚧 *Maconellicoccus hirsutus*

24. 黄斑卷叶蛾 *Acleris fimbriana*

25. 斑须蝽 *Dolycoris baccarum*

26. 香梨优斑螟 *Euzophera pyriella*

27. 梨小食心虫　*Grapholita molesta*

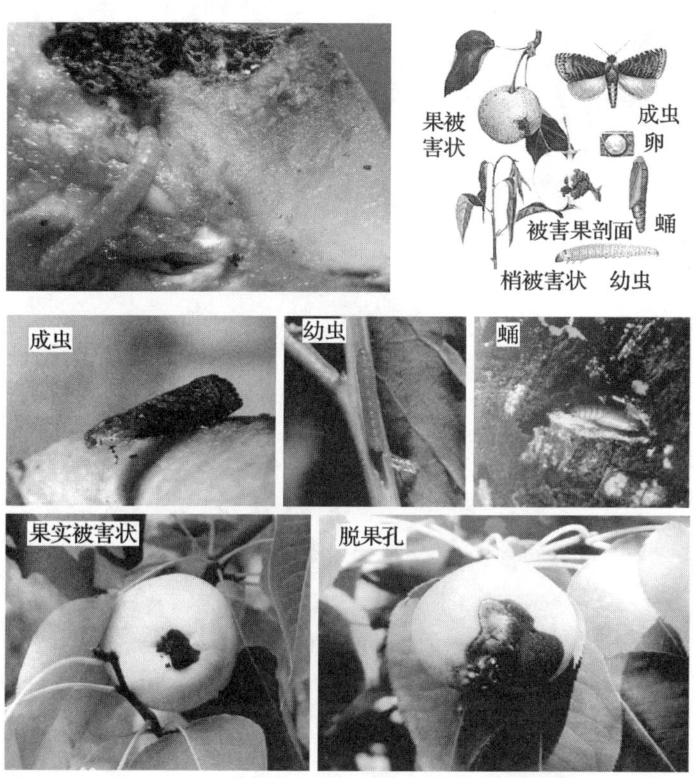

28. 茶翅蝽　*Halyomorpha picus*

A. 成虫；B. 若虫；C. 卵和若虫；D. 被害果实

29. 暗黑鳃金龟 *Holotrichia parallela*

30. 棕色鳃金龟 *Holotrichia titanis*

31. 梨实蜂 *Hoplocampa pyricola*

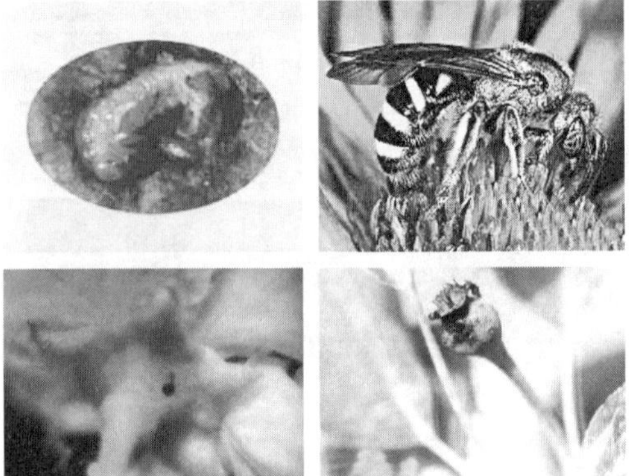

32. 黄色卷蛾 *Choristoneura longicellana*

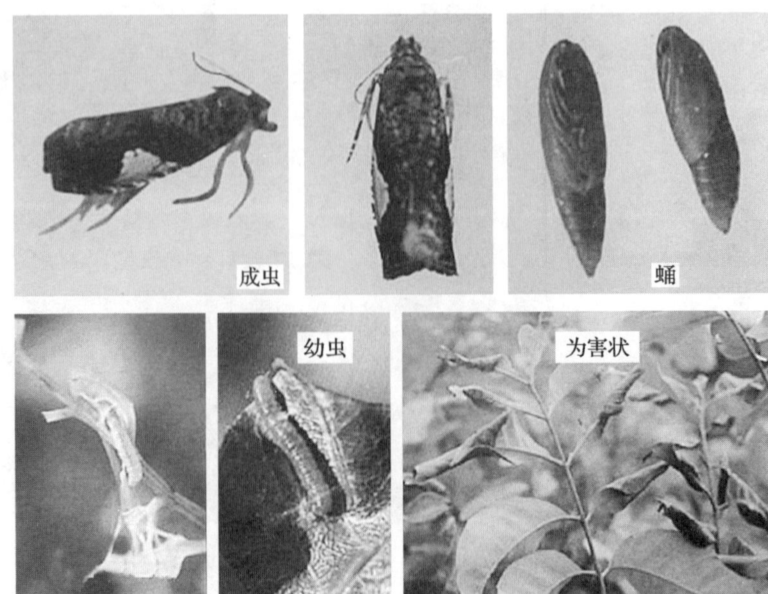

33. 旋纹潜蛾　*Leucoptera malifoliella*

34. 梨白片盾蚧　*Lopholeucaspis japonica*

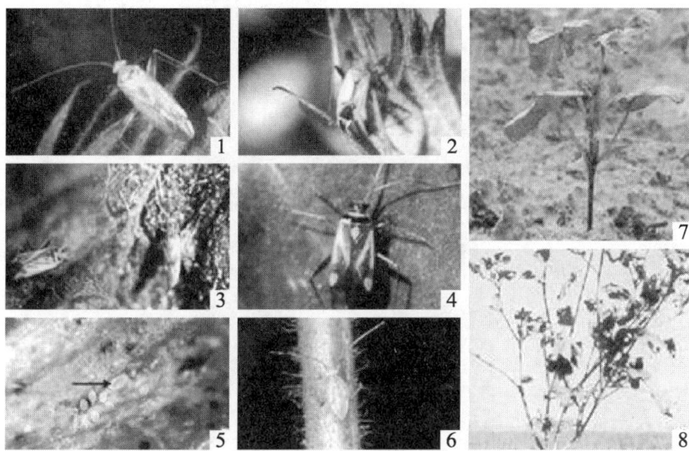

35. 舞毒蛾　*Lymantria dispar*

36. 苹褐卷蛾　*Pandemis heparana*

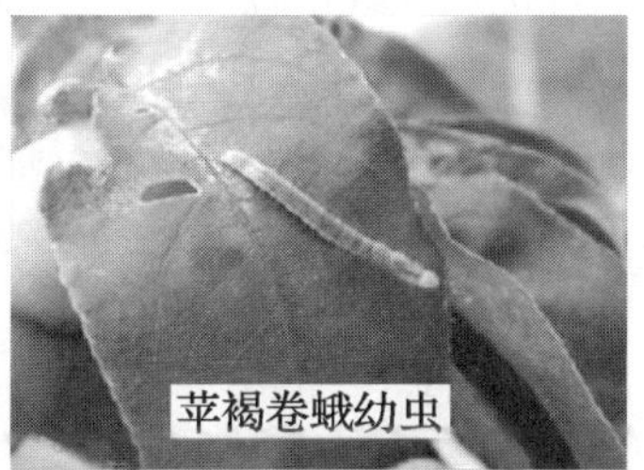

37. 康氏粉蚧　*Pseudococcus comstocki*

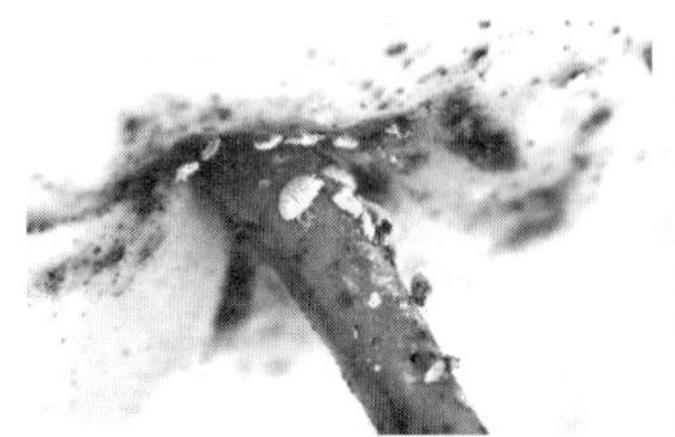

38. 朝鲜梨象甲　*Rhynchites coreanus*

39. 杏象甲/日本草虎象　*Rhynchites heros*

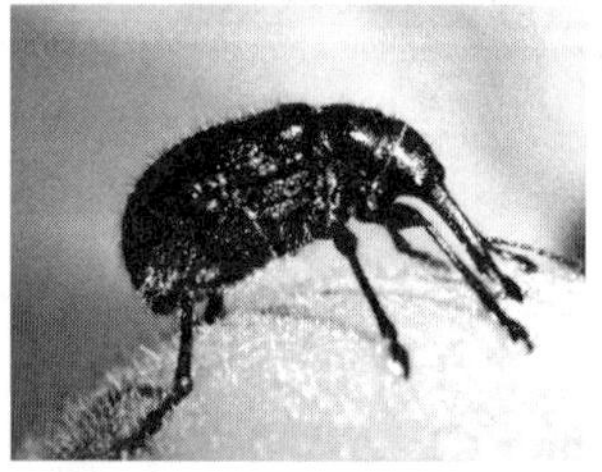

40. 白小食心虫　*Spilonota albicana*

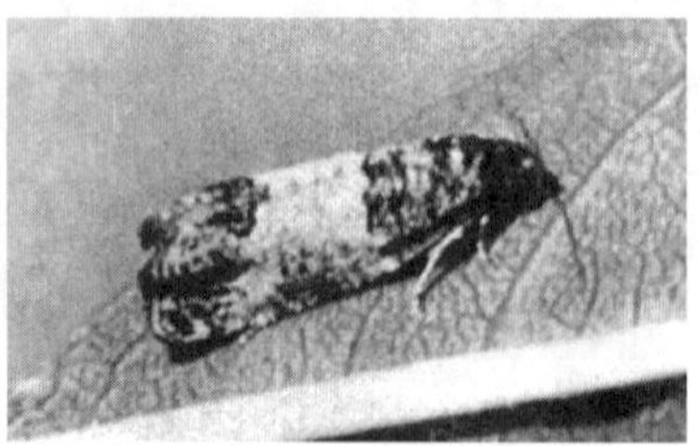

41. 芽白小卷蛾　*Spilonota lechriaspis*

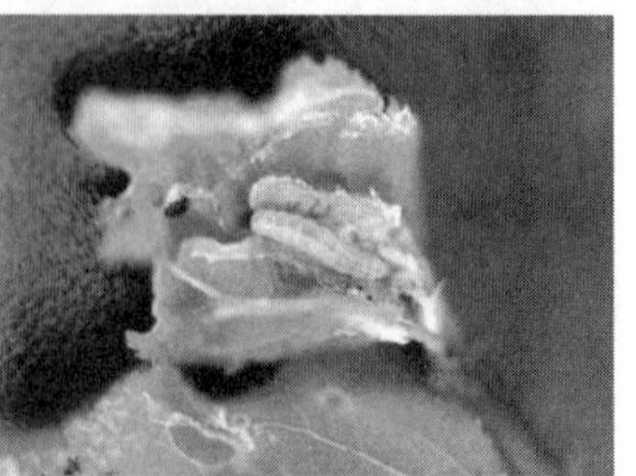

42. 苹白小卷蛾　*Spilonota ocellana*

43. 梨潜皮细蛾　*Spulerina astaurota*

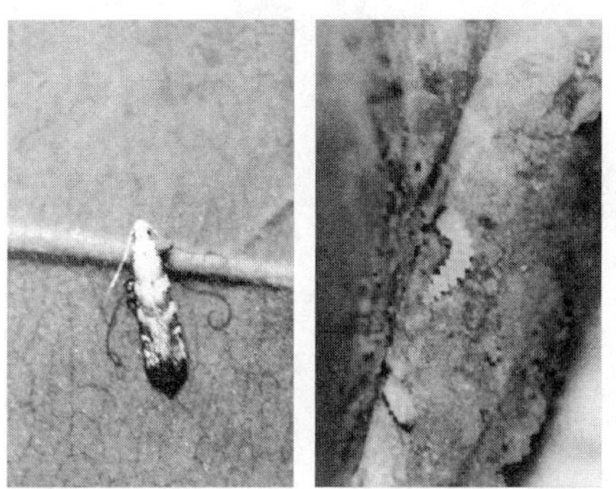

左：成虫　　中：幼虫　　右：枝干被害状

44. 梨网蝽　*Stephanitis nashi*

45. 花壮异蝽/梨异尾蝽　*Urochela luteovaria*

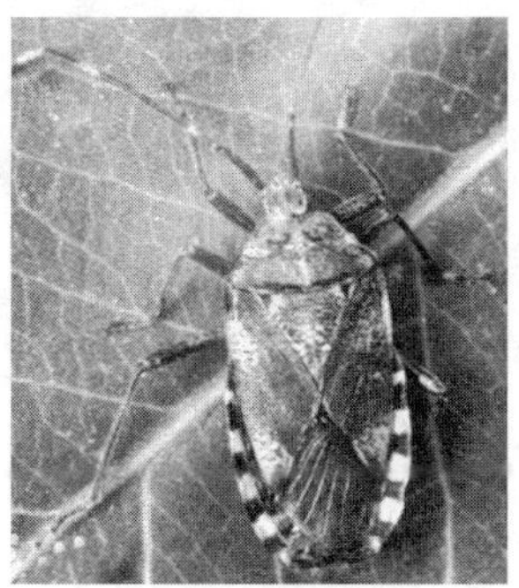

花壮异蝽成虫

46. 日本梨锈病 *Gymnosporangium asiaticum*

梨锈病(示叶片症状)

47. 梨干枯病 *Phomopsis fukushii*

梨干枯病症状类型图

48. 梨树腐烂病 *Valsa ambiens*

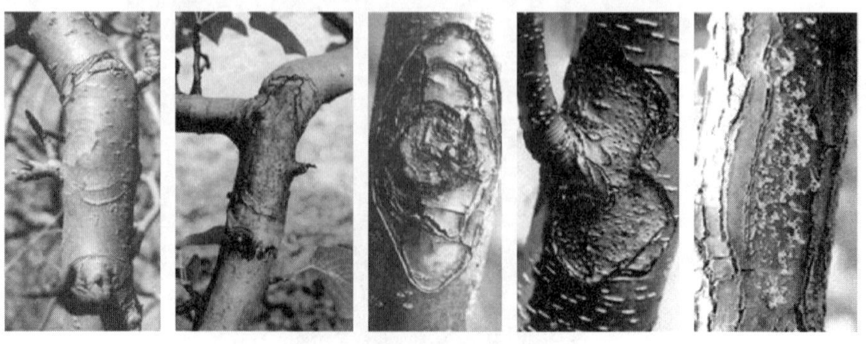

梨树腐烂病症状图

左起：1. 病部树皮红褐色隆起；2. 病斑处枝条枯死；3. 后期病斑龟裂，病皮翘起
4. 病斑上分生孢子器；5. 黄色丝状分生孢子角

第三节 国外关注的葡萄有害生物图谱

1. 橘小实蝇 *Bactrocera dorsalis*

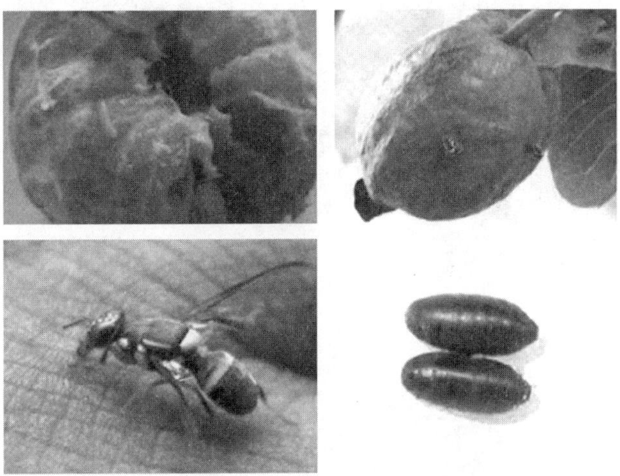

2. 斑翅果蝇 *Drosophila suzukii*

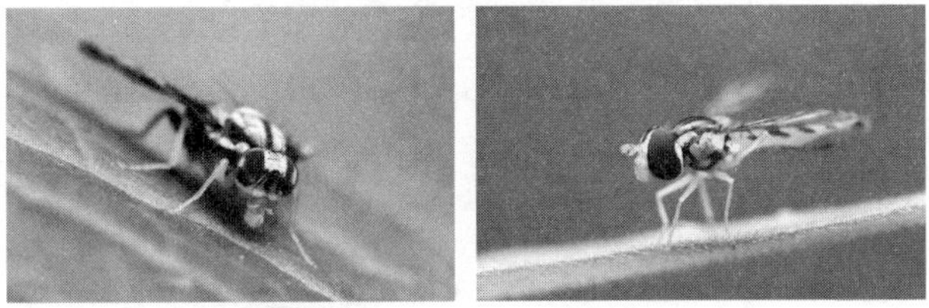

3. 葡萄根瘤蚜 *Daktulosphaira vitifoliae*

4. 拟后黄卷叶蛾 *Archips micaceana*

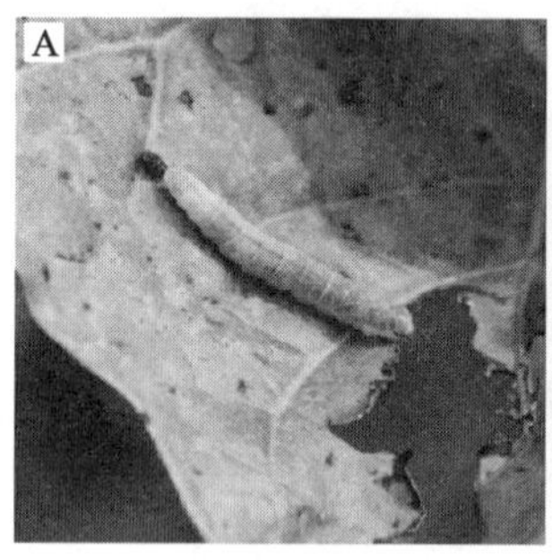

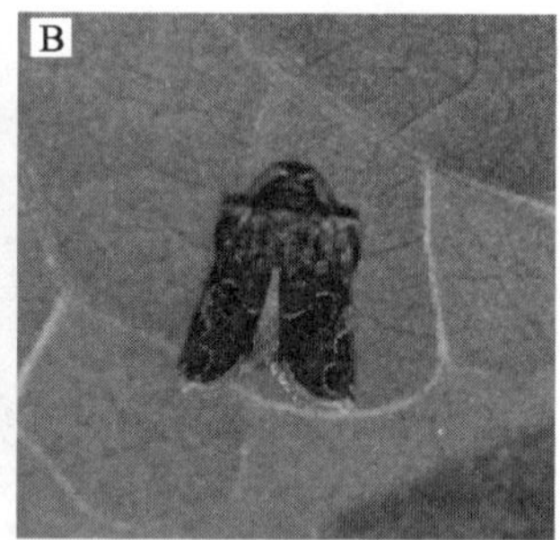

5. 果黄卷蛾 *Archips podana*

6. 女贞细卷蛾 *Archips podana*

7. 葡萄长须卷蛾 *Sparganothis pilleriana*

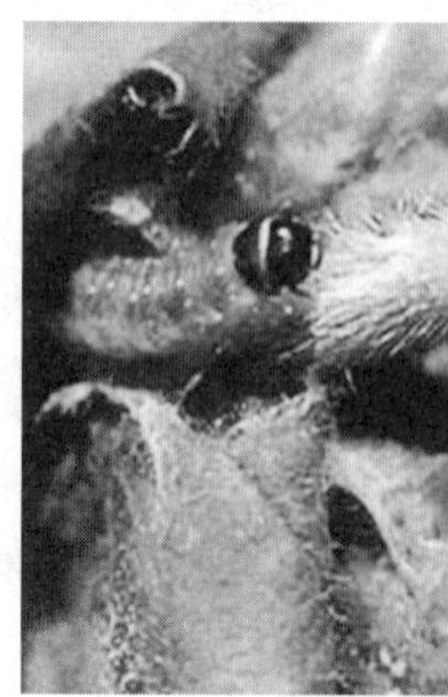

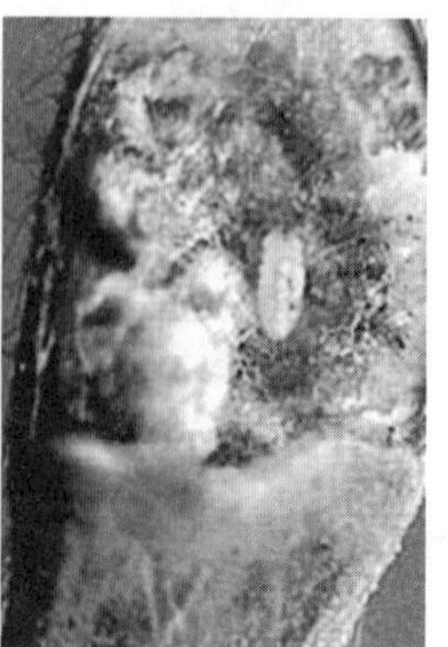

8. 腹钩蓟马　*Rhipiphorothrips cruentatus*

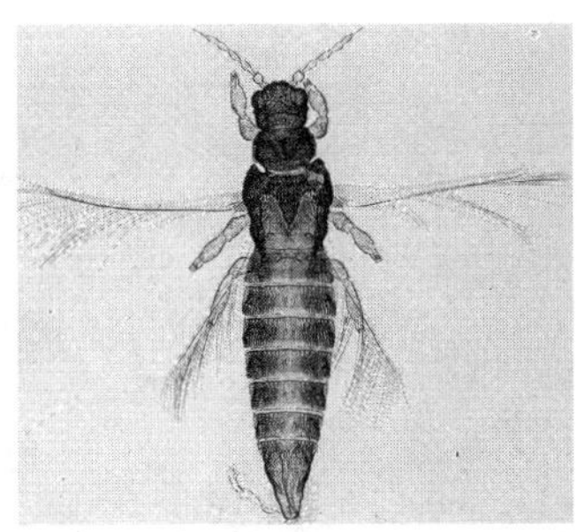

9. 西花蓟马（仅限出口到澳大利亚北部）　*Frankliniella occidentalis*

10. 异色瓢虫　*Harmonia axyridis*

11. 日本金龟子　*Popillia japonica*

12. 弧丽金龟　*Popillia mutans*

13. 四纹丽金龟　*Popillia quadriguttata*

14. 日本臀纹粉蚧　*Planococcus kraunhiae*

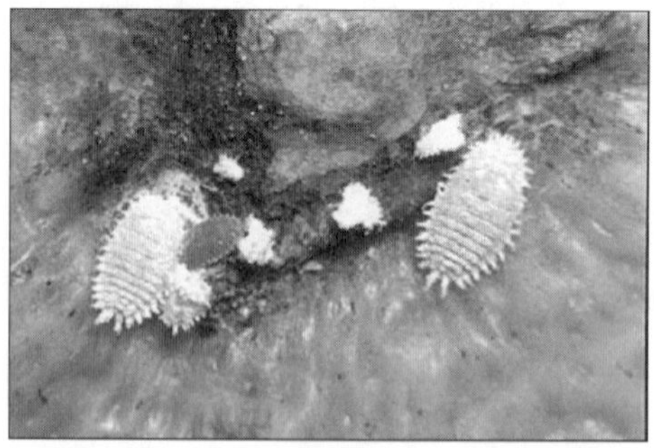

15. 康氏粉蚧　*Pseudococcus comstocki*

16. 葡萄粉蚧 *Pseudococcus maritimus*

17. 葡萄粉虱 *Aleurolobus taeonabe*

18. 红斑蛛 *Latrodectus mactans*

19. 间斑寇蛛 *Latrodectus tredecimguttatus*

20. 神泽氏叶螨　*Tetranychus kanzawai*（仅限出口到西澳大利亚州）

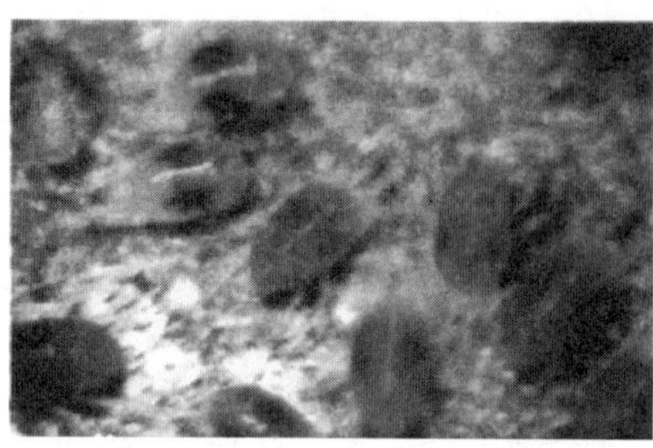

21. 葡萄囊孢壳菌　*Physalospora baccae*

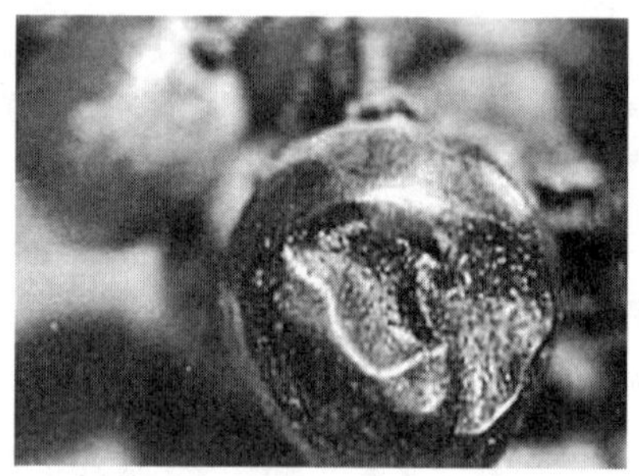

22. 葡萄黑腐病菌　*Guignardia bidwellii*

23. 葡萄生链格孢　*Alternaria viticola*

24. 真葡萄亚属层锈菌　*Phakopsora euvitis*